永顺老司城遗址出土动物遗存

湖南省文物考古研究所　编著

科学出版社
北京

内 容 简 介

本书是一部以湖南永顺老司城遗址出土动物骨骼为研究材料的动物考古学专著。作者通过收集、整理老司城遗址2010年至2012年发掘出土的41683件动物骨骼，鉴定出猪、黄牛、水牛、狗、山羊、鸡、鸭、鹅等10种家养动物，以及泥蚶、剑状矛蚌、草鱼、鲤鱼、野猪、虎、黑熊、豹、梅花鹿、水鹿、苏门羚等24种野生动物，在此基础上开展了肉食消费量化研究、骨骼测量研究、骨骼年龄研究、骨骼人工痕迹研究、骨骼病理研究、骨器研究、动物骨骼与遗址相关问题探讨、实地调查访问共八个方面的专项研究。

本书为动物考古学研究人员提供了一本基础查阅的工具书，同时可供考古学、历史学、人类学、生物学等相关领域的研究者、爱好者参考、阅读。

图书在版编目(CIP)数据

永顺老司城遗址出土动物遗存 / 湖南省文物考古研究所编著. —北京：科学出版社，2018. 6

ISBN 978-7-03-058153-2

Ⅰ.①永… Ⅱ.①湖… Ⅲ.①动物–骨骼–出土文物–研究–永顺县 Ⅳ.①Q915

中国版本图书馆CIP数据核字（2018）第134896号

责任编辑：王光明 董 苗 / 责任校对：邹慧卿

责任印制：肖 兴 / 封面设计：美光设计

科学出版社 出版

北京东黄城根北街16号

邮政编码：100717

http：//www.sciencep.com

中国科学院印刷厂 印刷

科学出版社发行 各地新华书店经销

*

2018年6月第 一 版 开本：889 × 1194 1/16

2018年6月第一次印刷 印张：29 插页：24

字数：922 000

定价：358.00元

（如有印装质量问题，我社负责调换）

序

永顺老司城遗址是湘西元明清时期的土家族土司遗址。先后经过1995～1998年、2010～2014年两个时段的集中考古发掘，大面积揭露了宫殿区、衙署区的城墙、排水沟、房基等一系列重要遗迹和一批土司王墓葬。这些遗迹向世人充分展示了中华民族文化多样性，多民族统一性的显著特征。老司城遗址于2001年被公布为第五批全国重点文物保护单位，2010年被列入中国第一批国家考古遗址公园立项名单，2015年与湖北恩施唐崖土司遗址、贵州遵义海龙屯土司遗址联合代表“中国土司遗产”被列入世界文化遗产名录。

从五代彭士愁的创立到清雍正年间“改土归流”为止，湘西永顺彭氏土家族政权延续了817年。其间，中央政府为了开发西南少数民族地区，处理好与地方民族势力的关系，逐渐实现了由唐代开始的羁縻政策向土司制度的转化。北宋时期，湘西永顺彭氏家族与中央集权政府的矛盾以及其内部矛盾引发了湘西地区多次动乱。溪州铜柱曾经三次的迁移见证了那一段动乱的历史。其结果是彭氏土家族势力范围逐渐缩小，由最初势达南、北两江地区（今怀化市、张家界市和湘西土家族苗族自治州范围）收缩到北江地区（酉水流域）。永顺彭氏土家族政权治所数次由酉水河谷平原迁徙到灵溪河谷的龙潭，最后定居老司城。其湘西北原势力范围相继被30多个羁縻县分管。宋神宗年间，在王安石开疆拓土的新政中，筑会溪新城，“出租赋如汉民”，永顺彭氏集团彻底失去都誓主地位。元初（1276年），永顺彭氏土司（彭思万）归顺元王朝，列入元朝开始建立的土司制度体系。大约在宋末元初的动荡局面中，永顺彭氏第13代首领彭思万迁治老司城，开始了湘西永顺彭氏土司政权此后452年的全盛历史。清雍正二年（1724年），永顺彭氏土司治所迁至颗砂。四年后最后一代土司彭肇槐改土归流，永顺彭氏八百余年的土司政权由此终结。客观上看，虽然元明清时期的永顺彭氏土司势力范围远不如北宋初年，但是永顺土家族地区呈现出一个政治上更为平稳祥和、经济发展、文化繁荣的社会局面。老司城遗址是永顺彭氏土司政权这一全盛时期历史的见证。

老司城遗址出土的丰富动物骨骼遗存就是元明清时期永顺土家族社会经济生活的生动见证。《永顺老司城遗址出土动物遗存》将为湘西永顺土司遗产研究提供新的视角。该报告将老司城遗址出土的动物骨骼进行了详细的种类鉴定和数量统计分析，结合骨骼重量进一步推测各种动物的含肉量，揭示当时社会人们的肉食结构、生产方式；通过对出土动物骨骼的年龄结构的分析来探讨明清时期永顺地区人与动物的关系、畜养与狩猎的相关联系；通过分析保留在动物骨骼上的人工痕迹，探讨土家族屠宰、肉食的具体行为方式以及骨制品加工方式。难能可贵的是，报告提供了在现代老司城周围进行的与动物考古相关的社会调查，可以让人们更清晰地解读老司城遗址动物骨骼遗存保存的珍贵信息。

《永顺老司城遗址出土动物遗存》整理和研究的动物骨骼遗存是2010～2012年的考古发掘中收集的大量的动物骨骼，有四万多件标本。这是继高庙遗址之后，湖南第二处大量出土动物骨骼遗存的全新世考古遗址，也是目前湖南出土动物骨骼遗存数量最多的遗址。当然就发现的动物骨骼遗存而言，全新世以来的遗址还有彭头山、八十垱、皂市、丁家岗、汤家岗、城头山、鸡叫城、里耶古城等。但是这些遗址出土的动物骨骼数量都较少或者缺乏全面收集。随着田野考古技术的多样化、信息收集的全面化推进，在考古发掘中全面系统地收集动物骨骼遗存也成为常态。例如，湖南桂阳千家坪史前遗址出土的丰富动物遗存就得到了很好的收集和保护。

老司城遗址动物遗存基本出土于宫殿生活区，系生活废弃垃圾，其年代自然与老司城宫殿建筑年代相对应，大体为元明至清初。动物骨骼绝大部分埋藏在坐落于山坡上的宫殿区的排水沟中。排水沟顺应山坡地形，坡度很大。累年的排水自然不断地推动和搬运丢弃在沟中的动物骨骼，沟中的埋藏地层经常被破坏扰乱，因此要将沟中动物骨骼进行元、明、清或更细的年代层位区分是非常困难的。实际上由于流水的作用，山坡下段的排水沟中富集的动物骨骼堆积早已经是不同年代骨骼的混合沉积。因此，只能对老司城遗址动物骨骼年代作粗线条处理。对于出土于房基遗迹单位的动物骨骼，虽然有助于判断骨骼的层位，但由于数量很少，也无法进行更细的区分。

虽然我曾经多次考察老司城遗址，见证了其从1994年最初决策到21世纪的考古发掘全过程，但始终没有直接参与过具体研究。2010年底冬天，我接受领队柴焕波的邀请，开始研究老司城遗址的动物遗存。初冬时节，在位于武陵山深山河谷的土司祠中，宽敞阴沉的大殿中不时有一阵阵寒气袭来。但是当我看到正面墙壁下有堆积如小山的动物骨骼时，不由得产生一股热意，尽管这批动物骨骼的年代晚近，但如此庞大的数量也着实令人兴奋。

我国动物考古研究的考古遗存一般都比较久远。史前时期，正是人类由采集狩猎自然经济向农业、畜牧业生产经济转化的重要时期。农业的发生与发展，家畜的起源，不同经济成分的转化对于动物考古的研究来说具有极大的挑战性。动物考古在史前考古中展现出极大的魅力。在先秦时期由于文献的贫乏，动物考古依然具有很大的用武空间。因此年代久远的动物遗存成为动物考古学家主要的关注对象。不过，目前我国的动物考古仍然处于学科基础建设阶段。尤其是对不同年代、不同地区的动物考古数据的积累将是较长时期的重要任务。迄今为止，我国尚缺乏系统的明清时期动物考古数据报告，丰富的老司城遗址动物遗存对于完善充实我国动物考古数据库无疑具有十分积极的意义。

从丰富的明清时期文献上，我们很容易获知老司城遗址社会政治、经济生活的信息。但是，老司城遗址的动物遗存却给人们提供了有关明清时期老司城更为具体生动的生活画面，这是历史文献无可替代的。因此，对老司城遗址动物骨骼进行全面系统的整理，向社会全方位公布考古发掘成果是完全必要的，也是必须的。

出于编写考古报告的需要，当时我对出土的动物骨骼进行了初步分类统计和鉴定。2010年出土动物骨骼遗存达13849件，其中绝大多数为哺乳动物，为12974件；鸟禽类为875件；还有少量的水生动物没有计入。经鉴定，哺乳动物种类有5目18属种。在此基础上，按以往的常规，提供了一篇简单的鉴定报告附进老司城遗址田野发掘报告中。

显然，一份简单的鉴定报告是不足以反映这批丰富的动物骨骼遗存的信息和价值的。同时，老司城遗址的发掘工作还在继续，动物骨骼遗存资料也在继续大量增加，老司城遗址动物骨骼整理的更大工作量还在后面，而我自觉精力不济，便把希望寄托在年轻人身上。我向领队柴焕波推荐由莫林恒继续完成老司城遗址动物遗存的整理研究工作。

老司城遗址动物骨骼能够得到系统整理研究，柴焕波领队的功劳是第一位的。柴焕波，为人低调，追求执着，不好仕途，勤奋多产。1995年，经过三年援藏的考古生涯，他迷上了民族考古，从而选择承担了老司城遗址的考古项目。从此便常年在湘西少数民族地区辛苦工作二十余载，创造了里耶古城、老司城的考古辉煌。在他主持下，老司城遗址动物骨骼遗存得到很好的收集和保护。他大胆起用年轻人承担老司城遗址动物遗存的整理和研究，并为整理动物骨骼提供了一切方便条件。

不负众望，莫林恒完成了老司城遗址动物遗存的整理，并即将出版《永顺老司城遗址出土动物遗存》专刊报告。这将是湖南考古领域出版的第一部动物考古专刊报告，可喜可贺。莫林恒原本是学习财会专业，就职于湖南省文物考古研究所后，城头山、里耶、高庙等重要遗址的发掘把他带进了田野考古队伍。在自身的努力和环境的熏陶下，他逐渐掌握了过硬的田野考古技能，2007年考入湖南大学攻读考古硕士学位，并受单位委派参加了2010年度国家文物局在邓州八里岗遗址举办的田野考古培训班，考古业务素养得到了明显提高。参加高庙遗址的发掘，为他提供了系统整理动物遗存的机会，通过完成《高庙遗址鱼类遗存报告》硕士论文，系统地训练了他的动物考古研究能力。现在他靠着自己的勤奋和努力，出色地完成了《永顺老司城遗址出土动物遗存》专刊报告。为此，他付出了艰辛的汗水。用他自己的话说：在这些日子中，真正尝到了研究的酸、甜、苦、辣，有时无法言表个中味道。也让他从一个刚踏入社会的毛头小伙，经过浮躁、徘徊、追求、探索的反复历练，最终踏上学者之路。“珍惜自己的经历，脚踏实地走向未来”，这是我对莫林恒的期望，也是我对《永顺老司城遗址出土动物遗存》即将面世的祝福。

袁家荣

2018年5月

目　　录

插图目录

插表目录

图版目录

第一章 概 述

永顺老司城遗址位于湖南省湘西土家族苗族自治州永顺县，是一处重要的明清时期土司遗址。遗址经过多次发掘，出土了一系列重要遗存，入选2010年度全国十大考古新发现。2015年度，老司城遗址与贵州省海龙屯遗址、湖北省唐崖遗址共同申报世界文化遗产并获得成功。老司城遗址是目前中国西南土司制度研究的一个典型案例，展示了中央政权与地方族群在民族文化传承和国家认同方面的人类价值观交流；见证了古代中国作为统一多民族国家，对西南多民族地区独特的“齐政修教，因俗而治”的管理智慧。这一管理智慧促进了民族地区的持续发展、有助于国家的长期统一，并在维护民族文化多样性、促进各民族文化交流传承方面具有突出意义[①]。

尤其值得重视的是，老司城遗址出土了大量的动物骨骼，总数达到41000余件，与瓷片及建筑构件一起成为遗址出土最多的遗物种类之一。针对出土的大量动物遗存，我们在鉴定动物种属的基础上，开展了肉食消费、骨骼测量、动物年龄、人工痕迹、骨器、病理、相关遗存分析及现场调查等全面、系统的研究，释读出大量土司时期人们对动物资源的利用信息，这有利于更好地理解老司城遗址的价值，也为单个遗址出土动物骨骼研究提供了可资借鉴的个案。

第一节 地理位置与自然环境

一、地 理 位 置

老司城遗址位于湖南省西北部、湘西土家族苗族自治州永顺县境内，在县城以东19.5千米灵溪河畔的一座山坡上（图1-1）。

老司城位于武陵山脉中段的黑山山脉，地理坐标为E109°57′33.3″，N28°57′1.5″，遗址中心区所在海拔为199～295米。发源于永顺县北部的灵溪河流经老司城，在遗址的西北部曲折流过，进而向南，先汇入猛洞河后注入酉水，而酉水为沅水最大的支流，最后经沅水汇入洞庭湖。

① 国家文物局：《土司遗产申遗文本》，北京，2013年9月。

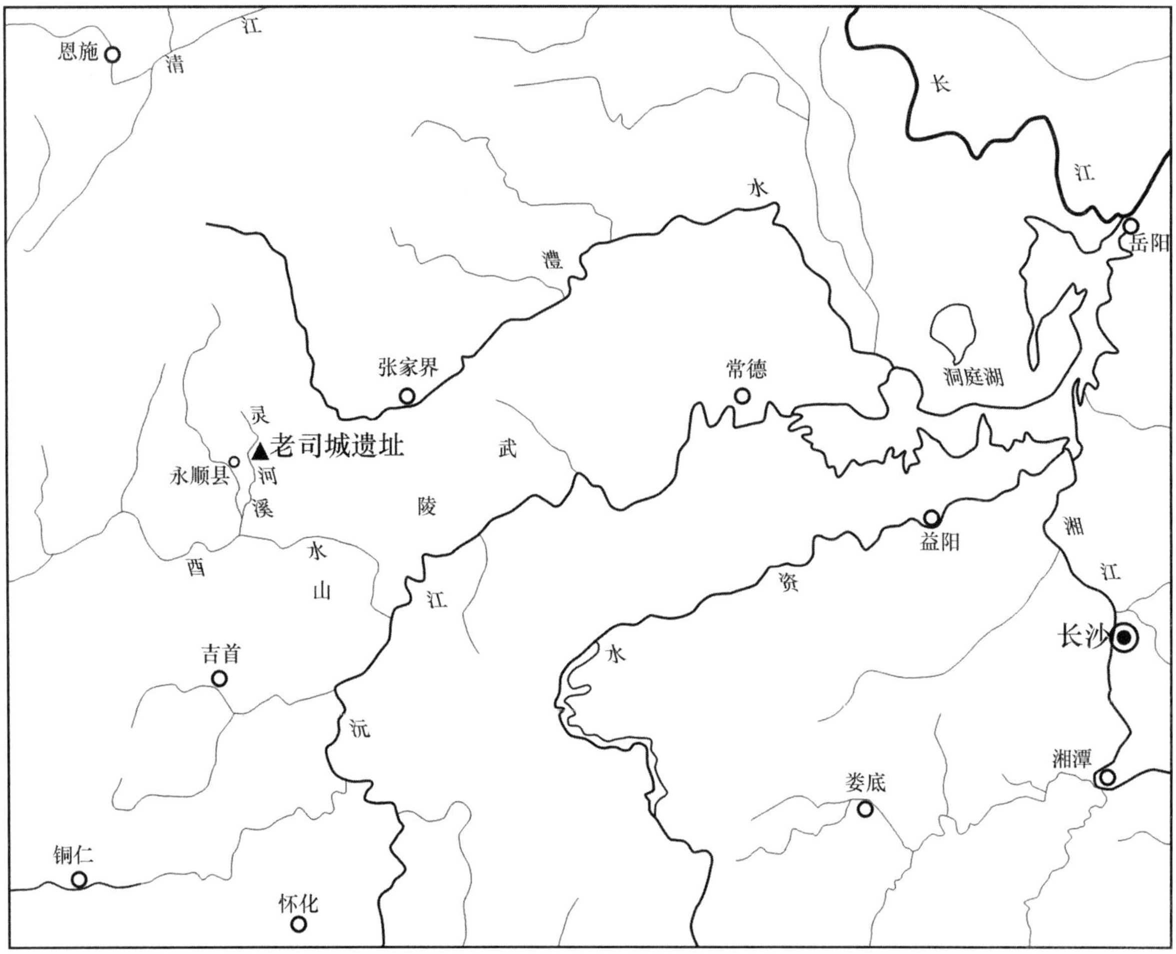

图1-1　永顺老司城遗址地理位置图

二、自然环境

永顺县位于云贵高原东侧武陵山西北与鄂西山地交界之处，并向江南丘陵过渡的地带，境内山峦叠嶂，溪谷纵横，最高的羊峰山海拔1437.9米，最低的小溪鲤鱼坪明溪海拔162.6米。全境以中低山地貌为主，境内有山原、丘陵、岗地、平原等多种地形地貌交错分布。

永顺县境内溪流纵横密布，地表水资源极为丰富，有大小河流330余条，其中流域面积大于10平方千米、干流长度大于5千米的河流70余条，一、二、三、四、五各级支流分别为6条、16条、30条、13条、5条不等。流域水系属沅、澧两大水系，沅水流域面积3019.82平方千米，占县域总面积的79.24%；澧水流域面积791.2平方千米，占县域总面积的20.76%。

永顺县属于亚热带山地暖湿季风气候，年平均气温16.4℃，1月平均气温4.8℃，7月平均气温27.3℃，≥10°的年积温5204.8℃，年平均降雨量1365.9毫米，无霜期286天。热量充足，雨量充沛，水热同步，温暖湿润；夏无酷暑，冬少严寒，垂直差异悬殊，立体气候明显，小气候效应显著，为多种动植物生长提供了良好的自然条件。

三、动植物资源

1. 植物资源

据国家林业局中南林业调查规划设计院2013年对永顺县老司城遗址生物多样性考察与研究报告显示，老司城所在的灵溪河流域野生维管束植物176科568属972种。154个种子植物的科属中，世界广布科47个，占总科数的30.52%；热带科66个，占总科数的42.86%；温带科41个，占总科数的26.62%，其中中国特有科4个，占总科数的2.60%①。

老司城区域植被类型主要有亚热带常绿阔叶林和常绿落叶阔叶混交林。常绿阔叶林主要是常绿栎类、樟属、楠属、杜鹃花科等珍贵树种；常绿落叶阔叶林多为次生性，主要常绿阔叶树种有黄樟、湘楠、润楠、闽楠、石栎、黑壳楠、女贞、椤木石楠、米槠、桂皮等，尤以樟科、壳斗科占优势，分布广，资源多，成为该区典型的区系代表树种。

根据1995年《永顺县志》记载，县境内国家一级保护植物有珙桐、水杉；二级保护植物有13种，如银杏、篦子三尖杉、观光木、连香树、鹅掌楸、巴东木莲、香果等；三级保护植物11种，如闽楠、黄杉、红豆树、厚朴、青檀、南方铁杉等。另外，还有省定保护植物，如檫木、香榧、青钱柳、黄心夜合、金叶白兰花等30种②。

2. 动物资源

老司城区域野生脊椎动物有28目77科201种，其中鱼类3目7科24种，两栖动物1目5科12种，爬行动物2目6科18种，鸟类15目43科119种，哺乳动物7目16科28种。昆虫132科570属782种。老司城区域分布的哺乳动物以东洋界成分为主，占了66%，古北界成分占34%③。

县境珍稀动物共19种，其中一级保护动物4种，有华南虎（现该地区已灭绝）、金钱豹、斑羚、云豹；二级保护动物有猕猴、穿山甲、水獭、斑林狸、林麝、鸳鸯、红腹锦鸡、白鹇、大鲵；三级保护动物有黑熊、大灵猫、小灵猫、豹猫、虎斑蛙④。

第二节　遗址发掘及动物骨骼出土情况

一、老司城遗址的考古学背景

永顺老司城遗址是一处土司遗址。土司是中国西北、西南地方的一种官职，或也可以称之为一种制度，是中央王朝为了维护其在少数民族地区的统治，通过朝廷授权的方式承认少数民

① 国家林业局中南林业调查规划设计院：《老司城脊椎动物科学考察调查报告》，长沙，2013年4月。

② 永顺县地方志编纂委员会：《永顺县志》，湖南人民出版社，1995年，第100页。

③ 国家林业局中南林业调查规划设计院：《老司城脊椎动物科学考察调查报告》，长沙，2013年4月。

④ 永顺县地方志编纂委员会：《永顺县志》，湖南人民出版社，1995年，第104、105页。

族部族首领在其势力范围内管辖权利的一种制度，与之相应的部族首领称为土司。

溪州（湘西古称）彭氏土司氏族势力兴起于五代时期（907～960年），历经后梁、后唐、后晋、后汉、后周，至宋、元、明、清，历时817年，世袭27代，共35位土司。彭氏土司鼎盛时期是在五代时期，是我国西南方的一大蛮部。到北宋时，只有“北江”溪州在彭氏的势力范围内。从此势力逐渐下降，辖地进一步缩小。到明代，永顺土司只局限在现在的永顺、龙山两县之地。

老司城在地方史籍上又称旧司城。“旧司城在县以东，离城三十里，乃土官世居之所”（乾隆五十八年《永顺县志》卷一《地舆志》）。老司城为永顺土司数百年的司治所在，是湘西北土家族数百年政治、军事、文化的中心之一，也是湘鄂渝黔土家族地区规模最大、保存状况最好的土司城址[①]（图版一、图版二）。

二、发掘时间和面积

1995年10～12月，湖南省文物考古研究所会同湘西土家族苗族自治州文物工作队、永顺县文物局，首次对老司城及外围相关遗址进行了调查与发掘，发掘面积500多平方米。1996年9月，对老司城外围遗址进行了调查。1998年10～11月，在宫殿区与墓葬区进行发掘，发掘面积300多平方米。

2010年5月，为配合《老司城遗址本体保护维修工程方案》的编制，湖南省文物考古研究所受永顺县人民政府的委托，并报请国家文物局批准，第三次对老司城遗址进行考古发掘，发掘工作从2010年5月持续至2012年6月（图版三，1）。城区内遗址发掘和清理的总面积达6309平方米，紫金山墓葬区勘探和清理面积为15727平方米。之后，为配合老司城遗址的申遗和保护工作，间断性发掘直至2014年6月。

三、主要收获

通过前面三次发掘，基本掌握了老司城中心城区的区域功能，大致可以分为宫殿区、衙署区、墓葬区、街道区、宗教区、苑墅区六个功能区。并对核心的宫殿区、衙署区的城墙、排水沟、房屋建筑等一系列重要遗迹进行了发掘，大体了解了这两个区的道路系统、排水系统及部分主体建筑（图1-2）。发掘了墓葬区的一批重要墓葬。同时，街道区、宗教区、苑墅区的发掘调查所得为整体认识土司各个区域功能提供了重要线索。

四、堆积特征与时代

根据2014年出版的《永顺老司城》考古报告，该遗址的年代可分为三个时期。

---

① 湖南省文物考古研究所、湘西自治州文物局、永顺县文物局：《永顺老司城》，科学出版社，2014年，第1页。

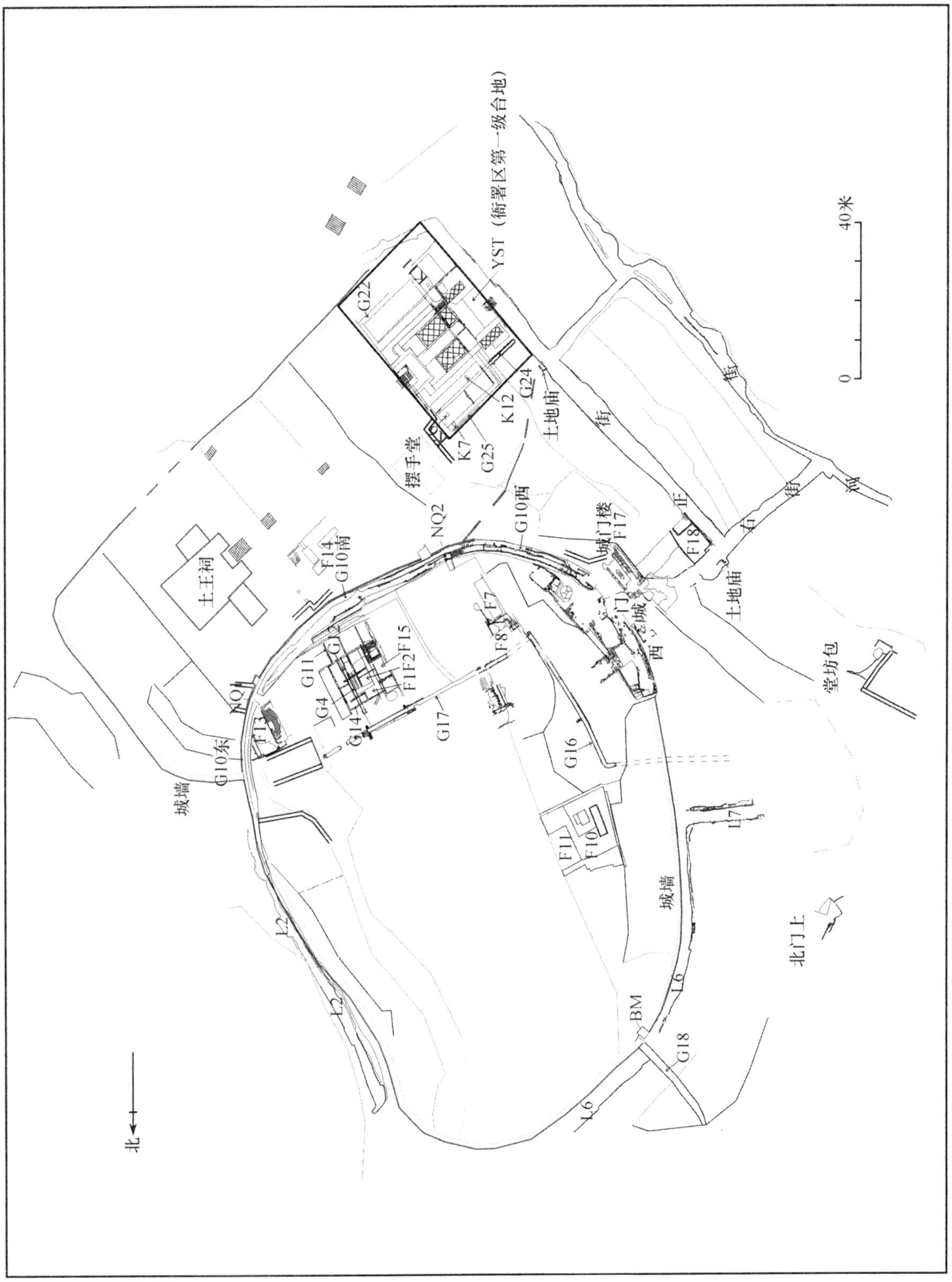

图1-2　老司城宫殿区、衙署区遗迹总平面图

第一期：现存宫殿区、衙署区城墙建筑以前。年代上限为宋末元初，年代下限为明代初年。

第二期：现存宫殿区、衙署区城墙及相关设施的修造与使用时期。年代从明代早期到清雍正五年（1727年）的改土归流。根据遗迹的叠压关系和出土物，目前可将这一时期宫殿区、衙署区遗存分为两个时段。前段：明代早期至明代中期。后段：明代中后期到清雍正五年的改土归流。

第三期：雍正五年改土归流以后[①]。

遗址中第一期和第三期的遗迹单位里基本没有动物骨骼出土，因此老司城遗址这批出土动物骨骼材料时间归属可以视为第二期，即从明代早期到清雍正五年的改土归流。

五、考古发掘出土的遗物情况

老司城遗址出土遗物中以三种类型的遗物为大宗，一类是建筑构件，包括各种石构件、砖雕、瓦当、滴水等；一类是生活器具，如陶器、瓷器、铁器等，这其中瓷器最多；另一类就是各种动物遗骸，总计达到41000余件。其中大量建筑构件对应的是当时人们“住”的生活内容，而出土的生活器具对应的是当时人们“用”的生活内容，而大量的动物骨骼则反映出当时“食”方面的生活内容。由此可见，研究老司城遗址动物遗骸实际上有助于复原当时人们生活中有关“食”的重要内容，并且可以以对“食”的研究为基础，进一步探讨当时社会政治、经济、文化、生活、习俗等各个方面的内容。

另外，动物骨骼虽然与其他遗物在当时的功能用途不同，但同作为遗物是具有相关性的。比如动物骨骼经常与较多的瓷片同出，这是当时人们将之均视为生活垃圾一起丢弃的结果，这方面内容将在后面第九章进行分析。

六、动物骨骼的采集方法和出土单位

在老司城遗址的历次考古发掘中，我们均采取肉眼识别、手工捡取的方法采集动物骨骼，没有针对骨骼收集采用专门过筛的方法，但是在浮选一些遗迹单位的土样时，也收获了一些细小的鱼类骨骼。总体而言，老司城遗址中动物骨骼的保存情况较好，这与遗址中沙性土质有利于骨骼的保存有关，另外遗址的年代较近也是一个原因。而且可观察到遗址中绝大多数动物骨骼风化程度不高，推测这些动物骨骼没有长时间暴露野外，而是被有意无意地很快掩埋（图版三，2；图版四，1、2）。

根据发掘情况来看，这批动物骨骼基本上出土于水渠或低洼地带，还有的是填埋平整土地时搬运过来的（图版五，1、2）。因此除了在墓葬中出土的少量动物骨骼外，我们将这批动物骨骼的性质定为人们食用肉类食物后抛弃的食物残骸，以此来研究当时的社会历史信

① 湖南省文物考古研究所、湘西自治州文物局、永顺县文物局：《永顺老司城》，科学出版社，2014年，第859～865页。

息。本次整理的动物骨骼是2010年至2012年老司城遗址第三次大规模考古发掘出土的动物骨骼（表1-1）。

表1-1 老司城遗址各遗迹单位出土动物骨骼数量统计表

序号	出土单位	数量（件）	遗迹单位性质	位置	出土动物种属
1	BM	2	小型城门	宫殿区西北部城墙	水牛
2	F1	41	房址	宫殿区东南部台地上	鸡、虎、猪、赤麂、小麂、黄牛、水牛、山羊
3	F2	181	房址	宫殿区东南部台地上	剑状矛蚌、鸡、鸭、猕猴、猪、水鹿、梅花鹿、小麂、山羊、黄牛、水牛
4	F13	4	房址	宫殿区东南角	猪
5	F14①	121	房址	衙署区	鸡、虎、猪、赤麂、小麂、黄牛、水牛、山羊
6	F15	16	房址	宫殿区东南部	黄牛
7	G10	14734	宫殿区排水沟	宫殿区南部城墙内侧	泥蚶、鳖、鳡鱼、鲤鱼、青鱼、鸡、竹鸡、鸭、鹅、猕猴、鼠、豪猪、狗、狼、猫、虎、豹、熊、马、猪、野猪、水鹿、梅花鹿、赤麂、小麂、麝、黄牛、水牛、苏门羚、山羊
8	G11①	100	F2排水沟	宫殿区东南部台地上	鸡、豹、猪、小麂、山羊、黄牛、水牛
9	G12	761	F2排水沟	宫殿区东南部台地上	鹅、鸡、猕猴、狍、猪、水鹿、梅花鹿、赤麂、小麂、黄牛、水牛、山羊
10	G14①	76	F16排水沟	宫殿区南部台地	猪、黄牛、水牛
11	G16	197	宫殿区排水沟	宫殿区西南部台地	鹅、鸡、梅花鹿、水鹿、小麂、熊、猪、羊、黄牛、水牛
12	G17	479	宫殿区排水沟	宫殿区南部台地	鸡、虎、豪猪、野猪、猪、水鹿、梅花鹿、赤麂、小麂、獐、黄牛、水牛、山羊
13	G18	2331	宫殿区排水沟	宫殿区西北部城墙外	鹅、鸡、鸭、鳖、鲤鱼、猕猴、豪猪、狗、猫、虎、豹、熊、马、猪、野猪、水鹿、梅花鹿、赤麂、小麂、黄牛、水牛、苏门羚羊、山羊
14	G18②	1233	宫殿区排水沟	宫殿区西北部城墙外	猪、水牛
15	G19	14	排水沟	衙署区	鱼、黄牛、水牛
16	G22	1477	衙署区排水沟	衙署区西南部	鸡、虎、野猪、猪、水鹿、梅花鹿、赤麂、小麂、黄牛、水牛、山羊
17	G22③	134	衙署区排水沟	衙署区西南部	黄牛、水牛
18	G24	1460	衙署区排水沟	衙署区西南部	鹅、鸡、鸭、鳖、草鱼、鼠、狗、猪、水鹿、梅花鹿、赤麂、小麂、黄牛、水牛、山羊

续表

序号	出土单位	数量（件）	遗迹单位性质	位置	出土动物种属
19	G25	33	F23排水沟	衙署区西南部	鸡、鸭、鱼、猕猴、水鹿、猪、黄牛
20	G4①	112	宫殿区排水沟	宫殿区东南部	鸡
21	K6	9	探坑	衙署区	猪
22	K7	24	探坑	衙署区	虎、猪、黄牛、水牛
23	K8	7	探坑	衙署区	水牛
24	K11	5	探坑	衙署区	猪
25	K12	23	探坑	衙署区	鸡、马、猪、小麂、黄牛、水牛
26	L2	200	道路及排水	街道区	鸡、竹鼠、猪、野猪、水鹿、梅花鹿、赤麂、黄牛、水牛
27	L6	419	道路	街道区	鸡、狗、猪、野猪、赤麂、梅花鹿、水鹿、小麂、黄牛、水牛
28	L7	73	道路	街道区	鸡、猪、小麂、黄牛、水牛
29	M8	46	墓葬	墓葬区	鸡、猫
30	M31	38	墓葬	墓葬区	鸡
31	NQ①	296	城墙探沟地层	宫殿区南城墙	猕猴、虎、猪、梅花鹿、赤麂、小麂、黄牛、水牛
32	NQ②	228	城墙探沟地层	宫殿区南城墙	梅花鹿、黄牛、水牛、山羊
33	NQ③	29	城墙探沟地层	宫殿区南城墙	虎、梅花鹿、黄牛、水牛
34	NQ④	36	城墙探沟地层	宫殿区南城墙	水牛
35	NQ⑤	28	城墙探沟地层	宫殿区南城墙	鸡、黄牛
36	NQ⑥	26	城墙探沟地层	宫殿区南城墙	黄牛
37	NQ⑦	73	城墙探沟地层	宫殿区南城墙	猪
38	NQ⑧	20	城墙探沟地层	宫殿区南城墙	猪
39	TFB	19	街道及居住遗址	街道区西部	猕猴、猪、水牛
40	YSI②B	4776	文化层第2B层	衙署区第一级台地	泥蚶、鸡、鸭、豪猪、狗、猫、虎、豹、熊、马、野猪、猪、水鹿、梅花鹿、赤麂、小麂、獐、狍、黄牛、水牛、苏门羚羊、山羊
41	YSI④A	1070	文化层第4A层	衙署区第一级台地	鸡、鸭、虎、猪、野猪、水鹿、梅花鹿、赤麂、小麂、麝、獐、黄牛、水牛、山羊
42	YSI④B	211	文化层第4B层	衙署区第一级台地	猪、水鹿、梅花鹿、赤麂、小麂、黄牛、水牛、苏门羚羊
43	YSI①	462	文化层第1层	衙署区第一级台地	猕猴、猪、梅花鹿、赤麂、小麂、黄牛、水牛
44	YSI②A	2053	文化层第2A层	衙署区第一级台地	猪

续表

序号	出土单位	数量（件）	遗迹单位性质	位置	出土动物种属
45	YSI③	7996	文化层第3层	衙署区第一级台地	鸡、鸭、猕猴、豪猪、猫、虎、熊、马、猪、野猪、水鹿、梅花鹿、赤麂、小麂、黄牛、水牛、圆顶珠蚌、泥蚶
46	ZJ	10	道路	街道区	虎、水牛
合计		41683			

第三节 资料整理过程、方法和本研究的框架

一、整理过程

老司城遗址2010年大规模发掘中出土了数量众多的动物骨骼，考古发掘领队柴焕波先生邀请湖南省文物考古研究所袁家荣研究员对这批动物骨骼材料进行整理鉴定。袁家荣先生对出土骨骼按骨骼部位进行分类并统计骨骼数量，初步统计各类骨骼总数达13849件，其中主要包括哺乳动物计有5目18属种以及一些水生动物种属，并进行了动物考古学研究，其相关成果见《永顺老司城》附录一《永顺老司城遗址2010年出土动物遗骸鉴定意见》。

2012年6月发掘结束后，承蒙柴焕波先生推荐，经所领导批准，决定由莫林恒负责老司城遗址出土动物骨骼的系统整理与专项研究。2013年6月经湖南省文物考古研究所学术委员会批准，“永顺老司城遗址动物遗存研究”列为2013年度的所级课题。此后，在湖南省文物考古研究所、老司城遗址管理处、永顺县文物局各单位的大力支持下，老司城动物骨骼整理工作全面展开。室外整理工作从2013年6月至2013年12月结束。整理期间，工作场地一直在当时的永顺老司城遗址管理处（老司城希望小学）。整理人员有永顺老司城遗址管理处王洪、喻建、丁海艳、刘兵，当地村民肖向东、蔡翠红等也参与了整理（图版六，1）。动物骨骼照片由永顺县文物局刘兵和湖南省文物考古研究所杨町拍摄，线图由陆翼捷和王轩绘制。本书由莫林恒负责编撰完成，袁家荣先生对动物骨骼的整理及书稿的撰写给予了悉心的指导（图版六，2）。

二、整理方法与步骤

整理步骤：①根据遗址动物骨骼整体保存较好的情况，先对所有动物骨骼都进行了清洗。清洗过程为先进行短暂的过水浸泡，然后用竹签清除骨骼附着的泥块，最后用软毛刷子带水清洗骨骼表面。②对每一件动物骨骼都按出土单位编号，并将编号书写在动物骨骼表面。③对动物骨骼进行分类。首先是按贝类、鱼类、鸟禽类、哺乳类等大类分开，再对出土数量众多的哺乳类和鸟禽类按照骨骼部位分类，如哺乳动物按照角、头骨、牙齿、上颌骨、下颌骨、

肩胛骨、肱骨、尺骨、桡骨、股骨、胫骨、掌骨、跖骨、寰椎、枢椎、盆骨、中央跗骨、髌骨、跟骨、冠骨、系骨、蹄骨等共计33种骨骼部位分类。鸟禽类按照头骨、肩胛骨、肱骨、桡骨、尺骨、喙骨、锁骨、胸骨、腕掌骨、股骨、胫骨、跗跖骨、骶骨、盆骨、趾骨共15种骨骼部位分类。④将各种部位骨骼按个体大小分成“大”“较大”“中”“较小”“小”这几个类型以便进行进一步种属鉴定。⑤将完成各种分类的动物骨骼通过对照动物骨骼图谱资料和现代动物标本进行种属鉴定。⑥对于可以鉴定到种属的骨骼进行逐件观察、测量、记录等，填写鉴定分析卡片（图1-3）。⑦对于不能鉴定到种属的骨骼按骨骼部位、大小分类。对于最终无法分辨骨骼部位的，按照骨片与骨块分类，并从中抽取一定比例进行骨骼尺寸大小、重量的测量，以及观察人工痕迹。⑧将卡片鉴定分析及各类抽查骨骼观察内容利用Excel软件编制表格。

为了方便动物考古专项研究，本研究将动物骨骼独立编号，而不与遗址出土的其他类型遗物统合编号。每一遗址单位出土动物骨骼从1号开始，顺序编号，每一单位的最后一个号码代表这个单位出土动物骨骼的数量（参见表1-1）。

三、鉴定分析记录卡片的说明

为了便于读者理解后面章节的研究内容，在这里有必要解释一下老司城遗址动物标本鉴定分析记录卡片。实际上，这种卡片的格式是我们经过一段时间的初步整理摸索后，根据老司城遗址这批动物骨骼的特点，结合本次动物考古学研究的目标和方法制定的。卡片共有18项填写内容，为了节约时间及录入方便，大部分内容都是以打“√”的形式填写。卡片样式如图1-3所示。

下面将各项内容逐一简要说明：

（1）编号：卡片的流水号。本次出土动物骨骼41683件，对其中保存较好的12612件标本进行了鉴定分析卡片的填写。

（2）填卡人：为卡片的填写人员姓名。

（3）日期：填写卡片日期。

（4）骨骼编号：该件动物骨骼的单位编号，即对应考古报告中的小件号，如“G10：101”。

（5）动物种属：所能鉴定到的“种”或“属”，如“虎”“豹”。

（6）骨骼名称：骨骼的部位名称，如“肱骨”“股骨”。

（7）骨骼重量：使用电子天平逐件称量，精确度为0.1克。

（8）左/右：一般用于肢骨，如肱骨的“左”代表“左肱骨”，反之亦然。

（9）骨骼部位：有四个选项栏，分为“完整”“近”“中”“远”。“完整”是指骨骼整体保存较完整；“近”是指保存部位为骨骼近端或近部；“中”是指保存部位为骨骼中部；“远”是指保存部位为骨骼远端或远部。其中后面三项是根据骨骼实际保存情况打“√”，可多选，如一件保存部位为骨骼近中部的骨骼则在“近”和“中”两栏下都要打“√”。

（10）骨骼愈合状况：分为“A”“B”“C”“D”四个等级。“A”为关节头脱落，

老司城遗址动物标本鉴定分析记录卡片

编号： 填卡人： 日期：

骨骼编号		动物种属		骨骼名称		骨骼重量	

左/右	左	右	骨骼部位	完整	近	中	远	骨骼愈合状况	A	B	C	D

动物大小	大	大中	中	中小	小	测量数据（mm）	长	宽	高（厚）

年龄		性别	雄	雌	破碎程度	A	B	C	D	E

人工痕迹	切	砸	砍	劈	剔	烧	烤	锯	其他

（正面）

标准测量数据	
备注	

（背面）

图1-3 老司城遗址动物标本鉴定分析记录卡片

定为“未愈合”；“B”为愈合骨缝较为明显，定为“正愈合”；“C”为愈合骨缝已不太明显，定为“接近愈合”；“D”为已充分愈合，定为“已愈合”。在后期整理时，“B”与“C”合并，都归为“愈合中”。

（11）动物大小：分为“大”“大中”“中”“中小”“小”五栏，是根据骨骼大小估测动物体重，分为五个等级，各个级别的体重分别为“大”为150千克以上；“大中”为75～150千克；“中”为25～75千克；“中小”为5～25千克；“小”为5千克以下。后期整理研究时对该项数据指标并未作深入分析，但具有一定参考价值。

（12）测量数据：对每件骨骼进行长度、宽度、厚度（高度）的测量，长度是骨骼纵向最大测量值。一般是沿长轴方向的最大长，如果是不规则骨骼，则为这件骨骼保存的最大长。宽度是横向最大测量值。厚度（高度）是垂直于长度与宽度相交所构成平面的最大测量值。这组测量数据在后期整理研究时起到了重要的复核作用。

（13）年龄：主要是根据牙齿萌生和磨蚀情况推断动物年龄，这在对偶蹄类动物带齿下颌进行观察分析时运用最为充分。

（14）性别：主要观察具有明确性别指示的动物骨骼，如成年鸡跗跖骨中带“距”的为雄性，反之为雌性。

（15）破碎程度：分为“A”“B”“C”“D”“E”五个等级，分别对应“完整”“较完整”“一般”“破碎”“很破碎”五个等级。实际填写时判断标准不很明确，但在后期整理研究时有一定的参考价值。

（16）人工痕迹：分为“切”“砸”“砍”“劈”“剔”“烧”“烤”“锯”这9项，并留有“其他”栏用于填写较为少见的人工痕迹类型，如“削”等。发现相关的人工痕迹即在相对应的空格处打“√”，部分骨骼存在多种人工痕迹并存的现象，即在多个选项下打“√”。

（17）标准测量数据：填写在卡片背面的上半部分，该栏中的测量数据都是按照《考古遗址出土动物骨骼测量指南》的标准进行测量记录的，主要针对哺乳动物和鸟禽类动物。各个数据简称也依照该书，如骨骼完整长度“GL”、骨骼远端宽度“Bd”等。

（18）备注：填写在卡片背面的下半部分，主要内容包括使用具体文字记录、描述观察到的骨骼病理现象、人工痕迹等各种骨骼表面现象。

四、本书的主要研究目标和各章研究内容

本书的主要研究目标为按照动物考古学的方法，尽可能释读出动物遗存中所包含的各种历史文化信息。总体而言，本研究有这样几个特点。

第一，以大量原始统计数据作为分析研究的基础。各种测量、称重、观察统计数据是复原肉食结构、动物年龄、性别、人类加工方式等专项研究的基础。

第二，老司城遗址出土的绝大多数动物骨骼时代归属于明清时期，这一时间段从宏观上看是我国动物考古学研究的最晚节点，这对于考察各种野生、家养动物的历时性变化以及畜牧史的研究无疑提供了非常重要的时间节点材料。

第三，按照动物考古的研究内容，从渔猎、饲养、肉食结构、加工处理方式、自然生态环境几方面开展了实地专项调查，并将有关调查信息与之前的研究认识对应分析，以提高相关研究认识。

本研究共分十一章。第一章为概述。第二章是对出土的各种动物的典型骨骼进行鉴定、描述。第三章在采用各种动物考古学统计方法进行肉食消费量化研究的基础上，探讨如何使用一种分类型的量化方式研究不同动物在肉食结构中的地位。第四章以测量数据为基础，将家畜动物的个体大小变化放在驯化史中作历时性考察；另外分析测量数据是否可以作为鉴定、区别相近大小动物的判断依据。第五章通过观察动物牙齿萌生和磨蚀情况、骨骼的愈合情况分析各种动物的年龄，进而探讨当时的生业模式。第六章通过对人工痕迹的观察，分析各种人工痕迹的类型和目的，归纳对于不同动物、不同骨骼部位所使用的加工处理方式。第七章是对骨器制作的相关研究。第八章对骨骼病理情况进行了专项研究，分析各种类型动物骨骼上的病理现象和成因。第九章为根据动物骨骼所作的综合性论述分析，如与出土动物骨骼相关的遗迹、遗物、遗址区域功能分析，相关遗址比较等。第十章是老司城遗址动物考古实地调查，将有关调查信息与之前的各种专项研究对应分析，以补充和提高相关研究认识。第十一章结语是对之前各章的总结和回顾。

第二章　动物骨骼分类鉴定与描述

第一节　老司城遗址出土动物种属

老司城遗址出土了四万余件动物骨骼，目前可鉴定的动物骨骼包括5纲、11目、17科、33种属。具体种属如下：

软体动物门　Mollusca
　瓣鳃纲　Lamellibranchia
　　列齿目　Taxodonta
　　　蚶科　Arcidae
　　　　泥蚶属　*Tegillarca*
　　　　　泥蚶　*Tegillarca granosa* (Linnaeus)
　　真瓣鳃目　Eulamellibranchia
　　　蚌科　Unionidae
　　　　珠蚌属　*Unio*
　　　　　圆顶珠蚌　*Unio douglasiae* (Gray)
　　　　矛蚌属　*Lanceolaria*
　　　　　剑状矛蚌　*Lanceolaria gladiola* (Heude)
脊索动物门　Chordata
　硬骨鱼纲　Osteichthyes
　　鲤形目　Cypriniformes
　　　鲤科　Cyprinidae
　　　　鲤属　*Cyprinus*
　　　　　鲤　*Cyprinus carpio* Linnaeus
　　　　草鱼属　*Ctenopharyngodon*
　　　　　草鱼　*Ctenopharyngodon idellus* (Cuvier et Valenciennes)
　　　　青鱼属　*Mylopharyngodon*
　　　　　青鱼　*Mylopharyngodon piceus* (Richardson)
　　　　鳡鱼属　Elopichthys
　　　　　鳡　*Elopichthys bambusa* (Richardson)
　爬行纲　Reptilia

龟鳖目 Testudinata
鳖科 Trionychidae
中华鳖属 *Pelodiscus*
中华鳖 *Pelodiscus sinensis* (Wiegmann)
鸟纲 Aves
雁形目 Anseriformes
鸭科 Anatidae
雁属 *Anser*
家鹅 *Anser cygnoides domesticus* Linnaeus
河鸭属 *Anas*
家鸭 *Anas platyrhynchos domesticus* Linnaeus
鸡形目 Galliformes
雉科 Phasianidae
原鸡属 *Gallus*
家鸡 *Gallus gallus domesticus* Brisson
竹鸡属 *Bambusicola*
灰胸竹鸡 *Bambusicola thoracicus* Temminck
哺乳纲 Mammalia
灵长目 Primates
猴科 Cercopithecdae
猕猴属 *Macaca*
猕猴（未定种） *Macaca* sp.
啮齿目 Rodentia
竹鼠科 Rhizomyidae
竹鼠属 *Rhizomys*
中华竹鼠 *Phizomys sinensis* Gray
豪猪科 Hystricidae
豪猪属 *Hystrix*
中国豪猪 *Hystrix hodgsoni* (Gray)
食肉目 Carnivora
犬科 Canidae
犬属 *Canis*
狼 *Canis Lupus* Linnaeus
狗 *Canis familiaris* Linnaeus
熊科 Ursidae
棕熊属 *Ursus*

黑熊 *Ursus thibetanus* (G. Cuvier)

猫科 Felidae

猫属 *Felis*

家猫 *Felis silvestris catus* (Linnaeus)

豹属 *Panthera*

金钱豹 *Panthera parddus* Linnaeus

华南虎 *Panthera tigris amoyensis* Hilzheimer

奇蹄目 Perissodactyla

马科 Equidae

马属 *Equus*

马 *Equus caballus* Linnaeus

偶蹄目 Artiodactyla

猪科 Suidae

猪属 *Sus*

野猪 *Sus scrofa* Linnaeus

家猪 *Sus scrofa domesticus* Linnaeus

麝科 Moschidae

麝属 *Moschus*

麝（未定种） *Moschus* sp.

鹿科 Cervidae

麂属 *Muntiacus*

赤麂 *Muntiacus munijak* Zimmermann

小麂 *Muntiacus reevesi* Ogilby

鹿属 *Cervus*

水鹿 *Cervus unicolor* (Kerr)

梅花鹿 *Cervus nippon* Temminck

牛科 Bovidae

牛属 *Bos*

黄牛（未定种） *Bos*sp.

水牛属 *Bubalus*

水牛（未定种） *Bubalus* sp.

鬣羚属 *Capricornis*

苏门羚 *Capricornis milneedwardsii* (David)

山羊属 *Capra*

山羊（未定种） *Capra* sp.

需要说明的是，在之后的分节介绍中，笔者没有按照严格的生物学分类标准，而是以生物学为基础，以通俗易懂的方式将其分为软体动物类、爬行动物类、鱼类、鸟禽类、哺乳动物类。软体动物包括了螺类和贝类。爬行动物中只有鳖类。鱼类都是淡水环境的硬骨鱼类。鸟禽类主要是家禽及少量野生的鸟类。哺乳动物的种类最为丰富，有猫科、犬科、熊科、马科、猪科、鹿科、牛科、猴科、竹鼠科、豪猪科等。

本章中将各种动物归属于其所属的科之下。每种动物根据出土的骨骼部位、数量、骨骼完整程度等因素挑选典型标本。每件典型标本都记录有骨骼部位名称、标本号、测量数据并配有照片，部分典型骨骼配有文字描述和线图。骨骼的形态特征及测量尺寸可以与照片、图及文字相互对照。

测量数据包括骨骼的长度、宽度、高度（厚度）、重量、标准测量数据。测量数据中，既有骨骼的长度、宽度、厚度的测量数据，也有《考古遗址出土动物骨骼测量指南》中使用英文简称的测量数据。在骨骼保存完整的情况下，大部分骨骼的长度、宽度会与以《测量指南》为范本测量出的GL、GB（或Bp/Bd）数值一样，也就是说会有一定篇幅的重复。这样做的目的是想让非动物考古专业的阅读者也可以一目了然地知道这件骨骼的大小尺寸，而不必再去通过查阅《测量指南》来获知英文字母简称所代表的意义。其中按照《测量指南》测量出的数据单独起行，以便与一般测量数据相区别。骨骼尺寸的测量数据以毫米（mm）为单位，保留小数点后面两位数。

另外，在测量数据中，还公布了骨骼的重量。我们认为骨骼重量本身是一种科学客观的测量数据，在动物考古学今后的发展中可能会被涵盖进入研究范畴。同时，附表中所有的骨骼都有重量数据，而本章的典型骨骼重量可以起到参考对照的作用。骨骼重量的数据以克（g）为单位，保留小数点后一位数。

在正文中，哺乳动物牙齿的英文简记方法采取了上颌骨牙齿用大写英文字母标记，即门齿、犬齿、前臼齿、臼齿分别为I、C、P、M；下颌骨牙齿用小写字母标记，即门齿、犬齿、前臼齿、臼齿分别为i、c、p、m的标记方法。在附表中，由于已区分了上下颌骨，所以都统一用大写字母标记。

第二节　软体动物类

鉴定出的软体动物有4种，分别为泥蚶、圆顶珠蚌、剑状矛蚌、海螺。这几种动物骨骼均为其外部的壳体。海螺由于外壳残破，缺少鉴定种属的特征，根据其残存形态，判断其为海相动物，暂称之为海螺。

一、泥蚶 *Tegillarca granosa* (Linnaeus)

泥蚶共出土22件骨骼，都为泥蚶壳体，骨骼整体保存较好。

泥蚶：左侧壳体

（1）标本YSI③：6964（图2-1，1；图版七，1）。

（2）测量数据：长度43.37mm、宽度41.04mm、厚度20.34mm、重量18.4g。

（3）描述：壳体呈扇形圆鼓，壳体表面共有16条放射肋，放射肋上有较明显的凸起结节。

二、圆顶珠蚌 *Unio douglasiae* (Gray)

共出土3件骨骼，出土骨骼部位都为壳体，壳体部分残损。

圆顶珠蚌：右侧壳体

（1）标本YSI③：6959（图版七，4）。

（2）测量数据：长度33.17mm、宽度17.71mm、厚度5.83mm、重量1.4g。

（3）描述：贝壳呈卵圆形，体扁平，壳顶及后端部分残缺。

三、剑状矛蚌 *Lanceolaria gladiola* (Heude)

仅出土1件骨骼，保存基本完整。

剑状矛蚌：左侧壳体

（1）标本F2：049（图2-1，2；图版七，2）。

（2）测量数据：长度109.25mm、宽度28.91mm、厚度11.90mm、重量22.0g。

（3）描述：蚌壳保存基本完整，壳体扁平，狭长，一端圆钝，一端尖锐。

四、海螺（?）

仅出土1件骨骼，外壳残损。

海螺：螺壳

（1）标本YSI③：1（图版七，3）。

（2）测量数据：长度62.65mm、宽度33.20mm、厚度28.06mm、重量24.7g。

（3）描述：外壳残缺，可见四层重叠螺层。

第三节　爬行动物类

老司城遗址发现的爬行类动物只有一种，即龟鳖目鳖科的中华鳖［*Pelodiscus sinensis* (Wiegmann)］，出土骨骼包括肱骨、背板、舌板等部位。

（一）中华鳖：左侧肱骨

（1）标本G24：977（图2-1，5；图版七，6）。
（2）测量数据：长度45.56mm、宽度16.24mm、厚度20.12mm、重量2.4g。
（3）描述：骨骼保存完整，整体呈一勺形，扁平弯曲。

（二）中华鳖：左侧背板

（1）标本G10：251（图2-1，7；图版七，7）。
（2）测量数据：长度52.63mm、宽度13.52mm、厚度2.48mm、重量1.3g。
（3）描述：骨体呈弧形扁平弯曲，体表面有细凹点纹理。

（三）中华鳖：右下舌板

（1）标本G18②：26（图2-1，3；图版七，5）。
（2）测量数据：长度58.36mm、宽度26.49mm、厚度3.46mm、重量2.7g。
（3）描述：骨骼中部断开，骨体扁平，突出部位呈放射束状纹理。

第四节　鱼　　类

发现的鱼类都属于内陆淡水环境的硬骨鱼类，以鲤科为主。能够进行鉴定的部位多为咽骨，也有部分腹鳍骨、支鳍骨、脊椎骨。

一、草鱼 *Ctenopharyngodon idellus* (Cuvier et Valenciennes)

仅出土1件咽骨。
草鱼：右侧咽骨
（1）标本G24：1053（图版七，9）。
（2）测量数据：长度32.78mm、宽度14.05mm、厚度14.86mm、重量2.2g。
（3）描述：骨骼后侧残缺，骨体弯曲呈钩状，转角处宽厚，保留三个齿槽孔，咽齿已脱落。

二、鳡鱼 *Elopichthys bambusa* (Richardson)

仅出土1件咽骨。

鳡鱼：左咽骨

（1）标本G10：0163（图2-1，6；图版七，8）。

（2）测量数据：长度61.25mm、宽度28.67mm、厚度14.14mm、重量2.2g。

（3）描述：骨骼保存较完整，骨体瘦长呈弯钩状，保留四颗咽齿，咽齿呈尖锥状，齿尖向后略弯。

三、鲤鱼 *Cyprinus carpio* Linnaeus

共出土6件骨骼，骨骼部位包括咽骨、脊椎骨、鱼鳍骨。

（一）鲤鱼：右侧咽骨

（1）标本G18②：1（图版七，14）。

（2）测量数据：长度65.37mm、宽度32.14mm、厚度17.49mm、重量5.5g。

（3）描述：咽骨保存较好，咽齿都脱落。骨骼中部弯曲，外侧光滑。

（二）鲤鱼：左侧腹鳍骨

（1）标本G18②：5（图版七，12）。

（2）测量数据：长度58.74mm、宽度7.14mm、厚度3.89mm、重量1.4g。

（3）描述：骨骼保存基本完整，骨体一侧有一线倒锯齿。

（三）鲤鱼：支鳍骨

（1）标本G10：8400（图版七，11）。

（2）测量数据：长度63.04mm、宽度10.66mm、厚度7.28mm、重量1.6g。

（3）描述：骨骼整体保存完整，呈一扁体尖锥形，中间有一凸嵴。

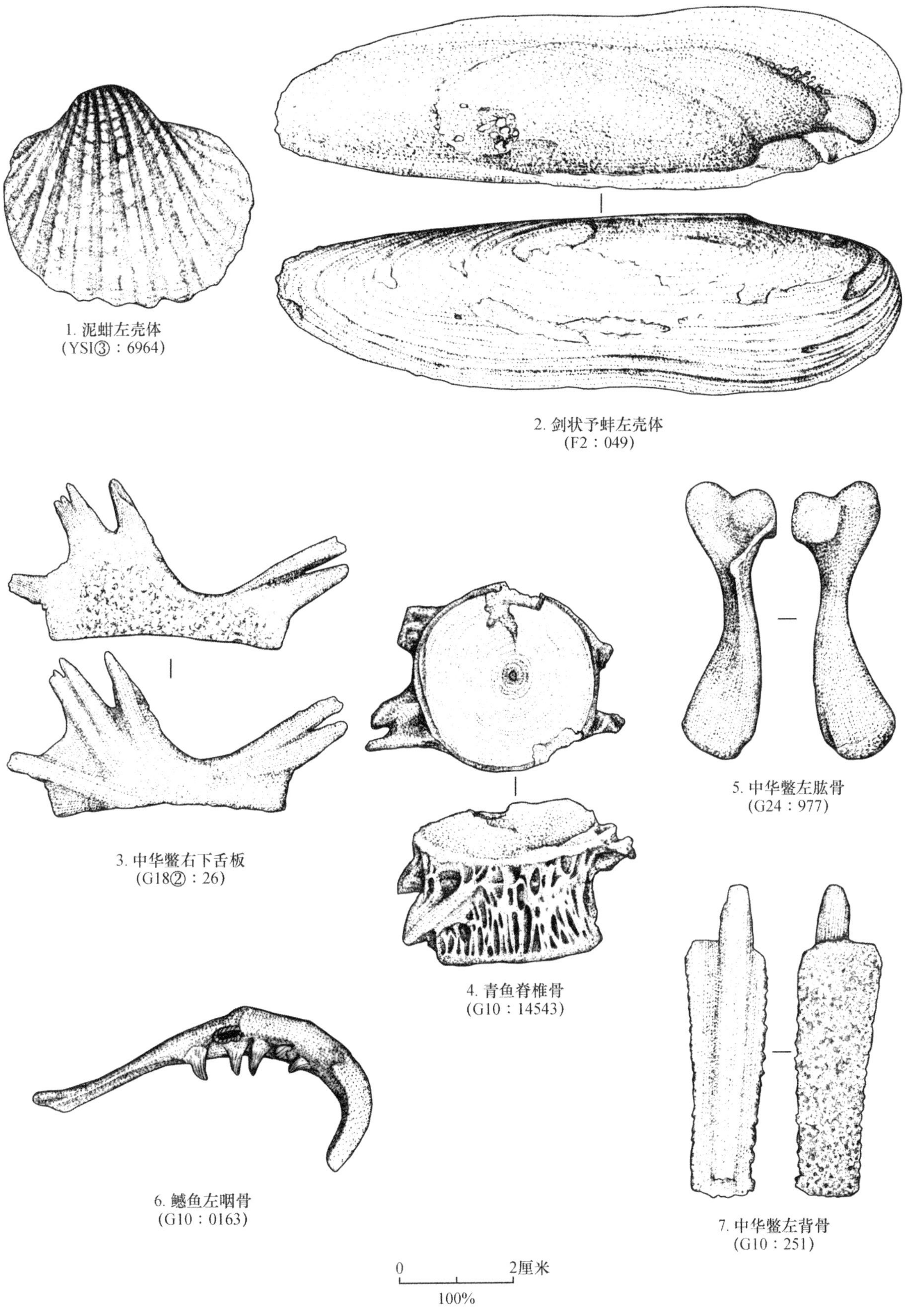

图2-1　水生动物骨骼图

注：100%即图中动物骨骼尺寸比例为实际动物骨骼大小的100%，以下各图及图版同理

四、青鱼 *Mylopharyngodon piceus* (Richardson)

仅出土1件脊椎骨。

青鱼：脊椎骨

（1）标本G10：14543（图2-1，4；图版七，10）。

（2）测量数据：长度45.02mm、宽度32.17mm、厚度19.41mm、重量9.5g。

（3）描述：保存骨体大部，横突残断，椎体硕大，椎面有23个年轮圈。

五、鲃亚科*Barbinae*

仅出土1件咽骨。

鲃亚科：右侧咽骨

（1）标本G24：311（图版七，13）。

（2）测量数据：长度47.73mm、宽度29.08mm、厚度10.79mm、重量3.8g。

（3）描述：后端略残，骨体呈弧形弯钩，底部较平，保留三颗咽齿，咽齿呈圆锥状，略钝。

第五节　鸟　禽　类

鸟禽类包括2目2科4种，以鸡、鸭、鹅等家禽为主，另有少量竹鸡骨骼。鸡和鸭的骨骼部位出土丰富，各种肢骨骨骼如肱骨、喙骨、腕掌骨、尺骨、桡骨、股骨、胫骨、跗跖骨都有出土，另有部分头骨、颌前骨、腰骶骨等部位骨骼出土。

一、鸡 *Gallus gallus domesticus* Brisson

共出土850件骨骼，包括头骨、肱骨、尺骨、桡骨、腕掌骨、肩胛骨、喙骨、锁骨、胸骨、盆骨、骶骨、股骨、胫骨、跗跖骨、趾骨等15种骨骼部位。

（一）鸡：头骨

（1）标本G10：11741（图2-2，1；图版八，1）。

（2）测量数据：长度34.70mm、宽度26.51mm、高度18.31mm、重量2.8g。

最大宽GB：26.51mm

正中矢状面最大高GH：18.31mm

（3）描述：整体保存较完整，骨体宽而短，顶部呈圆拱形，枕面有一圆形枕孔。

（二）鸡：颌前骨

（1）标本G24：1164（图版八，2）。

（2）测量数据：长度38.50mm、宽度14.33mm、厚度6.09mm、重量0.4g。

（3）描述：左侧喙缘略残，前端呈锥状三角形。

（三）鸡：右侧喙骨

（1）标本G10：9221（图2-2，2；图版八，3）。

（2）测量数据：长度48.60mm、宽度11.93mm、厚度5.44mm、重量0.6g。

最大长GL：48.60mm

底最大宽Bb：11.93mm

（3）描述：骨骼整体保存完整，近端关节瘦长，远端骨体窄扁，略扩张。

（四）鸡：左侧腕掌骨

（1）标本G10：234（图2-2，5；图版八，4）。

（2）测量数据：长度40.00mm、宽度10.73mm、厚度6.08mm、重量1.8g。

最大长GL：40.00mm

近端最大宽Bp：10.73mm

远端对角线长Did：7.79mm

（3）描述：整体保存较完整，骨骼较短小，第三掌骨弯曲、与第二掌骨间隔较大。

（五）鸡：右侧肱骨

（1）标本G24：853（图2-2，3；图版八，5）。

（2）测量数据：长度67.70mm、宽度17.62mm、厚度8.37mm、重量2.6g。

最大长GL：67.70mm

近端内外侧结节最大宽Bp：17.62mm

骨干最小宽SC：6.67mm

远端最大宽Bd：13.11mm

（3）描述：整体保存完整，个体粗短，肱骨头肥厚圆钝，与内侧结节之间有一坑窝但相互连接，结节下方有一圆形气孔。

（六）鸡：左侧尺骨

（1）标本G10：9058（图2-2，4；图版八，7）。

（2）测量数据：长度71.95mm、宽度10.14mm、厚度11.49mm、重量1.4g。

最大长GL：71.95mm

近端最大宽Bp：9.69mm

骨干最小宽SC：4.37mm

远端对角线最大长Did：10.08mm

（3）描述：整体保存完整。近端有两个瓜子型关节面，内侧关节面宽而深，外侧关节面窄而浅。骨体呈三面，靠近腹侧两面扁平，背侧一面圆弧。

（七）鸡：右侧股骨

（1）标本G10：9049（图2-2，6；图版八，6）。

（2）测量数量：长度77.78mm、宽度15.83mm、厚度11.76mm、重量3.4g。

最大长GL：77.78mm

近端最大宽Bp：15.83mm

骨干最小宽SC：7.39mm

远端最大宽Bd：14.96mm

（3）描述：骨骼整体保存完整，大转子呈尖锐凸嵴，骨体较长而粗壮，中部弯曲。

（八）鸡：左侧胫骨

（1）标本G10：8382（图2-2，8；图版八，9）。

（2）测量数量：长度104.81mm、宽度20.25mm、厚度13.98mm、重量4.4g。

最大长GL：104.81mm

近端对角线最大长Dip：20.25mm

骨干最小宽SC：6.12mm

远端最大宽Bd：11.90mm

（3）描述：骨骼整体保存完整，胫骨嵴沿关节面呈弧形向后扭转，骨体修长，远端内外滑车对称较直。

（九）鸡：左侧跗跖骨

（1）标本YSI③：6804（图2-2，7；图版八，8）。
（2）测量数据：长度71.98mm、宽度13.24mm、厚度12.86mm、重量3.1g。
最大长GL：71.98mm
近端最大宽Bp：13.24mm
骨干最小宽SC：7.55mm
远端最大宽Bd：13.16mm
距长（左右径）：24.16mm
距宽（上下径）：9.15mm
（3）描述：骨骼整体保存完整，内侧中下部有一较粗壮的圆锥形距突，略弯曲。

（十）鸡：腰骶骨

（1）标本G24：733（图版八，10）。
（2）测量数据：长度70.20mm、宽度25.19mm、厚度14.31mm、重量3.1g。
（3）描述：骨骼周边残缺，前部背侧可见腰荐骨棘突，后部略带弧形。

二、竹鸡 *Bambusicola thoracicus* Temminck

共出土3件骨骼，包括肱骨、喙骨、跗跖骨3种骨骼部位。

（一）竹鸡：右侧肱骨

（1）标本G10：8169（图2-2，9；图版八，11）。
（2）测量数据：长度40.78mm、宽度9.77mm、厚度4.83mm、重量0.3g。
最大长GL：40.78mm
近端内外侧结节最大宽Bp：9.77mm
骨干最小宽SC：3.29mm
远端最大宽Bd：7.83mm
（3）描述：骨骼保存完整，个体扁小，中部骨干略外弧。

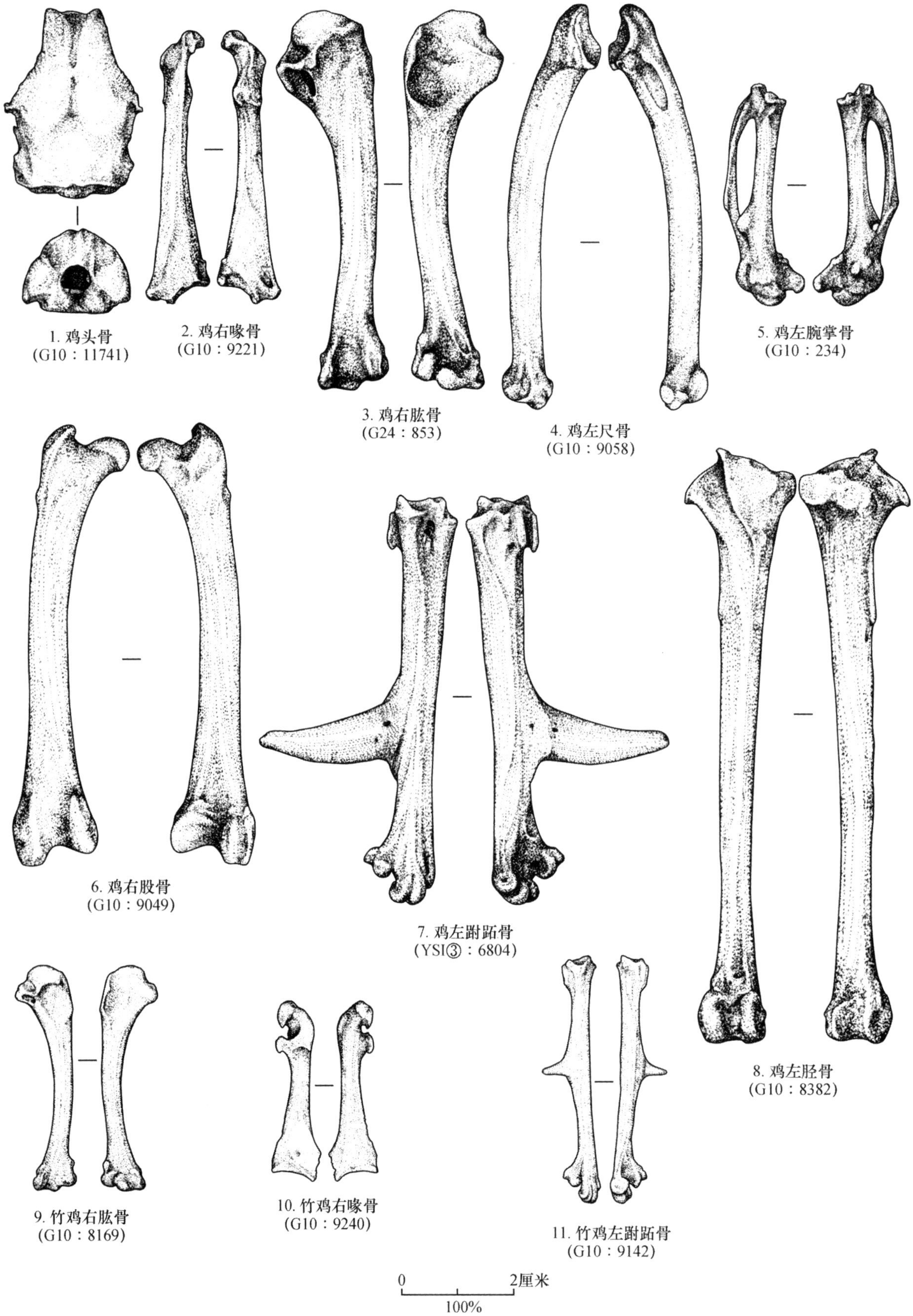

1. 鸡头骨
(G10：11741)
2. 鸡右喙骨
(G10：9221)
3. 鸡右肱骨
(G24：853)
4. 鸡左尺骨
(G10：9058)
5. 鸡左腕掌骨
(G10：234)
6. 鸡右股骨
(G10：9049)
7. 鸡左跗跖骨
(YSI③：6804)
8. 鸡左胫骨
(G10：8382)
9. 竹鸡右肱骨
(G10：8169)
10. 竹鸡右喙骨
(G10：9240)
11. 竹鸡左跗跖骨
(G10：9142)
0
2厘米
100%

图2-2　鸡、竹鸡骨骼图

（二）竹鸡：右侧喙骨

（1）标本G10：9240（图2-2，10；图版八，12）。

（2）测量数据：长度32.51mm、宽度11.93mm、厚度5.44mm、重量0.3g。

最大长GL：32.51mm

底最大宽BF：8.46mm

（3）描述：骨骼整体保存完整，近端喙突较发达，远端骨体扁平略扩张。

（三）竹鸡：左侧跗跖骨

（1）标本G10：9142（图2-2，11；图版八，13）。

（2）测量数据：长度43.53mm、宽度6.89mm、厚度6.12mm、重量0.4g。

最大长GL：43.53mm

近端最大宽Bp：6.89mm

骨干最小宽SC：3.33mm

远端最大宽Bd：6.90mm

距长（左右径）：4.51mm

距宽（上下径）：2.41mm

（3）描述：骨骼整体保存完整，骨干纤细，内侧中上部有一锥形距突。

三、鸭 *Anas platyrhynchos domesticus* Linnaeus

共出土107件骨骼，包括头骨、肱骨、尺骨、桡骨、腕掌骨、喙骨、骶骨、股骨、胫骨、跗跖骨等10种骨骼部位。

（一）鸭：头骨

（1）标本G10：11747（图版九，1）。

（2）测量数据：长度55.40mm、宽度28.92mm、高度25.25mm、重量3.5g。

（3）描述：骨骼保存较完整，骨骼整体较长而窄，顶部较扁平，枕孔面之上有两个对称小孔。

（二）鸭：左侧肱骨

（1）标本G10：8264（图2-3，2；图版九，2）。

（2）测量数据：长度85.11mm、宽度18.72mm、厚度11.78mm、重量2.1g。

最大长GL：85.11mm

近端内外侧结节最大宽Bp：18.72mm

骨干最小宽SC：5.72mm

远端最大宽Bd：12.99mm

（3）描述：骨骼整体保存完整。骨体瘦长，肱骨头圆钝，与内侧结节之间有一沟槽贯通，相互不连接，结节下有一较圆深的凹陷气孔。

（三）鸭：左侧桡骨

（1）标本G10：9194（图2-3，3；图版九，3）。

（2）测量数据长度：长度69.61mm、宽度6.73mm、厚度5.82mm、重量0.6g。

最大长GL：69.61mm

骨干最小宽SC：2.71mm

远端最大宽Bd：6.73mm

（3）描述：骨骼保存完整。骨体瘦长，近中部呈棒状，远端扁平。

（四）鸭：右侧股骨

（1）标本G10：9132（图2-3，5；图版九，5）。

（2）测量数据：长度51.70mm、宽度12.45mm、厚度9.33mm、重量1.2g。

最大长GL：51.70mm

近端最大宽Bp：12.45mm

骨干最小宽SC：5.01mm

远端最大宽Bd：12.03mm

（3）描述：骨骼保存完整，大转子与近端关节面较平，骨体较短小。

（五）鸭：右侧胫骨

（1）标本G10：9161（图2-3，6；图版九，9）。

（2）测量数量：长度89.01mm、宽度13.88mm、厚度11.40mm、重量2.1g。

最大长GL：89.01mm

近端对角线最大长Dip：13.88mm

骨干最小宽SC：4.88mm

远端最大宽Bd：10.53mm

（3）描述：骨骼整体保存完整，胫骨嵴沿关节面向后上方扭转，骨体纤瘦，远端内外滑车不对称，外侧滑车向外侧斜伸。

（六）鸭：左侧喙骨

（1）标本G24：1154（图2-3，1；图版九，6）。

（2）测量数据：长度54.57mm、宽度23.70mm、厚度8.13mm、重量1.8g。

最大长GL：54.57mm

底最大宽Bb：23.70mm

（3）描述：骨骼保存完整，喙突发达，远端骨体宽扁。

（七）鸭：腰骶骨

（1）标本G18：1352（图版九，8）。

（2）测量数据：长度64.95mm、宽度24.05mm、厚度16.10mm、重量3.3g。

（3）描述：骨骼边缘部位有一定程度残缺。背侧为一平面。前部保存部分盆骨，后部扁平，中间可见对称的两列尾椎孔。

（八）鸭：左侧腕掌骨

（1）标本G10：9953（图2-3，4；图版九，4）。

（2）测量数据：长度50.30mm、宽度13.70mm、厚度6.58mm、重量0.9g。

最大长GL：50.34mm

近端最大宽Bp：13.70mm

远端对角线长Did：6.61mm

（3）描述：骨骼保存较完整，第九掌骨略弯曲、与第二掌骨间隔小。远端突起不明显。

（九）鸭：右侧跗跖骨

（1）标本G10：254（图2-3，7；图版九，7）。

（2）测量数据：长度44.52mm、宽度10.42mm、厚度8.37mm、重量1.0g。

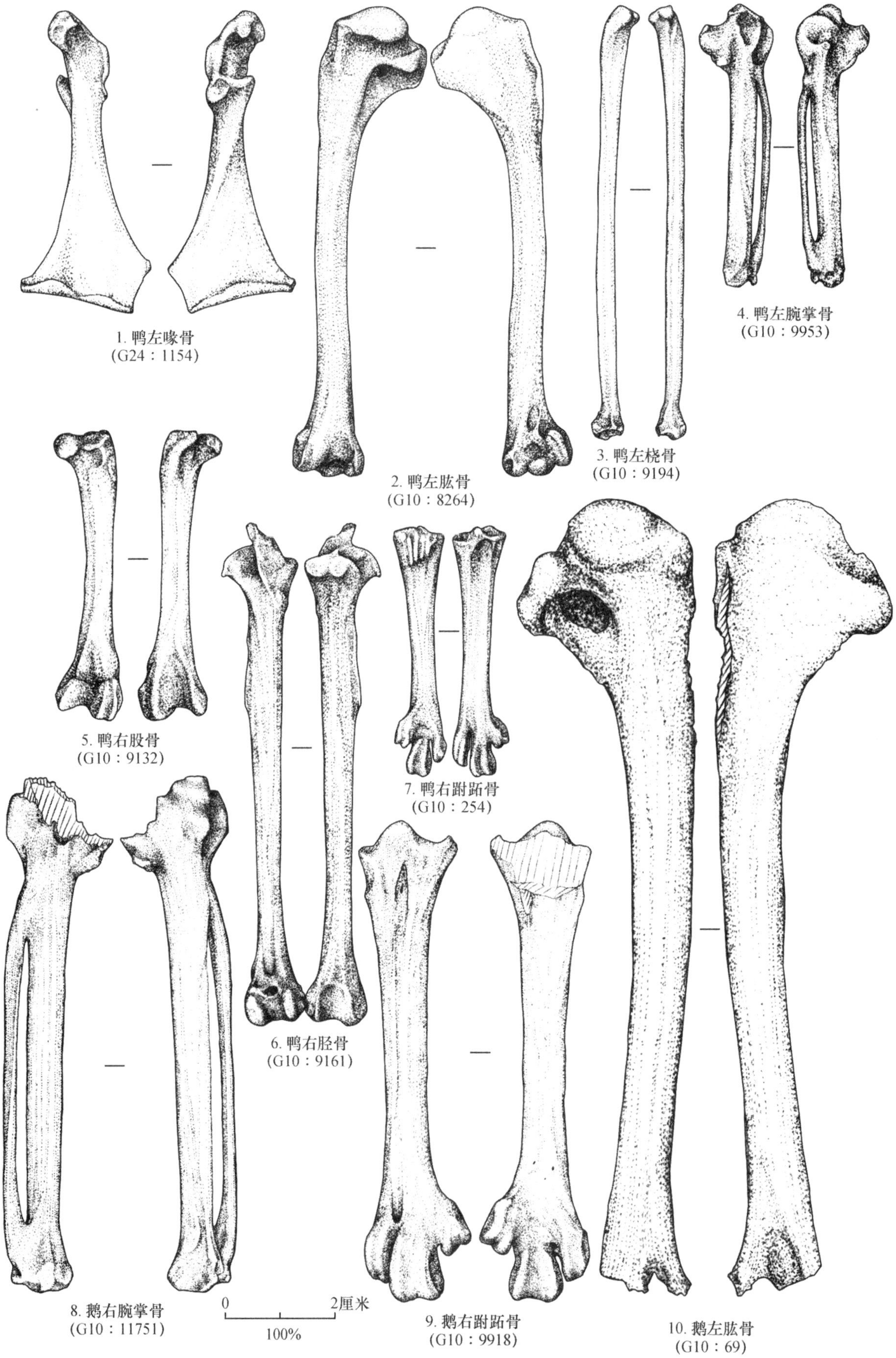
1. 鸭左喙骨
(G24：1154)
2. 鸭左肱骨
(G10：8264)
3. 鸭左桡骨
(G10：9194)
4. 鸭左腕掌骨
(G10：9953)
5. 鸭右股骨
(G10：9132)
6. 鸭右胫骨
(G10：9161)
7. 鸭右跗跖骨
(G10：254)
8. 鹅右腕掌骨
(G10：11751)
0
2厘米
100%
9. 鹅右跗跖骨
(G10：9918)
10. 鹅左肱骨
(G10：69)

图2-3　鸭、鹅骨骼图

最大长GL：44.52mm

近端最大宽Bp：9.58mm

骨干最小宽SC：4.76mm

远端最大宽Bd：10.42mm

（3）描述：骨骼保存完整。骨骼较短小，近端有两个左右并排的关节面，远端有三个跖骨滑车。

四、鹅 *Anser cygnoides domesticus* Linnaeus

共出土13件骨骼，包括肱骨、腕掌骨、胫骨、跗跖骨等4种骨骼部位。

（一）鹅：左侧肱骨

（1）标本G16：69（图2-3，10；图版九，10）。

（2）测量数据：长度138.41mm、宽度30.64mm、厚度14.97mm、重量9.0g。

近端内外侧结节最大宽Bp：30.64mm

骨干最小宽SC：9.87mm

（3）描述：保存骨骼大部分，远端关节砍断，肱骨头和结节向后翻转，中间有一沟缝贯通，结节下有一较圆深的孔洞，骨体扁圆而长。

（二）鹅：右腕掌骨

（1）标本G10：11751（图2-3，8；图版九，11）。

（2）测量数据：长度90.33mm、宽度19.78mm、厚度9.44mm、重量3.7g。

远端对角线长Did：11.71mm

（3）描述：骨骼近端略缺损，第二掌骨直长，第三掌骨略弯曲。

（三）鹅：右侧跗跖骨

（1）标本G10：9918（图2-3，9；图版九，12）。

（2）测量数据：长度85.03mm、宽度18.49mm、厚度14.94mm、重量5.6g。

最大长GL：85.03mm

近端最大宽Bp：18.49mm

骨干最小宽SC：7.6mm

远端最大宽Bd：18.93mm

（3）描述：骨骼保存较完整，骨干粗壮，远端关节膨大。

第六节　哺乳动物类

哺乳动物包括灵长目、啮齿目、食肉目、奇蹄目、偶蹄目5目，猴科、竹鼠科、豪猪科、犬科、熊科、猫科、马科、猪科、麝科、鹿科、牛科11科，猕猴、竹鼠、豪猪、狼、狗、黑熊、猫、豹、华南虎、马、野猪、家猪、麝、赤麂、小麂、水鹿、梅花鹿、黄牛、水牛、苏门羚、山羊21种。

一、猕猴 *Macaca* sp.

共出土16件骨骼，包括肱骨、尺骨、股骨等3种骨骼部位。

（一）猕猴：右侧肱骨

（1）标本F2：041（图2-4，1；图版一〇，1）。

（2）测量数据：长度109.25mm、宽度32.17mm、厚度15.86mm、重量10.2g。

远端最大宽Bd：32.17mm

（3）描述：保存骨骼中远部。骨干圆，远端扁宽，滑车中部有一凸嵴将滑车面一分为二。

（二）猕猴：左侧尺骨

（1）标本NQ①：181（图2-4，2；图版一〇，2）。

（2）测量数据：长度122.62mm、宽度16.41mm、厚度15.82mm、重量11.8g。

跨过冠状突最大宽BPC：16.41mm

（3）描述：保存骨骼近中部。鹰嘴很短，仅为一粗糙面。喙突下方有一明显的纵向沟槽。

（三）猕猴：右侧股骨

（1）标本G10：13446（图2-4，3；图版一〇，3）。

（2）测量数量：长度89.39mm、宽度35.30mm、厚度19.01mm、重量12.9g。

近端最大宽Bp：35.30mm

（3）描述：保存骨骼近中部。股骨头呈圆球形，内侧有一较深的头凹，高度与大转子接近。

（四）猕猴：右侧股骨

（1）标本G10：8101（图2-4，4；图版一〇，4）。
（2）测量数量：长度166.08mm、宽度31.11mm、厚度21.73mm、重量23.9g。
骨干最小宽SD：12.93mm
远端最大宽Bd：31.11mm
（3）描述：保存骨骼中远部。骨干长圆，略向前弯。远端关节较宽扁，关节面较对称。

二、竹鼠 *Phizomys sinensis* Gray

共出土3件骨骼，包括犬齿、下颌骨等2种骨骼部位。
竹鼠：右侧下颌骨
（1）标本L2：190（图2-4，5；图版一〇，5）。
（2）测量数据：长度43.49mm、宽度15.67mm、厚度8.05mm、重量3.2g。
m1长×宽×高：4.26mm×3.48mm×2.49mm
m2长×宽×高：3.99mm×4.97mm×2.39mm
m3长×宽×高：4.07mm×4.73mm×3.69mm
（3）描述：保存下颌支主体部分。m1-m3牙齿咀嚼面呈纵沟纹理状。

三、豪猪 *Hystrix hodgsoni* (Gray)

共出土21件骨骼，包括犬齿、下颌骨、肱骨、尺骨等4种骨骼部位。

（一）豪猪：右侧下颌骨

（1）标本G10：0158（图2-4，6；图版一〇，8）。
（2）测量数据：长度96.18mm、宽度37.64mm、厚度16.63mm、重量18.6g。
下颌骨全长86.28mm
下颌骨垂直部高37.64mm
c1长×宽×高：6.26mm×5.78mm×13.90mm
p4长×宽×高：8.44mm×7.59mm×8.69mm
m1长×宽×高：7.94mm×6.72mm×6.51mm
m2长×宽×高：6.92mm×6.55mm×5.26mm
m3长×宽×高：6.39mm×5.70mm×6.33mm

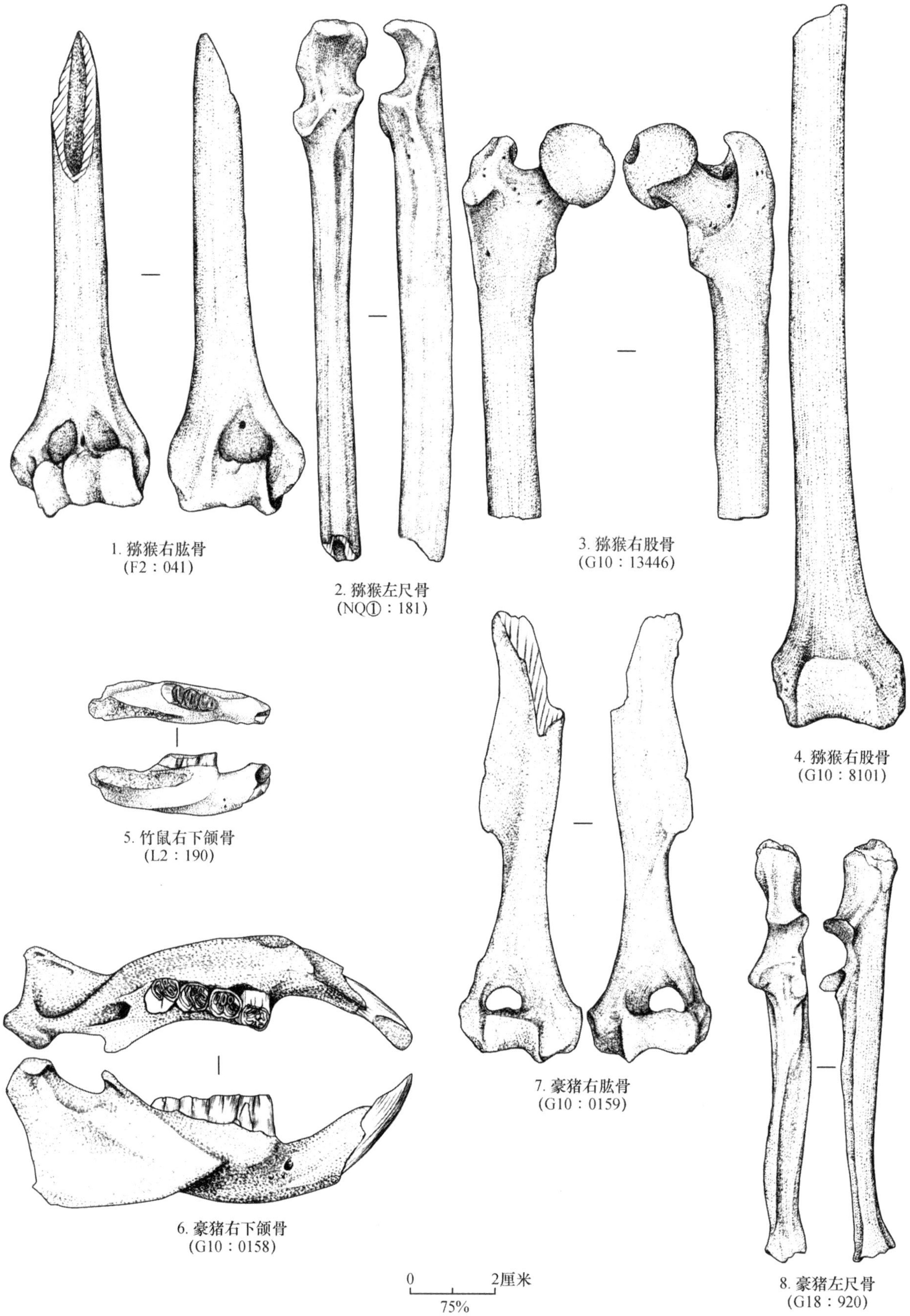

图2-4　猕猴、金丝猴、竹鼠、豪猪骨骼图

（3）描述：骨骼及牙齿保存完好，齿面p4-m3的齿冠面有圆状齿环，牙齿磨蚀程度较高。

（二）豪猪：右侧肱骨

（1）标本G10：0159（图2-4，7；图版一〇，6）。

（2）测量数据：长度102.15mm、宽度27.62mm、厚度21.52mm、重量10.4g。

远端是最大值Bd：27.62mm

（3）描述：近端残断，三角肌粗隆发达，近中部呈扁平状，向后翻卷，鹰嘴窝有上一滑车孔。

（三）豪猪：左侧尺骨

（1）标本G18：920（图2-4，8；图版一〇，7）。

（2）测量数据：长度94.15mm、宽度13.49mm、厚度17.44mm、重量6.9g。

跨过冠状突最大宽BPC：13.49mm

（3）描述：骨骼保存较完整，近端刚愈合。鹰嘴长而厚直，半月切迹底部呈锥体勾突。中远部骨干呈扭曲四面体。

四、狗 *Canis familiaris* Linnaeus

共出土34件骨骼，包括头骨、牙齿、上颌骨、下颌骨、寰椎、枢椎、肱骨、股骨、胫骨、盆骨等10种骨骼部位。

（一）狗：头骨

（1）标本G10：101（图2-5，1；图版一一，1）。

（2）测量数据：长度118.21mm、宽度93.05mm、高度70.53mm、重量83.1g。

颅腔最大宽：69.71mm

枕三角区高：55.34mm

外听道最大宽：81.09mm

枕骨大孔最大宽：24.85mm

枕骨大孔高：18.03mm

枕髁最大宽：41.24mm

枕骨副乳突底部最大宽：68.09mm

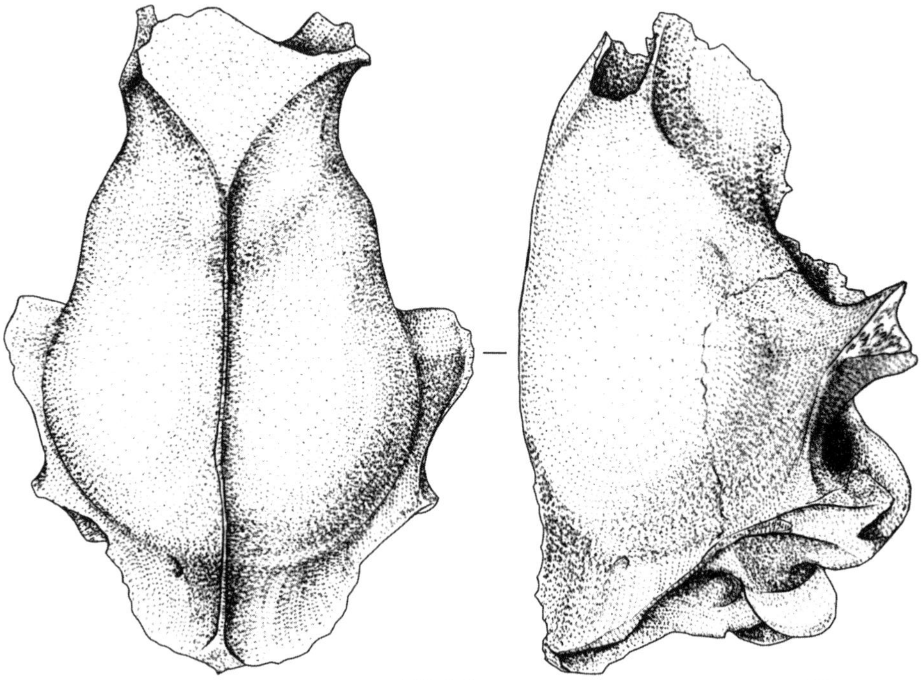

1. 狗头骨
(G10：101)

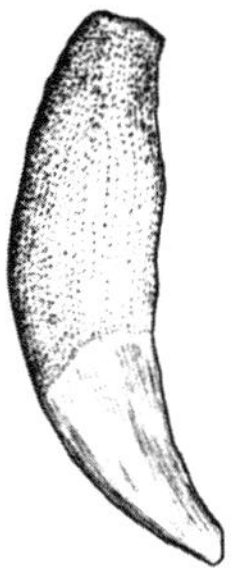

2. 狗右下犬齿
(G10：0151)

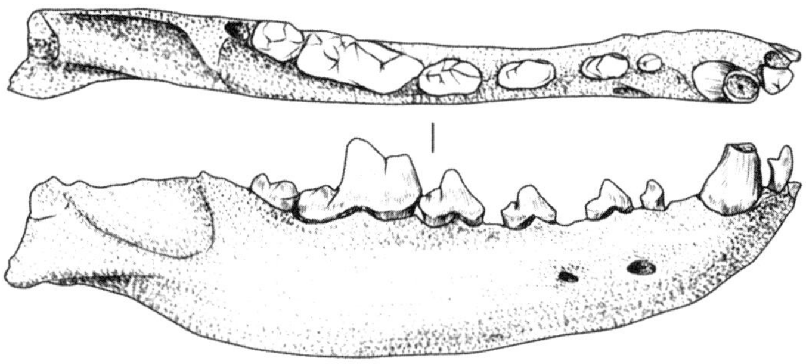

3. 狗右下颌骨
(G10：90)

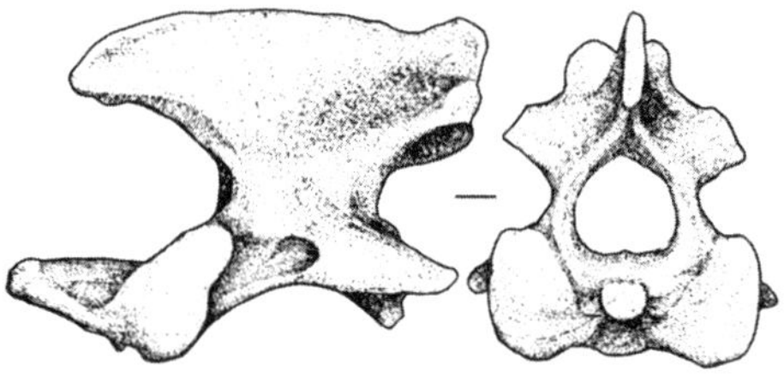

4. 狗枢椎
(G10：995)

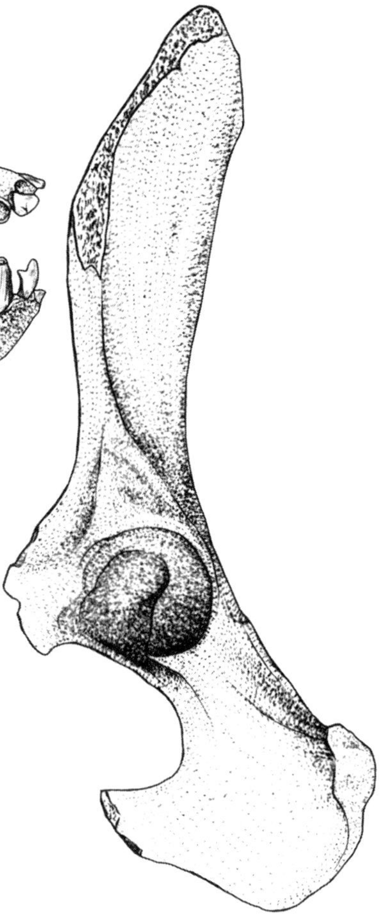

5. 狗左盆骨
(G18：266)

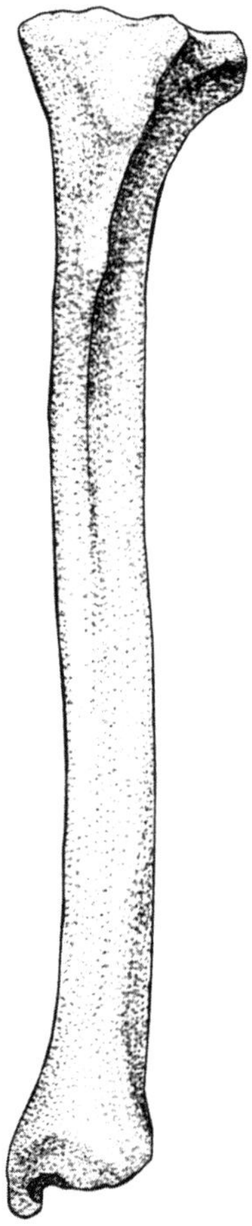

6. 狗左胫骨
(G10：13603)

0　2厘米
75%

图2-5　狗骨骼图

（3）描述：头骨整体保存较完好，前端有残损，矢状嵴呈一线状突起，顶骨与额骨之间两侧内凹不明显，额骨较短。

（二）狗：右下颌骨

（1）标本G10：90（图2-5，3；图版一一，6）。

（2）测量数据：长度121.02mm、宽度32.43mm、厚度9.23mm、重量20.2g。

i3长×宽×高：4.83mm×4.42mm×7.36mm

c1长×宽×高（残）：6.84mm×4.92mm×10.08mm

p1长×宽×高：3.74mm×2.79mm×4.21mm

p2长×宽×高：7.36mm×3.90mm×5.36mm

p3长×宽×高：9.02mm×4.51mm×5.05mm

p4长×宽×高：9.82mm×5.56mm×6.90mm

m1长×宽×高：18.79mm×6.83mm×10.17mm

m2长×宽×高：7.69mm×5.33mm×4.88mm

臼齿列长：30.47mm

p1-p4齿列长：37.00mm

m1后下颌骨高×厚：21.34mm×8.76mm

（3）描述：骨骼整体保存较好，下颌支残断。水平支骨体扁平，中前部向上弯曲。p2和p3颊面前下有一大一小两个颏孔。

（三）狗：右下犬齿

（1）标本G10：0151（图2-5，2；图版一一，2）。

（2）测量数据：长度（上下径）48.08mm、宽度（左右径）9.47mm、厚度（前后径）13.06mm、重量5.0g。

（3）描述：牙齿保存完整，齿根略长于齿冠，颊侧齿尖有磨耗。

（四）狗：枢椎

（1）标本G10：995（图2-5，4；图版一一，3）。

（2）测量数据：长度41.02mm、宽度33.19mm、高度29.40mm、重量9.2g。

椎体最大长LCDe：41.02mm

前关节面最大宽BFcr：27.89mm

后关节面最大宽BFcd：15.87mm

椎体最小宽SBV：20.17mm

椎体最大高H：29.40mm

（3）描述：骨骼保存完整，后骺板面未完全愈合，齿状突呈锥状向前突出，棘突长而矮，椎体腹侧面内凹明显。

（五）狗：左侧盆骨

（1）标本G18：266（图2-5，5；图版一一，4）。

（2）测量数据：长度157.51mm、宽度59.81mm、厚度20.01mm、重量34.4g。

髋臼窝内缘宽LAR：22.43mm

（3）描述：髂骨前端残损，耻骨砍断。髂骨扁长，内凹，骨质肌区隆起。髋臼窝圆，切迹开口大，坐骨板短而扁平。

（六）狗：左侧胫骨

（1）标本G10：13603（图2-5，6；图版一一，5）。

（2）测量数据：长度158.81mm、宽度30.23mm、厚度12.35mm、重量22.0g。

最大长GL：158.55mm

近端最大宽Bp：30.25mm

骨干最小宽SD：12.35mm

远端最大宽Bd：20.23mm

（3）描述：骨骼保存完整，髁间隆起不明显，肌腱沟夹角开口大，内侧胫骨滑车深而直，外侧胫骨滑车浅而斜。

五、狼 *Canis Lupus* Linnaeus

共出土3件骨骼，包括头骨、肱骨、跟骨等3种骨骼部位。

狼：头骨

（1）标本G10：0134（图2-6，1；图版一二，1）。

（2）测量数据：长度171.12mm、宽度130.61mm、高度86.33mm、重量174.2g。

颅腔最大宽：73.46mm

额骨最大宽：75.65mm

枕三角区高：65.40mm

枕骨大孔最大宽：26.20mm

枕骨大孔高：19.39mm

枕髁最大宽：46.46mm

（3）描述：头骨整体保存较完好，前端有残损，头骨的额面中部略凹陷，矢状嵴突起明显，脑颅较圆长，残存的右侧颧骨向外扩张明显。

六、猫 *Felis silvestris catus* (Linnaeus)

共出土3件骨骼，包括肱骨、尺骨、桡骨、股骨、胫骨、肋骨、盆骨等7种骨骼部位。

（一）猫：左侧桡骨

（1）标本G18：959（图2-6，2；图版一二，2）。

（2）测量数据：长度82.49mm、宽度11.05mm、厚度6.65mm、重量2.3g。

最大长GL：82.49mm

近端最大宽Bp：7.72mm

骨干最小宽SD：4.85mm

远端最大宽Bd：11.05mm

（3）描述：骨骼保存完整，近端关节面呈蚕豆形，骨干前侧面弧圆，后侧面扁平。远端外侧有一尖突。

（二）猫：左侧盆骨

（1）标本G18：288（图2-6，4；图版一二，5）。

（2）测量数据：长度79.59mm、宽度29.21mm、厚度8.13mm、重量5.8g。

髋臼窝内缘宽LAR：11.66mm

（3）描述：骨骼保存完整，髂骨长扁，髋臼窝切迹开口大，坐骨板较短平。

（三）猫：左侧股骨

（1）标本G18：38（图2-6，3；图版一二，4）。

（2）测量数据：长度102.09mm、宽度20.19mm、厚度16.59mm、重量7.6g。

最大长GL：102.09mm

近端最大宽Bp：20.19mm

骨干最小宽SD：8.93mm

远端最大宽Bd：17.41mm

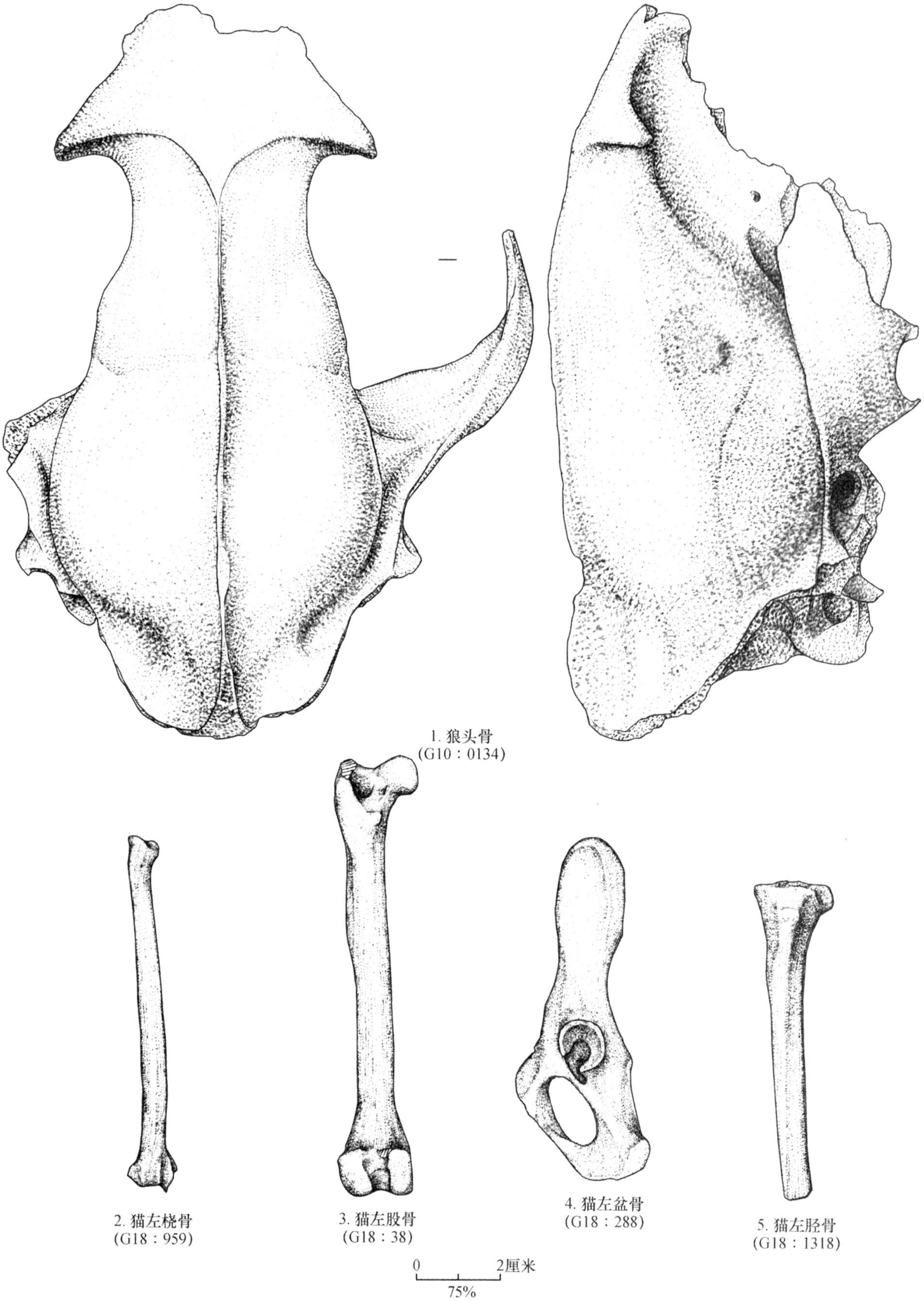
一
1. 狼头骨
(G10：0134)
2. 猫左桡骨
(G18：959)
3. 猫左股骨
(G18：38)
4. 猫左盆骨
(G18：288)
5. 猫左胫骨
(G18：1318)
0
2厘米
75%

图2-6　狼、猫骨骼图

（3）描述：骨骼保存较好。股骨头为一圆球形，与大转子高度接近，骨干较直，股骨滑车面对称，内外髁扩张。

（四）猫：左侧胫骨

（1）标本G18：1318（图2-6，5；图版一二，3）。

（2）测量数据：长度73.45mm、宽度18.44mm、厚度18.54mm、重量4.6g。

近端最大宽Bp：18.44mm

（3）描述：保存骨骼近中部，远端残断。

七、虎 *Panthera tigris amoyensis* Hilzheimer

共出土76件骨骼，包括牙齿、下颌骨、寰椎、枢椎、肱骨、肩胛骨、尺骨、桡骨、股骨、胫骨、掌骨、跖骨、盆骨、距骨等14种骨骼部位。

（一）虎：右侧下颌骨

（1）标本G10：0142（图2-7，1；图版一三，1）。

（2）测量数据：长度（前后径）190.04mm、宽度（内外侧径）44.65mm、高度（上下径）68.24mm、重量112.08g。

全长：190.04mm

p3-m1齿列长：61.36mm

m1后下颌骨高：39.22mm

p3前下颌骨高：36.12mm

p3长×宽×高：15.95mm×8.87mm×9.90mm

p4长×宽×高：21.95mm×11.71mm×15.46mm

m1长×宽×高：26.28mm×12.56mm×18.09mm

（3）描述：除冠状突残断外，骨骼整体保存较好。下颌体较肥厚，底缘平直。齿隙和P3的下方有一大一小两个颏孔，咬肌窝发达，下颌髁卷曲。保留p3、p4和m1，P3-P4呈侧扁的三峰锥状。前窄后宽，主尖厚大向内侧略扁，M1呈双刃状。

（二）虎：右上犬齿

（1）标本G10：01（图2-7，2；图版一二，6）。

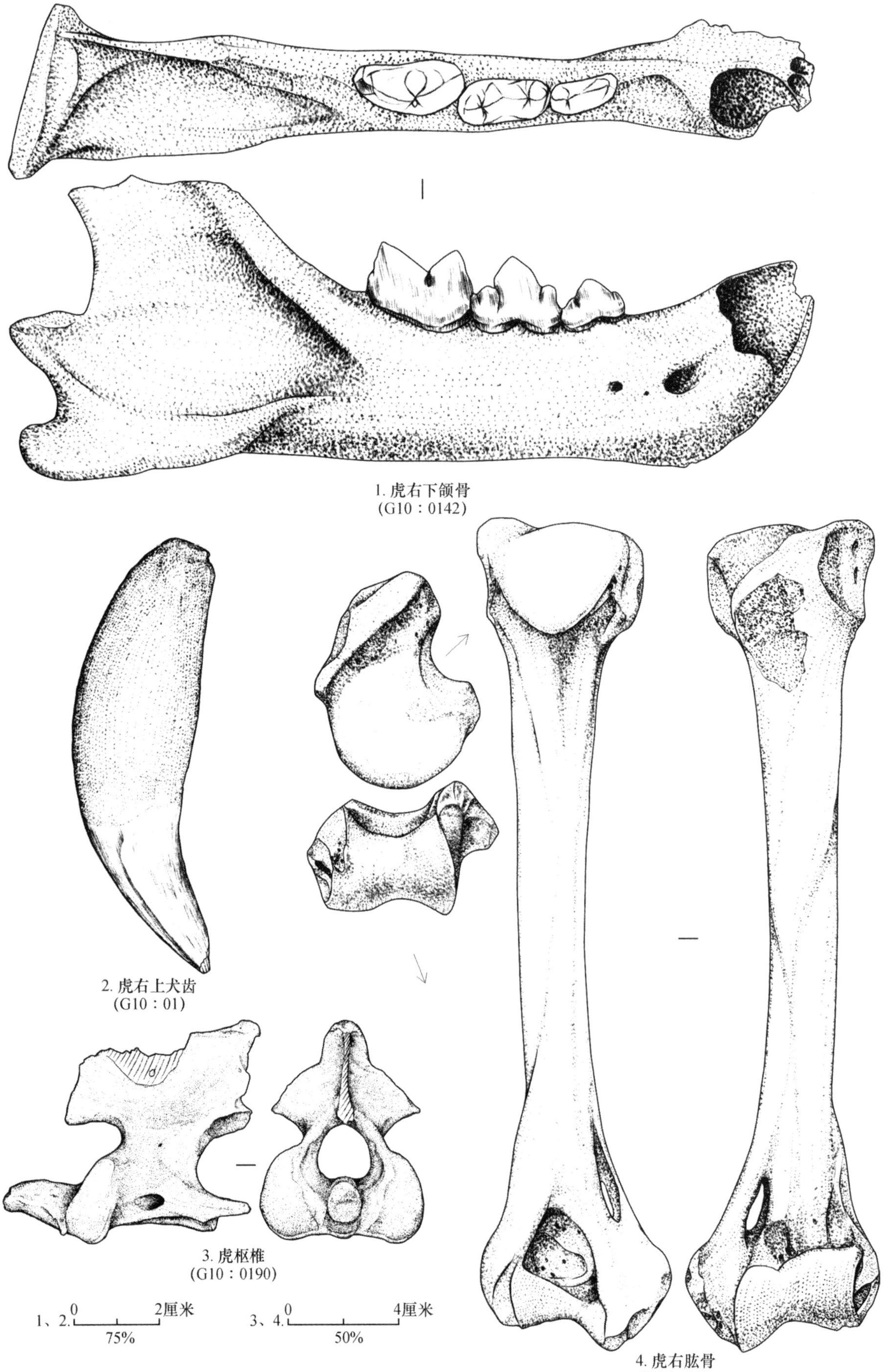
1. 虎右下颌骨
(G10：0142)
2. 虎右上犬齿
(G10：01)
3. 虎枢椎
(G10：0190)
1、2. 0 2厘米
75%
3、4. 0 4厘米
50%
4. 虎右肱骨
(G10：24)

图2-7　虎骨骼图

（2）测量数据：上下径97.31mm、前后径27.55mm、左右径18.68mm、重量35.0g。

（3）描述：犬齿保存完整。犬齿粗大向前弯曲，齿根扁圆，齿冠占整体的五分之二长，牙齿外侧面有一明显凹陷的血槽。

（三）虎：枢椎

（1）标本G10：0190（图2-7，3；图版一二，7）。

（2）测量数据：长度75.99mm、宽度57.93mm、高度69.73mm、重量48.4g。

椎体最大长LCDe：75.99mm

前关节面最大宽BFcr：55.72mm

后关节面最大宽BFcd：30.48mm

椎体最小宽SBV：36.88mm

椎体最大高H：69.73mm

（3）描述：骨骼保存基本完整，仅棘突略残。齿状突呈圆锥状上抬前伸，前两侧关节面呈对称卵圆形，椎孔呈心形，棘突扁而长，尾部连接两个腹侧小关节面。横突短小呈翼状向后拉伸。

（四）虎：右侧肱骨

（1）标本G10：24（图2-7，4；图版一三，3）。

（2）测量数据：长度286.62mm、宽度68.93mm、厚度75.07mm、重量209.8g。

最大长GL：286.62mm

近端最大宽Bp：58.63mm

骨干最小宽SD：24.45mm

远端最大宽Bd：68.93mm

（3）描述：骨骼保存完整，大结节位于肱骨头侧后方，小结节突起不发达，转间沟呈圆形内凹，骨体上方下圆。远端髁上孔为一长扁椭圆形，鹰嘴呈三角形向一侧斜拉，冠状窝浅而不发达。

（五）虎：左侧尺骨

（1）标本G10：0170（图2-8，2；图版一三，5）。

（2）测量数据：长度223.89mm、宽度35.11mm、厚度49.86mm、重量109.2g。

鹰嘴最小厚SDO：41.95mm

跨过钩突厚DPA：51.78mm

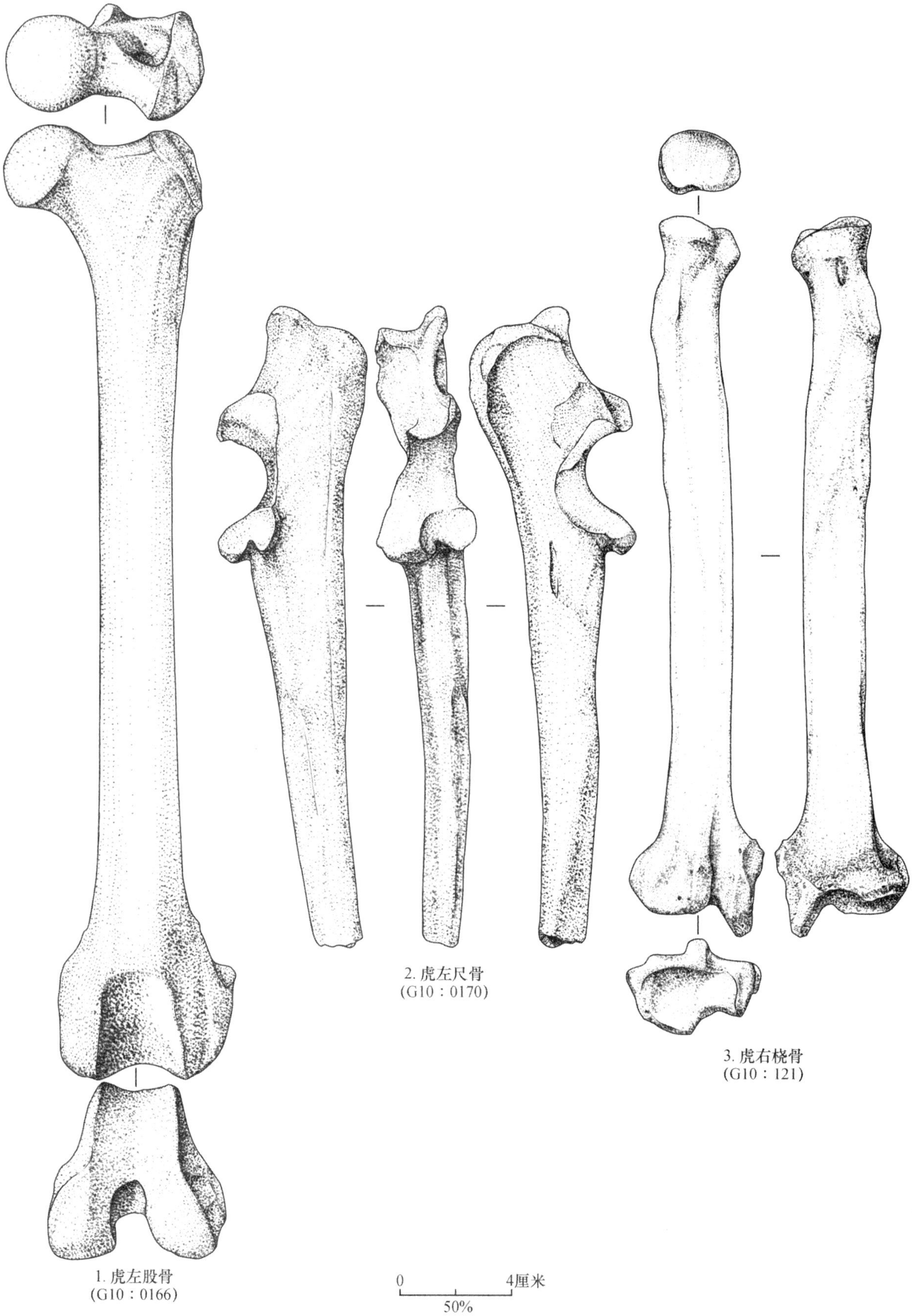

图2-8　虎骨骼图

跨过冠状突最大宽BPC：35.11mm

（3）描述：骨骼保存较好，仅远端残断。近端结间沟凹陷明显，内外滑车切迹向上翻转，骨干扁粗而较直，向下渐细。

（六）虎：右侧桡骨

（1）标本G10：121（图2-8，3；图版一三，4）。

（2）测量数据：长度250.51mm、宽度50.42mm、厚度30.21mm、重量89.8g。

最大长GL：250.51mm

近端最大宽Bp：30.07mm

骨干最小宽SD：24.57mm

远端最大宽Bd：50.42mm

（3）描述：骨骼保存完整。近端关节面呈圆肾形，桡骨粗隆呈长椭圆形，骨干扁长，远端扩张，腕关节面整体光滑内凹。

（七）虎：左侧盆骨

（1）标本G10：1839（图2-9，1；图版一三，2）。

（2）测量数据：长度234.22mm、宽度81.79mm、厚度34.94mm、重量155.70g。

髋臼窝内缘宽LAR：41.67mm

（3）描述：髂骨、坐骨、耻骨均有残断。髂骨板扁平呈长椭圆形，髋臼窝呈圆形。髋臼切迹开口大，向坐骨斜拉。

（八）虎：左侧股骨

（1）标本G10：0166（图2-8，1；图版一三，7）。

（2）测量数据：长度322.68mm、宽度68.87mm、厚度64.48mm。

最大长GL：322.68mm

近端最大宽Bp：68.87mm

骨干最小宽SD：26.87mm

远端最大宽Bd：63.04mm

（3）描述：骨骼保存完整，股骨头呈圆形，与大转子高度相近，大转子上方有一凹陷平面，转间嵴垂直下拉，未与小转子直接连接。骨干长而圆，远端滑车面内弧，左右髁较对称。

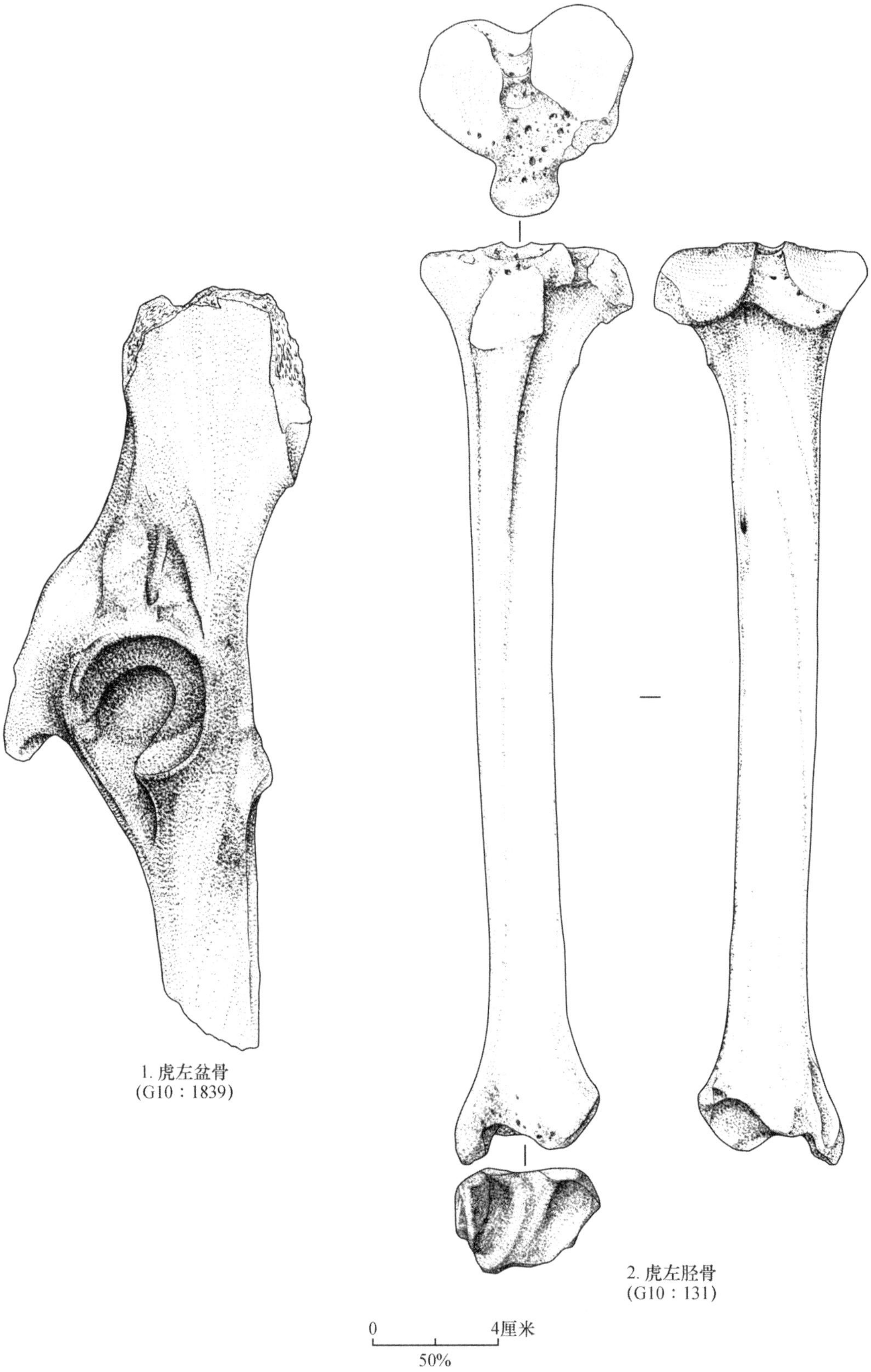

图2-9　虎骨骼图

（九）虎：左侧胫骨

（1）标本G10：131（图2-9，2；图版一三，6）。
（2）测量数据：长度283.35mm、宽度66.99mm、厚度68.65mm、重量173.6g。
最大长GL：283.35mm
近端最大宽Bp：66.99mm
骨干最小宽SD：21.85mm
远端最大宽Bd：48.21mm
（3）描述：骨骼保存完整。内外侧髁高度相当，髁间隆起平缓，胫骨嵴粗隆长而厚，内外髁向外扩张，胫骨滑车向内倾斜，内侧胫骨滑车深而窄，外侧胫骨滑车浅而宽。

（十）虎：左侧距骨

（1）标本G10：13723（图版一四，2）。
（2）测量数据：长度53.79mm、宽度29.9mm、厚度26.64mm、重量26.6g。
最大长GL：53.79mm
（3）描述：骨骼保存完整。近端滑车呈对称倾斜。

八、豹 *Panthera parddus* Linnaeus

共出土73件骨骼，包括上颌骨、下颌骨、寰椎、枢椎、肱骨、桡骨、股骨、胫骨、掌骨、跖骨、盆骨等11种骨骼部位。

（一）豹：左侧上颌骨

（1）标本G10：11759（图2-10，1；图版一四，1）。
（2）测量数据：长度104.42mm、宽度22.20mm、高度69.59mm、重量42.5g。
颊齿列长：45.31mm
前臼齿列长：44.00mm
C1长×宽×高：3.38×3.39×29.19mm
P3长×宽×高：17.98×9.42×10.76mm
P4长×宽×高：24.96×13.36×15.18mm（颊侧测量）
（3）描述：残存左上颌前端，及部分颚骨和泪骨，P3、P4、C1保存完整。泪骨下方有一直径10mm的长椭圆眶下孔。犬齿齿冠前缘弯曲，内外侧齿面有两道血槽。P3主尖厚大，后尖小，P4嚼面呈三角形，前宽后窄，前部两个小齿尖和中部主齿尖为尖状，后部齿尖为刃状，与下颌骨的M1刃部相契合。

（二）豹：左侧下颌骨

（1）标本G10：0143（图2-10，2；图版一四，6）。

（2）测量数据：长度131.23mm、宽度26.97mm、高度62.40mm、重量38.8g。

全长：131.23mm

p3-m1齿列长：47.77mm

下颌骨垂直部高：62.40mm

m1后下颌骨高：29.24mm

p3前下颌骨高：26.21mm

p3长×宽×高：11.19×5.84×6.01mm

p4长×宽×高：17.84×9.02×12.05mm

m1长×宽×高：18.62×8.66×10.85mm

（3）描述：骨骼保存较完整。下颌体呈水平状，咬肌窝凹陷较深。角突低平，下颌髁向后翻卷。冠状突圆钝向后弯。齿隙与p3下方有一大一小两个颏孔，p4的下前附尖和后附尖大小相等，m1为双刃型，前后叶大小相近。

（三）豹：寰椎

（1）标本G10：0205（图版一四，3）。

（2）测量数据：长度49.63mm、宽度81.35mm、高度28.82mm、重量13.7g。

寰椎翼最大宽GB：81.35mm

最大长GL：49.63mm

前关节面最大宽BFcr：46.81mm

后关节面最大宽BFcd：40.97mm

背侧弓长LAd：20.44mm

椎体最大高H：28.82mm

（3）描述：骨骼保存基本完整，两侧寰椎翼前部略有残缺。前两侧关节面内凹，深而光滑。寰椎翼水平略向后下伸展。

（四）豹：枢椎

（1）标本G10：0192（图2-10，3；图版一四，4）。

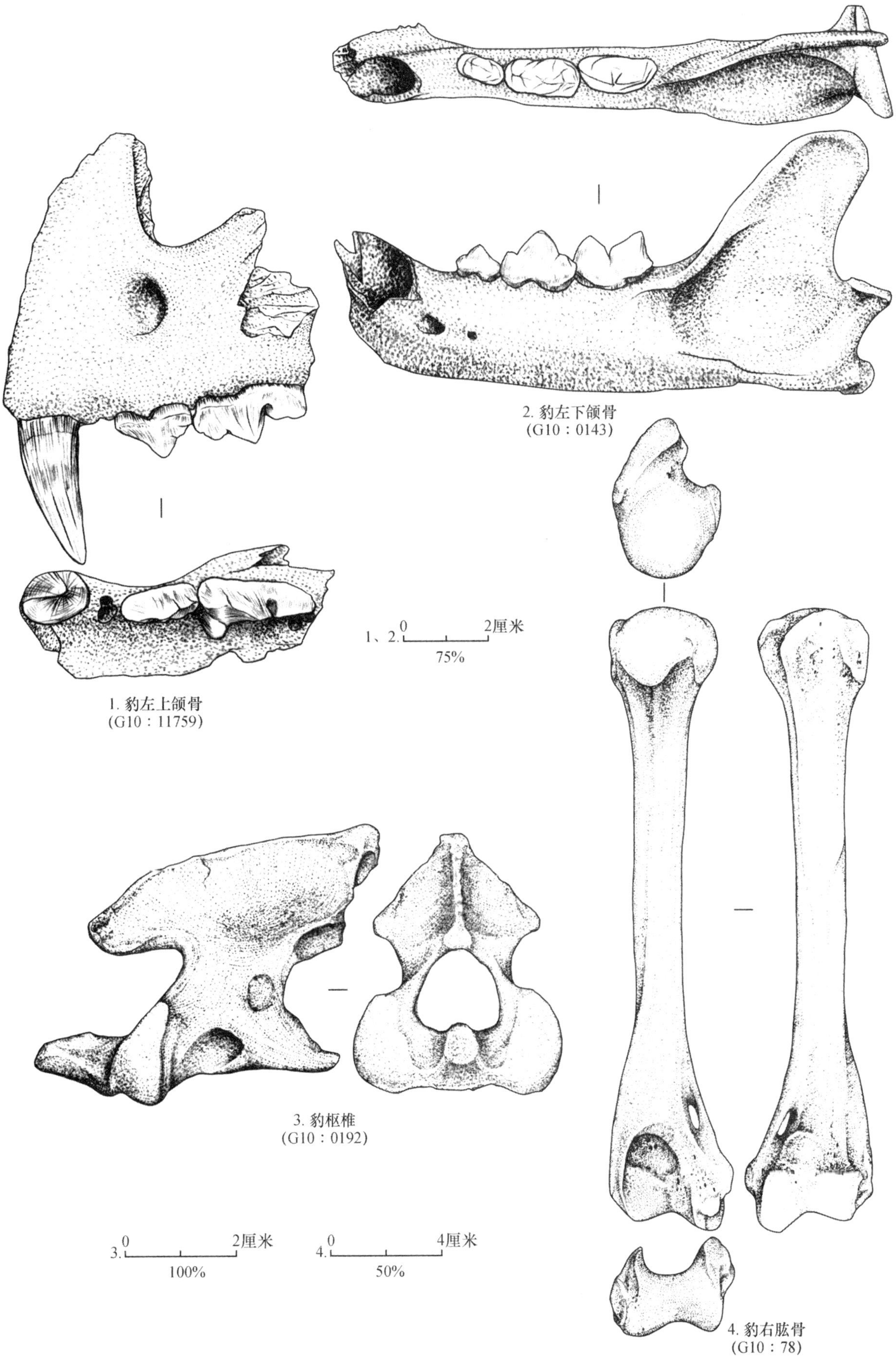
2. 豹左下颌骨
(G10：0143)
1、2. 0 2厘米
75%
1. 豹左上颌骨
(G10：11759)
3. 豹枢椎
(G10：0192)
3. 0 2厘米
100%
4. 0 4厘米
50%
4. 豹右肱骨
(G10：78)

图2-10 豹骨骼图

（2）测量数据：长度63.10mm、宽度37.95mm、高度44.42mm、重量12.7g。

椎体最大长LCDe：50.70mm

前关节面最大宽BFcr：36.91mm

后关节面最大宽BFcd：20.54mm

椎体最小宽SBV：24.58mm

椎体最大高H：44.42mm

（3）描述：骨骼保存完整。齿状突呈圆锥状向前上方突出。棘突呈板状，前缘向前突出，后缘渐厚，至尾部形成一粗隆。横突呈翼状向后伸出。

（五）豹：右侧肱骨

（1）标本G10：78（图2-10，4；图版一五，1）。

（2）测量数据：长度216.19mm、宽度52.24mm、厚度55.90mm、重量100.1g。

最大长GL：216.19mm

近端最大宽Bp：43.43mm

骨干最小宽SD：18.2mm

远端最大宽Bd：52.24mm

（3）描述：骨骼保存完整。大结节呈一圆形凸嵴，肱骨头为一长圆形，大结节长度与肱骨头长度相近。骨干上方下圆，中部有浅弧形凹弯。远端内上髁嵴扁平，髁上孔长为椭圆形，冠状窝较浅。

（六）豹：左侧尺骨

（1）标本G18：2610（图2-11，1；图版一五，2）。

（2）测量数据：长度190.00mm、宽度25.89mm、厚度25.26mm、重量41.2g。

鹰嘴最小厚SDO：25.89mm

跨过钩突厚DPA：31.01mm

跨过冠状突最大宽BPC：25.26mm

（3）描述：骨体保存较完整，仅远端略残。近端结节沟凹陷明显，内外滑车切迹向上翻转，骨干扁平，向下渐细。

（七）豹：左侧桡骨

（1）标本G18：915（图版一四，5）。

（2）测量数据：长度152.71mm、宽度40.01mm、厚度27.27mm、重量31.0g。

远端最大宽Bd：35.17mm

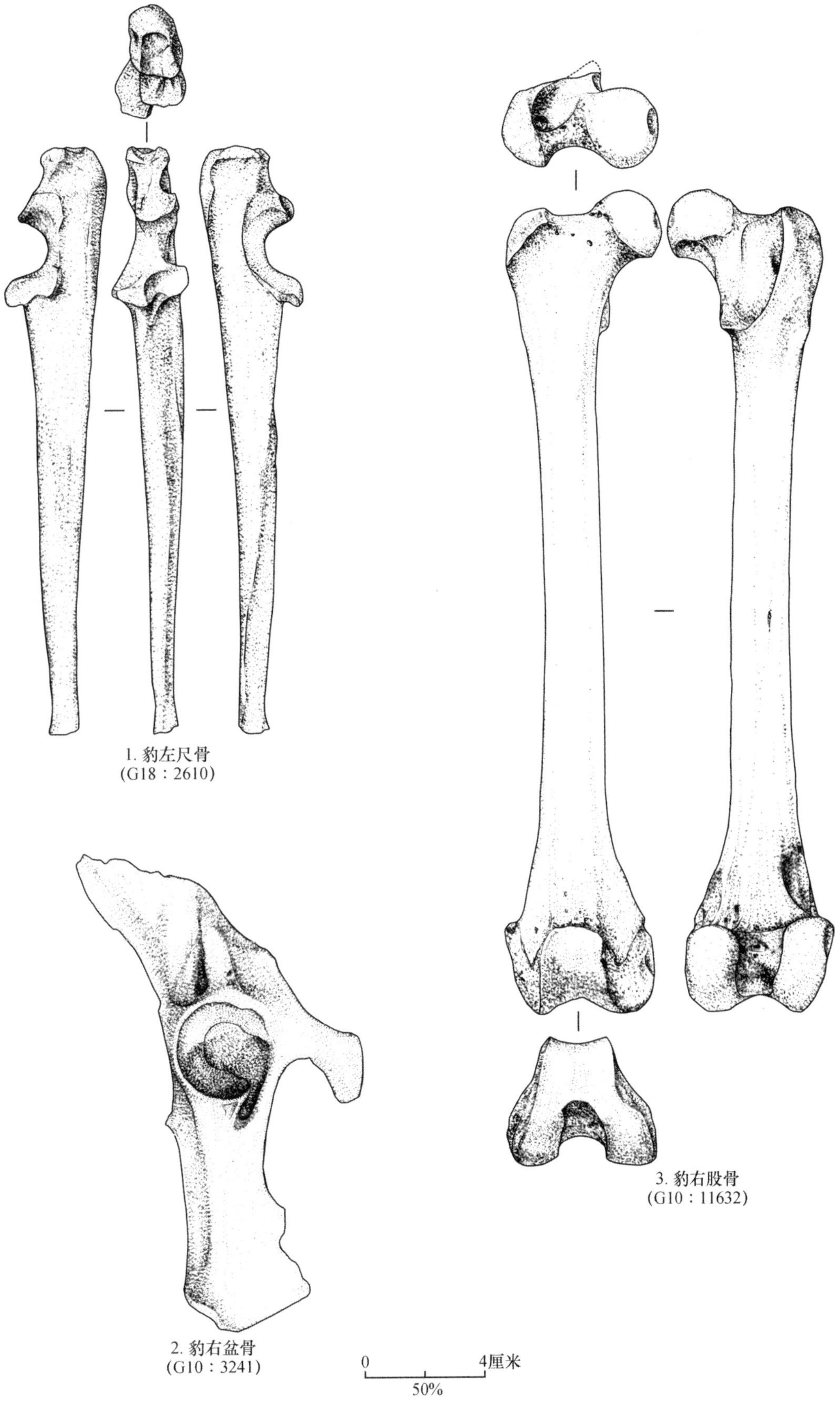

图2-11　豹骨骼图

（3）描述：骨骼保存较好，近端残断，远端关节未完全愈合。骨体外侧面弧圆光滑，内侧面较平而粗糙。

（八）豹：右侧盆骨

（1）标本G10：3241（图2-11，2；图版一五，3）。

（2）测量数据：长度151.80mm、宽度59.86mm、厚度21.53mm、重量43.7g。

髋臼窝内缘宽LAR：28.28mm

闭孔内缘长LFo：45.72mm

（3）描述：骨骼保存较好，髂骨残断。髋臼窝上方骨直肌区有一15mm的长条形凹陷，髋臼窝圆而平，髋臼切迹开口大。闭孔呈长椭圆形。

（九）豹：右侧股骨

（1）标本G10：11632（图2-11，3；图版一五，4）。

（2）测量数据：长度261.47mm、宽度50.75mm、厚度41.75mm、重量114.3g。

最大长GL：261.47mm

近端最大宽Bp：50.75mm

骨干最小宽SD：20.09mm

远端最大宽Bd：47.78mm

（3）描述：骨骼保存完整。股骨头与大转子高度接近，股骨头凹呈浅圆形。转间窝大部分被转间嵴遮掩。股骨体圆长。远端内上髁与外上髁较对称。

九、黑熊 *Ursus thibetanus* (G. Cuvier)

共出土39件骨骼，包括牙齿、下颌骨、枢椎、肱骨、尺骨、桡骨、股骨、胫骨、盆骨等9种骨骼部位。

（一）黑熊：头骨

（1）标本G10：99（图2-12，1；图版一五，6）。

（2）测量数据：长度227.68mm、宽度146.46mm、高度115.22mm、重量424.3g。

颅顶长：185.36mm

颅腔最大宽：81.41mm

颅骨最小宽：61.92mm

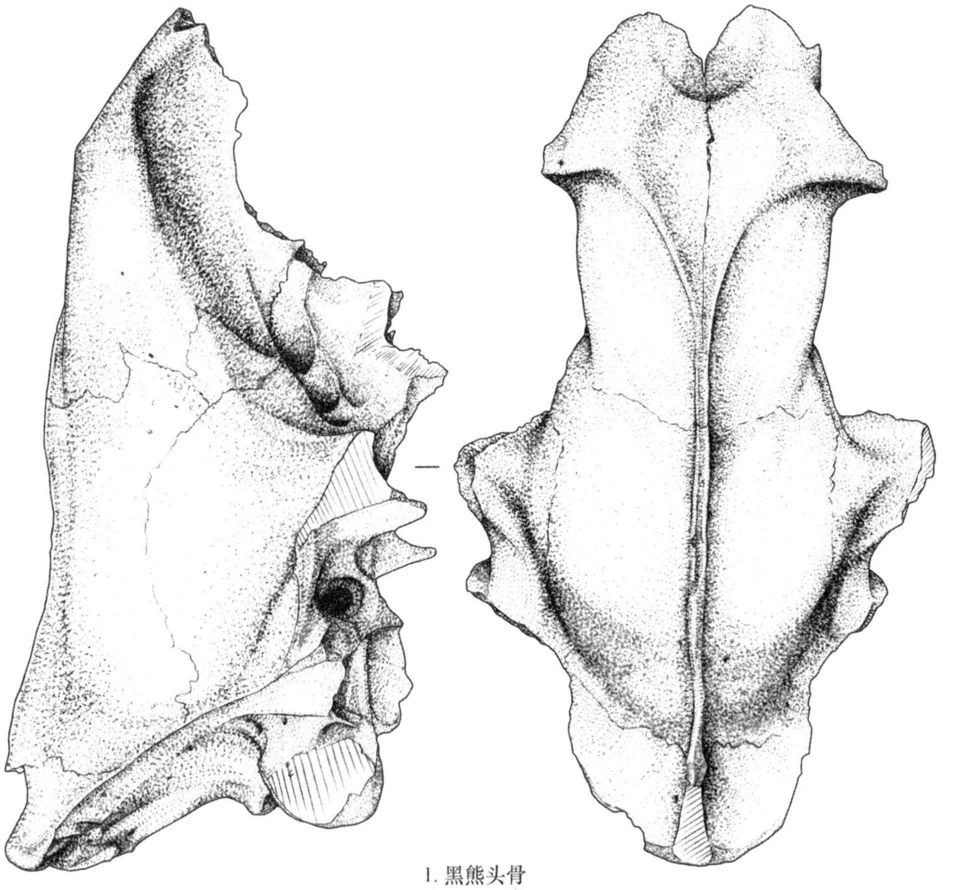

1. 黑熊头骨
(G10：99)

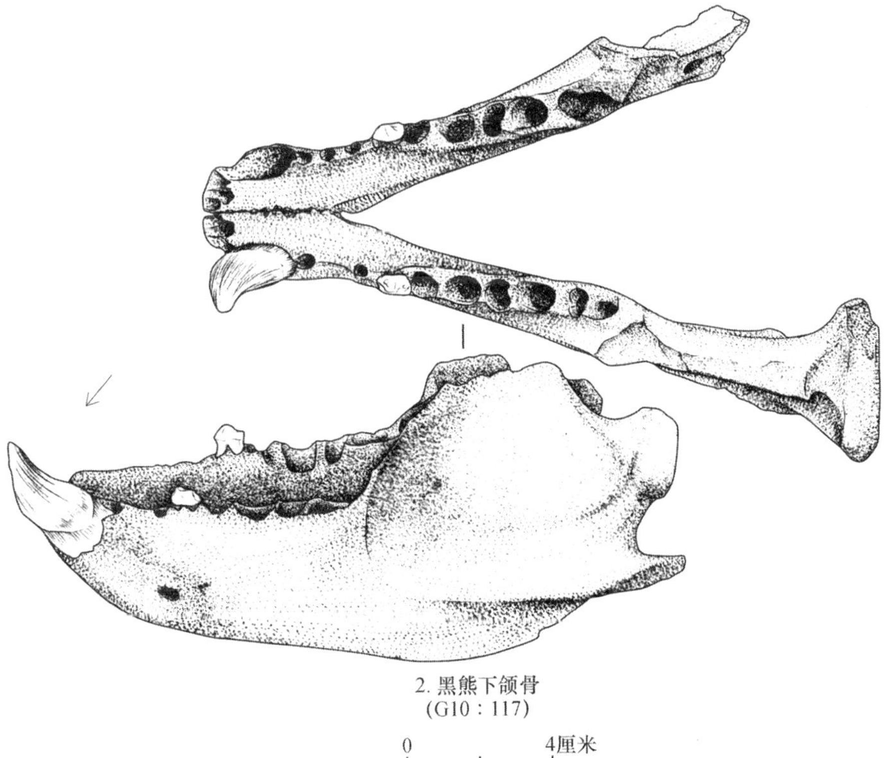

2. 黑熊下颌骨
(G10：117)

0　4厘米
50%

图2-12　黑熊骨骼图

额骨最大宽：97.34mm

枕三角区高：99.99mm

外听道最大宽：127.62mm

枕骨大孔最大宽：31.62mm

枕骨大孔高：29.19mm

（3）描述：骨骼整体保存基本完好，前端残缺。额骨较长，额骨与顶骨之间两侧略内弧。矢状嵴发达，后部高耸，至额顶部左右分开。枕骨向后倾斜。

（二）黑熊：左右下颌骨

（1）标本G10：117（图2-12，2；图版一五，5）。

（2）测量数据：长度187.85mm、宽度104.74mm、高度71.20mm、重量232.6g。

左侧下颌测量数据：下颌骨长187.85mm

下颌联合部高：44.85mm

m2后下颌骨高度：39.96mm

m3-p1齿列长：87.26mm

m3-m1齿列长：55.88mm

c1长×宽×高：19.16mm×11.82mm×31.09mm

p4长×宽×高：8.54mm×5.38mm×6.80mm

（3）描述：保存左、右下颌骨连体，下颌骨上升支残缺。存左犬齿c1和左、右p4。左侧下颌骨无p2齿槽，因此左侧齿式为3.1.3.3，右侧齿式为3.1.4.3。犬齿齿冠前伸向上弯曲。p4弱小为山状齿尖。p4下方有一大一小两个颏孔，下颌骨水平支底缘平直略内弧，角突向上翘起，下颌髁为长椭圆形。

（三）黑熊：左侧上犬齿

（1）标本G16：124（图2-13，1；图版一五，7）。

（2）测量数据：上下径71.12mm、前后径28.21mm、左右径16.46mm、重量26.9g。

（3）描述：尖部残断，形体扁圆。

（四）黑熊：右侧肱骨近端

（1）标本YSⅠ④A：51（图版一六，1）。

（2）测量数据：长度197.21mm、宽度60.99mm、厚度64.22mm、重量145.9g。

近端最大宽Bp：60.99mm

（3）描述：骨骼保存近中部，中部砸断，小结节有残损。大结节围绕肱骨头约1/3，其高度略低于肱骨头，大结节嵴粗壮发达，其后部与骨体内侧面一圆凸的纵向粗隆相接。

（五）黑熊：右侧肱骨远端

（1）标本G10：125（图版一六，2）。

（2）测量数据：长度159.14mm、宽度89.96mm、厚度47.55mm、重量171.0g。

远端最大宽Bd：89.96mm

（3）描述：骨骼中部砍断，保存远端，外髁有缺损。内侧上髁嵴发达，成一外展平面，并遮盖住部分鹰嘴窝，内外上髁嵴交界三角处骨骼表面纹理粗糙，远端外侧髁、鹰嘴窝、滑车面均明显向外侧斜拉。

（六）黑熊：左侧尺骨

（1）标本G10：120（图2-13，2；图版一六，5）。

（2）测量数据：长度241.90mm、宽度38.42mm、厚度46.20mm、重量128.9g。

鹰嘴最小厚SDO：35.03mm

跨过钩突厚DPA：46.42mm

跨过冠状突最大宽BPC：32.21mm

（3）描述：骨骼保存较完整，仅远端残缺。尺骨结节略平，呈三角形，钩状突高耸。骨干粗壮上扁下圆。

（七）黑熊：左侧桡骨

（1）标本G10：0171（图版一六，4）。

（2）测量数据：长度227.25mm、宽度40.32mm、厚度24.60mm、重量88.2g。

近端最大宽Bp：35.71mm

骨干最小宽SD：21.38mm

（3）描述：骨骼整体保存完整，远端未愈合已脱落。近端关节面呈蚕豆形，桡骨颈与桡骨粗隆之间有一深窝，骨体扁平弧弯。

（八）黑熊：右侧髋骨

（1）标本YSI③：1201（图版一六，3）。

（2）测量数据：长度185.44mm、宽度53.81mm、厚度32.48mm，重量144.9g。

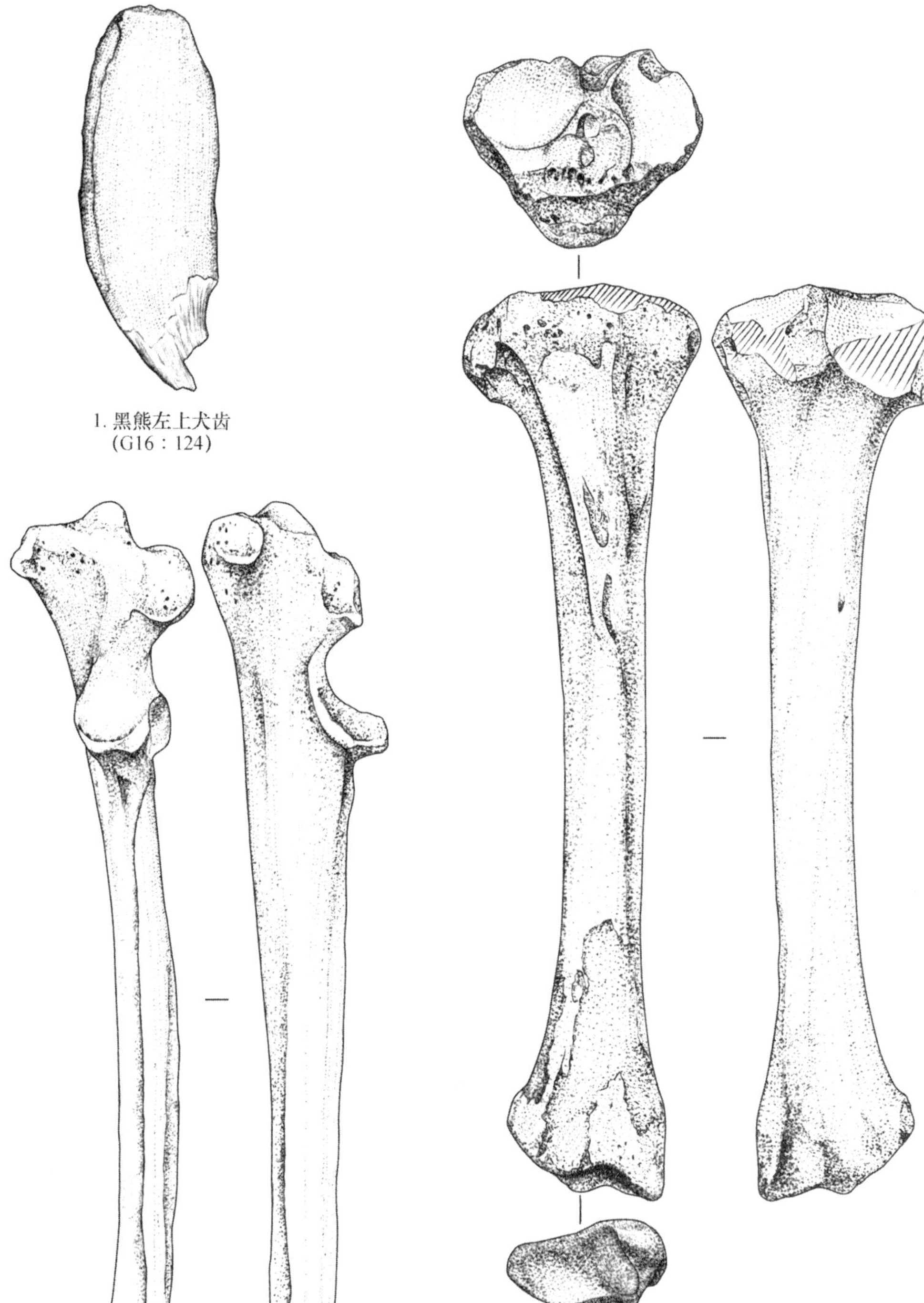

1. 黑熊左上犬齿
(G16：124)

2. 黑熊左尺骨
(G10：120)

3. 黑熊左胫骨
(YS1②B：3239)

图2-13　黑熊骨骼图

髋臼窝外缘宽LA：49.55mm

髋臼窝内缘宽LAR：43.44mm

（3）描述：骨骼坐骨、耻骨残缺。髂骨肥厚，骨肌直肌区光滑，髋臼窝唇缘圆厚，髋臼窝较深。

（九）黑熊：左侧胫骨

（1）标本YSI②B：3239（图2-13，3；图版一六，6）。

（2）测量数据：长度252.96mm、宽度46.27mm、厚度34.32mm、重量180.5g。

最大长GL：252.96mm

近端最大宽Bp：67.95mm

骨干最小宽SD：22.87mm

远端最大宽Bd：46.27mm

（3）描述：骨骼保存完整，髁间隆起相交，胫骨粗隆呈三角形，胫骨嵴粗壮，远端关节扁窄，胫骨滑车较浅。

十、马 *Equus caballus* Linnaeus

共出土41件骨骼，包括牙齿、下颌骨、肱骨、桡骨、肩胛骨、胫骨、荐椎、盆骨、掌骨、跖骨、跟骨、距骨、系骨、冠骨等14种骨骼部位。

（一）马：左下颌骨

（1）标本G10：130（图2-14，2；图版一七，2）。

（2）测量数据：长度168.50mm、宽度31.44mm、厚度209.79mm、重量222.1g。

下颌角后点至M3齿槽的远口缘的距离：116.29mm

下颌骨垂直部中部高：195.18mm

m3后下颌骨高：90.86mm

m3长×宽×高：29.78mm×13.44mm×11.60mm(颊侧高度)

（3）描述：下颌角处残断，冠状突，下颌髁残损。下颌支骨体宽扁，咬肌窝浅平。m3磨蚀严重，牙釉质几乎完全磨蚀。

（二）马：下颌骨

（1）标本G10：10695（图2-14，1；图版一七，1）。

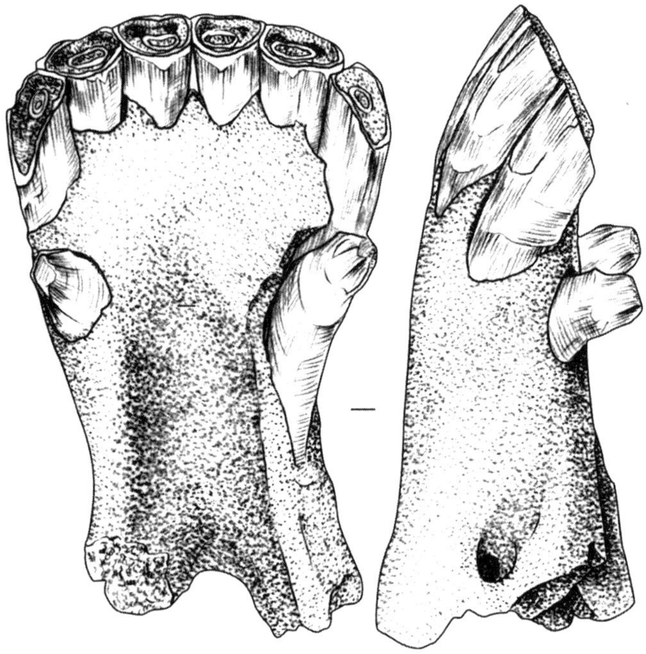

1. 马下颌骨
(G10：10695)

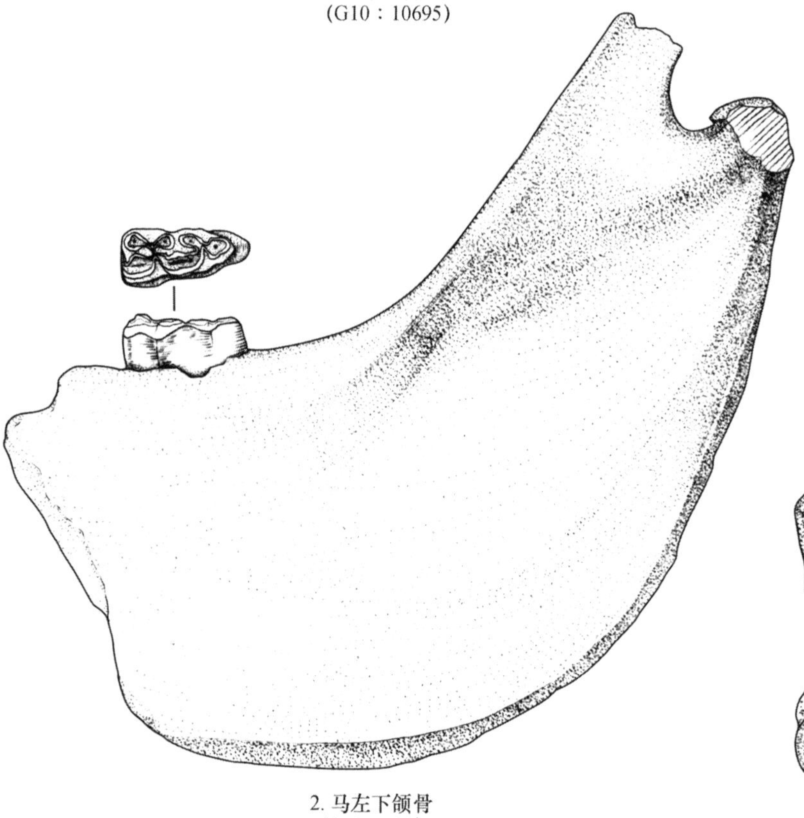

2. 马左下颌骨
(G10：130)

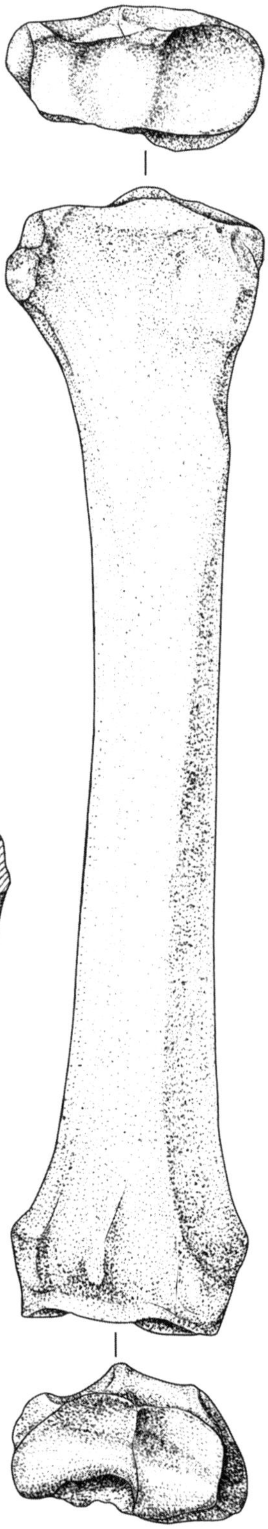

3. 马右桡骨
(YSI②A：1419)

1. 0 —— 2厘米 75%　　2、3. 0 —— 4厘米 50%

图2-14　马骨骼图

（2）测量数据：长度112.9mm、宽度64.48mm、高度40.74mm、重量115.4g。

左i1左右径×前后径×舌面高度：14.25mm×9.77mm×13.86mm

左i2左右径×前后径×舌面高度：16.42mm×10.54mm×12.46mm

左i3左右径×前后径×舌面高度：17.84mm×8.97mm×14.26mm

左c1左右径×前后径×舌面高度：6.50mm×5.05mm×9.64mm

（3）描述：残存下颌体远端，保存有两侧门齿和犬齿。门齿向上弯曲，咀嚼面磨平，可见内外两圈牙釉质。犬齿出露部分呈锥形，牙齿内外侧有白垩质覆盖。

（三）马：右侧桡骨

（1）标本YSI②A：1419（图2-14，3；图版一七，6）。

（2）测量数据：长度304.78mm、宽度69.25mm、厚度37.56mm、重量246.4g。

最大长GL：304.78mm

近端最大宽Bp：69.25mm

骨干最小宽SD：34.09mm

远端最大宽Bd：62.23mm

（3）描述：骨骼保存完整。中部骨干横截面呈“D”字形，远端内侧滑车突出，外侧滑车下有一凹陷。

（四）马：左侧掌骨

（1）标本YSI②A：1898（图2-15，1；图版一七，5）。

（2）测量数据：长度202.49mm、宽度47.12mm、厚度29.61mm、重量144.6g。

最大长GL：202.49mm

近端最大宽Bp：47.12mm

骨干最小宽SD：33.49mm

远端最大宽Bd：40.16mm

（3）描述：整体保存完整。与第二、四掌骨愈合，第四掌骨近端残缺，骨干前侧面弧圆，后侧面较平。远端滑车中部有一嵴状突起。

（五）马：右侧盆骨

（1）标本G10：2403（图版一七，4）。

（2）测量数据：长度154.02mm、宽度82.71mm、厚度10.21mm、重量102.6g。

髋臼窝外缘宽LA：59.61mm

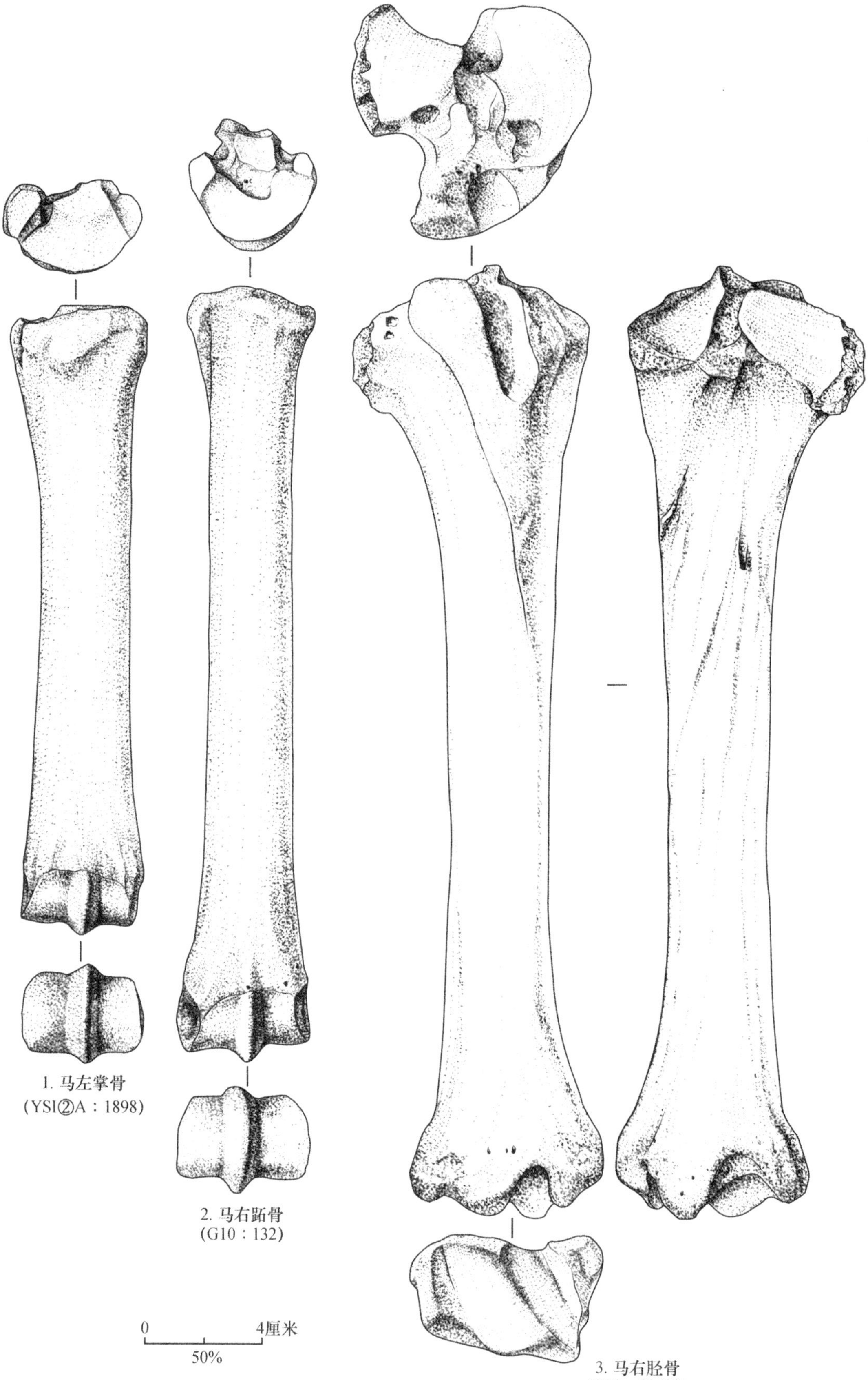

图2-15　马骨骼图

髋臼窝内缘宽LAR：52.22mm

闭孔内缘长LFo：64.23mm

（3）描述：骨骼保存髋臼窝及耻骨局部、坐骨大部，髂骨完全残断。髋臼口缘较平整，髋臼窝深、切迹开口大。

（六）马：右侧胫骨

（1）标本G10：13633（图2-15，3；图版一七，3）。

（2）测量数据：长度310.71mm、宽度79.87mm、厚度80.61mm、重量301.3g。

最大长GL：310.71mm

近端最大宽Bp：79.87mm

骨干最小宽SD：34.60mm

远端最大宽Bd：63.27mm

（3）描述：骨骼保存完整，髁间隆起高耸，胫骨粗隆中部有一深陷凹槽，近端骨干呈三角形，远端扩张，胫骨滑车向外平行倾斜。

（七）马：右侧跖骨

（1）标本G10：132（图2-15，2；图版一八，1）。

（2）测量数据：长度252.03mm、宽度45.30mm、厚度39.07mm、重量190.9g。

最大长GL：252.34mm

近端最大宽Bp：43.91mm

骨干最小宽SD：30.39mm

远端最大宽Bd：45.34mm

（3）描述：整体保存完整，近端有一个大的近似弯月形关节面，形状较为对称规整，骨干上部较圆，下部略扁，远端有一个突出的嵴，将滑车面对半分开。

（八）马：左侧距骨

（1）标本YSI②A：166（图版一八，4）。

（2）测量数据：长度53.59mm、宽度53.85mm、高度53.42mm、重量52.2g。

最大高GH：53.59mm

最大宽GB：53.85mm

远端关节面宽BFd：42.68mm

（3）描述：骨骼保存完好。近端髁关节面为两个对称滑车倾斜，远端关节面平展。

（九）马：系骨

（1）标本YSI②A：1365（图版一八，2）。
（2）测量数据：长度73.94mm、宽度46.81mm、厚度30.20mm、重量49.9g。
最大长GL：73.94mm
近端最大宽Bp：46.8mm
骨干最小宽SD：31.57mm
远端最大宽Bd：42.45mm
（3）描述：骨骼保存完整，骨体扁平，近远端关节面左右对称。

（十）马：冠骨

（1）标本YSI③：1403（图版一八，3）。
（2）测量数据：长度43.17mm、宽度50.62mm、厚度26.48mm、重量26.2g。
最大长GL：43.17mm
近端最大宽Bp：50.62mm
骨干最小宽SD：40.75mm
远端最大宽Bd：44.74mm
（3）描述：骨骼保存完好。骨体扁短，近远端关节面左右对称。

十一、猪 *Sus scrofa domesticus* Linnaeus

共出土3580件骨骼，包括头骨、牙齿、上颌骨、下颌骨、寰椎、枢椎、肱骨、肩胛骨、尺骨、桡骨、股骨、胫骨、荐椎、腰椎、掌骨、跖骨、盆骨、腓骨、跟骨、距骨、系骨、冠骨等22种骨骼部位。

需要说明的是这部分的猪专指家猪，发现的家猪骨骼基本都是未愈合标本，因此举例的骨骼部分为未愈合骨骼标本，这也反映了出土家猪骨骼的真实情况。

（一）猪：头骨

（1）标本G10：11649（图版一八，6）。
（2）测量数据：长度106.07mm、宽度96.16mm、厚度71.49mm、重量95.3g。
顶骨长：39.13mm
顶骨最小宽：20.72mm

眼眶内部最大长：26.27mm

枕骨鳞部最大宽：46.58mm

外听道最大宽度：86.51mm

（3）描述：头骨前部残缺，矢状缝，冠状缝未愈合。顶骨、额骨较平，左右各一块。枕骨顶部弯曲凹陷，向下逐渐内收集向枕骨大孔。颧骨弯曲向外侧突出。

（二）猪：左侧下颌骨

（1）标本G10：2234（图2-16，1；图版一八，5）。

（2）测量数据：长度151.00mm、宽度21.06mm、高度44.28mm、重量78.3g。

m3后下颌骨高37.19mm

m1前下颌骨高30.82mm

p1-p4齿列长42.82mm

m1-m3臼齿列长55.68mm

c1长×宽×高：10.57mm×8.75mm×18.35mm

p1长×宽×高：4.92mm×2.76mm×6.42mm

p2长×宽×高：8.55mm×4.75mm×9.16mm

p3长×宽×高：10.55mm×6.02mm×9.34mm

p4长×宽×高：12.10mm×7.85mm×11.27mm

m1长×宽×高：12.95mm×9.54mm×9.09mm

m2长×宽×高：17.12mm×12.22mm×10.72mm

m3长×宽×高：26.68mm×13.16mm×11.88mm

（3）描述：骨骼残存下颌体，下颌角处砍断，牙齿除门齿外保存较好，牙齿都有一定程度的磨蚀。下颌体呈水平状，底部圆凸，由前向后倾斜。齿槽向后逐渐增宽加深。体前部的外侧面有多个大小不一的颏外侧孔。犬齿近端在颊侧中部生长外凸，形成下颌颊外鼓，颌体在此处缺失形成一圆洞。

（三）猪：左侧肱骨

（1）标本F2：032（图2-16，5；图版一八，7）。

（2）测量数据：长度150.05mm、宽度42.27mm、厚度48.66mm、重量44.1g。

最大长GL：150.05mm

近端最大宽Bp：42.27mm

骨干最小宽SD：12.58mm

远端最大宽Bd：31.21mm

（3）描述：骨骼保存较完整。大结节发达，向内侧扭曲伸展，顶部残缺，大结节与小结节之间的夹角小，骨体呈侧扁，稍扭曲，远端鹰嘴突有一穿孔，滑车面中部有一线形深沟。

（四）猪：左侧尺骨

（1）标本G10：3593（图2-16，6；图版一八，8）。

（2）测量数据：长度120.50mm、宽度15.14mm、厚度26.04mm、重量12.7g。

鹰嘴最小厚SDO：20.19mm

跨过钩突厚DPA：26.67mm

跨过冠状突最大宽BPC：15.14mm

（3）描述：骨骼保存较好，近、远端关节头未愈合已脱落。喙突短小，不发达，尺骨干中部向前弯曲，有一与桡骨相结合的纵向凹槽。

（五）猪：左侧桡骨

（1）标本YSI③：7256（图2-16，3；图版一八，10）。

（2）测量数据：长度107.20mm、宽度25.43mm、厚度19.05mm、重量20.5g。

最大长GL：107.20mm

近端最大宽Bp：22.75mm

骨干最小宽SD：14.63mm

远端最大宽Bd：25.43mm

（3）描述：骨骼保存完整。骨骼较短，近端有三个关节面，内侧关节面最大。骨体前面稍凸而光滑，后面稍凹而粗糙。远端膨鼓，有对腕骨关节的三个倾斜关节面。

（六）猪：右侧股骨

（1）标本G10：13468（图版一八，9）。

（2）测量数据：长度123.90mm、宽度34.55mm、厚度25.13mm、重量26.9g。

（3）描述：骨骼保存较好，近、远端关节头未愈合已脱落。近端前侧面1/5处有一滋养孔，远端前侧面较平整，外侧髁上粗隆内凹。

（七）猪：右侧胫骨

（1）标本G16：32（图2-16，4；图版一八，11）。

（2）测量数据：长度148.47mm、宽度39.48mm、厚度35.19mm、重量50.5g。

最大长GL：148.47mm

近端最大宽Bp：39.48mm

骨干最小宽SD：15.35mm

远端最大宽Bd：23.59mm

（3）描述：骨骼保存较好，仅远端内髁略残损。骨体上部粗，呈三棱状，胫骨嵴向外侧弯。下部较细，呈前后扁。远端胫骨滑车大小相近，水平排列。

（八）猪：右侧肩胛骨

（1）标本G10：9671（图版一九，1）。

（2）测量数据：长度93.65mm、宽度65.39mm、厚度23.36mm、重量19.1g。

肩胛结最大长GLP：26.55mm

肩臼宽BG：20.45mm

（3）描述：残存近中部，关节盂呈椭圆形，未愈合。骨骼呈三角形，肩胛冈向后卷曲。

（九）猪：右侧盆骨

（1）标本G10：13786（图2-16，2；图版一九，4）。

（2）测量数据：长度145.88mm、宽度52.83mm、厚度22.27mm、重量31.6g。

髋臼窝外缘宽LA：27.32mm

髋臼窝内缘宽LAR：24.99mm

骨盆联合长LS：51.31mm

闭孔内缘长LFo：29.25mm

（3）描述：骨骼整体保存较好。髋臼窝圆而深，切迹开口小，坐骨棘不发达，闭孔呈椭圆形。

（十）猪：左侧距骨

（1）标本G10：2349（图版一九，2）。

（2）测量数据：长度29.18mm、宽度16.45mm、厚度15.80mm、重量3.1g。

外半部最大长GLl：29.18mm

内半部最大长GLm：27.68mm

远端最大宽Bd：15.32mm

（3）描述：骨骼保存完整，上下距骨滑车扭曲。

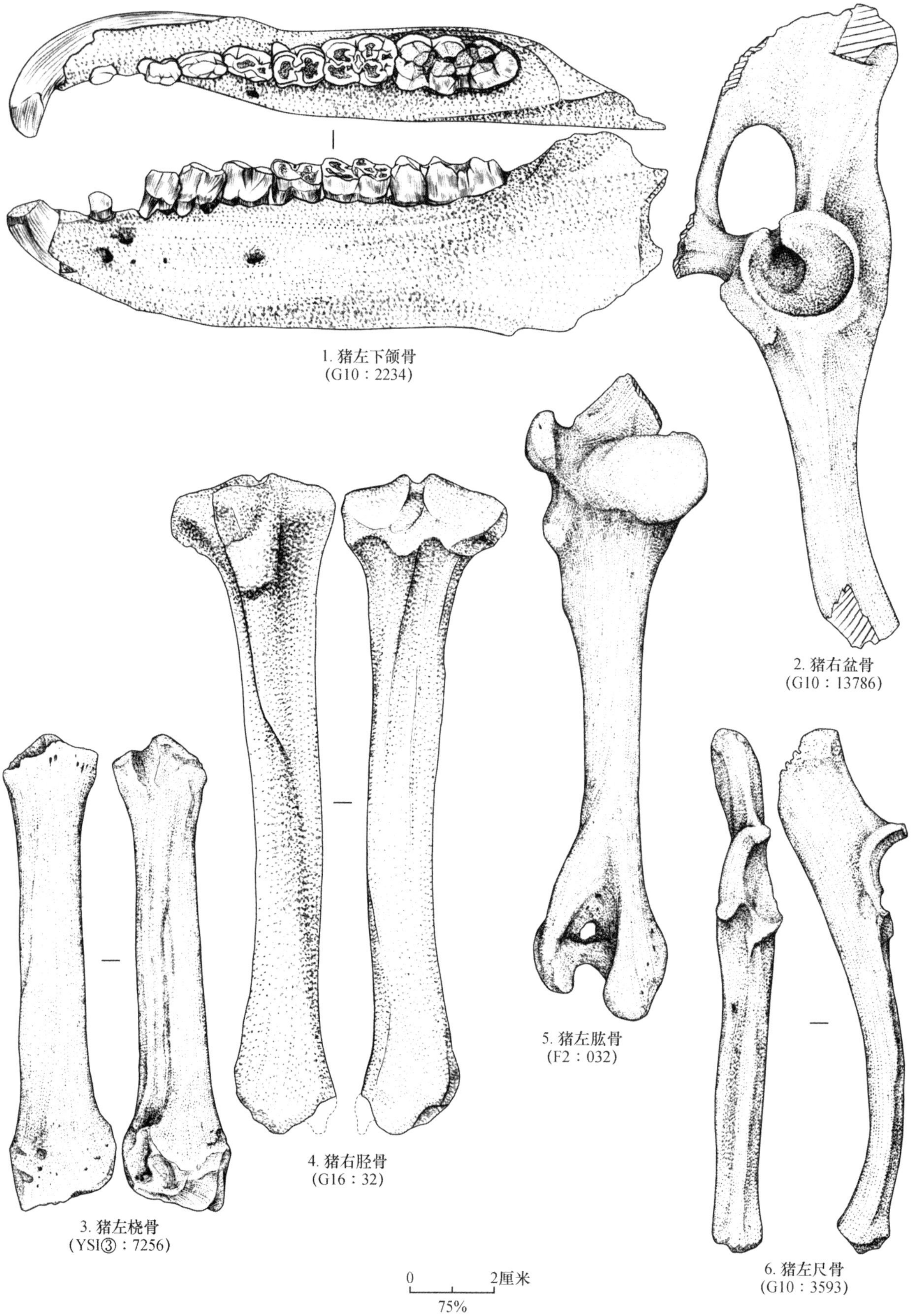
1. 猪左下颌骨
(G10：2234)
2. 猪右盆骨
(G10：13786)
3. 猪左桡骨
(YSI③：7256)
4. 猪右胫骨
(G16：32)
5. 猪左肱骨
(F2：032)
6. 猪左尺骨
(G10：3593)
0
2厘米
75%

图2-16　猪骨骼图

（十一）猪：右侧跟骨

（1）标本G10：14284（图版一九，3）。
（2）测量数据：长度62.17mm、宽度18.49mm、厚度24.55mm、重量8.2g。
跟骨最大宽GB：18.49mm
（3）描述：骨骼保存较好，跟结节未愈合已脱落。跟骨体两侧扁，跟骨前突呈三角形。

十二、野猪 *Sus scrofa* Linnaeus

共出土90件骨骼，包括头骨、牙齿、上颌骨、下颌骨、肱骨、桡骨、股骨、胫骨、肩胛骨、盆骨、膑骨、跟骨、距骨、系骨等14种骨骼部位。

（一）野猪：头骨

（1）标本G18②：31（图版一九，5）。
（2）测量数据：长度186.15mm、宽度143.45mm、高度140.89mm、重量401g。
顶骨最小宽：54.52mm
眼眶内部最大长：40.62mm
枕区高：133.87mm
枕骨大孔最大宽：29.13mm
枕骨孔最大高：33.46mm
枕髁最大宽：64.85mm
（3）描述：骨骼前部残缺，头骨骨缝已完全愈合。骨骼大而粗壮，顶骨与额骨已完全愈合融为一体，表面较平而厚。枕骨高，枕髁完整。

（二）野猪：右上犬齿

（1）标本G10：14600（图2-17，3；图版一九，6）。
（2）测量数据：长度（上下径）65.83mm、宽度（左右径）25.83mm、厚度（前后径）17.22mm、重量33.8g。
（3）描述：牙齿尖部和根部略残缺。牙齿粗壮弯曲，呈拱桥形，背侧有一条明显的釉质条带。

（三）野猪：右侧肱骨

（1）标本G10：2797（图2-17，2；图版一九，8）。

（2）测量数据：长度138.24mm、宽度62.35mm、厚度83.50mm、重量140.2g。

近端最大宽BP：62.35mm

（3）描述：骨骼保存近端。肱骨头呈半球状关节面。大结节靠外侧突起，被结节切迹分为较高的大结节前部和较低的大结节后部。小结节突起部位残断。

（四）野猪：右侧桡骨、尺骨连体

（1）标本G10：13588（图2-17，1；图版一九，7）。

（2）测量数据：长度243.57mm、宽度52.48mm、厚度54.96mm、重量191.5g。

桡骨测量数据，最大长GL：191.22mm

近端最大宽Bp：43.48mm

骨干最小宽SD：24.82mm

远端最大宽Bd：45.73mm

尺骨跨过冠状突最大宽BPC：34.25mm

（3）描述：桡骨、尺骨连体，尺骨头残缺。桡骨、尺骨愈合在一起，上下两端留有近侧前臂骨间隙和远侧前臂骨间隙。桡骨两端粗大，中部骨体弯曲。尺骨呈侧扁的三棱形，远端茎突与桡骨相接形成与腕骨相对的关节面。

（五）野猪：左侧肩胛骨

（1）标本G10：9398（图版一九，9）。

（2）测量数据：长度134.47mm、宽度44.70mm、厚度27.32mm、重量37.2g。

肩胛结最大长GLP：38.15mm

肩臼长LG：31.67mm

肩臼宽BG：27.33mm

（3）描述：骨骼残存近中部。关节盂略圆，盂上结节已愈合，其内侧有不明显的喙突。

（六）野猪：左侧股骨

（1）标本YSI③：5386（图2-17，4；图版二〇，1）。

（2）测量数据：长度172.51mm、宽度56.59mm、厚度71.57mm、重量141.1g。

远端最大宽Bd：56.59mm

（3）描述：骨骼残存中远部。远端骨干呈方形，前侧接近关节部位有一较宽凹面，股骨滑车对称，中间有一沟槽痕迹。

（七）野猪：右侧胫骨

（1）标本G10：599（图版二〇，2）。

（2）测量数据：长度223.90mm、宽度44.59mm、厚度55.82mm、重量125.5g。

骨干最小宽SD：23.45mm

远端最大宽Bd：32.50mm

（3）描述：近端关节头残缺，未愈合，骨体较长，远端关节内外较窄，呈厚长方形。远端胫骨滑车水平平行，内侧窄深，外侧宽浅。

（八）野猪：左侧髌骨

（1）标本G10：2098（图版二〇，3）。

（2）测量数据：长度49.81mm、宽度27.91mm、厚度29.37mm、重量14.5g。

最大长GL：49.81mm

最大宽GB：27.91mm

（3）描述：骨骼保存较完整。骨体呈扁锥状。后部由一条凸起的棱分为左右两个瓜子形的关节面。

（九）野猪：右侧距骨

（1）标本YSI②B：91（图版二〇，4）。

（2）测量数据：长度50.23mm、宽度27.73mm、厚度27.20mm、重量21.8g。

外半部最大长GLl：47.82mm

内半部最大长GLm：44.37mm

（3）描述：骨骼保存较完整。距骨上髁大于下髁，呈不对称扭曲。

（十）野猪：左侧跟骨

（1）标本YSI③：240（图版二〇，5）。

（2）测量数据：长度90.01mm、宽度22.56mm、厚度32.92mm、重量26.5g。

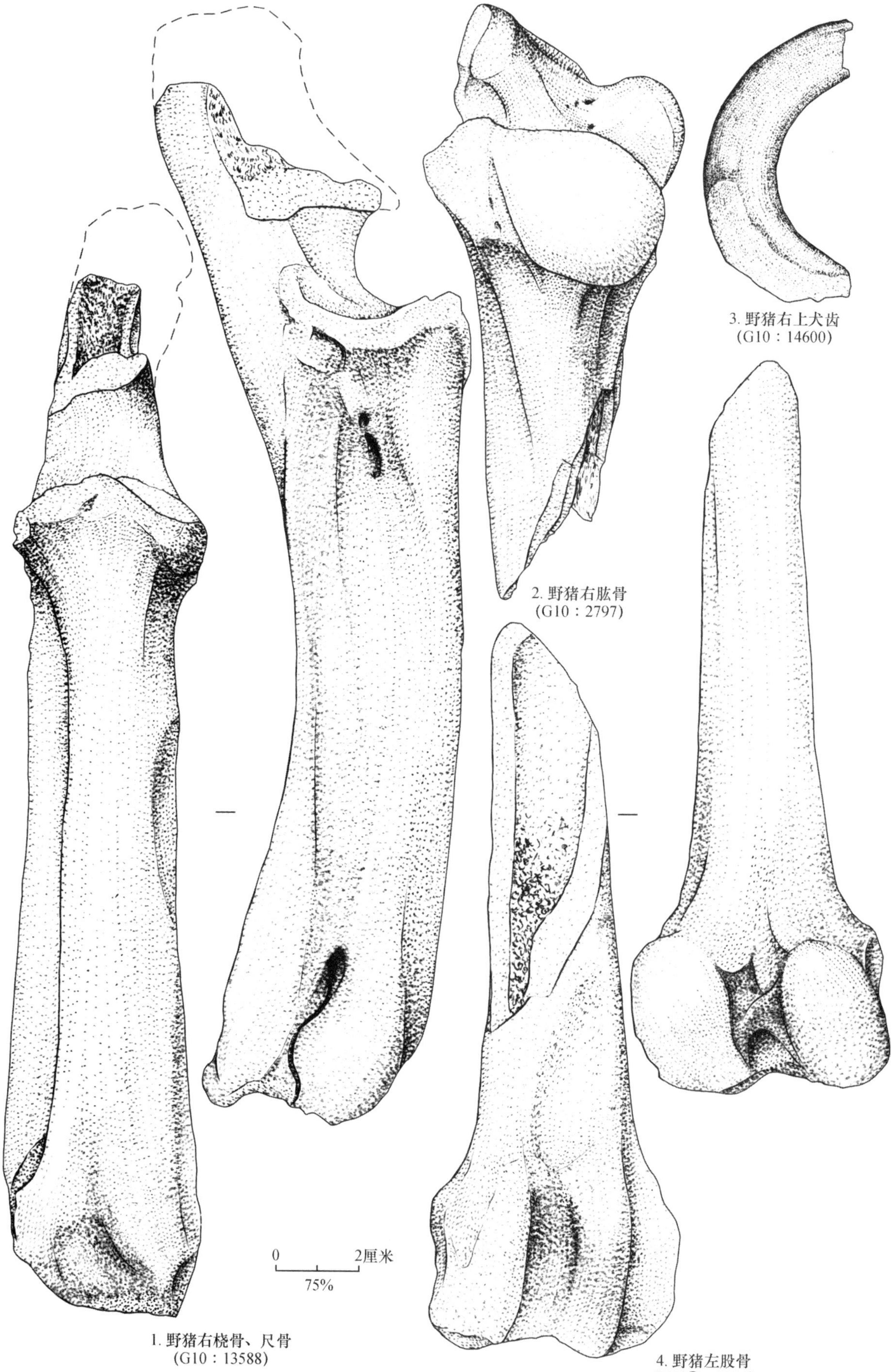

1. 野猪右桡骨、尺骨（G10：13588）

2. 野猪右肱骨（G10：2797）

3. 野猪右上犬齿（G10：14600）

4. 野猪左股骨（YSI③：5386）

图2-17　野猪骨骼图

跟骨最大长GL：90.01mm

跟骨最大宽GB：26.56mm

（3）描述：骨骼整体保存完整，跟结节愈合，上有半月形较直凹面。

十三、水鹿 *Cervus unicolor* (Kerr)

共出土754件骨骼，包括角骨、头骨、牙齿、上颌骨、下颌骨、寰椎、枢椎、肱骨、肩胛骨、尺骨、桡骨、股骨、胫骨、荐椎、腰椎、掌骨、跖骨、盆骨、腕骨、跗骨、髌骨、跟骨、距骨、系骨、冠骨、蹄骨等26种骨骼部位。

（一）水鹿：左侧下颌骨

（1）标本G10：13982（图2-18，1；图版二〇，7）。

（2）测量数据：长度153.97mm、宽度18.93mm、高度46.22mm、重量67.5g。

前臼齿列长：43.00mm

p2前下颌骨高：26.59mm（颊侧值）

m1前下颌骨高：32.03mm（颊侧值）

p3长×宽×高：15.44mm×8.63mm×11.54mm

p4长×宽×高：16.68mm×10.29mm×13.87mm

m1长×宽×高：17.20mm×13.41mm×13.15mm

m2长×宽×高：20.62mm×14.73mm×16.47mm

（3）描述：下颌支在M3处残断。下颌体颊侧略弧，舌侧略扁。齿槽间缘突起呈一线状。p2齿孔下方有一颏孔。臼齿齿槽由前向后逐渐增长、增宽。臼齿颊侧表面有皱褶。

（二）水鹿：左侧肱骨

（1）标本YSI②B：964（图2-18，4；图版二〇，8）。

（2）测量数据：长度162.62mm、宽度70.16mm、厚度81.87mm、重量158.3g。

近端最大宽Bp：70.16mm

（3）描述：保存骨骼近端。

（三）水鹿：左侧肱骨

（1）标本G10：14470（图2-18，2；图版二〇，6）。

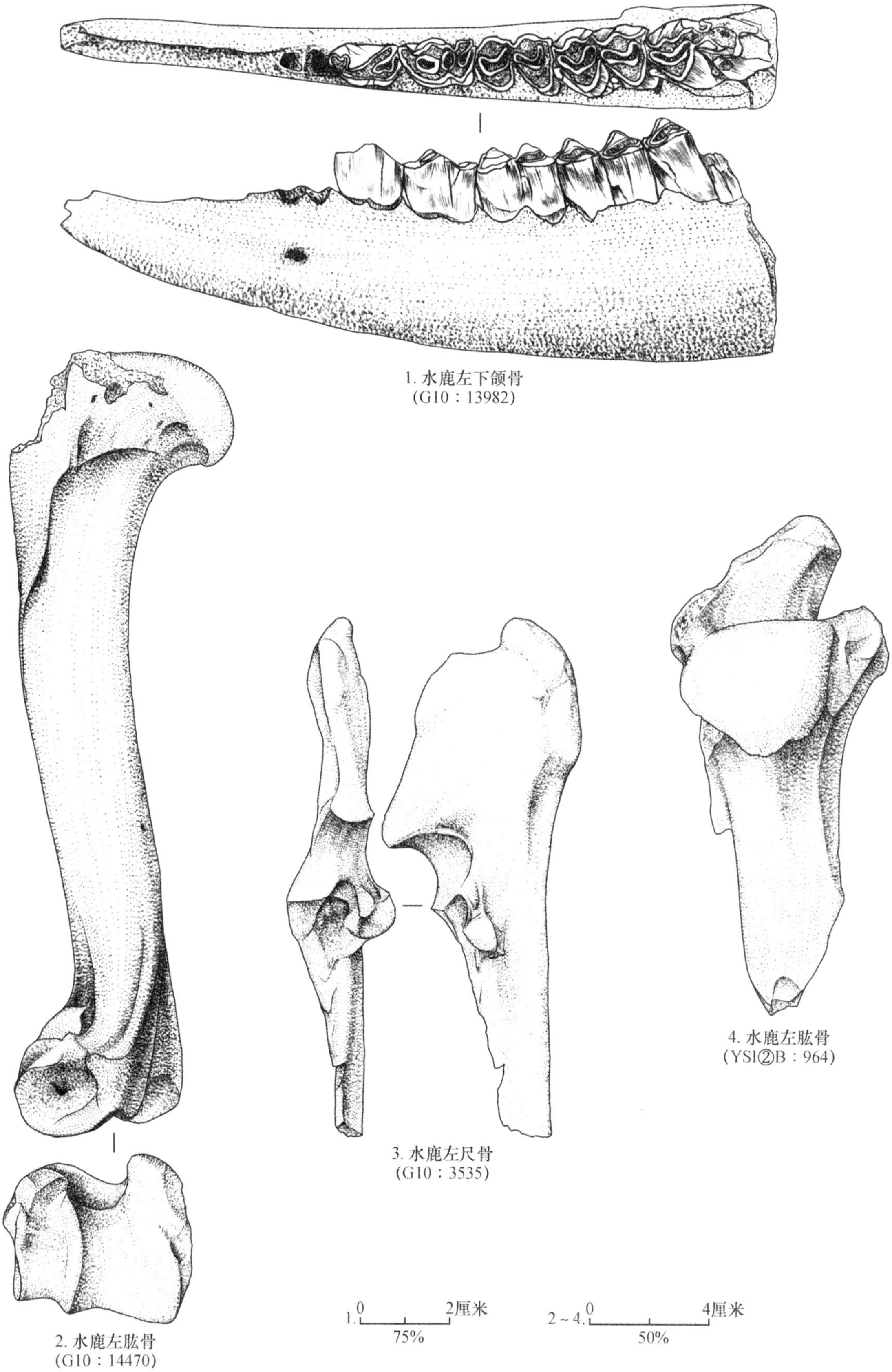
1. 水鹿左下颌骨
(G10：13982)
2. 水鹿左肱骨
(G10：14470)
3. 水鹿左尺骨
(G10：3535)
4. 水鹿左肱骨
(YSI②B：964)
1. 0 2厘米
75%
2～4. 0 4厘米
50%

图2-18　水鹿骨骼图

（2）测量数据：长度252.16mm、宽度56.63mm、厚度53.71mm、重量240.0g。

骨干最小宽SD：26.49mm

远端最大宽Bd：58.63mm

（3）描述：近端大结节，小结节残缺，肱骨头呈圆形下翻，鹰嘴窝呈斜三角形，内侧上髁嵴较直。

（四）水鹿：左侧肩胛骨

（1）标本G10：8985（图版二〇，9）。

（2）测量数据：长度197.77mm、宽度71.57mm、厚度41.75mm、重量103.7g。

肩胛颈最小长SLC：34.59mm

肩胛结最大长GLP：63.24mm

肩臼长LG：48.67mm

肩臼宽BG：42.28mm

（3）描述：骨骼保存近中部，远端残断。肩臼窝呈椭圆形，喙突伸出下钩。前缘内弯，后缘较直。

（五）水鹿：左侧桡骨

（1）标本G18：946（图版二〇，10）。

（2）测量数据：长度142.48mm、宽度51.46mm、厚度39.76mm、重量99.4g。

远端最大宽Bd：51.46mm

（3）描述：保留骨骼中远部。远端较厚，前侧面有两条水平突嵴，外侧面与腹侧面相交起一折棱。关节面由三部分组成，内侧与中间的关节面较大，前凹后凸，外侧关节面较细小。

（六）水鹿：左侧尺骨

（1）标本G10：3535（图2-18，3；图版二一，4）。

（2）测量数据：长度167.10mm、宽度35.44mm、厚度56.66mm、重量57.9g。

鹰嘴长LO：86.48mm

鹰嘴最小厚SDO：58.29mm

跨过钩突厚DPA：56.66mm

跨过冠状突最大宽BPC：35.44mm

（3）描述：骨骼整体保存近中部，远端残断。骨体扁平，尺骨突高耸，钩状突略残。

（七）水鹿：左侧掌骨

（1）标本G10：13572（图2-19，2；图版二一，3）。

（2）测量数据：长247.92mm、宽41.17mm、厚度27.63mm、重量124.5g。

最大长GL：247.92mm

近端最大宽Bp：40.12mm

骨干最小宽SD：25.73mm

远端最大宽Bd：41.17mm

（3）描述：骨骼整体保存完整。骨骼较长，背侧纵沟较浅。骨体背侧面圆弧，掌侧面近中部内凹。远端内外滑车对称。

（八）水鹿：右侧股骨

（1）标本G10：13623（图2-19，1；图版二一，1）。

（2）测量数据：长度376.78mm、宽度90.46mm、厚度102.81mm、重量559.3g。

最大长GL：376.78mm

骨干最小宽SD：34.17mm

远端最大宽Bd：90.46mm

（3）描述：骨骼保存较完整，近端大转子残缺。股骨头头凹较深，小转子强烈突起，骨干圆而直长，滋养孔位于前侧面骨干1/5处，远端内侧滑车嵴形状圆滑，外侧滑车髁嵴呈一折棱。外侧髁大于内侧髁，内侧髁前面的伸肌窝略呈斜三角形较深，腘肌窝略呈圆形较浅。

（九）水鹿：右侧胫骨

（1）标本G10：13625（图2-20，1；图版二一，5）。

（2）测量数据：长度416.76mm、宽度91.68mm、厚度103.02mm、重量500.8g。

最大长GL：416.76mm

近端最大宽Bp：90.13mm

骨干最小宽SD：37.64mm

远端最大宽Bd：57.81mm

（3）描述：骨骼保存完好。胫骨嵴瘦扁，向左侧略卷曲，近端胫骨粗隆呈瘦长三角形，近端后侧面两条腘肌线由上而下顺延与远端内髁沟相连。骨干长，上部略向内侧弧弯。远端内侧胫骨滑车窄长而较深，外侧胫骨滑车宽短而较浅。

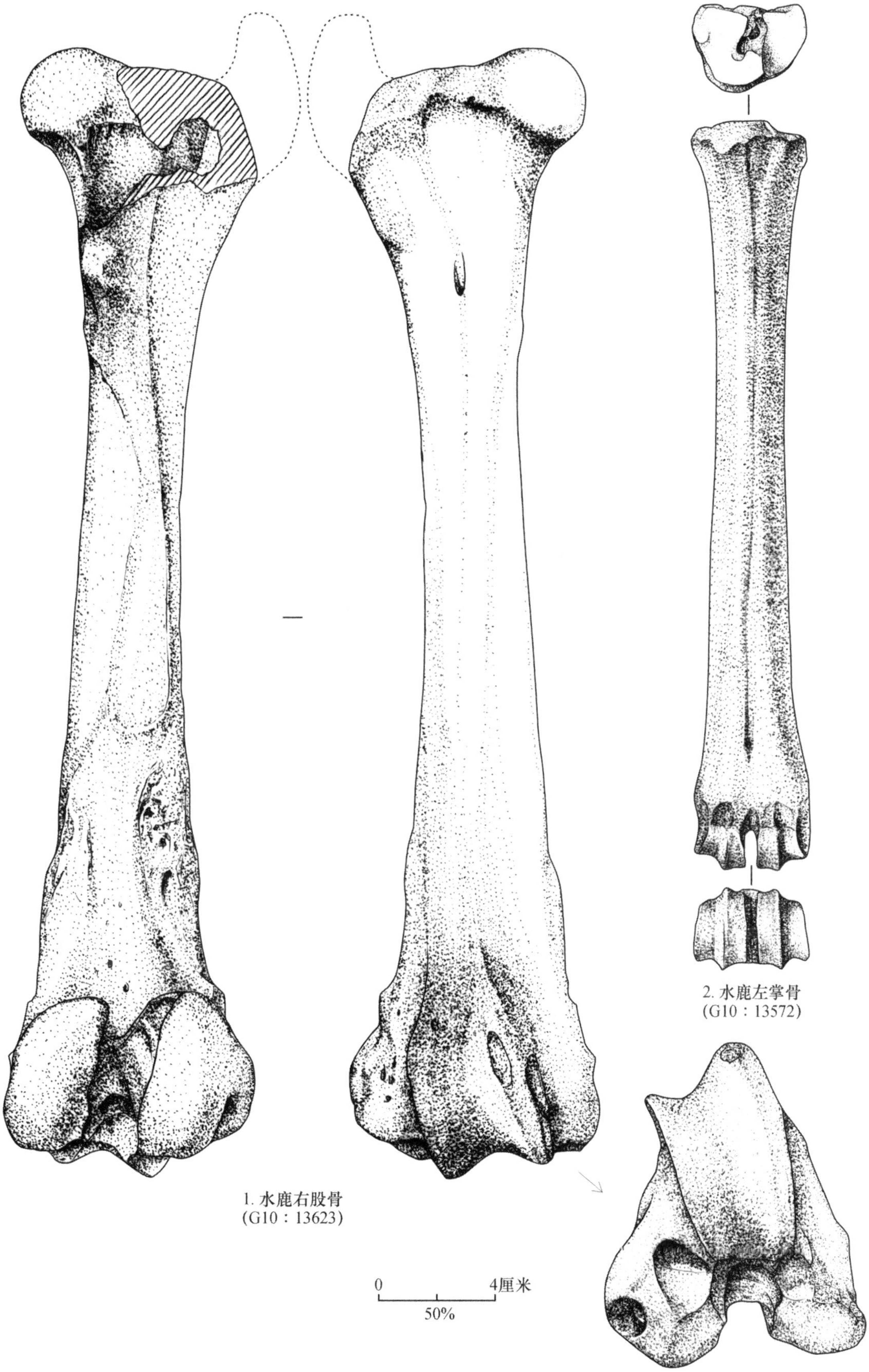

图2-19　水鹿骨骼图

（十）水鹿：右侧跖骨

（1）标本G10：11692（图2-20，2；图版二一，2）。

（2）测量数据：长度294.46mm、宽度48.54mm、厚度45.67mm、重量264.8g。

最大长GL：294.46mm

近端最大宽Bp：42.96mm

骨干最小宽SD：29.81mm

远端最大宽Bd：48.54mm

（3）描述：骨骼整体保存完整，局部有烤痕，骨体内侧较外侧厚，背侧纵向沟远端被包裹，远端外侧滑车厚于内侧滑车。

（十一）水鹿：右侧髌骨

（1）标本G18：1821（图版二一，6）。

（2）测量数据：长度68.15mm、宽度54.14mm、厚度31.06mm、重量41.0g。

最大长GL：68.15mm

最大宽GB：54.14mm

（3）描述：骨骼整体保存完整，局部有烤痕。

（十二）水鹿：左侧中央跗骨

（1）标本YSI③：1457（图版二一，7）。

（2）测量数据：长度46.03mm、宽度48.68mm、高度38.65mm、重量27.7g。

最大宽GB：48.68mm

（3）描述：骨骼整体保存完整。

（十三）水鹿：右侧距骨

（1）标本YSI③：1450（图版二二，1）。

（2）测量数据：长度60.45mm、宽度37.03mm、厚度32.16mm、重量41.2g。

外半部最大长GLl：60.45mm

内半部最大长GLm：56.87mm

内半部最大厚Dm：32.16mm

远端最大宽Bd：37.03mm

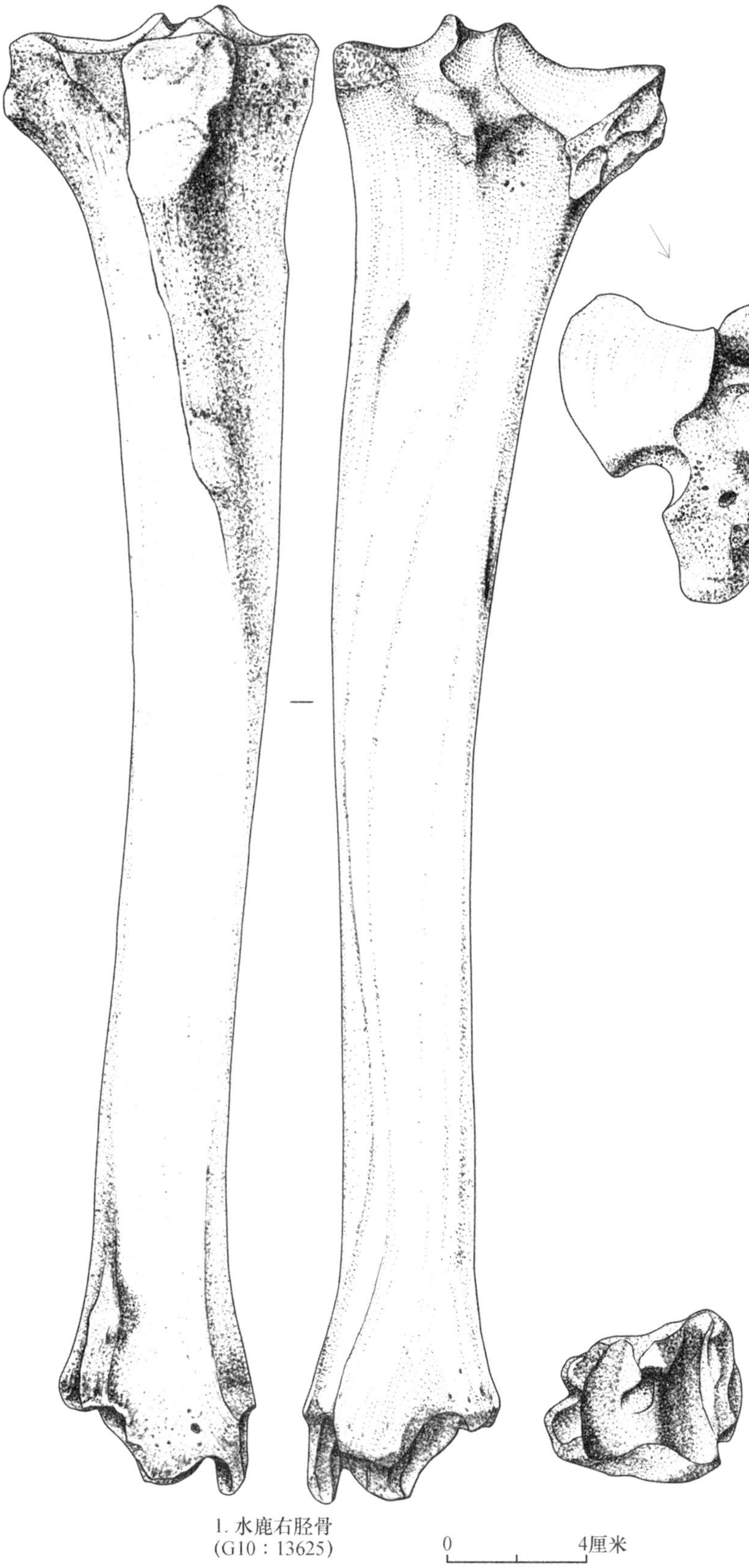

1. 水鹿右胫骨
(G10：13625)

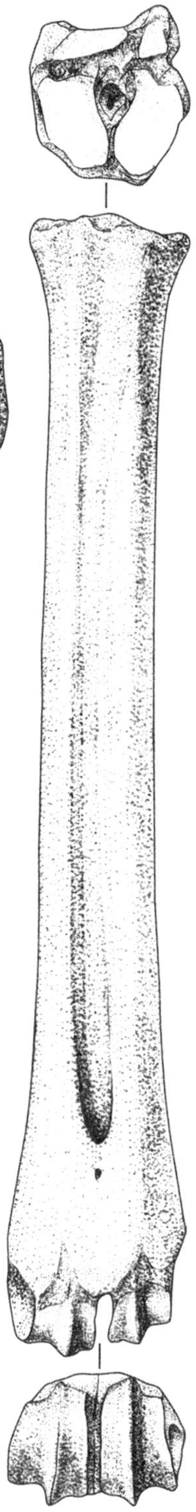

2. 水鹿右跖骨
(G10：11692)

0　4厘米
50%

图2-20　水鹿骨骼图

（3）描述：骨骼整体保存完整。

（十四）水鹿：左侧跟骨

（1）标本G10：13788（图版二二，2）。
（2）测量数据：长度141.54mm、宽度41.79mm、厚度51.08mm、重量83.6g。
最大长GL：141.54mm
最大宽GB：41.79mm
（3）描述：骨骼整体保存完整，表面有浅褐色烤痕。

（十五）水鹿：左侧系骨

（1）标本G10：2898（图版二二，4）。
（2）测量数据：长度72.38mm、宽度23.81mm、厚度29.07mm、重量26.0g。
最大长GL：72.38mm
近端最大宽Bp：23.81mm
骨干最小宽SD：19.94mm
远端最大宽Bd：21.84mm
（3）描述：骨骼整体保存完整，局部有烤痕。

（十六）水鹿：左侧冠骨

（1）标本YSI③：1284（图版二二，3）。
（2）测量数据：长度43.58mm、宽度20.83mm、厚度27.07mm、重量11.2g。
最大长GL：43.58mm
近端最大宽Bp：20.83mm
骨干最小宽SD：15.73mm
远端最大宽Bd：16.21mm
（3）描述：骨骼整体保存完整。

十四、梅花鹿 *Cervus nippon* Temminck

共出土610件骨骼，包括角骨、头骨、牙齿、下颌骨、寰椎、枢椎、肱骨、肩胛骨、尺骨、桡骨、股骨、胫骨、荐椎、掌骨、跖骨、盆骨、跗骨、膑骨、跟骨、距骨、系骨、冠骨、蹄骨等23种骨骼部位。

（一）梅花鹿：右侧角

（1）标本G18：1048（图2-21，2；图版二二，6）。

（2）测量数据：长度203.88mm、宽度110.93mm、厚度39.26mm、重量103.2g。

角盘前后长径：44.23mm

角盘左右短径：39.26mm

眉枝长：17.12mm

（3）描述：角柄处断裂，主枝中部砸断。角盘以上角枝表面有瘤状突起，主枝与眉枝之间成60度夹角。

（二）梅花鹿：头骨

（1）标本G18：1635（图版二二，5）。

（2）测量数据：长度140.81mm、宽度133.66mm、厚度98.19mm、重量237.8g。

（3）描述：头骨保存部分颅顶部和额部，鹿角锯断。

（三）梅花鹿：左侧下颌骨

（1）标本YSI③：6902（图2-21，1；图版二二，7）。

（2）测量数据：长度157.29mm、宽度17.16mm、厚度39.14mm、重量46.2g。

齿槽间隙长：59.32mm

前臼齿列长：35.31mm

p2前下颌骨高：21.61mm（颊侧值）

m1前下颌骨高：26.54mm（颊侧值）

p2长×宽×高：10.24mm×6.80mm×9.14mm（唇侧值）

p3长×宽×高：11.88mm×8.38mm×7.91mm（唇侧值）

p4长×宽×高：12.41mm×9.39mm×7.90mm（唇侧值）

m1长×宽×高：15.26mm×10.46mm×8.48mm（唇侧值）

m2长×宽×高：18.68mm×12.76mm×8.40mm（唇侧值）

（3）描述：保存骨骼前中部，第三臼齿残断，水平枝前部略上伸，保留有p2至m2，牙齿磨蚀较重，m1、m2颊侧有明显白色牙垢。

（四）梅花鹿：左侧肱骨

（1）标本G18：1053（图2-21，3；图版二二，8）。

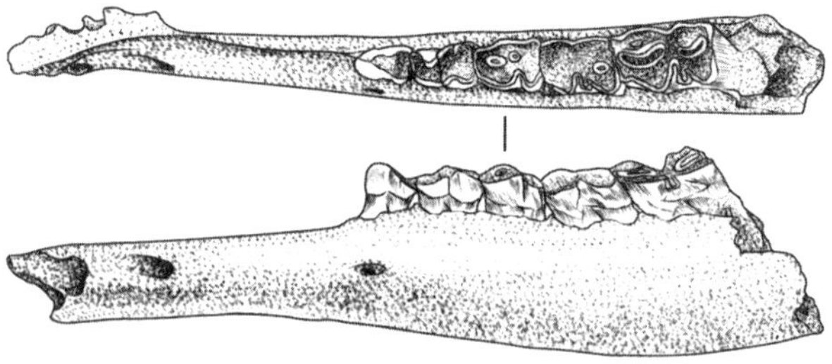

1. 梅花鹿左下颌骨
（YSI③：6902）

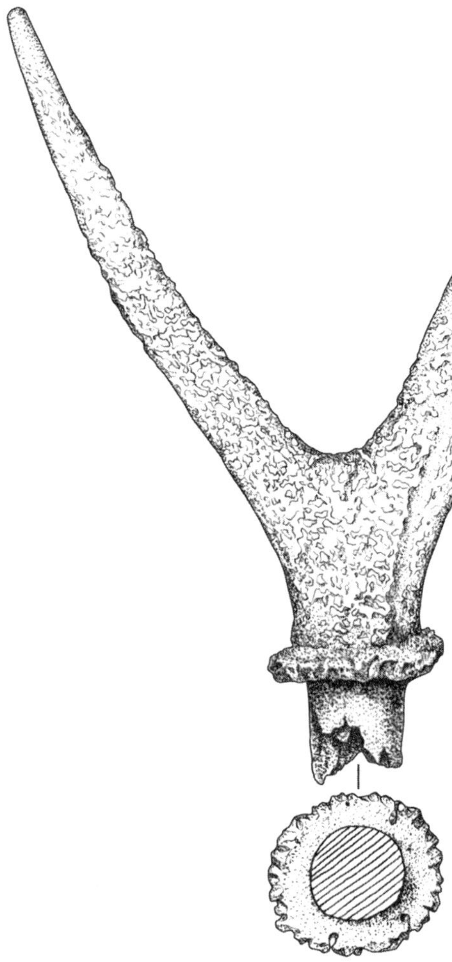

2. 梅花鹿右角
（G18：1048）

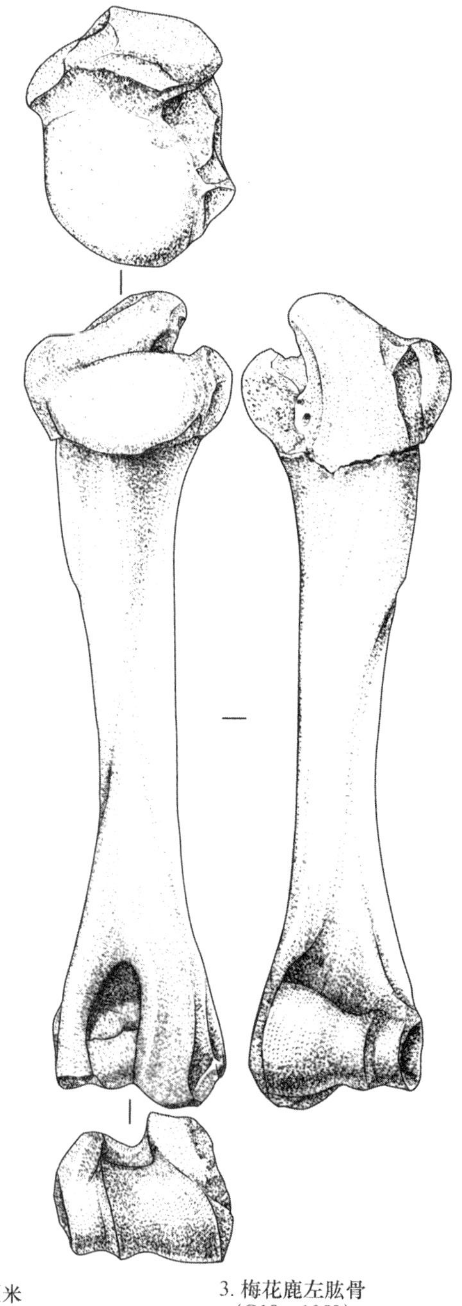

3. 梅花鹿左肱骨
（G18：1053）

0　　4厘米
50%

图2-21　梅花鹿骨骼图

（2）测量数据：长度221.66mm、宽度55.72mm、厚度62.79mm、重量158.3g。

最大长GL：221.66mm

近端最大宽Bp：55.72mm

骨干最小宽SD：21.70mm

远端最大宽Bd：48.70mm

（3）描述：骨骼整体保存较好，近端未完全愈合，大结节尾部发达，向内侧伸出，肱骨头呈圆面，向下翻转，远端内外侧髁向内收缩。

（五）梅花鹿：右侧尺骨

（1）标本YSI②B：1857（图2-22，2；图版二二，9）。

（2）测量数据：长度133.6mm、宽度22.60mm、厚度44.59mm、重量29.9g。

鹰嘴长LO：66.04mm

鹰嘴最小厚SDO：38.81mm

跨过钩突厚DPA：44.43mm

跨过冠状突最大宽BPC：22.60mm

（3）描述：骨骼保存近中部，骨体扁平，近端内侧略内凹，鹰嘴较长而直。

（六）梅花鹿：左侧桡骨

（1）标本G10：13576（图2-22，1；图版二三，1）。

（2）测量数据：长度239.26mm、宽度43.18mm、厚度33.92mm、重量91.8g。

最大长GL：239.26mm

近端最大宽Bp：43.10mm

骨干最小宽SD：25.74mm

远端最大宽Bd：43.18mm

（3）描述：骨骼整体保存完整，骨体较扁，向前微弓，表面光滑。

（七）梅花鹿：盆骨

（1）标本G10：13784（图版二三，3）。

（2）测量数据：长192.66mm、宽96.71mm、厚厚35.92mm、重量92.8g。

髋臼窝外缘宽LA：41.53mm

髋臼窝内缘宽LAR：37.11mm

闭孔内缘长LFo：41.53mm

（3）描述：髂骨中部砍断，坐骨前侧面有切痕四道，骨直肌区窝呈狭深长椭圆形，宽臼窝圆而较深，宽臼切迹，窄闭孔呈长椭圆形，宽臼窝背面有一明显凹窝。

（八）梅花鹿：右侧股骨

（1）标本YSI③：5735（图版二三，4）。

（2）测量数据：长度95.47mm、宽度72.36mm、厚度32.48mm、重量37.0g。

近端最大宽Bp：72.36mm

（3）描述：保存骨骼近端部分，近端砍断，股骨头为长椭圆形，中部有一线弧形凹线，小结节为椎状突起。

（九）梅花鹿：左侧肩胛骨

（1）标本G10：13764（图版二三，2）。

（2）测量数据：长度141.09mm、宽度69.88mm、厚度44.25mm、重量64.4g。

肩胛颈最小长SLC：31.28mm

肩胛结最大长GLP：48.45mm

肩臼长LG：38.56mm

肩臼宽BG：31.01mm

（3）描述：骨骼保存近中部，关节盂呈椭圆形，喙突伸出形成一垂钩，肩胛冈垂直，上沿向内略弯曲。

（十）梅花鹿：右侧掌骨

（1）标本YSI②B：3552（图2-22，3；图版二三，6）。

（2）测量数据：长度218.85mm、宽度33.02mm、厚度23.65mm、重量94.6g。

最大长GL：218.85mm

近端最大宽Bp：32.75mm

骨干最小宽SD：21.38mm

远端最大宽Bd：33.02mm

（3）描述：骨骼整体保存完好，背侧纵沟呈线状，较细长，腹侧内凹宽且深。

（十一）梅花鹿：左侧跖骨

（1）标本G10：10784（图2-22，4；图版二三，12）。

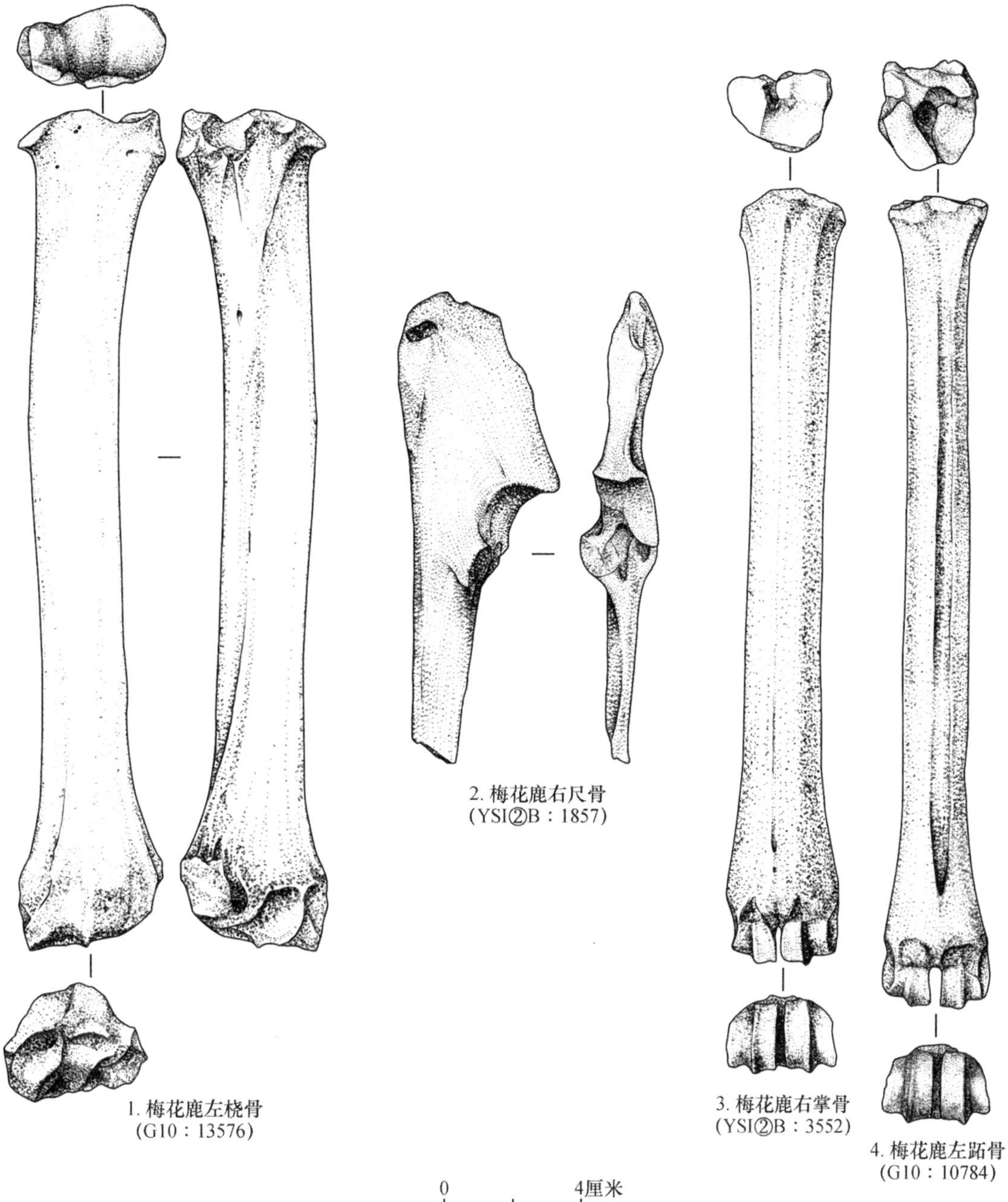

图2-22　梅花鹿骨骼图

（2）测量数据：长度229.92mm、宽度31.14mm、厚度23.65mm、重量81.4g。

最大长GL：229.92mm

近端最大宽Bp：27.54mm

骨干最小宽SD：18.50mm

远端最大宽Bd：31.14mm

（3）描述：骨骼保存完整。骨体瘦长，背侧纵沟较深，延伸至远端滋养孔。

（十二）梅花鹿：左侧中央附骨

（1）标本G10：14237（图版二三，5）。
（2）测量数据：长度29.11mm、宽度34.14mm、厚度25.45mm、重量10.8g。
最大宽GB：34.14mm
（3）描述：骨骼整体保存完整，通体有烤痕。

（十三）梅花鹿：左侧髌骨

（1）标本G12：296（图版二三，8）。
（2）测量数据：长度52.62mm、宽度43.67mm、厚度23.06mm、重量14.2g。
最大长GL：52.62mm
最大宽GB：43.67mm
（3）描述：骨骼整体保存完整。

（十四）梅花鹿：右侧距骨

（1）标本G10：2235（图版二三，7）。
（2）测量数据：长度47.78mm、宽度31.37mm、厚度24.83mm、重量24.2g。
外半部最大长GLl：47.78mm
内半部最大长GLm：42.91mm
内半部最大厚Dm：24.88mm
远端最大宽Bd：31.37mm
（3）描述：骨骼整体保存完整。

（十五）梅花鹿：左侧跟骨

（1）标本YSI②A：2212（图版二三，9）。
（2）测量数据：长度94.47mm、宽度27.25mm、厚度34.58mm、重量25.2g。
最大长GL：94.47mm
最大宽GB：27.25mm
（3）描述：骨骼整体保存完整，跟结节后侧面有一纵向内凹，跟骨干前侧面较扁窄。

（十六）梅花鹿：左侧冠骨

（1）标本G10：3000（图版二三，11）。
（2）测量数据：长度35.46mm、宽度17.96mm、厚度19.67mm、重量5.7g。
最大长GL：35.46mm
近端最大宽Bp：17.96mm
骨干最小宽SD：11.37mm
远端最大宽Bd：11.94mm
（3）描述：骨骼整体保存完整，通体有烤痕。

（十七）梅花鹿：左侧系骨

（1）标本YSI③：2268（图版二三，10）。
（2）测量数据：长度（上下径）45.77mm、宽度（左右径）14.84mm、厚度（前后径）20.25mm、重量6.6g。
最大长GL：45.77mm
近端最大宽Bp：14.84mm
骨干最小宽SD：12.13mm
远端最大宽Bd：13.10mm
（3）描述：骨骼整体保存完整。

十五、赤麂 *Muntiacus munijak* Zimmermann

共出土206件骨骼，包括牙齿、下颌骨、寰椎、肱骨、肩胛骨、尺骨、桡骨、股骨、胫骨、掌骨、跖骨、髌骨、跟骨、系骨、蹄骨等15种骨骼部位。

（一）赤麂：右侧上犬齿

（1）标本G10：012（图2-23，2；图版二四，1）。
（2）测量数据：长度51.41mm、宽度5.97mm、厚度10.54mm、重量2.8g。
（3）描述：牙齿保存较完整。牙齿中部向前弯曲，齿体较扁，内侧齿尖有磨蚀。

（二）赤麂：右侧下颌骨

（1）标本G10：10781（图2-23，1；图版二四，2）。
（2）测量数据：长度112.19mm、宽度10.34mm、厚度31.64mm、重量19.9g。
前臼齿列长：28.20mm
臼齿列长：41.41mm
颊齿列长：67.11mm
m1前下颌骨高：16.61mm（颊侧值）
m3后下颌骨高：21.10mm（颊侧值）
p3长×宽×高：9.55mm×5.27mm×7.86mm（唇侧值）
p4长×宽×高：9.69mm×5.74mm×8.5mm（唇侧值）
m1长×宽×高：10.94mm×7.59mm×8.67mm（唇侧值）
m2长×宽×高：12.23mm×8.22mm×10.15mm（唇侧值）
m3长×宽×高：17.14mm×7.35mm×11.93mm（唇侧值）
（3）描述：下颌骨上升支残缺。

（三）赤麂：左侧肱骨

（1）标本G10：13607（图2-23，3；图版二四，7）。
（2）测量数据：长度154.64mm、宽度29.93mm、厚度23.12mm、重量32.0g。
最大长GL：154.64mm
骨干最小宽SD：11.82mm
远端最大宽Bd：26.69mm
（3）描述：骨骼整体保存完整，骨干纤细瘦长，表面光滑。

（四）赤麂：右侧尺骨

（1）标本G10：0213（图版二四，4）。
（2）测量数据：长度65.31mm、宽度15.24mm、厚度22.43mm、重量5.2g。
鹰嘴长LO：33.19mm
鹰嘴最小厚SDO：20.91mm
跨过钩突厚DPA：22.43mm
跨过冠状突最大宽BPC：15.24mm
（3）描述：保存骨骼近中部，形体扁平。

（五）赤麂：右侧桡骨

（1）标本G18：967（图2-23，4；图版二四，3）。
（2）测量数据：长度130.55mm、宽度24.75mm、厚度16.23mm、重量18.0g。
最大长GL：130.55mm
近端最大宽Bp：24.75mm
骨干最小宽SD：15.01mm
远端最大宽Bd：22.31mm
（3）描述：骨骼保存完整。

（六）赤麂：左侧股骨

（1）标本G10：1475（图2-23，5；图版二四，8）。
（2）测量数据：长度181.15mm、厚度37.22mm、厚度39.37mm、重量44.2g。
最大长GL：181.15mm
近端最大宽Bp：37.22mm
骨干最小宽SD：13.62mm
远端最大宽Bd：33.31mm
（3）描述：骨骼整体保存完整，小结节尖锥状突起，骨干瘦长，中部向前微弓。

（七）赤麂：右侧胫骨

（1）标本G18：1749（图版二四，5）。
（2）测量数据：长度89.03mm、宽度44.54mm、厚度48.76mm、重量27.6g。
近端最大宽Bp：44.54mm
（3）描述：保存骨骼近端，胫骨嵴扁瘦。

（八）赤麂：右侧肩胛骨

（1）标本G10：9377（图版二四，6）。
（2）测量数据：长度109.08mm、厚度28.27mm、厚度28.44mm、重量15.7g。
肩胛颈最小长SLC：15.02mm
肩胛结最大长GLP：28.27mm
肩臼长LG：21.26mm

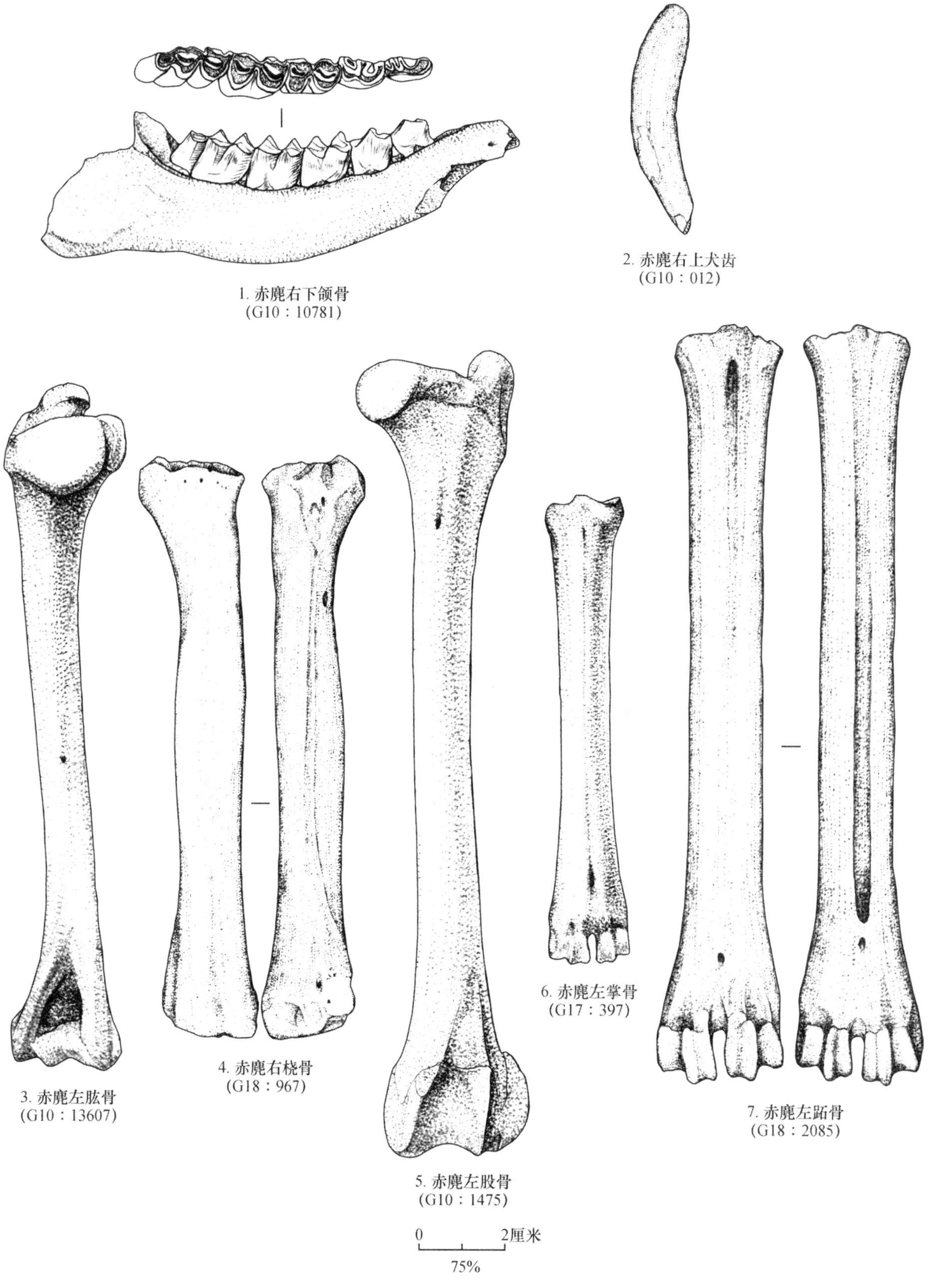

1. 赤鹿右下颌骨（G10：10781）

2. 赤鹿右上犬齿（G10：012）

3. 赤鹿左肱骨（G10：13607）

4. 赤鹿右桡骨（G18：967）

5. 赤鹿左股骨（G10：1475）

6. 赤鹿左掌骨（G17：397）

7. 赤鹿左跖骨（G18：2085）

图2-23　赤鹿骨骼图

肩臼宽BG：20.02mm

（3）描述：保存骨骼的近、中部，肩胛盂较圆，肩胛冈垂直相交于肩胛骨前缘，上部略扭曲。

（九）赤麂：右侧掌骨

（1）标本G17：397（图2-23，6；图版二四，9）。

（2）测量数据：长度106.68mm、宽度19.53mm、厚度12.96mm、重量14.2g。

最大长GL：106.68mm

近端最大宽Bp：18.68mm

骨干最小宽SD：12.17mm

远端最大宽Bd：19.53mm

（3）描述：骨骼保存完整。

（十）赤麂：左侧跖骨

（1）标本G18：2085（图2-23，7；图版二四，10）。

（2）测量数据：长度125.33mm、宽度22.14mm、厚度16.93mm、重量18.3g。

最大长GL：125.33mm

近端最大宽Bp：17.65mm

骨干最小宽SD：12.73mm

远端最大宽Bd：22.14mm

（3）描述：骨骼保存完整。

（十一）赤麂：左侧跟骨

（1）标本YSI③：6146（图版二四，11）。

（2）测量数据：长度58.12mm、宽度15.47mm、厚度21.18mm、重量6.1g。

最大长GL：58.12mm

最大宽GB：15.47mm

（3）描述：骨骼保存完整。

十六、小麂 *Muntiacus reevesi* Ogilby

共出土579件骨骼，包括角骨、牙齿、上颌骨、下颌骨、寰椎、肱骨、肩胛骨、桡骨、股骨、胫骨、掌骨、跖骨、盆骨、跟骨、蹄骨等15种骨骼部位。

（一）小麂：左侧角

（1）标本YSI④A：998（图2-24，1；图版二五，1）。
（2）测量数据：长度116.21mm、宽度19.66mm、厚度17.30mm、重量10.7g。
角盘前后长径：19.66mm
角盘左右短径：17.30mm
主枝长：72.57mm
（3）描述：角主干保存较完整，主枝细长，未端尖而弯曲。

（二）小麂：左侧下颌骨

（1）标本G10：14452（图2-24，2；图版二五，2）。
（2）测量数据：长度131.39mm、宽度8.64mm、高度61.41mm、重量15.5g。
下颌齿槽间隙长：36.50mm
下颌角后点至M3齿槽的远口缘的距离：25.07mm
下颌骨垂直部中部高GOV：34.34mm
下颌头宽：6.94mm
m3后下颌骨高：16.19mm（颊侧值）
m1前下颌骨高：13.95mm（颊侧值）
p2前下颌骨高：11.45mm（颊侧值）
前臼齿列长：20.41mm
臼列长：32.13mm
颊齿列长：50.34mm
p2：5.60mm × 3.22mm × 5.40mm
p3：6.97mm × 3.75mm × 5.92mm
p4：7.35mm × 4.45mm × 6.15mm
m1：8.04mm × 5.62mm × 8.00mm
m2：9.50mm × 6.50mm × 8.00mm
m3：13.04mm × 6.92mm × 9.24mm
（3）描述：骨骼整体保存完整，前端联合部及下颌角略残，m1至m3舌侧明显厚于颊侧，p3至m3内外齿面有不同程度的银白色牙垢附着。

（三）小麂：左侧肱骨

（1）标本G10：13601（图2-24，3；图版二五，3）。
（2）测量数据：长度113.32mm、宽度24.46mm、厚度29.32mm、重量14.9g。
近端最大宽Bp：24.46mm
骨干最小宽SD：10.63mm
远端最大宽Bd：23.10mm
（3）描述：骨骼整体保存较完整，大结节略残，近端刚愈合，骨干短小。

（四）小麂：右侧桡骨

（1）标本G18：986（图2-24，4；图版二五，4）。
（2）测量数据：长度104.06mm、宽度18.44mm、厚度11.94mm、重量10.4g。
最大长GL：104.06mm
近端最大宽Bp：18.44mm
骨干最小宽SD：11.45mm
远端最大宽Bd：17.34mm
（3）描述：骨骼整体保存完整，骨体扁平，中部向前弯曲。

（五）小麂：左侧股骨

（1）标本G18：42（图2-24，5；图版二五，5）。
（2）测量数据：长度140.54mm、宽度29.82mm、厚度32.17mm、重量24.3g。
最大长GL：140.54mm
近端最大宽Bp：29.82mm
骨干最小宽SD：10.90mm
远端最大宽Bd：26.02mm
（3）描述：骨骼整体保存完整，骨干纤细，中部向前弯曲，内滑车嵴大，厚于外侧嵴。

（六）小麂：左胫骨

（1）标本YSI③：107（图版二五，6）。
（2）测量数据：长度153.97mm、宽度26.90mm、厚度28.65mm、重量18.1g。
最大长GL：153.97mm

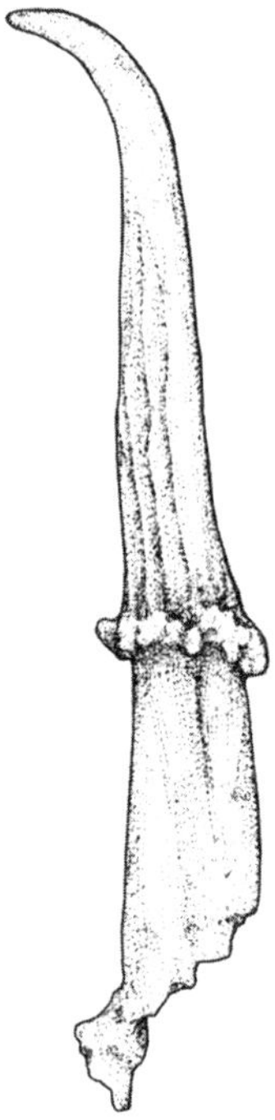

1. 小麂左角
(YSI④A：998)

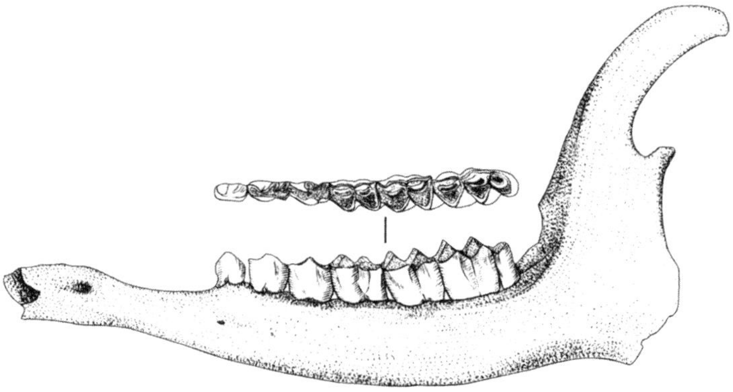

2. 小麂左下颌骨
(G10：14452)

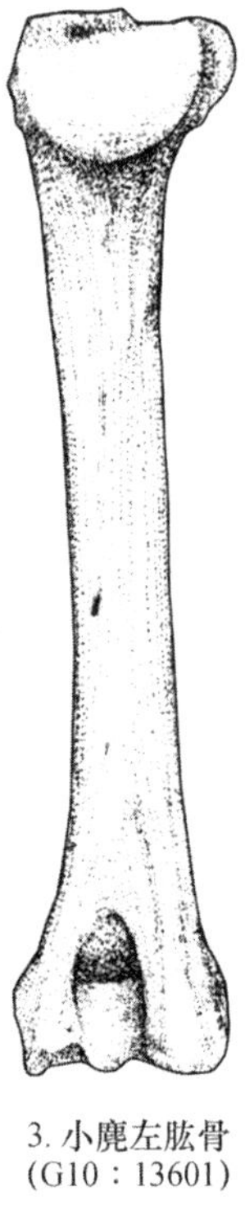

3. 小麂左肱骨
(G10：13601)

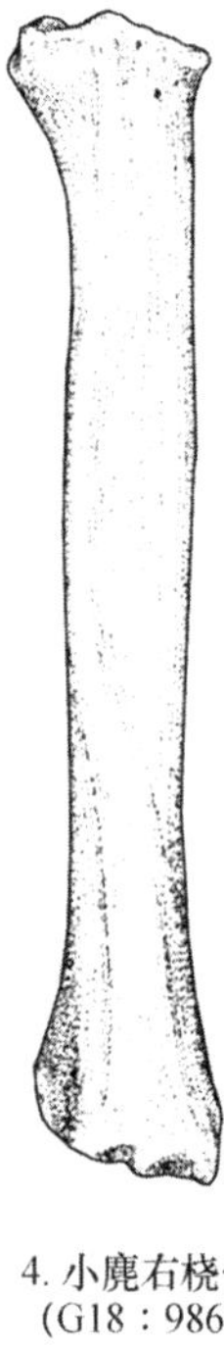

4. 小麂右桡骨
(G18：986)

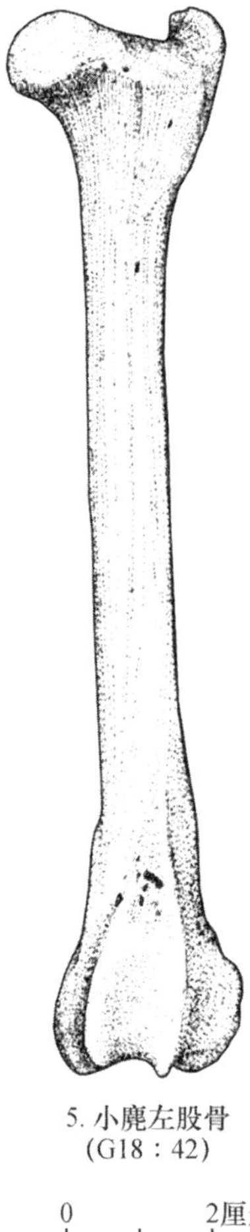

5. 小麂左股骨
(G18：42)

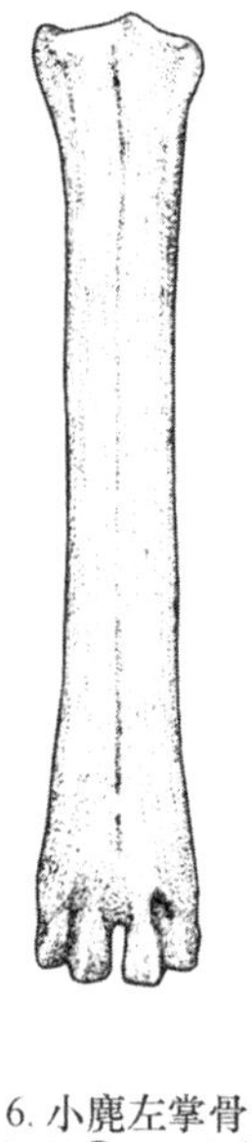

6. 小麂左掌骨
(YSI③：6625)

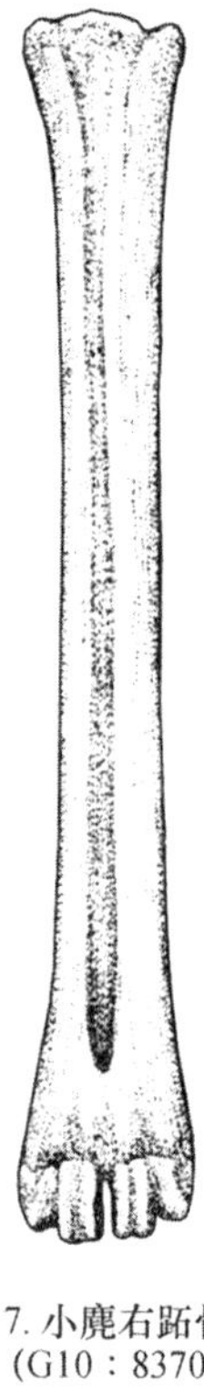

7. 小麂右跖骨
(G10：8370)

0　　2厘米
75%

图2-24　小麂骨骼图

近端最大宽Bp：26.90mm

骨干最小宽SD：11.13mm

（3）描述：骨骼整体保存较完整，远端外侧有小残缺，胫骨嵴略向外侧扭曲，骨干纤细。

（七）小麂：左肩胛骨

（1）标本G10：13762（图版二五，7）。

（2）测量数据：长度89.85mm、宽度31.25mm、厚度20.63mm、重量9.9g。

肩胛颈最小长SLC：14.46mm

肩胛结最大长GLP：24.21mm

肩臼长LG：18.51mm

肩臼宽BG：16.51mm

（3）描述：肩胛冈、远端残断，肩胛冈垂直相交于肩胛骨前缘，并向关节盂突出。

（八）小麂：左侧掌骨

（1）标本YSI③：6625（图2-24，6；图版二五，8）。

（2）测量数据：长度87.17mm、宽度16.14mm、厚度9.46mm、重量7.8g。

最大长GL：87.17mm

近端最大宽Bp：16.14mm

骨干最小宽SD：10.59mm

远端最大宽Bd：15.23mm

（3）描述：骨骼整体保存完整，骨干短而扁平。

（九）小麂：右侧跖骨

（1）标本G10：8370（图2-24，7；图版二五，9）。

（2）测量数据：长度116.16mm、宽度16.80mm、厚度3.87mm、重量11.4g。

最大长GL：116.16mm

近端最大宽Bp：13.98mm

骨干最小宽SD：10.54mm

远端最大宽Bd：16.80mm

（3）描述：骨骼保存完整，骨干背、腹侧纵沟较深。

（十）小麂：左跟骨

（1）标本G10：14292（图版二五，10）。
（2）测量数据：长度47.03mm、宽度16.80mm、厚度13.19mm、重量3.8g。
最大长GL：47.03mm
最大宽GB：13.19mm
（3）描述：骨骼整体保存完整。

十七、麝 *Moschus* sp.

共出土8件骨骼，包括牙齿、下颌骨、肱骨、尺骨、掌骨等5种骨骼部位。

（一）麝：左上犬齿

（1）标本G18：09（图2-25，1；图版二五，11）。
（2）测量数据：长度53.50mm、宽度6.69mm、厚度3.33mm、重量1.3g。
（3）描述：根部残断。犬齿扁平弯曲。

（二）麝：右侧下颌骨

（1）标本G10：13974（图2-25，2；图版二五，12）。
（2）测量数据：长度85.20mm、宽度7.44mm、厚度21.20mm、重量6.8g。
p2前下颌骨高：11.61mm（颊侧值）
m1前下颌骨高：11.75mm（颊侧值）
m3后下颌骨高：16.72mm（颊侧值）
前臼齿列长：15.85mm（颊侧值）
臼列长：28.75mm（颊侧值）
颊齿列长：44.29mm（颊侧值）
p4：6.27mm×4.73mm×5.66mm（唇侧值）
m1：7.15mm×4.73mm×5.96mm（唇侧值）
m2：7.82mm×5.51mm×7.03mm（唇侧值）
m3：12.05mm×5.37mm×7.45mm（唇侧值）
（3）描述：上升支残断，骨体较为扁薄，牙齿磨损程度轻微。

1. 麝左上犬齿
（G18：09）

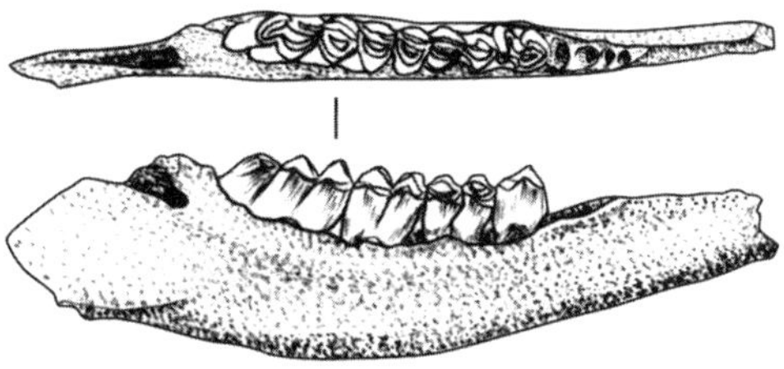

2. 麝右下颌骨
（G10：13974）

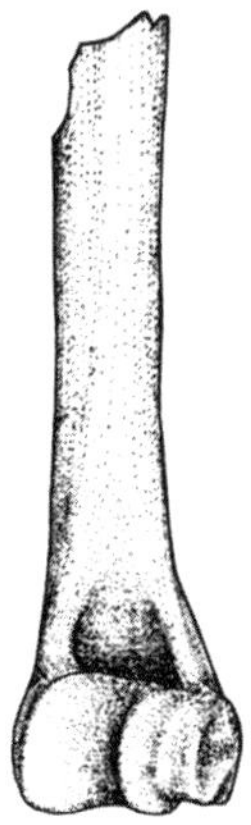

3. 麝左肱骨
（YSI③：4767）

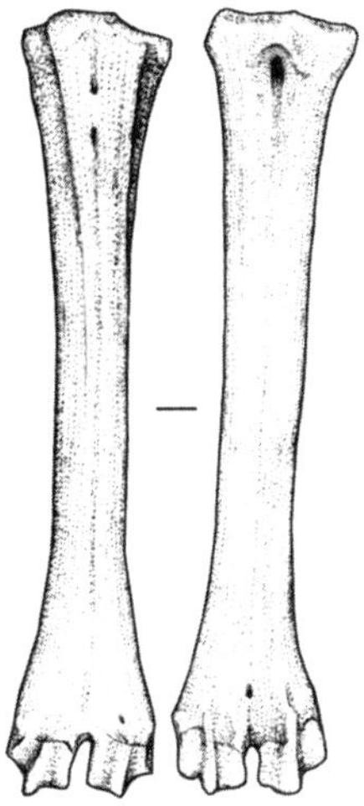

4. 麝右掌骨
（YSI④：982）

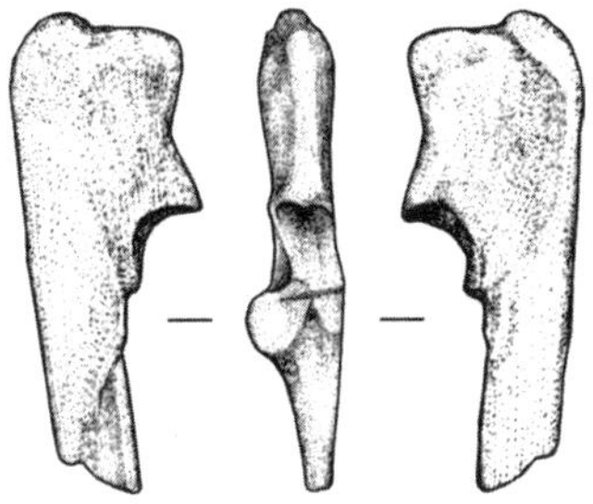

5. 麝右尺骨
（G10：0212）

0　2厘米
75%

图2-25　麝骨骼图

（三）麝：左肱骨

（1）标本YSI③：4767（图2-25，3；图版二五，13）。

（2）测量数据：长度68.47mm、宽度19.12mm、厚度18.32mm、重量7.7g。

骨干最小宽SD：8.85mm

远端最大宽Bd：19.12mm

（3）描述：骨骼纤细，近端残缺。

（四）麝：右尺骨

（1）标本G10：0212（图2-25，5；图版二五，14）。
（2）测量数据：长度68.47mm、宽度20.00mm、厚度18.32mm、重量2.8g。
鹰嘴长LO：22.75mm
鹰嘴最小厚SDO：15.03mm
跨过钩突厚DPA：16.96mm
跨过冠状突最大宽BPC：10.46mm
（3）描述：尺骨近端略显厚实。

（五）麝：右掌骨

（1）标本YSI④：982（图2-25，4；图版二五，15）。
（2）测量数据：长度81.41mm、宽度16.13mm、厚度10.68mm、重量6.0g。
最大长GL：81.41mm
近端最大宽Bp：15.72mm
骨干最小宽SD：9.44mm
远端最大宽Bd：16.13mm
（3）描述：远端凸起明显，腹面没有凹槽，骨干较圆。

十八、黄牛 *Bos* sp.

共出土2608件骨骼，包括角骨、牙齿、上颌骨、下颌骨、鼻骨、寰椎、枢椎、肱骨、肩胛骨、尺骨、桡骨、股骨、胫骨、掌骨、跖骨、盆骨、腕骨、跗骨、髌骨、跟骨、距骨、系骨、冠骨、蹄骨等24种骨骼部位。

（一）黄牛：右侧角

（1）标本F14①：1（图2-26，3；图版二六，5）。
（2）测量数据：长度184.72mm、宽度54.97mm、厚度56.08mm、重量178.8g。
角心基部的最大直径：56.08mm
角心基部的最小直径：54.97mm
（3）描述：保存角心部分，整体粗短，呈圆椎形，向前略弯曲。

（二）黄牛：右侧下颌骨

（1）标本G10：10317（图2-26，1；图版二六，1）。

（2）测量数据：长度320.08mm、宽度24.32mm、高度24.32mm、重量375.2g。

齿槽间隙长：77.66mm

前臼齿列长：52.70mm（颊侧值）

臼齿列长：84.37mm（颊侧值）

颊齿列长：134.24mm（颊侧值）

m3后下颌骨高：71.40mm（颊侧值）

m1前下颌骨高：63.68mm（颊侧值）

p2前下颌骨高：40.47mm（颊侧值）

p2：10.41mm×8.18mm×16.54mm唇侧值）

p3：16.03mm×11.85mm×19.54mm唇侧值）

p4：17.09mm×12.34mm×22.69mm（唇侧值）

m1：20.33mm×14.64mm×14.38mm（唇侧值）

m2：24.96mm×14.33mm×25.68mm（唇侧值）

m3：35.01mm×15.91mm×29.70mm（唇侧值）

（3）描述：上颌支砍断。骨体扁平，下颌体腹缘圆钝，下颌体第2臼齿部向上弯曲。臼齿保存完整。

（三）黄牛：寰椎

（1）标本G10：13704（图2-26，2；图版二六，2）。

（2）测量数据：长度92.80mm、宽度152.92mm、高度75.89mm、重量148.4g。

寰椎翼最大宽GB：152.92mm

最大长GL：92.80mm

前关节面最大宽BFcr：88.24mm

后关节面最大宽BFcd：79.76mm

背侧弓长LAd：51.18mm

椎体最大高H：75.89mm

（3）描述：骨骼保存较好。骨体较厚实，主翼孔较大，与枕骨相接的左右关节面连为一体。

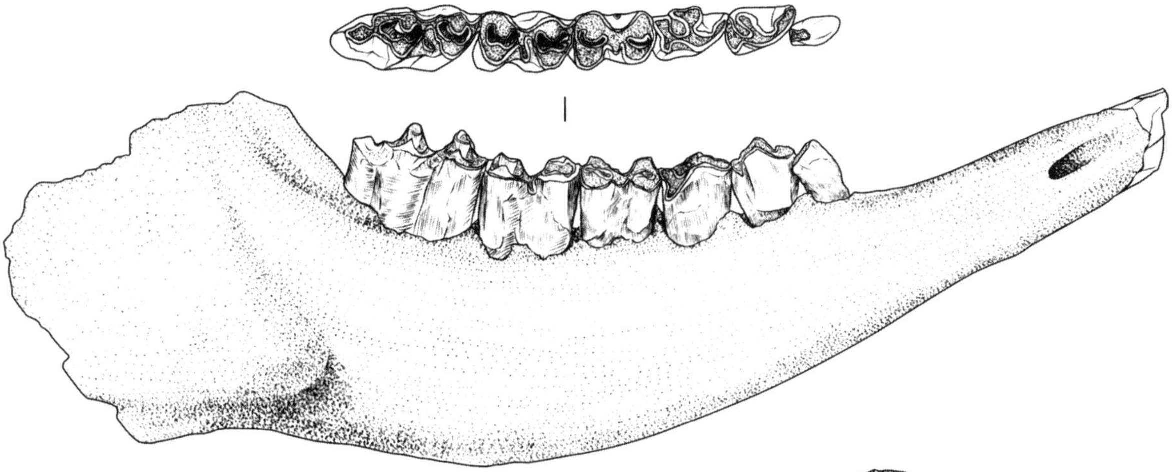

1. 黄牛右下颌骨
(G10：10317)

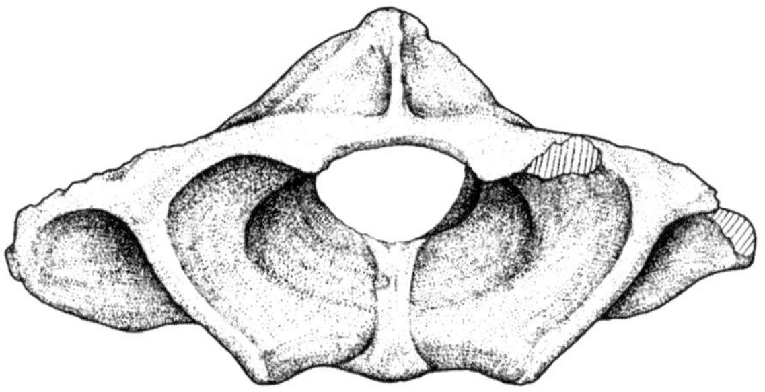

2. 黄牛寰椎
(G10：13704)

3. 黄牛右角
(F14①：1)

0　　　4厘米
50%

图2-26　黄牛骨骼图

（四）黄牛：左侧肱骨

（1）标本G10：11693（图2-28，1；图版二六，3）。

（2）测量数据：长度259.00mm、宽度91.86mm、厚度100.16mm、重量467.9g。

骨干最小宽SD：36.67mm

远端最大宽Bd：73.63mm

（3）描述：骨骼保存基本完整。大小结节残损。肱骨两端膨大，肱骨体呈螺旋状弯曲。三角肌粗隆发达。

（五）黄牛：左侧桡骨、尺骨连体

（1）标本G18：1604（图2-27；图版二六，4）。

（2）测量数据：桡骨长度243.73mm、宽度67.92mm、厚度37.21mm、尺骨长度290.59mm、宽度39.77mm、厚度49.72mm、尺桡骨重量232.8g。

最大长GL：243.73mm

近端最大宽Bp：67.92mm

骨干最小宽SD：32.95mm

远端最大宽Bd：58.58mm（尺桡愈合处）

尺骨鹰嘴长LO：60.93mm

鹰嘴最小厚SDO：41.96mm

跨过钩突厚DPA：49.72mm

跨过冠状突最大宽BPC：39.77mm

（3）描述：骨骼保存完整，尺桡骨结合在一起，尺骨头局部砍掉，鹰嘴前沿扁薄扭曲，尺骨远端与桡骨愈合，末端尖突。近端桡骨头凹前后略扁，骨干整体扁平，向前微弓、远端背侧面有两条粗隆嵴，远端扩张，前后压扁。

（六）黄牛：左侧胫骨

（1）标本G10：13614（图2-28，2；图版二六，6）。

（2）测量数据：长度292.10mm、宽度76.82mm、厚度70.54mm、重量272.4g。

最大长GL：292.10mm

近端最大宽Bp：76.82mm

骨干最小宽SD：33.30mm

远端最大宽Bd：51.97mm

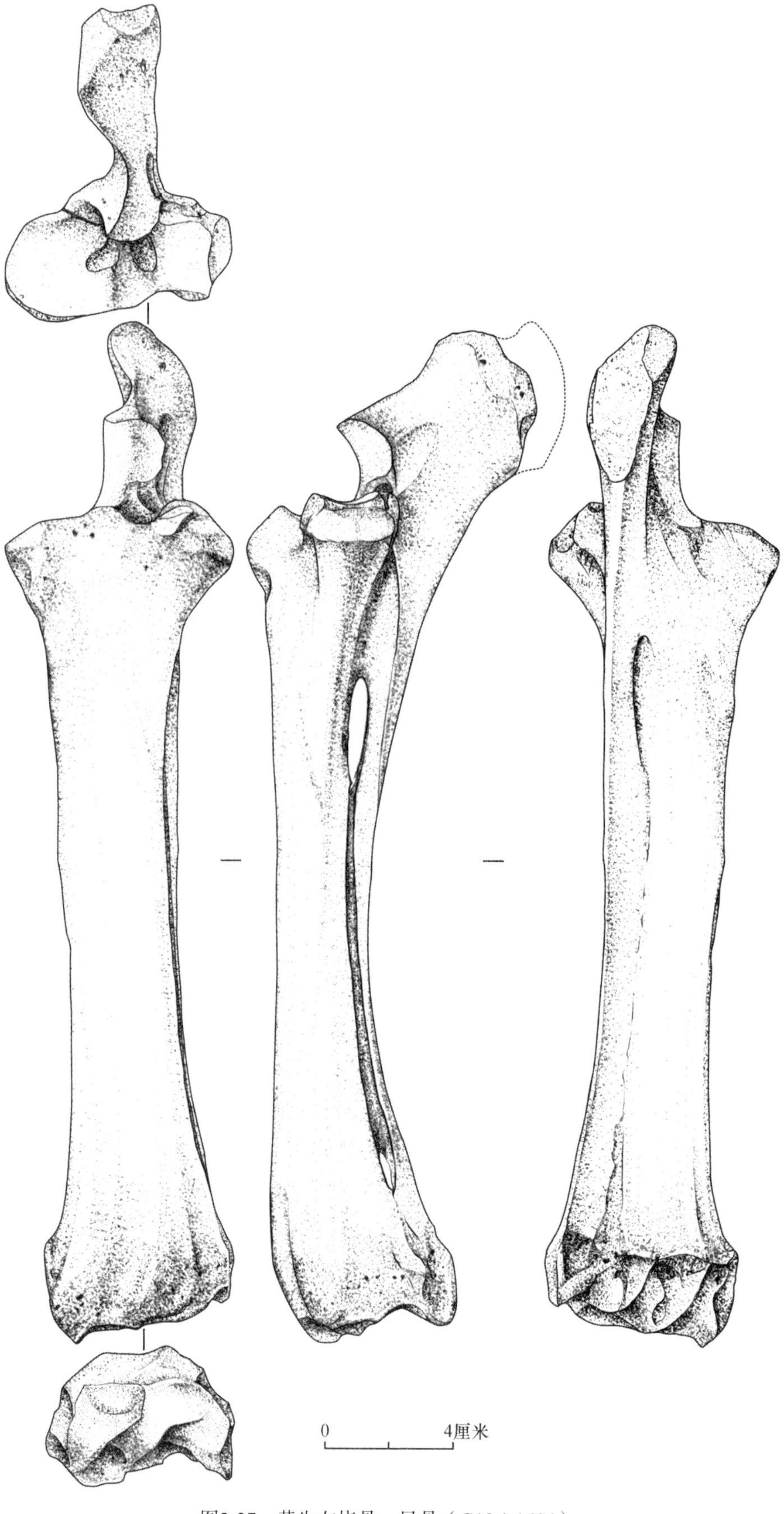

图2-27　黄牛左桡骨、尺骨（G18：1604）

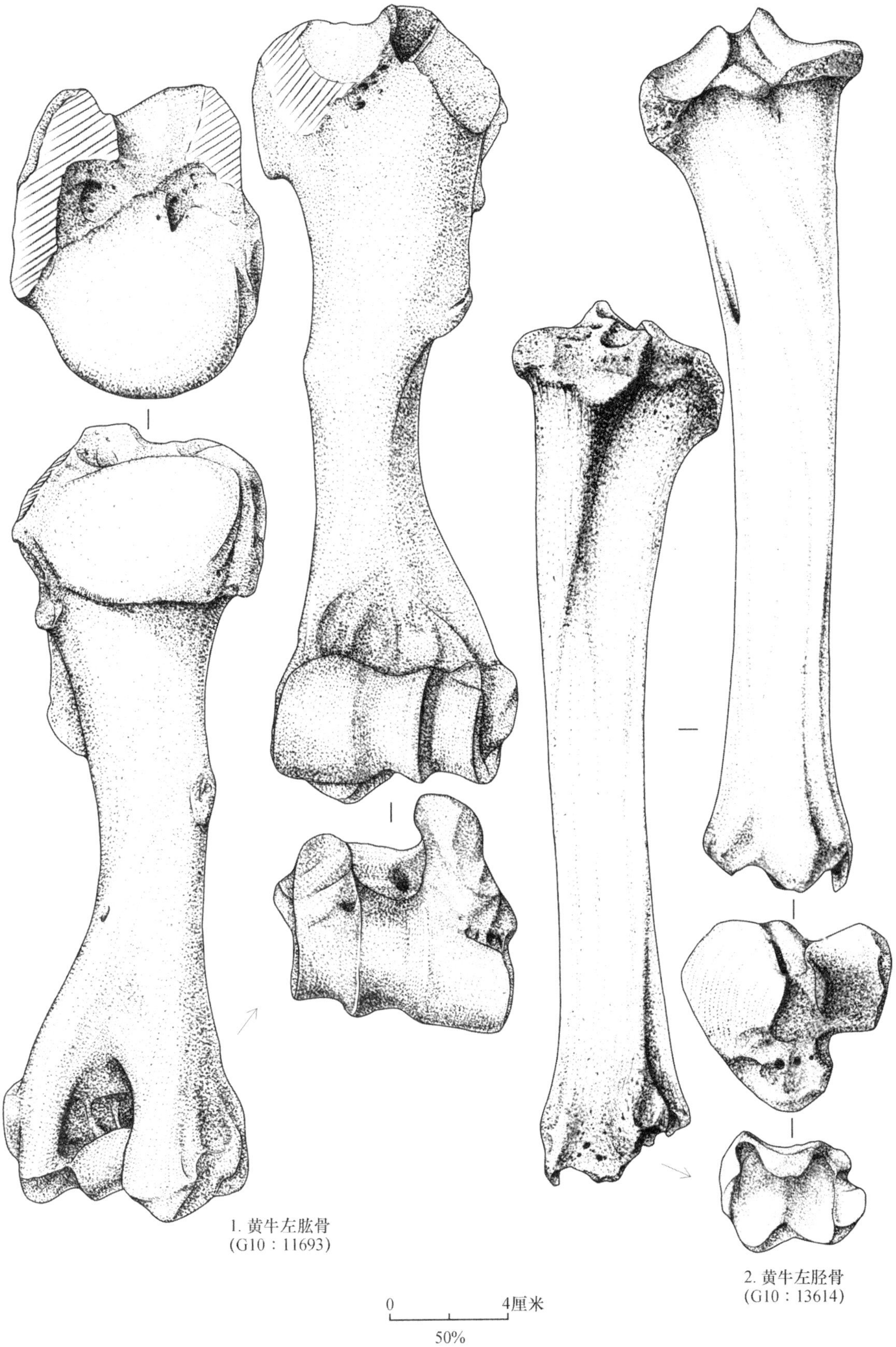

图2-28　黄牛骨骼图

（3）描述：骨骼保存完整，内侧髁间隆起扁突并厚于外侧髁间隆起，肌腱沟夹角呈锐角，胫骨粗隆呈三角形，胫骨嵴较短而粗壮，骨体呈三棱形，胫骨滑车窝左右平行，大小形态接近。

（七）黄牛：左侧肩胛骨

（1）标本G10：10785（图版二七，1）。

（2）测量数据：长度363.52mm、宽度140.28mm、厚度47.90mm、重量326.9g。

肩胛颈最小长SLC：52.88mm

肩胛结最大长GLP：70.67mm

肩臼长LG：61.23mm

肩臼宽BG：47.94mm

（3）描述：远端部分残断。近端关节面为不规整的长圆形，盂上结节较粗大，内侧面中部略凹陷。

（八）黄牛：左侧盆骨

（1）标本G10：1861（图版二七，8）。

（2）测量数据：长度214.86mm、宽度106.21mm、厚度41.33mm、重量145.3g。

髋臼窝外缘宽LA：68.78mm

髋臼窝内缘宽LAR：56.61mm

（3）描述：耻骨、坐骨、髂骨远端残断，髋臼窝呈圆三角形，唇缘肥厚，髋臼切迹开口窄，下方向坐骨一方延伸。

（九）黄牛：右侧掌骨

（1）标本G10：13613（图2-29，1；图版二七，2）。

（2）测量数量：长度182.60mm、宽度：48.22mm、厚度29.18mm、重量101.9g。

最大长GL：182.60mm

近端最大宽Bp：46.57mm

骨干最小宽SD：25.34mm

远端最大宽Bd：48.22mm

（3）描述：骨骼保存完整，骨体略长，背侧纵沟延伸至远端滑车。

（十）黄牛：左侧跖骨

（1）标本G10：13605（图2-29，2；图版二七，3）。

（2）测量数据：长度212.72mm、宽度48.97mm、厚度37.12mm、重量135.2g。

最大长GL：212.72mm

近端最大宽Bp：42.69mm

骨干最小宽SD：25.65mm

远端最大宽Bd：48.97mm

（3）描述：骨骼保存完整，骨体较细长，近端内外侧大关节面结合部突起不明显，背侧纵沟较窄而长。

（十一）黄牛：右侧中央跗骨

（1）标本G10：2970（图版二七，4）。

（2）测量数据：长度52.75mm、宽度50.43mm、高度44.97mm、重量45.1g。

最大宽GB：50.43mm

（3）描述：骨骼保存完整，远端内侧大关节面折棱不明显，远端前侧小关节面呈短条形。

（十二）黄牛：左侧髌骨

（1）标本YSI②B：3673（图版二七，6）。

（2）测量数据：长度64.11mm、宽度52.33mm、厚度30.36mm、重量37.8g。

最大长GL：64.11mm

最大宽GB：52.33mm

（3）描述：骨骼保存完整，髌底上沿起伏明显，髌尖圆尖。

（十三）黄牛：左侧跟骨

（1）标本G10：13717（图版二七，5）。

（2）测量数据：长度121.13mm、宽度37.85mm、厚度50.19mm、重量58.9g。

最大长GL：121.13mm

最大宽GB：37.85mm

（3）描述：骨骼保存完好，骨体较短，略粗厚，跟结节后侧面凹陷不明显。

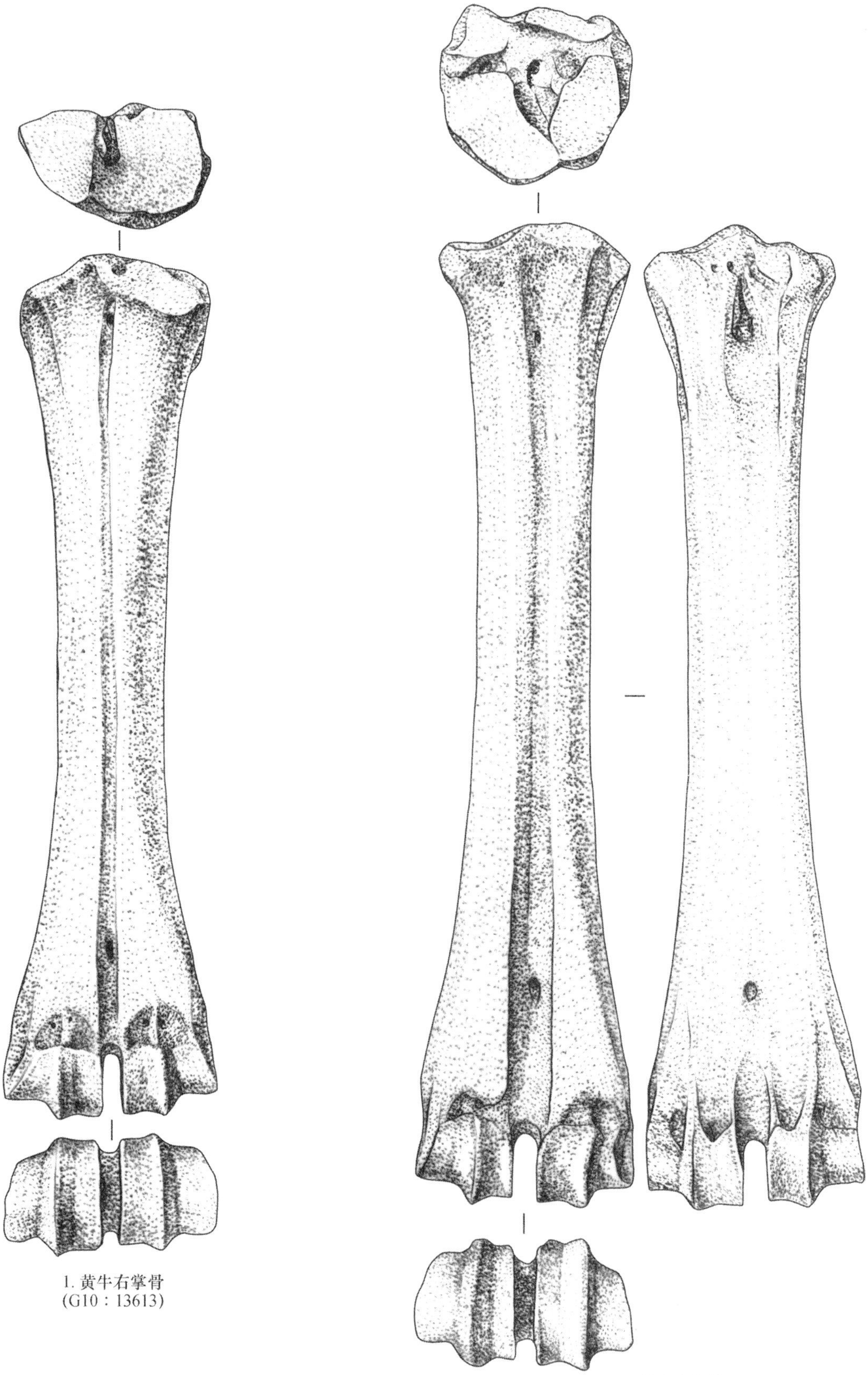

1. 黄牛右掌骨
(G10：13613)

2. 黄牛左跖骨
(G10：13605)

0　4厘米
75%

图2-29　黄牛骨骼图

（十四）黄牛：左侧蹄骨

（1）标本YSI③：1414（图版二七，7）。
（2）测量数据：长度74.65mm、宽度23.81mm、厚度49.93mm、重量18.2g。
蹄底最大对角线DLS：74.65mm
背侧面长Ld：57.09mm
蹄底中部宽MBS：23.81mm
（3）描述：骨骼保存完整，关节面狭长，蹄尖尖锐，蹄底面平而狭长。

十九、水牛 *Bubalus* sp.

共出土1921件骨骼，包括角骨、头骨、牙齿、上颌骨、下颌骨、鼻骨、寰椎、枢椎、肱骨、肩胛骨、尺骨、桡骨、股骨、胫骨、掌骨、跖骨、荐椎、腰椎、肋骨、盆骨、腕骨、跗骨、髌骨、跟骨、距骨、系骨、冠骨、蹄骨等28种骨骼部位。

（一）水牛：右侧角

（1）标本G10：11644（图2-30，3；图版二八，1）。
（2）测量数据：长度321.39mm、宽度105.20mm、厚度61.35mm、重量533.5g。
角心基部的最大直径：98.16mm
角心基部的最小直径：59.28mm
（3）描述：保存角心部分，整体大而长，呈扁平三棱形，向后弯曲。

（二）水牛：右侧上颌骨

（1）标本G10：11682（图2-30，2；图版二八，3）。
（2）测量数据：长度124.85mm、宽度61.69mm、厚度87.50mm、重量271.0g。
M1长×宽×高：26.67mm×25.93mm×29.10mm（唇侧值）
M2长×宽×高：31.17mm×27.57mm×29.59mm（唇侧值）
M3长×宽×高：31.44mm×24.46mm×29.24mm（唇侧值）
（3）描述：残存上颌骨M1至M3部，牙齿中度磨损。

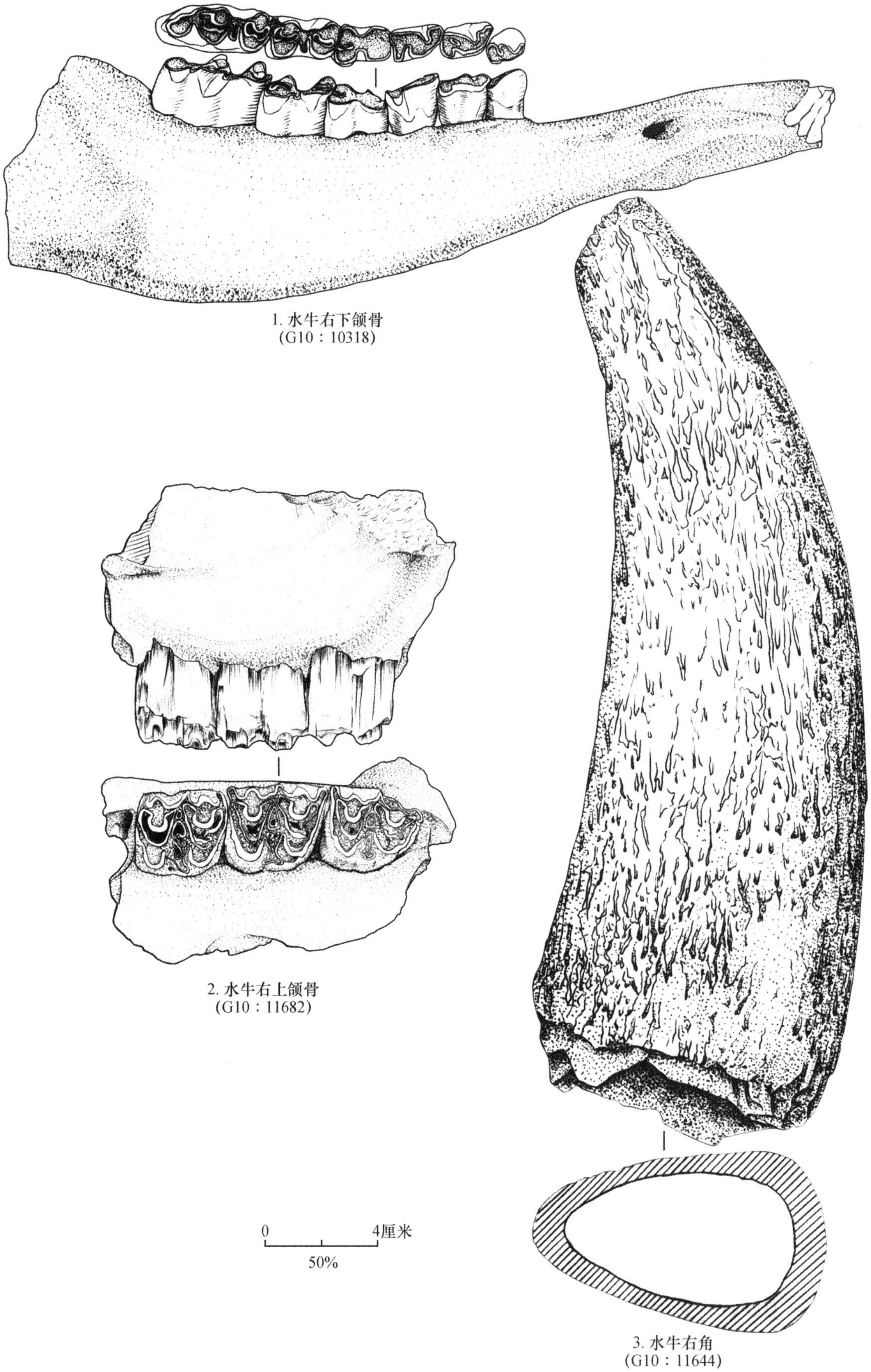

图2-30　水牛骨骼图

（三）水牛：右侧下颌骨

（1）标本G10：10318（图2-30，1；图版二八，2）。

（2）测量数据：长度293.55mm、宽度29.88mm、高度84.65mm、重量293.7g。

齿槽间隙长度：94.46mm

前臼齿列长：44.58mm

臼齿列长：90.57mm

颊齿列长：126.40mm

m3后下颌骨高：70.36mm（颊侧值）

m1前下颌骨高：48.20mm（颊侧值）

p2前下颌骨高：36.71mm（颊侧值）

p2长×宽×高：14.14mm×10.00mm×18.55mm（唇侧值）

p3长×宽×高：18.29mm×11.77mm×19.14mm（唇侧值）

p4长×宽×高：19.20mm×11.95mm×18.36mm（唇侧值）

m1长×宽×高：19.35mm×14.51mm×16.55mm（唇侧值）

m2长×宽×高：22.63mm×15.08mm×18.81mm（唇侧值）

m3长×宽×高：39.18mm×16.52mm×23.99mm（唇侧值）

（3）描述：骨骼保存较好，下颌支处残断，牙齿磨损程度中等，门齿缺尖，骨体厚重，下颌体腹缘圆钝，水平枝远端前伸上抬，齿槽间缘骨体粗壮，p2距下颏孔相对较近。

（四）水牛：寰椎

（1）标本G10：13701（图2-31，2；图版二八，4）。

（2）测量数据：长度96.35mm、宽度175.51mm、高度75.89mm、重量255.5g。

寰椎翼最大宽GB：175.51mm

最大长GL：96.35mm

前关节面最大宽BFcr：104.89mm

背侧弓长LAd：56.35mm

椎体最大高H：86.48mm

（3）描述：骨骼保存完整，骨体厚实、粗大、主翼孔略小；与枕骨相接的左右关节面之间有一条纵沟。

（五）水牛：右侧肱骨

（1）标本G24：542（图2-31，1；图版二九，1）。

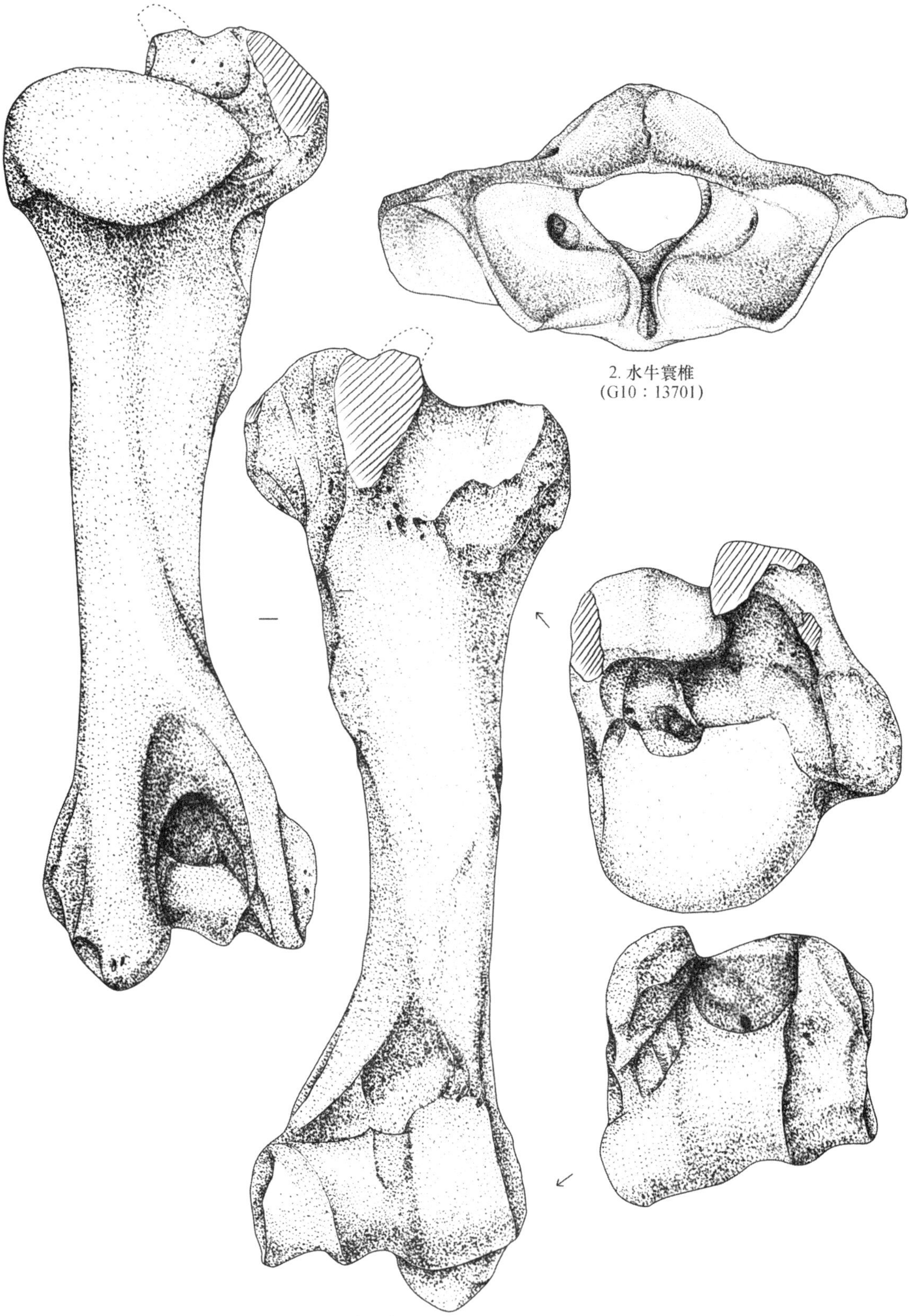

2. 水牛寰椎
（G10：13701）

1. 水牛右肱骨
（G24：542）

0　　　4厘米
50%

图2-31　水牛骨骼图

（2）测量数据：长度311.33mm、宽度114.42mm、厚度121.87mm、重量769.9g。

近端最大宽Bp：114.42mm

骨干最小宽SD：40.82mm

远端最大宽Bd：84.26mm

（3）描述：骨骼保存完整，大结节部分残缺。大结节粗壮肥厚，结节间沟较宽。肱骨头关结面为圆形，呈舌状，向下翻转。骨干粗壮略扭曲，内外侧上髁嵴略向内收缩。前滑车面向上卷曲较多。

（六）水牛：左侧尺骨

（1）标本G10：11676（图2-32，1；图版二八，5）。

（2）测量数据：长度232.77mm、宽度79.61mm、厚度47.72mm、重量182.7g。

尺骨鹰嘴长LO：105.24mm

鹰嘴最小厚SDO：65.08mm

跨过钩突厚DPA：79.94mm

跨过冠状突最大宽BPC：49.23mm

（3）描述：骨骼保存较好，远端部分残缺。鹰嘴肥厚、粗大，内凹外凸，外侧与桡骨接触关节面向外横突，尺骨体窄扁。

（七）水牛：右侧桡骨

（1）标本YSI②B：758（图版三一，1）。

（2）测量数据：长度318.53mm、宽度93.36mm、厚度56.82mm、重量506.5g。

最人长GL：318.53mm

近端最大宽Bp：93.36mm

骨干最小宽SD：46.75mm

远端最大宽Bd：88.54mm

（3）描述：骨骼整体保存完整，厚实，近端关节面宽大，近端后侧面尺桡结合部有一沟槽下延，远端膨大，外侧茎突较尖。

（八）水牛：左侧股骨

（1）标本G10：10775（图2-33；图版三〇，2）。

（2）测量数据：长度395.63mm、宽度139.15mm、厚度121.23mm、重量893.2g。

最大长GL：395.63mm

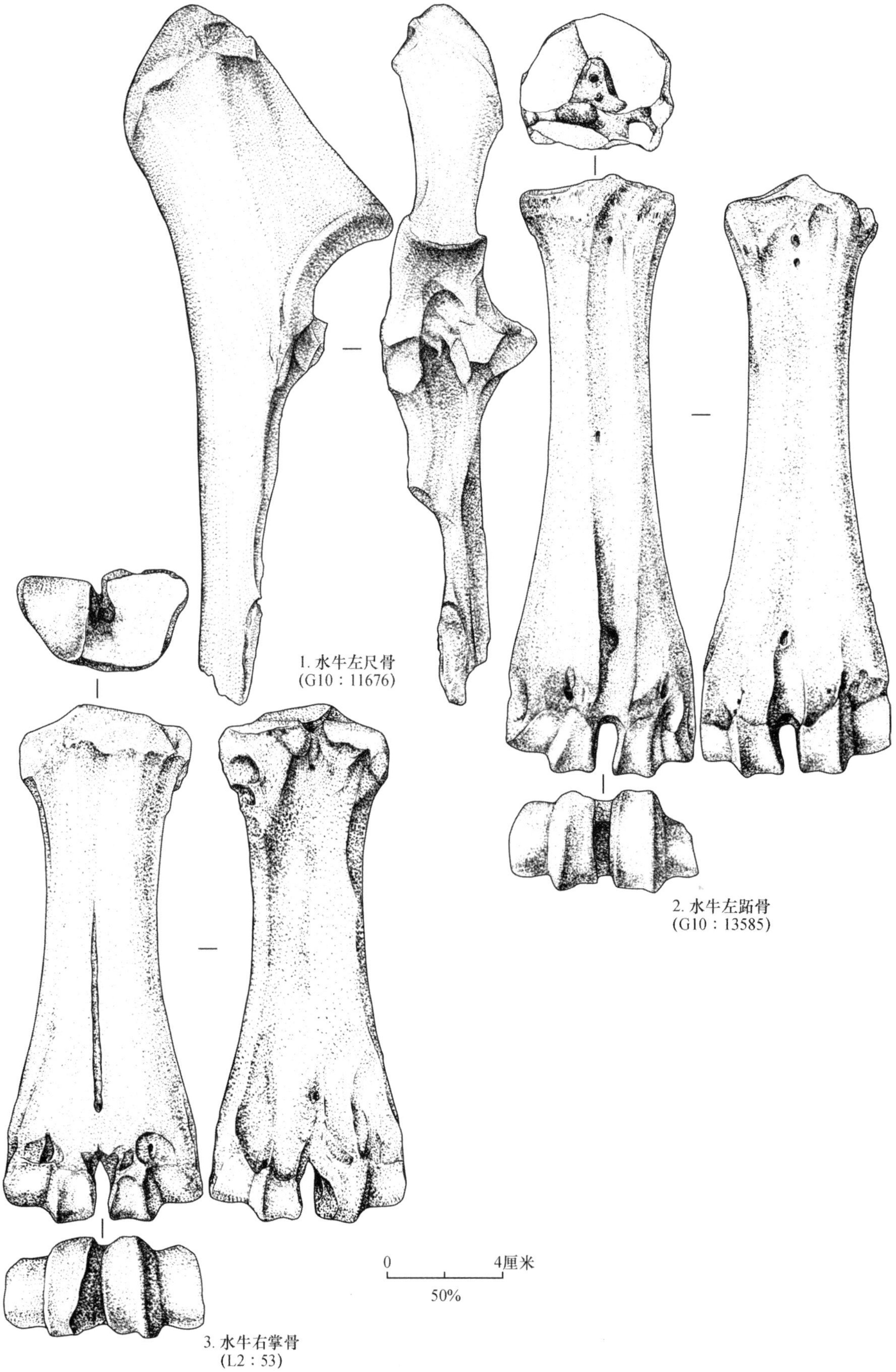

图2-32　水牛骨骼图

近端最大宽Bp：139.15mm
骨干最小宽SD：41.09mm
远端最大宽Bd：108.28mm
（3）描述：骨骼保存完整，远端内滑车局部残缺。大转子与股骨关节面接近垂直，大转子外侧面粗隆向外倾斜，并斜拉连接小转子，骨干粗壮，为圆柱状，髁间窝较深，外侧髁大于内侧髁。

（九）水牛：左侧胫骨

（1）标本G10：835（图版三一，2）。
（2）测量数据：长度224.30mm、宽度112.19mm、厚度94.89mm、重量4359.0g。
近端最大宽Bp：112.19mm
（3）描述：残存骨骼近中部。

（十）水牛：左侧胫骨

（1）标本G18：1668（图版三一，3）。
（2）测量数据：长度245.20mm、宽度79.00mm、厚度61.79mm、重量300.6g。
远端最大宽Bd：79.00mm
（3）描述：保存骨骼中远部，骨体粗大，内侧胫骨滑车窄深，外侧胫骨滑车宽浅。

（十一）水牛：右侧肩胛骨

（1）标本YSI②A：5（图版三〇，1）。
（2）测量数据：长度338.82mm、宽度150.39mm、厚度56.88mm、重量408.2g。
肩胛颈最小长SLC：66.80mm
肩胛结最大长GLP：85.50mm
肩臼长LG：68.55mm
肩臼宽BG：56.66mm
（3）描述：骨骼保存较好，近端关节面为规整的长圆形，盂上结节粗大，向外伸出，形成一弯勾，内侧面中部较扁平。

（十二）水牛：右侧盆骨

（1）标本G10：13758（图版三一，4）。

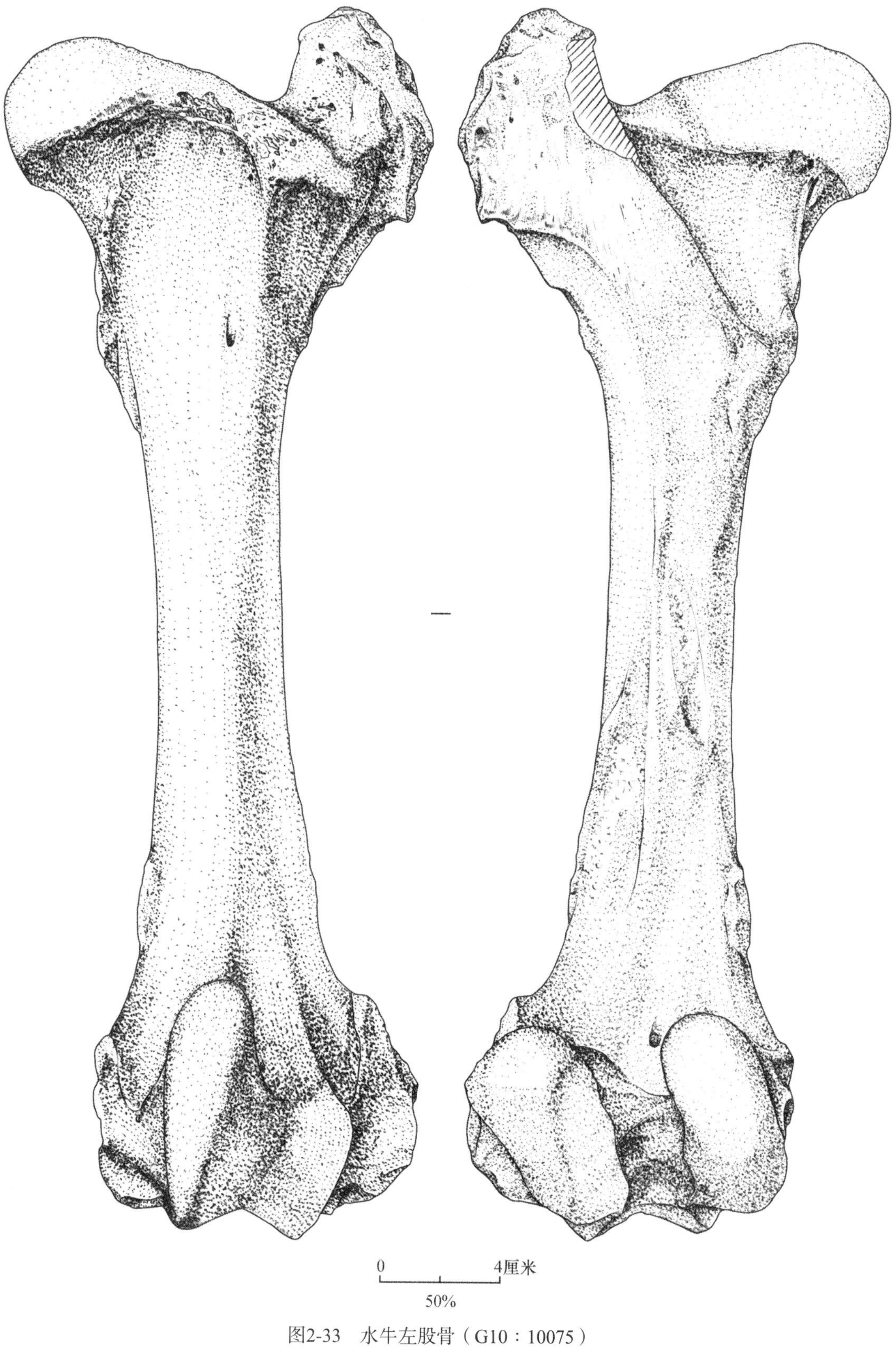

图2-33　水牛左股骨（G10：10075）

（2）测量数据：长度213.50mm、宽度159.92mm、厚度71.85mm、重量297.9g。

髋臼窝外缘宽LA：77.33mm

髋臼窝内缘宽LAR：62.66mm

（3）描述：骨骼整体粗壮厚实，髂骨、坐骨、耻骨砍断，髋臼窝呈圆三角形，唇缘肥厚，髋臼切迹开口窄，下方向坐骨、耻骨延伸。

（十三）水牛：右侧掌骨

（1）标本L2：53（图2-32，3；图版二九，7）。

（2）测量数据：长度173.61mm、宽度69.62mm、厚度35.82mm、重量178.4g。

最大长GL：173.61mm

近端最大宽Bp：62.31mm

骨干最小宽SD：40.28mm

远端最大宽Bd：69.62mm

（3）描述：骨骼保存完整，骨体短粗，扁平，近端背侧面滋养孔不明显，背侧纵沟约占骨体1/2强。

（十四）水牛：左侧跖骨

（1）标本G10：13585（图2-32，2；图版二八，6）。

（2）测量数据：长度210.67mm、宽度66.81mm、厚度46.75mm、重量224.1g。

最大长GL：210.67mm

近端最大宽Bp：55.87mm

骨干最小宽SD：36.71mm

远端最大宽Bd：66.81mm

（3）描述：骨骼保存完整。

（十五）水牛：左侧中央跗骨

（1）标本YSI③：1352（图版二九，2）。

（2）测量数据：长度57.28mm、宽度69.03mm、高度48.63mm、重量71.5g。

最大宽GB：69.03mm

（3）描述：骨骼保存完整。远端内侧大关节面折棱明显，远端前侧小关节面呈长条形。

（十六）水牛：左侧距骨

（1）标本G10：13707（图版二九，3）。
（2）测量数据：长度79.77mm、宽度53.28mm、厚度44.41mm、重量106.0g。
外半部最大长GLl：79.77mm
内半部最大长GLm：68.98mm
内半部最大厚Dm：44.41mm
远端最大宽Bd：53.28mm
（3）描述：骨骼保存完整。

（十七）水牛：左侧髌骨

（1）标本G18：2200（图版二九，4）。
（2）测量数据：长度80.87mm、宽度67.88mm、厚度36.03mm、重量81.2g。
最大长GL：80.87mm
最大宽GB：67.88mm
（3）描述：骨骼保存完整，整体呈不规则三角形，髌底上沿起伏圆缓，髌尖圆钝。

（十八）水牛：右侧跟骨

（1）标本G10：902（图版二九，5）。
（2）测量数据：长度147.63mm、宽度67.88mm、厚度62.48mm、重量155.5g。
最大长GL：147.63mm
最大宽GB：55.38mm
（3）描述：骨骼整体保存完整，骨体长而粗厚，半月形凹面下方有一小尖突。

（十九）水牛：系骨

（1）标本G10：2203（图版二九，8）。
（2）测量数据：长度64.60mm、宽度39.98mm、厚度41.23mm、重量48.6g。
最大长GL：64.60mm
近端最大宽Bp：39.98mm
骨干最小宽SD：34.23mm
远端最大宽Bd：35.84mm

（3）描述：近端腹侧面有一砍痕，通体有烤痕。

（二十）水牛：冠骨

（1）标本G24：280（图版二九，9）。
（2）测量数据：长度38.95mm、宽带35.54mm、高度42.09mm、重量27.4g。
最大长GL：42.09mm
近端最大宽Bp：35.54mm
骨干最小宽SD：27.49mm
远端最大宽Bd：29.56mm
（3）描述：骨骼保存完整。

（二十一）水牛：右侧蹄骨

（1）标本G10：2142（图版二九，6）。
（2）测量数据：长度89.79mm、宽度34.61mm、高度33.20mm、重量41.5g。
蹄底最大对角线DLS：89.79mm
背侧面长Ld：66.94mm
蹄底中部宽MBS：33.96mm
（3）描述：骨骼保存完整，关节面宽短，蹄尖圆钝，蹄底面宽平。

二十、苏门羚 *Capricornis milneedwardsii* (David)

共出土23件骨骼，包括角骨、寰椎、桡骨、胫骨、掌骨、跖骨等6种骨骼部位。

（一）苏门羚：右侧角

（1）标本G10：14355（图2-34，1；图版三二，1）。
（2）测量数据：长度142.07mm、宽度37.60mm、厚度28.31mm、重量34.8g。
角心基部的最大直径：29.70mm
角心基部的最小直径：28.31mm
（3）描述：近端残断，角体呈尖锥状向后弯曲。

（二）苏门羚：右侧胫骨

（1）标本G10：1029（图版三二，2）。
（2）测量数据：长度132.33mm、宽度64.88mm、厚度51.29mm、重量75.8g。
近端最大宽Bp：64.88mm
（3）描述：保存骨骼近中部。近端骨干呈三棱形，胫骨嵴较直。

（三）苏门羚：左侧掌骨

（1）标本G10：13621（图2-34，2；图版三二，3）。
（2）测量数据：长度168.86mm、宽度40.71mm、厚度24.56mm、重量65g。
最大长GL：168.86mm
近端最大宽Bp：36.92mm
骨干最小宽SD：23.75mm
远端最大宽Bd：40.71mm
（3）描述：骨骼保存完整。

（四）苏门羚：左侧跖骨

（1）标本G10：13571（图2-34，3；图版三二，4）。
（2）测量数据：长度187.72mm、宽度40.04mm、厚度30.12mm、重量83.3g。
最大长GL：187.72mm
近端最大宽Bp：35.51mm
骨干最小宽SD：23.55mm
远端最大宽Bd：40.04mm
（3）描述：骨骼保存完整，背侧纵沟宽浅，延伸至远端关节。

二十一、山羊 *Capra* sp.

共出土172件骨骼，包括角骨、牙齿、枢椎、下颌骨、肱骨、肩胛骨、尺骨、桡骨、股骨、胫骨、掌骨、跖骨等12种骨骼部位。

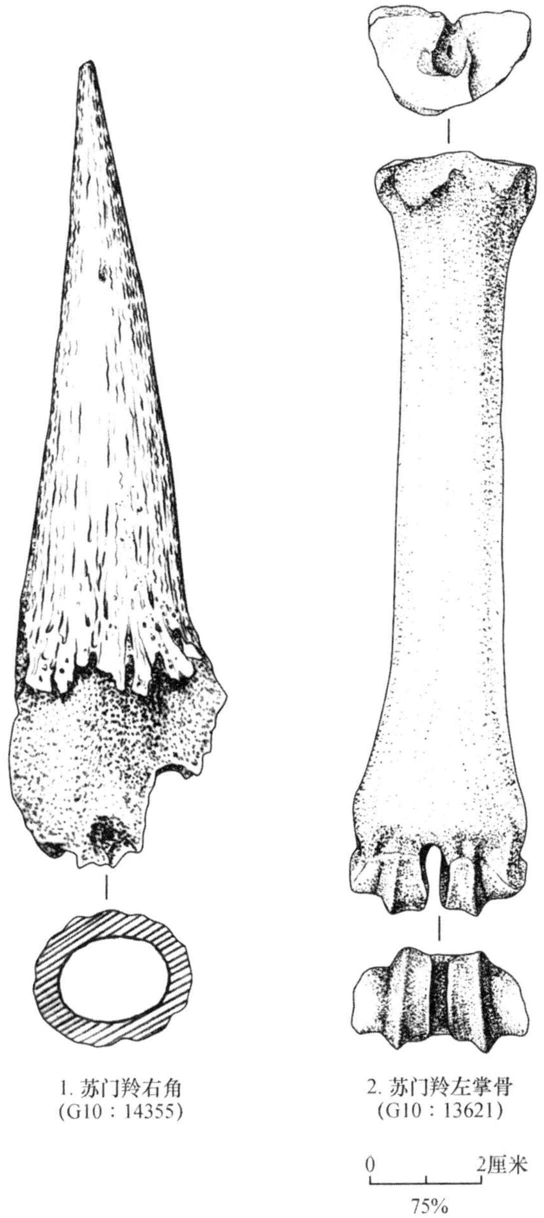

图2-34　苏门羚骨骼图

（一）山羊：左侧角

（1）标本G10：11673（图2-35，1；图版三二，5）。

（2）测量数据：长度114.55mm、宽度42.92mm、厚度29.71mm、重量22.8g。

角心基部的最大直径：42.92mm

角心基部的最小直径：29.71mm

（3）描述：近端砍断，角体呈扁圆锥状向后扭曲。

（二）山羊：左侧下颌骨

（1）标本G10：14307（图2-35，2；图版三二，6）。

（2）测量数据：长度129.54mm、宽度17.71mm、高度55.60mm、重量42.7g。

前臼齿列长26.86mm

m1长×宽×高：13.19mm×7.59mm×13.07mm

m2长×宽×高：17.68mm×7.60mm×10.92mm

p3长×宽×高：8.85mm×6.11mm×10.60mm

p4长×宽×高：12.21mm×6.53mm×12.68mm

（3）描述：牙齿磨耗较轻，m3正在萌出。下颌体逐渐抬厚上升，下颌角呈直角向上弯曲。

（三）山羊：枢椎

（1）标本F2：036（图2-35，3；图版三二，10）。

（2）测量数据：长度56.07mm、宽度41.01mm、高度54.48mm、重量12.0g。

椎体最大长LCDe：56.07mm

前关节面最大宽BFcr：41.01mm

椎体最小宽SBV：22.48mm

椎体最大高H：54.48mm

（3）描述：骨骼保存较好，横突残断，齿状突呈半圆形伸出，周围有一圈关节面环绕，棘突厚而短。

（四）山羊：左侧桡骨、尺骨连体

（1）标本G10：0221（图2-35，4；图版三二，7）。

（2）测量数据：长度142.63mm、宽度25.73mm、厚度24.72mm、重量23.4g。

桡骨近端最大值Bp：27.66mm

桡骨骨干最小值SD：16.97mm

（3）描述：尺桡骨结合在一起，鹰嘴结节残断，桡骨干扁平弯曲，远端残断。

（五）山羊：左侧掌骨

（1）标本G24：551（图2-35，5；图版三二，8）。

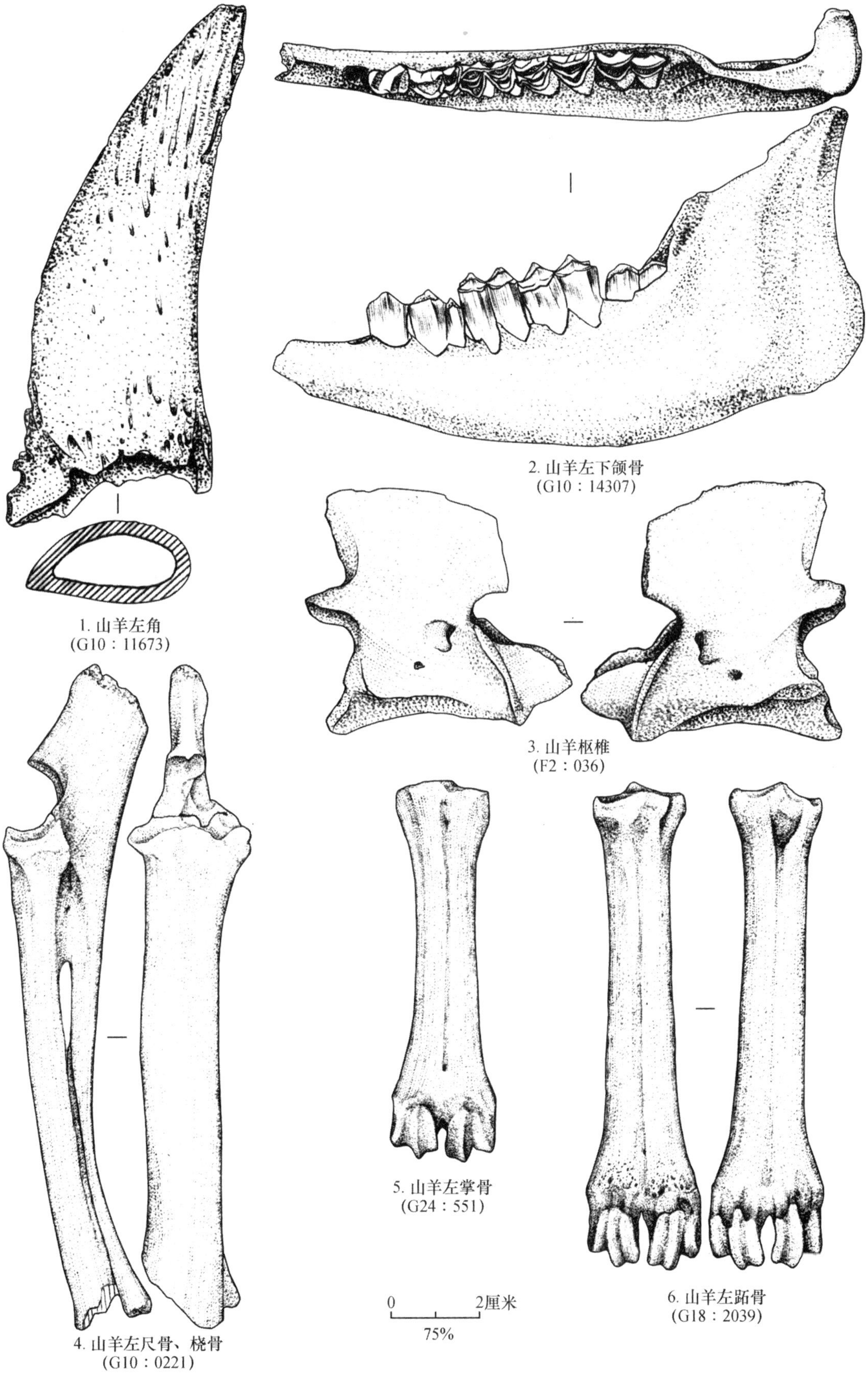
1. 山羊左角
(G10：11673)
2. 山羊左下颌骨
(G10：14307)
3. 山羊枢椎
(F2：036)
4. 山羊左尺骨、桡骨
(G10：0221)
5. 山羊左掌骨
(G24：551)
6. 山羊左跖骨
(G18：2039)
0　2厘米
75%

图2-35　山羊骨骼图

（2）测量数据：长度83.39mm、宽度23.17mm、厚度14.51mm、重量13.7g。

最大长GL：83.39mm

近端最大宽Bp：20.25mm

骨干最小宽SD：13.77mm

远端最大宽Bd：23.17mm

（3）描述：骨体短而扁平，远端扩大。

（六）山羊：左侧跖骨

（1）标本G18：2039（图2-35，6；图版三二，9）。

（2）测量数据：长度103.69mm、宽度25.23mm、厚度13.68mm、重量17.4g。

最大长GL：106.19mm

近端最大宽Bp：19.90mm

骨干最小宽SD：13.68mm

远端最大宽Bd：25.23mm

（3）描述：骨骼保存完整。

第三章　动物骨骼量化研究

老司城遗址出土的大量动物骨骼遗存是当时人们消费食用后遗留下来的，我们在获知了这些动物种属的基础上，首先需要研究的问题是当时人们消费各种动物的数量与比例，这直接反映了人们对各种野生、家养动物的利用程度，代表了各种动物在肉食结构中的地位。

目前学界对动物骨骼遗存量化分析使用较为普遍的是可鉴定标本数（NISP）统计与最小个体数（MNI）统计。国内正逐步开展各种动物骨骼重量（W）、肉量（MW）及卡路里贡献分析（以下行文中，使用NISP代替可鉴定标本数、MNI代替最小个体数、W代替骨骼重量、MW代替估算动物肉量）。上述各种统计有各自的概念，进行比较分析研究时各有其优缺点。本章首先开展可鉴定标本数、最小个体数、骨骼重量、动物估算肉量这四项统计数据的分析研究（本研究中，除特别说明外，百分比的计算保留小数点后两位，由于采取四舍五入，因此存在各项百分比相加总数可能不等100%的情况），并讨论各种数据的优势及局限性，探讨动物遗存量化研究中一些客观存在的问题。在此基础上，根据老司城骨骼材料的特点，重点探讨如何采用分类型的方式比较各种动物的消费个体数量和重要性。

第一节　可鉴定标本数统计与分析

一、概　　念

在动物骨骼遗存量化研究中，可鉴定标本数是首要的基础统计分析数据。一批骨骼材料中能够鉴定到动物骨骼部位种属的数量，就是可鉴定标本数（NISP）。目前国内学界已经将这项数据统计分析普遍运用于动物考古学研究，通过这一数据可大致看出遗址中各种动物骨骼的总量，并分析各种动物骨骼的比例。

二、材料和方法

可鉴定标本数统计有一系列流程，这些步骤实际是与遗址动物骨骼的整理融为一体的，即在分类完毕的情况下完成鉴定。工作步骤为首先将哺乳动物、鸟禽类动物、水生动物的骨骼分开，再将各类动物按照骨骼部位分类，如哺乳动物是按角、头骨、肱骨、桡骨、尺骨、股骨、胫骨等33种骨骼部位分开，最后根据骨骼大小、形态鉴定各种骨骼。在完成分类鉴定和数据录入后，汇总数据便可得到每种动物各个部位的骨骼数量、每种动物的可鉴定标本数，将其相加即得到整个遗址出土动物骨骼的可鉴定标本数。需要说明的是，可鉴定标本数所统计的是可以具体鉴定到种属的动物骨骼数量，而遗址中大量无法鉴定到种属的骨骼是没有统计在内的。另外，受水平能力和时间精力所限，有1195件牛的游离齿没有鉴定到是黄牛还是水牛，大部分哺乳动物的椎骨、肋骨未能充分鉴定到具体动物种属。按照统计可鉴定标本数的原则，必须是对已鉴定到种属的动物骨骼才能统计归入可鉴定标本，因此对于未鉴定到种属的猫科、犬科以及小型鹿科等物种不纳入统计范围。

三、统计结果

老司城遗址出土的动物骨骼遗存分为鸟禽类动物、水生动物、哺乳动物，各种动物的可鉴定标本数统计结果参见表3-1、表3-2、表3-3。表格纵列为动物种属，横行为骨骼部位。为直观显示各种动物骨骼出土的数量，这里按可鉴定标本数（NISP）数量作降序排列。

表3-1　鸟禽类动物可鉴定标本数（NISP）统计表

种属	头骨	肱骨	尺骨	桡骨	腕掌骨	肩胛骨	喙骨	锁骨	胸骨	盆骨	骶骨	股骨	胫骨	跗跖骨	趾骨	合计
鸡	3	209	102	31	21	4	50	4	15	6	35	156	73	139	2	850
鸭	2	33	4	3	15		5				6	4	25	10		107
鹅		5			3								4	1		13
竹鸡		1					1							1		3
合计	5	248	106	34	39	4	56	4	15	6	41	160	102	151	2	973

表3-2　水生动物可鉴定标本数（NISP）统计表

种属	蚌壳	螺壳	背板	肱骨	腹板	腹鳍骨	脊椎骨	支鳍骨	咽骨	合计
泥蚶	22									22
中华鳖			5	3	5					13
鲤鱼						1	1	1	3	6
圆顶珠蚌	3									3
剑状矛蚌	1									1
鳡鱼									1	1
青鱼							1			1
草鱼									1	1
海螺		1								1
合计	26	1	5	3	5	1	2	1	5	49

表3-3　哺乳动物可鉴定标本数（NISP）统计表

种属	角	头骨	牙齿	上颌骨	下颌骨	鼻骨	肱骨	尺骨	桡骨	股骨	胫骨	肩胛骨	掌骨	跖骨	寰椎	枢椎	荐椎	腰椎	肋骨	盆骨	第2、3腕骨	腓骨	蹄骨	跟骨	系骨	髌骨	冠骨	中央跗骨	距骨	合计
猪		27	733	98	314		304	169	129	411	713	115	36	82	15	5	7	3		292		25		60	17		2		23	3580
黄牛	44			6	165	10	197	84	179	210	333	126	207	277	34	15				111	5		53	162	146	6	69	37	132	2608
水牛	6	8		9	94	37	139	80	148	162	198	63	127	154	23	14	21	8	1	74	5		77	98	147	24	94	34	76	1921
水鹿	4	2	35	4	60		41	52	49	112	17	46	45	42	11	11	2	3		18	7		5	39	62	6	28	23	30	754
梅花鹿	3	2	55		9		64	46	45	83	72	29	23	39	12	5	4			15			7	29	24	3	5	9	22	610
小麂	27		30	11	136		43		25	34	78	30	63	62	2					17			18	3						579
赤麂			20		25		24	5	15	24	44	6	9	23	2								1	3	4	1				206
山羊	30		89		7		4	4	9	1	8	4	9	6		1														172
野猪		1	38	7	19		1		1	1	12	5								1				1	1	1			1	90
虎			3		5		9	4	2	21	6	2	5	6	5	1				5									2	76
豹				2	31		10		3	7	2		1	3	2	3				9										73
马			7		3		1		4		2	4	5	3			1			2				2	3		3		1	41
黑熊			1		2		9	3	2	7	1					4				10										39
狗		6	2	2	14		1			3	1				2	2				1										34
猫							6	2	1	3	3								8	4										27
苏门羚	12								1		1		2	6	1															23
豪猪			12		7		1	1																						21
猕猴							6	5		5																				16
麝			[illegible]		3		2	1					1																	8
竹鼠			2		1																									3
狼		1								1														1						3
合计	126	47	1028	139	895	47	862	456	613	1090	1491	430	533	703	109	61	35	14	9	559	17	25	161	398	404	41	201	103	287	10884

通过上述表格可知哺乳动物、鸟禽类动物、水生动物的可鉴定标本数分别为10884件、973件、49件，三者合计为11906件，即老司城遗址动物骨骼的可鉴定标本数为11906件。

四、分析与探讨

1. NISP的量化分析

首先分析哺乳动物的可鉴定标本数。老司城遗址23种哺乳动物的NISP为10884件，占老司城遗址动物骨骼NISP总量的91.42%，可以判定当时人们肉食消费以哺乳动物为主。

根据各种哺乳动物NISP的多少，可大致分为4个区间。第一区间是NISP超过1000的，包括猪、黄牛、水牛。第二区间是NISP为100以上1000以下的，包括水鹿、梅花鹿、小麂、赤麂、山羊5种。野猪、豹、虎、马、熊、狗、猫、苏门羚、豪猪这9种动物的NISP在20以上100以下，可以视为第三区间。猕猴、麝、竹鼠、狼这4种动物的NISP均在20以下，作为第四区间。

属于第一区间的猪、黄牛、水牛的NISP总计为8109件，占哺乳动物NISP的74.50%，说明这3种动物是老司城居民肉食消费的主要对象。其中猪的数量最多，而黄牛的数量比水牛多。第二区间动物的NISP为2321件，占哺乳动物NISP的21.32%，除山羊外，都是鹿科动物，且鹿科动物占绝大多数。由此可见鹿科动物是除猪、牛以外最大的肉食消费对象。第三区间动物的NISP为424件，占哺乳动物NISP的3.90%。该区间以大型野生凶猛动物如野猪、虎、豹、熊为主，其次有马、狗、猫、豪猪、苏门羚等。第四区间4种动物的NISP为31件，约占哺乳动物NISP的0.28%。猕猴、麝、竹鼠、狼这几种动物都属于中小型动物，分析这几种动物占肉食消费的比例应很低。

鸟禽类动物有鸡、鸭、鹅、竹鸡4种，NISP为973件，占老司城遗址动物骨骼NISP的8.17%，可推知鸟禽类动物在当时人们的肉食消费中占有一定比例。鸡、鸭、鹅是家禽类动物，总数为970件。发现的野生鸟类只有竹鸡一种，NISP仅为3件。可见作为肉食消费的鸟禽类动物中，家养动物占绝对多数。鸡、鸭、鹅的NISP分别为850件、107件、13件，即分别占鸟禽类的87.36%、11.00%、1.34%，这三者的NISP比例应大体与这三种动物的消费个体数量比例接近。

本研究中将泥蚶、中华鳖、鲤鱼、圆顶珠蚌、剑状矛蚌、鳡鱼、青鱼、草鱼、海螺都归为水生动物，这几种动物的NISP总数是49件，约占老司城遗址动物骨骼NISP的0.41%。虽然从比例上看，其所占的分量很少，但这是有原因的，发掘现场没有采用过筛的专项动物采集方法，因此很多细小水生动物的骨骼没能采集。

鲤鱼、草鱼、青鱼、鳡鱼、圆顶珠蚌、剑状矛蚌、中华鳖都属于淡水动物，这几种动物的NISP都为个位数，但其实际消费个体数量应远远大于NISP所反映的比例，这里的数据只能说明当时的老司城居民消费了这几种动物，而不能据此考察消费这几种动物的比例。泥蚶和海螺属于海相水生动物，其中泥蚶的NISP为22件，在老司城总的NISP中所占比例很少，即不构成主要部分，但在水生动物的NISP中占到44.90%，因此可以肯定当地居民对这种外来物种的消费不是偶然行为。

2. 动物种类、大小、骨骼部位对NISP统计的影响

动物个体大小即骨骼大小对NISP统计的影响分析，对此我们选择鹿科动物来比较，因为这一类动物在种属类型、出土数量、利用方式上都比较接近，而在大小上存在不同。从表3-1的统计数据来看，大型鹿科动物水鹿有754件骨骼、26种骨骼部位出土，中型鹿科动物梅花鹿有610件骨骼、23种骨骼部位出土，小型鹿科动物小麂有579件骨骼、15种骨骼部位出土。这三种动物的NISP大体相近，但其中大中型鹿科动物的骨骼部位更多，更全面。小麂没有发现头骨、尺骨、枢椎、荐椎、髌骨、系骨、冠骨、跗骨、距骨这几种骨骼。由于小麂的髌骨、系骨、冠骨、跗骨、距骨都是不超过5厘米大小的骨骼，在保存和采集中处于不利地位，因此虽然小麂的NISP与大中型鹿科动物接近，但在出土骨骼部位的种类上明显偏少。可以推断个体大的动物因骨骼大，而在NISP统计中占有明显优势。

某些特殊部位的骨骼对中小型动物的NISP影响较大，比如小麂的下颌骨有136件，数量远远大于水鹿和梅花鹿，原因就是下颌骨比较坚硬且容易识别进而采集。同理，苏门羚的NISP为23件，其中12件是角。

豪猪、猕猴、竹鼠、竹鸡都是小型动物，这4种动物出土的骨骼部位种类分别是4、3、2、3种，均不多，说明这些小型动物都有大量的骨骼部位缺失，反映出小型动物的骨骼采集很不充分。猕猴的NISP共16件，骨骼部位为肱骨、尺骨、股骨，都是肢骨。豪猪、竹鼠属于啮齿类动物，这两种动物的门齿弯曲，外侧表面呈金黄色，特征明显。在豪猪的21件骨骼中，有12件是门齿，7件是下颌骨；竹鼠的NISP为3件，其中2件为门齿，1件为下颌骨。因此门齿和下颌骨是鉴定统计该类动物数量的关键骨骼。

由此我们认为，动物的个体越大，越利于其骨骼的保存与采集，从而对NISP的统计也越有利。从NISP的统计部位上来看，一般而言是该种动物较大的骨骼如各种肢骨的NISP统计数量最多。另外有特殊特征的骨骼，如山羊、苏门羚的角；豪猪、竹鼠的门齿、下颌骨；鲤鱼、草鱼、鳡鱼的咽骨等，在NISP的鉴定统计中也占有一定优势。对于较小的骨骼部位而言，一般只有属于大中型动物的才会出土，如牛、鹿的髌骨、跟骨、系骨、冠骨等。

3. NISP量化分析的优势及局限性

NISP的统计在完成动物骨骼的种属鉴定后，将数据汇总就可以得出，是一种易于统计的数据。该数据是一种对遗址出土动物骨骼进行量化的指标，有其科学客观的基础。NISP提供了一种比较的途径，不仅可以通过NISP分析消费不同动物的数量，同时还可以为比较不同遗址动物消费个体数量及比例提供一种参考。

我们认为从埋藏环境、保存条件、发掘面积、采集方法，到动物种属、个体大小、骨骼特点、鉴定水平等诸多因素对于NISP的统计都有影响。因此利用NISP进行比较分析时，我们应重视该数据在统计上的局限性。由前述分析可知，动物的大小、采集方式对NISP的统计会产生很大影响，相对而言体型较大动物和尺寸较大的骨骼部位更容易得到保存采集，因此会造成个体越大的动物的NISP统计量相对越多，由此虚长了大型动物的肉食贡献。同时，NISP的数据

还有可能忽视不同大小动物所提供的肉量大小差异，比如老司城遗址鸡的NISP是850件，仅次于猪和牛的NISP，但不能因此推断鸡的肉量贡献仅次于猪和牛，而超过其他动物。相对而言，我们偏向于对动物类型和个体大小相近、骨骼基数较大的动物使用NISP来进行比较，如遗址中黄牛和水牛，小鹿与赤麂、鸡和鸭的NISP比较。

第二节　最小个体数统计与分析

一、概　念

最小个体数（MNI）是遗址内一个出土单元的动物骨骼所能代表的最少动物个体数量。最小个体数是目前国内动物考古学界运用最为普遍的一种对遗址各种动物肉量贡献进行量化的数据。最小个体数是在可鉴定标本数（NISP）统计基础上，经过整合、分析，得出每种动物骨骼至少归属于多少个动物个体，由此可以得出一个遗址中各种动物骨骼代表的各种动物的最少个体数量。

二、材料和方法

最小个体数的统计原则是将能够确定到种属的动物骨骼，以其各个骨骼部位数量中代表最多个体的数量作为这种动物的最小个体数。理论上应该将不同时段的动物遗存分开统计，这样就能体现出不同时段消费动物数量的历时性变化；还应将不同的遗迹单位或不同的区域作为统计最小个体数的一个单元。无论是分时段还是细分为不同的单元，这样统计得到的动物最小个体数数量一般都会大于将全部材料作为整体统计得出的最小个体数数量。

由于老司城遗址是一个以明清时期遗存为主的遗址，年代较晚，对其分时段统计有其局限性，而分区域、分单元统计的实际研究意义不大，并且会存在一定“虚长”最小个体数的问题。因此本次研究采取将所有骨骼材料作为一个单元，从总体上考察消费各种动物的数量，这样在实际统计中也是相对简单的。

本书中老司城遗址动物遗存的最小个体数主要是针对哺乳动物和鸟禽类，统计时一般将主要骨骼即头部骨骼和主要肢骨作为统计部位，具体是角、头骨、下颌骨、肱骨、尺骨、桡骨、股骨、胫骨、掌骨、跖骨，其他部位的骨骼因为个体小、数量多或不容易鉴定到种属等原因，一般不作为统计最小个体数的部位。

三、统计结果

对最小个体数统计产生影响的因素包括骨骼的左右、骨骼的完整程度、及对保存为近端、远端等骨骼部位进行配比。因此就算针对同一批材料，不同的整理研究者也可能由于采用了不同的具体计算方法，从而得出不同的最小个体数。在此我们将老司城遗址出土各类型每种动物的最小个体数的具体统计方法加以说明。最小个体数的统计基础是可鉴定标本数，其数据参见表3-1、表3-2、表3-3。

最小个体数的统计中，一个关键要素是最小个体数的骨骼统计部位，我们计算了哺乳动物和鸟禽类动物最小个体数的统计部位骨骼数量占该种动物可鉴定标本数的百分比（不保留小数点之后的数值），这个百分比数据越大，说明该骨骼部位对于该种动物数量的统计越重要，另一方面该百分比也反映出该种动物其他骨骼部位的缺失程度。以下分种类进行最小个体数统计。

1. 哺乳动物最小个体数统计

猪的MNI统计：猪的最小个体数统计部位中胫骨最多，计713件，占可鉴定标本数的19.92%，右侧353件，其中完整的24件，整体基本完整但两端缺损的124件，保留近端骨骼部位的119件，保留远端骨骼部位的86件。左侧360件，其中完整的40件，整体基本完整但两端缺损的129件，保留近端骨骼部位的122件，保留远端骨骼部位的69件。按照统计原则，以左侧为统计对象，即完整的40件及整体基本完整129件加上保留近端骨骼部位的122件，共291件。因此猪的MNI为291。

黄牛的MNI统计：黄牛最小个体数统计部位中胫骨最多，计333件，占可鉴定标本数的12.77%。右侧有174件，其中完整的10件，包含近端骨骼部位的82件，包含远端骨骼部位的81件，另1件为中部骨干。左侧159件，其中完整及较完整的8件，包含近端骨骼部位的80件，包含远端骨骼部位的71件。按照统计最小个体数原则，以右侧完整的10件及包含近端骨骼部位的82件之和为92。因此黄牛的MNI为92。

小麂的MNI统计：小麂的最小个体数统计部位以下颌骨最多，共136件，占可鉴定标本数的23.49%。但其中有28件较为残碎，在整合分析中不计入最小个体数统计。另外的108件下颌骨中，左侧63件，右侧45件，因此小麂的MNI为63。

水牛的MNI统计：水牛最小个体数统计部位中胫骨最多，计198件，占可鉴定标本数的10.31%。右侧有108件，其中完整的1件，包含近端骨骼部位的59件，包含远端骨骼部位的43件，另5件为中部骨干。左侧90件，其中完整及较完整的3件，包含近端骨骼部位的42件，包含远端骨骼部位的42件，另3件为中部骨干。按照统计最小个体数原则，以右侧完整的1件及包含近端骨骼部位的59件之和为60。因此水牛的MNI为60。

水鹿的MNI统计：水鹿的最小个体数统计部位中股骨最多，计112件，占可鉴定标本数的14.85%。右侧有60件，其中完整1件，包含近端骨骼部位的35件，包含远端骨骼部位的24件。左侧有52件，其中包含近端骨骼部位的34件，包含远端骨骼部位的18件。按照统计原则，右侧完整1件加上包含近端骨骼部位的35件为其最小个体数。因此水鹿的MNI为36。

梅花鹿的MNI统计：梅花鹿的最小个体数统计部位中股骨最多，计88件，占可鉴定标本数的14.43%。右侧有44件，其中包含近端部位的21件，包含远端部位的20件，另3件为中部骨干不计入统计。左侧有44件，其中包含近端骨骼部位的18件，包含远端骨骼部位的24件，另2件为中部骨干。按照统计原则，左侧包含远端骨骼部位的24件为其最小个体数。因此梅花鹿的MNI为24。

山羊的MNI统计：山羊的最小个体数统计部位中以羊角最多，大多基本完整，共30件，占可鉴定标本数的17.44%。其中左侧21件，右侧9件。因此山羊的MNI为21。

赤麂的MNI统计：赤麂最小个体数统计部位中胫骨最多，计44件，占可鉴定标本数的21.36%。左侧32件明显多于右侧，其中完整1件，另包含近端骨骼部位18件，包含远端骨骼部位6件，另1件为中部骨干。将完整的1件加上包含近端骨骼部位的18件作为最小统计数量，因此赤麂的MNI为19。

豹的MNI统计：豹的最小个体数统计部位以下颌骨最多，计31件，占可鉴定标本数的42.47%。其中右侧19件，左侧12件。因此豹的MNI为19。

野猪的MNI统计：野猪的最小个体数统计部位以下颌骨最多，计19件，占可鉴定标本数的21.11%。其中右侧5件，左侧14件。因此野猪的MNI为14。

苏门羚的MNI统计：苏门羚的最小个体数统计部位中以角最多，都基本完整，共12件，占可鉴定标本数的52.17%，其中左侧9件，右侧3件。因此苏门羚的MNI为9。

虎的MNI统计：虎的最小个体数统计部位中股骨最多，计21件，占可鉴定标本数的27.63%。左侧有11件，其中完整2件，包含近端骨骼部位的3件，包含远端骨骼部位的6件。右侧10件，其中包含近端骨骼部位的4件，包含远端骨骼部位的6件。按照统计原则，即左侧完整2件加上包含远端骨骼部位的6件，因此虎的MNI为8。

狗的MNI统计：狗的最小个体数统计部位中下颌骨最多，计14件，占可鉴定标本数的41.18%，其右侧8件，左侧6件。因此狗的MNI为8。

豪猪的MNI统计：豪猪的最小个体数统计部位以犬齿最多，计12件，占可鉴定标本数的57.14%，其右侧8件，左侧4件。因此豪猪的MNI为8。

马的MNI统计：马的最小个体数统计部位中掌骨最多，计5件，占可鉴定标本数的12.20%。右侧共4件，其中完整1件，包含近端骨骼部位的3件。因此马的MNI为4。

黑熊的MNI统计：黑熊最小个体数统计部位中肱骨最多，计9件，占可鉴定标本数的23.08%。右侧7件明显多于左侧，其中包含近端骨骼部位的1件，包含远端骨骼部位的4件，另2件为中部骨干。将右侧包含远端部位的4件作为最小个体数统计，因此黑熊的MNI为4。

猕猴的MNI统计：猕猴的最小个体数统计部位中股骨最多，计6件，占可鉴定标本数的37.50%。其中左侧5件，有4件为远端骨骼部位。因此猕猴的MNI为4。

麝的MNI统计：麝的最小个体数统计部位为下颌骨最多，计3件，占可鉴定标本数的37.50%。这3件下颌骨都为右侧，因此麝的MNI为3。

猫的MNI统计：猫的最小个体数统计部位中肱骨最多，有6件，占可鉴定标本数的22.22%。左侧有3件，其中完整的1件，包含近端骨骼部位的1件，包含远端骨骼部位的1件。右侧3件，其中完整1件，包含近端骨骼部位的2件。按照统计原则，即右侧完整1件加上包含近端骨骼部位的2件，因此猫的MNI为3。

狼的MNI统计：狼的最小个体数统计部位中头骨计1件，占可鉴定标本数的33.33%，因此狼的MNI为1。

竹鼠的MNI统计：遗址出土竹鼠下颌骨1件，占可鉴定标本数的33.33%，因此竹鼠的MNI为1。

2. 鸟禽类动物最小个体数统计

鸡的MNI统计：鸡的最小个体数统计部位以肱骨最多，计209件，占可鉴定标本数的24.59%。右侧有104件，其中完整的54件，近端骨骼部位23件，中部骨干9件，远端骨骼部位18件。左侧104件，其中完整39件，近端骨骼部位23件，中部骨干16件，远端骨骼部位26件。因此，鸡的MNI为右侧完整的54件加上近端部位的23件，其MNI为77。

鸭的MNI统计：鸭的最小个体数统计部位以肱骨最多，计33件，占可鉴定标本数的30.84%。左侧有23件，其中完整9件，近端骨骼部位6件，中部骨干5件，远端骨骼部位3件。右侧9件，其中完整3件，中部骨干3件，远端骨骼部位3件。因此，鸭的MNI为左侧完整的9件加上近端部位的6件，其MNI为15。

鹅的MNI统计：鹅的最小个体数统计部位以肱骨最多，共5件，占可鉴定标本数的38.46%。右侧有3件，其中完整1件，中部骨干2件。左侧2件，都为中部骨干部位。因此，鸭的MNI为右侧完整的1件加上中部骨干部位的2件，其MNI为3。

竹鸡的MNI统计：竹鸡的肱骨、喙骨、跗跖骨各1件，因此其MNI为1。

3. 水生动物最小个体数统计

泥蚶出土22件壳体，其中左侧14件，统计最小个体数为14。

圆顶珠蚌出土3件蚌壳，其中左侧2件，统计最小个体数为2。

剑状矛蚌仅出土1件蚌壳，最小个体数为1。

海螺仅出土1件螺壳，最小个体数为1。

中华鳖出土3件肱骨，其中2件为左，统计最小个体数为2。

草鱼仅出土1件咽骨，最小个体数为1。

鳡鱼仅出土1件咽骨，最小个体数为1。

鲤鱼的最小个体数统计部位为咽骨，共3件，其中2件为左，统计最小个体数为2。

青鱼出土1件脊椎骨，统计最小个体数为1。

4. 各类动物最小个体数统计汇总（表3-4）

表3-4 老司城遗址动物最小个体数（MNI）统计表

哺乳动物		鸟禽类动物		水生动物	
种属	数量	种属	数量	种属	数量
猪	291	鸡	77	泥蚶	14
黄牛	92	鸭	15	中华鳖	2
小麂	63	鹅	3	鲤鱼	2
水牛	60	竹鸡	1	圆顶珠蚌	2
水鹿	36			剑状矛蚌	1
梅花鹿	24			海螺	1
山羊	21			鳡鱼	1

续表

哺乳动物		鸟禽类动物		水生动物	
种属	数量	种属	数量	种属	数量
赤麂	19			草鱼	1
豹	19			青鱼	1
野猪	14				
苏门羚	9				
虎	8				
狗	8				
豪猪	8				
马	4				
黑熊	4				
猕猴	4				
麝	3				
猫	3				
狼	1				
竹鼠	1				
总数	692		96		25

老司城遗址动物遗存最小个体数总量为813，其中哺乳动物最小个体数合计为692，占85.12%；鸟禽类动物最小个体数合计为96，占11.81%；水生动物最小个体数合计为25，占3.08%（表3-4）。

四、分析与探讨

1. MNI的量化分析

从大的类别上分析，哺乳动物、鸟禽类动物、水生动物的最小个体数数量多少排序与NISP统计的排列顺序相同，哺乳动物依然占绝对的优势，占85.12%，远大于鸟禽类动物和水生动物。鸟禽类动物所占份额为11.81%，明显大于水生动物的3.08%。

NISP和MNI是动物考古学量化研究中两种使用最为普遍的数据，两种数据各有其优缺点，将两种数据进行对比研究更能综合反映动物量化研究的全面性。这三类动物MNI的百分比相对于NISP的百分比有所变化，哺乳动物从91.42%下降到85.12%，总份额中下降近6.3个百分点。相反，鸟禽类动物和水生动物的比例有所上升。鸟禽类动物从8.17%上升到11.81%，上升了3.64个百分点；水生动物从0.41%上升到3.08%，上升了2.67个百分点。

从MNI的统计数据来看，被消费最多的哺乳动物依次是猪、黄牛、小麂、水牛、水鹿、梅花鹿、山羊。从种属方面来看还是家养动物猪、黄牛、水牛、山羊为主，其余都是鹿科动物。与NISP反映的肉食比重不同，猪的MNI超过了黄牛和水牛的MNI合计数。鹿科动物中小麂的MNI超过了水鹿、梅花鹿的MNI合计数。

总体来看，不论是大的种类，还是小的动物种属，相对于NISP的百分比，在MNI的百分比统计中，中小型动物的比例均有所上升，部分NISP较少的动物所占百分比有所上升。由于MNI是指动物的个体数量，因此相对NISP的骨骼数量而言，动物的MNI值更加形象、直观。

鸟禽类动物MNI总数为96，家禽鸡、鸭、鹅的MNI合计数为95，占绝对多数。鸡、鸭、鹅的MNI分别为77、15、3，即分别占鸟禽类的80.21%、15.63%、3.13%，相对于三者NISP的87.36%、11.00%、1.34%，可看出NISP最多的鸡的百分比下降、而鸭和鹅的百分比上升。

水生动物泥蚶、中华鳖、鲤鱼、圆顶珠蚌的MNI分别为14、2、2、2，其余水生动物海螺、圆顶珠蚌、剑状矛蚌、草鱼、青鱼、鳡鱼的MNI都为1。对于单个动物而言，各种水生动物的数量排列顺序与NISP一致，因此MNI与NISP的分析基本一致，即由于水生动物出土的数量较少，与其说是量化研究，不如说是罗列水生动物的种类。只是MNI值的百分比与NISP值的百分比相比，水生动物在总的动物中的比例有所上升。

2. 动物种类、个体大小、出土数量、骨骼部位对MNI统计的影响

我们根据老司城遗址的这批动物材料来探讨动物种类、个体大小、出土数量、骨骼部位对MNI统计的影响，由于水生动物的数量太少，在此主要对哺乳动物和鸟禽类动物展开讨论。其中，体重超过50千克的哺乳动物归为大型动物，小于50千克的归为中小型动物，其中猪、豹等体重约在50千克以上的物种归入了大型动物（表3-5）。

表3-5 各种动物最小个体数（MNI）统计部位表

<table>
<tr><th colspan="2" rowspan="3">骨骼部位</th><th colspan="3">动物种属类型</th></tr>
<tr><th colspan="2">哺乳动物</th><th rowspan="2">鸟禽类动物</th></tr>
<tr><th>大型</th><th>中小型</th></tr>
<tr><td rowspan="4">肢骨</td><td>胫骨</td><td>黄牛、水牛、猪</td><td>赤麂</td><td></td></tr>
<tr><td>股骨</td><td>水鹿、梅花鹿、虎</td><td>猕猴</td><td></td></tr>
<tr><td>肱骨</td><td>黑熊</td><td>猫</td><td>鸡、鸭、鹅、竹鸡</td></tr>
<tr><td>掌骨</td><td>马</td><td></td><td></td></tr>
<tr><td rowspan="4">头部骨骼</td><td>角</td><td>苏门羚</td><td>山羊</td><td></td></tr>
<tr><td>下颌骨</td><td>豹、野猪</td><td>小麂、狗、麝、竹鼠</td><td></td></tr>
<tr><td>犬齿</td><td></td><td>豪猪</td><td></td></tr>
<tr><td>头骨</td><td></td><td>狼</td><td></td></tr>
</table>

哺乳动物以肢骨作为统计MNI部位的一般是大型动物，如黄牛、水牛、猪、水鹿、梅花鹿、虎、黑熊、马，这是因为大型动物肢骨较大，能够得到较好的保存，并容易采集。在以上动物中，猪、黄牛、水牛、水鹿、梅花鹿的出土骨骼部位都在20种以上，NISP在600件以上，是老司城遗址出土骨骼部位最多、骨骼数量最多的几种动物。而肢骨中尤以下肢骨为多，即胫骨和股骨，且胫骨的比例似乎比股骨大。以上肢骨（肱骨和掌骨）作为统计MNI部位的是黑熊和马，这两种动物骨骼的出土数量偏少。

以肢骨作为统计MNI部位的也有中小型动物，如赤麂、猕猴、猫，这些中小型动物一方面骨骼数量较少，一方面没有像山羊角、竹鼠犬齿那样特征明显的头部骨骼部位，相对而言肢骨的个体较大，所以保存采集的数量较多。

哺乳动物以头部骨骼作为统计MNI骨骼部位的一般是小型动物，如山羊是用角，小麂、狗、麝是用下颌骨，豪猪、竹鼠是用犬齿。总体来看，使用头部骨骼作为MNI统计部位的动物个体小、出土骨骼部位少、出土数量也不多，主要原因是相对而言小动物的头部骨骼如角、下颌骨、犬齿较为坚硬、特征明显，所以较易保存采集，因此这些头部骨骼是统计中小型动物MNI的关键骨骼。

大型动物中苏门羚是以角，豹和野猪是以下颌骨作为统计MNI的部位的，这几种动物出土的骨骼数量不多，相对而言，角和下颌骨都是特征较为明显的骨骼部位，因此在采集鉴定统计上有优势。

综上所述，在对影响MNI统计的因素进行分析后，我们认为出土骨骼部位多、数量大的大型动物通常以肢骨作为统计MNI的部位。出土骨骼部位少、数量小的中小型动物一般采用头部骨骼即角、下颌骨、犬齿作为MNI的统计部位，但这种规律是相对而不是绝对的。

鸟禽类的鸡、鸭、鹅、竹鸡都以肱骨作为MNI的统计部位，主要是因为肱骨作为鸟禽类动物体内相对较大且粗壮的骨骼，容易得到保存和采集，所以老司城遗址中鸟禽类动物的肱骨出土数量最多，且较为完整，是统计鸟禽类动物MNI所使用的部位。

3. MNI的优势和局限性分析

MNI是一种经过统计配比分析得到的、可以直观反映遗址中各种动物个体数量的量化数据。MNI与NISP共同组成遗址动物骨骼量化的两种指标，可以相互参照、对比，以便分析出更多、更深的量化信息。MNI与NISP相比，量化的内容发生变化，MNI是代表动物的个体数量，NISP是代表动物骨骼数量。NISP受动物个体大小、骨骼多少、破碎程度不同而影响较大，而动物的MNI统计是在对出土动物骨骼分析、配比的前提下，计算得出的动物个体数量，这实际上是对NISP数据的一种修正。老司城遗址中MNI统计显示哺乳动物所占比例下降、鸟禽类、水生动物的比例上升就是对NISP统计数据某种程度上的修正。

下面通过遗址中三种动物的NISP、MNI数据来探讨影响它们的因素和两种方法的优缺点。水牛、小麂、鸡是遗址中出土数量最多的几种动物类型，其NISP分别是1921件、579件、850件，水牛的数量明显超过小麂和鸡的数量。经过对其配比统计，得出三种动物的MNI分别为60、63、77，即鸡和小麂的MNI超过水牛。

这个例子说明，大型动物在骨骼的保存采集上占有优势，导致NISP数值较大，而MNI通过对出土骨骼进行统计配比分析，在一定程度上弥补了小动物骨骼在保存采集上的不足，形成对动物量化的某种修正。

MNI的统计分析使我们了解到一个现象，即消费鸡和小麂的数量大于水牛。但是，这只代表了消费动物的个体数量，在实际的肉食比例中，水牛的比重应远大于小麂和鸡。从上面的例子也可以反映出在MNI量化比较中的一个很大不足，即在数量比较分析中无法体现各种动物因体型大小不同而产生的所能提供肉量多少的差别。

虽然MNI可以对NISP起到一定的修正效果，但是MNI的统计基础是NISP，也就是说影响NISP量化分析的因素同样也局限了MNI的统计。即无论采取何种量化统计方式，我们在考古发掘中，因不同类型动物骨骼的出土机率不同而带来的客观影响是存在的。理论上，采取过筛的方法可以稍作弥补，但是对于大面积发掘的遗址，其操作性有限；另一方面，即便把遗址中所有的中小型动物骨骼都收齐，但因中小型动物骨骼更容易残损，要完全充分鉴定难度较大，不易实现。我们能做的是，在进行量化分析时，尽量考虑到大小不同、类型不同的动物骨骼在考古遗址中所能遗留、保存、采集的机率，并在量化比较研究时尽可能回避这种不足，从相对较为客观的角度去比较分析。如开展类型相同、出土数量相同、个体大小相同的动物比较，或者在承认不同动物骨骼的保存采集概率不同的前提下，开展不同类型动物的比较，之后还将对此进行重点探讨分析。

第三节　动物骨骼重量统计与分析

一、概　　念

动物骨骼重量（W）的概念比较容易理解，每一件动物骨骼都有自身的重量，将骨骼进行称量就可以得到其重量数据。我们认为动物骨骼的重量数据与骨骼尺寸测量数据一样，都是客观记录骨骼信息的数据。国内部分遗址已经开展了对骨骼遗存称重的工作并进行了相关研究，如计算各种动物骨骼重量的相对比例，利用骨骼重量数据进行测算消费动物肉量的研究等。本次研究对老司城遗址动物骨骼开展了较为全面的骨骼称重测量工作，得到了大量的骨骼重量数据。目前这项工作的主要研究目的仍是将骨骼重量作为消费各种动物的量化数据，而这项数据对于动物骨骼出土部位研究、人工痕迹研究等相关方面都有一定的参考价值。

二、材料和方法

老司城遗址出土骨骼遗存材料的称重测量主要是针对可以鉴定到部位种属的骨骼，对于这部分材料，每一件骨骼都单独称重测量，测量单位是克，测量精确度为0.1克（小数点后一位）。由于本章内容为利用动物遗骸重量数据量化分析对各种动物的消费情况，因此对于没能鉴定到种属的骨骼标本，没有纳入本章内容。

三、统计结果

表3-6、表3-7、表3-8为各种动物各个部位骨骼重量数据，哺乳动物各种主要肢骨如肱骨、尺骨、桡骨、股骨、胫骨、肩胛骨、掌骨、跖骨的重量数据单列，其他头骨、脊椎骨、枝梢骨等骨骼都合并列入“其他总计”。

表3-6　哺乳动物各骨骼部位重量（W）统计表　　（重量单位：克）

骨骼部位	肱骨	尺骨	桡骨	股骨	胫骨	肩胛骨	掌骨	跖骨	其他总计	重量合计	百分比
水牛	31903	8034	20224	31946	27545	7751	12152	12274	57852	209681	39.11%
黄牛	24218	5309	15703	27843	30316	7879	11482	16431	39838	179019	33.39%
猪	6551	2510	1575	8396	10306	1814	270	635	19736	51793	9.66%
水鹿	3937	2140	3488	10217	2039	2416	2358	2531	11893	41019	7.65%
梅花鹿	4341	1055	1883	4977	4023	771	891	1323	4686	23950	4.47%
小麂	396	58	213	437	830	165	446	398	2944	5887	1.10%
虎	1052	243	198	2116	798	86	84	121	1188	5886	1.10%
赤麂	425	24	164	535	1429	54	71	299	379	3380	0.63%
马	149		500		376	213	380	502	1100	3220	0.60%
黑熊	950	329	158	636	181				965	3219	0.60%
豹	506		95	347	122		3	15	1236	2324	0.43%
野猪	141		192	141	366				1391	2231	0.42%
山羊	59	51	188	26	267	83	68	71	1141	1954	0.36%
苏门羚			49		45		65	314	330	803	0.15%
狗	20			31	22				688	761	0.14%
狼									445	445	0.09%
豪猪	10	7							217	234	0.04%
猕猴	71	30		76					0	177	0.03%
猫	29	3	2	11	16				17	78	0.01%
麝	15.7	4.3					6		21	47	0.01%
竹鼠									3	3	0
重量合计	74773.7	19797.3	44632	87735	78681	21232	28276	34914	146070	536111	

表3-7　鸟禽类动物各骨骼部位重量（W）统计表　　（重量单位：克）

骨骼部位	鸡	鸭	鹅	竹鸡
头骨	7.5	3.5		
喙骨	42.9	6.0		0.3
肱骨	390.4	71.8	31.8	0.3
尺骨	103.0	6.2		
桡骨	14.8	1.2		
股骨	346.2	5.5		
胫骨	208.4	39.3	25.6	
腕掌骨	14.4	15.0	7.5	
肩胛骨	1.9			
骶骨	63.3	11.0		
盆骨	6.5			

续表

骨骼部位	鸡	鸭	鹅	竹鸡
锁骨	1.5			
胸骨	29.8			
趾骨	0.3			
跗跖骨	211.3	12.1	5.6	0.4
重量合计	1442.2	171.6	70.5	1.0

表3-8　各种水生动物重量（W）统计表　（重量单位：克）

水生动物名称	重量
鳖	25.9
草鱼	2.2
鳡鱼	2.2
鲤鱼	16.0
青鱼	9.5
海螺	24.7
泥蚶	244.8
剑状矛蚌	22.0
圆顶珠蚌	4.0
合计	351.3

由此可知，老司城遗址鉴定到种属的动物骨骼总数为11906件，其重量为538147.6g，其中哺乳动物重量合计为536111g，占99.62%；鸟禽类动物重量合计为1685.3g，占0.31%；水生动物重量合计为351.3g，占0.07%。

四、分析与探讨

1. 骨骼重量的量化分析

在动物骨骼重量的量化比较中，哺乳动物占有绝对比例，为总重量的99.62%，而鸟禽类和水生动物分别占0.31%和0.07%，两者加起来不足1.00%。相对于NISP和MNI，这三类动物骨骼重量比例极不平衡，可看出哺乳动物的比例明显上升，鸟禽类动物和水生动物的比例降到了很小。因此从重量这个量化角度分析，哺乳动物占绝对重要的地位，鸟禽类和水生动物所占比例很小。

根据各种哺乳动物骨骼重量所占的比例（参见表3-6），可以将各种动物分为三个区间，重量百分比超过1.00%的动物种属，0.10%～1.00%的动物种属，不足0.10%的动物种属。

超过1.00%的动物有7种，其中水牛比例最大，黄牛其次，这是因为牛的个体最大，骨骼重量也最大。猪为中等大小，加上骨骼数量多，所以在重量中排在第三位。水鹿和梅花鹿属于大型和中型鹿科动物，加之本身出土的动物骨骼数量较多，所以水鹿和梅花鹿排在第四、五位。小麂属小型鹿科，骨骼重量相对略轻，但出土的骨骼数量较多，因此排在第六位。出土虎的骨骼重量略轻于小麂，但出土的骨骼数量较小麂要少了很多。

在这一区间的动物中，出土动物骨骼数量最多的猪、黄牛、水牛的量化排列顺序变化最明显。表现在水牛的NISP，尤其是MNI都少于黄牛和猪，但其重量超过了黄牛和猪，上升至第一位。

重量比例在0.10%～1.00%的动物有8种，依次是赤麂、马、黑熊、豹、野猪、山羊、苏门羚、狗，这些动物都是大中型动物，个体都在15千克以上。数量不足0.10%的动物有5种，是狼、豪猪、猕猴、猫、竹鼠。这里面除了狼以外，都是体重在15千克以下的动物。

通过以上分析可看出，各种哺乳动物体型和重量存在明显的对应关系，即动物个体越大的动物，相应骨骼重量也越大，因此其重量量化比例也相应越高。

鸟禽类动物骨骼总量为1685.3g，鸡、鸭、鹅分别占85.59%、10.18%、4.18%，相对于三者的NISP的百分比分别为87.36%、11.00%、1.34%，MNI的百分比分别为80.21%、15.63%、3.13%，可看出鸡、鸭的重量百分比和NISP数据百分比相近。鹅的NISP、MNI、重量三种数据百分比中，重量百分比最大，这是因为相对于鸡、鸭而言，鹅的个体较大，骨骼也较重，因此在重量百分比中份额比NISP、MNI大。

水生动物中，由于鳖、鱼、螺、蚌都是不同类型的动物，骨骼结构、形态相差较大，总体来看，蚌、螺的壳体重量较大，其次是鳖，鱼类的骨骼重量较轻。因此通过重量这项数据来比较这些动物的肉食地位，其可比性不强。

2. 动物种类、个体大小、出土数量、骨骼部位对骨骼重量统计的影响

通过对哺乳动物、鸟禽类动物、水生动物的总比例分析，可以看出哺乳动物的比例上升至最高，而鸟禽类和水生动物重量加起来的比例还不足1%，因此在使用重量指标作为量化研究对象时，应考虑动物类型的不同。一般情况下，哺乳动物的骨骼重量占有绝对优势，鸟禽类动物和水生动物的骨骼重量不足以反映这两种类型在肉食结构中的地位。

动物个体的大小无疑对骨骼重量有直接影响，老司城遗址中水牛的骨骼数量、最小个体数数量都少于猪和黄牛，但骨骼重量数据最大，这就说明动物体形越大，在骨骼重量方面就越占优势。同理，越是小动物，利用骨骼重量来衡量其肉食地位就越易发生偏差。

考察骨骼出土数量对骨骼重量的影响，我们是将遗址中哺乳动物各主要肢骨的NISP（表3-1）与哺乳动物各骨骼部位重量（表3-6）进行相关性分析。在不区分动物种属的前提下，整体分析比较老司城遗址各种骨骼部位重量，这样可以过滤掉一些动物骨骼部位出土不均的情况。通过下图（图3-1）可知，数量和重量的相关系数为0.54，说明出土数量和骨骼重量存在较为明显的关联性，但关联系数并不是太大。

各种骨骼部位与重量的关系分析，首先分析肢骨。在这里将肩胛骨、掌骨和跖骨归入肢骨类型，因此肢骨有肱骨、桡骨、尺骨、肩胛骨、股骨、胫骨、掌骨、跖骨8种，根据表3-6哺乳动物骨骼重量统计，得到表3-9。

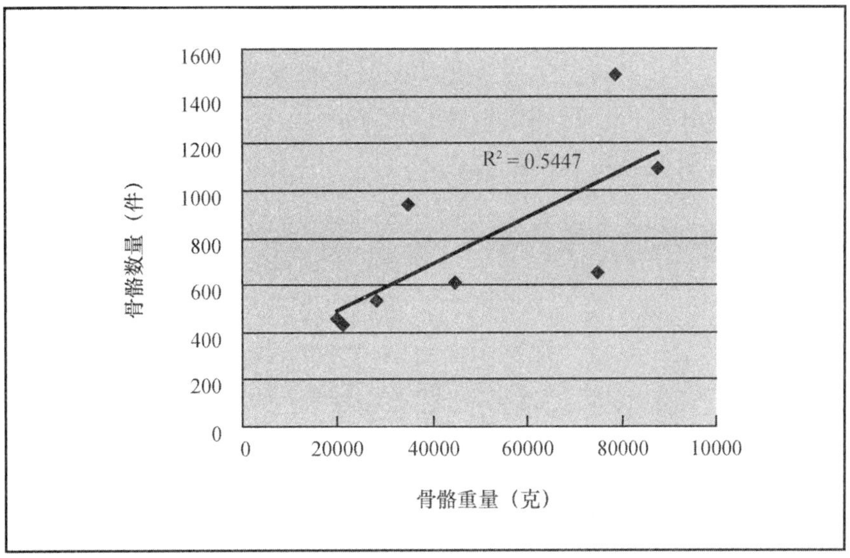

图3-1　动物骨骼出土数量和骨骼重量线性关系图

表3-9　哺乳动物各种肢骨重量及排名表

骨骼部位	股骨	胫骨	肱骨	桡骨	跖骨	掌骨	肩胛骨	尺骨
重量（g）	87735	78681	74773.7	44632	34914	28276	21232	19797.3
排名	1	2	3	4	5	6	7	8

这8种骨骼部位的重量排名依次是股骨87735g、胫骨78681g、肱骨74773.7g、桡骨44632g、跖骨34914g、掌骨28276g、肩胛骨21232g、尺骨19797.3g。具体来看，肱骨、桡骨、尺骨、肩胛骨为前肢骨，总重量为160435g，股骨、胫骨、跖骨为后肢骨，总重量为201330g，比较得出后肢骨的总重量要比前肢骨大。肢骨中股骨的重量最大，其次是后肢骨胫骨，然后是前肢骨肱骨、桡骨。跖骨的重量比掌骨大，它们分列第5、6位，肢骨中肩胛骨和尺骨的重量最小。必须说明的是，这是对老司城遗址出土哺乳动物各种肢骨骨骼的总体分析，实际上每一种动物各种肢骨重量的排名顺序是不同的，比如偶蹄类动物的桡骨重量远大于尺骨重量，而食肉目动物的尺骨与桡骨重量接近。

考察哺乳动物种属与骨骼出土部位重量关系可知，以肢骨为主要骨骼重量的动物是：水牛、黄牛、猪、水鹿、梅花鹿、虎、赤麂、马、熊、麝、猕猴。这些动物大体有两个特点，第一，通常是出土动物骨骼部位丰富、出土骨骼数量多的动物，如猪、水牛、黄牛、水鹿、梅花鹿、马、虎、熊、赤麂。第二、总体来看，这些动物都为大型动物，如水牛、黄牛、水鹿、马、虎、熊，或个体较大的动物如猪、梅花鹿、赤麂，只有猕猴一个例外。肢骨与其他部位骨骼重量合计数相近的动物是小麂、豹、野猪、山羊、苏门羚，这些动物都是中等大小个体的动物。以肢骨外骨骼为主要骨骼重量的动物是：狗、豪猪、竹鼠、狼，这几种动物都是出土骨骼部位少、骨骼数量少的中小型动物。

肢骨以外其他骨骼部位中，颌骨的重量较大，这与动物牙齿坚硬，颌骨骨体较厚有关。枝梢骨数量众多，并且以诸如水牛、黄牛、水鹿这类大型动物的枝梢骨出土最多，因此总体上这部分骨骼的重量也较大。

动物个体中虽然脊椎骨与肋骨的数量较多，但是能鉴定到种属的不多，这是由于这两种骨骼一般都被肢解分断，保存不完整。再加之种属鉴定特征不明显，因此实际上NISP的数量不多，由此也导致了这两种骨骼重量数据不大。

3. 骨骼重量量化分析的优势和局限性

动物骨骼的重量应与其附着的肉量呈正比，骨骼的重量越大附着的肉量也越大，这是使用重量指标进行量化分析的理论基础。遗址中出土动物骨骼的重量与骨骼的数量、骨骼的尺寸一样，都是客观数据，用这项数据进行量化分析有客观性的优势。

从理论上分析，一种动物根据年龄、性别的不同，其提供的肉量是不同的。使用骨骼重量作为一种量化指标在对待不同年龄、性别动物上有一定优势。比如年龄小的动物肉量较少，相对骨骼重量也较轻，而在使用NISP、MNI数据进行量化分析时是无法细化处理这一矛盾的，因此使用重量指标在这方面有一定理论优势。但这一点目前只是作为一种理论探讨，实际情况如何还待检验。正如NISP与MNI可以交互分析一样，重量作为一项量化指标也可以从另外一个角度来观察各种动物的肉食贡献。

我们认为各种不同类型、不同大小的动物骨骼在保存采集上的机率是不相等的，如哺乳动物骨骼的保存采集优于鸟禽类、水生动物，而哺乳动物中越是个体大的动物，其骨骼保存采集就越好，因此在使用动物骨骼进行量化分析时，中小型动物骨骼流失这一因素不能忽视，但却没有明显的方式可以弥补。使用重量作为量化指标与NISP、MNI统计一样，无法弥补这种保存采集上的不平等。

使用骨骼重量来量化老司城各种动物的肉量贡献，统计得出遗址中鸟禽类动物和水生动物在肉食结构中所占的总比例不足1.00%，哺乳动物中动物个体最大的水牛成为遗址中贡献最大肉量的动物，这种量化结果与之前的NISP、MNI统计数据相比，实际上更加拉大了哺乳动物与其他动物类型肉量贡献的差距，拉大了大型动物如水牛与中小型动物肉量贡献的差距。使用骨骼重量进行量化分析，可以考虑到不同类型、不同大小动物提供的肉量差距，但却忽视了不同类型动物在骨骼结构、骨骼形态上的不同，忽视了不同类型动物在骨骼保存、采集上的不同。因此使用重量指标衡量不同类型动物的肉量贡献时，可比性不强，尤其不适用于比较个体大小悬殊的动物。

第四节　动物肉量估算统计与分析

一、概　　念

遗址中出土的骨骼残骸代表着当时人们对这些动物的肉食消费。根据出土动物骨骼来估算这些动物所提供给人们的肉量就是估算肉量统计。这种统计方式将各种动物所提供的肉量估算出来，从而更直观地了解每种动物所提供的肉量大小，由此分析比较各种动物在肉食结构中的地位。虽然目前这种研究统计方式在国内运用的并不普遍，但已有学者通过研究表明，比较各种动物在肉食结构中的地位时，通过估算肉量分析比单纯的运用可鉴定标本数NISP和最小个体数MNI比例统计更合理一些，这种方法值得我们在动物考古学研究工作中推广[①]。

二、材料和方法

估算肉量统计一般有两种方法，第一种是根据出土动物骨骼的最小个体数来估算复原动物的肉量（MW）；第二种是根据出土动物骨骼的重量来估算复原动物肉量[②]。

第一种方法是根据各种动物的平均体重乘以各种动物的出肉率就得到每一种动物平均肉量，然后以遗址每种动物最小个体数的数量乘以其平均肉量就得到各种动物所提供的估算肉量，最后将数据汇总就得到整个遗址出土动物的估算肉量总和。

第二种方法是称量出遗址出土各种动物的骨骼标本总重量，再按一定比例（按Kubasiewicz标准—鸟类和哺乳动物的骨骼重量占体重的7.00%～7.70%，一般简化为7.50%）计算各种动物的总体重。

第二种方法中使用骨骼重量复原动物所提供的肉量，其计算方法就是将骨骼重量除以一个相同的比例7.50%，这与直接使用骨骼重量来比较各种动物的肉量贡献效果基本一致。因此，本研究中采用第一种方法，即以动物的最小个体数为基础，乘以动物肉量平均数来复原动物肉量（MW）。

三、统计结果

下表中大部分动物的个体体重和个体肉量是参考罗运兵对肉食结构研究中《考古遗址中常见动物种属平均体重与肉量标准表》[③]，将各种动物的最小个体数乘以每种动物的个体肉量就得到该种动物提供的总肉量，并计算每种哺乳动物在哺乳动物提供的总肉量上所占的百分比，见表3-9，动物的排序按各种动物提供的肉量大小降序排列（表3-10、表3-11、表3-12）。

表3-10　哺乳动物肉量（MW）统计表

种属	最小个体数	个体体重（kg）	个体肉量（kg）	动物总肉量（kg）	百分比
水牛	60	500	250	15000	29.07%
猪	291	70	50	14550	28.20%
黄牛	92	300	150	13800	26.74%
水鹿	36	160	80	2880	5.58%
梅花鹿	24	120	60	1440	2.79%

① 罗运兵：《中国古代猪类驯化、饲养与仪式性使用》，科学出版社，2012年，第52页。

② 罗运兵：《中国古代猪类驯化、饲养与仪式性使用》，科学出版社，2012年，第50页。

③ 罗运兵：《中国古代猪类驯化、饲养与仪式性使用》，科学出版社，2012年，第53页。

续表

种属	最小个体数	个体体重（kg）	个体肉量（kg）	动物总肉量（kg）	百分比
野猪	14	100	70	980	1.90%
马	4	300	150	600	1.16%
虎	8	120	60	480	0.93%
苏门羚	9	90	45	405	0.78%
小麂	63	12	6	378	0.73%
豹	19	30	15	285	0.55%
黑熊	4	120	60	240	0.47%
赤麂	19	25	12.5	237.5	0.46%
羊	21	15	7.5	157.5	0.31%
狗	8	20	10	80	0.16%
豪猪	8	12	6	48	0.09%
狼	1	35	17.5	17.5	0.03%
麝	3	10	5	15	0.03%
猕猴	4	4	2	8	0.02%
猫	3	2	1	3	0.01%
竹鼠	1	0.5	0.25	0.25	0
合计				51604.75	

表3-11　鸟禽类动物肉量（MW）统计表

种属	最小个体数	个体体重（kg）	个体肉量（kg）	动物总肉量（kg）
鸡	77	2	1	77
鸭	15	2	1	15
鹅	3	4	2	6
竹鸡	1	0.3	0.15	0.15
合计				98.15

表3-12　水生动物肉量（MW）统计表

种属	最小个体数	个体体重（kg）	个体肉量（kg）	动物总肉量（kg）
鲤鱼	2	3	1.5	3
鳡鱼	1	3	1.5	1.5
草鱼	1	3	1.5	1.5
青鱼	1	5	2.5	2.5
中华鳖	2	1	0.4	0.8
海螺	1	0.05	0.02	0.02
毛蚶	14	0.03	0.01	0.14
圆顶珠蚌	2	0.01	0.005	0.01
剑状矛蚌	1	0.04	0.01	0.01
合计				9.48

老司城遗址动物骨骼复原估算的总肉量为51712.38kg，其中哺乳动物的估算肉量合计为51604.75kg，占99.79%；鸟禽类动物估算肉量合计98.15kg，占0.19%；水生动物估算肉量合计9.48kg，占0.02%。

四、分析与探讨

1. 肉量的量化分析

在动物肉量的量化比较中，哺乳动物占绝对大的比例，占总肉量值的99.79%，而鸟禽类和水生动物分别占0.19%和0.02%，两者加起来才0.21%。这三种类型动物的比例与重量数据的比例相近，而与NISP和MNI这两种数据的比例有一定区别，具体来看哺乳动物所占的比例是以上4种量化指标中份额最高的，鸟禽类动物和水生动物的比例降到了最小。因此从肉量这个量化角度分析，哺乳动物是占绝对重要的地位，鸟禽类和水生动物所占的比例几乎可以忽略不计。

对各种哺乳动物进行分析，将哺乳动物分为三种类型，所占百分比超过1.00%的动物种类；百分比占0.10%～1.00%的动物种类；百分比在0.10%以下的动物种类（见表3-10）。

哺乳动物中单种动物所占百分比超过1%的有水牛、猪、黄牛、水鹿、梅花鹿、野猪和马这7种动物。水牛、猪、黄牛这3种动物的肉量分别为15000kg、14550kg、13800kg，在哺乳动物肉食结构中分别占29.07%、28.20%、26.74%。远超过其他动物所提供的肉量。水鹿、梅花鹿提供的肉量其次，约占哺乳动物总量的8.00%多。大型动物野猪、马的肉量分别为980kg、600kg，所占的百分比为1.90%、1.16%，排第6、7位。相对于NISP、MNI、W的百分比统计，野猪和马所占的比重明显上升。野猪的排名上升的主要原因是个体数量相对较多，且个体肉量较大，马排名上升的原因主要是单个个体提供的肉量为150kg，在个体肉量上与黄牛相同而仅次于水牛。

百分比占0.10%～1.00%的动物种类有8种，列第8至15位，分别是虎、苏门羚、小麂、豹、黑熊、赤麂、羊、狗。相对于NISP和MNI，百分比排名上升的有虎、苏门羚，百分比排名下降的有小麂、羊、狗、赤麂，这说明在这些个体相对较大的动物中，个体较小的动物由于自身提供的肉量比大动物少，所以排名下滑。

百分比在0.10%以下的动物种类有6种，分别是豪猪、狼、麝、猕猴、猫、竹鼠，这些动物都是中小型动物。

鸟禽类动物相对哺乳动物，都属于小型动物，个体所含肉体较少。由于肉量的估算是由MNI的数量乘以各种动物的个体肉量，而鸡与鸭的个体肉量接近，所以鸡与鸭的比例和MNI的比例接近。鹅的个体肉量明显大于鸡、鸭、竹鸡，因此鹅的肉量统计相对于在鸟禽类NISP和MNI的比例有所上升。

水生动物骨骼出土数量较少，每种动物的个体重量、个体肉量是我们根据每种动物出土的骨骼大小估算的。从计算出来的百分比来看，鱼类所占的比重明显超过了爬行类及软体动物类，这一点是对NISP、MNI、W三种量化指标分析的一种信息补充，提醒我们鱼类动物虽然在采集的骨骼数量、最小个体数量、骨骼重量上低于软体动物，但其提供的肉量却可能多于软体动物。

2. 动物种类、个体大小、出土数量、骨骼部位对骨骼肉量估算统计的影响

肉量统计对大的动物类型影响分析，老司城遗址肉量分析中哺乳动物的量化比例上升至最高，鸟禽类动物和水生动物相比降到最低，这说明肉量估算中哺乳动物占有优势，从这一点来看，肉量统计是将哺乳动物与鸟禽类动物与水生动物的肉食贡献差距拉大了。而鸟禽类与水生之间比例与之前的比例大体一致，但水生动物中鱼类的地位超过了肉体动物，这是与之前在NISP、MNI和W的比较中不同的。

个体大小对于肉量估算的影响分析，通过水牛上升至肉食结构的第一位，个体较小的小麂、羊、狗、赤麂的百分比排名下降，我们认为体型大的动物在肉量统计中会比例上升，而体型小的动物所占的肉食结构比例会下降。

出土数量与骨骼部位对肉量估算的影响可以从两个方面来分析，如果是使用最小个体数为基数来计算动物肉量，那么计算最小个体数的骨骼部位如中小动物的角、下颌骨、犬齿就会成为关键骨骼。比如遗址中苏门羚的骨骼数量很少只有23件，排名哺乳动物第16位，但出土的关键骨骼角有12件，配比得出最小个体数为9，排名哺乳动物第11位。根据MNI统计其肉量为405kg，得出肉量贡献排名在哺乳动物中上升至第9位。因此这种影响是通过对最小个体数统计间接影响到动物的肉量统计的。

如果使用骨骼重量来复原动物的肉量，那么一般而言是骨骼出土数量多，占骨骼重量最大肢骨成为估算动物肉量的主要骨骼部位。本文中没有使用骨骼重量来估算动物肉量，但下面会简单探讨两种肉量估算方式的特点。

3. 肉量量化分析的优势和局限性

虽然我们没有使用通过骨骼重量来复原动物的肉量，但我们认为有必要对这两种肉量估算的方法进行一定的比较，分析各自的特点。使用骨骼重量复原动物所提供的肉量，其计算方法就是将骨骼重量除以一个相同的比例7.50%，其中动物骨骼的重量来源于表3-6和表3-7。下面我们挑选了几种动物进行两种方式统计肉量的比较（表3-13）。

表3-13　两种肉量估算方式统计数据比较表

种属	根据MNI计算动物肉量（kg）	根据骨骼重量计算动物肉量（kg）	两者比值
水牛	15000	2795.75	5.37
猪	14550	690.57	27.07
黄牛	13800	2386.92	5.78
山羊	157.5	26.05	6.05
猕猴	8	2.36	3.39
竹鼠	0.25	0.04	6.25
鸡	77	19.23	4.00
鸭	29	2.29	12.66

可看出，以最小个体数计算得出的动物肉量值都大于使用骨骼重量计算得出的肉量值，两者的比值在3.39至27.07之间。这是因为使用个体数意味着是用单个个体总肉量为基数，再乘以MNI。使用骨骼重量来计算的话，只会考虑动物出土的骨骼重量，而不是以一个动物个体的总骨骼重量为计算基数。前一种方法是在对出土动物骨骼进行了动物考古学统计分析，即统计出这批材料的动物最小个体数后，再根据最小个体数进行的估算肉量。这里面实际上就是在比较用最小个体数来衡量肉量与用动物骨骼重量来衡量肉量的优缺点。但是，显然用最小个体数来估算肉量有一个明显的优势，就是考虑了各种动物提供的肉量不同，用最小个体数数量乘以每种动物的肉量。而骨骼重量来复原肉量实际上还是一种用骨骼重量比较各种动物提供肉量的方式，强调了骨骼的重量，但忽略了中小动物骨骼在保存采集方面的不利。

总体来看，肉量是一种通过分析计算得出的数据指标，这种数据指标将各种动物放在同一种人们消耗食物的度量衡指标上比较。因为使用NISP和MNI都没有考虑到不同种类、不同大小动物所提供的肉量是不同的。而理论上肉量比骨骼数量和个体数量更能反映动物的肉食贡献。比如遗址中水牛的NISP和MNI少于猪，但水牛的个体肉量明显大于猪，在肉量统计中水牛提供的肉量15000kg，猪提供的是14550kg，因此分析水牛肉量贡献大于猪。小麂的MNI为62，多于水牛MNI，但小麂属于小型鹿科动物，估算得出的总肉量为300kg，只占水牛总肉量的2.00%，这就充分反映出不同个体大小动物肉量贡献的不一致。另外一个比较明显的例子是，就鱼类与软体动物类比较中，在NISP、MNI、W三种量化指标中鱼类的鲤鱼、草鱼、鳡鱼、青鱼的比例都小于软体动物泥蚶的比例，但统计中这几种鱼类的肉量都大于泥蚶所贡献的肉量，因此从肉量这种比较指标来看，鱼类动物贡献大于软体动物的贡献。以上的几个例子说明使用肉量指标考虑到了不同动物类型、不同动物个体大小所提供的肉量的不同，而这正是通过肉量指标统计进行量化分析的最主要优势。

分析中我们认识到，理论上肉量量化分析考虑到了不同动物类型、不同动物个体大小所提供的肉量的不同，因此应是最合理的一种量化比较方式，但实际上，如果鸟禽类动物、水生动物、小型哺乳动物没能完全采集，那么大中型哺乳动物就不仅在个体提供的肉量上占优势，并且在采集上所占的优势将会被扩大，这就是为什么使用肉量指标得出老司城遗址的哺乳动物肉量贡献占总肉量值的99.79%，而鸟禽类和水生动物仅占0.19%和0.02%，所以NISP和MNI没有考虑到不同大小动物所提供的不同肉量的差距，这种差距在一定程度上通过不同大小动物在保存采集上的概率而有所平衡。因为大动物在保存采集上有优势，所以这种优势就直接转化成量化比例上的优势。小型动物、水生动物、鸟禽类动物在个体肉量贡献上不如大中型哺乳动物，但保存采集上也远不如大动物。理论上如果小的动物都能保存，并被通过浮选或过筛的方式全部得到采集，那么使用肉量分析无疑是更科学的量化比较方式。当然，不同类型动物肉量所提供的卡路里值是不同的，同样重量的肉量，一般哺乳动物的热量比鸟禽类动物高，鸟禽类动物的热量比鱼类高，鱼类肉体热量比软体动物高。因此从理论上使用卡路里值是分析比较动物肉食贡献的最佳方式。对于老司城遗址而言，中小型动物在保存采集上的不足，比如鱼类骨骼出土很少等，就使得运用卡路里值这种精确的比较分析方法失去了意义。

第五节　分类型量化统计与分析

一、目标和方法

前面按照可鉴定标本数（NISP）、最小个体数（MNI）、骨骼重量（W）、肉量贡献四种统计方法，统计出各种动物的数据，并进行了简单的比较。通过四种统计方式的数据比较，我们对老司城遗址消费各种动物的情况有了总体了解，也在比较分析中认识到每种统计方式都有其优缺点。而且，如果要尽量客观地反映动物消费情况，一个不可回避的事实是，我们不能忽视不同动物类型，不同大小动物骨骼在保存采集上的不平衡，即大型动物的骨骼在遗址中采集到的机率明显高于小型哺乳动物、鸟禽类动物、水生动物。另外，各种类别、大小的动物由于区别太大不适于直接用来比较，而应开展类别和大小相近的动物统计数据比较。

在前面的比较中有一个问题是，如果对34种动物逐一分析，会造成没有明确研究目标和重点的后果，并且有的动物骨骼出土较少、存在明显材料不足的情况。如果将动物种属按照各类型动物如哺乳动物、鸟禽类动物、水生动物进行分析，又太过粗泛，大量的信息会随之忽略。另外，在按类型进行动物消费分析时，突出的是动物之间种属类型的分类，但是对于动物考古学研究目标而言，最重要的是阐释人类与动物的关系，这才是我们的研究目的。本节就是在综合上述统计分析方式不足的基础上，根据这批骨骼材料的整体特点，尝试重新分类型进行比较。在分类型的基础上，考察各类型动物的消费个体数量、肉量贡献、重要性排名。

首先我们从研究目标出发，将所有动物分为家养动物和野生动物，然后在家养动物和野生动物两个大的类型之下，根据这批动物材料的种属、个体大小、生活习性、出土数量等因素将其进一步归为7个类型，家养动物之下分为主要家养动物、次要家养动物和家禽类动物；野生动物之下分为四种类型，分别是鹿科动物、大中型凶猛动物、小型动物、水生动物。分类不是严格按照种属和大小来分，比如将牛科的苏门羚根据其特点归入鹿科动物，将鸟类竹鸡归入小型动物。我们既探讨同一个类型中不同动物的地位关系，又比较各个类型的比例关系，归纳分析出这一类型动物在肉食结构中的地位。这样可以总体上把握对比的方向，也便于对材料进行阐述和分析。以下就是这7个类型动物的具体划分，其中第一、第二、第三类型属于家养动物，第四、第五、第六、第七类型属于野生动物。

第一类型动物，称之为“主要家养动物”。包括家猪、水牛、黄牛。

第二类型动物，称之为“次要家养动物”。包括马、羊、狗、猫。

第三类型动物，称之为“家禽类动物”。计有鸡、鸭、鹅。

第四类型动物，主要为鹿科动物，如水鹿、梅花鹿、赤麂、小麂、麝，另外包括属于牛科的苏门羚。这一类动物在以下的分析中都称之为“鹿科动物”。

第五类型动物，称之为“大中型凶猛动物”或简称“大中型动物”。这一类动物包括虎、豹、狼、黑熊、野猪。

第六类型动物，称之为“小型野生动物”，或简称“小型动物”。计有竹鼠、猕猴、竹鸡、豪猪。

第七类型动物，是各种鱼类、爬行类、软体类动物，计有草鱼、鲤鱼、鳡鱼、青鱼、中华鳖、泥蚶、海螺、圆顶珠蚌等。这一类型动物整体上出土较少，而与水环境的关系密切，在下面的比较中都称之为“水生动物”。

在分类型的基础上，我们尝试对不同类型、不同大小的动物进行分析比较。我们也是利用可鉴定标本数（NISP）、最小个体数（MNI）、骨骼重量（W）、肉量贡献（MW）四种统计数据进行比较分析的。由于NISP和MNI数据概念中完全没有考虑到不同大小动物提供的肉量悬殊问题，因此我们将这两项数据主要作为消费个体数量的分析指标，而将骨骼重量和估算肉量作为分析比较不同动物贡献肉量的指标。我们主要是比较三个指标，一是消费的动物个体数量，这一指标主要通过考察NISP和MNI数据来分析。二是考察消费的动物肉量，这主要是通过动物的骨骼重量和估算肉量数据及结合其他信息来分析。三是考察各种类型动物重要性的排名，这需要分析各种因素，并且这种分析只能作为一种推测性分析。总之，比较的目的就是期望多角度、多层次地解读出消费各种、各类动物的比例，以期得到人类食物中肉食结构的信息。

我们将设立一些比较的原则，一般只对出土骨骼数量达到一定基数的动物种属进行深入比较，在老司城遗址中我们将这个基数设定为NISP达到100件。对于出土骨骼数量太少的动物种属，其中偶然性因素较大，不便进行太深入的比较分析。

第一个原则是消费个体数量比较原则，通过出土骨骼的可鉴定标本数（NISP）、最小个体数（MNI）比较个体大小不同的动物消费个体数量，即个体小的动物的可鉴定标本数（NISP）、最小个体数（MNI）其中一项大于、等于或接近个体大的动物的数量时，认为个体动物消费的个体数量多。假设一个遗址出土鸡的骨骼NISP为1000件，而鹅出土的骨骼NISP同样为1000件，由于鸡比鹅的个体小，骨骼保存采集的机率小于鹅，所以推断鸡的消费个体数量大于鹅。

第二个原则是消费肉量比较原则，通过骨骼重量（W）和估算肉量（MW）比较大小不同的动物所贡献的肉量。即小型个体动物骨骼重量（W）和估算肉量（MW）其中一项大于、等于或接近大型个体动物时，认为个体小的动物提供的肉量更多。假设一个遗址中出土鸡的骨骼重量为1000克，而鹅出土的骨骼重量同样为1000克，由于鸡比鹅的个体小，骨骼保存采集的机率小于鹅，所以推断鸡的肉量贡献大于鹅。

理论上对于满足原则的比较量化分析认识作为一种推断性的认识，如果不满足比较原则的量化分析仅作为一种推测性的认识有待探讨。另外，我们在具体分析时还将出土的动物骨骼部位也作为一项分析因素进行讨论，骨骼部位出土数量越多，代表这种动物在保存采集上越有优势。

二、各类型家养动物比较分析

1. 主要家养动物的消费比较分析

主要家养动物是猪、黄牛、水牛。这三种动物出土的骨骼部位丰富，骨骼数量基数大，因此其数据统计分析比较的客观性相对较高（表3-14）。

表3-14　主要家畜NISP、MNI、W、MW统计比较表

	个体重量（kg）	NISP（件）	MNI（个）	W(g)	MW(kg)
猪	70	3580	291	51793	14550
黄牛	300	2608	92	179019	13800
水牛	500	1921	60	209681	15000
合计		8109	443	440493	43350

首先比较这三种动物的消费个体数量，通过上表可看出，猪的NISP、MNI都大于黄牛和水牛，由于猪属于中型动物，而黄牛、水牛属于大型动物，按照数量比较原则，个体小的动物出土的动物骨骼数量多于个体大的动物，推断个体小的动物消费的数量大于个体大的动物，因此，猪的个体消费个体数量应大于黄牛和水牛的数量。黄牛的NISP、MNI明显大于水牛。由于黄牛的体格比水牛小，因此可以断定黄牛消费的数量大于水牛。

第二项肉量贡献的指标比较中，猪的骨骼重量明显比水牛、黄牛小，但猪的估算肉量是14550kg，水牛的是15000kg，黄牛的是13800kg，这三项数据较为接近，按照肉量比较原则，不同大小动物估算的肉量接近时，推测个体小的动物提供的肉量大于个体大的动物。因此，猪提供的肉量要大于水牛、黄牛的肉量。而水牛、黄牛提供的肉量相近。黄牛和水牛都为牛，两者加起来的估算肉量基本是猪的两倍，但考虑到不同大小动物的保存采集程度不同，我们还不能完全确定牛总体提供的肉量就大于猪提供的肉量。

通过这三种动物的肉食重要性分析，我们认为猪的消费个体数量和提供的肉量是最大的，同时猪在这三种主要家养动物中，是唯一作为提供肉食资源进行饲养的动物。而黄牛、水牛还可能有其他功能，比如作为畜力进行饲养等。因此在重要性分析中，我们认为猪在肉食消费中的重要性要大于黄牛和水牛。黄牛与水牛的重要性孰重孰轻呢？黄牛在NISP和MNI两项数值上大于水牛，水牛在骨骼重量和估算肉量上略大于黄牛，因此我们大体认为黄牛与水牛的重要性相近。考虑到黄牛比水牛体型略小，但出土的骨骼更多，因此消费黄牛的数量更多，推测黄牛的重要性略高于水牛。另外值得注意的是，对于黄牛、水牛的大量消费或许还与土司王权的宴飨需求有关，从这一点上看，牛的重要性大于猪。

通过对家养动物中主要家养动物类型猪、黄牛、水牛的分析，我们有以下认识，猪、黄牛、水牛是家养动物中最重要的家养动物类型，也是肉食需求中最重要的消费种类。猪的消费个体数量、提供的肉量大于黄牛、水牛；黄牛的消费个体数量大于水牛。作为肉食资源，猪在这三种动物中是最重要的，我们推测黄牛与水牛的重要性相近，或许黄牛的重要性略高于水牛。

2. 次要家畜动物消费比较分析

次要家畜动物的种类是羊、马、狗、猫。由于在马、猫、狗的骨骼上都发现了人工痕迹，因此判断马、猫、狗也是一种提供肉食的家养动物种类。这几种动物总体来说出土的骨骼相对较少，骨骼的重量、估算肉量不大（表3-15）。

表3-15　次要家畜NISP、MNI、W、MW统计比较表

	个体重量（kg）	NISP（件）	MNI（个）	W(g)	MW(kg)
山羊	15	172	21	1954	157.5
狗	20	34	8	761	80
马	300	41	4	3220	600
猫	2	27	3	78	3
合计		274	36	6013	840.5

我们首先考察其消费的数量。从NISP和MNI这两项数据来看，羊的数量是最多的，排在第一位，狗的MNI为8，NISP为34，马的MNI为4，NISP为41，即狗的最小个体数比马多，骨骼数量比马略少，考虑到马和狗的体型相差很大，马的骨骼更容易保存收集，加上MNI的数据狗比马的多，因此推断消费狗的数量大于马。山羊和狗基本可以归为同一大小的动物，由于其NISP和MNI明显比狗多，因此推断山羊的消费个体数量大于狗的消费个体数量。遗址中虽然出土了猫的骨骼，但我们一直怀疑是否存在食用这种动物的情形，由于在部分猫的肱骨、尺骨、胫骨上都发现有砍痕，所以我们认为部分猫是被食用了。猫的NISP为27，MNI为3，但部分骨骼出自墓葬，因此推测猫是这四种动物中消费个体数量最少的。

对于次要家养动物消费肉量的分析。马的骨骼重量为3220g，估算肉量为600kg，列第一位。羊的骨骼重量为1954g，估算肉量为157.5kg，列第二位。狗的骨骼重量为761g，估算肉量为80kg，列第三位。猫的骨骼重量和估算肉量很小，列第四位。由于马的个体肉量较大，所以在骨骼重量和肉量统计中超过山羊，位于次要动物的第一位，但这一点信息有可能是山羊的骨骼不如马的骨骼容易保存采集造成的。又因为这两种动物出土的骨骼基数较少，因此我们认为不能以骨骼重量和估算肉量作为深入比较两者肉量贡献的依据。同理，狗和猫的肉量估算也存在这样的问题。因此，在这三者的肉量比较中，我们只能得出山羊提供肉量大于狗。山羊、马、狗提供的肉量大于猫。

关于这几种动物在肉食消费重要性方面的比较，我们认为山羊是最重要的，主要原因是山羊的饲养目的就是为了食用，而马、狗、猫还有其他的功能，这一点将在第五章动物年龄分析中进行阐述。

3. 家禽类动物消费比较分析

家禽类动物是鸡、鸭、鹅3种，这一类型动物骨骼细小脆弱，不易保存采集，但总体而言在遗址中出土的数量较多，且骨骼的重量较小（表3-16）。

表3-16　家禽类动物NISP、MNI、W、MW统计比较表

	个体重量（kg）	NISP（件）	MNI（个）	W(g)	MW(kg)
鸡	2	850	77	1442.2	77
鸭	2	107	15	171.6	15
鹅	4	13	3	70.5	6
合计		970	95	1684.3	98

首先从消费的数量上分析，鸡、鸭作为家禽，骨骼保存采集十分不利，但出土的骨骼部位有十余种，如肱骨、尺骨、桡骨、喙骨、腕掌骨、股骨、胫骨、跗跖骨等。这种出土骨骼部位的丰富性说明对鸡和鸭的消费个体数量巨大。鸡的NISP和MNI分别为850和77，列第一；鸭的NISP和MNI分别为107和15，列第二；鹅的NISP和MNI分别为13和3，列第三。鸡、鸭、鹅都属于鸟类动物，在骨骼结构和形态上相近。由于鸡和鸭的个体大小接近，即在保存采集上是接近的，因此这两者的统计数据可以直接比较，得出鸡的消费个体数量明显大于鸭。由于这两种动物出土的骨骼数量都超过了100件，达到了一定的基数，所以我们对其进行进一步的数量消费推测分析，即将鸡和鸭的NISP和MNI数据的比值7.94和5.13作为两者的消费倍数比值，得出消费鸡的数量可能为鸭的5倍至8倍的认识。

鹅的个体比鸡、鸭略大，因此在保存和采集上略占优势。但鹅的NISP和MNI的数量明显小于鸡、鸭的数量，因此推断鹅的消费个体数量是这三种动物中最少的。

这三种家禽在肉量贡献上的分析，鸡的骨骼重量和估算肉量分别为1442.2g和77kg，鸭的骨骼重量和估算肉量分别为171.6g和15kg，鹅的骨骼重量和估算肉量分别为70.5g和6kg。通过这三种动物的骨骼重量和估算肉量数值，加上前面对消费个体数量的比较，我们认为鸡提供的肉量是最多的，鸭是第二位，鹅列第三。鸡和鸭的骨骼重量及估算肉量比值分别为8.40和5.13，因此推测鸡提供的肉量可能也是鸭的5倍多至8倍多。

对这三种动物的重要性分析，由于这三种动物相似性极高，因此这三种动物的各项比较数据基本就可以反映出这三种动物在肉食地位上的重要性，即鸡处于第一位，鸭处于第二位，鹅处于第三位。

4. 三种类型家养动物的数量、肉量、重要性比较分析

从数量上分析，第一类型的猪、黄牛、水牛的NISP和MNI数据最大，分别是8109和443，家禽类动物鸡、鸭、鹅的NISP和MNI数据第二，为970和95，次要家畜类型的羊、马、狗、猫的NISP和MNI数据最小，分别是274和36。

这里有必要对主要家畜类动物和家禽类动物的消费个体数量进行仔细比较。首先，从两种类型的动物骨骼形态大小上看，主要家畜类动物中，尤其是黄牛、水牛的骨骼远比鸡、鸭、鹅的骨骼要大且粗壮，家禽类的骨骼不仅细小，而且骨骼很薄、很脆弱，这两种动物类型的骨骼在大小形态上差距明显，家禽类动物骨骼在遗址中的保存是十分不利的。同时遗址没有使用过筛和浮选方式采集动物骨骼，所以从出土的骨骼部位来看，鸡、鸭、鹅出土的骨骼部位分别是15种、10种、4种，而猪、黄牛、水牛的出土骨骼部位是22种、23种、27种，家禽类中有大量如脊椎骨、肋骨以及众多的枝梢末端小骨这样的骨骼部位缺失，说明家禽类的骨骼在采集上也处于十分不利的地位。最后从两者相差的数量比较值来看，主要家畜类动物NISP的数量是8109，家禽类动物的NISP值是970，两者相差7.36倍，主要家畜类动物MNI的数量值是443，家禽类动物MNI的数量值是95，两者相差3.66倍。也就是说这两种类型的NISP和MNI相差的倍数分别为7.36和3.66倍。两种类型的动物骨骼大小形态差距是如此之大，而且遗址没有使用过筛和浮选的方式采集动物骨骼，但数量的倍值仅为4至8倍，基本可以推断是由于骨骼大小形态的差别导致鸡、鸭、鹅的骨骼统计数量少于猪、黄牛、水牛的骨骼统计数量，即实际消费的家禽类动物个体数量可能要大于主要家畜类动物个体数量。

那么羊、马、狗、猫是否在数量上也存在由于动物骨骼大小不同而导致的消费个体数量不同呢？通过比较这两类型中出土数量最多的猪和羊数据就可以看出，猪的NISP和MNI分别是3580和291，山羊的NISP和MNI分别是172和21，前者分别是后者的20.81倍和13.86倍，两者虽体型略有大小差别，但这两种动物的统计数据相差明显，由此可以肯定消费猪、黄牛、水牛的个体数量超过山羊、马、狗、猫的数量。

这三种家养动物类型的肉量分析。第一类型猪、黄牛、水牛的骨骼重量和估算肉量分别是440493g和43350kg，次要家畜类型的羊、马、狗、猫的骨骼重量和估算肉量居第二，为6013g和840.5kg，家禽类动物鸡、鸭、鹅的骨骼重量和估算肉量最小，分别是1684.3g和98kg。

主要家养动物的骨骼重量和估算肉量远大于次要家畜和家禽类动物，可以判断其提供的肉量是最多的。对于次要家畜类型羊、马、狗、猫提供的肉量与家禽类动物鸡、鸭、鹅的肉量可做一番比较，两者骨骼重量和估算肉量有一定的倍数差距，前者是后者的3.52倍和7.47倍。但正如上面分析的家禽类在骨骼保存采集上处于明显不利的地位，而这两项比值的差距还不足以说明次要家畜提供的肉量比家禽类动物多。另一方面，家禽类动物还生产蛋类食物资源，虽然在考古遗址中很难反映这一数据比例，但这项因素是应该考虑的。因此综合以上两方面因素，我们倾向于家禽类动物提供的肉量大于次要家养动物。

这三种类型动物重要性的排名分析，主要家畜动物猪、黄牛、水牛无疑是最重要的，由于家禽类消费的数量肯定高于次要家养动物，这说明在食用的普遍性上家禽类动物的价值要高，同时家禽类动物在提供肉食资源上具有比较稳定的特点，这也应该作为一个重要的考虑因素。另一方面次要家畜动物中马、狗、猫不是单纯的为提供肉量而饲养的，而家禽类动物就是为提供肉食所饲养的，因此从消费个体数量的普遍性，肉食的稳定性，饲养的目的性三个方面分析，推测家禽类动物在动物肉食结构的重要性要高于次要家畜动物。

三、各类型野生动物比较分析

1. 鹿科动物的消费比较分析

鹿科动物有水鹿、梅花鹿、赤麂、小麂、麝以及归入鹿科动物比较的苏门羚，分析这几种动物的消费个体数量、肉量贡献和重要性。这几种动物的各种比较数据见表3-17。

表3-17　鹿科动物NISP、MNI、W、MW统计比较表

	个体体重（kg）	NISP（件）	MNI（个）	W(g)	MW(kg)
水鹿	160	754	36	41019	2880
梅花鹿	120	610	24	23950	1440
苏门羚	90	23	9	803	405
小麂	12	579	63	5887	378

续表

	个体体重（kg）	NISP（件）	MNI（个）	W(g)	MW(kg)
赤麂	25	206	19	3380	237.5
麝	10	8	3	47	15
合计		2180	154	75086	5355.5

在数量比较中重点是比较出土骨骼基数较大、NISP都超过了100件的四种主要鹿科动物，即水鹿、梅花鹿、赤麂、小麂。

小麂是这4种动物中个体最小的，但NISP数据仅比水鹿略少，而且其MNI数据为63，远高于其他鹿科动物，因此可以推断小麂是鹿科动物中消费个体数量最多的。

赤麂的NISP和MNI是这四种动物中最少的。其属于小型鹿科动物，比中型鹿科动物梅花鹿、大型鹿科动物水鹿的个体小了很多。从出土的骨骼部位看，赤麂出土的骨骼部位数量是15种，梅花鹿和水鹿出土的骨骼部位数量分别是23种和26种，赤麂没有发现诸如角、头骨、枢椎、寰椎、冠骨、跗骨、距骨这样的骨骼部位，这些部位的骨骼缺失说明赤麂作为小型鹿科动物比中型、大型鹿科动物在骨骼的保存采集上处于十分不利的地位。从NISP和MNI的数据统计来看，赤麂的NISP约占梅花鹿的三分之一多，约占水鹿的四分之一多，赤麂的MNI约占梅花鹿的五分之四，约占水鹿的一半多，考虑到在动物个体上的大小差别明显，这种出土骨骼数量的差距很可能是因为不同大小动物在骨骼保存采集上的不一致造成的。另外，虽然我们主要是对遗址出土动物骨骼材料进行分析，但我们应该清楚赤麂的繁殖速度比梅花鹿、水鹿快，在自然界中的种群密度比梅花鹿、水鹿大，这种客观的动物种群密度也应该作为一种分析因素。综合以上分析我们倾向于认为赤麂的消费个体数量多于梅花鹿和水鹿。

梅花鹿和水鹿的消费个体数量比较，梅花鹿的NISP和MNI数据是610和24，比水鹿的NISP和MNI数据略小，考虑到这两种动物出土的动物骨骼的基数较大，因此总的来说属于数值比较接近。但梅花鹿属于中型鹿科动物，水鹿属于大型鹿科动物，在形体大小上差了一个等级。按照比较原则一：当两种动物的数量统计数据接近时，判断个体小的动物消费个体数量多。因此，我们认为梅花鹿的消费个体数量比水鹿多。

总结上述对鹿科动物消费个体数量的比较，推测4种鹿科动物的消费顺序依次是小麂、赤麂、梅花鹿、水鹿。也就是说对于消费较多的这4种鹿科动物而言，其个体消费个体数量应该按从小到大排列。另外对于出土骨骼较少的苏门羚和麝，根据个体大小相近的动物可以直接比较其统计数据的原则，苏门羚的消费个体数量明显要比梅花鹿、水鹿少。麝的消费个体数量明显要比小麂、赤麂少。

对于几种鹿科动物的肉量贡献比较，我们是按照设定的比较原则，将适合原则的动物两两比较，对于没有适用的原则，就根据以上的数据进行推测判断。

首先依据赤麂的骨骼重量超过了苏门羚，而小麂的骨骼重量超过了赤麂，根据我们设定的第二原则，个体小的动物骨骼重量超过个体大的动物骨骼重量，可以推断个体小的动物提供的肉量大于个体大的动物，以此推断赤麂的肉量贡献大于苏门羚，小麂的肉量贡献大于赤麂。而麝的骨骼重量和估算肉量远低于其他鹿科动物，推断其提供的肉量最小。

梅花鹿与小麂的肉量贡献比较：梅花鹿的骨骼重量和估算肉量分别是小麂的4倍多和7倍多，倍数相差较大，推测梅花鹿的肉量贡献可能大于小麂。

水鹿的骨骼重量是梅花鹿的1.8倍，估算肉量是梅花鹿的2倍，两者的骨骼虽有一定大小差别，但总的来说在遗址中都出土较多，保存较好，基本视为是可以直接对比的两种动物，由于水鹿的两项数据指标基本是梅花鹿的2倍，推测水鹿提供的肉量可能大于梅花鹿。

综合以上鹿科动物肉量贡献的分析，我们推测鹿科动物的肉量贡献排名依次是水鹿、梅花鹿、小麂、赤麂、苏门羚、麝。重要性的分析中，我们认为水鹿、梅花鹿、小麂、赤麂这4种鹿科动物消费个体数量多，贡献肉量大，因此其重要性明显大于苏门羚和麝。

2. 大中型凶猛动物消费比较分析

大中型凶猛动物有黑熊、虎、豹、野猪、狼，从动物个体大小来看，黑熊和虎是最大的，野猪接近于黑熊和虎，而比豹和狼的大，豹和狼的个体大小接近。这几种动物的各种比较数据见表3-18。

表3-18　大中型凶猛动物NISP、MNI、W、MW统计比较表

	个体重量（kg）	NISP（件）	MNI（个）	W(g)	MW(kg)
黑熊	120	39	4	3219	240
虎	120	76	8	5886	480
野猪	100	90	14	2231	980
豹	40	73	19	2324	285
狼	35	3	1	445	17.5
合计		281	46	14105	2002.5

首先进行消费个体数量比较，按照数量的比较原则，个体小，而数量又多的，说明消费的个体数多，因此豹的骨骼数量比野猪略少，但最小个体数多于野猪，因此是消费个体数量最多的。野猪的NISP最多，而MNI第二，因此消费个体数量是第二位的。虎的NISP和MNI基本是黑熊的2倍，因此虎的消费个体数量大于黑熊。从统计数据看，狼的数量明显是最少的。总结大中型凶猛动物的消费个体数量排名，推测由多到少依次是豹、野猪、虎、黑熊、狼。

在肉量贡献分析中，野猪的估算肉量明显高于其他几种动物，因此推测其排名第一。虎的估算肉量列第二位，骨骼重量列第一位，推测其肉量贡献排第二位。豹的骨骼重量小于黑熊，但估算重量大于黑熊，且考虑到豹相对于黑熊个体小，骨骼的保存采集不如黑熊，因此推测豹提供的肉量大于黑熊。狼的骨骼重量和估算肉量都是明显最小的，所以排在最后。综合以上分析，推测贡献肉量的排名依次是野猪、虎、豹、黑熊、狼。

这几种动物的重要性分析，根据消费的数量和贡献的肉量来看，野猪、虎、豹、熊的重要性明显大于狼。推测野猪是这几种动物中最重要的，其次虎在肉量上有优势，豹在数量上有优势，这两种动物排在第二位。熊的数量和肉量仅次于虎和豹，排在第三位。

3. 小型动物消费比较分析

小型动物有猕猴、竹鸡、竹鼠、豪猪。从这4种小型动物骨骼的出土部位来看，豪猪、猕猴、竹鼠、竹鸡的出土骨骼部位分别有4、3、2、3种，骨骼部位出土的都不多。说明这些小型动物都有大量的骨骼部位缺失，反映出小型动物的骨骼采集很不充分。这几种动物的各种比较数据见表3-19。

表3-19　小型动物NISP、MNI、W、MW统计比较表

	个体重量（kg）	NISP（件）	MNI（个）	W(g)	MW(kg)
豪猪	12	21	8	234	48
猕猴	4	16	4	177	8
竹鼠	0.5	3	1	3	0.25
竹鸡	0.3	3	1	1	0.15
合计		43	14	415	56.4

这几种动物由于骨骼数量基数太小，其中偶然性因素就会较大，不便开展深入的消费个体数量比较。按照我们的比较原则一：个体小的动物骨骼数量多于或等于个体大的动物时，小个体的动物消费个体数量更多，竹鸡的个体比竹鼠小，出土的骨骼数量相同，因此推测竹鸡的消费个体数量大于竹鼠。如果按照现在当地居民对这几种小动物的消费个体数量，竹鸡是排在第一位的。依据其个体体重，分别是豪猪、猕猴、竹鼠、竹鸡，从出土的骨骼数量来看，基本符合动物个体从大到小这一顺序。

由于豪猪在估算肉量上明显大于其他几种小动物，因此推测豪猪是小动物中肉量贡献最大的，猕猴的骨骼重量和估算肉量明显大于竹鼠和竹鸡，因此排在第二位。竹鸡与竹鼠的估算肉量接近，但竹鸡的个体更小，推测竹鸡的肉量贡献大于竹鼠。由于以上小动物出土的骨骼基数较小，其有关分析判断多带有推测的成分。

4. 水生动物消费比较分析

水生动物的NISP统计数据特点是，出土骨骼部位少、出土骨骼数量少，这应该与采集方法有关。水生动物尤其是鱼类的骨骼相对较小且脆弱，容易破损而不易被采集。相对而言，蚌类骨骼更易保存。在浮选老司城遗址土样标本时，笔者见到了较多数量的细小鱼类骨骼，以脊椎骨为主，还有咽骨等其他骨骼部位。但这些细小鱼类需要采用过筛的方式采集。这几种动物的各种比较数据见表3-20。

表3-20　水生动物NISP、MNI、W、MW统计比较表

		NISP（件）	MNI（个）	W(g)	MW(kg)
鱼类	鲤鱼	6	2	16	3
	草鱼	1	1	2.2	1.5
	青鱼	1	1	9.5	2.5
	鳡鱼	1	1	2.2	1.5

续表

		NISP（件）	MNI（个）	W(g)	MW(kg)
软体动物	泥蚶	22	14	244.8	0.14
	圆顶珠蚌	3	2	4	0.01
	海螺	1	1	24.7	0.02
	剑状矛蚌	1	1	22	0.01
爬行类	中华鳖	13	2	25.9	0.8
合计		49	25	351.3	9.48

水生动物的消费个体数量、肉量贡献和重要性分析。由于水生动物出土的数量太少，因此只将水生动物进行大体的类别比较量化研究，即比较鱼类、软体动物类、爬行动物类。水生动物的中鱼类有鲤鱼、草鱼、鳡鱼、青鱼；软体动物有泥蚶、圆顶珠蚌、海螺、剑状矛蚌；爬行类中只有中华鳖。

在消费的数量比较中，统计中软体动物的NISP和MNI是最多的，分别为27和18，鱼类的NISP为9件，爬行类的NISP为13件，但NISP数据是鉴定到种属的动物骨骼数量，鱼类有部分不能鉴定到种属的骨骼没有纳入数量比较，把这部分骨骼数量考虑在一起的话，那鱼类的骨骼数量是最多的。另外鱼类的MNI为5，大于爬行类MNI。综合以上因素，可以推断鱼类的消费个体数量是最多的，其次是软体动物，再次是爬行动物。

在肉量贡献方面，从骨骼的重量统计上，软体动物295.5g，鱼类29.9g，爬行动物25.9g，这几类动物骨骼的结构和形态上差别较大，比如软体动物的壳体重量一般较大，而鱼类的骨骼一般较轻，因此使用骨骼重量来比较这几类动物不太适合。

从估算肉量统计上鱼类8.5kg，软体动物0.18kg，爬行动物0.8kg，鱼类的估算肉量明显最大，软体动物的肉量不如爬行动物。但是考虑到实际发掘过程中大部分的软体动物骨骼没能被采集，所以推测软体动物提供的肉量大于爬行动物。这几种动物的重要性分析，鱼类无论在数量和贡献肉量上都是最多的，因此是最重要的，软体动物的数量远大于爬行动物的数量，推测实际提供的肉量也大于爬行动物，因此软体动物是第二重要，爬行动物在这三种类型动物的重要性排名中列最后。

5. 四种野生类型动物的数量、肉量、重要性比较分析

野生动物的类型有鹿科动物、大中型凶猛动物、小型动物、水生动物4个类型，首先从消费个体数量上分析。我们主要是基于在浮选土样中发现的大量细小鱼类骨骼，以此推定水生动物是消费个体数量最多的。因为这涉及一个常识问题，就是如果按统计数据说话，那么比较结果是小型动物、水生动物的数量少于鹿科动物和大中型凶猛动物，但我们认为这是由于考古材料的局限性导致的。我们在发掘整理期间，看到现在老司城遗址周围居住的人们还经常能打到兔子、豪猪、猪獾，现在的人们还每天不断从环绕遗址的灵溪河中垂钓到许多中小型鱼类，所以我们认为应该根据实际情况进行分析。按照在自然界的不同大小动物种群的分布密度，按照捕获不同大小动物的难易程度，结合在土样中发现的众多细小鱼类骨骼，我们认为捕获的水生动物数量是第一位的，小型野生动物在野外的生存数量肯定多于鹿科动物和大中型凶猛动物的，实际上还有很多小型动物的骨骼由于没有像豪猪、竹鼠的犬齿这样典型的骨骼，所以没能在遗址中保存采集。

所以在数量排序中，推测捕获的小型野生动物数量是第二位的。鹿科动物和大中型凶猛动物的数量基本可以使用NISP和MNI数据比较，即鹿科动物的消费个体数量大于大中型野生动物的数量，这一点也与这两种类型动物在食物链上所处的位置相匹配。所以分析得出野生动物消费个体数量排名依次是水生动物、小型野生动物鹿科动物、大中型凶猛动物。

分析各类型野生动物的肉量贡献排名，按照骨骼重量和估算肉量，鹿科动物明显大于大中型野生动物，排在第一位。对于小型动物和水生动物，我们推测水生动物提供的肉量大于小型动物，但低于鹿科动物，至于和大中型凶猛动物提供肉量无法比较，所以将这两种类型的动物作为并列第二位。因此推测消费野生肉量中排名第一位的是鹿科动物，第二位是水生动物和大中型凶猛动物小型野生动物排在第三位。

各种动物在肉食结构中的重要性排名分析，由于这4种类型的动物都是野生动物，如果仅从肉食结构的重要性分析，那么主要考虑的因素应该是肉量贡献的排名。其他因素如大中型凶猛动物的皮毛，渔猎各种动物的季节性，各种动物的消费个体数量在此忽略。所以得到的重要性排名主要是参考各种类型野生动物的消费肉量排名，即鹿科动物最重要，其次是水生动物和大中型凶猛动物，小型动物的重要性排在最后。

四、各类型家养与野生动物比较

在各种家养与野生动物类型的比较中，我们有两个方面的比较，一方面是家养与野生动物的总体比较，一方面具体到各种类型主要动物的比较。比较的内容依然是以消费个体数量、贡献肉量、重要性三项指标为主。之前的家养与野生各类型之间的比较已经为本内容奠定了基础（表3-21）。

表3-21　各类型动物NISP、MNI、W、MW统计比较表

类型	NISP		MNI		W		MW	
	数量（件）	百分比	数量（个）	百分比	数量（g）	百分比	数量（kg）	百分比
主要家畜	8109	68.11%	443	54.49%	440493	81.85%	43350	83.83%
次要家畜	274	2.30%	36	4.43%	6013	1.12%	840.5	1.63%
家禽类	970	8.15%	95	11.68%	1684.3	0.31%	98	0.19%
家养类型合计	9353	78.56%	574	70.60%	448190.3	83.28%	44288.5	85.64%
鹿科动物	2180	18.31%	154	18.94%	75086	13.95%	5355.5	10.36%
大中型野生	281	2.36%	46	5.66%	14105	2.62%	2002.5	3.87%
小型野生	43	0.36%	14	1.72%	415	0.08%	56.4	0.11%
水生动物	49	0.41%	25	3.08%	351.3	0.07%	9.48	0.02%
野生类型合计	2553	21.44%	239	29.40%	89957.3	16.72%	7423.88	14.36%
总合计	11906	100%	813	100%	538147.6	100%	51712.38	100%

1. 家养动物与野生动物的总体比较

家养类型动物总体的NISP、MNI、W、MW的肉食结构统计中百分比依次为78.56%、70.60%、83.28%、85.64%，其百分比数量在70.60%～85.64%之间，因此，可以得到这样的认识，家养动物肉量贡献大体约80%，是一种绝对主要的肉食来源。主要家畜动物的NISP、MNI、W、MW在整个肉食结构中比例分别为68.11%、54.49%、81.85%、83.83%，其百分比数量都在50.00%以上，因此这三种动物不仅是在家养动物中占据绝对重要的地位，而且在整个肉食结构中都占有绝对重要的地位。野生动物类型总体的NISP、MNI、W、MW在肉食结构统计中的比例分别为21.44%、29.40%、16.72%、14.36%，其百分比数量在14.32%～26.89%之间，因此，可以得到这样的认识，野生动物在肉食贡献中居于一种次要地位，大约占肉量贡献的20.00%左右。

2. 家养类型与野生类型比较

消费个体数量比较，鱼类在自然界的数量多，个体小，在土样浮选中就发现大量的细小鱼类骨骼，加之各种类型的螺类、蚌类，基本可以推断水生动物在消费个体数量上应该处于第一位。家禽类动物骨骼比之哺乳动物骨骼在保存采集上处于明显不利的地位，但出土的数量少于主要家养动物类型，比鹿科动物略少，而远远超过其他的次要家畜、大中型野生动物，可以推测其实际消费的数量应是超过各种哺乳动物类型的，因此将其列为数量上的第二位。对于小型野生动物的排位，这是很难从数据上比较的，我们基于两点原因来判断小型动物消费个体数量。第一，按照生物界的生物链的次序。小型野生动物的种类和个体数量远远多于大中型的野生动物的种类和个体数量。目前发现的主要家养动物、次要家养动物、鹿科动物、大中型野生动物的种属基本是确定的，而小型野生动物的种属应存在很多的缺失。第二，大多数小型动物如兔子、果子狸、猪獾、蛇等，没有像豪猪、竹鼠的犬齿那样坚硬而且特征明显的骨骼所以没能在遗址得到保存采集，所以很多小型野生动物种类没有被发现。因此推测小型野生动物的消费个体数量少于水生动物和家禽类，而大于其他大中型哺乳动物类型。

对于其他几种大中型哺乳动物如主要家养动物、鹿科动物、次要家养动物、大中型野生动物这四个类型，由于这几个类型的个体大部分是属于大中型哺乳动物，从总体上来看，其骨骼的保存采集具有可比性。从统计数量上看，主要家养动物的NISP和MNI分别为8109和443，鹿科动物的NISP和MNI分别为2180和154，大中型野生动物的NISP和MNI分别为281和46，次要家养动物的NISP和MNI分别为274和36，由于主要家养动物和鹿科动物的数量明显大于大中型凶猛动物和次要家养动物，所以在消费个体数量上分别列为第4位和第5位。由于大中型凶猛动物和次要家养动物的数据较为接近，所以需要对两种类型的动物进行分析比较。次要家养动物中只有马是大型动物，而山羊、狗、猫都是中小型动物，大中型凶猛动物中黑熊、虎、野猪都属于大型动物，而豹和狼可归于中型动物。因此，按照两种类型动物出土的骨骼数量接近时，推断个体小的动物类型消费的数量多。所以推测次要家养动物消费个体数量大于大中型野生动物。

因此，从消费的个体数量上看，可能是水生动物、家禽类动物、小型野生动物，然后依次是主要家养动物、鹿科动物、次要家养动物、大中型野生动物。

贡献肉量比较中主要家养动物、鹿科动物在贡献的肉量统计上远远超过其他类型动物，因此将其列为第一位、第二位。现分析比较家禽类和次要家养动物类型。家禽类动物种类为鸡、鸭、鹅，骨骼总量为1684.3g，占总重量0.31%，复原肉量为98kg，占总肉量0.19%；次要家畜类型有羊、马、狗、猫，骨骼重量为6013g，占总重量1.12%，复原肉量为840.5kg，占总肉量1.63%。也就是说采集的羊、马、狗、猫这几种家畜动物骨骼重量是鸡、鸭、鹅这三种家禽的骨骼重量的3倍多，考虑到这几种家畜在个体大小上远远超过家禽类动物，且骨骼更坚硬而有利于保存，因此推测实际消费的家禽类动物个体数量远远多于次要家畜动物，提供的肉量也应更大。

次要家养动物中羊、狗等个体偏小，很可能存在较多骨骼在保存和采集上的流失，按照设定的比较原则，当两种动物比较类型数据接近时，判断个体小的动物类型在消费个体数量和肉量贡献上更大。因此推断次要家养动物提供的肉量多于大中型野生动物。

之前在野生动物类型分析中，因为水生动物和大中型凶猛动物在骨骼形态上差异太大，所以仅凭采集到的骨骼无法辨别出这两者在肉量贡献和重要性上的排名，暂将这两类型大致列为相近。小型野生动物排在最后。

因此动物消费肉量排序依次是主要家养动物、鹿科动物、家禽类、次要家养动物、水生动物与大中型野生动物、野生小动物。

重要性排名中，主要家养动物是排在第一位的。从重要性分析，考虑到家禽类动物在实际提供的个体数量上和在提供肉食上稳定性的因素，我们认为家禽类动物的重要性是仅次于主要家养动物而高于鹿科动物的，其他的动物类型排序基本依肉量贡献排名，因此重要性排名推测依次是主要家养动物、家禽类、鹿科动物、次要家养动物、水生动物、次要家养动物、水生动物与大中型野生动物、野生小动物。

第六节 小 结

一、各种量化统计方法的实质和局限

量化研究就是通过动物考古学的方法对一个遗址出土动物骨骼进行各种数量统计，探讨各种动物在肉食结构中的地位。本章中我们采用了多种统计方式对动物遗存进行量化研究，不仅运用了目前国内使用较为普遍的可鉴定标本数（NISP）和最小个体数（MNI），也运用了骨骼重量（W）和估算肉量（WM）这两项统计方式，这四种统计数据相互参照，整体提高了量化研究的科学性和准确性。

经过分析，我们认为NISP的统计实质是代表在遗址中采集到能鉴定到动物种属的骨骼数量，MNI的统计实质是遗址中出土动物骨骼所代表的动物最小个体数，骨骼重量代表着遗址出土的动物重量，估算肉量是对采集到的动物骨骼进行肉量的一种估算。换句话说，如果我们要获知采集到每种动物的骨骼数量那就是看NISP，我们要了解采集的这批动物骨骼到底反映当时人们食用了多少个各种动物个体，那就是用MNI。如果我们想获知这批动物骨骼中每种动物骨骼的重量，那就看W。如果我们想了解食用这些动物提供了多少肉量，那就是通过MW。

这里面有一个前提，即所有数据仅仅是针对采集到的动物骨骼而言的。虽然考古遗址中出土的遗物材料是客观实在的，可是我们知道，这些材料都是有局限性的。我们必须思考这种遗物材料的采集是全面的还是片面的，是总体的还是局部的。具体到出土的动物骨骼中就是，每一种量化方式所统计得到每种动物骨骼数量是否合理，是否能真实反映该种动物在肉食结构中的地位。

动物骨骼是一种出土遗物，我们不否认这种遗物的客观实在，我们不否认统计方法是科学标准的，但我们缺少的是对考古材料殊性的考虑，考虑到不同种类、大小动物骨骼在保存采集上的不平等。这直接转化成量化研究的核心问题，对于各种动物的量化研究是否是在同一维度上，这在很大程度上影响到我们量化研究的科学性。

目前采用NISP、MNI、W、MW进行量化研究有一根本的缺陷，就是忽略了不同类型、不同大小的动物在保存采集上的不平等。因此对各种数据的比较需要建立在进一步分析的基础上。同时，如何发挥不同统计方法的优势，如何在量化研究中使研究的目标更加明确，更加深入细化的进行比较研究，这是目前动物量化研究有待探索的地方。

二、老司城遗址动物分类型量化研究的理念和探讨

我们认识到每种统计方式都有自身的优缺点，并且要尽量客观的反映动物消费情况。这其中一个不可回避的情况是，我们不能忽视不同动物类型、不同大小动物的骨骼在保存采集上的不平衡，即很多小型哺乳动物、鸟禽类动物、水生动物的骨骼未能得到完全统计，各种类型、不同大小的动物各种统计数据没有经分析直接用来比较。另外，对于动物考古学研究的目标而言，最重要的是更多的阐释人类与动物的关系，这才是我们的研究目的。因此，分类型研究就是在综合上述统计方式分析不足的基础上，根据这批骨骼材料的整体特点，尝试分类型进行比较。在分类型的基础上，考察各类型动物的消费个体数量、肉量贡献、重要性排名。

首先我们从研究目标出发，将动物种属在分成家养与野生两大类型之后，根据动物个体大小、种属进一步细分类型，如家养动物分成主要家养类型、次要家养类型、家禽类；野生动物分成鹿科动物、大中型凶猛动物、小型野生动物、水生动物。我们既探讨同一个类型中不同动物的地位关系，又比较各个类型的比例关系，归纳分析出这一类型动物在肉食结构中的地位。这样可以总体上把握对比的方向，使比较的目的性更明确，也便于对材料的阐述和分析。使得各种动物有了一定的比对范畴和对象，更有利于提炼出每种动物的个体特点。同时降低了不同种类大小类型的动物在骨骼采集保存上的不平等。

在分类型的基础上，我们主要是比较三个指标，一是消费的动物个体数量，这一指标主要通过考察NISP和MNI数据来分析。二是考察消费的动物肉量，这主要是通过动物的骨骼重量和估算肉量数据及结合其他信息来分析。三是考察各种类型动物重要性的排名，这需要分析各种因素，并且这种分析只能作为一种推测性分析。总之，比较的目的就是期望多角度、多层次的解读出消费各种、各类动物肉食结构的信息。

根据不同大小动物在遗址中保存采集的状况不同，我们设立了一些比较原则。简言之，就

是个体小的动物的可鉴定标本数、最小个体数、骨骼重量、估算肉量超过或接近个体大的动物时，认为个体小的动物消费个体数量、贡献肉量大于个体大的动物。

分类型比较是量化研究的一种创新，设立的比较原则为不同类型的动物比较提供了理论基础。不可否认，分类型研究还处于探讨阶段，还存在许多不足之处，比如在分类型和比较过程中存在主观性的因素等缺点，这是有待以后进一步完善的地方。

三、老司城遗址动物量化研究主要认识

对于老司城遗址的量化研究而言，大体有以下这样几个方面的认识。老司城遗址肉食消费以家养动物为主，野生动物为辅，家养动物约占肉食贡献的80%，野生动物约占肉食贡献的20%。猪、黄牛、水牛是最重要的家养动物，应超过了总肉量贡献的50%。这三种主要家畜中猪的消费个体数量最多，其次是黄牛，水牛最少。黄牛和水牛提供的肉量或许超过猪。家禽类动物鸡、鸭、鹅的消费个体数量超过哺乳类家畜动物猪、牛、羊等，其重要性应大于次要家畜羊、狗、马、猫，提供的肉量也或许接近甚至超过次要家畜。次要家畜羊、狗、马、猫中，羊消费的数量和提供的肉量应最大。

野生动物中，鹿科动物提供的肉量超过其他野生动物类型，是最重要的野生动物类型，在重要性方面或许仅次于主要家畜猪、牛，而与家禽类动物地位相当，但提供的肉量或大于家禽类。大中型野生凶猛动物虎、豹、熊、野猪、狼在肉食贡献中应略小于次要家畜羊、狗、马等，在这一类型中豹的消费个体数量最多，但野猪提供的肉量是最多的。小型野生动物仅发现竹鼠、豪猪、竹鸡、猕猴这几种，由于骨骼采集保存的原因，其实际消费的种类和个体数量比例应更大，但是这些动物提供的肉量应处于一种次要辅助的地位。目前采集到的水生动物骨骼标本更多的是反映当时消费的水生动物种类，实际消费的水生动物数量和提供的肉量应远远大于目前的数据统计。

第四章　动物骨骼测量研究

第一节　材料和方法

测量数据是科学客观记录动物骨骼大小尺寸的一项数据，随着中国动物考古学的发展，研究者对动物骨骼测量重要性的认识不断提高。安格拉·冯登德里施著《考古遗址出土动物骨骼测量指南》一书，于2007年被马萧林、侯彦峰翻译，该书（下简称《测量指南》）在中国的出版使得国内有了统一的测量标准，也促使动物骨骼的测量研究越来越普遍。正如《测量指南》作者所说："对于动物骨骼的科学测量是真实记录骨骼数据的基础。只有进行真实的可比较测量，才可能客观谈论动物的大小或形态，确立动物的进化路线，才可能认识动物的驯养史。"[①]目前国内学界对测量研究运用最多的是进行动物驯化家养的研究，即通过动物骨骼的测量尺寸来分析是否为家养动物，并观察家养动物个体大小的历时性变化。对于野生动物主要是比较不同地区的动物个体大小，讨论地方品种差异。

本章是以动物骨骼测量数据为基础的专项动物考古学研究。我们对于可以鉴定到动物种属的骨骼都进行了详细测量，共有10884件哺乳动物骨骼标本、973件鸟禽类标本和49件水生动物骨骼标本。测量数据包括两种，一种是骨骼标本的长度、宽度、高度（厚度）测量，一种是按照测量指南上标明的标准骨骼测量部位测量。为了统一标准，本项研究中以后一种方法得到的测量数据进行分析比较。另外除特别说明外，采用的都是已愈合的骨骼标本，即相对来说分析对象一般为成年个体。虽然骨骼测量数据的重要性不言而喻，但我们未能找到可供借鉴的针对考古遗址出土动物骨骼测量数据的专项个案研究，因此如何运用老司城遗址积累的大量骨骼测量数据开展有目标性的研究，并如何公布大量的测量数据，对于本研究来说是一次挑战。

本章在充分掌握老司城遗址骨骼材料特点的基础上，尝试从两个方面开展测量数据专项研究。首先主要针对遗址中出土的家畜类动物，开展不同遗址中出土家畜动物骨骼测量尺寸的比较。因为老司城遗址出土的家畜类型丰富，骨骼数量多，作为一个以明清时期遗存为主体的遗址，可以说是动物考古学研究中考察动物驯化的最晚节点，分析动物骨骼测量数据所代表的明清时期家养动物个体大小，可以反映家养动物个体大小的历时性驯化信息。其次，另一个重要内容是对老司城遗址出土的形态及大小相近但类别不同的动物骨骼进行测量尺寸比较。如水牛与黄牛、水鹿与梅花鹿、家猪与野猪等。这些数据涵盖了老司城遗址出土各类动物的各种主要肢骨测量数据，我们在比较的基础上，尝试是否可以用这些测量数据去鉴定区分动物的种属，

---

① （德）安格拉·冯登德里施著，马萧林、侯彦峰译：《考古遗址出土动物骨骼测量指南》，科学出版社，2007年。

探讨不同动物的不同结构功能会在测量尺寸上有怎样的反映。同时在研究中，总结了一些骨骼测量研究相关经验，如使用测量数据进行分析比较的有关影响因素和比较原则。

第二节　家养动物骨骼测量数据比较研究

由于老司城遗址可以作为目前考古遗址出土家畜动物骨骼最晚的时间节点，在此我们尝试从动物骨骼遗存测量的角度来考察人类对家畜动物的驯化，考察的内容包括测量尺寸是否能反映驯养家畜的变化，家畜动物体型历时性变化趋势，不同家畜体型变化快慢及原因。

考察的家养动物以传统“六畜”为主，在老司城遗址中重点针对猪、水牛、黄牛、狗、马这几种动物。由于遗址中出土山羊的骨骼数量不多，所以山羊不在比较范围之内。老司城遗址出土的鸡类骨骼较多，但是已公布的家鸡骨骼测量数据太少，且目前对于家鸡的骨骼形态判定存在争议[①]，所以暂不对家鸡的测量数据进行比较。

根据家畜动物具体情况，每种选择一至三种典型骨骼部位，每种骨骼部位选择一至三种具体骨骼位置的测量数据。在选择具体骨骼部位比较时，我们一般考虑选择遗址中出土较多、保存相对较完整的骨骼。比较观察的数据以平均数为主，其次是数值范围、标本数量。由于是做历时性考察，所以要兼顾以往各个遗址已公布的测量数据较多的骨骼部位。在比较中影响到测量数据的因素有年龄、性别、地方品种等，在此我们仅能做到将年龄因素纳入考量范畴，即选择都已达到愈合标准的骨骼数据。考虑到部分家畜饲养的时间较短，所以有的是使用动物早期愈合的骨骼部位。如果骨骼的长度（GL）数据不完整，一般使用近端宽度（Bp）或远端宽度（Bd）值。本项研究中老司城动物骨骼的具体测量数据见本书相关附表。

一、猪骨骼测量数据比较分析

（一）猪骨骼测量数据研究背景

老司城遗址出土的猪骨骼数量最多，可鉴定标本数为3580件，包括身体大部分骨骼部位。我们选择猪的下颌第3臼齿（m3）作为比较对象。第3臼齿尺寸是一项目前国内外用得比较多、比较成熟的标准之一，这方面积累的数据也比较充足。除此之外，由于家猪的屠宰年龄普遍较小，我们还选择了早期愈合的肢骨骨骼部位作尺寸比较。在考虑多种因素的基础上，选择桡骨近端宽度（Bp）和肱骨远端宽度（Bd）作为比较对象。需要说明的是老司城遗址中已将野猪与家猪鉴定区分开来，所以测量数值只代表家猪的范围和平均值，但与之对比的部分遗址未区分家猪和野猪。

---

① 邓惠、袁靖、宋国定、王昌燧、江田真毅：《中国古代家鸡的再探讨》，《考古》2013年第6期。袁靖、吕鹏、李志鹏、邓惠、江田真毅：《中国古代家鸡起源的再研究》，《南方文物》2015年第3期，第53～57页。

（二）测量数据比较分析

1. 猪下颌骨m3测量数据比较

老司城遗址家猪中有29件是m3附着在下颌骨上，出土单颗m3的有21件，共计50件（标本数据见表4-1）。长度最大值38.60mm、最小值22.48mm，平均值29.27mm，宽度最大值17.23mm、最小值11.72mm，平均值13.93mm。

表4-1　猪下颌骨m3测量数据统计表　（尺寸：mm）

标本序号	标本编号	长度	宽度	齿冠高	附注
1	YSI②B：2752	32.78	15.48	11.52	附着在下颌骨上
2	YSI②A：2507	25.58	13.42	11.91	附着在下颌骨上
3	G10：11647	24.64	12.44	12.03	附着在下颌骨上
4	YSI②A：2519	23.85	12.91	14.44	附着在下颌骨上
5	YSI②B：2770	27.64	14.38	10.86	附着在下颌骨上
6	L6：229	27.76	13.07	12.06	附着在下颌骨上
7	G10：16640	28.15	13.14	12.69	附着在下颌骨上
8	YSI②B：2764	27.09	13.48	11.36	附着在下颌骨上
9	YSI③：6897	33.81	15.30	14.37	附着在下颌骨上
10	YSI②B：2757	32.46	14.00	8.23	附着在下颌骨上
11	YSI④B：22	29.78	14.30	12.61	附着在下颌骨上
12	G10：14522	31.84	14.19	10.08	附着在下颌骨上
13	G10：14521	24.74	12.52	9.75	附着在下颌骨上
14	YSI②B：2763	26.33	13.06	9.82	附着在下颌骨上
15	YSI③：7134	29.30	14.57	10.16	附着在下颌骨上
16	YSI③：7101	25.18	12.65	9.67	附着在下颌骨上
17	YSI③：7122	32.40	16.14	13.27	附着在下颌骨上
18	YSI③：6885	24.55	12.89	11.70	附着在下颌骨上
19	YSI③：7102	31.20	14.14	11.83	附着在下颌骨上
20	YSI③：7164	34.84	14.29	14.30	附着在下颌骨上
21	YSI③：6859	31.02	14.33	14.86	附着在下颌骨上
22	YSI③：6864	29.26	12.43	9.18	附着在下颌骨上
23	YSI③：6859	30.12	13.99	10.46	附着在下颌骨上
24	G18：2234	27.40	13.01	10.38	附着在下颌骨上
25	YSI③：6882	27.50	13.17	11.52	附着在下颌骨上
26	YSI②A：2504	34.27	14.99	9.09	附着在下颌骨上
27	YSI②B：2767	28.22	13.95	10.94	附着在下颌骨上
28	G10：10617	36.94	17.23	12.89	附着在下颌骨上
29	G18：2234	26.68	13.16	11.88	附着在下颌骨上
30	YSI②A：2518	31.08	13.31		单颗牙齿
31	NQ②：215	32.31	16.17		单颗牙齿
32	YSI②B：2526	28.42	16.28		单颗牙齿
33	YSI②B：2822	31.32	14.07		单颗牙齿
34	YSI②B：2630	30.04	13.59		单颗牙齿
35	YSI②B：2396	38.60	11.72		单颗牙齿

续表

标本序号	标本编号	长度	宽度	齿冠高	附注
36	YSI③：7388	26.75	14.02		单颗牙齿
37	G10：11611	30.96	12.93		单颗牙齿
38	YSI③：7372	23.12	12.00		单颗牙齿
39	G10：11612	27.07	17.13		单颗牙齿
40	YSI③：7374	22.48	12.98		单颗牙齿
41	G16：71	26.59	15.02		单颗牙齿
42	YSI②A：2349	25.79	12.54		单颗牙齿
43	YSI②B：2488	34.89	15.12		单颗牙齿
44	G10：11508	33.31	14.93		单颗牙齿
45	YSI②A：2568	30.25	13.07		单颗牙齿
46	YSI③：721	29.65	14.49		单颗牙齿
47	YSI③：7024	29.63	13.99		单颗牙齿
48	YSI②B：205	29.86	13.18		单颗牙齿
49	YSI②B：7796	30.51	13.51		单颗牙齿
50	YSI③：7168	25.35	13.70		单颗牙齿
平均值		29.27	13.93	11.51	

全新世以来猪牙齿尺寸（一般采用下颌第3臼齿）的减小已被作为驯化的证据[①]。将老司城遗址猪下颌m3的长度数据放入罗运兵先生统计的“中原地区猪下颌m3长度均值的历时性变化图”[②]。从图4-1中可看出猪下颌m3长度平均值呈下降的趋势，尤其是在新石器时代至商周时期长度平均值缩小的趋势明显。老司城猪的下m3长度平均值已经降到30毫米以下，与上图中各遗址的数据相比是最小的。

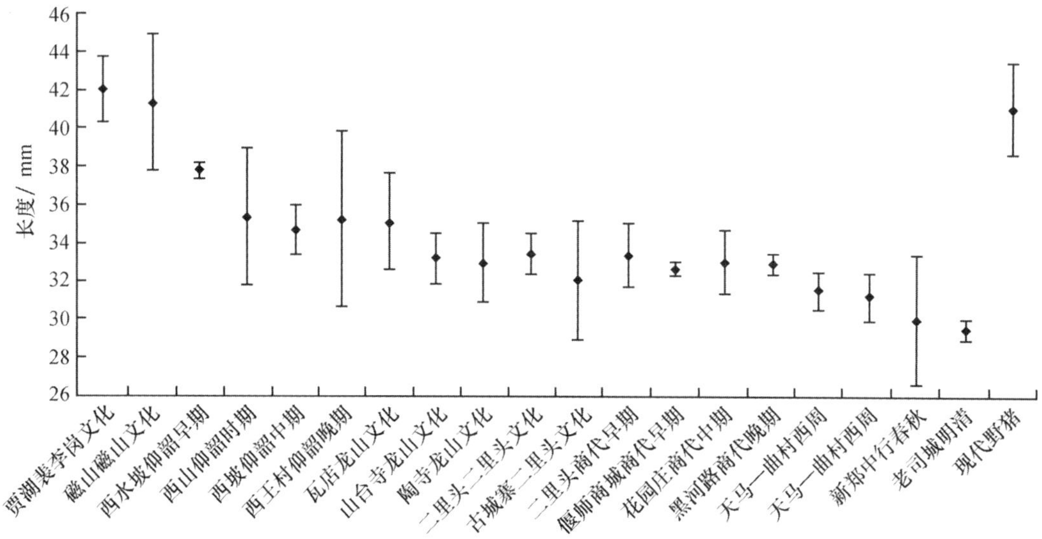

图4-1　猪下颌m3长度均值的历时性变化图

① 罗运兵：《中国古代猪类驯化、饲养与仪式性使用》，科学出版社，2012年，第27页。

② 罗运兵：《中国古代猪类驯化、饲养与仪式性使用》，科学出版社，2012年，第28页。

2. 猪桡骨近端宽（Bp）测量数据比较（表4-2）

表4-2　猪桡骨近端宽（Bp）平均值比较表

地区	遗址	时期	宽度（Bp）平均值	标准差	95%置信半径	件数
中原	二里头遗址	早商（期段）	27.35	3.479	1.49	21
中原	偃师商城遗址	早商	28.29	4.339	0.52	265
中原	黑河路遗址	晚商	29.21	2.42	0.73	42
海岱	前掌大遗址	商末周初	29.89	3.211	1.00	40
淮河	何郢遗址	商末周初	25.10	4.231	3.71	5
长江中游	老司城遗址	明清	23.72			15

注：各遗址的猪桡骨的测量数据来源①

从早商至商末周初时间段的二里头遗址、偃师商城遗址、黑河路遗址、前掌大遗址这几个遗址猪桡骨近端宽(Bp)测量数据平均值一般在27.35～29.89mm之间，何郢遗址的平均值在25.10mm，但其标本量略少。老司城遗址猪的桡骨愈合标本共15件，最大值32.34mm、最小值20.53mm、平均值为23.72mm，平均值是以上遗址中最小的。

3. 猪肱骨远端宽（Bd）测量数据比较（表4-3）

表4-3　猪肱骨远端宽（Bd）平均值比较表

地区	遗址	时期	宽度（Bd）平均值	标准差	95%置信半径	件数
中原	二里头遗址	早商	37.95	3.479	1.49	21
中原	偃师商城遗址	早商	37.97	4.339	0.52	265
中原	黑河路遗址	晚商	39.63	2.42	0.73	42
海岱	前掌大遗址	商末周初	39.04	3.211	1.00	40
淮河	何郢遗址	商末周初	38.02	4.231	3.71	5
长江中游	老司城遗址	明清	33.47	2.565		11

注：各遗址的猪肱骨的测量数据来源②

以上几个遗址时间跨度为从早商至商末周初，猪肱骨远端宽（Bd）平均值数据集中在37.95～39.63mm之间，这可能代表了这一时段家猪的肱骨大小。老司城遗址猪肱骨远端（Bd）愈合标本71件，最大值36.98mm、最小值25.03mm、平均值为33.47mm。平均值明显小于以上遗址的数据，与以上遗址相比相当于缩小了10.00%以上。虽然这是一个平均值的差距，但我们可大体上将这种数值的差距理解为从商周时期至明清时期猪驯化变小的一种历时性反映。

① 罗运兵：《中国古代猪类驯化、饲养与仪式性使用》，科学出版社，2012年，第238页。

② 罗运兵：《中国古代猪类驯化、饲养与仪式性使用》，科学出版社，2012年，第239页。

（三）认识

尽管在以上比较中可能包含了少量的野猪m3、桡骨、肱骨的测量数据，导致有些遗址测量数据略偏大，但由于猪测量数据基数较大，对整体比较的影响应不会太大。因此，综合猪下颌骨m3长度、桡骨近端宽（Bp）、肱骨远端宽（Bd）这三个具有代表性的测量数据来看，老司城遗址家猪的个体是目前国内遗址中最小的。我们认为从长时段历时性观察来看，猪的体型确实呈不断缩小趋势。值得关注的是从猪下颌骨m3长度变小的趋势图来看，家猪个体变小最明显的是从新石器时代至商周时期，之后至明清时期缩小的趋势似乎有所放缓。另外下颌骨m3缩减的幅度可能与肢骨缩减的幅度不一定完全同步，有关这些方面的深入探讨还需要积累更多的材料。

二、水牛骨骼测量数据比较分析

老司城遗址出土的水牛骨骼数量众多，各种骨骼部位丰富。选择水牛掌骨作为比较部位，这种骨骼粗壮，保存程度比各种肢骨好，公布积累的测量数据较多（表4-4）。

表4-4　水牛掌骨测量数据比较

遗址	时代	长度（GL/mm）				近端宽（Bp/mm）				远端宽（Bd/mm）			
		件数	最小值	最大值	平均值	件数	最小值	最大值	平均值	件数	最小值	最大值	平均值
甑皮岩遗址①	新石器时代					3	74.20	81.59	78.48				
塞墩遗址②	新石器时代					1			62.00	1			80.00
西山遗址③	新石器时代	1			200.00				76.00				90.00
跨湖桥遗址早期④	新石器时代									1			92.34
跨湖桥遗址中期⑤	新石器时代	6	159.00	198.00	183.88	7	67.84	77.29	73.03	7	81.28	91.21	85.48
跨湖桥遗址中期⑥	新石器时代	15	210.00	175.00	187.34	16	67.40	80.95	74.30	15	78.28	93.77	86.47

① 转引刘莉、杨东亚、陈星灿：《中国家养水牛起源初探》，李有恒、韩德芬：《广西桂林甑皮岩遗址动物群》，《古脊椎动物与古人类》16卷，科学出版社，1978年，第244～254页。

② 韩立刚：《黄梅县塞墩遗址动物考古学研究》，《黄梅塞墩》，文物出版社，2010年，第339页。

③ 陈全家：《郑州西山遗址出土动物遗存研究》，《考古学报》2006年第3期，第405页。

④ 袁靖、杨梦菲：《动物研究》，《跨湖桥》，文物出版社，2004年，第259页。

⑤ 袁靖、杨梦菲：《动物研究》，《跨湖桥》，文物出版社，2004年，第259页。

⑥ 袁靖、杨梦菲：《动物研究》，《跨湖桥》，文物出版社，2004年，第259页。

续表

遗址	时代	长度（GL/mm）				近端宽（Bp/mm）				远端宽（Bd/mm）			
		件数	最小值	最大值	平均值	件数	最小值	最大值	平均值	件数	最小值	最大值	平均值
河姆渡遗址①	新石器时代	27	180.00	225.00	191.20	27	68.13	84.23	75.30	26	78.92	95.82	86.89
罗家角遗址②	新石器时代	3	193.00	205.00	198.70	8	75.44	90.68	81.78	2	88.97	89.56	89.27
石虎山遗址③	新石器时代					5	68.00	84.00	75.70				
楠木园遗址早期④	新石器时代	1			190.00		1.00		78.10	1			85.75
楠木园遗址晚期⑤	新石器时代					2	78.81	80.24	79.53				
老司城遗址	明清时期	7	165.80	186.00	178.70	52	58.62	74.67	66.28	31	65.01	81.16	72.00

从测量数据上看，以上各遗址水牛掌骨长度的平均值在183.88～200.00mm之间，大于老司城遗址水牛掌骨平均长度178.70mm。黄梅塞墩遗址有一例水牛掌骨近端宽度测量数据为62.00mm，明显偏小，其他各遗址水牛掌骨近端宽度的平均值在73.03～81.78mm之间，明显大于老司城水牛掌骨近端平均值66.28mm。各遗址水牛掌骨远端宽度的平均值在80.00～92.34mm之间，大于老司城水牛掌骨远端宽度的平均值72.00mm。由此可见，老司城遗址水牛掌骨的各项测量数据均明显小于上述新石器时代遗址出土的水牛掌骨测量数据。目前对于中国水牛驯化的一种主流学术观点是“中国家养水牛很可能是公元前1000年前后从南亚西北部地区首先传入中国的”⑥。也就是说上述新石器时代遗址出土的水牛可能都为野生水牛，而老司城遗址水牛可以确认为家养水牛，代表了明清时期家养水牛的个体大小。其骨骼明显小于上述新石器时代遗址的水牛。

我们认识到目前的数据比较还存在不完善的地方，比如水牛缺乏商周时期至老司城明清时期这一时段的水牛骨骼测量数据，而比较的骨骼数据都来自新石器时代遗址，按照目前的理论这些遗址出土的水牛可能都是野生水牛，因此拿明清时期家养水牛和新石器时代野生水牛做测量数据比较，得出的认识就只能是明清时期家养水牛比新石器时代野生水牛的骨骼尺寸小，这仅可间接说明水牛经驯化逐渐变小。

---

① 刘莉、杨东亚、陈星灿：《中国家养水牛起源初探》，《考古学报》2006年第2期，第152页图六数据。

② 刘莉、杨东亚、陈星灿：《中国家养水牛起源初探》，《考古学报》2006年第2期，第152页图六数据。

③ 黄蕴平：《石虎山I遗址动物骨骼鉴定与研究》，《岱海考古（二）——中日岱海地区考察研究报告集》，科学出版社，2001年，第503页。

④ 袁靖、杨梦菲、陶洋、罗运兵：《动物研究》，《巴东楠木园》，科学出版社，2006年，第147页。

⑤ 袁靖、杨梦菲、陶洋、罗运兵：《动物研究》，《巴东楠木园》，科学出版社，2006年，第147页。

⑥ 刘莉、杨东亚、陈星灿：《中国家养水牛起源初探》，《考古学报》2006年第2期，第167页。

三、黄牛骨骼测量数据比较分析

老司城遗址出土黄牛各种部位骨骼共2608件。与水牛相同，我们仍选择掌骨作为比较对象。中国家养黄牛的起源可以追溯到新石器时代末期晚段（约公元前2500～前2000年），至少在齐家文化和龙山文化分布范围内的某些遗址已经出现了驯化的黄牛，其分布范围为黄河上、中和下游地区①。因此根据目前的研究成果，我们选择的比较范围上限为新石器时代晚期（表4-5）。

表4-5　黄牛掌骨测量数据比较

遗址	省份	时代	长度（GL/mm）		近端宽（Bp/mm）		远端宽（Bd/mm）	
			区间	平均值（数量）	区间	平均值（数量）	区间	平均值（数量）
石山子遗址②	安徽	新石器时代				75.00（1）		80.00（1）
大地湾遗址③	甘肃	新石器时代				72.00	69.40～76.10	
姜寨遗址④	陕西	新石器时代		194.00（1）		64.70（1）		64.70（1）
高陵东营遗址⑤	陕西	新石器时代				78.50（1）		
朱开沟遗址⑥	内蒙古	龙山、夏、早商		196.00（1）		56.00（1）		58.20（1）
古城寨遗址⑦	河南	新石器末期				59.16（1）		58.42（1）
山台寺遗址⑧	河南	新石器末期	187.32～212.00	203.83（4）	57.11～79.58	66.74（5）	59.05～89.14	66.80（4）
二里头遗址⑨	河南	二里头二期	192.00～198.00	195.00（2）	58.48～66.46	62.47（2）	59.55～67.21	63.38（2）
二里头遗址⑩	河南	二里头三期					57.87～71.89	67.81（3）
二里头遗址⑪	河南	二里头四期			59.08～74.01	65.40（21）	56.82～73.97	67.15（18）
二里头遗址⑫	河南	二里冈上层				59.47（1）	58.98～75.20	67.13（6）
二里头遗址⑬	河南	汉代					61.08～69.53	65.31（2）
殷墟遗址⑭	河南	商代	163.23～229.00	204.50	46.10～83.51	62.76	35.09～78.75	65.05

① 吕鹏：《试论中国家养黄牛的起源》，《动物考古》第1辑，文物出版社，2010年，第152页。

② 韩立刚：《安徽省濉溪县石山子遗址动物骨骼鉴定与研究》，《考古》1992年第3期，第258页。

③ 祁国琴、林钟雨、安家媛：《大地湾遗址动物遗存鉴定报告》，《秦安大地湾——新石器时代遗址发掘报告》，文物出版社，2006年，第903页。

④ 祁国琴：《姜寨新石器时代遗址动物群的分析》，《姜寨——新石器时代遗址发掘报告》，文物出版社，1988年，第534页。

⑤ 胡松梅：《高陵东营遗址动物遗存分析》，《高陵东营——新石器时代遗址发掘报告》，科学出版社，2010年，第177页。

⑥ 黄蕴平：《内蒙古朱开沟遗址兽骨的鉴定与研究》，《考古学报》1996年第4期，第528页。

⑦ 吕鹏：《试论中国家养黄牛的起源》，《动物考古》第1辑，文物出版社，2010年，第172页。

⑧ 杨杰：《二里头遗址出土动物遗存研究》，《中国早期青铜文化——二里头文化专题研究》，科学出版社，2008年，第533页。

⑨ 杨杰：《二里头遗址出土动物遗存研究》，《中国早期青铜文化——二里头文化专题研究》，科学出版社，2008年，第533～534页。

⑩ 杨杰：《二里头遗址出土动物遗存研究》，《中国早期青铜文化——二里头文化专题研究》，科学出版社，2008年，第533～534页。

⑪ 杨杰：《二里头遗址出土动物遗存研究》，《中国早期青铜文化——二里头文化专题研究》，科学出版社，2008年，第533～534页。

⑫ 杨杰：《二里头遗址出土动物遗存研究》，《中国早期青铜文化——二里头文化专题研究》，科学出版社，2008年，第533～534页。

⑬ 杨杰：《二里头遗址出土动物遗存研究》，《中国早期青铜文化——二里头文化专题研究》，科学出版社，2008年，第533～534页。

⑭ 转引黄蕴平：《天马－曲村遗址兽骨的鉴定与研究》，《天马－曲村（1980～1989）》第三册，科学出版社，2000年，第1160页图九数据。

续表

遗址名称	省份	时代	长度（GL/mm）		近端宽（Bp/mm）		远端宽（Bd/mm）	
			区间	平均值（数量）	区间	平均值（数量）	区间	平均值（数量）
东黑沟遗址[①]	新疆	距今3000～2300年		177.32（1）	48.11～60.54	51.99（4）	48.65～63.38	53.28（4）
天马曲村遗址[②]	山西	周代			52.00～65.00	58.95	57.00～69.00	60.70
老司城遗址	湖南	明清时期	164.02～185.65（10件）	175.42	43.57～59.10（87件）	50.64	45.51～61.90（60件）	51.38

从测量数据上看，以上各遗址黄牛掌骨长度的平均值在177.32～204.50mm之间，而老司城黄牛掌骨平均长度为175.42mm。各遗址黄牛掌骨近端宽度的平均值在51.99～78.50mm之间，老司城黄牛掌骨近端平均值为50.64mm。各遗址黄牛掌骨远端的平均值在53.28～80.00mm之间，老司城黄牛掌骨远端宽度的平均值为51.38mm。由此可见，黄牛掌骨的各项测量平均数都小于上述各遗址出土的黄牛掌骨测量平均值。从中我们得到的认识是老司城遗址出土的黄牛比上述遗址出土的黄牛个体小，代表了家养黄牛个体不断变小的驯化趋势。

值得注意的是，老司城黄牛除比新疆东黑沟遗址黄牛差异不显著外，相对于中原其他遗址，明显偏小，其掌骨长度（GL）、近端宽度（Bp）、远端宽度（Bd）缩小的比例都在10%以上，是否暗示自新石器时代末期以来至明清时期，黄牛的个体缩小比例在10%以上。在黄牛掌骨测量数据中，有些问题已超出了本文研究的范围。比如姜寨遗址黄牛的骨骼数据与同时期遗址的测量数据相比，似乎就已显示出黄牛个体变小迹象，是否姜寨遗址出土的黄牛是家养黄牛。东黑沟遗址黄牛的测量数据已经明显较中原地区偏小，这可能与驯化时间、地方品种等因素有关。但这也说明我们在使用测量数据比较骨骼的大小时可能不一定仅为单向直线规律，其中也许会涉及到一些家畜不同来源、不同地域品种等的问题。

四、狗骨骼测量数据比较分析

狗是我国最早驯化的家畜之一，距今10000年左右的河北省徐水县南庄头遗址出土的狗是中国最早的家畜[③]。因此，对于狗的测量比较范围，上限定在新石器时代。

出土狗的骨骼数量总计30件，出土骨骼部位数量最多的是下颌骨，共计16件，所以我们选择以下颌骨m1后的高和厚（《测量指南》中犬下颌骨测量标准的第17项和第19项），及下臼齿m1的长和宽作为比较测量数据。

① 尤悦：《新疆东黑沟遗址出土动物骨骼研究》，中国社会科学院研究生院博士学位论文，2012年，第270页。

② 黄蕴平：《天马－曲村遗址兽骨的鉴定与研究》，《天马－曲村（1980～1989）》第三册，科学出版社，2000年，第1160页图九数据。

③ 袁靖：《中国动物考古学》，文物出版社，2015年，第89页。

1. 狗下颌骨测量数据比较（表4-6）

表4-6　狗m1后下颌骨高/厚比较表

遗址	距今时间（年）	时代	高度				厚度			
			件数	最小值	最大值	平均值	件数	最小值	最大值	平均值
龙虬庄遗址①	6600～5500	新石器	12	21.00	28.70	25.82	12	10.80	13.60	12.00
高陵东营遗址②	6500～4000	新石器	1			27.40				
沙嘴遗址③	6500～5500	新石器	1			23.00	1			11.50
郑州西山遗址④	6500～4800	新石器	7	19.50	26.00	22.50	7	10.00	12.50	11.36
石虎山遗址⑤	6500～6000	新石器	3	19.30	22.00	21.10	3	9.00	10.00	9.67
朱开沟遗址⑥	4200～3500	新石器	2	21.80	23.80	22.80	2	10.60	10.90	10.75
皂角树遗址⑦	3800～3600	二里头文化	1			23.43				
天马曲村遗址⑧	3000～2500	商周	131	19.00	27.00	23.00				
香炉石遗⑨	3600～2400	夏商周	9	19.00	25.00	20.67	9	8.00	12.00	9.89
霍邱堰台遗址⑩	3000～2200	周代	2	22.80	24.32	23.56				
黎城楷侯遗址⑪	3000～2200	西周	2	19.04	26.79	22.92	1			10.70
老司城遗址	600～200	明清	11	16.53	22.51	19.74	5	8.60	10.93	9.52

表4-6测量数据显示，各遗址狗m1后下颌骨高的平均值在20.67～27.40mm之间，而老司城遗址狗m1后下颌骨高平均长度为19.74mm。各遗址狗m1后下颌骨厚的平均值在9.67～12.00mm之间，老司城遗址狗m1后下颌骨厚度平均值为9.52mm。因此，测量数据显示老司城遗址出土的狗的下颌骨相对上述遗址较小。

---

① 龙虬庄遗址考古报告队：《龙虬庄——江淮东部新石器时代遗址发掘报告》，科学出版社，1999年，第476页。

② 胡松梅：《高陵东营遗址动物遗存分析》，《高陵东营——新石器时代遗址发掘报告》，科学出版社，2010年，第151页。

③ 陈全家、王善才、张典维：《清江流域古动物遗存研究》，科学出版社，2004年，第109页。

④ 陈全家：《郑州西山遗址出土动物遗存研究》，《考古学报》2006年第3期，第407页。

⑤ 黄蕴平：《石虎山Ⅰ遗址动物骨骼鉴定与研究》，《岱海考古（二）——中日岱海地区考察研究报告集》，科学出版社，2001年，第494页。

⑥ 黄蕴平：《内蒙古朱开沟遗址兽骨的鉴定与研究》，《考古学报》1996年第4期，第529页。

⑦ 袁靖：《古动物环境信息》，《洛阳皂角树——1992～1993年洛阳皂角树二里头文化聚落遗址发掘报告》，科学出版社，2002年，第117页。

⑧ 黄蕴平：《天马—曲村遗址兽骨的鉴定与研究》，《天马—曲村（1980～1989）》第三册，科学出版社，2000年，第1155页。

⑨ 陈全家、王善才、张典维：《清江流域古动物遗存研究》，科学出版社，2004年，第148页。

⑩ 赵莹、陈全家：《堰台遗址出土的动物骨骼研究报告》，《霍邱堰台——淮河流域周代聚落发掘报告》，科学出版社，2010年，第451页。

⑪ 侯彦峰、张崇宁、马萧林、王娟：《山西黎城楷侯墓地出土祭祀动物骨骼鉴定与分析》，《江汉考古》2013年第4期，第114页。

2. 狗下颌骨臼齿测量数据比较（表4-7）

表4-7 狗m1长/宽比较表

遗址	距今时间（年）	时代	长度				宽度			
			件数	最小值	最大值	平均值	件数	最小值	最大值	平均值
跨湖桥遗址早期①	8200～7000	新石器	3	19.46	20.29	19.85	3	7.87	8.46	8.24
跨湖桥遗址中期②		新石器	6	19.59	22.88	20.93	6	7.87	9.45	8.69
跨湖桥遗址晚期③		新石器	14	18.42	21.70	19.93	13	7.30	9.18	8.09
秦安大地湾遗址④	7800～4900	新石器	8	19.00	24.20		8	6.90	9.50	
河姆渡遗址⑤	7000～6000	新石器	11	16.70	20.90	19.30	11	7.00	8.90	8.04
姜寨遗址⑥	6800～4000	新石器	1			20.80	1			10.00
龙虬庄遗址⑦	6600～5500	新石器	10	20.70	22.80	22.13	10	8.30	9.90	9.17
石虎山遗址⑧	6500～6000	新石器	3	21.00	22.50	21.83	3	8.00	8.50	8.33
郑州西山遗址⑨	6500～4800	新石器	7	18.00	20.00	19.43	7	7.00	8.50	7.93
半坡遗址⑩	6500～5000	新石器	1			20.50	1			7.90
沙嘴遗址⑪	6500～5500	新石器	1			19.00	1			8.00
桅杆坪⑫	6500～5100	新石器	1			28.00	1			8.00
马尔康哈休遗址⑬	5500～5000	新石器	1			15.80	1			6.26
二里头遗址二期⑭	4000～3200	夏商时期	3	18.76	19.55	19.10	2	6.81	8.30	7.56
二里头遗址四期⑭		夏商时期	5	18.48	20.51	19.81	5	7.30	8.49	8.13
二里头遗址二里冈上层⑭		夏商时期	5	18.44	20.35	19.25	4	7.03	9.15	7.89
洛阳皂角树遗址⑮	3800～3600	二里头文化	3	17.74	18.89	18.34	3	7.15	7.26	7.22

① 袁靖、杨梦菲：《动物研究》，《跨湖桥》，文物出版社，2004年，第354页。

② 袁靖、杨梦菲：《动物研究》，《跨湖桥》，文物出版社，2004年，第354页。

③ 袁靖、杨梦菲：《动物研究》，《跨湖桥》，文物出版社，2004年，第355页。

④ 祁国琴、林钟雨、安家媛：《大地湾遗址动物遗存鉴定报告》，《秦安大地湾——新石器时代遗址发掘报告》，文物出版社，2006年，第870页。

⑤ 魏丰：《动物遗存》，《河姆渡——新石器时代遗址发掘报告》，文物出版社，2003年，第175页。

⑥ 祁国琴：《姜寨新石器时代遗址动物群的分析》，《姜寨——新石器时代遗址发掘报告》，文物出版社，1988年，第517页。

⑦ 龙虬庄考古队：《龙虬庄——江淮东部新石器时代遗址发掘报告》，科学出版社，1999年，第476页。

⑧ 黄蕴平：《石虎山I遗址动物骨骼鉴定与研究》，《岱海考古（二）——中日岱海地区考察研究报告集》，科学出版社，2001年，第494页。

⑨ 陈全家：《郑州西山遗址出土动物遗存研究》，《考古学报》2006年第3期，第407页。

⑩ 转引杨杰：《二里头遗址出土动物遗存研究》，《中国早期青铜文化——二里头文化专题研究》，科学出版社，2008年，第500页。

⑪ 陈全家、王善才、张典维：《清江流域古动物遗存研究》，科学出版社，2004年，第108页。（注：书中M3应为M1）

⑫ 陈全家、王善才、张典维：《清江流域古动物遗存研究》，科学出版社，2004年，第58页。

⑬ 何锟宇、陈剑：《马尔康哈休遗址出土动物骨骼鉴定报告》，《成都考古发现》（2006），科学出版社，2008年，第425页。

⑭ 杨杰：《二里头遗址出土动物遗存研究》，《中国早期青铜文化——二里头文化专题研究》，科学出版社，2008年，第486页。

⑮ 袁靖：《古动物环境信息》，《洛阳皂角树——1992～1993年洛阳皂角树二里头文化聚落遗址发掘报告》，科学出版社，2002年，第117页。

续表

遗址	距今时间（年）	时代	长度				宽度			
			件数	最小值	最大值	平均值	件数	最小值	最大值	平均值
香炉石遗址①	3600 ~ 2400	夏商周	6	16.00	19.00	17.17	6	6.00	80.00	6.83
霍邱堰台遗址②	3000 ~ 2200	周代	3	19.01	20.01	19.49	3	8.01	9.08	8.55
秭归何光嘴遗址③	3600 ~ 3400	夏商时期	2	17.00	20.10	18.55	2	7.00	7.30	7.15
天马曲村遗址④	3000 ~ 2500	商周	52	17.50	23.00	20.10	52	7.00	8.50	7.50
黎城楷侯遗址⑤	3000 ~ 2200	西周	2	19.86	22.13	20.99	2	8.19	8.51	8.35
老司城遗址	400 ~ 300	明清	6	16.17	18.90	17.69	6	6.22	8.87	6.99

马尔康哈休遗址只发现一例狗下颌骨，从表4-7测量数据上看它的下颌骨m1尺寸是最小的，原因还待进一步分析。香炉石遗址出土的狗下颌骨m1尺寸最小值和平均值小于老司城遗址狗的测量尺寸，但其公布的测量数值是没有保留小数点后面的数值，这可能造成它的测量值略偏小。排除以上两个遗址，各遗址狗下颌骨m1长度平均值在18.06 ~ 22.13mm之间，而老司城遗址狗下颌骨m1长度为17.69mm。各遗址狗下颌骨m1的宽度平均值在7.15 ~ 10.00mm之间，老司城遗址狗下颌骨m1的宽度平均值为6.99mm。因此，从老司城遗址狗下颌骨m1的尺寸也可反映出狗体型变小的历时性趋势。

必须强调的是，本研究中我们用来对比的是狗m1后下颌骨高度、厚度，下臼齿m1的长度和宽度，这些骨骼部位更多反映的是头部骨骼的形态变化。另外这种数据都属于动物较小骨骼部位的测量数据，相对而言，使用主要肢骨的测量数据应更能反映狗躯体的大小变化。

目前，已有学者通过观察遗址中狗的测量尺寸来进行狗的形态和体型研究，如有学者指出“无论是华北还是华南一些新石器时代以及商代遗址中的狗，其体型大小似乎都差不多。曲村狗的骨骼测量进一步说明了这一现象可延至西周和春秋时期”⑥。通过将跨湖桥遗址和曲村遗址不同时期狗的各项测量数据平均值进行均数比较或方差分析，结果显示除m1宽度相差极显著以外，其他各项测量平均值差异不显著。因而可以认为，从新石器时代早期到西周时期，狗的测量数据基本相似。“这说明，在中国长达5000年的驯化过程中，狗的形态特征和体型大小并没有发生明显的变化，只是下裂（m1）变窄”⑦。

① 陈全家、王善才、张典维：《清江流域古动物遗存研究》，科学出版社，2004年，第148页。

② 赵莹、陈全家：《堰台遗址出土的动物骨骼研究报告》，《霍邱堰台——淮河流域周代聚落发掘报告》，科学出版社，2010年，第451页。

③ 武仙竹：《动物群》，《秭归何光嘴》，科学出版社，2003年，第121页。

④ 黄蕴平：《天马—曲村遗址兽骨的鉴定与研究》，《天马—曲村（1980 ~ 1989）》第三册，科学出版社，2000年，第1155页。

⑤ 侯彦峰、张崇宁、马萧林、王娟：《山西黎城楷侯墓地出土祭祀动物骨骼鉴定与分析》，《江汉考古》2013年第4期，第114页。

⑥ 祁国琴：《姜寨新石器时代遗址动物群的分析》，《姜寨——新石器时代遗址发掘报告》，文物出版社，1988年，第517页。黄蕴平：《天马—曲村遗址兽骨的鉴定与研究》，《天马—曲村（1980 ~ 1989）》第三册，科学出版社，2000年，第1154页。

⑦ 黄蕴平：《动物骨骼数量分析和家畜驯化发展初探》，《动物考古》第1辑，文物出版社，2010年，第21页。

以上对狗个体大小的历时性探讨是非常有意义的，我们认为对于狗的个体历时性考察还需要考虑地方品种、性别等因素导致的个体大小差异。另外，相对于猪、牛之类的家畜，狗本身个体较小，其外在的变化可能不会反映的那么明显。并且猪、牛属于偶蹄类动物，食物来源和生活习性与食肉目的狗相差较大，这或许也是影响狗的个体大小变化的一个因素。

总之，通过对考古遗址狗的m1后下颌骨的高度和厚度及下颌骨m1的长度、宽度测量比较，可认为从长时段历时性观察来看，狗的个体大小呈不断下降的趋势。

五、马骨骼测量数据比较分析

马的出土骨骼数量总计33件，其中桡骨、胫骨各有1件保存完整，掌骨有1件，跖骨有3件保存完整。因此将这4种骨骼作为比较对象（表4-8、表4-9）。

对于中国家马起源，目前还存在争议。不过，"在众多观点中，无非也是分为两种，一种认为中国家马系从域外传入的，一种认为中国有一个独立的家马起源中心"[①]。驯化的时间一般大致认为在新石器时代晚期至夏商时期。

表4-8　马桡骨测量数据比较

遗址	距今时间（年）	时代	长度GL（mm）				远端宽度Bd（mm）			
			件数	最小值	最大值	平均值	件数	最小值	最大值	平均值
郑州西山遗址[②]		西周	1			335.00	1			75.00
东黑沟遗址[③]	3000～2300		10	319.00	334.00	325.80	10	60.35	76.64	69.36
天马曲村遗址[④]	3000～2400	西周至春秋	4	285.00	308.00	297.80	5	63.00	70.00	68.40
老司城遗址	400～300	明清	1			304.78	4	64.49	68.92	65.68

表4-9　马胫骨的测量数据比较

遗址	距今时间	时代	长度GL（mm）				近端宽度Bp（mm）			
			件数	最小值	最大值	平均值	件数	最小值	最大值	平均值
郑州西山遗址[⑤]		西周	1			346.00	1			92.00
东黑沟遗址[⑥]	3000～2300		15	332.00	352.00	345.00	15	69.63	96.97	90.80
天马曲村遗址[⑦]	3000～2400	西周至春秋	5	295.00	306.00	300.00	4	83.00	89.00	85.00
老司城遗址	400～300	明清	1			310.71	2	79.75	79.87	79.81

注：天马曲村M6473马的肢骨长度数据明显偏小，未纳入统计。

① 何锟宇：《浅论中国家马的起源》，《考古学研究》（七），科学出版社，2008年，第714页。

② 陈全家：《郑州西山遗址出土动物遗存研究》，《考古学报》2006年第3期，第409页。

③ 尤悦：《新疆东黑沟遗址出土动物骨骼研究》，中国社会科学院研究生院博士学位论文，2012年，第53～54页。

④ 黄蕴平：《天马—曲村遗址兽骨的鉴定与研究》，《天马—曲村（1980～1989）》第三册，科学出版社，2000年，第1166页。

⑤ 陈全家：《郑州西山遗址出土动物遗存研究》，《考古学报》2006年第3期，第409页。

⑥ 尤悦：《新疆东黑沟遗址出土动物骨骼研究》，中国社会科学院研究生院博士学位论文，2012年，第55页。

⑦ 黄蕴平：《天马—曲村遗址兽骨的鉴定与研究》，《天马—曲村（1980～1989）》第三册，科学出版社，2000年，第1166页。

老司城遗址马桡骨、胫骨测量数据明显比西山遗址、东黑沟遗址小，而与曲村遗址接近。曲村遗址马桡骨的平均长度为297.80mm，比老司城遗址马桡骨长度304.78mm略小，但是桡骨的远端平均宽度68.40mm比老司城的65.68mm略大。胫骨有同样的反映，即骨骼长度略小于老司城遗址标本，宽度略大于老司城遗址标本。这可能是由于标本量少而体现的个体差异，另外也有可能与品种不同有关。

以上各遗址马掌骨长度平均值在206.41～223.00mm之间，老司城遗址马掌骨的长度为202.49mm。各遗址马跖骨的长度平均值在261.89～269.00mm之间，老司城遗址马跖骨的长度平均值为243.78mm（表4-10）。因此，从马的掌骨、跖骨测量数据来看，老司城遗址马的体型是以上这几个遗址中最小的。

表4-10　马掌骨、跖骨测量数据比较

遗址	距今时间	时代	掌骨长度GL（mm）				跖骨长度GL（mm）			
			件数	最小值	最大值	平均值	件数	最小值	最大值	平均值
郑州西山遗址①		西周	1			223.00	1			264.00
东黑沟遗址②	3000～2300		7	216.00	229.00	219.70	11	256.00	269.00	261.89
天马曲村遗址③	3000～2400	西周至春秋	8	210.00	217.00	213.25	7	255.00	278.00	269.00
成都十二桥遗址④		商周	1			206.41				
老司城遗址	400～300	明清	1			202.49	3	235.14	252.03	243.78

由于目前考古遗址中公布的马的测量数据不多，而且马的种类涉及到地方品种问题，所以不做过多分析。

六、分析与探讨

我们知道测量数据会受标本数量、个体差异、性别差异、年龄大小、动物地方品种等多种因素影响，但通过以上对猪、水牛、黄牛、狗这4种家养动物骨骼测量数据的比较分析，可看出其测量数据显示出一定的一致性。因此我们基本可以形成这样的认识，考察长时段家养动物个体大小变化，家养动物的个体呈现出不断缩小的趋势，这一趋势延续至以老司城遗址为代表的明清时期。理论上如果各个时间段、各种骨骼的各项测量数据完善，我们还可以对各种家养动物各种骨骼部位的具体变化趋势、变化快慢程度做进一步历时性研究，但由于目前还处于数据积累的阶段，因此这方面的相关研究还需谨慎。

---

① 陈全家：《郑州西山遗址出土动物遗存研究》，《考古学报》2006年第3期，第409页。文中掌骨长度22.3毫米应为223毫米，跖骨长度26.4毫米应为264毫米。

② 尤悦：《新疆东黑沟遗址出土动物骨骼研究》，中国社会科学院研究生院博士学位论文，2012年，第56页。

③ 黄蕴平：《天马—曲村遗址兽骨的鉴定与研究》，《天马—曲村（1980～1989）》第三册，科学出版社，2000年，第1166页。

④ 何锟宇：《动物骨骼及相关问题研究》，《成都十二桥》，文物出版社，2009年，第209页。

我们还尝试对野生动物也进行了测量数据的比较研究，比如利用水鹿、梅花鹿的肢骨测量数据，黑熊、虎、豹下颌骨及牙齿的数据进行测量比较，虽然比较出有个体大小差异，但无法分析出动物历时性的变化特点，而且野生动物的数据基数很小，我们不能凭借有限的测量数据就对老司城这几种野生动物的个体大小做出比较判断。

第三节　相近动物测量数据比较研究

老司城遗址出土数量最多的几种动物在骨骼形态、大小上都有相近之处，比如黄牛与水牛、水鹿与梅花鹿、小麂与赤麂、猪和野猪、虎豹与黑熊、鸡与鸭。本节就是从骨骼的测量数据出发，观察各种动物尺寸大小相近程度，分析测量数据相近或有所区别的原因并总结相关规律，探讨各种动物的骨骼形态特点、运动功能在骨骼测量数据上的反映，以及是否可以使用测量数据来鉴定动物种属等问题。

研究主要是针对这几种动物的肢骨展开，因各种动物头骨、下颌骨、脊椎骨等骨骼有的相近，有的区别很大，因此在这里不做讨论。主要考察的数据指标为平均数值和测量值的分布区间，并且在分析中参考标本数量和标准偏差。平均值比较的主要目的是了解各种骨骼形态相近程度，及分析各种骨骼形态差别的原因。测量区间是考察具体什么骨骼有重合区间，什么骨骼部位没有重合区间，分析反映的信息是什么，探讨是否可以使用测量数据来鉴定区分相近的动物骨骼。必须强调的是，本文中的相似动物测量数据对比只局限于老司城遗址出土的骨骼材料，其有关测量数据仅供其他遗址比对参考，不同遗址动物的大小必然会受环境和时代的影响而有所差异。本项研究中老司城动物骨骼的具体测量数据见本书相关附表。

在分析中，我们尝试将两种动物各种骨骼部位测量平均值相除，得到两者的倍数值。对于出土动物骨骼较多的比较动物，将超出百分比根据具体情况分为不同比较区间，如10%以下、10%～20%、20%～30%、30%～40%、40%以上等，以此来进行两种动物同一骨骼部位的大小区别程度分析。

一、黄牛与水牛的骨骼测量数据比较分析（表4-11）

表4-11　水牛与黄牛骨骼测量数据比较表

		水牛数据统计表				黄牛数据统计表				两者平均值百分比
骨骼名称	测量项	范围	均值	SD（偏差）	N（样本量）	范围	均值	SD（偏差）	N（样本量）	
肱骨	GL	300.50～311.33	305.29	5.29	4	245.00～259.00	252.00	9.90	2	121%
	Bp	98.38～115.30	107.49	4.59	12	68.23～99.10	77.76	8.52	21	138%
	Bd	78.24～95.48	85.56	4.46	62	58.64～79.92	69.03	5.01	95	124%
桡骨	GL	281.77～314.53	292.73	11.41	6	229.30～287.04	251.26	16.39	10	117%
	Bp	75.44～97.37	85.12	4.80	70	52.75～78.35	66.00	5.52	122	129%
	Bd	74.11～90.92	81.90	4.98	35	52.51～71.88	60.33	5.02	34	136%

续表

骨骼名称	测量项	水牛数据统计表 范围	均值	SD（偏差）	N（样本量）	黄牛数据统计表 范围	均值	SD（偏差）	N（样本量）	两者平均值百分比
尺骨	LO	85.35 ~ 113.86	103.46	14.80	37	60.44 ~ 98.19	77.22	9.81	27	134%
	DPA	65.78 ~ 87.63	76.49	9.83	47	46.29 ~ 68.31	56.87	5.95	47	134%
	BPC	43.53 ~ 55.62	48.73	3.46	30	30.42 ~ 45.60	39.52	3.92	34	123%
股骨	GL	392.13 ~ 395.63	393.88	2.47	2		376.78		1	105%
	Bp	123.19 ~ 140.82	133.47	6.01	11	100.41 ~ 117.95	109.18	5.76	11	122%
	Bd	88.27 ~ 112.67	103.60	6.97	33	66.86 ~ 90.46	78.16	5.99	62	133%
胫骨	GL		356.75		1	259.03 ~ 344.58	301.93	29.79	9	118%
	Bp	92.19 ~ 114.27	104.78	5.29	38	73.94 ~ 98.98	85.64	5.57	59	122%
	Bd	62.16 ~ 80.34	70.78	4.46	55	43.62 ~ 63.63	54.83	4.48	108	129%
掌骨	GL	165.80 ~ 186.00	178.71	7.11	6	164.02 ~ 185.65	175.42	6.28	10	102%
	Bp	58.62 ~ 74.67	66.22	3.98	59	43.57 ~ 59.10	50.64	3.92	87	131%
	Bd	65.01 ~ 81.16	72.15	3.82	32	45.51 ~ 61.90	51.38	4.71	60	140%
跖骨	GL	207.21 ~ 216.42	211.16	3.84	4	184.45 ~ 216.57	200.49	10.97	15	105%
	Bp	44.22 ~ 60.79	53.58	4.29	43	35.82 ~ 47.35	41.73	3.29	75	128%
	Bd	55.64 ~ 69.36	64.38	4.06	52	41.27 ~ 56.90	47.08	3.36	87	137%
距骨	GLl	69.04 ~ 81.57	73.86	2.86	55	49.52 ~ 64.43	57.38	3.27	116	129%
	Bd	43.20 ~ 54.57	48.65	2.92	60	32.50 ~ 45.12	37.85	2.89	106	129%
跟骨	GL	133.72 ~ 151.02	141.31	4.47	35	100.70 ~ 123.28	110.89	6.16	59	127%
系骨	GL	47.13 ~ 73.92	63.56	3.72	129	43.44 ~ 60.07	52.45	3.19	129	121%
冠骨	GL	42.09 ~ 58.06	49.56	3.56	75	29.19 ~ 40.88	35.14	2.53	61	141%

首先考察平均值，因为大部分肢骨都被砸断、砍断，所以肢骨的长度（GL）标本数量明显较少，而肢骨的近端宽度（Bp）、远端宽度（Bd）的标本数量较多。

根据表4-11的数据显示，水牛的各种骨骼部位测量平均值都大于黄牛，说明水牛的个体普遍比黄牛大。从各种测量数据平均值对比百分数中可看到超出的幅度为2% ~ 41%。我们将超出的百分比分为四个区间，即平均值测量数据比较中水牛超出黄牛的比例分为10%以下、10% ~ 20%、20% ~ 30%、30%以上，整理归纳各测量项得到表4-12。

表4-12　测量平均值比较中水牛超出黄牛百分比表

10%以下	股骨GL：5%、掌骨GL：2%、跖骨GL：5%
10%至20%	桡骨GL：17%、胫骨GL：18%
20%至30%	肱骨GL：21%/Bp：38%、桡骨Bp：29%、尺骨BPC：23%、股骨Bp：22%、胫骨Bp：22%/Bd：29%、距骨GLl：29%/Bd：29%、跟骨GL：27%、系骨GL：21%
30%以上	肱骨Bp：38%、桡骨Bd：36%、尺骨LO：34%/DPA：34%、股骨Bd：33%、掌骨Bp：31%/Bd：40%、跖骨Bp：28%/Bd：37%、冠骨GL：41%

对各种数据百分比比较值的分析显示，在第一区间和第二区间，即超出比例在20%以下的测量项是几种主要肢骨如股骨、胫骨、桡骨、掌骨、跖骨的长度（GL）平均值，另肱骨长度（GL）超出的比例仅为21%。可见主要肢骨的长度超出比例相对较小。而以上6种主要肢骨的近端宽度（Bp）、远端宽度(Bd)的超出百分比值都在22% ~ 40%，由此看出水牛与黄牛的肢骨

比较中，一般肢骨宽度的超出比例（20%～40%）大于肢骨长度的超出比例（20%以下），即肢骨宽度的超出百分比明显大于肢骨长度的超出百分比，这一特点非常明显。

水牛超出黄牛的测量项目更多地体现在肢骨宽度，相对而言，骨骼长度的超出比例较小。这就是为什么在超出20%以下的都是肢骨的全长，这固然与长度标本数量较少有关系，但是这还是有内在规律的，特别是掌骨、跖骨这两种骨骼的标本量达到了一定基数，但长度测量值较为接近。这应该与水牛和黄牛在身体结构和运动功能上的差别有关。这种比值反映出水牛相对黄牛而言，在体型上宽度和厚度的超出比例要大于高度和长度的超出比例。我们对这种骨骼测量数据的解读是水牛的体格更加肥壮，在力量上较黄牛大，而黄牛的体格相对较为健壮，在速度和山地行走能力上优于水牛。必须说明的是，这是一种总体的数值比较，不能用来进行单个水牛、黄牛标本的比较。

这两种动物的测量数据分布区间显示，有11个测量项没有重合区间，有15个测量项有重合区间。没有重合区间的是肱骨GL、桡骨Bd、股骨GL/Bp、胫骨GL、掌骨Bp/Bd、跖骨Bd、距骨GLI、跟骨GL、冠骨GL。存在重合区间的是肱骨Bp/Bd、桡骨GL/Bp、尺骨LO/DPA/BPC、股骨Bd、胫骨Bp/Bd、掌骨GL、跖骨GL/Bp、距骨Bd、系骨GL。结合这两种动物的骨骼特征发现，在没有重合区间的骨骼部位如桡骨Bd、股骨GL/Bp、胫骨GL、掌骨Bp/Bd、跖骨Bd、距骨GLI、跟骨GL、冠骨GL等，水牛的骨骼形态明显较黄牛更为粗壮。而有重合区间的测量部位如肱骨Bp/Bd、桡骨Bp、股骨Bd、胫骨Bp/Bd等在骨骼形态上较为接近。总体而言，由于较多测量项存在数据重合区间，所以不鼓励使用测量数据来鉴定区别水牛与黄牛。

二、水鹿与梅花鹿的骨骼测量数据比较分析（表4-13）

表4-13　水鹿与梅花鹿骨骼测量数据比较表

骨骼名称	测量项	水鹿数据统计表				梅花鹿数据统计表				两者平均值百分比
		范围	均值	SD（偏差）	N（样本量）	范围	均值	SD（偏差）	N（样本量）	
肱骨	GL				0	215.66～239.31	227.49	16.72	2	
	Bp		70.16		1	45.02～66.48	56.69	6.61	13	124%
	Bd	52.48～68.80	60.46	5.40	25	33.32～51.48	45.73	3.70	38	132%
桡骨	GL				0		239.26		1	
	Bp	50.73～61.75	57.16	3.42	16	37.50～49.50	43.22	3.28	21	132%
	Bd	47.04～60.63	52.10	4.18	18	30.81～50.43	39.19	4.96	15	133%
尺骨	LO	78.41～87.69	84.74	2.38	15	56.21～66.57	61.47	3.67	11	138%
	DPA	50.74～65.61	57.03	4.35	26	34.40～48.52	42.28	3.15	25	135%
	BPC	28.60～37.22	31.91	2.27	27	21.44～32.27	25.20	2.77	32	127%
股骨	Bp	78.53～96.57	86.54	5.92	12	61.28～72.36	64.50	5.27	4	134%
	Bd	70.25～83.02	76.73	3.38	11	49.04～65.67	56.18	4.33	23	137%
胫骨	GL		416.80		1		303.63		1	137%
	Bp	77.11～97.92	86.65	6.62	9	49.29～68.66	59.78	4.71	19	145%
	Bd		57.81		1	33.81～46.10	39.72	3.20	38	146%

续表

骨骼名称	测量项	水鹿数据统计表 范围	均值	SD（偏差）	N（样本量）	梅花鹿数据统计表 范围	均值	SD（偏差）	N（样本量）	两者平均值百分比
掌骨	GL	235.60 ~ 250.11	244.54	7.82	3	218.85 ~ 218.87	218.86	0.01	2	112%
	Bp	37.19 ~ 49.77	42.19	3.22	20	30.60 ~ 36.38	33.62	2.27	8	125%
	Bd	39.51 ~ 44.75	41.86	1.54	12	28.77 ~ 34.91	31.44	2.11	10	133%
跖骨	GL		294.46		1		229.92		1	128%
	Bp	34.76 ~ 44.34	40.12	2.48	22	23.82 ~ 31.93	27.72	2.20	12	145%
	Bd	42.16 ~ 48.54	45.72	2.76	6	27.86 ~ 34.85	30.98	2.05	8	148%
距骨	GLl	54.67 ~ 64.01	60.06	2.70	28	34.19 ~ 51.01	44.56	4.09	16	135%
	Bd	29.80 ~ 40.23	36.14	2.49	27	21.42 ~ 32.39	28.27	2.78	16	128%
跟骨	GL	120.67 ~ 141.54	130.21	7.56	15	74.64 ~ 103.14	93.50		15	139%
系骨	GL	55.35 ~ 72.38	61.06	4.35	46	44.93 ~ 53.32	48.96	2.96	18	125%
冠骨	GL	41.19 ~ 53.42	47.28	3.41	23	33.07 ~ 40.19	37.40	3.06	5	126%

可将水鹿与梅花鹿骨骼测量平均值超出百分比，整理归纳成下表所示的几个区间进行分析（表4-14）。

表4-14　测量平均值比较中水鹿超出梅花鹿百分比表

10%以下	无
10% ~ 20%	掌骨GL：12%
20% ~ 30%	肱骨Bp：24%、尺骨BPC：27%、掌骨Bp：25%、跖骨GL：28%、距骨Bd：28%、系骨GL：25%、冠骨GL：26%
30% ~ 40%	肱骨Bd：32%、桡骨Bp：32%/Bd：33%、尺骨LO：38%/DPA：35%、股骨Bp：34%/Bd：37%、胫骨GL：37%、距骨GLl：35%、掌骨Bd：33%、跟骨GL：39%
40%以上	胫骨Bp：45%/Bd：46%、跖骨Bp：45%/Bd：48%

对以上的比较数据分析表明，水鹿与梅花鹿除掌骨长度（GL）超出比为12%外，其余骨骼超出的比例均在20%以上。整体来看，水鹿和梅花鹿的骨骼形态相似度较高，长度与宽度的区别主要是个体大小的差异，而在骨骼形态上较为接近。没有水牛与黄牛相比后，宽度比例明显大于长度比例的特点。

两种动物测量数据共有23个比较数据项，没有重合区间的测量部位较多，共17处，即肱骨BP/Bd；尺骨LO/DPA；股骨BP；桡骨BP；胫骨GL/BP/Bd；掌骨GL/BP/Bd；跖骨GL/BP；跟骨GL；系骨GL；冠骨GL。只有少部分测量部位的测量数据有重合区间，为桡骨Bd；尺骨BPC；距骨GLl/Bd。由此看出，大部分测量部位的测量数据是没有重合区间的，特别是各种骨骼的长度（GL）。

另外需要补充说明的是有蹄类动物的冠骨与系骨可分前肢的指骨与后肢的趾骨，其中又有第Ⅲ、Ⅳ指（趾）的区别，测量中没有分开，但从测量数据上看，水鹿的各种冠骨、系骨长度都较梅花鹿大，但有的数据较接近，可能与具体的指（趾）骨部位有关。

总体来说，水鹿和梅花鹿分别代表了大型鹿科动物和中型鹿科动物，这两种动物在身体结构和运动功能上较为相似，在骨骼愈合的情况下，水鹿和梅花鹿大部分骨骼部位的测量数值没有共同区间，因此测量数值可以为鉴定这两种动物提供一种重要参考。

将表4-10和表4-12的测量区间对照比较，可发现水鹿与黄牛多有个测量数据重合，说明这两种动物某些部位大小较为接近。而分析两者在某些部位上测量数据的不同可能是黄牛和水鹿在某些骨骼形态和运动功能上不同的反映。比如水鹿在胫骨、跖骨等主要肢骨的长度上明显大于黄牛，这是水鹿在奔跑速度上高于黄牛的体现，黄牛在部分肢骨如肱骨的粗壮程度上大于水鹿，这是黄牛在力量上大于水鹿的体现，而这种差别相对于水牛和水鹿来说就更加明显了。

三、小鹿与赤鹿的骨骼测量数据比较分析

将赤鹿与小鹿骨骼测量平均值超出百分比（表4-15）整理归纳成下表所示的几个区间进行分析（表4-16）。

表4-15　赤鹿与小鹿骨骼测量数据比较表

		赤鹿数据统计表				小鹿数据统计表				两者平均值百分比
骨骼名称	测量项	范围（mm）	均值	SD（偏差）	N（样本量）	范围（mm）	均值	SD（偏差）	N（样本量）	
肱骨	GL		154.64		1		121.87		1	127%
	Bp	27.02 ~ 33.93	29.79	2.35	8	21.47 ~ 26.41	24.00	1.87	9	124%
	Bd	24.34 ~ 34.23	27.07	2.65	10	18.22 ~ 25.78	21.75	1.63	29	124%
桡骨	GL	123.60 ~ 130.55	126.74		3	94.91 ~ 109.87	101.23		3	125%
	Bp	21.22 ~ 24.80	23.02	1.22	11	16.41 ~ 21.10	19.17	1.35	17	120%
	Bd	20.32 ~ 24.10	21.70	1.37	6	14.04 ~ 18.38	17.01	1.3	10	128%
尺骨	LO	32.01 ~ 33.78	32.99	0.90	3	29.06 ~ 29.73	29.40	0.47	2	112%
	DPA	21.18 ~ 25.31	23.32	1.86	4	18.25 ~ 21.62	19.84	1.38	5	118%
	BPC	13.56 ~ 16.65	14.79	1.46	4	9.66 ~ 11.96	10.67	0.89	11	139%
股骨	GL		181.15		1		140.54		1	129%
	Bp	35.30 ~ 37.22	36.45	1.01	3	25.82 ~ 31.88	29.17	3.08	3	125%
	Bd	31.29 ~ 35.06	33.36	1.41	9	23.73 ~ 31.13	27.69	2.25	9	120%
胫骨	GL		187.76		1	147.98 ~ 153.97	151.22	3.02	3	124%
	Bp	37.80 ~ 44.54	40.12	2.11	8	26.90 ~ 35.96	31.09	2.32	21	129%
	Bd	23.41 ~ 36.40	26.09	3.94	10	15.86 ~ 22.86	18.68	1.71	26	140%
掌骨	GL	100.55 ~ 106.68	102.97	2.44	5	78.00 ~ 95.88	85.60	4.72	14	120%
	Bp	17.81 ~ 22.25	19.76	1.52	6	14.06 ~ 17.87	16.03	1.14	21	123%
	Bd	19.53 ~ 22.90	20.73	1.32	9	14.33 ~ 17.12	15.66	0.90	10	132%
跖骨	GL	125.33 ~ 141.21	132.63	7.41	4	109.71 ~ 120.68	115.22	3.76	7	115%
	Bp	17.15 ~ 20.53	18.25	0.98	14	13.05 ~ 17.13	14.86	1.12	26	123%
	Bd	19.42 ~ 22.14	20.57	1.29	4	14.4 ~ 18.55	16.01	0.83	20	128%

表4-16　测量平均值比较中赤鹿超出小鹿百分比表

10%以下	无
10%～20%	尺骨LO：12%/DPA：18%、跖骨GL：15%
20%～30%	肱骨GL：27%/Bp：24%/Bd：24%、桡骨GL：25%/Bp：20%/Bd：28%、股骨GL：29%/Bp：25%/Bd：20%、胫骨GL：24%/Bp：29%、掌骨GL：20%/Bp：23%、跖骨Bp：23%/Bd：28%
30%～40%	尺骨BPC：39%、胫骨Bd：40%、掌骨Bd：32%
40%以上	无

以上比较骨骼中，赤鹿超出小鹿的测量数据百分比值在10%～40%，其中大部分主要骨骼超出比集中在20%～30%这个区间。另外通过上表可以看出，赤鹿和小鹿的主要骨骼各个测量部位超出比例值较为接近，如肱骨、桡骨、股骨的骨骼长度（GL）、近端宽度(Bp)、远端宽度（Bd）这三种骨骼部位的超出比，胫骨、掌骨、跖骨也分别有两种测量部位超出比都在20%～30%这个区间。比较而言，赤鹿与小鹿的相差程度没有水鹿与梅花鹿的个体大小相差的程度大。

通过对赤鹿和小鹿的21个骨骼部位测量值的比较区间来看，仅肱骨近端宽度（Bd）、尺骨跨过鹰沟厚（DPA）、掌骨远端宽度（Bp）这3项测量数据有重合区间，其余18项都没有重合区间。因此总体来看，测量数据可以为鉴定区分赤鹿和小鹿提供重要参考。

四、虎与豹的骨骼测量数据比较分析

虎和豹都属于猫科动物，在骨骼形态上较为相像，但个体大小上有所差异，对此将这两种动物的骨骼测量数据进行比较（表4-17）。

表4-17　虎与豹骨骼测量数据比较表

虎数据统计表						豹数据统计表				两者平均值百分比
骨骼名称	测量项	范围（mm）	均值	SD（偏差）	N（样本量）	范围（mm）	均值	SD（偏差）	N（样本量）	
肱骨	GL	286.24～294.25	290.37	5.84	2		216.19		2	134%
	Bp	58.63～60.61	59.62	1.40	2	43.43～45.26	44.35	1.29	2	134%
	Bd	68.93～78.96	72.49	3.45	8	44.20～54.28	49.22	4.11	7	147%
桡骨	GL		250.51		1					
	Bp	30.07～34.86	32.47	3.39	2	22.42～22.44	22.43	0.01	2	145%
	Bd	46.87～53.78	50.71	1.72	3		35.17		1	144%
尺骨	DPA	49.08～51.78	50.43	1.91	2		31.01		1	163%
	BPC	30.44～35.11	32.78	3.30	2		25.26		1	130%
股骨	GL		322.68		1		261.47		1	123%
	Bp	66.93～80.42	72.05	5.08	6	50.37～58.67	54.35	4.02	6	133%
	Bd	58.27～69.60	65.60	3.37	10		47.78		1	137%

续表

虎数据统计表						豹数据统计表				两者平均值百分比
骨骼名称	测量项	范围（mm）	均值	SD（偏差）	N（样本量）	范围（mm）	均值	SD（偏差）	N（样本量）	
胫骨	GL	281.09 ~ 287.35	283.79	2.61	4					
	Bp	63.99 ~ 71.17	68.71	1.49	5					
	Bd	47.91 ~ 52.23	49.14	2.06	4					
盆骨	LA	41.64 ~ 48.21	44.43	2.84	4	26.56 ~ 31.63	28.77	2.25	4	154%
	LAR	35.78 ~ 42.83	38.99	3.18	5	24.04 ~ 30.29	27.19	2.59	7	143%

将虎与豹骨骼测量平均值超出比整理归纳成下表所示的几个区间进行分析（表4-18）。

表4-18　测量平均值比较中虎超出豹百分比表

10%以下	无
10% ~ 20%	无
20% ~ 30%	股骨GL：23%
30% ~ 40%	肱骨GL：34%/Bp：34%、尺骨BPC：30%、股骨Bp：33%/Bd：37%
40%以上	肱骨Bd：47%、桡骨Bp：45%/Bd：44%、尺骨DPA：63%、盆骨LA：54%/LAR：43%

通过上表统计可发现在14个可以进行数据比较的测量项中，虎的所有测量数据都大于豹的，而且大于的比例都超过20%。虎和豹在外表特征和运动功能上都较为接近，因此在骨骼形态也较为接近，但是由于一种属于大型猫科动物，一种属于中型猫科动物，因此个体大小上存在明显区别。通过测量数据对比我们发现这两种动物骨骼测量尺寸没有重合区间，且相差的比例都超过20%，因此我们认为测量数据可以作为一种鉴定区分虎和豹骨骼的手段。

五、虎与黑熊的骨骼测量数据比较分析

虎与黑熊都属于大型食肉目动物，在个体大小和部分骨骼形态上有一定的相似性，在此将这两种动物的测量数据进行分析比较（表4-19、表4-20）。

表4-19　虎与黑熊骨骼测量数据比较表

虎数据统计表					黑熊数据统计表		
骨骼名称	测量项	范围（mm）	均值	N	范围（mm）	均值	N
肱骨	Bp	58.63 ~ 60.61	59.62	2		57.64	1
	Bd	68.93 ~ 78.96	72.49	8	78.88 ~ 89.96	83.82	5
桡骨	Bp	30.07 ~ 34.86	32.47	2		35.71	1

续表

虎数据统计表					黑熊数据统计表		
骨骼名称	测量项	范围（mm）	均值	N	范围（mm）	均值	N
尺骨	DPA	49.08 ~ 51.78	50.43	2	45.47 ~ 46.42	45.83	3
	BPC	30.44 ~ 35.11	32.78	2		32.21	1
胫骨	GL	281.09 ~ 287.35	283.79	4		252.96	1
	Bp	63.99 ~ 71.17	68.71	5		67.95	1
	Bd	47.91 ~ 52.23	49.14	4		46.27	1
盆骨	LA	41.64 ~ 48.21	44.43	4	49.55 ~ 52.42	50.99	2
	LAR	35.78 ~ 42.83	38.99	5	43.44 ~ 46.20	44.82	2

表4-20　虎与黑熊测量平均值比较百分比表

骨骼名称	测量项	虎均值	黑熊均值	两者平均值百分比
肱骨	Bp	59.62	57.64	103%
	Bd	72.49	83.82	86%
桡骨	Bp	32.47	35.71	91%
尺骨	DPA	50.43	45.83	110%
	BPC	32.78	32.21	102%
胫骨	GL	283.79	252.96	112%
	Bp	68.71	67.95	101%
	Bd	49.14	46.27	106%
盆骨	LA	44.43	50.99	87%
	LAR	38.99	44.82	87%

通过对虎与黑熊的肱骨、桡骨、尺骨、胫骨、盆骨的10个比较项测量数据的对比，可看出这两种动物骨骼测量数值相对较为接近，互有大小。相对而言有两个测量项数值相差较为明显，超出比例大于10%。一个是肱骨的远端宽度（Bd），黑熊的测量数据是83.82mm，虎的是72.49mm，虎的肱骨远端明显比熊的小。一个是胫骨的长度（GL），虎的胫骨长度为283.79mm，明显大于黑熊胫骨的长度252.96mm。结合具体骨骼形态，推测这两种骨骼部位的尺寸差异是两种动物在运动功能差异上的一种体现，分析黑熊的肱骨远端宽度比虎的大，是上肢力量强于虎的一种体现，而虎的胫骨长度比黑熊的长可能是虎的奔跑速度比黑熊更快的一种体现。总体而言，对于虎和黑熊而言，使用测量数据来区分鉴定这两种动物不太合适，应该从骨骼的形态去区分鉴定这两种动物。

六、野猪与家猪的骨骼测量数据比较分析

野猪和家猪属于同一种属的动物，家猪在人类驯化饲养环境下个体形态已与野猪产生了差异，因此我们将这两种动物的骨骼测量数据进行一番比较（表4-21）。

表4-21　野猪与家猪骨骼测量数据比较表

野猪数据统计表						家猪测量数据				两者平均值百分比
骨骼名称	测量项	范围（mm）	均值	SD（偏差）	N（样本量）	范围（mm）	均值	SD（偏差）	N（样本量）	
肱骨	Bp	62.35	62.35		1	42.27	42.27		1	148%
	Bd	40.19 ~ 53.63	45.01	5.93	13	25.03 ~ 36.98	33.47	2.35	71	134%
桡骨	GL	191.22	191.22		1	107.20	107.20		1	178%
	Bp	37.73 ~ 41.61	39.67	2.74	2	20.53 ~ 32.34	23.72	2.86	15	167%
	Bd	36.99 ~ 45.73	40.19	4.82	3	25.43	25.43		1	158%
股骨	Bp	59.05 ~ 68.66	63.54	4.81	4	43.5 ~ 44.52	44.01	0.72	2	144%
	Bd	61.12 ~ 61.80	61.68	0.32	3	33.42 ~ 42.14	37.68	4.05	9	164%
胫骨	Bd	25.04 ~ 36.02	30.09	3.51	10	19.06 ~ 28.15	23.09	2.27	32	130%

由于野猪的骨骼较大，一般肢骨都被分断，而家猪的骨骼大部分还未愈合，以上的4个主要肢骨长度（GL）测量项中只有桡骨的数据可比较，其他都是各种肢骨的近远端宽度项（Bp/Bd）指标。

数据显示，野猪比家猪的各种骨骼测量数据都大，且超出比例都在30%以上，超出比最大的是桡骨，达到78%。或许说明野猪相对于家猪而言，其肢骨的长度比要大于宽度比。

在8个测量比较项中，仅野猪与家猪的胫骨远端宽度（Bd）测量数值有重合区间，其余7项测量值均没有重合区间。说明使用测量数据对区分野猪和家猪的骨骼有重要参考作用，但是这种区分鉴定不是绝对的。

总体来说，老司城的家猪代表着明清时期家猪的个体大小，这时期家猪的个体与野猪相比差异明显，这种骨骼测量数据的不同一方面反映了两者个体大小的差异，另一方面也是家养与野生动物之间在运动功能上存在差异的体现，野猪在速度、力量各方面都明显较家猪强，其中肢骨的长度区别更能反映野猪在速度上的优势。

七、鸡与鸭的骨骼测量数据比较分析

鸡与鸭均为家禽，也是遗址里出土数量最多的家禽。它们在外部形态上、生活习性及运动功能上区别较大，但都属于鸟类，且个体大小相对接近，因此将这两种动物的测量数据进行比较（表4-22）。

表4-22　鸡与鸭测量数据比较表

鸡数据统计表						鸭数据统计表				两者平均值百分比
部位	测量项	范围（mm）	均值	SD（偏差）	N（样本量）	范围（mm）	均值	SD（偏差）	N（样本量）	
肱骨	GL	52.66 ~ 80.12	66.66	6.89	57	85.11 ~ 95.93	90.45	18.01	6	74%
	Bp	13.96 ~ 21.38	17.56	2.01	89	18.44 ~ 21.92	20.38	3.98	9	86%
	Bd	11.08 ~ 15.97	13.62	1.36	79	12.99 ~ 16.18	14.68	2.42	7	89%
桡骨	GL	52.58 ~ 72.42	61.04	6.54	10		69.61		1	84%
	Bd	5.72 ~ 7.02	6.32	0.45	10	6.39 ~ 6.73	6.58		2	96%
尺骨	GL	51.35 ~ 77.99	62.60	6.41	35		75.45		1	83%
股骨	GL	62.05 ~ 89.75	73.44	6.96	55	50.39 ~ 56.38	53.27	2.84	5	138%
	Bp	11.77 ~ 18.13	15.16	1.57	50	10.51 ~ 12.70	11.96	0.81	6	127%
	Bd	10.72 ~ 17.71	14.39	1.65	51	10.18 ~ 12.37	11.48	0.97	4	124%
胫骨	GL	94.04 ~ 117.98	103.76	7.13	51	81.89 ~ 89.01	85.73	3.54	4	121%
	Bp	15.86 ~ 24.86	19.44	2.44	37	12.22 ~ 16.05	14.31	1.11	8	136%
	Bd	8.96 ~ 14.02	11.16	1.36	33	9.24 ~ 12.10	10.79	0.86	13	103%
腕掌骨	GL	28.95 ~ 42.36	36.33	3.50	17	50.34 ~ 56.14	54.33	2.24	5	67%
	Bp	9.52 ~ 12.31	10.93	0.85	17	12.97 ~ 14.28	13.70	0.37	10	80%
	Did	6.02 ~ 7.97	7.02	0.57	17	6.61 ~ 7.87	7.42	0.47	8	95%
喙骨	GL	45.38 ~ 56.84	51.23	3.89	18	50.76 ~ 54.57	52.97	1.85	3	97%
	Bb	11.12 ~ 15.68	12.72	1.15	13	22.32 ~ 23.70	23.01	0.98	2	55%
跗跖骨	GL	59.78 ~ 79.66	68.83	5.74	33		44.52		1	155%
	BP	10.02 ~ 15.31	12.47	1.33	53		9.58		1	130%
	Bd	10.31 ~ 15.55	12.72	1.32	47		10.42		1	122%

由于鸡与鸭的骨骼标本数量相对较多，同时共有8种肢骨骨骼部位，20项比较指标，因此可视为能够进行全面比较，且能通过测量数据反映出鸡与鸭主要骨骼的形态差异。在平均值比较中，鸡的各种上肢骨如肱骨、桡骨、尺骨、腕掌骨、喙骨的长度数据均不如鸭大。以肱骨为例，鸡肱骨长度（GL）标本57件，平均值为66.66mm，最大值为80.12mm。鸭肱骨长度标本6件，平均值为90.45mm，最小值为85.11mm。鸡最大的肱骨长度值不及鸭最小的肱骨长度值，两者没有数据测量值重合区间。与此相反，鸡的各种下肢骨如股骨、胫骨、跗跖骨的长度数据都比鸭大，而且这几种骨骼也没有数据重合区间。以股骨为例，鸡股骨长度（GL）标本55件，平均值为73.44mm，最小值为62.05mm。鸭肱骨长度标本5件，平均值为53.27mm，最大值为56.38mm。可见鸡的股骨明显长于鸭的股骨。因此根据鸡与鸭的各种肢骨长度测量数据可以得出一规律性认识：鸡的上肢骨不如鸭发达，而下肢骨要比鸭发达。由于鸡与鸭的骨骼标本数量相对较多，骨骼部位和测量指标都较为全面，所以这种测量数据反映的信息应是较为客观的。对此现象我们的解读是，这种上下肢骨长度大小差异的相反性实际是两种动物身体运动结构功能的不同所导致的。鸡由红原鸡驯化而来，擅长山地奔跑，所以腿部骨骼更加长而粗壮。鸭是由野鸭驯化而来，在飞翔能力上较鸡强，所以上肢骨骼要比鸡的发达。

在宽度指标中，有三项测量项没有重合区间，分别是喙骨底宽（Bb）、腕掌骨与跗跖骨近端宽度（Bp），其中鸡喙骨远端宽度平均值为12.72mm，最大值为15.68mm。鸭喙骨远端宽度平均值为23.01mm，最大值为23.70mm。鸡的喙骨远端宽度平均值数据明显小于鸭的，且没有重合区间。结合具体骨骼形态，鸡的喙骨远端较窄，鸭的喙骨远端宽扁，因此，可以将测量数据作为鉴定区别鸡与鸭这一骨骼部位的判断依据。

比较测量项测量值范围可以发现，鸡与鸭除在肱骨长度、股骨长度、胫骨长度、腕掌骨长度、跗跖骨长度这5项长度（GL）指标及喙骨底宽（Bb）、腕掌骨与跗跖骨近端宽度（Bp）3项宽度指标上没有重合区间外，其余13项测量项都有重合区间，这就说明使用测量数据来区分鉴定这两种骨骼要慎重，因为大部分测量指标都有重合区间。但是有5种主要肢骨的长度没有重合区间，说明鸡与鸭在骨骼长度上的差异性上大于骨骼宽度。另外需要补充一点的是，鹅的骨骼形态更接近于鸭，但各种骨骼的测量尺寸都大于鸭。

第四节　小　　结

本章的研究只是从老司城动物骨骼测量数据出发，进行动物的骨骼测量比较研究，是否可以运用到不同时段的不同遗址中还待检验。无论如何，受地方品种、愈合程度、年龄大小、个体差异、性别差异等因素影响，比较测量数据均可能出现偏差，但就动物考古学的研究而言，动物骨骼测量数据的比较乃是最基础的研究内容。

通过对猪、水牛、黄牛、狗这4种家养动物骨骼测量数据的比较分析，我们基本可以形成这样的认识，从长时段的家养动物个体大小考察来看，这几种家养动物的个体是处于不断缩小的趋势，这一趋势延续至以老司城遗址为代表的明清时期。

在上述几种动物的比较中，猪、黄牛、狗的比较是较有把握的，体现在两个方面，一是这几种动物的比较都是数据基数比较大的比较，从而比较的结果应相对客观。另一方面为目前对这几种家养动物驯化过程的认识比较统一，即这3种动物的比较都可确定为一种家养动物的历时性比较。而水牛的比较有所不足，按照目前的理论早期遗址出土的水牛可能都是野生水牛，因此拿明清时期家养水牛和新石器时代野生水牛做测量数据比较，得出的认识为明清时期家养水牛比新石器时代野生水牛的骨骼尺寸小，这只能间接说明水牛驯化变小。马的比较中还存在标本数量少，以及存在地方品种差异的问题，所以在此不做分析。

对于其他的家畜，如山羊、鸡等家养动物也应该有自己体型变化的特点，这些变化特点无疑和每种家畜的自身特点相关。寻找这种规律有利于探讨家畜是否存在阶段性变化特征、个体大小变化趋势的快慢、不同骨骼变化的同步性等问题，这些观察和总结将加深人们对动物驯化的认识，如家畜是怎么驯化的，驯化的阶段性、驯化的方式、驯化的起源等有关问题。

目前用测量尺寸比较家养动物的作用和意义似乎比比较野生动物的大，因为能够以此考察家养动物的各种历时性变化，而对于不同遗址野生动物骨骼测量数据的比较意义目的还不明显，这与目前野生动物测量数据积累的不多有关，这是今后有待加强的方向。

测量数据可以反映出形态相近动物在形体结构、运动功能、个体大小方面的差异，并且对于某些相近动物而言，使用测量数据可以区分鉴定动物种属。理论上，每一件骨骼的大小都可以体现动物个体的大小，都包含着动物的运动结构功能信息，而不同种类的动物在个体大小和运动结构功能上的不同在骨骼形态特征、测量尺寸上也应有相应的反映。通过观察骨骼的尺寸大小复原动物的大小，解释其身体结构和运动功能是动物骨骼测量深入研究的一个发展方向。我们利用老司城骨骼测量数据所做的研究就是对此进行的一次尝试。

首先是探讨动物大小、形态特征在骨骼测量数据上的反映。比如在比较水牛与黄牛的骨骼特点中，我们根据水牛比黄牛的骨骼更加粗壮，认为水牛在力量上比黄牛大，而黄牛在速度和山地行走能力上比水牛强。在虎和熊的比较中，黑熊肱骨远端比虎的大，胫骨比虎的短，这是熊的上肢力量比虎大，而奔跑速度不如虎快的体现。鸡与鸭的比较中，鸭的上肢骨更加发达，鸡的下肢骨更加发达，这也是两种动物在运动功能上存在差异的体现。我们在相近动物骨骼比较中，总结出骨骼长度一方面是动物个体大小的体现，另一方面肢骨的长度（GL）更能体现速度，而肢骨的近端、远端宽度（Bp/Bd）更能体现动物的力量。

相近种属的动物骨骼测量数据比较给我们进行种属鉴定提供了参考。如水鹿与梅花鹿、赤麂与小麂、虎与豹、猪与野猪在个体大小上都有明显区别，因此使用测量数据能为这几种相近动物的鉴定提供重要参考。而使用测量数据鉴定区别水牛和黄牛、虎和熊、鸡与鸭就必须非常谨慎。

我们并不是要通过这批材料建立相近动物的鉴定区间，因为这受标本数量、历史时段、地域品种等多种因素的影响。我们只是通过对这批材料的分析，探讨相近动物在骨骼形态、大小上的反映，试图从骨骼尺寸的角度去分析不同动物大小形态及运动功能的区别。这项工作是一种尝试和探索，其相关认识还有待以后更多材料的补充检验。

第五章　动物骨骼年龄研究

第一节　材料和方法

研究动物的死亡年龄是动物考古学研究的一个重要内容，通过研究动物的死亡年龄可以获知家养动物的饲养水平、饲养策略，可以了解野生动物的自然年龄分布、知晓古人狩猎方式。老司城遗址中出土的哺乳动物骨骼数量巨大，并有较多鸟禽类动物骨骼，但水生动物骨骼较少，所以本章主要针对前两类动物开展研究。目前学界对动物年龄研究所使用的最为普遍的方法是通过牙齿萌生磨蚀和骨骼愈合情况来观察动物年龄，本文研究中也是使用这两种方法，并将这两种方法得出的结果相互参照分析。以下具体介绍一下年龄研究方法。

一、牙齿萌生磨蚀

哺乳动物的门齿、犬齿、前臼齿会经历一个从长出乳齿到换成恒齿、恒齿齿尖磨蚀、齿冠降低、最后齿质开始磨蚀的过程，而更换时间是有规律的。我们的研究是把前臼齿（DP1 ~ DP4，P1 ~ P4），臼齿（M1 ~ M3）作为观察对象，而门齿（I）、犬齿（C）不作为观察对象。由于前臼齿、臼齿都有较为固定的换齿时间，所以观察它们对幼体、亚成体、青年个体的判断更为准确，而对于成年个体主要是观察牙齿的磨蚀情况，根据其磨耗程度，可进行年龄判断。牙齿的测量指标是长度、宽度、高度3项指标。为了稳妥起见，我们观察的标本是下颌骨上附着的原生牙齿材料，对于单颗的游离齿，不作为判断年龄的标本。由于下颌骨体中，基本都是不可匹配为单个个体的标本，因此所有的左、右侧牙齿标本一起统计。上颌骨牙齿标本因为出土材料不多，牙齿保存下来的少，同时也为了避免重复统计，所以不纳入年龄考察的范围之内。

本文对牙齿萌生磨蚀的标准共分6级（表5-1）。

表5-1　牙齿萌生磨蚀等级表

萌生	初级萌生	牙齿在齿槽中可见至牙齿尖部轻微突破齿槽
	中级萌生	牙齿突破齿槽至萌生齿冠一半的高度
	三级萌生	从齿冠萌生到一半高度以上至完全生长完毕
磨蚀	初级磨蚀	齿尖有所磨蚀至齿尖近磨平
	二级磨蚀	齿尖磨平至齿冠磨蚀三分之一
	三级磨蚀	齿冠磨蚀三分之一以上至齿冠磨平，齿质磨蚀

从分级的标准看，磨蚀的标准划分不是很精细，这受实际操作观察记录的限制。本文所有下颌骨牙齿标本测量数据均在附表中，可供参考。

二、骨骼愈合情况

我们对各种动物的骨骼都做了骨骼愈合情况观察记录，分为“A”“B”“C”“D”四个等级。“A”为关节头脱落，定为“未愈合”；“B”为愈合骨缝较为明显，定为“正愈合”；“C”为愈合骨缝已不太明显，定为“接近愈合”；“D”为已充分愈合，定为“已愈合”。在最后整理时，“B”与“C”合并，即归为“愈合中”。骨骼愈合年龄主要是参考《动物考古学》（第二版）中总结的一些常见哺乳动物，不同骨骼的骨骺愈合年龄[①]。在本章中的骨骼愈合标本统计数量或与第二章可鉴定标本数及第四章测量标本数不完全一致，主要原因是部分可鉴定标本中由于关键部位缺失而无法观测愈合状况，另外部分骨骼又分为近端愈合与远端愈合，这在记录统计时可能存在疏漏，但由于对愈合程度观察的标本量大，这些统计中存在的失误应该不影响对分析结果的总体判断。

需要说明的是骨骼愈合年龄是一个概数，即有一定的时间范围，并且不同的骨骼部位尽管是同一愈合阶段如晚期愈合，其具体的愈合时间也可能不一致，但本文在分析中将各种动物早期愈合、中期愈合、晚期愈合的时间都设定为一个具体的时间点，这是为了便于进行分析判断。

在最终的统计中，我们选择了肱骨、桡骨、股骨、胫骨、跖骨、跟骨这类存在关节脱落，可明显观察到未愈合状况的骨骼，并兼顾早期愈合、中期愈合、晚期愈合各年龄阶段的骨骼部位。使用骨骼部位愈合状况来判读年龄有一定的局限性，对此已有研究者做过相关论述[②]。究其原因，各年龄阶段相对广泛，年龄间隔时间长，以及未愈合骨骼密度小，不易于保存，保存机率也较小等因素可能导致未愈合骨骼数量比例偏小。对此，我们会在具体的动物年龄研究中分析相关局限性，也为以后通过骨骼愈合状况来分析动物年龄积累经验。

三、进行年龄考察的动物类型

本文主要是对哺乳动物和鸟禽类动物进行研究，具体分为家养动物和野生动物分别阐述，即第二节和第三节内容。各个动物的年龄判断受出土材料多少的影响。对于出土骨骼丰富的动物，一般既有牙齿萌生磨蚀统计分析，也有根据骨骼愈合状况的统计分析，如猪、水牛、黄牛、水鹿等。对于鸟禽类动物和出土材料较少的哺乳动物，根据具体出土的材料情况做大体的年龄观察分析。

---

① Elizabeth J. Reitz和Elizabeth S. Wing著，中国社会科学院考古研究所译：《动物考古学》（第二版），科学出版社，2013年，第58页。

② 张乐、王雪春、张双权、高星：《马鞍山遗址动物群的死亡年龄研究》，《人类学学报》2009年第28卷第3期，第307页。马萧林：《灵宝西坡遗址家猪的年龄结构及相关问题》，《华夏考古》2007年第1期，第64页。

第二节　家养动物年龄分析

家养动物可以分为两类，一类为哺乳动物，有猪、黄牛、水牛、山羊、马、狗，这一类动物的年龄分析是将牙齿萌生与肢骨愈合情况两种年龄判断结合起来分析；一类为家禽动物，有鸡、鸭、鹅三种，年龄的判断是依靠骨骼愈合状况分析。

一、猪年龄分析

1. 牙齿材料的年龄推断

出土猪下颌骨共314件，将保存较好的262件标本根据下颌骨臼齿的萌出状况进行年龄判断，年龄判断主要依据马萧林对《灵宝西坡遗址家猪的年龄结构及相关问题》一文中归纳总结的猪牙齿发育阶段和年龄估计标准①。观察记录后，猪的牙齿年龄统计结果见表5-2。从数量上看右侧下颌骨数量多于左侧，在此按其合计数进行百分比的统计（图5-1）。

表5-2　猪牙齿年龄观察统计表

月龄	左侧（件）	右侧（件）	合计
2～4	1		1
4～5	1	2	3
6～7	1	2	3
7～8	5	8	13
8～9	2	6	8
9～10	9	14	23
10～11	9	17	26
11～12	6	9	15
12～14	7	15	22
14～15	10	8	18
15～16	7	15	22
16～17	11	8	19
17～19	14	19	33
19～21	8	8	16
21～23	8	6	14
23～25	2	5	7
25～27	3	3	6
27～29	3		3
30以上	7	3	10
	114	148	262

通过图5-1可看出，6个月以下猪标本仅4件，只占1.52%。6至12个月的88件，13至18月的98件，19至24个月的50件，分别占33.59%、37.40%、19.08%，是比例最多的几个年龄阶段。

① 马萧林：《灵宝西坡遗址家猪的年龄结构及相关问题》，《华夏考古》2007年第1期，第59页。

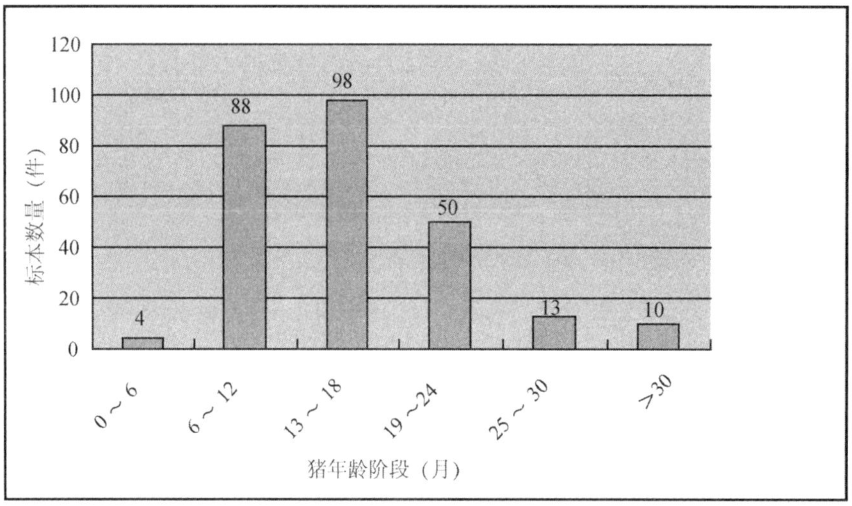

图5-1　猪下颌骨各年龄段分布图

25至30个月的有13件，占4.96%。30个月以上的10件，占3.82%。这两个年龄阶段的猪占有一定数量，但总体比例不大。

2. 骨骼愈合材料的年龄推断

选择肱骨远端和桡骨近端作为早期愈合观察对象，中期愈合选择胫骨远端和跟骨近端，晚期愈合可以选择的骨骼部位较多，本文中选择胫骨近端、肱骨近端、股骨近端、股骨远端、桡骨远端作为观察对象（表5-3）。

表5-3　猪骨骼愈合状况统计表

年龄级别	愈合（月）	骨骼部位	数量	愈合	愈合中	未愈合	愈合百分比
早期愈合	12～18	肱骨远端	260	62	103	95	
	12	桡骨近端	118	65	35	18	
		总数	378	127	138	113	33.59%
中期愈合	24	胫骨远端	249	49	22	178	
	24～32	跟骨近端	38	6	3	29	
		总数	287	55	25	207	19.16%
晚期愈合	42	胫骨近端	217	4	6	207	
	42	肱骨近端	28	1	12	15	
	42	股骨近端	72	2	1	69	
	42	股骨远端	261	2	3	256	
	42	桡骨远端	58	5	4	49	
		总数	636	14	26	596	2.20%

由于骨骼愈合材料显示的年龄跨度较大，这让我们很难使用愈合状况统计做精确的年龄分析，同时，对于如何具体使用愈合状况的统计数据进行分析也是困扰我们的一个地方。如早期愈合中肱骨远端是12～18个月，我们是按照12个月还是18个月的标准去做分析呢？这直接涉及到与牙齿年龄标本对应的问题。如果按照12个月就会偏小，按照18个月就会偏大，另外如

何处理肱骨远端与桡骨近端都是早期愈合但愈合时间又不相同的问题。对此我们没能找出很好的解释，暂且统一按18个月为早期愈合的标准，按照表5-3的统计，达到18个月年龄的猪占33.59%，即未达到18个月年龄的猪占66.41%。同理，对于猪中期愈合的两个观察标本即胫骨远端和跟骨近端在愈合年龄上也不完全一致，我们按照24个月的标准，统计出中期愈合的比例为19.16%，即超过2岁的猪约占19.16%。达到42个月晚期愈合标准的数据是2.20%，即超过3.5岁的猪占2.20%。

3. 分析和讨论

将愈合统计数据与牙齿统计数据对比，结果表明根据愈合材料达到1.5岁的猪占33.59%，根据牙齿材料超过1.5岁的猪为27.76%，根据愈合材料达到2岁的猪占19.16%，根据牙齿材料超过2岁的猪为13.04%。根据愈合材料达到3.5岁的猪占2.20%，根据牙齿材料超过2.5岁的猪为3.80%。从两种比较方式分别得到的各年龄阶段百分比来看，牙齿萌生和骨骼愈合状况的观察统计结果是相接近的，这也从一定程度上说明我们对老司城家猪的年龄推断大体是可信的。由于通过牙齿萌生得出的年龄结果更为细化，由此我们可以根据这一数据进行更深入的分析。

猪在成年之前，是生长发育较为迅速的时期，而一旦到了2龄之后，生长发育就明显减缓，此时如果继续喂养，在经济上就不那么合算。老司城猪的年龄主要集中在9～24个月，因此从猪的年龄结构反映出该地区以高效获取肉食作为饲养目的。另外，因6～24个月各个具体年龄阶段的猪都有一定比例，说明还未形成特别集中的屠宰年龄，这一方面可能与还未形成大规模的产业化和集约化有关，另一方面也可能暗示在一年之中各个季节都有屠宰消费行为。幼年猪和老年猪的比例不大，小猪的消费有可能因其肉质鲜嫩而选择食用小猪，老年猪可能是为了作为种猪饲养。

二、黄牛年龄分析

1. 牙齿材料的年龄推断

本文参考刘莉《中国水牛驯化研究》一文中对水牛年龄阶段的划分①，将老司城遗址黄牛的年龄阶段划分为幼年（<1岁）、少年（1～2岁）、青年（3岁）、成年（4～10岁）、老年（10岁以上）这样几个阶段，其中幼年、少年、青年可根据牙齿萌生的顺序进行判断，而黄牛的成年个体和老年个体则根据臼齿的磨蚀情况判断。

黄牛的牙齿萌生观察发现，对于前乳臼齿而言，出牙期牙冠逐渐增高，在1岁之后逐渐磨蚀降低，在1.5岁后，乳臼齿换齿抬高，2岁后逐渐完成换齿。对于恒臼齿而言，M1从0.5岁开始出牙，M2从近1岁开始出牙，M3从2岁左右开始出牙，在3岁左右齿冠达到最高，随后牙齿长度逐渐磨蚀变短，牙齿从齿尖磨蚀，齿尖出现平面露出齿质点，齿质点扩大，齿质磨平，牙冠磨蚀降低，至10岁以后，嚼面釉质环基本消失，全为齿质（表5-4）。

① 刘莉、杨东亚、陈星灿：《中国家养水牛起源初探》，《考古学报》2006年第2期，第167页。

表5-4　黄牛牙齿年龄观察统计表

<table>
<tr><th>年龄组</th><th colspan="2">年龄（月）</th><th>数量（件）</th><th>牙齿萌生磨蚀状况</th><th>标本编号</th></tr>
<tr><td>幼年组</td><td colspan="2">6～12</td><td>1</td><td>DP4齿尖轻微磨蚀，M1中级萌出</td><td>标本G10：10780</td></tr>
<tr><td rowspan="3">少年组</td><td rowspan="3">12～24</td><td>12～18</td><td>2</td><td>M2三级萌出未磨蚀
DP3、DP4中级磨蚀</td><td>标本G18：2205
标本G10：13981</td></tr>
<tr><td rowspan="2">18～24</td><td rowspan="2">2</td><td>M2三级萌出未磨蚀
P2、M3初级萌出</td><td>标本G18：2252</td></tr>
<tr><td>M2三级萌出未磨蚀
P2、P3初级萌出</td><td>标本G18：2254</td></tr>
<tr><td>青年组</td><td colspan="2">24～36</td><td>1</td><td>M1、M2齿尖磨蚀露出齿质点</td><td>标本G10：11684</td></tr>
<tr><td>成年组</td><td colspan="2">48～120</td><td>8</td><td>臼齿齿尖逐渐磨平，齿冠降低</td><td>标本G18：2202、G10：10317、G10：3965、G10：14280、G10：11691、YSI②A：2509、YSI④A：140、G18：2201</td></tr>
<tr><td>老年组</td><td colspan="2">＞120</td><td>4</td><td>M3嚼面齿质磨蚀下凹</td><td>标本YSI④A：58、YSI③：7036、G18：2257、G18：2260</td></tr>
</table>

黄牛带臼齿的下颌骨标本共18件。其中由幼年、少年、青年个体组成的未成年个体共6件，占33.33%。成年个体8件，占44.44%。老年个体4件，占22.22%（图5-2）。

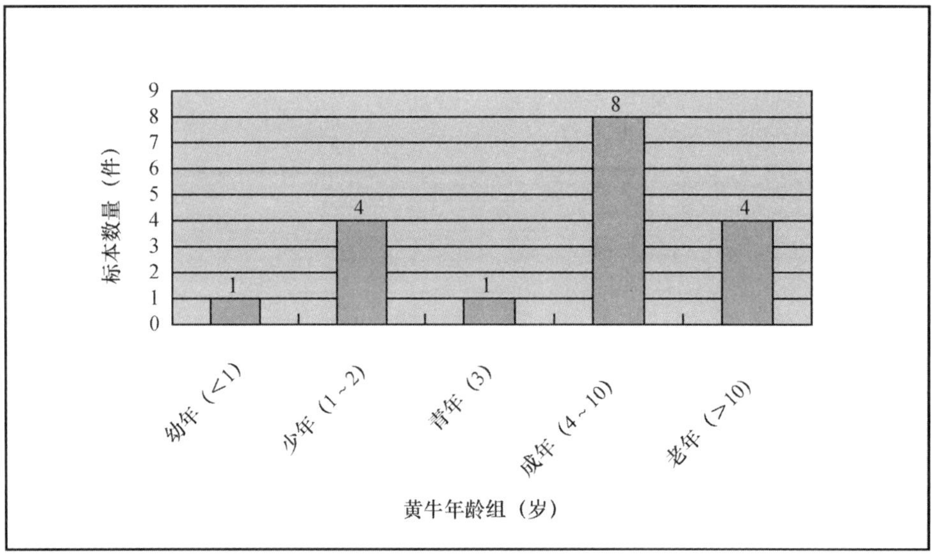

图5-2　黄牛下颌骨各年龄段分布图

2. 骨骼愈合材料的年龄推断

黄牛各种骨骼出土丰富，根据黄牛不同骨骼的愈合时间不同，结合遗址出土的黄牛骨骼情况，选择肱骨远端、桡骨近端、跖骨近端作为早期愈合观察对象，选择胫骨远端、跖骨远端、跟骨近端为中期愈合观察对象，选择胫骨近端、肱骨近端、股骨近端、股骨远端、桡骨远端作为晚期愈合观察对象。各部位的统计数据见表5-5。

表5-5　黄牛骨骼愈合状况统计表

年龄级别	愈合年龄（月）	骨骼部位	愈合数量	未愈合数量	愈合中数量	未愈合百分比	愈合百分比
早期愈合	12～18	肱骨远端	120	6	30	23%	
	12～18	桡骨近端	101	5	20	20%	
		趾骨近端	92	12	0	12%	
		总数	313	23	50	19%	81%
中期愈合	24～30	胫骨远端	123	40	7	28%	
	24～36	跖骨远端	112	43	1	28%	
	36～42	跟骨近端	88	52	6	40%	
		总数	323	135	14	32%	68%
晚期愈合	42～48	胫骨近端	109	50	17	38%	
	42～48	肱骨近端	28	3	10	32%	
	42	股骨近端	56	23	9	36%	
	42～48	股骨远端	89	29	10	30%	
	42～48	桡骨远端	42	8	15	35%	
		总数	324	113	61	35%	65%

由于骨骼愈合状况的年龄估计有一个时间段的跨度，所以这种年龄判断只是一个概数，在此将早期愈合定为18个月，中期为42个月，晚期为48个月。因此根据上表统计达到早期愈合的占81%，达到中期愈合的占68%，达到晚期愈合的占65%。

对于骨骼愈合材料的解读存在不同的方法，下面将黄牛的骨骼愈合观察标本尝试进一步分析，即将标本根据骨骼部位和愈合程度划分为未成年、成年及不确定3种。对表5-5中所有标本进行判断，此处将3龄（36个月）作为黄牛是否成年的标准，具体分析见表5-6。

表5-6　黄牛成年与否判断统计表

观察标本	骨骼部位	愈合年龄（月）	愈合状况	数量	判断是否成年
早期愈合标本	肱骨远端	12～18	已愈合	120	?
	肱骨远端	12～18	未愈合	6	未成年
	肱骨远端	12～18	愈合中	30	未成年
	桡骨近端	12～18	已愈合	101	?
	桡骨近端	12～18	未愈合	5	未成年
	桡骨近端	12～18	愈合中	20	未成年
	趾骨近端		已愈合	92	?
	趾骨近端		未愈合	12	未成年
中期愈合标本	胫骨远端	24～30	已愈合	123	?
	胫骨远端	24～30	未愈合	40	未成年
	胫骨远端	24～30	愈合中	7	未成年
	跖骨远端	24～36	已愈合	112	?
	跖骨远端	24～36	未愈合	43	未成年
	跖骨远端	24～36	愈合中	1	未成年
	跟骨近端	36～42	已愈合	88	成年
	跟骨近端	36～42	未愈合	52	?
	跟骨近端	36～42	愈合中	6	成年

续表

观察标本	骨骼部位	愈合年龄（月）	愈合状况	数量	判断是否成年
晚期愈合标本	胫骨近端	42～48	已愈合	109	成年
	胫骨近端	42～48	未愈合	50	?
	胫骨近端	42～48	愈合中	17	成年
	肱骨近端	42～48	已愈合	28	成年
	肱骨近端	42～48	未愈合	3	?
	肱骨近端	42～48	愈合中	10	成年
	股骨近端	42	已愈合	56	成年
	股骨近端	42	未愈合	23	?
	股骨近端	42	愈合中	9	成年
	股骨远端	42～48	已愈合	89	成年
	股骨远端	42～48	未愈合	29	?
	股骨远端	42～48	愈合中	10	成年
	桡骨远端	42～48	已愈合	42	成年
	桡骨远端	42～48	未愈合	8	?
	桡骨远端	42～48	愈合中	15	成年
合计				1356	

在以上总数为1356件愈合标本观察中，能作为判断是否成年的标本为643件，这其中有479件为成年标本，占可判断总数的74.49%，有164件为未成年标本，占可判断总数的25.51%。因此按照以上的数据统计，达到3龄的黄牛占74.49%，未达到3龄的黄牛比例为25.51%。

此种年龄分析方法的优势是将骨骼标本成年与否的判断具体到每一件骨骼，局限性是早期愈合、中期愈合、晚期愈合的观察标本数量直接影响动物是否成年比例的统计。由于早期愈合标本只能判断出未成年标本数量，因此如果统计中早期愈合标本数量多，那么未成年比例的就会提高；反之，晚期愈合标本只能判断出成年标本数量，如果统计中晚期愈合标本数量多，那么成年比例的就会提高。

3. 分析与讨论

比较牙齿材料和骨骼材料的年龄判断。根据愈合材料达到1.5岁的黄牛占81%，根据牙齿材料超过1.5岁的黄牛为83.33%，根据愈合材料达到3.5岁的黄牛占68%，根据牙齿材料达到及超过成年4岁标准的黄牛为66.67%。用愈合材料无法判断成年组与老年组的数量比例，但从前两项的年龄段的比较来看以这两种数据分别做出的年龄判断是比较吻合的。

在研究中牙齿材料的年龄比例能更好地估算出各种年龄阶段的百分比，便于直观分析，而愈合状况也可作为一种补充。从黄牛的年龄构成比例来看，成年和老年的黄牛占多数，即达到4岁的黄牛占多数。这种长时间的饲养是不符合以最经济方式获取动物肉量为目的的饲养模式的，可见饲养黄牛还有其他的目的，比如提供畜力等。

三、水牛年龄分析

1. 牙齿材料的年龄推断

水牛的年龄阶段划分与黄牛相同，其牙齿年龄判断标准大体接近。通过观察，老司城遗址水牛带臼齿的下颌骨标本17件，其中幼年个体、青年个体各1件，老年个体2件，其余13件都为成年个体。标本的牙齿萌生磨蚀信息见表5-7。

表5-7　水牛牙齿年龄观察统计表

年龄组	年龄（月）	数量	牙齿萌生磨蚀状况	标本编号
幼年组	6～12	1件	DP4齿尖轻微磨蚀，M1初级萌出	标本G10：13994
青年组	24～36	1件	DP4正换齿	标本G18：2204
成年组	48～120	13件	已换完成换齿，臼齿齿尖逐渐磨平，齿冠降低	标本L6：366、G10：4485、YSI③：7034、G10：3961、YSI②B：2473、G10：14281、G18：2258、YSI②B：2784、G10：4516、G10：11680、G10：10318、YSI②B：1623、G10：10317
老年组	120以上	2件	M2、M3长度缩短，嚼面齿质磨蚀下凹	G10：3976、YSI②A：2211

通过计算可知以幼年和青年为代表的未成年个体占11.76%，以成年和老年为代表的成年个体占88.24%。

2. 骨骼愈合材料的年龄推断

水牛出土了大量各种部位的骨骼，对于水牛不同时段的骨骼愈合观察部位与黄牛相同。各部位的统计数据见表5-8。

表5-8　水牛骨骼年龄观察统计表

年龄级别	愈合年龄（月）	骨骼部位	愈合数量	未愈合数量	愈合中数量	未愈合百分比	愈合百分比
早期愈合	12～18	肱骨远端	104	1	11	10%	
	12～18	桡骨近端	85	2	9	11%	
		跖骨近端	60	0	0	0	
		总数	249	3	20	8%	92%
中期愈合	24～30	胫骨远端	86	7	2	9%	
	24～36	跖骨远端	85	11	2	13%	
	36～42	跟骨近端	64	16	5	25%	
		总数	235	34	9	15%	85%

续表

年龄级别	愈合年龄（月）	骨骼部位	愈合数量	未愈合数量	愈合中数量	未愈合百分比	愈合百分比
晚期愈合	42～48	胫骨近端	73	20	2	23%	
	42～48	肱骨近端	16	1	7	33%	
	42	股骨近端	66	18	4	25%	
	42～48	股骨远端	58	12	0	17%	
	42～48	桡骨远端	47	2	9	19%	
		总数	260	53	22	22%	78%

在此将水牛的早期、中期、晚期愈合时间设定为与黄牛相同，即早期愈合定为18个月，中期为42个月，晚期为48个月。因此根据上表统计达到早期愈合的占92%，达到中期愈合的占85%，达到晚期愈合的占78%。

3. 分析与讨论

比较牙齿材料和骨骼材料的年龄判断可知，愈合材料达到4岁的水牛占78%，根据牙齿材料达到4岁的水牛为88.24%，牙齿材料的成年比例比骨骼材料的成年比例略高，但总体来看数据是大致吻合的。

水牛的年龄中以成年个体为主，可见同样不是以最优获取肉食资源为饲养目的，而且通过水牛与黄牛的成年个体百分比比较可看出，水牛的饲养年龄比黄牛的饲养年龄更大。

四、山羊年龄分析

1. 牙齿材料的年龄推断

本研究中山羊牙齿生长和磨蚀判断年龄标准，参考《动物年龄鉴别法》中的年龄划分判断标准[①]（表5-9）。

表5-9　山羊牙齿年龄观察统计表

年龄（月）	内容	数量（件）
2～6	M1三级萌出未磨蚀	3
6～12	M2初级磨蚀	2
12～18	M3中级萌出	3
24～48	M3磨蚀	4

山羊带牙齿的下颌骨共计12件，其中12个月以下即1岁以下的山羊占41.67%，2岁以下的共占66.67%，2岁以上的占33.33%。

① 王钧昌、孙国斌：《动物年龄鉴别法》，中国农业出版社，1996年，第94页。

2. 骨骼愈合材料的年龄推断

根据山羊不同骨骼的愈合时间不同，结合遗址出土的山羊骨骼情况，选择肱骨远端、桡骨近端作为早期愈合观察对象，选择胫骨远端为中期愈合观察对象，选择胫骨近端、股骨近端、股骨远端、桡骨远端作为晚期愈合观察对象。各部位的统计数据见表5-10。

表5-10　山羊骨骼愈合状况统计表

年龄级别	愈合年龄（月）	骨骼部位	愈合数量	未愈合数量	愈合中数量	未愈合百分比	愈合百分比
早期愈合	11～13	肱骨远端	2	0	2	50%	
	4～9	桡骨近端	3	0	1	100%	
		总数	5	0	3	38%	62%
中期愈合	19～24	胫骨远端	3	0	1	25%	
		总数	3	0	1	25%	75%
晚期愈合	23～60	胫骨近端	1	2	0	67%	
	23～84	股骨近端	0	0	1	100%	
	23～60	股骨远端	0	0	1	100%	
	33～84	桡骨远端	2	3	0	60%	
		总数	3	5	2	70%	30%

山羊以肱骨、桡骨、股骨、胫骨统计骨骼愈合年龄，共有22件骨骼的24个统计部位纳入观察对象。结果显示早期、中期、晚期愈合的比例分别为62%、75%、30%。中期愈合的比例大于早期愈合的比例，这与实际情况不吻合。经分析造成这种现象的主要原因是由于标本基数不多，存在统计上的误差。因此，只将早期愈合和晚期愈合的比例进行分析。

3. 分析与讨论

从牙齿材料来看，1岁以下的山羊占41.67%，从骨骼材料来看，1岁以下的山羊占38%，而这两种材料显示超过2岁的山羊比例都在30%左右。由于材料总体数量不多，我们只能得出一种模糊的认识，即山羊存在各个阶段的屠宰年龄，这应该是当时人们根据自己所需来屠宰山羊的一种情况。根据遗址中出土的大部分山羊骨骼为2岁以下，推断山羊的主要饲养目的是为了最优获取肉食资源。

五、马年龄分析

马牙材料出土不多，共计出土41件。对此我们采取对牙齿材料和骨骼材料宏观考察的方式。从出土的3件带牙齿的下颌骨来看，牙齿磨蚀严重，代表马的中老年个体。出土马的骨骼愈合材料中各种肢骨如肱骨、桡骨、掌骨、胫骨、跖骨共计15件，都已达到了愈合标准。

出土材料中牙齿磨蚀和骨骼愈合显示的年龄结构是一致的，都为成年马，而且根据观察到的牙齿磨蚀程度来看，马的年龄为10岁以上的马，这反映出养马不是以食用为目的，而是利用马的运输功能，所以马的年龄普遍偏大。当这些老年马的运力下降，不符合其理想的需求时，可能才会对马进行屠宰食用。

六、狗年龄分析

狗的各种骨骼材料共出土34件，其中下颌骨14件，都已完成换齿，代表都是已成年的狗。在狗的骨骼愈合材料中仅出土狗的肱骨、股骨、胫骨共计5件，这5件骨骼都已达到了愈合标准，显示均为成年个体。

狗的牙齿萌生磨蚀和骨骼愈合的年龄观察结果是吻合的，说明当时都是屠宰成年个体的狗，从狗的屠宰年龄上说明狗不一定是以获取肉食为主要饲养目的，应该是着重于它的利用功能，比如作为猎犬培养，或看家护院。

七、鸡年龄分析

鸡的年龄结构研究只能根据出土的骨骼愈合状况进行分析，由于目前对于鸟类不同骨骼部位的愈合时间还所知甚少，在此将鸡的各种主要肢骨的骨骼愈合状况进行统计，其数据见表5-11，需要说明的是，对于鸟禽类骨骼的愈合状况统计未区分近端、远端。

表5-11　鸡骨骼愈合状况统计

骨骼部位	总数	愈合	未愈合	未愈合百分比
喙骨	47	30	17	36.17%
肱骨	204	172	32	15.69%
尺骨	91	70	21	23.08%
桡骨	30	24	6	20.00%
股骨	152	129	23	15.13%
胫骨	74	65	9	12.16%
跗跖骨	141	110	31	21.99%

鸡未愈合骨骼相对于愈合骨骼更为脆弱，保存比较困难，但从现存骨骼来看，每种骨骼都有一定比例的未愈合标本，比例为12%～36%。从有的骨骼如喙骨、尺骨、跗跖骨都有20%以上的未愈合比例来看，当时对鸡的消费存在一定比例的未成年鸡。这在一定程度上反映了当时人们的饲养水平较为成熟，可根据自身需求屠宰不同年龄阶段的鸡，并且应该是以获取肉食（包括蛋）为主要饲养目的。

八、鸭年龄分析

对鸭的主要几种肢骨进行愈合状况的统计，其统计数据及未愈合百分比见表5-12。

表5-12　鸭骨骼愈合状况统计

骨骼部位	总数	未愈合	愈合	未愈合百分比
喙骨	4	0	4	0
肱骨	31	3	28	10%
尺骨	4	0	4	0
桡骨	4	0	4	0
股骨	5	0	5	0
胫骨	24	2	22	8%
腕掌骨	16	8	8	50%
跗跖骨	9	2	7	22%

鸭的统计标本数量比鸡少，其中喙骨、尺骨、桡骨、股骨的标本量都只有4～5件，这些标本中没有发现未愈合标本。其余肱骨、胫骨、腕掌骨、跗趾骨的标本数量都超过9件以上，每种骨骼都有一定未愈合标本，其比例在8%～50%。虽然我们对鸭的具体骨骼愈合年龄不甚了解，且鸭的骨骼标本数量基数不大，但从相对出土较多的肢骨中都发现有一定比例的未愈合标本来看，可以发现消费的未成年鸭占有一定比率，这应该是一种根据自身消费需要屠宰不同年龄鸭的反映，也是一种以肉食消费为主要饲养目的的体现。

现代的家禽类动物，一般分为肉用型、蛋用型和兼用型。从老司城鸡、鸭的结构来看，未见幼年鸡、鸭骨骼，青年鸡、鸭占一定比例，这种鸡应是以获取肉食为目的，根据这些青年鸡、鸭的骨骼长度大致是成年的70%～90%，其个体肉量估计也是成年的70%～90%。成年鸡、鸭所占比例最大，这部分鸡、鸭应该有以获取产蛋为目的的蛋用型鸡、鸭，也有以获取肉为目的的肉用型鸡、鸭，或兼用型鸡、鸭。存在的一定数量的成年鸡可能是作为种鸡饲养。

九、鹅年龄分析

鹅出土有肱骨、胫骨、股骨、腕掌骨、跗趾骨这几种骨骼，每种数量只有1～5件，仅就这些标本来看，均为完全愈合的标本，即这些标本代表的鹅都已成年。对于鹅来说，由于标本量太少，对于其年龄的判断不便过多分析，但对于鹅的饲养策略应大致与鸡、鸭类家禽的饲养策略相同，其年龄结构可能相近。

十、分析与讨论

观察结果显示，家养动物死亡年龄分为两种类型，一种是以未成年或刚成年的个体为主，如猪、山羊、鸡、鸭，这反映出以最经济地获取肉食为目的的饲养策略。一种是以成年个体为主，如水牛、黄牛、马、狗，反映出对这些动物不仅是为了获取肉食，还有其他利用功能的饲养意图。

第三节　野生动物年龄分析

野生动物的年龄分析主要是以鹿科动物为主，即水鹿、梅花鹿、赤麂、小麂，因为这几种动物出土牙齿材料和骨骼材料相对较为丰富。其次对大中型的凶猛动物如虎、黑熊、豹、野猪的年龄进行了分析。其他小动物如猕猴、豪猪、竹鼠只做粗略观察。水生动物由于出土数量少，在此不纳入年龄观察分析范围。

一、水鹿年龄分析

1. 牙齿材料的年龄推断

在用牙齿判断年龄研究中，主要参考王华等对铜川瓦窑沟遗址中梅花鹿牙齿萌出和磨蚀的年龄标准[①]，再根据老司城遗址出土的水鹿下颌不同颊齿磨蚀与萌生级别的组合情况，对水鹿的年龄进行推理。老司城遗址水鹿牙齿年龄分析标本共11件，各年龄段数量统计如下表5-13。

表5-13　水鹿牙齿年龄观察统计表

年龄（月）	数量（件）	牙齿萌生磨蚀特征
6 ~ 12	3	M2初级萌出，M1三级萌生，齿尖磨蚀
12 ~ 18	2	M2中级萌生
18 ~ 24	2	M2三级萌生
24 ~ 30	1	DP3、DP4磨蚀严重
30 ~ 36	1	M3中级萌生
48 ~ 60	1	M3磨蚀露出齿质点
60 ~ 84	1	M3齿质点磨蚀扩大

水鹿第三臼齿完全萌出大致在3岁以后，在此以3龄作为水鹿成年的标准。根据上表统计可看出，未达到3岁的水鹿牙齿标本共9件，占总数的81.82%。达到3岁以上的标本仅2件，占总数的18.18%。因此牙齿材料显示水鹿未成年个体比例远大于成年比例。

2. 骨骼愈合材料的年龄推断

水鹿各种肢骨都有出土，但数量基数不大，根据不同骨骼的愈合年龄情况和骨骼出土数量，选择以肱骨远端、桡骨近端、跖骨近端作为早期愈合观察部位。胫骨远端、跟骨近端、跖骨远端为中期愈合观察部位，胫骨近端、肱骨近端、股骨近端、股骨远端、桡骨远端为晚期愈合观察部位，各部位的愈合情况统计数据见表5-14。

---

① 王华、王炜林、胡松梅：《仰韶时代人类狩猎梅花鹿的策略：以铜川瓦窑沟遗址为案例》，《人类学学报》2014年第33卷第1期，第93页。

表5-14　水鹿骨骼愈合统计表

年龄级别	愈合年龄（月）	骨骼部位	愈合数量	未愈合数量	愈合中数量	未愈合百分比	愈合百分比
早期愈合	12～20	肱骨远端	28	0	3	10%	
	5～8	桡骨近端	16	0	3	16%	
	?	跖骨近端	25	1	0	4%	
		总数	69	1	6	9%	91%
中期愈合	20～23	胫骨远端	1	2	0	67%	
	26～29	跟骨近端	30	8	1	23%	
	26～29	跖骨远端	10	2	0	17%	
		总数	41	12	1	24%	76%
晚期愈合	26～42	胫骨近端	11	1	2	21%	
	≥42	肱骨近端	10	0	1	9%	
	32～42	股骨近端	38	19	3	37%	
	26～42	股骨远端	28	15	0	35%	
		桡骨远端	20	1	2	13%	
		总数	107	36	8	29%	71%

本文大致将水鹿早期愈合的时间设定在18个月，中期愈合的时间设定在30个月，晚期愈合时间大致在42个月。根据骨骼愈合材料统计，早期愈合的水鹿占91%，达到中期愈合的占76%，达到晚期愈合的占71%。

3. 分析与讨论

水鹿牙齿材料显示未成年个体占总数的81.82%，而成年个体，即超过3岁的比例只占18.18%；骨骼愈合材料显示达到晚期愈合，即大约超过3.5岁的水鹿达到71%。这两种材料显示的水鹿年龄结构完全不相匹配，造成这种结果的具体原因一方面可能是受牙齿标本基数不大，未成年个体牙齿标本由于偶然性因素比率略大，另一方面由于未愈合骨骼不便于保存、采集、鉴定，所以肢骨统计中未愈合的骨骼比率偏低。综合各方面因素，我们倾向于根据牙齿材料作水鹿年龄结构分析，即牙齿材料反映出当时狩猎的水鹿中存在相当大的未成年个体。人类在大量捕猎某些特定动物的情况下，会影响到这些动物的自然生长规律，导致其种群个体大小或年龄结构的改变，这就是狩猎压。水鹿的年龄特点显示出存在大量的未成年个体，这说明它们承受着很大的狩猎压。

二、梅花鹿年龄分析

1. 牙齿材料的年龄推断

梅花鹿带臼齿的下颌骨标本共有11件，可作为年龄分析材料。在使用牙齿材料进行年龄分析时，我们对于年龄小的个体年龄段分得更细，因为有各种牙齿的萌生及换齿规律可以遵循。成年以后，只能根据牙齿的磨蚀状况进行年龄推断，而磨蚀状况受性别、个体差异、食物种类等各种因素影响，因此会有一定误差。对此，我们采取了较为宽泛的年龄区间划分方法，以尽量减少误差。根据梅花鹿的生长特点，现将年龄阶段做如下划分：0～6个月归为幼年，6～12个月为少年，12～30个月为青年，30～36个月为刚成年，36～96个月以上为成年，96个月以上为老年。各种统计见下颌骨年龄统计表（表5-15）。

表5-15　梅花鹿牙齿年龄观察统计表

年龄组	月龄	数量（件）	标本编号	萌生磨蚀状况
幼年组	0～6	2	M1中级萌出	标本G10：14347，G10：11979
少年组	6～12	1	M2中级萌出	标本G10：10316
青年组	12～30	1	P4初级萌出	标本G10：14081
刚成年组	30～36	3	P4未磨蚀，M3轻微磨蚀	标本G10：10794、G10：12712、G10：11784
成年组	48～96	3	已换完成换齿，臼齿齿尖逐渐磨平，齿冠降低	标本G10：13968、YSI②B：2452、YSI③：6902
老年组	96以上	1	P2、P3齿冠磨蚀严重	G10：13990

各标本的年龄判断是根据保存的具体牙齿的萌生磨蚀的情况做出的年龄推断，对每一件带牙齿的下颌骨的年龄进行判断。但由于某些标本牙齿保存的数量不多，在年龄判断上可能会存在一定误差。根据上表的牙齿年龄判断，幼年个体、青年个体、老年个体各一件，其余6件都为成年个体。如果以30个月龄作为梅花鹿成年与未成年的标准，则未成年的标本共计4件，占36.36%，成年的标本7件，占63.64%。

2. 骨骼愈合材料的年龄推断

统计梅花鹿骨骼愈合情况所使用的方法与水鹿相同，各部位的愈合情况统计数据见表5-16。

表5-16　梅花鹿骨骼愈合状况统计表

年龄级别	愈合年龄（月）	骨骼部位	愈合数量	未愈合数量	愈合中数量	未愈合百分比	愈合百分比
早期愈合	12～20	肱骨远端	36	0	2	5%	
	5～8	桡骨近端	10	1	5	38%	
	?	蹠骨近端	28	2	1	10%	
		总数	74	3	8	13%	87%
中期愈合	20～23	胫骨远端	26	5	1	19%	
	26～29	跟骨近端	24	2	3	17%	
	26～29	蹠骨远端	18	8	1	33%	
		总数	68	15	5	23%	77%
晚期愈合	26～42	胫骨近端	35	5	3	19%	

续表

年龄级别	愈合年龄（月）	骨骼部位	愈合数量	未愈合数量	愈合中数量	未愈合百分比	愈合百分比
晚期愈合	≥42	肱骨近端	12	3	5	40%	
	32～42	股骨近端	9	7	0	44%	
	26～42	股骨远端	12	2	3	29%	
		桡骨远端	8	2	2	33%	
		总数	76	19	13	30%	70%

根据上表统计显示，达到早期愈合的比例为87%，即大致有87%的梅花鹿达到18月龄。达到中期愈合的比例为77%，即大致有77%的梅花鹿达到30月龄。达到晚期愈合的比例为70%，即大致有70%的梅花鹿达到42月龄。

此处将以上梅花鹿的骨骼愈合观察标本逐一作成年与否的分析解读，即将标本根据骨骼部位和愈合程度划分为未成年、成年及不确定3种。对表5-16中所有标本进行判断，此处将30月龄作为梅花鹿是否成年的标准，具体分析见表5-17。

表5-17　梅花鹿成年与否判断统计表

观察标本	骨骼部位	愈合年龄（月）	愈合状况	数量	判断是否成年
早期愈合标本	肱骨远端	12～18	已愈合	36	?
	肱骨远端	12～18	未愈合	0	
	肱骨远端	12～18	愈合中	2	未成年
	桡骨近端	5～8	已愈合	10	?
	桡骨近端	5～8	未愈合	1	未成年
	桡骨近端	5～8	愈合中	5	未成年
	跖骨近端	?	已愈合	28	?
	跖骨近端	?	未愈合	2	未成年
	跖骨近端	?	愈合中	1	未成年
中期愈合标本	胫骨远端	20～23	已愈合	26	?
	胫骨远端	20～23	未愈合	5	未成年
	胫骨远端	20～23	愈合中	1	未成年
	跟骨近端	26～29	已愈合	24	?
	跟骨近端	26～29	未愈合	2	未成年
	跟骨近端	26～29	愈合中	3	未成年
	跖骨近端	26～29	已愈合	18	?
	跖骨近端	26～29	未愈合	8	?
	跖骨近端	26～29	愈合中	1	未成年
晚期愈合标本	胫骨近端	26～42	已愈合	35	?
	胫骨近端	26～42	未愈合	5	?
	胫骨近端	26～42	愈合中	3	?
	肱骨近端	≥42	已愈合	12	成年
	肱骨近端	≥42	未愈合	3	?

续表

观察标本	骨骼部位	愈合年龄（月）	愈合状况	数量	判断是否成年
晚期愈合标本	肱骨近端	≥42	愈合中	5	成年
	股骨近端	32～42	已愈合	9	成年
	股骨近端	32～42	未愈合	7	?
	股骨近端	32～42	愈合中	0	成年
	股骨远端	26～42	已愈合	12	?
	股骨远端	26～42	未愈合	2	?
	股骨远端	26～42	愈合中	3	成年
	桡骨远端	?	已愈合	8	?
	桡骨远端	?	未愈合	2	?
	桡骨远端	?	愈合中	2	?
合计				281	

在以上总数为281件愈合标本观察中，大部分年龄标本都不能确定是否成年，能作为判断是否成年的标本仅为52件，这其中有29件为成年标本，占可判断总数的55.77%，有23件为未成年标本，占可判断总数的44.23%。因此按照以上的方式分析数据，达到30月龄的梅花鹿占55.77%，未达到30月龄的梅花比例为44.23%。这种对骨骼愈合状况的判读也是一种解读方式，可供分析，但在下面的分析中本文没有采用这种判读数据。

3. 分析与讨论

按照30月龄为梅花鹿成年与未成年的标准，牙齿材料显示未成年占36.36%，成年的占63.64%。骨骼愈合材料显示未成年占23%，成年的占77%。由此可看出，在成年与未成年的比例上两者不完全匹配，即牙齿材料显示的未成年比例要比骨骼材料显示的未成年比例高出约13%，总的来看，这两种数据显示的都是未成年比例低于成年个体比例。但未成年比例都已达到了相当高的比例，显示当时人们已经对梅花鹿造成了较大的狩猎压。

通过梅花鹿和水鹿的年龄比较，我们可以发现，水鹿牙齿材料显示的未成年比例高达81.82%，捕获水鹿的未成年个体多于成年个体，这是否说明当时水鹿作为大型鹿所承受的狩猎压要大于作为中型鹿的梅花鹿，即鹿科动物由于个体的大小区别，其所承受的捕捞压是不同的。

三、小麂年龄分析

1. 牙齿材料的年龄推断

小麂可鉴定年龄的下颌骨标本相对较多，共29件，为我们了解捕获小麂的年龄提供了很好的基础。本研究中小麂的牙齿生长和磨蚀判断年龄的标准参照《中国鹿类动物》中黄麂牙齿生长、臼齿磨损与年龄关系[①]。各种年龄标本数量见表5-18。

表5-18　小鹿牙齿年龄观察统计表

年龄	数量	萌生磨蚀状况
4～5月	1件	M2初级萌生
6～9月	1件	M2中级萌生
1岁	1件	DP3、DP4磨蚀严重，M3中级萌生
1.5岁	1件	P3初级萌出，M3三级萌生
2岁	10件	M3齿尖未磨蚀或轻微磨蚀
3岁	6件	M3齿尖齿质轻微磨蚀
4岁	4件	M1齿尖中级磨蚀
5岁	2件	M1齿尖完全磨蚀
6岁	2件	M1嚼面仅见后部釉质环，齿面斜平
7岁	1件	M1嚼面釉质环磨蚀完，只见齿质

将1.5岁作为小鹿达到成年标准的年龄。从上表统计中看出，1.5岁以下未成年的小鹿牙齿标本只有3件，占总数的10.34%。达到1.5岁的标本共计26件，占总数的89.66%。可见大部分达到了成年标准。这其中以2～4岁的标本数量多，明显高于其他年龄阶段，共20件，占总数的68.97%。

2. 骨骼愈合材料的年龄推断

对于小鹿的骨骼愈合分析，我们选择的观察骨骼愈合部位与水鹿、梅花鹿大致相同，但我们没有查找到这几种骨骼愈合的具体月龄，在此只分早期愈合、中期愈合、晚期愈合（表5-19）。

表5-19　小鹿骨骼愈合状况统计表

年龄级别	骨骼部位	愈合数量	未愈合数量	愈合中数量	未愈合百分比	愈合百分比
早期愈合	肱骨远端	20	3	3	23%	
	桡骨近端	10	0	4	29%	
	跖骨近端	38	0	1	3%	
	总数	68	3	8	14%	86%
中期愈合	胫骨远端	26	5	1	19%	
	跟骨近端	2	1	0	33%	
	跖骨远端	33	6	2	20%	
	总数	61	12	3	20%	80%

① 盛和林等著：《中国鹿类动物》，华东师范大学出版社，1992年，第136～138页。

续表

年龄级别	骨骼部位	愈合数量	未愈合数量	愈合中数量	未愈合百分比	愈合百分比
晚期愈合	胫骨近端	35	5	3	19%	
	肱骨近端	6	1	2	33%	
	股骨近端	9	7	0	44%	
	股骨远端	12	2	3	29%	
	总数	62	15	8	27%	73%

小麂骨骼材料显示早期愈合比例为86%，中期为80%，晚期为73%。从骨骼愈合材料中显示大部分小麂达到晚期愈合标准。

3. 分析与讨论

由于我们未曾获知小麂的各种骨骼部位愈合的大致时间，因此无法开展进一步的具体年龄比较。但从大的方面来看，牙齿材料和骨骼材料是吻合的，即大部分小麂都已达到成年标准。

由于牙齿标本达到了一定的基数，且可以对年龄做出具体的解读，在此我们更偏重以牙齿磨蚀情况为标准分析年龄。在《中国鹿科动物》中，对小麂的生态年龄调查显示“在猎捕情况下，2～4龄麂正值生命力最旺盛期，死亡率应低于幼龄个体。但由于狩猎压很高，致使2～4龄个体平均期望寿命均低于1.5岁。这种年龄类型反映了狩猎压很高的种群生命过程的特征，即动物大多在年青时死去，种群主要由低龄个体组成，壮老年个体比例很低”①。老司城小麂的死亡年龄分布与上述情况一致。说明小麂承受很高的狩猎压。由于牙齿材料中未成年个体标本数量大约10%，如果排除未愈合骨骼不易保存采集的因素，那么可能人们当时狩猎时有意放弃对幼年个体小麂的捕猎。

综上所述，可得到这样两个认识。第一，小麂承受很高的狩猎压。1龄幼麂被捕率较低，而2～4龄的被捕率很高。第二，小麂这种小型鹿科动物与大中型鹿科动物承受狩猎压的年龄分布是不同的。

四、赤麂年龄分析

1. 牙齿材料的年龄推断

赤麂与小麂（黄麂）都属于小型鹿科动物，本研究中赤麂的牙齿生长和磨蚀判断年龄的标准参照《中国鹿类动物》中黄麂牙齿生长、臼齿磨损与年龄关系②。赤麂下颌骨带臼齿的可鉴定年龄的标本共18件。各年龄分布见表5-20。

① 盛和林等著：《中国鹿类动物》，华东师范大学出版社，1992年，第139页。

② 盛和林等著：《中国鹿类动物》，华东师范大学出版社，1992年，第136～138页。

表5-20　赤鹿牙齿年龄观察统计表

年龄	标本数量	牙齿萌生磨蚀状况
1岁	3件	DP3磨蚀严重
1.5岁	2件	M3三级萌出
2岁	7件	M3齿尖有磨蚀
3岁	4件	M3齿尖略磨蚀
4岁	1件	M3齿尖中度磨蚀
5岁	1件	M1嚼面中度磨蚀

按照赤鹿1.5龄达到成年的标准。则上表统计中未达到1.5岁下颌骨3件，占总数的16.67%，达到1.5岁的共计15件，占总数的83.33%。其中2～3岁的赤鹿数量明显最多，共11件，占总数的61.11%。

2. 骨骼愈合材料的年龄推断

赤鹿骨骼愈合状况的统计与小鹿的相同，共10个骨骼部位作为早期、中期、晚期三种愈合状况分析（表5-21）。

表5-21　赤鹿骨骼愈合状况统计表

年龄级别	骨骼部位	愈合数量	未愈合数量	愈合中数量	未愈合百分比	愈合百分比
早期愈合	肱骨远端	10	1	2	23%	
	桡骨近端	7	2	1	30%	
	跖骨近端	13	1	1	13%	
	总数	30	4	4	21%	79%
中期愈合	胫骨远端	12	1	0	8%	
	跟骨近端	3	0	0	0	
	跖骨远端	9	6	1	44%	
	总数	24	7	1	25%	75%
晚期愈合	胫骨近端	17	7	4	39%	
	肱骨近端	10	2	1	23%	
	股骨近端	17	7	0	29%	
	股骨远端	27	6	3	25%	
	总数	71	22	8	30%	70%

通过上表可知，骨骼材料中早期愈合比例为79%，中期愈合比例为75%，晚期愈合比例为70%。从统计上符合骨骼早期愈合比晚期愈合高的规律，但是可以看出骨骼愈合状况的统计对年龄变化不敏感。因为早期只比晚期多了9个百分点，这可能与实际情况有所出入。

3. 分析与讨论

赤鹿牙齿材料和骨骼材料均显示大部分赤鹿达到成年的标准。与小鹿的牙齿材料显示相同，大部分赤鹿个体的年龄都在2～3岁，占总数的61.11%。这一年龄阶段个体的比例大可能是当时人们放弃个体较小的未成年个体，而较多狩猎刚成年的赤鹿导致的。

从总体来看，赤麂的牙齿年龄显示未成年及刚成年的赤麂占相当大的比例，说明赤麂承受相当大的狩猎压。从统计的结果来看，赤麂与小麂的年龄分布较为接近，这是否说明类型、大小个体相近的动物在死亡年龄上也有相似性。

五、虎年龄分析

虎的骨骼共出土76件，有5件带牙齿的下颌骨材料，其中4件为成年个体，通过磨蚀情况来看，应是中年个体。1件为未成年个体，牙齿未换齿。因此从牙齿材料来看未成年的个体占20%，成年的个体占80%。

在骨骼愈合状况分析中，将出土虎的肱骨、桡骨、股骨、胫骨共计39件进行愈合状况观察统计。各种骨骼愈合状况见表5-22。

表5-22　虎骨骼愈合状况统计表

愈合状况	骨骼部位	愈合数量	未愈合数量	愈合中数量	未愈合百分比	愈合百分比
早期愈合	肱骨远端	8	0	2	20%	
	桡骨近端	1	0	1	50%	
	合计	9	0	3	17%	83%
中期愈合	胫骨远端	3	0	0	0	100%
晚期愈合	胫骨近端	3	1	2	50%	
	桡骨远端	2	0	1	33%	
	肱骨近端	1	0	3	75%	
	股骨近端	8	0	0	0	
	股骨远端	9	4	0	31%	
	合计	23	5	6	35%	65%

早期愈合标本共计12件，愈合的比例为83%。中期愈合标本仅3件，都已达到愈合标准。晚期愈合观察标本34件，愈合比例为65%。从早期愈合比例为83%，推知应有17%的未成年比例。从晚期愈合比例为65%说明大部分个体都已达到了晚期愈合标准，即都已成年。

总体来看，牙齿材料和骨骼愈合材料显示的年龄结构较为匹配，即以成年的个体占多数，也有一定的未成年比例。

六、豹年龄分析

豹的下颌骨牙齿材料出土相对较多，共31件，其中有4件为未换齿完成的，即未换齿的比例为12.9%，其他的下颌骨都已完成换齿。对于已完成换齿的下颌骨材料的年龄判断目前还不能进行更深入的细化分析，但观测到有1件下颌骨的牙齿磨蚀得非常严重（G10：45），可以确认这一件下颌骨代表一个老年个体。

出土豹的肱骨、桡骨、胫骨、股骨共计24件，各种骨骼愈合状况见表5-23。

表5-23　豹骨骼愈合状况统计表

年龄级别	骨骼部位	愈合数量	未愈合数量	愈合中数量	未愈合百分比	愈合百分比
早期愈合	肱骨远端	4	0	1	20%	
	桡骨近端	2	0	0	0	
	合计	6	0	1	14%	86%
中期愈合	胫骨远端	0	0	1	100%	100%
晚期愈合	胫骨近端	0	2	0	100%	
	桡骨远端	0	4	1	100%	
	肱骨近端	3	0	1	25%	
	股骨近端	4	1	2	43%	
	股骨远端	1	1	1	67%	
	合计	8	8	5	44%	56%

早期愈合观察标本7件，愈合比例为86%，有14%的未达到愈合标准，代表有14%的未成年。中期愈合观察标本仅1件。晚期愈合观察标本21件，愈合比例为56%，未愈合比例为44%。即达到晚期愈合的标本比例略大于未达到晚期愈合标本的比例。

牙齿材料中有12.9%的未完成换齿，骨骼材料中有14%的未到达早期愈合，从这两者数据来看，牙齿材料和骨骼材料显示的年龄结构是匹配的。因此从牙齿材料和骨骼材料都显示狩猎的豹中存在一部分的未成年比例，但豹成年比例显然多于未成年比例。总体来看，捕获成年的豹的比例应占多数，这一点似可反映出当时豹的自然年龄分布。

七、熊年龄分析

出土黑熊的骨骼共39件，其中有带牙齿的下颌骨一对，该标本已完成换齿，结合磨蚀状况来看已达到成午标准。

出土黑熊的肱骨、桡骨、股骨、胫骨共计16件，各种骨骼愈合状况见表5-24。

表5-24　黑熊骨骼愈合状况统计表

年龄级别	骨骼部位	愈合数量	未愈合数量	愈合中数量	未愈合百分比	愈合百分比
早期愈合	肱骨远端	5	0	1	17%	
	桡骨近端	1	0	0	0	
	合计	6	0	1	14%	86%
中期愈合	胫骨远端	5	1	0	17%	87%
晚期愈合	胫骨近端	1	0	0	0	
	桡骨远端	1	1	0	50%	
	肱骨近端	1	0	0	0	
	股骨近端	3	0	0	0	
	股骨远端	1	0	0	0	
	合计	7	1	0	14%	86%

总体来看，早期、中期、晚期的愈合比例为86%、87%、86%，三个比值接近，各阶段骨骼都是以愈合骨骼为主。从骨骼早期愈合材料显示未成年的个体有一定比例。由于黑熊牙齿材料和骨骼愈合状况观察的标本数量不多，因此我们对于黑熊的年龄结构分析持谨慎态度。

八、野猪年龄分析

1. 牙齿材料分析

野猪进行观察的带牙齿的下颌骨标本共计11件，各年龄段的统计件数见表5-25。

表5-25　野猪牙齿年龄观察统计表

月龄（月）	件数（件）	标本编号
0～6	1	标本L6：33
6～12	1	标本G10：10859
12～18	2	标本YSI②B：2468、G10：10654
18～24	1	标本YSI②B：2792
24～30	2	标本G18：2206、G10：10626
>30	4	标本G18：2233、G18：129、G10：10854、G18：2249

按照野猪两岁为成年标准，根据上表统计结果，未成年的共有5件，约占总数的45%，成年的为6件，占总数的55%。成年的比例略大于未成年的比例。

2. 骨骼愈合状况分析

出土野猪的肱骨、桡骨、股骨、胫骨共计50件，各种骨骼愈合状况见表5-26。

表5-26　野猪骨骼愈合状况统计表

年龄级别	愈合年龄	骨骼部位	愈合数量	未愈合数量	愈合中数量	未愈合百分比	愈合百分比
早期愈合	12～18月	肱骨远端	10	0	3	23%	
	12月	桡骨近端	4	0	0	0	
		合计	14	0	3	18%	82%
中期愈合	24月	胫骨远端	6	0	1	14%	86%
晚期愈合	42月	胫骨近端	4	4	2	60%	
	42月	桡骨远端	3	1	0	25%	
	42月	肱骨近端	1	1	0	50%	
	42月	股骨近端	3	1	1	40%	
	42月	股骨远端	3	3	1	57%	
		合计	14	10	4	50%	50%

野猪的早期愈合、中期愈合、晚期愈合的比例分别为82%、86%、50%，其中早期愈合的比例略低于中期愈合的比例。

3. 分析

受鉴定水平的限制，部分未成年的野猪标本可能归入了家猪，这会对统计结果造成一定影响。总体来看，以2岁为野猪的成年标准，无论牙齿材料还是骨骼材料都显示成年个体数量超过未成年个体数量。

九、猕猴、豪猪、竹鼠年龄观察

这几种小动物，由于出土的骨骼材料不多，在此只做一个粗略的考察。

1. 牙齿材料

出土了7件豪猪、1件竹鼠的带牙齿下颌骨，这些牙齿的磨蚀程度不同，但都已完成换齿，推测已达到成年标准。

2. 骨骼材料

出土的猕猴18件肢骨中，3件未达到愈合标准，其余15件都已达到愈合标准，愈合比例为83.33%。豪猪共出土的3件肢骨中，2件达到愈合标准，1件接近愈合。大体以愈合骨骼为主。

3. 分析

根据出土的牙齿和骨骼材料来看，捕获的猕猴、豪猪、竹鼠这几种小动物应以成年个体为主，少量未成年个体。这比较符合这些动物在当时自然界的年龄阶段分布。

十、分析与讨论

清代编撰的《永顺宣慰司志》中记载的禽兽有：虎、豹、狸、野猫、茨猪、獾、豺、狼、山牛、山羊、兔、麂、獐、黄鼠狼、穿山甲、锦鸡、岩鸡、白鹇、野鸡、鹌鹑、斑鸠、画眉等[①]。山牛应是苏门羚，狸、野猫、獾等中小型哺乳动物可能是由于骨骼较小等原因没有被保存下来，但是遗址中被鉴定为狗的下颌骨中是否有豺，被鉴定为鸡的骨骼中是否存在一些其他种类的野生鸟类，还有待进一步研究。有一点重要信息是，《永顺宣慰司志》里面没有提到大中型鹿科动物，即水鹿和梅花鹿，而遗址中水鹿可鉴定标本数为754件，梅花鹿可鉴定标本数为610件，是仅次于猪、黄牛、水牛之后出土数量最多的哺乳动物，但是在清代文献中已没有记载这两种动物，无怪乎当地老人看到过老虎、豹子，但从未听过有水鹿、梅花鹿之类的大中型鹿科动物。结合水鹿和梅花鹿的年龄研究，显示这两种动物确实承受着很大的狩猎压，因此，很可能水鹿、梅花鹿在当地的灭绝时间为明代，其主要原因应是人类的过度狩猎所致。

① 转引湖南省文物考古研究所、湘西自治州文物局、永顺县文物局：《永顺老司城》，科学出版社，2014年，第879页。

由于其自身目标较大，繁衍较慢，而当时的狩猎工具已有所发展，可能已开始使用火枪进行狩猎，所以最终导致了这两种鹿科动物在当地的灭绝。

第四节 小 结

一、动物年龄研究方法回顾

对于本研究中运用牙齿和骨骼材料观察年龄，我们总体上更看重牙齿材料反映的年龄数据。因为牙齿材料观察年龄在确定时间段较为精确，而且可以根据磨蚀程度做成年后的持续年龄观察。当然，由于研究范围尚有不足，因此除人类利用较多的猪、牛、羊、马、鹿外，我们对大多数动物的牙齿萌生磨蚀所对应的具体年龄还缺乏了解。

骨骼是判断动物年龄的一种重要材料。骨骼愈合状况的统计有自身优势的，比如可以直接观察一件动物愈合还是未愈合。不像动物牙齿一样需要了解动物牙齿萌生和磨蚀的年龄。这在观察统计上较为简单。同时，主要肢骨和一些主要骨骼如盆骨、头骨等都可以作为年龄观察对象，因此比单纯依靠牙齿来观察年龄在骨骼材料的选取上更为宽松。使用骨骼愈合材料在做年龄观察和分析中也尚存在种种局限性。如骨骼愈合的时间段较为宽泛，时间精确程度不如牙齿的萌生磨蚀。对于已愈合的骨骼，只能判断为成年个体，而不能像牙齿那样通过磨蚀情况做进一步的年龄判断。另外，我们虽然知道动物早期骨骼愈合即代表该动物已经过了早期愈合的年龄，同样晚期骨骼愈合代表该动物已经达到了晚期愈合的年龄，但问题是统计动物早期、中期、晚期愈合的数量比例后，我们是否可以对其进行直接的释读。假设一种家养动物早期的未愈合比例为20%，是否可以以此判断该动物有20%的个体在早期被屠宰？同样，假设该动物晚期愈合的比例为60%，是否可以说明有60%的个体活到了晚期愈合的年龄？本文中对黄牛与梅花鹿的骨骼标本逐一作了成年与否的年龄判断，这种方法也是一种对动物骨骼年龄的解读方式。由于动物骨骼部位的早期愈合、中期愈合、晚期愈合的比例数量是不同的，如果统计中早期愈合标本数量多，那么未成年比例的就会提高；反之，晚期愈合标本只能判断出成年标本数量，如果统计中晚期愈合标本数量多，那么成年比例的就会提高。因此如何科学地选择各自年龄阶段的标本观察数量也是有待探讨的问题。总之，本文中对各种动物普遍使用了根据骨骼愈合状况进行动物年龄判断，这为动物年龄分析积累了经验，但对于使用骨骼材料进行动物年龄研究还有待更深入的探索。

总体来看，将牙齿和骨骼材料一起做动物年龄观察可以相互参照，相互检验，而且对于弥补标本量不足有一定帮助。

二、老司城遗址动物年龄研究认识

本研究主要是对老司城遗址哺乳动物和鸟禽类动物的年龄进行研究，这两类动物可以分为家养动物和野生动物。研究方法主要是通过观察牙齿萌生磨蚀和骨骼愈合情况来判断动物年龄。

观察结果显示，家养动物死亡年龄分为两个类型，一种是以未成年或刚成年的个体为主，如猪、山羊、鸡、鸭、鹅，这反映出以最经济的获取肉食为目的的饲养策略。一种是以成年个体为主，如水牛、黄牛、马、狗，反映出对这些动物不仅是为了获取肉食，还有其他利用功能的饲养意图。

总体来看，牙齿年龄的观察部分中，猪的观察基数有263件，其统计结果应该是较为准确的。对于黄牛、水牛而言，观察的牙齿标本虽然分别只有18件和13件。但牙齿和骨骼愈合材料观察的年龄是一致的，所以黄牛、水牛的年龄应较为符合当时的实际情况。

野生动物中鹿科动物的死亡年龄反映出当时存在较强的狩猎压。大中型凶猛动物如虎、熊、豹、野猪的未成年个体比例较小，是否当时存在有意识的放弃对这些动物未成年个体的捕猎还不明确，这一点也可能是由于未成年动物骨骼不易保存、采集、鉴定所致。结合文献资料和实地询访，推测水鹿、梅花鹿在当地的灭绝时间就在明清之际。大型凶猛动物虎、黑熊、野猪的死亡年龄反映出它们的自然年龄分布，即以成年的个体为主，而当时人们捕获的也是以成年个体为主。豹的骨骼年龄材料中显示有相当比例的未成年个体，这是否说明捕获大中型的成年个体凶猛动物较难，而捕获未成年的中型凶猛动物豹要更容易一些。对于小型的动物如猕猴、豪猪、竹鼠而言，由于这些动物出土的骨骼数量较少，不便做太多深入的分析。但从出土的牙齿和骨骼材料来看，以成年个体为主。野生动物中除了一些鹿科动物外，都是以成年个体为主，一方面是因为成年个体的自然年龄分布要长于未成年的年龄阶段分布，另一方面可能是由于未成年个体的动物骨骼未愈合，所以在保存采集鉴定上有所缺位。这种以成年个体为主的年龄结构是动物在自然界中自然分布的一种体现，而人工饲养的动物就存在屠宰未成年个体以获取最经济的肉量的饲养策略。

在年龄标本量基数不够大时，所有的年龄观察结果仅能提供一种宽泛性的参考，如果以此数据作为深入的分析是不可靠的。但是，我们仍然强调对所有的动物尽可能地做牙齿萌生磨蚀和骨骼愈合状况的年龄观察，一方面这种年龄观察是我们深入了解动物遗存信息的一个角度，另一个方面是因为对于各种动物的年龄判断在积累到一定量时，可能会有认识上的突破。本章的研究就是基于这样一个目的的尝试。

通过对老司城遗址动物遗存的年龄研究，总体来看，家养动物的死亡年龄更多地体现出人为的控制性，这是为了达到最经济获取肉食或最大利用牲畜劳力的目的。野生动物的死亡年龄与当时野生动物种群的自然年龄分布密切相关，同时狩猎时各种年龄动物的出现具有随机性。

我们认为，以上通过对老司城遗址家养和野生动物死亡年龄解读，对于其他考古遗址动物死亡年龄研究是重要参考。在积累了一定动物年龄材料的基础上还可开展不同遗址的动物死亡年龄比较研究。特别是针对家养动物的屠宰年龄，这能反映出对家畜的主要利用功能和饲养水平。而野生动物的死亡年龄可以反映出野生动物在当地的自然年龄分布，是否承受狩猎压，以及当时的狩猎技术。

通过研究动物年龄，应还可以释读出更多方面的动物信息，这还有待我们去探索。其实动物的年龄与动物的骨骼尺寸，与人类饲养水平，与当时的自然环境，与人类的生业模式都有密切联系，相关的解读还待加强。

第六章　动物骨骼人工痕迹研究

人工痕迹是动物考古学研究中的一项重要内容，通过人工痕迹研究可以了解当时人们的生活、生产方式，释读出各种古代人类活动信息。本文的研究是基于对老司城动物骨骼大量观察统计基础上所做的人工痕迹研究，是整个老司城动物遗存研究中的重要组成部分。本章内容分为四节，第一节是对人工痕迹的类型进行介绍，在描述典型标本的基础上，归纳各种人工痕迹类型并分析其目的。第二节是观察、统计各种动物不同骨骼部位的人工痕迹，并释读其反映的人类行为目的。第三节是将动物分为大型哺乳动物、中小型哺乳动物、鸟禽类动物、水生动物四种，比较不同种类动物骨骼上的人工痕迹特点，分析针对不同动物使用不同处理方法的原因。第四节是对人工痕迹研究内容的综合总结，进一步提炼深化有关认识。

第一节　人工痕迹类型与目的

一、材料和方法

人工痕迹考察对象是老司城遗址出土的骨骼材料，但实际上主要侧重于能够鉴定到种属部位的骨骼材料。实践过程中我们先对骨骼材料进行初步的观察摸索，分辨归纳大致有一些什么类型的人工痕迹，确定每种人工痕迹的观察标准。研究中都是肉眼进行观察，不含微痕观察。观察到的人工痕迹我们大致分了以下几种类型，即分别为“砍”“砸”“劈”“削”“剔”“锯”“烤”“划”“切（切割）”“烧”这10种，按照确定的标准，对鉴定到种属部位的骨骼逐件观察记录，统计。在观察人工痕迹现象的同时思考形成的原因，即反映何种人工意图。下面以老司城遗址这批材料所观察到的人工痕迹为基础，归纳各种人工痕迹的概念、性质和表现形式，对各类型的典型标本举例介绍。

二、各种人工痕迹类型及举例

通过观察并分析，我们认为“砍”“砸”“劈”“削”“锯”“划”等各种类型人工痕迹大体属于肢解分割手段，而“烧”“烤”之类的人工痕迹属于辅助加工或烹饪加工方式。下面逐一分类介绍。

1. 砍

“砍”是使用有刃部的金属工具横向发力作用于骨骼长轴，总体上属于一种分断骨骼或肉体的人工痕迹类型。这种人工痕迹类型在具体的动物骨骼上会有两种表现方式，一种是砍断的，会留下平整的砍断面。另一种是未砍断的，会留下一种“V”字形沟槽，而这种砍痕的深浅、长度会视具体的动物骨骼大小、部位而有所差异。总体来看，“砍”是一种使用的最为普遍的分断骨骼和附着肉体的肢解方式，下面举例说明。

标本G10：388（图6-1，1；图版三三，1），为一件黄牛左侧股骨近端。在近端股骨头部可见一平整砍痕，股骨头圆体完全被砍断分割。砍断面为近圆形，长径44.00mm，短径40.00mm。这处砍痕反映的人工目的是直接分断股骨与盆骨的连接，选择从骨骼前侧面向后砍断。

标本G24：833（图6-1，3；图版三三，2）为一件鸡右侧股骨。在骨骼远端关节的内外侧髁处砍断，砍断面长14.00mm、宽10.00mm，砍断面平整。这处砍痕直接分断了股骨与胫骨的连接。

标本G10：3575（图6-1，2；图版三三，3），为一件猪右侧尺骨。在尺骨体内侧面可见两道平行的“V”字形砍痕。砍痕长度分别15.00mm和20.00mm。由于这两处砍痕较浅，结合砍痕的位置，我们认为这不是为了分断尺骨的骨体，而是为了分断尺骨上附着的肉体。

2. 砸

“砸”是使用相对较钝的厚重工具大力作用于骨骼、是为分断和砸碎骨骼的肢解方式。这种人工痕迹类型的具体骨骼表现形式通常需要观察有一个打击点才能确认，在很多肢骨骨片上可以观察到明显的打击疤痕，与石器上的打击疤痕相似。下面举两例说明。

标本G10：4227（图6-1，4；图版三四，1），为一件水牛胫骨近中部标本。在水牛胫骨嵴末端有一明显砸痕，打击点在骨骼内面形成多层破碎节理，从打击点两侧环绕骨干向近端形成长纵向破裂面，并在骨骼三角形截面一角交汇形成横向破裂面。这处砸痕显示从骨骼中部分断水牛胫骨的目的，砸击点选择胫骨中部正面，近端胫骨嵴收尾处，打击点的选择符合力学和解剖学原理。

标本G10：9773（图6-1，5；图版三四，2），为一件黄牛桡骨中近端标本。在黄牛桡骨中近端外侧面与后侧面转角折棱处有一砸痕，在骨骼表面形成一块长52.00mm，宽18.00mm的长椭圆形崩疤，在崩疤上可见从打击点衍射出来的放射性裂纹。打击点在骨骼内面形成两道破碎皱褶节理，桡骨正面和后侧面形成“V”型不规则破裂面。这是一件利用砸击分断大型动物肢骨的典型标本。

3. 切割

“切割”在本文中简称“切”，这是一种用刀具分断骨骼上的肉体、韧带、肌腱的人类行为方式。这是使用最为普遍的一种分割肉体的肢解方式，一般横向作用切割较多。这种人工痕迹在骨骼上通常会留下较浅的、长短不一的“V”字形痕迹。下面举两例说明。

标本G18：1031（图6-2，1；图版三五，1），为一件黄牛桡骨中远端标本。在桡骨骨干前侧面有三道横向水平切痕，切痕的长度为9.00～14.00mm。两道较长的切痕较浅，一道较短的

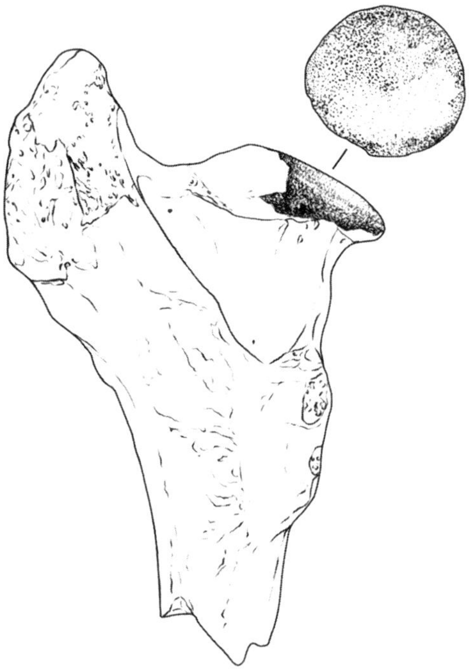

1. 黄牛股骨近端砍断
(G10：388)

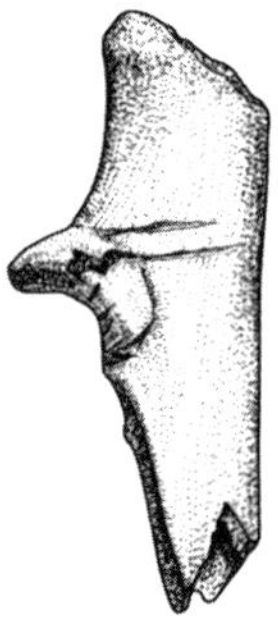

2. 猪尺骨鹰嘴窝处砍断
(G10：3575)

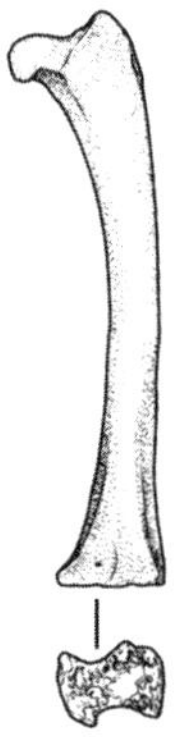

3. 鸡股骨远端砍断
(G24：833)

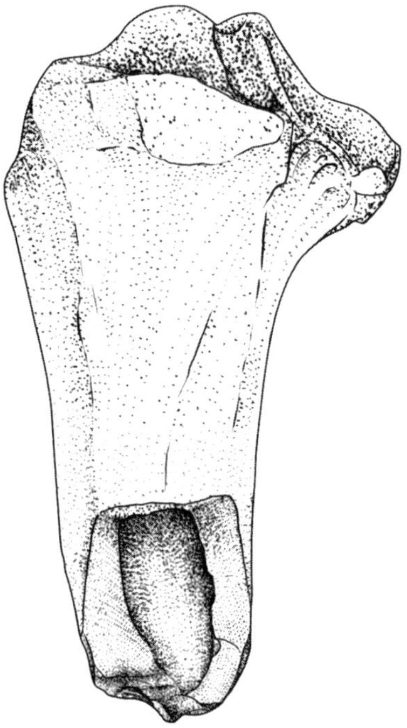

4. 水牛胫骨砸痕
(G10：4227)

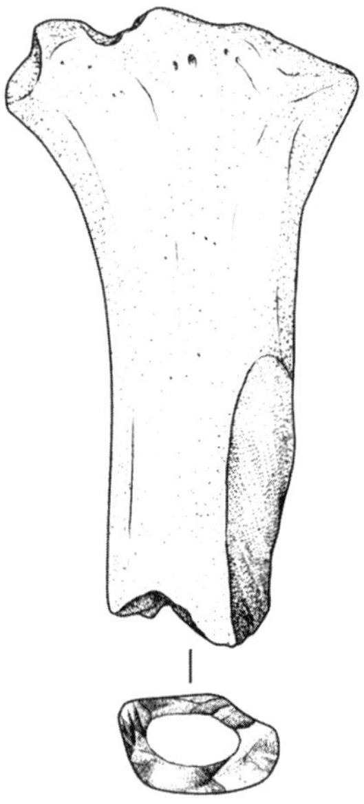

5. 黄牛桡骨砸痕
(G10：9773)

0　　5厘米
50%

图6-1　骨骼砍、砸痕

切痕略深。这三道切痕反映的是将桡骨上附着的肌肉沿骨骼横向分割的目的。

标本YSI②B：1995（图6-2，4；图版三五，3），为一件牛的扁形肋骨残块。在肋骨内侧面可见三道大致水平的切痕。切痕的长度在31.00～36.00mm之间。这三道切痕反映的是顺肋骨短轴方向分割骨骼附着肉体的目的。

4. 剔

“剔”是使用刀具分割骨骼上肉体的一种行为方式，在骨骼痕迹上通常留下几道一组的浅“V”字形条痕，条痕与刃缘垂直。与“切”不同的是，这种痕迹是成组，并且是一次作用形成的，痕迹大体呈线状并排，其特点是像短而成组的切割痕迹。下面举一例说明。

标本G22：433（图6-2，2；图版三五，2），为一件水牛胸椎棘突。在棘突右侧面可见七道大致平行的短浅“V”字形剔痕。剔痕的长度在4.00～7.00mm之间。这一组剔痕反映了沿棘突从上至下剔除骨骼上附着肉体的行为。

5. 削

“削”是使用刀具分割骨骼上肉体的一种行为方式，在骨骼上通常会留下一定宽度的削痕光滑面。下面举一例说明。

标本G12：677（图6-2，3；图版三六，1），为一件猪左侧肩胛骨。骨骼中部残断，肩胛冈削断，削痕面积长42.32、宽25.40mm。推测是将肩胛骨提起，从肩峰位置由上向下削，目的是削下肩胛骨背面凸起的骨骼和肉体。

6. 划

“划”是使用刀具分割骨骼上肉体的一种行为方式，在骨骼上通常会留下一道较长的浅“V”字形痕迹。下面举一例说明。

标本YSI③：58（图6-2，6；图版三六，2），为一件黄牛左侧胫骨近端标本。在胫骨嵴外侧可见两道一深一浅的从上至下的“V”字形划痕。长度分别为34.00mm和45.00mm。这两处划痕反映了分割胫骨近端外侧面肉体的行为。

7. 烧

“烧”是用火直接接触动物肉体或骨骼的处理方式。烧是否是人类有意为之，要视骨骼的具体情况分析。本文分析对象是人类有意使用“烧”的加工方式处理后的骨骼，烧通常在骨骼上留下烧焦炭化变黑或变成灰黑颜色的骨骼痕迹。

8. 烤

“烤”是火间接接触动物肉体或骨骼的一种加工方式，属于烹饪加工成熟食的一种行为方式。“烤”在骨骼上通常会留下黄色、红黄色的痕迹，在骨骼的断面没有肉附着的部位更明显。当然，这种人工痕迹通常会受埋藏环境的影响而难于判读。下面举两例介绍。

标本L6：399（图版三六，3），为一件黄牛的胫骨远端，在骨骼中远部的断裂处烧烤痕迹为浅黑灰色，其他骨骼部位颜色略偏黄。推测首先将胫骨在中远部砸断，然后用棍子穿过骨骼上附着的肉体，采取烧烤的方式烹饪将骨骼肉体在火上转动翻烤，最后将肉体加工成熟食。处于断裂部分一端的骨骼局部由于没有肉体附着，所以烧烤时火焰直接烧烤在骨骼表面，导致该部位骨骼表面呈黑色。

标本YSI②A：2636（图6-2，5；图版三六，4），为一件黄牛肩胛骨远端，骨骼的远端关节面及周围一圈呈红色，在骨骼表皮缺损处可见骨松质也呈红色，肩胛结节突起呈黑色，其他骨骼部位的表面和内部为通常的浅黄色。这件肩胛骨标本反映的是对骨骼进行烧烤加工，在骨骼关节裸露端由于没有肉体附着，所以烧烤致使此部位骨骼颜色转变成红色，在肩胛结节处烧烤至黑。推测对火候的把握较好，因为骨骼其他部位颜色变化不大。

通过对各种烧烤痕迹的总体观察，可以发现对于大中型动物桡骨、肩胛骨、胫骨、脊椎骨、肋骨这些部位的肉体运用烧烤烹饪的方式较普遍。因为这些部位的骨骼肉量适中，比较适于烧烤。推测如果对于附着肌肉更多的股骨、肱骨进行“烧烤”，一般会分解一些肉体过厚的部分，对于肉量很少的枝梢骨等部位的“烧烤”，应更多是烧毛处理，而非为烹饪目的。

9. 锯

“锯”是一种使用有刃部的金属工具反复拉扯作用于骨骼一处，以达到规整分断骨骼的目的。这种行为通常在骨骼上会留下较平整的分断面，根据具体使用工具的不同还可以观察到粗细不一的平行斜线锯痕。通常会沿骨骼的横向及短轴方向分断骨骼。由于这种分断方式需要消耗较多人力以达到形成规整分断面的目的，因此该人工痕迹类型主要用于制作骨器。锯痕举一例。

标本G10：01（图6-3，3；图版三七，3），为一件水牛左侧角的基部骨骼。先将牛角在根部位置砍断，然后在接近基部位置使用“锯”的方式分断根部不规整的部分，断面锯痕清晰，锯痕方向一致。在靠近锯断位置的水平一侧，有五段不连续的锯痕，各段锯痕大体呈一直线，各段锯痕长23.00～32.00mm、宽2.10～2.60mm、深1.90～4.20mm。

10. 劈

“劈”是一种使用有刃部的工具沿骨骼长轴方向大力分断骨骼及附着肉体的行为方式，通常可以在骨骼分断处观察到一平整的劈断面。从分解手法上“劈”与“砍”大体相同，本文中是将垂直骨骼长轴方向分断的标本计入“砍”，顺骨骼长轴方向分断的骨骼纳入“劈”，下面举两例说明。

标本YSI③：6493（图6-3，2；图版三七，2），为一件水牛右侧掌骨近端标本。保存掌骨左侧骨体，在骨体纵向断裂面可见一劈痕，劈痕长度77.00mm。这一劈痕反映的是从掌骨近端从上至下将骨骼劈开的行为。

标本G24：336（图6-3，1；图版三七，1），为一件水牛胸椎骨骼。骨骼左右对称劈断，残存右侧骨骼。分析骨骼的劈断面痕迹，可看出是从骨骼后侧椎体中部向前面做纵向劈断。劈断的前部断裂面整齐，后部断裂面不如前部规整。

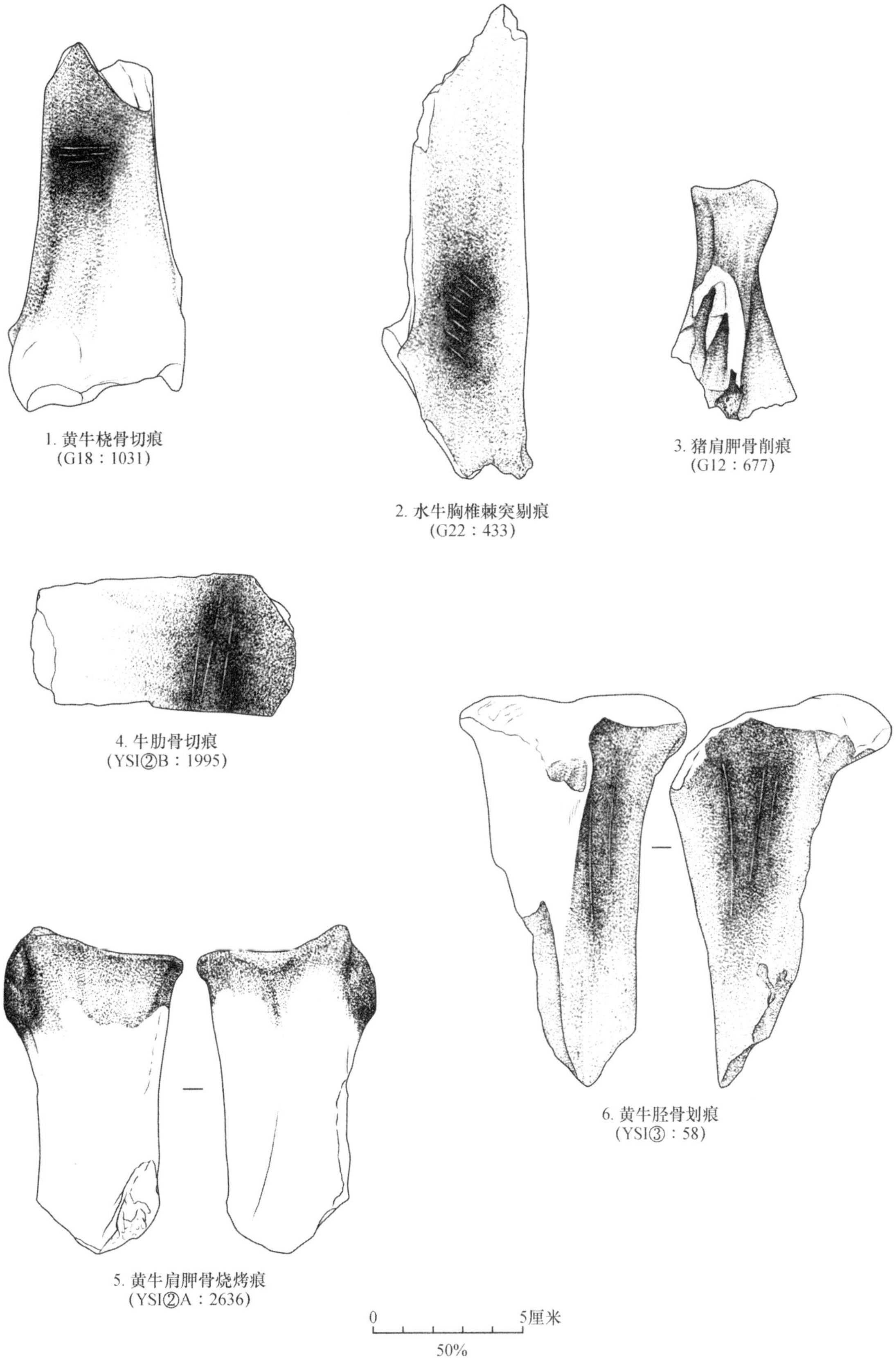

1. 黄牛桡骨切痕
(G18：1031)

2. 水牛胸椎棘突剔痕
(G22：433)

3. 猪肩胛骨削痕
(G12：677)

4. 牛肋骨切痕
(YSI②B：1995)

5. 黄牛肩胛骨烧烤痕
(YSI②A：2636)

6. 黄牛胫骨划痕
(YSI③：58)

图6-2　骨骼切、剔、削、划、烧烤痕

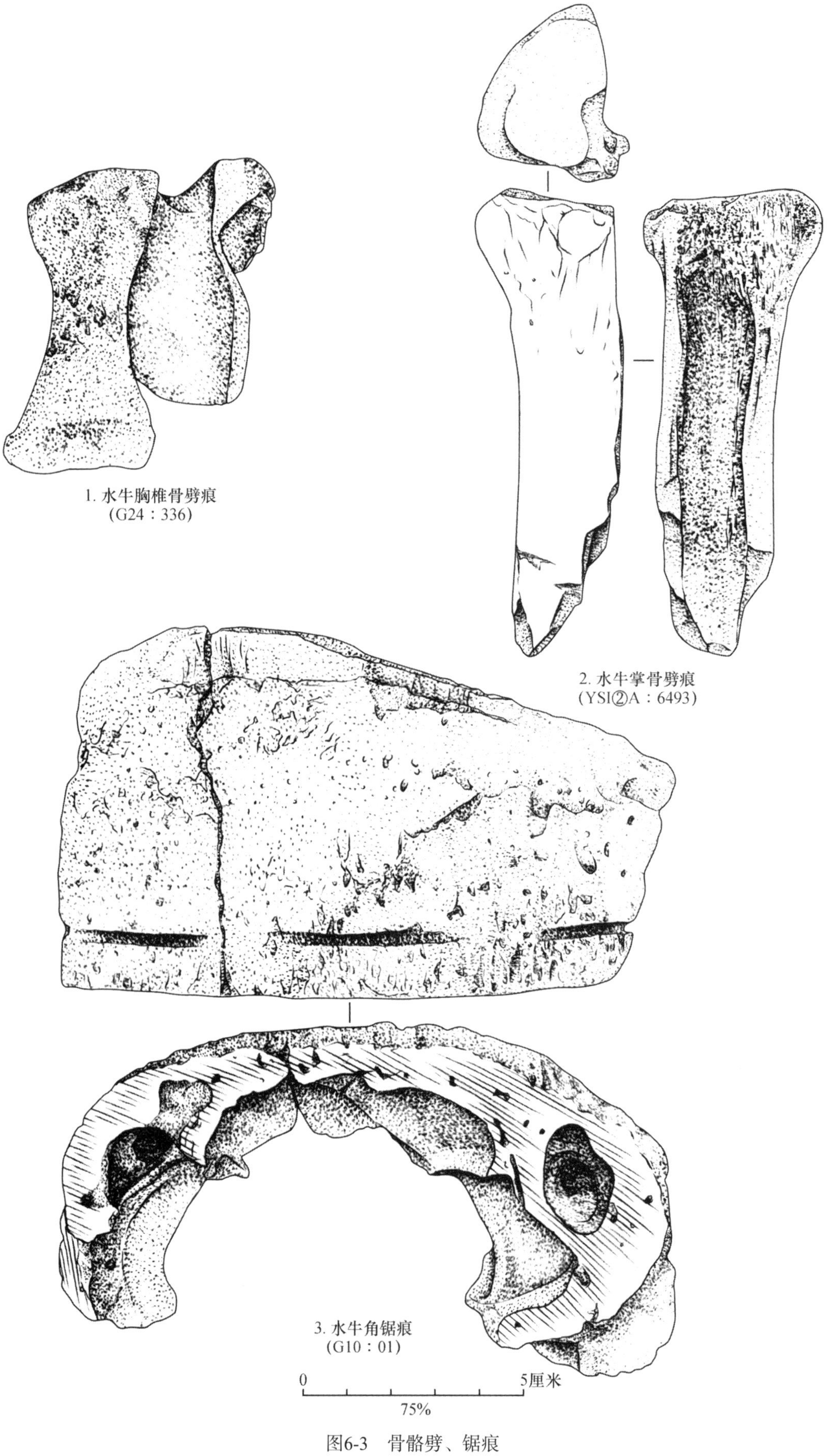

图6-3　骨骼劈、锯痕

三、分析与讨论

这一节我们归纳分析了各种人工痕迹的概念、方法、目的，对各种人工痕迹进行了举例描述，但这只是针对老司城遗址动物骨骼观察到的人工痕迹的一种划分，还有一些人工痕迹类型未能归纳，如“剁”“敲”“磨”等，有一些人工痕迹可能会有相似的地方比如“劈”与“砍”，“削”与“砍”等。

从以上的归纳分析中我们认识到对动物的分解大体可分为分断和分割两种类型，分断主要是针对骨骼并顺带包括了附着的肉体，以“砍”“砸”“劈”“削”“锯”这几种类型为主。分割更侧重于分解肉体，是以“切”“剔”“划”这几种类型为主。当然这两种类型不是绝对的，例如有的“砍”“削”实际上是将肉体从骨骼上分解下来。而“烤”是一种加工熟食的烹饪方式，烧”时常作为一种处理动物附着皮毛的方式，并可能带有初步的烹饪性质。

老司城遗址中出土部分金属刀具，而未见有关石器加工工具，结合当时的生产力水平，推测当时主要是使用金属工具来分解加工肉食对象。

第二节　各种骨骼部位人工痕迹分析

一、材料和方法

在了解各种人工痕迹类型的表现形式、掌握人工痕迹行为目的的前提下，本节从人工痕迹类型与动物骨骼部位关系角度出发，考察各种骨骼部位对应使用的人工痕迹，并探究其内在原因。挑选水牛和猪作为典型动物进行观察，是因为这两种动物出土的骨骼数量多，各种骨骼部位丰富。水牛体重较大，可以作为大型哺乳动物代表。老司城遗址的猪个体略小，体重约在50千克左右，可以作为中型动物代表。

本研究中人工痕迹统计方式参照第一章第三节的整理方法说明，对每一种动物的可鉴定标本都进行了观察，各种动物骨骼标本大多有人工痕迹，一旦在骨骼标本上发现了人工痕迹，就在相应的骨骼部位人工痕迹类型数量上增加1个数值。每种骨骼部位的骨骼在记录时，一件标本若有多种痕迹类型，则分别计入相应人工痕迹类型，但不叠加骨骼标本总数，即有可能一种动物骨骼各种人工痕迹的数量之和超过该种动物骨骼部位的标本数。理论上各种动物的各个部位骨骼标本数量应与第三章可鉴定标本数一致，但在人工痕迹汇总统计中，已将没有发现人工痕迹的一些动物骨骼部位减除，将部分骨骼部位如枢椎、寰椎、颈椎、腰椎合并为脊椎骨，所以可能出现数据不一致的情况。另外，每件骨骼标本的人工痕迹类型只记录了一次，即一件骨骼上即使有多处“切”痕迹，也只记为一件“切”的标本。

二、水牛各种骨骼部位人工痕迹考察

对水牛的可鉴定标本进行人工痕迹统计，共涉及水牛的22个骨骼部位，这22个部位的可鉴定标本数共1911件。水牛各部位、各类型人工痕迹统计见表6-1。

表6-1　水牛各部位人工痕迹统计表

水牛	切	砸	砍	劈	剔	烧	烤	锯	划	合计
角（6件）			3					3		6
头骨（8件）	1	2	2			1				6
下颌骨（94件）	4	20	50			1	9			84
鼻骨（37件）	1					1	2			4
肱骨（139件）	45	99	67	11	10	3	5	2		242
尺骨（80件）	32	59	27	3	4	1	4			130
桡骨（148件）	37	121	22	25	3	4	8	3		223
股骨（162件）	39	68	82	6	6	1	12	5	3	222
胫骨（198件）	26	140	51	6	1	9	10	9	2	254
肩胛骨（63件）	32	23	31	4	6		5		5	106
掌骨（127件）	20	32	75	7		1	15		1	151
跖骨（154件）	22	56	91	5	1		14		1	190
脊椎骨（66件）	14		33	24	6		7		1	85
盆骨（74件）	22	2	68	1	3	1	17		5	119
腕骨（5件）	1		1				5			7
蹄骨（77件）			2				50			52
跟骨（98件）	35	3	30		2	2	24		4	100
系骨（147件）	23		28		2		55			108
髌骨（24件）	2		2				9		1	14
冠骨（94件）	4		2				47			53
跗骨（34件）	1		2			1	20			24
距骨（76件）	16		19		1		15		1	52
合计	377	625	688	92	45	26	333	22	24	2232

根据上表统计，从人工痕迹类型分布于水牛的骨骼部位来看，可以分为三种情况。第一种是广泛分布于各个骨骼部位，有“砍”“切”“烤”这三种形式，分布的骨骼部位都达到了20种以上。其中“砍”除鼻骨外，在所有的骨骼部位都有分布，“烤”仅在角骨和头骨没有分布，“切”仅在角骨、蹄骨没有分布。

第二种是在较多的骨骼部位有所分布。分别是“砸”“劈”“剔”“烧”“划”，这几种类型人工痕迹分布在10种至12种水牛骨骼上。

第三种是只在较少的骨骼部位上有分布，“锯”只分布于角骨、肱骨、桡骨、股骨、胫骨这5种骨骼部位。

以上三种类型人工痕迹与具体骨骼情况是有内在联系的，如分布广泛的“切”痕仅仅没有出现在角骨和蹄骨上，这与这两种骨骼部位没有肉体附着有关。分布较多的“砸”“劈”一般对应的都是骨骼较大，含肉量较多的骨骼部位，如肱骨、桡骨、股骨等。而“锯”只对应于几种制作骨器的骨骼部位，如角骨、肱骨、胫骨等。

从骨骼部位来考察分析人工痕迹类型可知，一般个体越大、含肉量越多的骨骼其人工痕迹的类型丰富，如肱骨、尺骨、桡骨、股骨、胫骨、肩胛骨、盆骨、掌骨、跖骨都有“切”“砸”“砍”“劈”“烤”这几种主要人工痕迹类型，另外部分骨骼具有的人工痕迹类型较少。个体较大的骨骼还有一个显著的共同特点，每种骨骼的人工痕迹类型数量之和大于该种骨骼的可鉴定标本数，这意味着很多骨骼标本上不止有一种人工痕迹。

骨骼个体较小，含肉量小的骨骼如鼻骨、腕骨、蹄骨、系骨、髌骨、冠骨、跗骨、距骨这些小型骨骼中，其分断方式都为“砍”，不见“砸”“劈”“锯”，而稍大一点的骨骼如跟骨就存在“砸”，另外头骨、下颌骨也有“砸”，这与这两种部位的骨骼大小结构有关。“切”是对这些小骨骼使用最多的分割方式，其余的“剔”“划”在部分骨骼中存在，但较少。枝梢骨部位的小骨骼如腕骨、腕骨、蹄骨、系骨、冠骨、跗骨、距骨、跟骨中都有“烤”，有可能与烹饪有关，但从这些小骨骼所处位置来看，这些肢骨末端的小骨骼更有可能是因为烧毛、烧皮导致有烤痕。

三、猪各种骨骼部位人工痕迹考察

对猪的可鉴定标本进行人工痕迹统计，共涉及猪的18个骨骼部位，这18个部位的可鉴定标本数共2847件。猪各部位、各类型人工痕迹统计见表6-2。

表6-2　猪各部位人工痕迹统计表

猪	切	砸	砍	劈	剔	烧	烤	锯	划	削	合计
头骨（27件）			4	1		2			2		9
上颌骨（98件）			63				20				83
下颌骨（314件）	12		214	1		2	117		1	1	348
肱骨（304件）	36	44	241	6	13	2	11			1	354
尺骨（169件）	15	10	118		4	3	8			3	161
桡骨（129件）	16	8	79			1	1				105
股骨（411件）	50	68	295		7	1	29		1	1	452
胫骨（713件）	49	45	529	4	4	3	15	1			650
肩胛骨（115件）	27		76	5	2		8		1	1	120
掌骨（36件）	4		3				8				15
跖骨（82件）	3		11				4				18
脊椎骨（30件）	2		18	3	1		5				29
盆骨（292件）	23	4	192	2	2	1	34		2	1	261

续表

猪	切	砸	砍	劈	剔	烧	烤	锯	划	削	合计
腓骨（25件）	3		18								21
跟骨（60件）	5		24				1				30
系骨（17件）							9				9
冠骨（2件）							2				2
距骨（23件）			6				7				13
合计	245	179	1891	22	33	15	279	1	7	8	2680

从猪的人工痕迹类型分布的骨骼部位来看，“砍”“切”“烤”仍然是使用最广泛的，在大部分骨骼部位上都有分布。“砸”“劈”“剔”“烧”“划”“削”这几个类型的人工痕迹分别在5至8种猪骨骼部位上有所分布，而“锯”仅在一件胫骨标本上有分布。

从骨骼部位来考察分析人工痕迹类型可知，个体较大的几种骨骼其人工痕迹的类型丰富，如下颌骨、肱骨、尺骨、桡骨、股骨、胫骨、肩胛骨、盆骨、肩胛骨都有5种以上的人工痕迹类型，均可见“切”“砸”“砍”“烤”这几种主要人工痕迹类型，另外部分骨骼具有“剔”“烧”“锯”“划”等人工痕迹类型。其中下颌骨、肱骨、股骨这几种骨骼上的人工痕迹类型数量之和大于该种骨骼的可鉴定标本数，意味着在这些部位的骨骼上，存在一定比例的复合人工痕迹现象。

猪的头骨、上颌骨、掌骨、跖骨、脊椎骨、腓骨、跟骨、系骨、冠骨、距骨的人工痕迹类型数量都在5种以下，相对较为普遍的是“砍”。另外较多的是“烤”，这些部位的烤痕也可能与去毛有关，其次较多的是“切”，其余的人工痕迹类型如“劈”“划”“削”等较为少见。

四、分析与讨论

虽然只是对水牛和猪这两种动物骨骼部位与人工痕迹关系进行了分析，但它们代表了两种不同大小类型，且各种骨骼部位分布广泛、骨骼数量较多，因此具有代表性。下面通过对两种动物人工痕迹类型与骨骼部位关系的对比，进一步总结人工痕迹类型与骨骼部位的相对关系。

从人工痕迹类型角度来分析两种动物的相同之处，“砍”、“切”、“烤”都是使用最广泛的几种方式，在大部分骨骼部位上都有分布。“砸”“劈”“剔”“烧”“划”是分布相对较多的人工痕迹类型，而“锯”仅在少数骨骼部位上有所发现。总体来看，对于同样骨骼部位如肱骨、股骨等，水牛比猪的人工痕迹种类丰富。这主要是与骨骼大小有关，骨骼越大，对应的人工痕迹类型越多。

从骨骼部位角度来分析两种动物的相同之处，个体较大的几种骨骼其人工痕迹的类型丰富，如肱骨、尺骨、桡骨、股骨、胫骨、肩胛骨、盆骨都有5种以上人工痕迹类型。骨骼个体较小，含肉量小的骨骼如鼻骨、腕骨、蹄骨、系骨、髌骨、冠骨、跗骨、距骨这些小型骨骼中，其分断方式都为“砍”，不见“砸”“劈”“锯”，分割方式则为“切”，另有少数骨骼上存在“剔”“划”，但不常见。这些枝梢骨部位的小骨骼如腕骨、腕骨、蹄骨、系骨、冠骨、跗骨、距骨、跟骨中都有“烤”，有可能与烹饪有关，但从这些小骨骼所处位置来看，这些肢骨末端的小骨骼更有可能是因为烧毛、烧皮导致有烤痕。

除了“同”，还有“异”。由于猪和水牛一些骨骼的具体结构不同，所以人工痕迹类型和数量也有所不同，如猪掌跖骨的人工痕迹数量较少，而水牛掌骨和跖骨的人工痕迹类型丰富，原因是水牛掌跖骨是一根宽而长的骨骼，骨骼较大，猪的掌跖骨是4根分开的骨骼，且骨骼较小。加之两者本身个体大小的区别，加大了相同部位人工痕迹类型的差别。水牛的人工痕迹类型更为丰富，与其骨骼较大，含肉量较多有关。

通过以上两种动物人工痕迹的对比分析，使我们进一步了解了人工痕迹与动物骨骼部位的对应关系，即根据不同动物个体大小，骨骼结构，骨骼的长短粗壮程度，骨骼上附着的肉量多少，采取相应的分解方式，在下一节内容中，将统计各种动物骨骼上各类人工痕迹的数量和比例，从宏观上把握各种动物的人工痕迹特点。

第三节　各种类型动物人工痕迹分析

为了便于分析阐述各种动物的人工痕迹，归纳相近动物人工痕迹的特点，我们将各种动物各个部位的人工痕迹加以汇总，得到每种动物的各种人工痕迹标本数量，并计算每一类人工痕迹的比例。根据动物的个体大小、形态特点，将所有出土动物分为4种类型，即大型哺乳动物、中小型哺乳动物、鸟禽类动物、水生动物。在这里将个体体重超过100kg的哺乳动物归入大型哺乳动物，计有水牛、黄牛、马、水鹿、熊、虎、野猪、梅花鹿这8种。中小型哺乳动物，计有苏门羚、猪、狼、豹、赤麂、羊、小麂、豪猪、麝、猕猴、竹鼠，其中猪、苏门羚的少数个体体重可能超过100kg，但从整体出发，将其归入中小型。鸟禽类动物是鸡、鸭、鹅、竹鸡这4种，水生动物包括各种鱼类、爬行类、蚌类、螺类。虽然这种对动物的分类有些粗泛，有的动物处于两种类型之间，但我们的目标是从宏观上去考察各种类型动物的人工痕迹特点，因此进行了这样的分类。下面对各类型动物人工痕迹统计数据列表，并进行阐述分析。

一、大型哺乳动物人工痕迹分析

老司城遗址出土的各种大型哺乳动物包括水牛、黄牛、马、水鹿、熊、梅花鹿、虎、野猪，下面是这几种动物各种人工痕迹数量比例的统计（见表6-3）。水牛的各项人工痕迹统计数据可参看表6-1。

表6-3　各种大型哺乳动物人工痕迹数量百分比统计表

动物种属	人工痕迹	人工痕迹类型									
		切	砸	砍	劈	剔	烧	烤	锯	划	削
水牛	总数：2232	377	625	688	92	45	26	333	22	24	
	百分比	16.89%	28.00%	30.82%	4.12%	2.02%	1.16%	14.92%	0.99%	1.08%	

续表

动物种属	人工痕迹	人工痕迹类型									
		切	砸	砍	劈	剔	烧	烤	锯	划	削
黄牛	总数：3222	502	803	1139	97	65	50	504	16	36	10
	百分比	15.58%	24.92%	35.35%	3.01%	2.02%	1.55%	15.64%	0.50%	1.12%	0.31%
马	总数：31	7	4	13				6		1	
	百分比	22.58%	12.90%	41.94%				19.35%		3.23%	
水鹿	总数：825	128	237	264	18	15	5	137	2	16	3
	百分比	15.52%	28.73%	32.00%	2.18%	1.82%	0.61%	16.61%	0.24%	1.94%	0.36%
黑熊	总数：47	14	11	19		2		1			
	百分比	29.79%	23.40%	40.43%		4.26%		2.13%			
梅花鹿	总数：688	161	193	233	12	20	8	54		7	
	百分比	23.40%	28.05%	33.87%	1.74%	2.91%	1.16%	7.85%		1.02%	
虎	总数：70	20	8	26	2	2		7	2	3	
	百分比	28.57%	11.43%	37.14%	2.86%	2.86%		10.00%	2.86%	4.29%	
野猪	总数：24	1	1	15				7			
	百分比	4.17%	4.17%	62.50%				29.17%			
以上各种动物合计	总数：7139	1210	1882	2397	221	149	89	1049	42	87	13
	百分比	16.95%	26.36%	33.58%	3.10%	2.09%	1.25%	14.69%	0.59%	1.22%	0.18%

下面首先对大型动物的各种人工痕迹统计合计总数和百分比做整体的考察，再以水牛和黄牛为例进行具体分析，并对其他动物人工痕迹做一粗略分析。最后对大型动物的人工痕迹统计分析做一总结。

如表6-3所示，8种大型动物共有各种部位6139件可鉴定标本（各种动物的标本数量参见第三章第一节中的可鉴定标本数，表3-1），共统计7139次人工痕迹。根据各种人工痕迹出现的次数和在人工痕迹中的百分比，分为三个等级，第一等级是“砍”“砸”，在百分比上都超过20%。砍的总数是2397次，占33.58%，砸的总数是1882次，占26.36%。第二等级是“切”“烤”，其比例在10%～20%之间。切的总数是1210次，占16.95%，烤的总数是1049次，占14.69%。第三等级是“劈”“剔”“烧”“锯”“划”“削”，百分比都在5%以下。“劈”的总数是221次，占3.10%，“剔”的总数是149次，占2.09%，“烧”的总数是89次，占1.25%，“锯”的总数是42次，占0.59%，“划”的总数是87次，占1.22%，“削”的总数是13次，占0.18%。从数量统计中可发现，分断类型的人工痕迹类型如“砍”“砸”的数量比分割类型的“切”“划”要多。

通过之前对水牛各骨骼部位人工痕迹分布的统计来看，人工痕迹类型数量多的不一定分布的骨骼部位就多，如“砸”的统计数量为625次，大于“烤”的333次，但是“烤”分布的骨骼部位更广泛。另外砸痕在数量统计中的百分比较大，证明对于大型动物而言，“砸”是一种非常重要的人工痕迹类型。

下面以水牛和黄牛为例做具体分析。水牛共有1820件标本观察到有人工痕迹，统计的人工痕迹次数是2232次。按之前对人工痕迹类型的形成目的来看，“砍”“砸”“劈”“锯”是以分断骨骼为主，“切”“剔”“划”是以分割肉体为主要目的。从统计数据来看，“砍”有688次，占人工痕迹次数的30.82%，“砸”有625次，占人工痕迹次数的28.00%。两者的数量比例几乎是一样多，因此“砍”“砸”是分断水牛骨骼的两种最主要的方式。“劈”的人工痕迹次数是92次，占4.12%，也是一种辅助的分断骨骼方式。“锯”的人工痕迹次数是22件，占0.99%，说明有一定比例的水牛骨骼用于制作骨器。

“切”的人工痕迹次数是377次，占16.89%，“剔”“划”分别是45次、24次。因此“切”是分解肉体的主要方式，“剔”“划”是一种辅助手段。“烤”的人工痕迹次数是333次，占标本数的19.42%，“烧”的人工痕迹次数是26次，占1.16%。这些“烧”的统计标本大多只是局部有烧黑痕迹，可以视为也是一种“烤”，或可统称为“烧烤”。可见有一定比例的水牛是使用“烧烤”的方式来烹饪加工的。

黄牛共有2563件标本观察到人工痕迹，统计得到的人工痕迹次数为3222次，其中“砍”的人工痕迹次数是1139次，占35.35%，“砸”的人工痕迹次数是803次，占24.92%。“砍”“砸”仍是最主要的分断骨骼的方式，但“砍”的比例要明显大于“砸”。另外，“劈”的人工痕迹次数是97次，占3.01%；“削”有10次，占0.31%。“烤”有504次，占15.64%，“烧”有50次，占1.55%。“锯”的人工痕迹次数是16次，占0.50%。

水牛和黄牛出土的骨骼数量都很多，从人工痕迹标本基数来看分别有1820件和2563件，因此其统计得到的比例应较为客观。将水牛与黄牛的人工痕迹进行对比，大致归纳出以下几个特点：①总体来看，各种主要的人工痕迹类型如“砸”“切”“劈”“剔”“烧”“烤”的百分比大体接近，这说明对水牛和黄牛在屠宰加工，肢解烹饪上运用的手法是基本相同的。②水牛“砸”的比例为28.00%，接近于黄牛的24.92%，但黄牛“砍”的比例为35.35%，大于水牛的30.82%，因此可以得出，黄牛与水牛在分断骨骼的主要方式上，除了相当比例的使用“砸”外，比水牛更多的运用“砍”。③水牛骨骼“锯”的人工痕迹次数为22次，占0.99%，黄牛“锯”的人工痕迹次数为16次，占0.50%。因为锯的分断方式一般是代表制作骨器，因此从数量统计来看，当时人们更倾向于选择水牛的骨骼作为制作骨器的材料，可能是因为水牛的骨骼更加宽厚粗壮的缘故。

水鹿和梅花鹿的比较中，运用“砍”“砸”“劈”“剔”这几种肢解加工方式的比例较为接近，数据上显示梅花鹿“切”的比例要大于水鹿，水鹿“烤”的比例大于梅花鹿，这种差异或与动物个体大小有关，或带有一定偶然性。因此，水鹿和梅花鹿的肢解方式应该是接近的，或许在烹饪方式上水鹿运用“烤”的比例略大一点。

熊、虎、马、野猪的骨骼基数都没有超过100件，有些信息收集的可能不够全面，并带有一定偶然性因素，但对于这四种动物的人工痕迹类型数量统计还是可以释读出某些信息的，如虎、熊采取“砸”的比例少于黄牛、水牛的比例，但“切”的比例多于水牛、黄牛，这与动物的类型和个体大小有关。虎的骨骼中有2件“锯”的标本，说明虎骨也是骨器制作的原料对象。

总结这一类动物在人工痕迹上的特点，各种分断、分割手法丰富，而“砍”“砸”是两种最主要的分断骨骼肉体的方式，各种动物“砍”的比例都略高或明显高于“砸”的比例，但提供主要肉量的4种偶蹄类动物水牛、黄牛、水鹿、梅花鹿，其“砸”的比例都超过了20.00%，可见这四种动物在肢解方法上更为接近。除去野猪外，其他大型动物“切”的比例在15.52%至29.79%，说明“切”是最重要的将肉体从骨骼上分割下来的手段。“劈”“削”“剔”“划”在各种大动物中的比例都没有超过10.00%，说明这都是一些辅助的分断切割手段。“锯”的加工方法在水牛、黄牛、水鹿、虎这4种动物上有出现，其他的大型动物骨骼是否也会用来制作骨器还待观察。各种大型动物运用“烧烤”方式进行烹饪加工都占有一定比例。

二、中小型哺乳动物人工痕迹分析

对老司城遗址出土的11种中小型哺乳动物进行人工痕迹统计，包括苏门羚、猪、狼、豹、赤麂、山羊、狗、小麂、豪猪、麝、猕猴。下面是各种中小型哺乳动物的各种类型人工痕迹统计表（表6-4）。

表6-4　各种中小型哺乳动物人工痕迹数量百分比统计表

动物种属	人工痕迹	人工痕迹类型									
		切	砸	砍	劈	剔	烧	烤	锯	划	削
苏门羚	总数：6	1	1	2				1		1	
	百分比	5.56%	5.56%	11.11%	0	0	0	5.56%	0	5.56%	
猪	总数：2651	245	183	1851	22	33	15	285	2	7	8
	百分比	9.24%	6.90%	69.82%	0.83%	1.24%	0.57%	10.75%	0.08%	0.26%	0.30%
狼	总数：1			1							
	百分比			100.00%							
豹	总数：51	14	8	15		1		13			
	百分比	20.90%	11.94%	22.39%		1.49%		19.40%			
赤麂	总数：190	26	27	107			2	25		2	1
	百分比	12.50%	12.98%	51.44%			0.96%	12.02%		0.96%	3.85%
山羊	总数：47	3	10	27	1			6			
	百分比	3.66%	12.20%	32.93%	1.22%			7.32%			
狗	总数：27	1	1	12				12		1	
	百分比	3.85%	3.85%	46.15%				46.15%		3.85%	
小麂	总数：502	23	22	361	3	2	9	81		1	
	百分比	3.45%	3.30%	54.20%	0.45%	0.30%	1.35%	12.16%		0.15%	
豪猪	总数：16			8				8			
	百分比			42.11%				42.11%			
麝	总数：4							4			
	百分比							100.00%			
猕猴	总数：15	2		9			2	1		1	
	百分比	13.33%		60.00%			13.33%	6.67%		6.67%	
以上动物合计	总数：3510	315	252	2393	26	36	28	436	2	13	9
	百分比	8.97%	7.18%	68.18%	0.74%	1.03%	0.80%	12.42%	0.06%	0.37%	0.26%

如表6-4所示，11种中小型动物共4715件可鉴定标本（数据来源见第三章表3-1），共统计3510次人工痕迹，根据各种人工痕迹出现的次数和在人工痕迹中的百分比，分为三个等级，“砍”属于第一等级，总数是2393次，占68.18%。“切”“砸”“烤”属于第二等级。切的总数是315次，占8.97%。“砸”的总数是252次，占7.18%。“烤”的总数是436次，占12.42%。其余的“劈”“剔”“烧”“锯”“划”“削”等人工痕迹类型都属于第三等级。具体数据统计中“劈”的总数是26次，占0.74%。“剔”的总数是36次，占1.03%。“烧”的总数是28次，占0.80%。“锯”的总数是2次，占0.06%。“划”的总数是13次，占0.37%。“削”的总数是9次，占0.26%。中小型动物与大型动物人工痕迹使用频率最大的不同是“砍”占绝对多数。

猪是中小型动物中标本量最多的一种动物，因此选择它作为中小型动物的典型代表进行分析。猪的人工痕迹统计次数是2651次，从猪的人工痕迹类型统计来看，“砍”的数量最多，有1851次，占人工痕迹统计次数的69.82%，是最主要的分断方式。其次是“砸”占6.90%，其他的分断方式如“劈”“削”分别为0.83%、0.30%，百分比都不超过1%，可见是使用较少的分断方式。这与猪的个体大小和骨骼粗壮程度有关，遗址中出土的猪肢骨骨骼绝大部分都在20厘米以下，骨干中部的直径一般2厘米以下，这种骨骼特点非常适合使用“砍”的方式，使用“砍”基本就可达到分断的目的，而“砍”本身也是最为方便、运用最多的分断方式，因此其他几种分断方式都使用较少。“锯”有2例，可见也是一种骨器制作原料对象，由于猪的骨骼较小，因此这种骨器应也是较小的构件。“切”的人工痕迹是245次，占人工痕迹次数的9.24%，是主要分割手段。“剔”“划”比例分别为1.24%、0.26%，这说明对于个体较小的动物，这种辅助的分割手段也使用较少。“烧”“烤”的比例分别为0.57%、10.75%，说明有一定比例的猪是用“烧烤”方式烹饪加工的。

小麂与赤麂是仅次于猪的、出土数量较多的中小型动物，分别有502次和190次人工痕迹。分解方式如“砍”“砸”“切”“劈”“剔”“划”“削”都有使用，说明对于这种大小的动物而言，使用的分解方式较为丰富，但是小麂和赤麂“砍”的比例分别为54.20%和51.44%，远远超过其他分解类型。而其他分解方式如“砸”“切”“劈”等都没有超过5%，因此“砍”是最主要的分解方式。

个体较小的动物如猕猴、竹鼠、豪猪等出土的标本数量不多，观察到的人工痕迹分解方式一般以“砍”为主，有少量的“切”“划”，而“砸”“劈”“削”“剔”等方式基本不见。可见个体越小的动物其分解的人工痕迹类型越简单。

总体而言，对于多种中小型动物而言，分断方式上主要运用“砍”，对于中等个体的动物如猪、小麂，存在少量的“砸”“劈”，而对于更小的如豪猪、猕猴，没有发现“砸”“劈”方式。分解方式上主要是“切”，“切”的比例明显比大型动物要小，而“剔”“划”等分割手法较为少见，在部分中小型动物骨骼没有发现。

除了苏门羚和猪这两种中型动物外，其他动物都没有锯痕。这反映出对于制作骨器而言小动物骨骼一般不是选择对象。中小型动物的“烧”“烤”比例明显小于较大型动物，这是加工处理和烹饪方式不同的一种表现。分析原因可能是“烧”的目的很大程度上用于去毛，而小动物的毛皮可以直接剥落，因此不需通过“烧”这种方式。而“烤”是一种烹饪方式，中小动物更多使用“炒”的烹饪方式，因此“烤”的比例小于大型动物。

三、鸟禽类动物人工痕迹分析

鸟禽类动物主要统计了鸡、鸭、鹅这3种动物的人工痕迹，各种人工痕迹统计见表6-5。

表6-5　各种鸟禽类动物人工痕迹统计

动物种属	人工痕迹	人工痕迹类型			
		切	砍	烧	烤
鸡	总数：528	8	360	4	156
	百分比	1.52%	68.18%	0.76%	29.55%
鸭	总数：74		41		33
	百分比		55.41%		44.59%
鹅	总数：13	3	10		
	百分比	23.08%	76.92%		
三种动物合计	总数：615	11	411	4	189
	百分比	1.79%	66.83%	0.65%	30.73%

这三种动物的可鉴定标本数共计970件（见第三章第一节），共发现615件次的人工痕迹数量。共有“切”“砍”“烧”“烤”这4种人工痕迹类型。从统计的人工痕迹总数来看，“砍”的数量远远超过其他类型人工痕迹。有411次，占人工痕迹标本量的66.83%。其次是“烤”有189次，占30.73%。“切”排在第三位，有11次，占1.79%。“烧”排在最后，只有4次，占0.65%。

没有发现“砸”“劈”“剔”“划”等分解方式，这可能是因为鸟禽类动物个体较小，而骨骼脆弱，一般使用“砍”另加之“切”就可达到肢解目的，而诸如“砸”“劈”“剔”之类的分解方式对于鸟禽类动物而言并不适用。在对鸡的骨骼人工痕迹观察中发现，很多肢骨在关节处可以看到平整的砍断面，遗址里也保存了相当数量的完整鸡肢骨，这是由于鸟禽类动物本身个体不大，对肢骨不一定要从中分断。而肋骨等其他骨骼本身较小，而且一般都要砍断，所以保存很少。

鸭的分解方式仅发现“砍”，可见使用“砍”基本上就可以满足肢解的目的。鹅的个体较大，所以13件肢骨中，有10件都被砍断，这是由于鹅的个体相对鸡、鸭而言较大，所以对肢骨需要做进一步肢解。同理，鹅骨骼上附着的肉量较多，所以“切”的比例明显高于鸡。

统计中鸟禽类“烤”的比例较大，怀疑鸟禽类的骨骼易受埋藏环境影响，容易产生看似“烧烤”的人工痕迹。

四、水生动物人工痕迹分析

泥蚶、中华鳖、鲤鱼、圆顶珠蚌、剑状矛蚌、鳡鱼、青鱼、草鱼、海螺这9种水生动物共出土可鉴定标本49件。其中在鲤鱼、泥蚶、中华鳖这三种动物骨骼上发现了人工痕迹，统计表6-6。

表6-6　各种水生动物人工痕迹统计

动物种属	人工痕迹	砍	烤	敲
鲤鱼	总数：4	2	2	
	百分比	50%	50%	
中华鳖	总数：5	5		
	百分比	100%		
泥蚶	总数：6			6
	百分比			100%
三种动物合计	总数：15	7	2	6
	百分比	46.67%	13.33%	40%

水生动物中发现“砍”“烤”“敲”3种人工痕迹，其中“砍”的数量最多，是主要的肢解方式，共计7次，占人工痕迹总量的46.67%。其次在沙蚶的壳顶位置有“敲”的人工痕迹，这种人工痕迹应该是取食加工留下的，这类人工痕迹只在特定的动物，如沙蚶上发现。有一定比例的“烤”，但对于这种人工痕迹的观察并不肯定。总体来看，各种动物的人工痕迹类型相对较为单一。没有发现“砸”“锯”“剔”等其他人工痕迹类型。由于我们只是用肉眼对动物骨骼进行表面痕迹观察，所以在水生动物骨骼上的细微人工痕迹很可能被疏漏了，如“切”。

总体来看，我们认为在水生动物中，对鱼类、鳖类，“砍”是主要的分解方式，而“切”这类人工痕迹可能需要更细致的观察才能发现。对于具有特殊骨骼形态的水生动物而言，有针对其骨骼特点的肢解加工方式，如对泥蚶使用“敲”的方式打碎其顶部壳体，来获取壳内的肉。

五、分析与讨论

本节根据动物的个体大小、形态特点，将所有出土动物分为大型哺乳动物、中小型哺乳动物、鸟禽类动物、水生动物4种类型，考察的重点是比较不同动物骨骼上各种人工痕迹类型的比例，以此来分析针对不同动物使用的加工方式的异同。在各种类型的比较中，实际只对各类型中出土骨骼数量最多的一两种动物进行了分析，而其他各种动物的人工痕迹标本统计数据和百分比值则作为重要的分析参照，从而归纳出每一类动物骨骼上的人工痕迹特点。

总结本节的研究有以下几个认识：

（1）分解动物主要是“砍”“砸”“切”这三种，而“劈”“剔”“划”“削”等都是辅助的分解手段。

（2）针对不同动物采取了不同的分解加工手段。动物个体的大小、含肉量多少、骨骼的特点如粗壮程度等是使用不同加工方式的客观基础。具体来说，针对大型哺乳动物的分解手段更为丰富，其中“砸”是一种重要的分解手段。体型越小的动物，使用的分解手段越简单，如在个体较小的豪猪、猕猴之类动物以及鸟禽类动物上没有发现“砸”“劈”“剔”“削”的痕迹。

（3）对于相同类别、个体大小相近的动物其分解的方式大体相近，如水牛与黄牛、水鹿与梅花鹿、鸡与鸭等。

（4）对骨骼形态特殊的动物可能还有专门的加工方式，如在部分泥蚶骨骼的壳顶部发现有“敲”的痕迹。

（5）根据制作骨器的需要而选取特定动物的骨骼，因此“锯”只在水牛、虎、猪等少数几种动物骨骼上有发现。

（6）“烤”是一种加工大型哺乳动物如水牛、黄牛的烹饪方式，但鸟禽类动物、水生动物骨骼上类似“烤”的痕迹可能是埋藏环境导致的。

通过以上的分类分析，我们对各种类型动物肢解烹饪方式有了一定了解，总体来看人们针对不同大小类型的动物采用的加工方式是有所区别的，同时对于相同体型的动物可能使用相近的肢解烹饪方法。

第四节　小　　结

每一件带有人工痕迹的骨骼都是人类行为方式的遗留，是一种特殊的遗迹现象，反映着一定的人类加工意图。本章我们首先通过对各种类型人工痕迹的综合考察，归纳总结出各种人工痕迹的概念、表象，分析其代表的行为意图。

“砍”是对于各种动物、各个骨骼部位最重要的分断方式。“砸”是对大中型哺乳动物较大的骨骼部位使用较多的分断方式。“劈”一般在大中型哺乳动物主要肢骨和脊椎骨、肩胛骨上运用较多。“切”是最主要、最普遍的分割方式。“剔”“划”“削”等都是辅助的分割手段，并且一般针对一些特定的骨骼部位。如在水牛的胫骨嵴和肩胛冈下方较多使用“划”来划断分割肉体。在牛的脊椎棘突上较多使用“剔”来取肉。

“烤”代表一种烹饪或去毛的加工方式。“烧”的统计标本大多只是局部有烧黑痕迹，可以视为也是一种“烤”，或可统称为“烧烤”。“锯”是一种加工骨器的专用分断方式，是为了获取较为规整的分断面所采取的加工方式，只对用来制作骨器的骨骼使用。

相对来说，“砍”“砸”“劈”属于分断骨骼的方式。“切”“剔”“划”“削”属于分割肉体的方式。具体的各种动物骨骼上的各类人工痕迹有一定的内在对应规律。实际上，对于人类加工动物的行为而言，每次使用的加工手法不是绝对相同的，但每一个行为动作都是带有一定加工意图的。

目前所见的人工痕迹主要反映了肢解方式，其他除“烧烤”外的烹饪加工方式的人工痕迹如“煮”“炒”“煎”“蒸”等目前在动物骨骼上还不能直接确定判断。当然，有一些人工痕迹类型在概念和具体判断中可能不一定能截然分开，如“砍”“劈”“剁”等。有的是针对特定动物骨骼形态采取的手法，如在泥蚶的蚶壳顶部采取“敲”的方式。

理论上，在较为准确地判断出其所采取的加工手法后，根据具体的痕迹表像结合骨骼部位结构等因素，大致可释读出具体的行为目的。比如这种行为的目的是分断骨骼还是分割肉体，或是采取烧烤的方式烹饪加工熟食等。

老司城遗址中出土部分金属刀具，且没有出土有关石器加工工具，结合当时的生产力水平，推测当时主要是使用金属工具来分解加工肉食对象。

在掌握了各种人工痕迹的表象和行为目的后，本章第二节从动物骨骼部位的角度来考察各种骨骼部位遗留的人工痕迹类型，其内在的原因是什么。挑选水牛和猪作为典型动物进行观察，水牛作为大型哺乳动物代表，猪作为一种中型动物代表。通过对这两种动物骨骼部位的人工痕迹分析，总结出大骨骼其人工痕迹的类型丰富，如肱骨、尺骨、桡骨、股骨、胫骨、肩胛骨、盆骨都有“砍”“砸”“切”“烤”等5种以上的人工痕迹。骨骼个体较小，含肉量小的骨骼如鼻骨、腕骨、蹄骨、系骨、髌骨、冠骨、跗骨、距骨这些小型骨骼中，其分断方式都为“砍”，不见“砸”“劈”“锯”，“切”是对小骨骼使用最多的分割方式，其余的“剔”“划”在小骨骼中有使用，但较少。这些枝梢骨部位的小骨骼如腕骨、腕骨、蹄骨、系骨、冠骨、跗骨、距骨、跟骨中都有“烤”，有可能与烹饪有关，但从这些小骨骼所处位置来看，这些肢骨末端的小骨骼更有可能是因为烧毛、烧皮所导致有烤痕。

本章第三节从动物的大小、类型角度来考察各种人工痕迹。大型动物根据各种人工痕迹出现的次数和各种人工痕迹占总体的百分比，分为三个等级，第一等级是“砍”“砸”，第二等级是“切”“烤”，第三等级是“劈”“剔”“烧”“锯”“划”“削”，对于大型动物而言，各种分断、分割手法丰富，而“砍”“砸”是两种最主要的分断骨骼肉体的方式。“切”是最重要的将肉体从骨骼上切割下来的手段。“劈”“削”“剔”“划”在各种大动物中的比例都没有超过10%，说明这都是一些辅助的分断切割手段。“锯”的加工方法在水牛、黄牛、水鹿、虎这4种动物上有出现，各种大型动物运用“烧烤”方式进行烹饪加工都占有一定比例。

中小型动物根据各种人工痕迹出现的次数分为三个等级，“砍”是第一等级，“切”“砸”“烤”属于第二等级。其余的人工痕迹类型都属于第三等级，具体是“劈”“剔”“烧”“锯”“划”。与大型动物不同，对于多种中小型动物而言，分断方式上主要运用“砍”，对于中等个体的动物如猪、小鹿，存在少量的“砸”“劈”，而对于更小的如豪猪、猕猴，没有发现“砸”“劈”方式。分解方式上主要是“切”，但其比例明显比大型动物要少，而“剔”“划”等分割手法较为少见，在大部分中小型动物骨骼上没有发现。中小型动物“烧”“烤”比例明显小于大型动物，这是加工处理和烹饪方式不同的一种表现。

鸟禽类鸡、鸭、鹅3种动物共发现“切”“砍”“烧”“烤”这4种人工痕迹类型。从统计的人工痕迹总数来看，“砍”属于绝对的第一位，其他依次是“烤”“切”。“烧”。没有发现“砸”“劈”“剔”“划”等分解方式，这是因为鸟禽类动物个体较小，且骨骼脆弱，一般使用“砍”和“切”就可达到肢解的目的，而诸如“砸”“劈”“剔”之类的分解方式对于鸟禽类动物而言并不适用。

水生动物鲤鱼、泥蚶、中华鳖的骨骼上发现了人工痕迹，人工痕迹的类型有“砍”“烤”“敲”3种，总体来看，对于鱼类、鳖类来说，“砍”是主要的分解方式，而“切”这类人工痕迹可能需要更细致的观察才能发现。对于特殊骨骼形态的水生动物而言，有针对其骨骼特点的肢解加工方式，如对泥蚶使用“敲”的方式打碎其顶部壳体，来获取壳内的肉体。

由以上分类型的人工痕迹分析可看出，人们针对不同大小类型的动物采用的加工方式是有所区别的，对于相同体型的动物可能使用相近的肢解烹饪方法。如水牛与黄牛、水鹿与梅花鹿、鸡与鸭等。

通过以上对人工痕迹的综合分析，考察其在具体动物、具体骨骼部位的运用之后，我们对人工痕迹形成了一总体性的规律认识，即“砍”“砸”“切”“劈”“剔”“划”“削”这几种人工痕迹从步骤上看，都是发生在屠宰之后，烹饪加工之前，其目的是将动物骨骼肉体肢解成烹饪所需的大小形状。根据具体动物个体大小、骨骼长短粗壮程度、肉体附着情况，采取相应的分断和分割加工手段，并因此在骨骼表面遗留下了各种人工痕迹。

第七章 骨器研究

第一节 材料和方法

动物骨骼是一种加工骨器的材料，在动物骨骼出土较多的考古遗址中，很多遗址曾出土过骨器，有的重要遗址中还曾发现专门制作骨器的作坊。在老司城遗址出土4万余件骨骼中，发现了100余件与骨器制作有关的动物骨骼。对这部分骨骼我们进行了专项的观察和分析，从制作工艺流程来看，大体分为骨料和成品及半成品两部分，通过对这些动物骨骼的观察，分析其制作过程，了解了不同种类骨器的制作工艺。在此基础上，结合老司城遗址的时代背景，从出土骨器的角度来分析老司城遗址的一些相关信息，考察明清时期骨器生产使用的特点，推测当时社会的发展状况。需要说明的是，有的骨器如象牙手柄等骨器资料已在老司城遗址报告中发表，由于没有掌握这些实物资料，所以它们不在本研究的范围之内。

第二节 遗址出土的骨料

本研究中的骨料是指已经进行了初步加工、为进一步制作骨器做准备的动物骨骼。之所以确认为骨料，而不是一般的动物骨骼，是根据骨骼的部位形状结合在骨骼表面发现的可以确认为制作骨器的人工痕迹来认定的。发现的骨料以水牛、黄牛的肢骨为主，另有少量其他大型动物的肢骨。对骨骼的分解一般首先是截取肢骨的中部骨干，然后将骨干进一步分解成骨片。下面通过对部分典型标本举例，分析骨料改造过程中的制作工艺。

标本G10：06（图7-1，1；图版三八，1），为一件水牛左侧胫骨近端关节骨骼，是一节截取骨料的废弃料。骨骼长度137.00mm。胫骨锯断面前后径40.00mm，左右径41.00mm。分断面整齐，可见清晰倾斜连续锯纹，锯纹约70道。从这件分解料来看，是采用“锯”的方式在胫骨近端关节与骨干交汇处分断，以达到获取胫骨骨干的目的。

标本G10：07（图7-1，2；图版三九，2），为一件水牛左侧桡骨远端关节骨骼，是一节截取骨料的废弃料。骨骼长度94.01mm。分断处胫骨前后径37.04mm，左右径44.02mm。通过观察锯纹，判断是从桡骨前侧面下手，形成一组水平方向的锯纹，在接近锯到四分之三的骨壁周长时转动过一次骨骼，形成另一组水平方向的锯纹。最后的断裂处位于桡骨内侧面与后侧相交面转折处，并可见一突起的折断小骨碴。

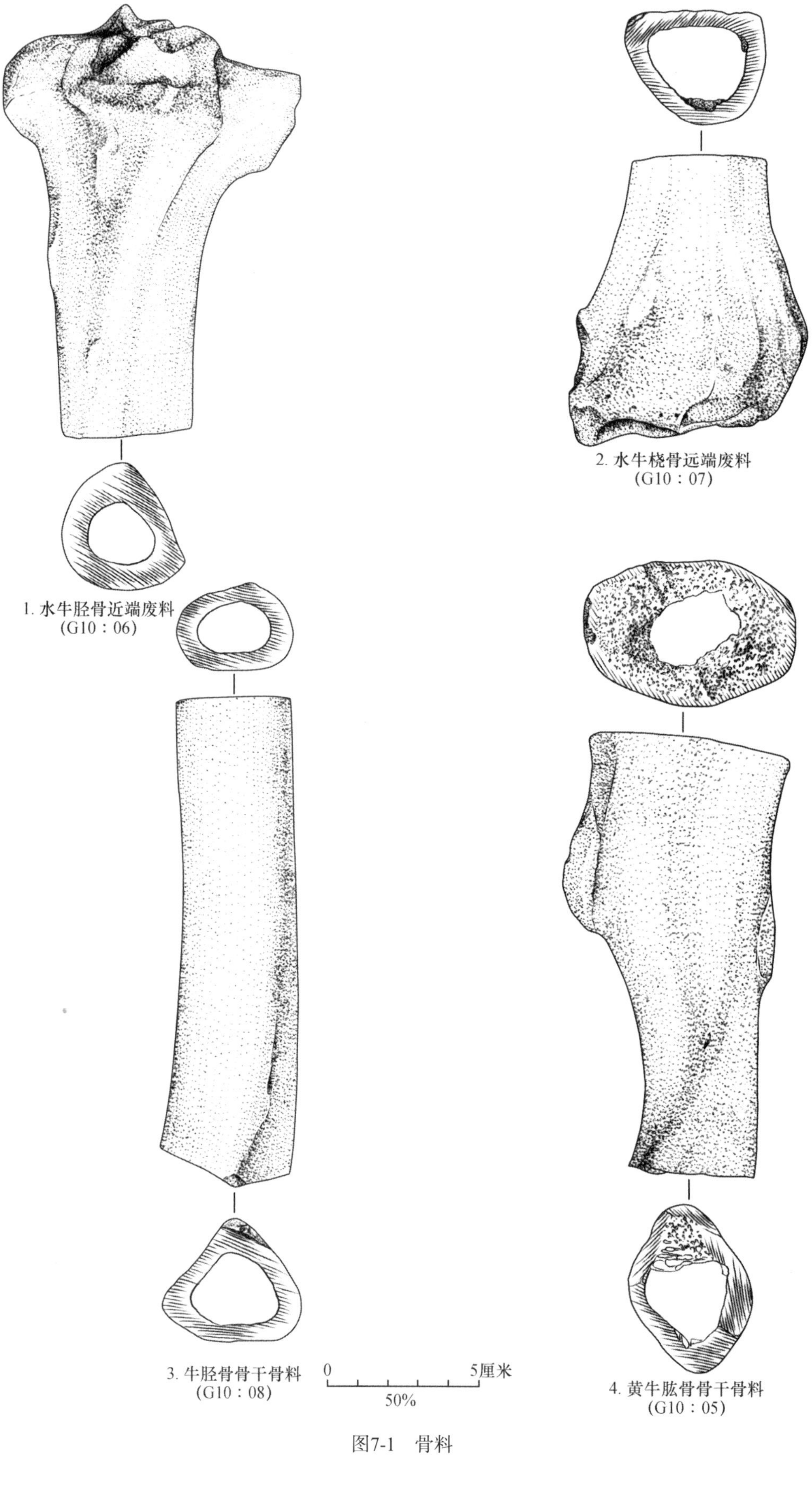
1. 水牛胫骨近端废料
(G10：06)
2. 水牛桡骨近端废料
(G10：07)
3. 牛胫骨骨干骨料
(G10：08)
0
5厘米
50%
4. 黄牛肱骨骨干骨料
(G10：05)

图7-1　骨料

标本G10：013（图7-2，1；图版四〇，1），为一件虎的左侧股骨，骨骼长度198.03mm，保留了股骨近端关节和中部骨干，远端关节已被分解。圆形断口前后径25.00mm，左右径27.02mm，断面可见一圈较规整分断痕迹，在其前侧面有一高度25.03mm的三角形残缺。断口位置的分断面略向外倾斜，局部可见折断形成的突出小骨碴。从断面痕迹来看，是使用轻“砍”的方式，围绕骨干一圈位置多次轻“砍”，一边“砍”一边转动骨骼，并最终分断。由于在分解位置上方骨干崩断残缺一块，推测因此废弃了这件骨料。

标本G10：05（图7-1，4；图版三九，1），为一件黄牛左侧肱骨骨干标本，是一件骨料。骨骼长度142.02mm。上端肱骨断面长径69.01mm，短径47.02mm；下端断面长径56.03mm，短径40.01mm。上端骨壁较薄，留有上下略错位的锯纹，连同较厚的骨松质一起锯断，断裂面整齐。下端断面围绕骨壁一周可见4处相互衔接的锯纹，说明在锯的过程中3次转动骨骼，调整锯的位置。

标本G10：08（图7-1，3；图版三八，2），为一件黄牛左侧胫骨骨干标本，是一件骨料。骨骼长度158.04mm。上端胫骨断面前后径69.02mm，左右径47.04mm；下端断面前后径56.01mm，左右径40.03mm。上端分断面锯纹一致，是从胫骨后侧面向前侧面方向下锯，最后在前侧面胫骨嵴末端锯好折断，折断处有一突起小骨碴。下端分断面锯纹整齐，方向一致，为一次锯断。

标本G10：09（图7-2，2；图版四〇，2），为一件长条形黄牛胫骨骨干截料。骨骼长度151.02mm。上端胫骨断面长25.02mm，宽17.11mm；下端断面长27.76mm，宽8.50mm。骨料两侧锯纹方向相反，一侧锯纹较深，一侧锯纹较浅。一侧折断的骨碴在上方，一侧折断的骨碴在下方，两侧相向而锯。在上部骨面有三道削痕，推测是将骨骼表面胫骨嵴突起部分修整削平。

标本G10：14547（图7-2，3；图版四〇，3），为一件水牛胫骨三角锥形骨料标本。骨骼长度99.02mm，宽度19.01mm。锥尖部位残断。两侧锯纹清晰，右侧下角有一锯完折断的骨碴。根据锯纹方向判断，两侧开锯的方向相反。

通过对以上骨料标本的举例分析，大致可归纳出这样的制作工艺信息。大部分骨料是以“锯”的方式为主进行分断，也有少数是使用“砍”，如对虎股骨标本分断的一件就是使用“砍”。对于截取水牛胫骨骨干都是下锯后一锯到底直至最后分断。对于黄牛肱骨、水牛桡骨在锯的过程中转换了锯的角度，使其达到更容易下锯的目的。推测这可能与分断具体骨骼及具体部位有关，对于截取水牛胫骨骨干这样横切面较小的骨骼，一般不用转换“锯”的角度，对于黄牛肱骨、水牛桡骨这种分断横切面较大的骨骼需要翻转骨骼以提高“锯”的效率。

锯纹的深浅可以反映出下锯的力量，并根据锯纹分析一件骨料不同位置下锯的先后顺序，锯纹较深的一般是先下锯的部位，锯纹较浅的一般是后下锯的。因为先下锯时骨骼结构稳定，使力较方便，后锯时原骨骼结构已分解，做更细的分解时用力要小心。对骨干进行纵向分解时，一般是相向而“锯”，即一侧是从一端锯向另一端，而接下来另一侧是从这一端又向原先一端开锯。其中通过分断面的锯纹和最后骨碴折断的位置可以判断锯的方向。

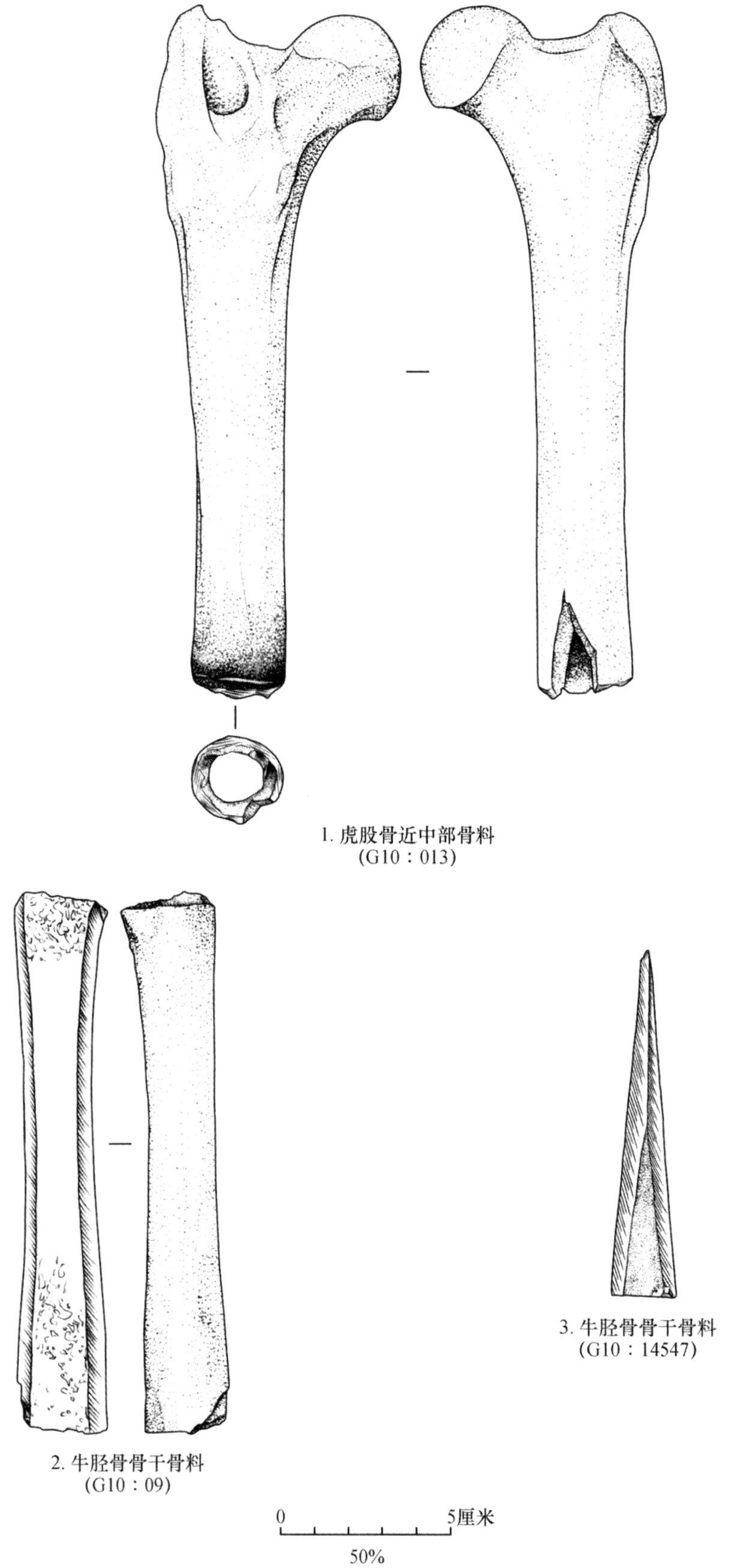
1. 虎股骨近中部骨料
(G10：013)
2. 牛胫骨骨干骨料
(G10：09)
3. 牛胫骨骨干骨料
(G10：14547)
0
5厘米
50%

图7-2　骨料

第三节　遗址出土的骨器成品及半成品

本研究中成品及半成品主要是指发现的基本已完成修理加工，或制作不成功的骨器。这些骨器中有动物的牙齿、下颌骨、角，以及将大中型动物肢骨的骨干部分进一步制作成器的骨片、骨块。下面分别举例。

标本YSI②：6969（图7-3，1；图版四一，1），为一件野猪的右下犬齿。犬齿两端残长84.02mm。在犬齿内侧根部有一圆形钻孔，钻孔的后侧残缺。钻孔直径4.68mm，厚度2.90mm。穿孔周围骨骼有火烧变黑的痕迹，烧烤或许与钻孔有关。分析钻孔的目的很可能是为穿绳。根据钻孔残缺的情况来看，这可能是一件制作不成功的骨器。

标本G10：14704（图7-3，3；图版四一，2），为一件赤麂的左下颌骨，下颌骨残长65.00mm、垂直部残长67.00mm。在下颌骨上升支的部位有一圆形钻孔，直径4.00mm。该钻孔是从内侧面向外侧面开钻，内侧面的钻孔周围可见钻孔所致的破损痕迹，钻孔由表及里逐渐缩小。

标本G10：010（图7-3，8；图版四一，8），为一件带钻孔纹饰长方形薄骨片。残长26.17mm、残宽17.71mm、厚度为1.43mm。可见11个圆圈组合纹饰，由外侧浅圆圈和圆圈中部的穿孔组合。圆圈的大小不尽相同，大的圆圈4.92mm，中间穿孔直径1.81mm。最小的圆圈直径3.58mm，其中心的钻孔未能穿透骨料。骨料两侧及正反面都有打磨修整的痕迹，是由骨料光滑平整的一面向骨料纹理较粗糙的一面钻孔。推测圆形组合钻孔纹起装饰作用。

标本G12：366（图7-3，2；图版四一，5），为一件钻孔纹饰骨片。骨片残长74.49mm，残宽13.40mm。在骨片较宽部位有4个圆形组合纹饰。在骨片上两个相邻的圆圈组合之间有打破关系。4个图案的圆圈和中心的圈点大小基本一致，外侧圈直径5.71mm，内侧圈直径2.17mm。骨片正反面及两侧都有打磨修整痕迹。

标本G10：12739（图7-3，7；图版四一，7），为一件方形钻孔骨块。骨块长12.09mm，宽11.35mm，高8.67mm。骨块一面有一圆形钻孔，孔径3.99mm，深4.75mm。在钻孔对侧一面骨块形状略弧。骨块对称两个面的分割纹理为水平纹理，另外4个面为倾斜纹理。

标本G18：604（图7-3，6；图版四一，6），为一件刻槽骨片。骨片残长36.57mm、宽11.89mm、厚3.08mm。骨片一面水平，一面顺自然骨体呈弧形。在骨片水平一面有两道水平刻槽，一道刻槽深且形状规整，长25.32mm、宽1.87mm、深1.05mm。一道刻槽较浅、不甚规整，长28.50mm、宽2.02mm、深1.02mm。骨片通体打磨。骨片一端残损，残损一端骨体可见烧烤痕迹。

标本YSI②A：2933（图7-3，4；图版四一，3），为一件水鹿鹿角角干部分。鹿角长75.22mm、底部长径22.92mm。鹿角锯断，断面中部加工有一圆形钻孔，钻孔表面长径12.05mm，钻孔深度17.97mm，钻孔由表及里逐渐缩小。

标本G10：03（图7-3，5；图版四一，4），为一件角锥标本。取材为一件水鹿鹿角角干部分，长65.52mm、底部长径14.52mm。鹿角砍断，在鹿角末端有4个砍削面，鹿角被加工呈四方体锥形。

从以上所举的骨器标本有这样几个特点：①都是小件骨器；②骨器有挂饰、骨片等；③没有发现工具构件。另外，发现的骨器只是所有骨器中的一部分，例如发现使用“锯”来分割水牛角的标本，但是未能发现水牛角制作的骨器。

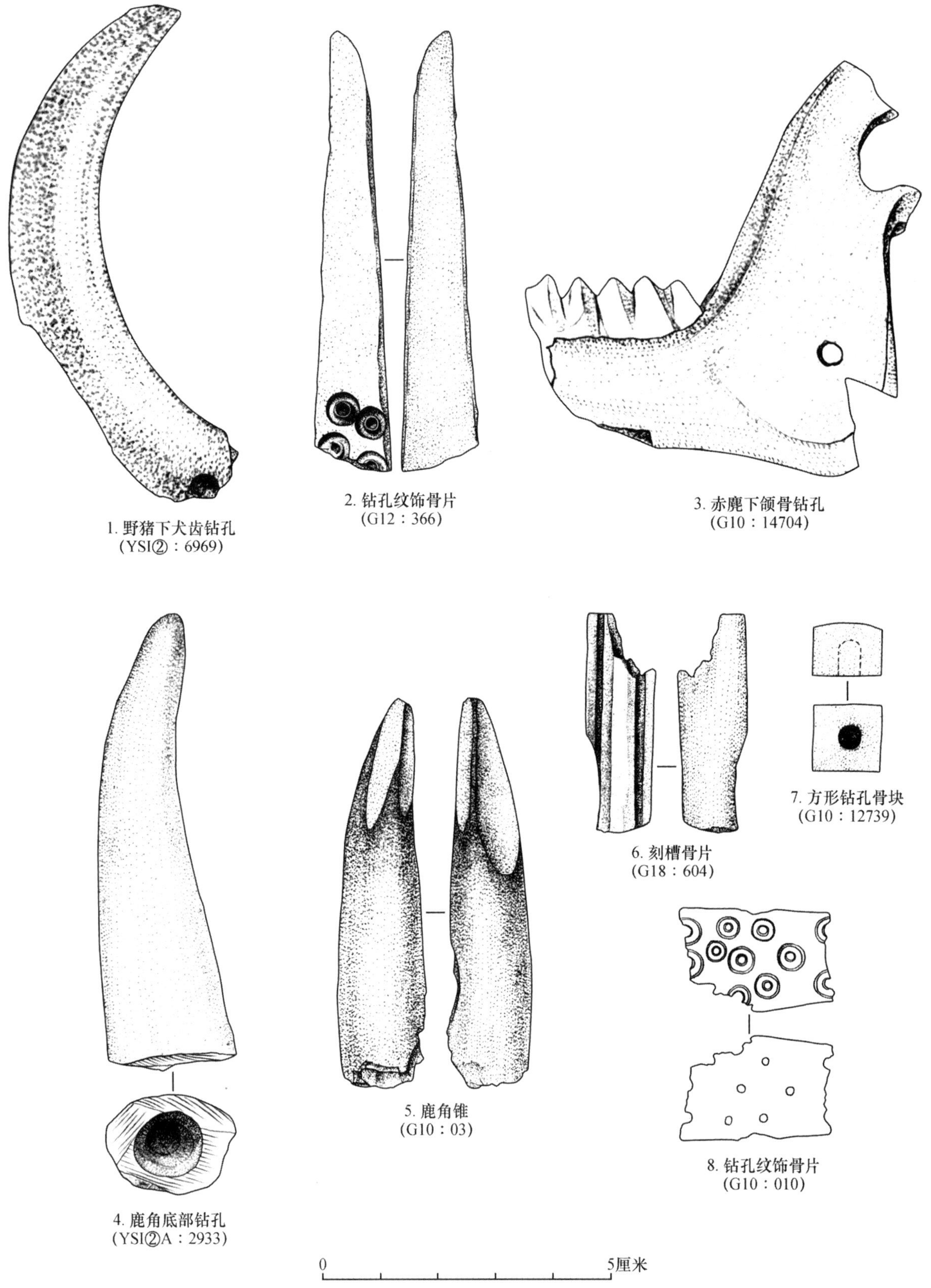
1. 野猪下犬齿钻孔
（YSI②：6969）
2. 钻孔纹饰骨片
（G12：366）
3. 赤鹿下颌骨钻孔
（G10：14704）
4. 鹿角底部钻孔
（YSI②A：2933）
5. 鹿角锥
（G10：03）
6. 刻槽骨片
（G18：604）
7. 方形钻孔骨块
（G10：12739）
8. 钻孔纹饰骨片
（G10：010）
0
5厘米
100%

图7-3　骨器成品、半成品

带钻孔的骨片根据形状和大小有可能是佩带装饰品。但没有发现完整器，这种骨片最宽处约为2～3厘米，且有由宽逐渐至窄的趋势。具体标本保存长度也不等。商周时期骨簪是骨器作坊中最主要的一种产品，而且也有带圆圈纹的装饰风格，因此这种骨片也可能是骨簪的一部分。

第四节 小 结

由于对老司城遗址出土的动物骨骼整体情况了解得较为充分，本研究对骨器制作涉及具体哪几种动物、使用的哪些骨骼部位进行了较为详细、准确的分析。在此基础上，通过以上对骨料和半成品、成品的考察，在骨料分割的某些方面观察较为细致，对骨器的制作流程有一整体把握。结合有关老司城遗址的背景资料，对这批骨器进行如下总结。

（1）骨器原料对象的选择。通过对骨料和成品、半成品的考察，结合第六章人工痕迹研究中发现有锯痕的动物种属，目前可以确认水牛、黄牛、水鹿、虎、猪、赤麂这几种大中型动物是骨器制作选择的动物种类，其中主要是水牛和黄牛。制作骨器选择的骨骼部位主要是大型动物的管状肢骨，如肱骨、股骨、胫骨等，因为这些骨骼具有骨壁厚，肢骨较长直等特点。其他还有角骨、下颌骨、犬齿等骨骼部位，这些骨器在制作之初应已有明确的成品构思。

（2）从工艺流程和制作手法角度考察骨器。骨器的制作流程是选料、解料，进一步加工，最后成器。制作过程按部就班，因此有可能上个工序没加工处理好，骨料就废弃了。对骨料的初步加工一般使用“锯”，相对于“砍”“砸”，“锯”是一种很费时费力的分断骨骼的行为，这是为了能够平整地截取骨骼。研究中将骨料上锯纹的角度、深浅，骨碴分断的位置等作为加工痕迹的具体观察点，从而对使用“锯”来分解骨料的工艺有了进一步的了解。在解料后，一般会根据骨料对象使用“削”“钻孔”“打磨”等后期进一步加工手段。

（3）产品的类型及用途考察。目前老司城遗址发现的骨器成品及半成品大体可以分为两类，一类是小的装饰品，如钻孔的野猪獠牙、钻孔的赤麂下颌骨等；一类是小的生活工具如骨簪、角锥、方形钻孔骨块、刻槽骨片等。总体来看主要都是小件骨器，发现的骨器种类不多，没有发现明显的生产类工具，推测这一阶段很少使用骨器作为生产工具。目前来看选择大型动物肢骨骨料可能主要是为了制作佩带装饰品和骨簪等。另有一些小的构件，比如刻槽骨片、方形钻孔骨块等，具体用途还待考证。

（4）老司城遗址骨器制作的性质和产品的流向。目前考古发现中国早期历史上的都城遗址如夏代的二里头遗址、商代的殷墟遗址、西周的周原遗址等都发现了专门制作骨器的作坊，这些骨器作坊带有一定的官方性质。老司城遗址带有官方性质应该比较明确，但是老司城的骨器作坊是否带有官方性质则有待考察。老司城土司对各种动物尤其是大型动物的大量消费为骨器的制作应有充足的骨料来源。从出土的骨器类型和数量来看，老司城遗址的骨器有一定专业生产性质，但生产规模不大。比如没有充分利用骨料，很多制作骨器的优良骨骼部位，如水牛黄牛的掌骨、跖骨等没有加工制作成骨器。各种成品或半成品的数量都不多，说明没有专业的大量生产的产品类型。制作产品的工人可能是兼职、而不是专职的。制作骨器的性质介于小型作坊生产与家庭副业生产之间。制作者可能不一定是专门的骨器手工业者，而是由屠夫、厨师之类的人员兼任。这一点在第九章的相关内容中会有涉及。老司城遗址产生的骨器首先应是供老司城土司集团自己消费，在有多余的情况下，可能进入了流通市场，但其规模应不大。

（5）从骨器的历时性发展角度来考察，老司城遗址作为一处以明清时期遗存为主体的遗址，这里发现的各种类型骨器，是目前所见考古遗址中出土的年代最晚的骨器。这说明至少在明清时期，很多地区都还在制造、使用骨器。总的来说，从骨器的生产来看，在明清时期，各种竹木及金属材质的生产工具、构件制作已经达到了较高的水平，骨器的生产已有所衰落，它们在人们生活中的重要性已经下降，但由于骨器材质特殊，使得它们还在延续制作使用。“骨器在硬度上独具特征，它比陶、石、铜等质地的遗物硬度低，但比木、竹、麻的遗物硬度高。是其他材质的工具不能取代的”[①]。另外，骨器有一些独到之处，比如野猪獠牙挂饰，比如湘西地区水牛角制作的号角等，这种根据特殊种属、特殊骨骼部位制作的骨器具有不可替代性。总而言之，老司城遗址出土的骨料、骨器是探讨明清时期的骨器利用的宝贵材料。

① 马萧林：《关于中国骨器研究的几个问题》，《华夏文物》2010年第2期，第139页。

第八章　动物骨骼病理研究

第一节　材料和方法

动物骨骼病理现象为我们提供了了解动物本身机能、人与动物关系的一个视角，是动物考古学研究的一项重要内容。目前动物骨骼病理案例的介绍和研究，除了描述具体的病理表现外，对病理原因也做了一定分析推断，但主要侧重于家畜的畜力使用可能导致的疾病①。我们根据老司城出土的材料，有意识的对所有动物骨骼病理做了广泛的观察。受研究水平限制，我们所能观察到的病理现象并不多。发现的病理现象主要集中在哺乳动物的骨骼上，如动物牙齿缺失，关节部位炎症，动物肢骨骨折等，对每一件有疾患的标本都进行了文字记录及病理测量。整体上对这些病理现象的判断鉴别还处于比较低的水平，但是我们对这些病理的分析着眼于动物的种类、年龄、大小，具体骨骼部位的结构和功能，家养动物与野生动物的区别，使役导致家养动物患病等多个角度，并尽可能解释造成各种病理现象的原因，从而对古代遗址出土的动物骨骼病理情况形成总体上的认识。虽然有关认识具有一定创新性，但还待更多的检验。

第二节　各种骨骼部位病理与分析

在动物骨骼病理举例介绍中，将各种属的动物病理按照几种骨骼部位进行归纳，即下颌骨及牙齿的病理、肢骨的病理、脊椎骨的病理、盆骨的病理、枝梢骨的病理，并对各骨骼部位病理做相应的分析与探讨。

一、下颌骨及牙齿病理

下颌骨及牙齿病理主要发现于狗、豹、黄牛、水牛等几种动物上。猫科、犬科这类肉食性动物与偶蹄目这类草食性动物在下颌骨牙齿病理上有所不同，随着年龄的增长，肉食性动物牙齿有崩断缺失的现象，这些牙齿缺失后齿槽孔自然愈合。草食性动物的牙齿不断磨蚀变短，普

① Levine M. A, Whitwell K. E, Jeffcott L. B. 2005. Abnormal thoracic vertebrae and the evolution of horse husbandry. Archaeofauna,14: 93-109.（英）玛莎·莱文、凯瑟琳·怀特威尔、列奥·杰夫考特著，刘一婷编译，李志鹏校：《马的胸椎异常及其利用方式的演变》，《南方文物》2013年第2期，第164～170页。

遍有牙结石现象，对一现象已有专门的植物微遗存研究[①]。下面分种属举例。

1. 狗牙齿缺失病例

在14件狗下颌骨中，有4件标本发现有牙齿缺失的情况，有的是牙齿缺失后齿槽孔愈合，有的是本身齿列不齐。

标本YSI①：203（图8-1，1；图版四二，1）。下颌骨P1、P3、P4缺失，齿孔自然修复愈合。

2. 豺牙齿缺失病例

在31件豺下颌骨中发现4件有牙齿缺失。

标本G10：47（图版四二，2）。左下颌骨犬齿C1缺失，可见后期齿孔自然修复愈合。

标本G10：0141（图版四二，3）。右下颌骨前臼齿P3前半部缺损不见，可见后期齿孔自然修复愈合。

3. 野猪下颌骨穿孔病例

标本G10：10626（图版四三，1）。犬齿根部下颌骨颊面凸起穿孔，穿孔部位骨骼可见一定程度的自身修复愈合状况。穿孔呈斜锥形，上下长18.00mm、左右宽1.40mm。这一类标本都是已成年的野猪或猪下颌标本。由于猪的犬齿随年龄增长不断长长并渐粗壮，因此在犬齿根部的下颌骨面颊外侧受犬齿抵触逐渐向外突出，最终穿孔。

4. 牛臼齿瘤状突起病例

标本G10：11697（图8-1，2；图版四三，2），为一水牛左上颌骨臼齿M3，在臼齿颊侧前中部有3个瘤状凸起，两个呈圆瘤状，分别为直径6.54mm、高4.48mm；直径6.65mm、高4.21mm。另一个为长椭圆瘤状，长9.25mm、宽4.45mm、高2.73mm。目前对于这种牙齿病理还缺少相关认识，应是动物个体的自然原因，没有人为因素。

5. 分析与探讨

中老年动物个体容易牙龈松动，骨骼更容易缺钙，造成牙齿的硬度降低。狗、豺这类食肉目动物年老后，啃咬较硬的动物骨骼时发生崩断缺损的概率增大，所以观测到牙齿缺失的标本都是中老年个体。从牙齿缺失的齿位来看，发现大多是前臼齿和犬齿缺损。这是因为犬齿、前臼齿主要发挥咬断（啃咬）撕裂切割食物的功能，施力多，后臼齿是发挥咀嚼的功能，施力少，另外，前牙之间有较大间隙且犬齿、前臼齿是单齿根，后臼齿是双齿根，因此后臼齿更加稳固。对于食肉目动物而言，牙齿在缺失后，一般都会自然修复愈合，形成齿槽孔闭合。

---

① 姚凌、罗武宏、杨玉璋等：《湖南永顺老司城遗址出土动物牙齿表面植物微遗存研究》，《农业考古》2015年第6期，第1～7页。

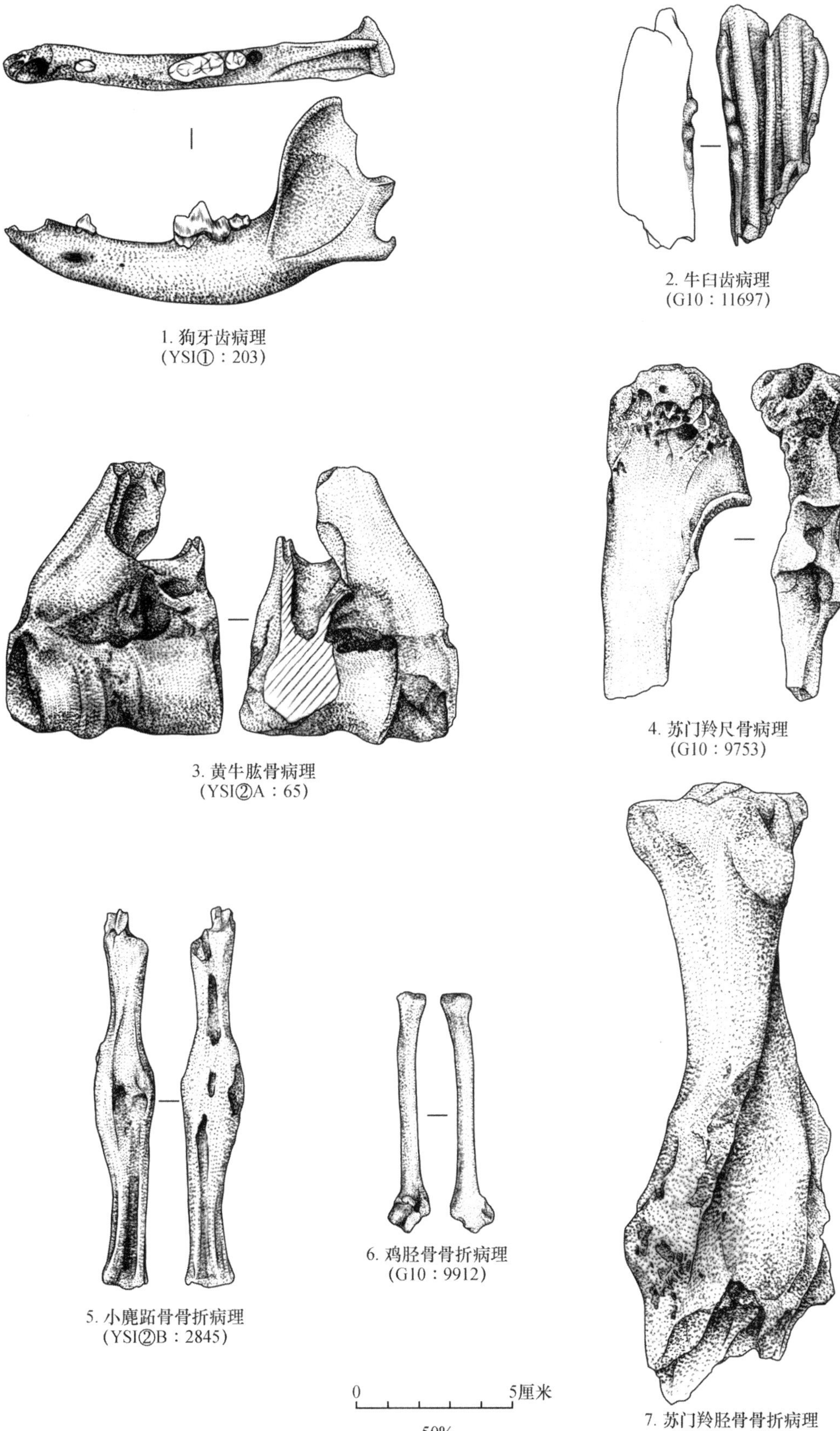

1. 狗牙齿病理
（YSⅠ①：203）

2. 牛臼齿病理
（G10：11697）

3. 黄牛肱骨病理
（YSⅠ②A：65）

4. 苏门羚尺骨病理
（G10：9753）

5. 小麂跖骨骨折病理
（YSⅠ②B：2845）

6. 鸡胫骨骨折病理
（G10：9912）

7. 苏门羚胫骨骨折病理
（YSⅠ②B：2851）

图8-1　牙齿、肢骨病理

食草类动物由于以植物作为食物对象，只需将植物类食物咬断咀嚼，因此通常是存在牙齿磨耗问题。通过对偶蹄类动物牙齿的观察发现，各种动物的臼齿一般都有一定程度的牙结石。

老司城遗址中发现了多例较大年龄的野猪与猪下犬齿根部突出至下颌骨外侧的现象，这种病理现象对动物肯定造成了生理影响，由于这是一个渐变的过程，动物自身应对此有一定的修复适应机能。

二、肢骨病理

肢骨的病理大体分为两类，一种是肢骨两端关节部位的融合、骨质增生。如黄牛肱骨远端鹰嘴窝、胫骨近端关节面等部位的骨质增生。一种是骨折，如发现的小麂跖骨骨折、苏门羚胫骨骨折一般发生在骨骼中部。下面举例介绍。

1. 黄牛肱骨远端骨质增生和骨质破坏病例

标本YSI②A：65（图8-1，3；图版四三，4），为一件黄牛右侧肱骨远端标本。标本长83.73mm、宽66.31mm。肱骨远端已愈合，内上髁嵴残缺。外上髁嵴、鹰嘴窝、冠突窝的骨骼表面呈现不规则皱褶，异常突起，应属于生理性骨质增生。前侧面肱骨滑车中部有一小块骨质皮层破坏，表现出一种点状、窝状小孔，推测是骨骼表面软骨破坏、发炎引起的关节面损伤。骨骼破坏面积长25.44mm，宽10.78mm。

2. 苏门羚尺骨鹰嘴结节溃烂病例

标本G10：9753（图8-1，4；图版四三，3），为一件苏门羚的左侧尺骨标本。骨骼长104.00mm、宽46.00mm。尺骨体及鹰嘴结节外侧（右侧）砍断。可见在内侧（左侧）鹰嘴结节部位筛孔状溃烂病变。范围长104.01mm、宽31.03mm、高21.02mm。

3. 黄牛胫骨近端关节骨质增生病例

标本G10：855（图8-2，2；图版四四，2），为一件黄牛右侧胫骨标本。残存胫骨近端，骨骼长131.24mm、宽94.01mm。近端已愈合。胫骨粗隆表面内侧髁部位有骨质增生现象。

4. 黄牛股骨近端关节骨质增生病理

标本G10：3841（图8-2，1；图版四四，1），为一件黄牛右侧股骨标本。残存股骨近端，骨骼长144.24mm、宽115.95mm。近端已愈合，在股骨颈下方前侧面和大转子外侧面有骨质增生。

5. 小麂跖骨骨折病例

标本YSI②B：2845（图8-1，5；图版四五，1），为一件小麂的右侧跖骨标本。骨骼长118mm。骨干中部形成一个橄榄状的骨痂，其长度48.00mm、宽度18.00mm。骨折已修复愈合，可见跖骨上下部位的背侧纵沟略有错位，但基本在一条直线上。

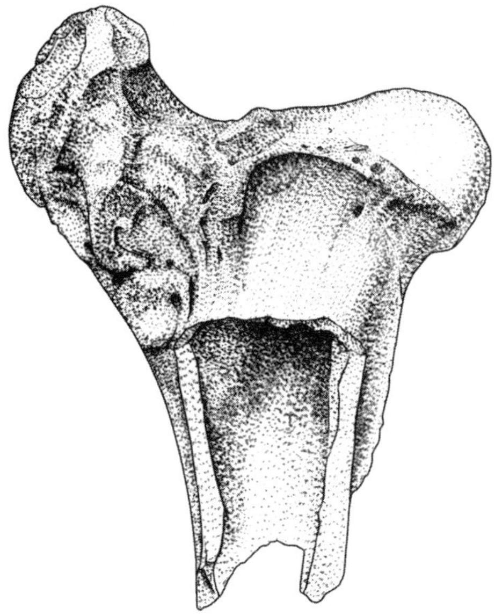

1. 黄牛股骨骨质增生病理
（G10：3841）

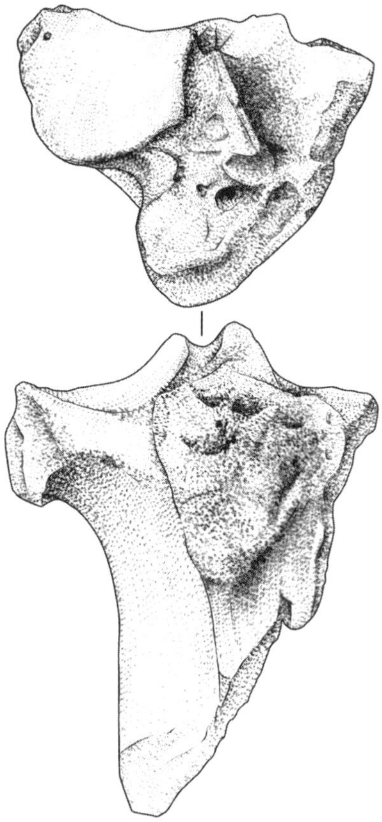

2. 黄牛胫骨骨质增生病理
（G10：855）

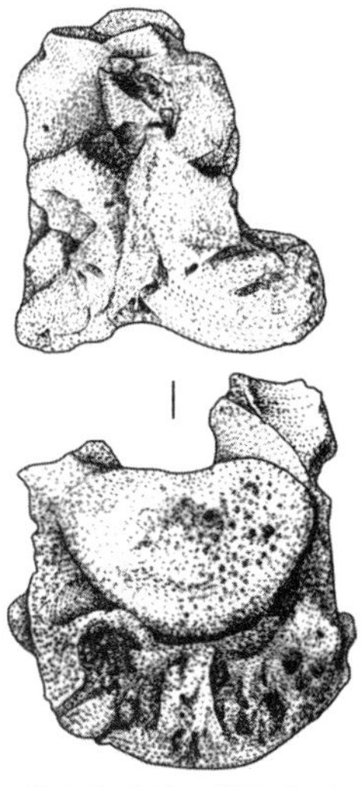

3. 黄牛胸椎骨质增生病理
（YSI②A：933）

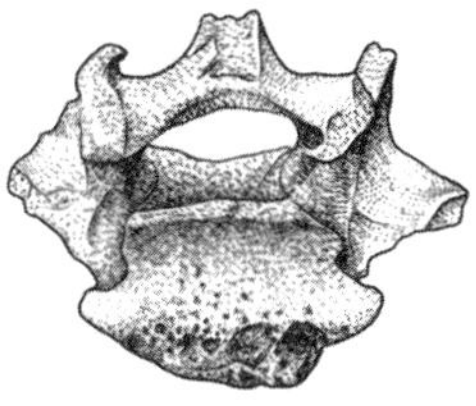

4. 梅花鹿腰椎关节面凹陷病理
（YSI③：5523）

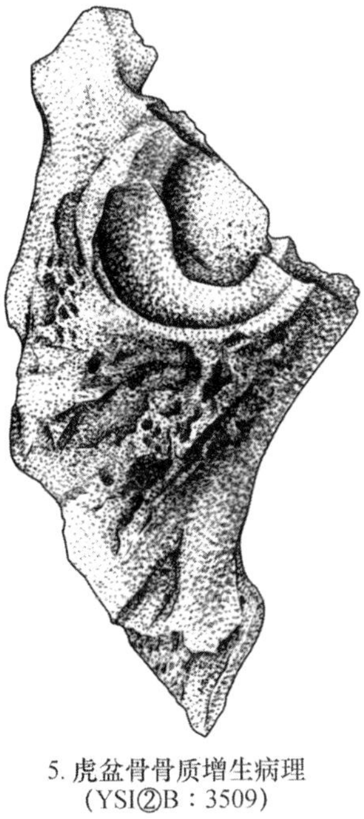

5. 虎盆骨骨质增生病理
（YSI②B：3509）

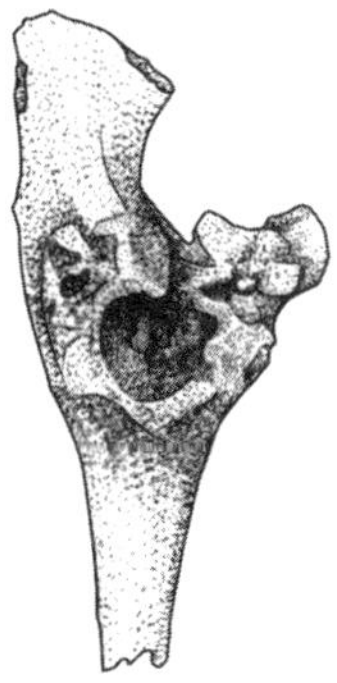

6. 猪盆骨骨质增生病理
（G10：1978）

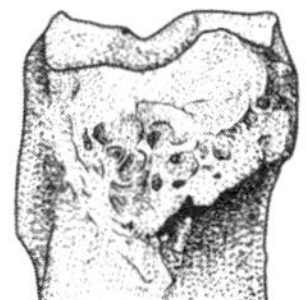

7. 水牛系骨骨质增生病理
7 （YSI③：3970）

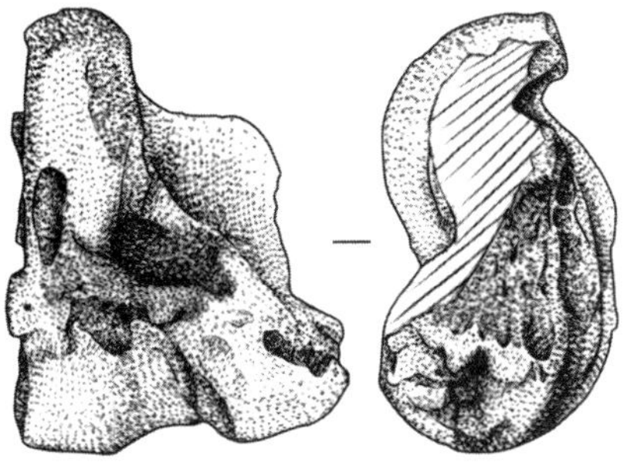

8. 水牛距骨骨质增生病理
（G10：2133）

0　5厘米
50%

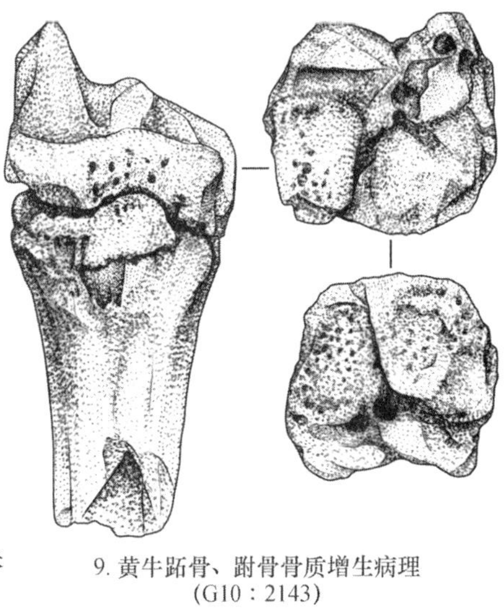

9. 黄牛跖骨、跗骨骨质增生病理
（G10：2143）

图8-2　肢骨、脊椎骨、盆骨、枝梢骨病理

6. 鸡胫骨远端滑车骨折病例

标本G10：9912（图8-1，6；图版四五，2），为一件鸡的左侧胫骨标本。骨骼长75.00mm、宽11.00mm。骨骼近远端未愈合，胫骨远端关节折向内（右）侧，关节部位有骨赘。从骨折的部位来看，是处于骨松质和骨密质交界处，这里是骨折的多发部位。

7. 苏门羚胫骨骨折病例

标本YSI②B：2851（图8-1，7；图版四五，3），为一件苏门羚的左侧胫骨。骨骼长196.01mm。胫骨中部骨干衍生出一个大的隆肿状骨痂，隆肿部分长99.00mm、宽64.02mm。骨痂表面局部呈坑窝状，局部呈皱褶状。下端骨干折断，折断处可见骨骼内部变异的骨松质。骨折伤口已愈合，下端的胫骨骨干与上端的胫骨骨干错位，下端骨干向内（左）侧倾斜。

8. 分析与探讨

骨折情况分析。从骨折发生的部位来看，苏门羚和小麂的骨折都是处于肢骨的中部。苏门羚的胫骨愈合后，其近端与远端不在同一条直线上，属于畸形愈合，而小麂的跖骨愈合后基本在同一直线，愈合程度较好。分析原因，一方面可能是因为小麂跖骨相对较短所以恢复较好，另外推测是否与动物体型大小有关，体型大的动物自身重量较大所以愈合恢复的程度不如体型小的动物好。鸡胫骨远端的骨折发生在关节头骨松质和骨密质交界处，这是骨折高发部位。

从发生骨折的动物种属来看，遗址出土的大量家养动物如猪、黄牛、水牛等均未发现骨折，而在出土骨骼相对较少的苏门羚和小麂的肢骨上发现了骨折，一方面可能因为苏门羚、小麂的奔跑速度要快于猪、黄牛、水牛，所以骨折机率相对较高。另一方面家养动物由于受到人类的关照，不需躲避食肉动物的追捕，所以骨折机率可能小于野生动物。由此可见，对于偶蹄类动物而言，野生动物骨折的机率大于家养动物。另外，小麂、苏门羚的骨折都已再生与修复，证明这些动物骨折以后继续存活了下来。

肢骨关节部位与运动功能相关，关节面磨损较大，容易引发关节炎、骨质增生、骨赘等病理现象，目前发现的肢骨关节部位病理现象主要集中在水牛、黄牛这两种动物身上，并且都是肢骨已完全愈合的中老年个体。中老年个体发生关节炎、骨质增生的概率本身就较大，而水牛、黄牛服劳役的情况加重了关节的损耗，进一步加大骨质增生等疾病发生的概率，并且使病情加重。

三、脊椎骨病理

在水牛、黄牛、梅花鹿这三种动物身上发现了脊椎骨病变，且颈椎、胸椎、腰椎、骶椎各个脊椎骨部位均有发现，但主要集中在胸椎和腰椎这两个部位。下面举例介绍。

1. 黄牛胸椎骨质增生病例

标本YSI②A：933（图8-2，3；图版四六，1），为一件黄牛第12胸椎标本。仅存椎体和右侧横突小部，椎体长36.94mm。椎体前后关节面溃烂发炎，椎体下部衍生出大块骨质增生，将下部椎体完全包裹。骨质增生前后长51.68mm、左右宽52.87mm、最大厚21.00mm。遗址共出土3件类似标本，都是由初始的骨赘逐渐增厚形成骨桥，将前后椎体完全结合在一起。

2. 水牛胸椎椎弓变异病例

标本G10：8765（图版四六，2），为一件水牛第11颈椎标本。椎体前后骨骺已愈合，棘突及左侧横突残。在椎弓表面呈现变异，有三个明显的凹陷窝，分别位于右横突及棘突左右两侧下方的位置。右横突凹陷窝长径11.42mm、深9.23mm，棘突左侧凹陷窝长径15.94mm、深6.33mm。

3. 黄牛胸椎椎弓变异病例

标本YSI②B：679（图版四六，4），为一件黄牛第13颈椎。椎体长50.64mm。骨骼已愈合，横突、棘突有不同程度残缺。在棘突左右两侧椎弓体表面有不正常的孔、窝结构。左侧有一椭圆状孔和一圆窝，孔的长径9.83mm、深3.47mm。圆窝直径2.71mm、深6.66mm。右侧在前后关节突之间有十余个骨骼坏死的小孔结构。

4. 水牛腰椎骨质增生病例

标本G10：3952（图版四六，3），为一件水牛第3腰椎标本。椎体长64.21mm。横突、棘突、左前关节突残，骨骼已愈合。右前关节突上有骨赘，椎弓面局部不光滑，呈现异常波折。

5. 梅花鹿腰椎关节面凹陷病例

标本YSI③：5523（图8-2，4；图版四六，5），为一件梅花鹿第6腰椎标本。椎体长34.34mm。横突、棘突、前关节突残，骨骼已愈合。左后关节突骨质增生膨胀。后关节面中部内弧凹陷，下半部椎窝面上可见骨骼表皮坏死小孔。

6. 分析与探讨

对于脊椎骨的病理分析，现在看来有这样几个特点。病理现象有骨质增生，融合，椎弓异常等。脊椎骨患病的动物年龄，以愈合的中老年个体为主，未愈合个体的比例明显较少。脊椎骨患病的动物对象，以水牛、黄牛最多，主要以胸椎和腰椎为主，特别是第9至第13胸椎，第1至第3腰椎。正常情况下，水牛、黄牛年龄愈大，骨骼关节部位发生变形、融合的机率就越大，而牛作为一种畜力使用，脊椎骨骨骼部位必须承受更大的作用力，这加重了脊椎骨的患病概率。

四、盆骨病理

盆骨与支撑身体、运动及生殖功能有关，包括髂骨、耻骨和坐骨。发现盆骨病理现象的有虎、豹、猪、水牛、黄牛等，部位主要位于髋臼窝及其附近。病理现象一般是骨质增生及溃烂异常隆起等。

1. 虎盆骨骨质增生病例

标本YSI②B：3509（图8-2，5；图版四七，1），为一件虎的右侧盆骨标本。骨骼长155.01mm、宽74.03mm。髂骨、耻骨、坐骨已愈合，为一成年个体。在髋臼窝上方的髂骨体表面有骨质增生，表现出孔、窝状隆肿突起。病理现象较严重，不是发病初始阶段。从位置和症状来看，推测可能是病理性炎症感染造成的骨质破坏。发炎溃烂的部分长58.31mm、宽48.05mm、高14.64mm。

2. 狗盆骨骨质增生病例

标本YSI②B：3394（图版四七，2），为一件狗的左侧盆骨标本。骨骼长107.62mm、宽38.96mm。为一成年个体。髋臼窝上方的髂骨体表面有骨质增生的病变现象，表现为粗隆突起。主要突起部分长35.82mm、宽13.47mm、高11.53mm。

3. 猪髋臼窝部位骨质增生病例

标本G10：1978（图8-2，6；图版四七，3），为一件猪的左侧盆骨标本。骨骼长88.01mm、宽41.02mm。髋臼窝变形，关节腔内粗糙不光滑，靠近髋臼窝下方耻骨、坐骨部位的骨质增生。推断该猪的股骨存在脱位病状，在髋臼窝下方形成了一个假关节，因此髋臼窝下方左右两侧的骨质增生面相对较为平整，实为与股骨头关节磨合所致。

4. 分析与探讨

盆骨主要与生殖、支撑身体和运动功能有关，包括髂骨、耻骨和坐骨。发现盆骨患病的动物有虎、豹、猪、水牛、黄牛等，是较易患病的骨骼部位。发现的病理部位主要位于髋臼窝及其附近，髋臼窝是髂骨、耻骨、坐骨3种骨骼的结合部，又是承受身体重量和发挥运动功能的关键部位，髋臼由于负重且摩擦磨损大，因此是盆骨发生病变的主要部位。病理现象普遍是骨质增生，发炎溃烂异常隆起等。造成这种病变的原因主要是其所具有的运动功能属性，如股骨头与髋臼窝骨骼运动移位等。另外髋臼的病变是与股骨头的病变相匹配的，我们所看到的是髋臼部位的病变，但是在股骨头部位应有相应的病变。

五、枝梢骨病理

枝梢骨病变涉及的骨骼部位为跗骨、距骨、系骨等，本内容中将掌骨、跖骨远端关节部位的病变也归入枝梢骨病变。发现的主要动物对象是水牛、黄牛，病理现象主要表现是关节结合部位的骨质增生、融合等。

1. 黄牛跗骨、跖骨结合部骨质增生病例

标本G10：2143（图8-2，9；图版四八，1），为一件黄牛左侧第Ⅳ跗骨、第Ⅱ＋Ⅲ跗骨与趾骨结合标本。标本总长114.63mm、宽55.18mm。跗骨与趾骨骨质增生相互融合在一起。为便于观察，将第Ⅳ跗骨与趾骨分开，正常健康的骨骼接触面是光滑平整的，而标本的各种跗骨与趾骨的关节接触面上有相互融合的筛孔状模糊纹理，推测是一种病理性的骨质增生。

2. 水牛距骨骨质增生病例

标本G10：2133（图8-2，8；图版四八，2），为一件水牛左侧距骨标本。标本总长72.55mm、宽55.92mm。内侧近滑车嵴缺失，在距骨背面中部和距骨外侧面及远滑车内侧嵴可见炎症溃烂而形成的骨质增生。内侧远滑车面上有一道砍痕，砍痕旁边可见关节面骨质破坏，呈线状刻划纹理，推测是对应的跗骨关节面上异常增生，在关节磨合过程中，形成了这一局部的线状破坏纹理。

3. 水牛系骨骨质增生病例

标本YSI③：3970（图8-2，7；图版四八，3），为一件水牛系骨。标本残长45.36mm，宽37.79mm。系骨近端已愈合，远端缺失。在近端关节前侧面骨骼愈合处可见骨质增生，骨质增生左右长28.07mm、上下宽22.93mm、最大厚3.33mm。

4. 分析与探讨

枝梢骨是四肢远端的骨骼部位，是四肢发力受力接近地面的骨骼部位。所见到病理情况多是骨骼关节接触面的骨质增生融合等，部分骨骼会顺着关节面延伸扩张蔓延到关节周围。发现的主要动物对象是水牛、黄牛。由于这些病理标本都是骨骼完全愈合标本，代表的都是已成年的中老年个体。正常情况下随着年龄的增长，枝梢骨关节部位就容易发生骨质增生等病变，而黄牛、水牛无疑是由于畜力的需要而进行的饲养，这无疑会加重枝梢骨关节部位的病变。

第三节　小　　结

本章将观察到的各种动物病理现象归为下颌骨及牙齿、肢骨、脊椎骨、盆骨、枝梢骨这5个骨骼部位的骨骼病理，对每一种骨骼部位病变进行描述、分析、探讨，得到了一系列关于考古遗址出土动物骨骼病理现象的认识。在此基础上，将相关内容归纳提炼为六个方面，即不同大小及种类动物的骨骼病理区别、动物年龄与骨骼病理的关系、病理发生的骨骼部位及原因、家养与野生动物的骨骼病理区别、牛骨骼病理现象的一些特点、病变对动物造成的影响。

1. 不同大小及种类动物的骨骼病理区别

从动物种类来看，目前能观察到的主要是哺乳动物骨骼病变，另外仅发现少量鸟禽类鸭的骨骼病变，没有观察到水生动物如鱼类、爬行类、贝类的骨骼病变。哺乳动物中主要发现了黄牛、水牛、虎、豹、野猪、狗、苏门羚、梅花鹿、小麂的病变，而没有观察到豪猪、猫等小型动物的病变。可见受出土骨骼数量和鉴定水平限制，目前考古遗址里发现的主要是出土较多的大中型哺乳动物骨骼病变。

由于各种动物的生理结构不同，不同类型的哺乳动物会有不同类型的病理现象，如遗址中发现多例狗、豹牙齿崩断缺失、齿槽孔愈合的病例，这是由于食肉目动物要啃咬较硬的动物骨骼所致。而发现的大量食草目动物如牛、鹿等主要是食用植物类食物，因此不见这种牙齿崩断缺失的病理现象。

2. 动物年龄与骨骼病理的关系

观测到骨骼的病变很多与动物年龄有关，如遗址中除发现了少量骨骼未愈合的猪、黄牛、鸡有病变现象外，大多数都是已完成换齿及骨骼完全愈合的标本，代表着这些动物是中老年个体。未愈合的骨骼代表动物正处于生长阶段，这一年龄阶段的骨骼病变较少，另外未愈合标本本身不容易保存，所以这部分的骨骼基数较小也是一个原因。而随着年龄的增长，动物骨骼老化、缺钙、骨量减少和长时间磨耗导致了发生病变概率的增加和病理现象的加重。

3. 病变发生的骨骼部位及原因

狗、豹崩断的都是前臼齿和犬齿。前臼齿、犬齿是单齿根，且牙齿之间有较大间隔，而前臼齿、犬齿主要是发挥咬断（啃咬）骨骼的功能，在年龄较大的情况，容易发生崩断。

骨骼的骨质增生、融合、发炎、溃烂、坏死、异常突起磨耗及发育不良等病理现象多发生在肢骨、脊椎骨、盆骨、枝梢骨的骨骼关节部位，大部分是后天的生理性病理。分析原因是关节部位具有承重功能，又是发挥运动功能产生骨骼磨耗的主要部位，因此以上的各种骨骼病变容易发生在关节部位，有的病变如骨质增生、融合等会顺关节边缘唇部向外衍生蔓延。

骨折一般是发生于动物肢骨，有两种骨骼部位，一种是肢骨中部的横断骨折，一种是发生在关节头骨松质和骨密质交界处的骨折，应都是运动中突然造成的。

4. 家养与野生动物的骨骼病理区别

很多病变的发生，在家养与野生动物身上并无区别，如野生动物豹和家养动物狗同样存在牙齿崩缺的现象。但发现的黄牛、水牛骨质增生、发炎溃烂、坏死等多种骨骼病变，不论在骨骼的病理症状还是病变的数量上，均明显多于野生的偶蹄类动物如水鹿、梅花鹿。这应在一定程度上与黄牛、水牛承受畜力使用，骨骼负担加重有关。另外在数量很大的黄牛、水牛肢骨上没有发现骨折现象，而出土相对较少的苏门羚、小麂肢骨却发现了骨折现象，可能与野生动物在自然环境中受伤概率较大，而家养动物受到人类有意识的保护有关。

5. 牛骨骼病变的一些特点

牛骨骼病变绝大部分发生在中老年个体身上，仅有少量发生在未成年个体身上。黄牛患病数量明显多于水牛。后肢骨骼病变比前肢多，骨骼近端病变似乎多于远端。这可能与前肢支撑作用多，后肢发力作用多有关。脊椎骨中胸椎、腰椎的病变比例较大，特别是第9至第13胸椎，第1至第3腰椎。以上这些骨骼病理特征应与提供畜力有一定关系。

牛是一种使役型的动物，如果是为了获取肉食，其经济效益明显低于猪的饲养，因此牛的饲养应该与对其畜力的使用有紧密关系。当然对于牛的骨骼病变，我们并不认为畜力的使用是造成这些病变的唯一原因，因为中老年个体随年龄增长自然会发生如骨质增生、融合、发炎溃烂等骨骼病理现象，但我们认为牛服劳役会加大各种骨骼病变的概率和病变的严重程度。

6. 病变对动物造成的影响

观察到的这些骨骼病变都有一定的自我治疗恢复表现，如小麂、苏门羚的骨折都已完成了再生与修复，证明这些动物骨折以后继续存活了下来，没有死亡。不同骨骼部位的病变对不同骨骼部位的结构功能造成了不同程度的影响，如牙齿的缺失肯定会对动物的进食造成影响。而各种骨骼部位的骨质增生、溃烂、发炎、融合必然会对相应骨骼部位的运动功能造成不同程度的影响。相对来说，突发性的骨骼病变会对动物造成较大的影响，如牙齿的崩缺、肢骨的骨折等，而慢性的骨骼疾病如骨质增生、融合等属于渐进性疾病，动物自身会逐渐适应，因此对动物造成的影响比较缓慢。而有的骨骼病变如骨骼发炎溃烂、移位等对动物造成的即时影响应较大。

总体而言，目前观察到的骨骼病变都没有对动物造成致命伤害，各个骨骼部位的病变对相应部位的骨骼生理功能造成了或大或小的伤害，各种动物身上均有自我治疗恢复的现象。我们应该认识到动物骨骼遗存只是反映动物病理的一种载体，很多疾病可能并不一定会在骨骼上有所反映。本研究只是基于老司城遗址的骨骼病理材料，目前对于骨骼病理鉴定判断还是较为粗浅的，有关的鉴定不一定准确，认识也难免会有错漏的地方。实际上应该还有很多的骨骼病理现象受水平能力限制未能识别，但这终归是对单个遗址多种动物、多种骨骼部位病变的一次有效考察。通过对动物骨骼病理的考察使我们更多地了解到了当时的自然环境、动物的身体机能以及人类对动物的利用情况，提高了我们对老司城遗址动物遗存的整体认识。

第九章　动物骨骼与老司城遗址相关问题的研究与探讨

动物骨骼作为老司城遗址出土最多的遗物类型之一，将动物骨骼的各种信息与老司城遗址的发掘情况结合，可以探讨老司城文化多个方面的内容。本章第一节将会把出土骨骼与有关遗迹、遗物结合起来，分析出土动物骨骼的埋藏性质和原因。不同区域、不同遗迹单位出土的动物骨骼为我们分析相应的遗址区域功能布局和释读遗迹单位的性质功能提供了材料。根据有关遗迹、遗物，对老司城遗址的厨房和骨器生产场所的位置进行了推理。第二节根据出土的动物骨骼，结合老司城遗址的背景，探讨了土司宴飨的有关问题。第三节通过将老司城遗址出土的动物骨骼与周边典型遗址出土的动物骨骼相比较，归纳总结老司城遗址肉食消费的特点，反映出老司城遗址肉食消费的历时性、区域性特点。从动物骨骼的角度探讨老司城遗址的性质，分析动物骨骼所代表的肉食资源对土司集团的意义。

第一节　动物骨骼与有关遗迹、遗物区域功能对应关系分析

一、动物骨骼埋藏性质分析

虽然我们认定老司城遗址出土的动物骨骼是土司时期人们消费的动物残骸，但有必要对其出土状况进行具体分析，这有利于加深我们对动物骨骼与老司城遗址之间关系的深入理解。考察分析的角度是动物骨骼的出土单位性质和与动物骨骼伴出的其他遗物。我们主要对出土动物骨骼较多的典型遗迹单位进行分析，这里将1000件定为标准，遗迹单位出土动物骨骼超过1000则认定其为出土动物骨骼较多的遗迹单位。这类遗迹单位可以分为两个类型，一种是水沟，包括位于宫殿区的G10出土14734件，G18出土3564件（统计数据见表1-1），位于衙署区的G22出土1611件，G24出土1460件。一种是位于衙署区第一级台地的各个地层，即YSI①、YSI②A、YSI②B、YSI③、YSI④A、YSI④B，共计出土16568件。两种类型共出土37937件动物骨骼，占出土骨骼总数的91.01%。对这些遗迹单位进行综合分析，有利于我们更好地认识动物骨骼的埋藏性质。我们首先对出土动物骨骼最多的遗迹单位G10进行分析，G10的发掘分为东、西、

南三段。通过检索报告整理出各段出土遗物如下[①]。

G10东段出土的建筑构件有，石质建筑构件3件，砖雕372件，瓦片44件，瓦当13件，滴水18件。砖制器盖1件。硬陶器290件。瓷器1329件。

G10南段①层出土的建筑构件有，石质建筑构件3件，砖雕49件，瓦44件，瓦当26件，滴水16件。硬陶器277件。瓷器574件。铁器30件，出土有锅铲，铁刀等。G10南段②层出土的建筑构件有石质建筑构件1件，砖雕73件，砖制器盖1件。瓦17，瓦当3件，滴水4件，硬陶器103件，瓷器215件，铁器6件，出土有箭头，铁环等。围棋子1粒。G10南段③层出土的建筑砖构件85，砖制器盖1件。瓦24件，瓦当6件，滴水14件。砖制器盖1件。硬陶器68件。瓷器575件。铁器2件，铁容器等。G10南段③层出土瓷器5件。

G10西段出土的建筑构件有，石质建筑构件1件，砖雕100件，瓦4件，瓦当19件，滴水12件。砖制器盖1件。硬陶器50件。瓷器275件。铁器10件，出土有铁釜，铁扣、铁锁、铁钉、锅铲等。G10还出有铜马铃、铜钥匙、铜簪、铜铠甲片、象牙手柄等遗物。

从G10各段出土的遗物来看，都是土司时期的遗物，没有后来近现代的遗物，因此不论是各种遗物还是动物骨骼基本都可以作为土司时期的遗物对待。G10的结构功能显示这是一条水渠，其主要作用是排水，而从G10各段出土的遗物中我们可以发现，不仅有生活垃圾，如大量的瓷片、陶片、铁器，同时还有大量的建筑构件如石构件、砖雕、瓦片、瓦当、滴水、砖等。虽然水渠有可能具有一定的排放垃圾的功能，但应仅限于少量小型物体，如此众多的陶片、铁器，尤其是大量的各种建筑构件是不可能利用水渠排送的。因此，推测G10中的遗物大部分是土司时期结束以后搬运过来倾倒于此的。另外，出土动物骨骼超过1000件的水沟G10、G18、G22、G24都属于较大型的明沟。明沟里可以直接抛掷物体，而暗沟埋在地下，无法直接丢弃物体，这就是为什么老司城遗址暗沟很少出土动物骨骼的原因。

接下来，我们对为何在衙署区地层中出土了较多动物骨骼做一考察。衙署区第一级台地地层中第2层、4层出土的动物骨骼达到8110件，这两个地层都是直接叠压在衙署房屋建筑F22之上，而在后来民居房屋建筑F21之下的。而土司时期在其衙署区域的F22范围之内应该是不会有这么多生活垃圾和建筑垃圾的。这只可能是在土司统治结束之后，房屋废弃了，人们又在此建筑房屋生活，就近把四周填土铺垫于此，以作为后期F21房屋的奠基层。老司城考古报告中有关此区域的记录是，在原房址F22的基础上营造F21的民居建筑，“基本上利用原来的旧基台基的轮廓，但建筑格局有很大改变，从原来的府衙建筑变成了民居”[②]。在土司统治结束后，此区域是后来老司城的主要居民居住区。直到发掘前，人们都还在这一区域生活居住。因此第2层、4层都应为后期人群房屋建筑垫层，但含大量土司时期的遗物。

综合以上遗迹单位的性质功能、填土堆积形态、同出的出土遗物，以及后期的人类活动行为，我们认为出土动物较多的遗迹单位如G10、G18、G22、G24和衙署区第一级台地地层这些遗迹单位出土的动物骨骼可以代表土司统治时期的消费的动物资源。

---

① 湖南省文物考古研究所、湘西自治州文物局、永顺文物局：《永顺老司城》，科学出版社，2014年，第41～171页。

② 湖南省文物考古研究所、湘西自治州文物局、永顺文物局：《永顺老司城》，科学出版社，2014年，第333页。

二、从动物骨骼分析遗址区域功能

1. 材料

老司城遗址发掘报告中将遗址整体分为了宫殿区、衙署区、街道区、墓葬区、宗教区、苑墅区6大功能分区。本次整理的动物骨骼材料出土单位涉及宫殿区、衙署区、街道区、墓葬区这4个大的功能区（图9-1）。每区发掘面积和具体遗迹单位性质不尽相同，因此对出土的动物骨骼数量和种类可能会有一定影响，由于社会的进步，对于空间的功能更加细化，所以历史时期的动物骨骼出土位置所显示的区域功能性可能更强。这正是对此开展研究的理论基础。

图9-1　老司城遗址各功能区分布图

2. 分析

从各功能区出土的动物骨骼数量来看，遗址共出土41683件，其中宫殿区出土21012件，衙署区出土19876件，街道区711件，墓葬区84件（根据表1-1）。由此可以看出，动物骨骼主要是在宫殿区和衙署区出土。代表当时大部分动物肉食都是在这两个区域消费。

我们主要考察宫殿区和衙署区出土动物骨骼的情况。宫殿区出土动物骨骼21012件，衙署区出土19876件。这两个区域的发掘面积不同，发掘的具体遗迹单位不同，但这两个区域出土的动物骨骼数量接近，可以视为在消费同样数量的动物前提下，比较两个区域消费动物种类和数量上的异同，并分析其中的原因。

首先从这两个区域的性质来看，衙署区是土司的办公场所，宫殿区是土司的生活居住区域，也就是说土司的生活居住用食场所更主要的是在宫殿区，这里面也包括其家眷随从。而常驻衙署区的一般是为土司服务的官吏，两者性质有所不同，因此我们认为这两者在肉食对象上可能存在一定区别。从总体上分析，我们倾向于将宫殿区出土的动物骨骼作为土司及家眷随从消费的动物肉食，将衙署区出土的动物骨骼作为土司集团官吏人员消费的动物肉食，并将二者进行比较。

比较对象是主要的家养动物，如猪、水牛、黄牛、鸡，和主要的野生动物，如水鹿、梅花鹿、小麂、赤麂、虎、豹、熊、野猪及外来动物如泥蚶、海螺等。经考察发现野生的水鹿、梅花鹿、虎、豹、熊、野猪等大型野生动物大部分都是出土于G10，由此可见土司家族消费的野生动物数量大于衙署区官吏人员消费的数量。大型野生动物如水鹿、梅花鹿、虎、熊等大部分出土在宫殿区域，究其原因，一方面可能是因为土司王享用的大型野生动物较多，另一方面是否与在宫殿区举行大型的宴飨有关。我们认为举行宴飨的区域很可能在宫殿区，而不是衙署区的原因有两点：①衙署区各级台地房屋结构紧凑，没有开阔地带；②衙署区从区域功能上看是办公场所，不适合进行大规模的动物屠宰、肢解、烧烤、炊煮。宫殿区是生活居住区，有开阔的场地，适合举办大型宴飨活动。

从泥蚶较多出土于衙署区来看，衙署区官吏人员享用的动物种类带有明显的稀缺性和珍贵性，说明官吏享有一定优越待遇。另外这是否与官吏对外的联系更加紧密，从而在获取这种外来食物上有较大便利有关，不过这仅仅只能作为一种推测。

街道区出土的动物骨骼数量较少，共711件，出土的动物种类都为一般的家畜动物，这可能是由于街道区的性质比较平民化所致。

墓葬区出土的动物骨骼数量仅84件，且只有两种，猫和鸡。墓葬出土的动物骨骼是否为殉葬动物或牺牲，这需要考察动物骨骼具体的出土情况。由于老司城遗址的墓葬基本全部被后期盗扰，所以当时下葬时的埋葬动物情况已无从获知。我们主要对墓葬出土的动物骨骼种属、部位、数量进行分析。出土动物骨骼的墓葬有M8和M31，出土动物种属为鸡和猫。M8出土的猫的骨骼部位较齐全，基本可以判断为属于同一个体。M31出土的鸡的骨骼较零散，出土的骨骼部位可以认为归属于同一个体，且骨骼上都没有发现肢解烹饪痕迹。

有一种意见认为猫是当时墓主人的宠物，所以将猫随葬。据调查，猫在临死之前会自己找一个隐蔽的地方，如果是这样，猫也可能是后期在墓葬被破坏后，从孔洞中爬入墓室，最后待在这里没有出去。如果墓葬出土有猫骨骼，而周围没有人类居住，那随葬猫的可能性很大。但老司城墓葬区周围一直有人类居住，所以存在有猫自行潜入的可能。鸡除了可能是随葬外，也有自行潜入的可能。据了解，老司城当地一些家养的鸡喜欢寻找隐蔽的地方下蛋，所以鸡可能会从外面的孔洞中钻入墓室，但由于从里面向外面出口的孔洞太高、太小等原因没有能逃出墓室，由此在墓葬中出土了鸡的骨骼。在对老司城周边同时期墓葬进行发掘调查时，均没有发现随葬猫和鸡的现象，总而言之根据目前的情况，还不能做出明确判断，但我们更倾向于猫和鸡是在后期自行潜入墓葬的。

3. 结论

宫殿区和衙署区消费的动物种类和数量是最多的，说明当时大部分动物肉食都是在这两个区域消费，这批动物的消费主体是土司集团成员。街道区出土的动物种属都是普通的家畜，以猪、牛、鸡为主，消费性质比较平民化。墓葬中出土的鸡与猫有可能不一定是祭祀与牺牲，而是在后期自行潜入墓葬的。

宫殿区是生活居住区，有面积较大的开阔地带，适合进行大规模的动物屠宰、肢解、烧烤、炊煮，举办大型宴飨活动。当然，这种推测只能有待以后更多的发掘才能证实。

三、从出土动物骨骼等有关遗存分析厨房和骨器作坊位置

仅通过动物骨骼是不能证实厨房的位置和骨器作坊的位置的，但通过出土动物骨骼结合出土的其他遗物，以及对房址结构功能和位置的分析，推测位于宫殿区东南部台地上的房址F2可能是当时的厨房和制作骨器的地方。理由如下。

1. 通过F2房址出土的遗物来分析

在F2内出土了一件底部印有“厨房记”的青花瓷碗，在老司城出土的数百件带底款的瓷片中，唯独这一件上底款文字为“厨房记”。这件瓷片具有明显的房屋指向功能，正常情况下，带有“厨房记”底款的餐具只会在厨房使用而不会在其他房屋提供给土司及其他人员就餐时使用的。

在房址F2范围内以及邻近房址南侧的G10中，出土了铁釜、铁刀、铁锅铲、铁支架、铁铲等一批铁制厨具。骨器、骨料也在这一区域有较多发现，而在其东部的G10东虽然也有大量遗物出土，但是却没有发现骨器、骨料和如此大量的各类铁器。因此，很可能因为F2是厨房，所以才有这么多相关遗物在此区域出土。

2. 通过F2房址出土动物骨骼的数量分析

老司城遗址出土动物骨骼的房址仅有5处，都位于宫殿区，分别是F1出土41件、F2出土181件、F13出土4件，F14出土121件，F15出16件。F2出土动物骨骼的数量明显多于其他房址单位，这也是推测F2为厨房的理由之一。

3. 对F2房址的结构和位置分析

F2东西长32、南北宽15米。根据F2的平面图可见F2由隔墙分为7个小房间，中部的房间可见小的建筑隔墙，每一间房屋大小不一。老司城遗址报告中认为F2是彭氏宗祠，但F2的结构不规则，开间太小，房间的南部依靠城墙作为房址的南墙，这样的房屋结构是不符合礼仪性质的房屋要求的。这种房址结构也不应是正式的居住用房，而应具有某些特殊功能。从房址的位置

来看，F2远离宫殿区中轴线，位于宫殿区东北角，这种区域比较适合用于辅助生活用途。从房间的结构和位置来看，适合作为厨房功能。

4. 关于骨器制作地点的分析

目前在遗址各区域出土的各种骨器，如刻槽骨片、钻孔骨片、骨锥等，都是成品，是制成后供人使用的。但骨料是制作骨器过程中的半成品，其出土位置应该指示着骨器的生产区域。目前发现的所有骨料都出土于邻近F2的G10内。根据有关骨器问题的研究称骨，“在实际的考古发掘中，很少发现原生的作坊遗迹，各种与制骨有关的遗物也多出自次生堆积中，根据通常的判断，原生作坊很可能就在次生堆积附近”①。因此可以肯定这一范围附近应该就是骨器制作区，而这一位置也是我们上面推测的厨房位置，因此有可能在厨房的工作人员就是兼职的骨器制作者。从就地取材这一点上看，厨房是制作骨器的理想位置，符合骨器制作在这一时代的发展特点。

5. 结论与认识

综上所述，位于宫殿区东南台地的F2以及靠近房址附近的G10内，出土了大量动物骨骼，还有指示厨房地点的带底款瓷片和各种炊煮加工工具，而且从房屋的结构特点、位置等因素来看，F2应该是厨房。通过检索骨料的出土地点，结合以上对厨房位置的分析，我们认为骨器的制作很可能就在厨房附近，有可能是由厨房工作人员业余制作，因为他们有这样的资源优势，这也反证了F2很可能是属于厨房性质。

第二节　从动物骨骼角度探讨老司城土司宴飨问题

一、宴飨的概念

宴飨是主人用酒食招待客人的一种大型聚餐活动。根据人类学研究和相关文献记载，我国的宴飨至少在新石器时代就已存在，古代氏族首领通过宴飨的方式加强氏族成员的凝聚力，提高自己在本地区的威望。

宴飨有一个特点，就是通过宰杀大型动物来展现主人的实力，一方面满足肉食需要，一方面营造出热闹的气氛。由于宴飨通常要集中消费大量的肉，并可能在这一过程中利用宰杀动物、特别是大型动物举行相关宗教祭祀活动，以提升宴飨活动的神圣宗教意义，因此宴飨活动通常会留下大量的动物骨骼，分析这些动物骨骼可以反映出宴飨消费的动物种类、数量，并进而推测宴飨的有关规模和等级等信息。

---

① 马萧林：《关于中国骨器研究的几个问题》，《华夏文物》2010年第2期，第138～142页。

二、宫殿区出土动物骨骼与土司宴飨活动分析

之前对遗址的功能分区考察中提及，宫殿区是彭氏土司生活居住的区域，衙署区是官吏办公的场所，并且宫殿区有厨房和开阔平坦的台地等，推断飨宴应在宫殿区举行。在此对老司城遗址宫殿区出土的动物骨骼进行一番考察。宫殿区出土了大量的骨骼，从表中可以归纳出有这样几个特点：出土的水牛、黄牛骨骼数量明显大于其他区域。前面的动物年龄研究中显示，遗址中出土的黄牛、水牛年龄一般都在4龄以上，饲养周期比较长，这与牛提供畜力，作为一种生产用途功能相符，但作为肉食用途很不经济，因此遗址中出土大量牛骨骼应有特定原因。对牛的大量享用超过了正常比例，带有一定的等级优越性，体现了土司的王权。出土大量黄牛、水牛的骨骼或许是由于宴飨的需要，这可能就是遗址中出土大量牛骨骼的原因。

大型野生动物基本出土在宫殿区，如虎、熊、豹、狼、水鹿、梅花鹿等。野生动物不易捕获，特别是这种大中型野生动物，正是由于这种来之不易，可以更加明显体现土司的优越性，其中可能包含着土司宴飨时享用大量野生动物的情况。出土了部分泥蚶、海螺这类属于海洋性动物的骨骼，这些外来动物的稀缺性有可能是宴飨时土司提高自己声望的一种表现形式。

三、土司政权与宴飨功能关系分析

土司制度相对于中央王朝制度而言，具有一些自身的特点。比如在制度层面不如中央王朝先进，在政权组织管理上不如中央王朝规范，更多的带有一种人治的特点。因此，在政权组织管理上需要通过更多的提高威望，加强感情联系来控制，而举行宴飨活动就是这样一种非常重要的手段。有学者指出：“宴饮也是获得权力的一种策略，其基本功能是建立或维持某种重要的社会关系。对宴会的主办者来说，宴饮能够调动劳力，在社会集团内部和不同社会集团之间建立合作关系，投资并获得回报，获得政治权利，建立与神祇或祖先的联系，并用以规范社会集团间的关系”①。对老司城遗址宫殿区出土的动物骨骼分析显示，对牛的大量享用以及对大量大中型野生动物的享用，体现了彭氏土司的实力。彭氏土司很可能将举行宴飨作为一种常用的、提高自己威信和权威从而维护统治地位的方式。土司一般在生日、结婚、出征、加冕、重要节日等重要节点，举行宴飨活动。如出土的瓷器中有数十枚带底款的瓷器就是来贺寿的，这说明在彭氏土司及重要人物生日时，很多来自下属的三洲六洞、相邻土司政权乃至代表中央政权的有关势力都会自己或派人来老司城庆祝。而土司正是通过这种宴飨活动加强了彼此的认同，维护了自己的统治基础。

---

① 转引刘莉、杨东亚、陈星灿：《中国家养水牛起源初探》，《考古学报》2006年第2期，第158页。

四、分析与讨论

宴飨活动是一种从古代流传沿袭下来提高威望，凝聚人心的方式。老司城出土大量动物骨骼中牛的比例明显高于其他动物，远远超出了正常肉食消费中牛所占的比重，并且大量的野生大中型动物都是出土在宫殿区，这些出土动物的骨骼特点与土司在宫殿区举行大型宴飨活动相符。分析举办宴飨是湘西彭氏土司政权加强感情、维护统治的一种重要手段。

第三节　相关遗址出土动物骨骼的比较分析

一、比较的对象和目的

为了更加深入地了解老司城遗址出土动物骨骼的特点，我们选择相关遗址做对比研究，选择的遗址是湖南大湘西区域出土动物骨骼丰富的洪江高庙遗址和永顺不二门遗址。比较的内容有遗址出土动物骨骼的种属、家养与野生动物的种类，水生动物所占的比例等，并将这些动物遗存的信息与遗址的背景年代、环境等因素结合起来综合分析，一方面可以更深入地挖掘老司城遗址动物遗存的特点，另一方面可以从动物骨骼角度对老司城遗址的性质做一考察。

二、各遗址出土动物的具体情况比较

高庙遗址位于沅水河畔的洪江市安江镇岔头乡岩里村，该遗址是我国一处重要的新石器时代贝丘遗址，遗址主体年代分为上下两期，时间在距今7800～5200年左右。遗址出土的动物骨骼非常丰富，哺乳动物种类计六目三十种（属）：猕猴、红面猴、豪猪、剑齿象、亚洲象、豺、棕熊、黑熊、大熊猫、青鼬、猪獾、狗獾、椰子狸、大灵猫、小灵猫、豹猫、金猫、豹、虎、犀、貘、野猪、家猪、水鹿、小麂、赤麂、水牛、黄牛、羊等。水生动物的螺类有卵河螺、磁河螺、红口河螺、环口螺属、短沟蜷属、环棱螺属六种（属）。龟鳖类有中华鳖、鼋、陆龟、闭壳龟、乌龟等五种。鱼类计二目六科（亚科）八属七种：青鱼、草鱼、鳡鱼、鲢、鲤、鲇、江黄颡鱼、鲃亚科等[①]。

不二门遗址位于永顺县城南1.5千米处的猛洞河畔，是一处商周时期洞穴遗址。遗址中出土的哺乳动物种类有猪、野猪、豪猪、牛、羊、虎、豹、熊、鹿、獾、獐、大狸猫、猞猁、鼠、竹鼠，还有部分鳖及鸟禽类和大量的鱼类骨骼[②]。

---

① 袁家荣：《湖南旧石器时代文化与玉蟾岩遗址》，岳麓书社，2013年，第87～89页。

② 湖南省文物考古研究所、湘西自治州文物管理处：《湘西永顺不二门发掘报告》，《湖南考古》（2002）上，岳麓书社，2004年，第117页。

将高庙遗址、不二门遗址、老司城遗址出土的动物按照家养动物、野生哺乳动物、其他野生动物归纳成表9-1。

表9-1　同一区域各遗址出土动物种属比较表

	时代	遗址属性	家养动物	野生哺乳动物	其他野生动物
高庙遗址	新石器时代	中心聚落	猪	貘、亚洲象、犀牛、水牛、熊、虎、豺、豹、红面猴、猕猴、豪猪、野猪、猪獾、椰子狸、大灵猫、鼬、赤麂、水鹿、梅花鹿、小麂、羊	螺蚌、龟鳖、鲢、草鱼、青鱼、鲤鱼、鲇鱼、鳡鱼、江黄颡鱼
不二门遗址	商周	洞穴遗址	猪	野猪、牛、羊、虎、豹、熊、鹿、獾、獐、豪猪、狸猫、猞猁、竹鼠、鼠、	鳖、鸟禽、鱼
老司城遗址	明清	土司遗址	猪、水牛、黄牛、山羊、马、狗、鸡、鸭、鹅	水鹿、梅花鹿、赤麂、小麂、麝、虎、豹、狼、熊、野猪、竹鼠、豪猪、猕猴	草鱼、鲤鱼、鳡鱼、圆顶珠蚌、剑状矛蚌、中华鳖、园田螺、泥蚶、海螺、竹鸡

三、比较分析的内容和相关认识

1. 家畜动物的比较

在湖南大湘西这一区域内，以高庙遗址为代表的新石器时代遗址和以不二门为代表的商周遗址出土的家畜种类都是猪，一方面说明早在新石器时代早中期人们就开始饲养猪，利用这种家畜提供肉食，具有悠久的驯养家畜历史，并积累了驯养经验。另一方面除了猪以外目前没有发现其他的家养动物种类（遗址中也出土了山羊的骨骼，但一般认为这一地区这一时段内山羊还未被驯化）。说明在这一区域饲养家畜品种较为单一，家畜饲养的总体水平不高。结合这两个遗址出土的各种丰富的野生动物，且出土猪的骨骼在数量上不占主要地位，因此推测至不二门遗址代表的商周时期，这一区域人们的肉食来源主要是依靠野生动物。老司城遗址出土的动物骨骼显示明清时期这里已经饲养猪、马、黄牛、水牛、鸡、狗、山羊、鸭、鹅这9种家畜家禽，种类丰富，反映当时已掌握了多种家畜的饲养技术，整体饲养水平较高。尽管老司城遗址也出土了种类众多的野生动物，说明当时还有丰富的野生动物资源，但根据本文第二章中关于各种动物提供的肉量研究，各种家畜提供的肉量占总肉量的80%左右，反映出家养动物在肉食比例中逐渐提高并逐渐占据主要地位。

2. 野生哺乳动物的比较

上述3个遗址中，各种野生动物的种类一直多于遗址中出土的家养动物种类，说明当地野生动物种类的丰富，这与湘西地区拥有山地、丘陵、小盆地和众多河流的丰富自然环境有关。这些野生动物从新石器时代至商周时期都是人们的主要肉食来源，但到了明清时期，野生动物在提供的肉量比例中已经居于次要地位。

上述3个遗址出土的野生动物种类，到目前为止有多种在当地已经灭绝，这些动物有貘、亚洲象、犀牛、水鹿、梅花鹿、虎、豹、黑熊、狼等野生动物，这些动物的灭绝主要与人类的捕猎和对环境的改变有关。我们可以观测到野生动物的灭绝顺序：首先是几种大动物先灭绝，如貘、亚洲象、犀牛等。然后在很长的时间里野生动物的种类没有明显的变化。《永顺宣慰司志》里面没有提到大中型鹿科动物，即水鹿和梅花鹿[①]，而遗址中水鹿可鉴定标本数为754件，梅花鹿可鉴定标本数为610件，是仅次于猪、黄牛、水牛之后出土数量最多的哺乳动物，无怪乎现在当地老人看到过老虎、豹子，但从未闻听过有水鹿、梅花鹿之类的大中型鹿科动物。结合对遗址出土水鹿和梅花鹿骨骼的年龄研究，显示这两种动物确实承受着很大的狩猎压，因此，很可能水鹿、梅花鹿在当地的灭绝时间为明代，其主要原因应是人类的过度狩猎所致。1949年以后，这里依然有老虎、黑熊、豹子、狼、豺等野生凶猛动物，但这些动物在近几十年中都相继灭绝了。

3. 出土鱼类的比较

高庙遗址位于沅水旁，水面宽广，旁边还有两条小溪围绕遗址而注入沅水，水资源环境优越，因此出土的各种鱼类和水生动物种类丰富，出土的鱼类骨骼分为大中型鱼类骨骼和细小鱼类骨骼，其中出土大中型鱼类骨骼5000余件，已鉴定出来的有二目六科八属七种鱼类。这说明鱼类在高庙遗址的肉食经济中占据重要的地位，体现了古人靠山吃山，靠水吃水的依赖自然环境的特点。

不二门遗址位于猛洞河畔，猛洞河围绕遗址一圈，出土了大量的水生动物骨骼和数量众多的各种类型的网坠。说明捕鱼经济在不二门遗址中占有很重要的地位。

老司城遗址出土的个体较大鱼类有草鱼、鲤鱼、鳡鱼、青鱼等，其中除一件青鱼椎骨个体较大外，其他鱼类的骨骼个体较小。浮选发现了较多细小鱼类的骨骼，这些鱼类应来源于临近遗址旁的灵溪河。灵溪河是猛洞河支流，水量比猛洞河小，水面比猛洞河窄，为小型河流，从出土的鱼类种类、数量、个体大小等总体特征来看，与灵溪河这种小型河流的水资源环境一致。从历时性的角度考察，由于此时家养动物已经发达，因此捕鱼经济的比例应进一步下降。

4. 从动物骨骼考察遗址的性质

高庙遗址是高庙文化的一处核心聚落遗址，不二门遗址是湘西地区目前出土遗迹、遗物最为丰富的商周遗址之一，这两处遗址出土的大量动物遗骸显示当时人们对肉食资源的巨大消费。从对肉食资源消费的角度来说，古代中心聚落必须要有充足的肉食资源供应。

老司城遗址是湘西彭氏土司选择生活居住的地方，出土的动物骨骼显示出当时较为发达的家畜饲养业，丰富的野生动物消费资源，从动物骨骼的角度也辅佐说明此处不是一般普通的聚落遗址，而是一处中心聚落。生产力决定生产关系，经济基础决定上层建筑。一个政权的稳定必须要有稳定的经济基础，而食物来源就是经济基础的一种重要体现。要维持统治政权这一群体的生活就必须要有稳定的肉食供应。大力发展家畜饲养，提供肉食供应是维护土司统治的重要经济基础。因此发达的家畜饲养和丰富的野生动物资源为土司王朝的可持续发展奠定了坚实

① 转引湖南省文物考古研究所、湘西自治州文物局、永顺县文物局：《永顺老司城》，科学出版社，2014年，第879页。

的经济基础。结合在遗址中发现海螺、泥蚶等远距离海洋性动物，并有将骨料制作成骨器的现象，以上动物骨骼的种种情况显示，老司城遗址不仅是一处中心聚落，而且从对动物利用的角度上显示出该遗址带有一定古代“都邑”的性质。

5. 结论和认识

目前学界将人类对肉食资源的利用发展过程归纳为三个阶段，第一阶段完全依赖于居住地周围自然环境存在的野生动物资源，这种获取肉食资源的方式称为“依赖性”。第二阶段是饲养家畜已经出现，而狩猎或捕捞野生动物仍然占主要地位的状况，这种获取肉食资源的方式为“初级开发型”，第三阶段是获取肉食资源的方式中以饲养家畜为主的状况，称为“开发型”，即当时人们的肉食主要来自家畜，但在一定程度上还依赖于捕获居住地周围的自然环境中存在的野生动物①。上述高庙遗址和不二门遗址处于“初级开发型”阶段，而老司城遗址无疑就是处于“开发型”这一阶段。

从高庙遗址、不二门遗址到老司城遗址，反映出湘西地区经历了以渔猎活动为主向家养动物为主的转变过程，即获取肉食资源方式从“初级开发型”发展到“开发型”的这一过程。其饲养动物的种类由猪增加了黄牛、水牛、狗、马、羊、鸡、鸭、鹅，品种更加齐全。从动物骨骼看土司王朝的经济，六畜兴旺，饲养技术水平很高。各种家养动物的饲养方式不同，意味着饲养技术的复杂化和水平的提高，推动了整个家畜饲养业的发展。一方面家养动物的种类、数量越来越多，逐渐成为人们的主要肉食来源，一方面野生动物的种类、数量越来越少，逐渐成为人们的辅助肉食来源。

通过家畜的种类、野生动物的种类、骨器的制作、海洋动物的出现等各种动物骨骼情况可知，老司城遗址不仅是一处中心聚落，还具有古代“都邑”性质。发达的家畜饲养和丰富的野生动物资源为土司王朝的可持续发展奠定了坚实的经济基础。

第四节　小　　结

本章将动物骨骼的各种信息与老司城遗址的发掘情况结合，分析出土动物骨骼的埋藏性质和原因。探讨不同区域消费动物骨骼异同的原因，根据有关遗迹、遗物，对老司城遗址的厨房和骨器生产的位置进行了推理。通过将老司城遗址出土的动物骨骼与周边典型遗址出土的动物骨骼相比较，总结老司城遗址肉食消费的特点，并从动物骨骼的角度探讨老司城遗址的性质，分析动物骨骼所代表的肉食资源对土司集团的意义。最后探讨了土司宴飨的有关问题。总结本章，可得到如下认识。

（1）在宫殿区和衙署区主要遗迹单位出土的动物骨骼代表土司时期的生活遗物，因此这批动物骨骼可以作为研究土司时期人们消费的动物资料。

（2）从动物骨骼来分析区域功能，宫殿区出土的野生大中型动物最丰富，数量最多，体

① 袁靖：《论中国新石器时代居民获取肉食资源的方式》，《考古学报》1999年第1期，第1～22页。

现土司在食物消费上的优越性，结合宫殿区属于生活居住区域，有较大的开阔地带，推测土司举行各种宴飨活动是在宫殿区举行。衙署区出土的动物骨骼数量众多，但种类主要是一般的家畜动物，说明土司官吏在肉食资源上主要以家养的常见动物猪、牛、鸡为主，但出土了较多的泥蚶，这与其对外的交流功能性质有关。

（3）以F2出土的一件带底款“厨房记”的瓷碗为线索，结合在房址出土的动物骨骼、这一区域出土的大量骨器、骨料和各种炊煮烹饪铁质工具以及房址的结构和在宫殿区的位置，推测F2为厨房，当时的骨器生产很可能就是在厨房这一区域进行。

（4）宴飨是主人用酒食招待客人的一种大型聚餐活动。古代的氏族首领通过宴飨的方式加强氏族成员的凝聚力，提高自己在本地区的威望。从对老司城遗址宫殿区出土的动物骨骼分析中显示，对牛的大量享用以及对大量大中型野生动物的享用，可能与宴飨的性质有关。彭氏土司很可能将举行宴飨作为一种常用的提高自己的威信、加强彼此认同从而维护统治地位的方式。

（5）根据和这一区域两个出土动物骨骼丰富的高庙遗址和不二门遗址比较，总结这一区域从新石器时代至商周时期的动物利用情况，目前主要发现的家畜动物是猪，家畜品种较为单一。至老司城遗址代表的明清时期时，已经饲养猪、黄牛、水牛、马、山羊、狗、鸡、鸭、鹅等多种家畜，家养动物的种类、数量越来越多，逐渐成为人们的主要肉食来源。从动物骨骼看土司王朝的经济，六畜兴旺，饲养技术水平很高。比较而言，这一区域野生动物的种类、数量逐渐减少，在肉食比例中逐渐成为人们的一种辅助肉食来源。根据这一区域遗址出土动物骨骼比较，分析当地野生动物灭绝顺序是首先几种大动物先灭绝，如貘、亚洲象、犀牛等，其中水鹿、梅花鹿在当地的灭绝时间很可能在明末清初，因为遗址中出土了大量水鹿、梅花鹿骨骼，但清代《永顺宣慰司志》上对这两种动物已经没有记载。其他野生动物如老虎、黑熊、豹子、狼等都是在20世纪相继灭绝，这与人类的捕猎和对环境的改变有关。总体来看，从高庙遗址、不二门遗址到老司城遗址，反映了湘西地区经历了获取肉食资源以渔猎活动为主向饲养家畜动物为主的转变过程，即获取肉食资源方式从“初级开发型”发展到“开发型”这一过程。

（6）老司城遗址出土的鱼类骨骼反映出当时主要是利用灵溪河这条河的水资源环境捕捞鱼类，鱼类的种类和个体大小符合灵溪河这种小型河流的特点。

（7）老司城遗址具有当时较为发达家畜饲养业，丰富的野生动物消费资源，结合在遗址中发现海螺、泥蚶等远距离海洋性动物，并有将骨料制作成骨器的现象，说明老司城遗址不仅是一处中心聚落，而且在某种程度上显示出古代“都邑”的性质。生产力决定生产关系，经济基础决定上层建筑。一个政权的稳定必须要有稳定的经济基础，而食物来源就是经济基础的一种重要体现。因此发达的家畜饲养和丰富的野生动物资源为土司王朝的可持续发展奠定了坚实的经济基础。

第十章　老司城遗址动物考古实地调查

对老司城遗址动物考古进行实地调查，是为了了解我们所进行的动物考古学研究对当地老百姓到底有什么意义，他们想要的是什么样的知识信息，如何让动物考古学研究的内容更接地气。实际上很多动物考古学的问题是可以通过实地调查访问的方法直接获得相关信息的。提炼这些信息并将其与之前对动物骨骼研究得到的认识相互借鉴、对应，可以为我们所研究的问题提供启发。本章就是通过实地调查的方式来研究动物考古学相关问题，主要围绕渔猎方法、饲养水平、肉食结构、人工痕迹、自然环境等几个方面开展了专项调查。

第一节　老司城动物研究调查情况

2015年5月28至6月10日，我们对居住在老司城遗址周边的村民开展了专项调查，调查的内容包括当地人对动物考古的了解，采用访谈的方式了解与本文中动物考古研究内容相关的情况。首先我们通过问卷调查的形式采访了当地群众50人，约占目前常住老司城村司城组人口数量的10%。被采访人中男性40人，女性10人。文化程度构成比例：小学20人，占40%；初中16人，占32%；高中9人，占18%；大专5人，占10%。这些被采访人的年龄构成是30岁以下的10人，30至50岁的14人，50至70岁的21人，70岁以上的是5人。可以看出我们采访的对象侧重于年龄在50岁以上的，因为这些年纪大的人对20世纪80年代以前的生活情况有更多的了解。在调查了解具体情况之前，我们向这50个采访对象提了几个与老司城动物考古有关的一般性问题，以便了解当地居民对于动物考古研究的认知程度。

第一个问题是“你知道老司城遗址里出土了动物骨骼吗？”50人中有34人回答知道，占68%。这34人中有32人是参加过老司城遗址考古发掘的。另有16人不知道出土了动物骨骼，占32%。可见没有参加过发掘的人大部分是不了解老司城出土了大量动物骨骼的。

第二个问题是“你认为动物考古研究有意义吗？有什么意义？”被采访人在选择对老司城遗址出土的动物骨骼研究是否有意义时，共有48人选择了有意义。可见绝大部分民众都认同动物考古。但我们在问询动物考古有什么具体的意义或可以通过这个研究获得什么样的认识时，有28人回答不知道或不清楚。可见约有一半多的当地老百姓对我们动物考古学研究的意义和作用不甚了解。剩下的20人中有14人回答通过对这些骨骼的研究“可以反映当时有什么动物”或“土司王吃了什么”。另有6人的回答则比较宏观概括，如“研究出当时人们的生活饮食习惯和历史价值”“反映土司的生活水平”“了解当时的环境”“反映土司的政治、经济实力”等。也就是说有近一半的人大致了解我们研究的内容，当然这些内容都只是我们动物考古学研究内容的一部分。

第三个问题是“你认为土司王当时是吃野生动物为主还是家养动物为主？”认为野生动物为主的有29人，占58%。家养动物为主的21人，占42%。可见大部分人认为土司时期当地的肉食资源主要是依靠野生动物。

通过以上几个基本问题的回答中可知，当地人如果不是参与发掘，大部分人是不知道遗址里出土了动物骨骼的。人们认为动物考古研究是有意义的，但有超过一半的人说不出动物考古学研究具体有什么意义。同时超过一半的人认为土司时期食用的动物以野生动物为主，而我们通过对出土动物骨骼研究认识到当时是以家养动物为主要肉食来源，这无疑是我们动物考古学研究价值的一种体现。

第二节　渔猎调查研究

在渔猎的调查研究中我们分为狩猎和渔猎两个部分，每个部分主要是介绍渔猎工具、渔猎方法、渔猎时间和其他有关的各种信息，并且注意调查其中的时代性特征。将调查所获的信息与之前研究的内容进行对比，找出两者之间的对应之处及互补之处。

一、狩　猎

1. 狩猎工具

狩猎工具可分为几种类型，如远程射击工具有弩、枪等；近程搏击刺杀工具如矛、叉、刀剑等；套具有纂、套、夹子等。另外还有陷阱、闸、毒药等，在此忽略不做介绍。

弩，一种通过扣动扳机的射箭工具。可以由猎人拿在手上瞄准射击，也可以安放在猎物的必经之路上，计算好角度，猎物一经触动，就可能被射伤。火枪、鸟铳，是一种利用火药爆炸发射子弹的射击工具。

梭镖、矛，是使用金属工具制作，一头呈棍状尖端。用于“刺”“挑”猎物。叉，前端共有三叉，中间一个尖叉最粗长，当地人称其为“牛角叉”[①]。

当地人称“纂”，为一种网具，是由网兜和纲绳（又叫口绳）两部分组成的织物工具。根据取材的不同可以分为麻纂、棕纂、钢丝纂三种[②]。这种工具是通过猎人催赶猎物，猎物慌不择路而一头冲入纂中，而身子整体被网子罩住。

“套”，主要是利用绳索做成一个圈套，套住猎物的身体一个部分如颈部、腿部等。夹子，这是一种现代捕猎工具，主要部分是两个半圆的钢铁夹圈和弹簧。猎物踩到夹子时两个钢圈弹起夹住猎物。

① 罗士松：《土家族渔猎》，中央民族大学出版社，2009年，第44页。

② 罗士松：《土家族渔猎》，中央民族大学出版社，2009年，第46页。

2. 狩猎方法

狩猎方法大致可以分为上山机动打猎和在固定场所放套、挖陷阱两类。

对于大中型动物如虎、豹、野猪等一般都是由几人、十几人至几十人的猎人、猎狗一起配合狩猎。猎人一般都了解动物的生长过程和生活习惯，首先主要是寻找猎物踪迹。查看分析猎物的粪便、脚印都是打猎的关键步骤。发现猎物后，再围捕猎物。各人又有具体分工，如敲锣、守卡、放篆、刺杀等。对于小型动物，主要是放套、放篆，如对果子狸、豪猪、兔子、野鸡等。打锦鸡和野鸡时常用“媒子”做诱饵，在其引诱过来的路径上放套或使用火枪射击。自近现代以来，对各种大小类型的动物都使用枪来射击动物，如对野猪、野鸡等。另外放夹子、使用土炸弹、化学毒药等方式都是近现代以来的捕猎方法。

3. 狩猎时间

通常一年四季都有打猎的情况，但相对而言，冬季以及秋冬之交进行狩猎的更多，因为动物经过一年的生长，发膘长肥，肉量较大。很多动物在冬天奔跑不便，且容易留下脚印。而且冬季一般农闲，人力较为充裕，获取的猎物在这个季节还可制作成腊货。

4. 其他有关信息

上山打猎并不是像想象的那样充满乐趣，而是一件技术性很强、有一定的危险性，很辛苦的事情。“梅山”是土家族打猎敬祭的猎神。对于专门的猎队，要举行各种打猎仪式，各地不尽相同，如安神、请神、开山、封山、谢山等。

狩猎习俗中有“见者有份”的传统。猎物的头归打出致命一击的人，其他的部分按人分，见者有份。大型猎物拖回来，要先修毛，剥皮，再分肉。猎人一般不打怀孕的“大肚子”猎物，但有时猎狗会咬到怀孕的动物。

二、渔　猎（捞）

1. 渔猎工具

捕鱼的工具有多种，如鱼叉、鱼钩、“卡子”（网）、壕（竹篓）等，在1949年前基本都是使用自然材料制作，如竹、麻、丝等。

2. 渔猎方法

网鱼、钓鱼是常见的捕鱼方式，有一种称之为“闹鱼”的方法，是将茶枯磨碎后抛撒在水面，使水里的鱼呼吸不到氧气而昏迷漂浮在水面。另外以前也曾有过利用鸬鹚捕鱼的。在八十年代以后曾有一段时间使用了电鱼、炸鱼、毒鱼等不良捕鱼方式，现在都已得到了有效控制。

3. 渔猎时间

一般放“卡子”，即设置渔网拦截的方式在各个时段都可使用。有的捕鱼是利用鱼类洄游的时间、利用涨水的时间等。如在阴历四、五月的时候，在遗址邻近的“南门头”浅滩有小鱼洄游产卵，常有大量当地人进行集中捕捞。在秋冬季节，水温低，鱼的行动缓慢，也是捕鱼的有利时机。

4. 其他有关信息

当地人一直口耳相传当地的秦姓一族都是专门为土司捕鱼的。“秦姓是专门给土司捉鱼的，但土司不让他们吃鱼，每隔三五天就要来查灰，看看灰里有没有鱼骨。”①

三、实地调查与研究的对应分析

对于渔猎内容的专项调查，我们从渔猎工具、渔猎方法、渔猎时间及其他信息这4个方面进行了相关信息的归纳，并结合考古发现研究获得的认识对比分析探讨。

在遗址中没有发现明显的与渔猎工具相对应的遗物，金属工具中虽出土了刀、剑等，但无法确指是否专用于狩猎。而渔猎中使用的竹木、棕麻之类的工具，由于是有机质材质，所以在遗址中保存下来的可能性不大。所以目前老司城遗址的出土遗存中很难找到渔猎工具和渔猎方法的信息。

调查采访中发现冬季是狩猎的主要季节，而这一重要信息与我们获知的动物死亡年龄对应关系并不强。我们研究得到的野生动物死亡年龄信息没有能进一步深入到季节月份。这种信息对于我们进一步深入研究动物死亡时间是有启示意义的。其他具体的狩猎技术、方法、人员分工、猎物分配、对于不同的动物使用不同的狩猎方法等详细内容，暂时还不能通过目前的动物考古学研究方法获知。

总体来看，依靠出土遗物来研究渔猎技术方法局限性较大，而调查所得的信息更加丰富，可以作为复原历史的一种有效补充，并且在狩猎时间等某些方面可以对动物考古学深入研究提供启示作用。

第三节　饲养调查研究

饲养调查研究的内容有饲养动物的种类和目的、饲养动物的年龄和个体大小、饲养动物的方式和饲料，将这几个方面的内容归纳梳理之后，与我们之前通过出土动物骨骼研究得到的动物年龄、动物测量尺寸、动物病理研究等内容进行对比分析。

① 湖南省文物考古研究所、湘西自治州文物局、永顺文物局：《永顺老司城》，科学出版社，2014年，第648页。

一、饲养动物的种类和目的

1. 饲养的种类

根据调查，老司城当地居民饲养动物的种类随时代变化而变化。在1949年前一般各家都饲养了鸡、猪、牛（黄牛、水牛都有）、狗，其次很多家庭喂养了猫，而饲养鸭、鹅、羊的是少数家庭。当时村民没有饲养马和骡之类的动物。在20世纪五十年代末至分产到户之前，牛都交到集体饲养，属于生产队的公共财产。喂养的动物种类还是以鸡、猪、牛、狗为主，其次是猫，家庭中饲养鸭、鹅、山羊的很少。自21世纪以来，喂养牛、猪、狗、猫的比例逐渐减少，现在只有少数家庭喂养猪，喂养牛的更少，因为已经逐渐减少耕作并且可以使用机械耕作。另外当地一直有少数人养蜂。在近几年老司城的开发建设中，当地村民有购买骡和马从事经营运输物资业务的。

总体来看，老司城居民饲养的动物种类有猪、黄牛、水牛、鸡、鸭、鹅、狗、猫、山羊、蜜蜂、马、骡子，但不同时段饲养的动物种类有所变化。

2. 饲养目的

猪一般在冬至以后当年宰杀，并熏制腊肉，作为一年之中的主要肉食。国家曾在一定时期（20世纪六七十年代）执行过上交预购猪的政策。牛的饲养目的主要是为了农事生产需要。人们一般不会主动宰杀耕牛，少数主动屠宰的均为由于年老、生病、摔伤、打架斗伤等各种原因，而不再满足生产要求的退役牛。最近几年有人开始专门放养黄牛，以买卖盈利。饲养鸡、鸭、鹅的目的主要是获取蛋类食品，同时对于雄性个体和产量下降的雌性个体，一般是买卖换钱或自己食用。狗的主要饲养目的是看家，其次有部分用于打猎。猫的主要饲养目的是防治老鼠。骡和马主要是用于运输物资。饲养山羊的主要目的是买卖获利并有少量供自己食用。养蜂除了供自家食用外也买卖盈利。

二、饲养动物的年龄及个体大小

在20世纪80年代以前，喂养的猪都是个体较小的黑猪，除了种猪和产仔的母猪外，一般猪都需要喂养1～2年，体重在50～80千克。向政府送的预购猪，标准是65.5千克，大部分猪喂养一年体重都达不到这个标准。80年代以后，逐渐开始喂养白色的“大约克”猪。现在投放饲料的猪喂养时间已缩短到6～9个月就可出栏，体重一般都超过了100千克。

牛是农家宝，一般当地老百姓不会主动宰杀牛，通常病了、老了、残了、打架斗伤了、摔坏了才会宰杀它。黄牛的喂养年龄一般在10岁以上，体重在250～350千克。水牛的喂养年龄一般在15岁以上，体重在300～600千克。马和骡的喂养年龄一般在15岁以上，体重在300～600千克。

90年代以前，羊的种类以本地个体较小的黑羊为主，体重一般在20～30千克。除少量留种繁育外，一般山羊的喂养时间在1～2年。猫的寿命一般是8年以上，体重在2～4千克。狗的寿命一般是6年以上，体重在10～20千克。

当地的土鸡一般在喂养半年后可以下蛋，母鸡两三年后逐渐不生蛋就不再喂养。一般鸡的个体体重在2～3千克。鸭在长到4个月后，可以产蛋，一般也是在两三年后生蛋率下降就不再喂养。鸭的个体体重通常比鸡略轻，一般在1.5～2千克。鹅的喂养年龄与鸭相似，体重在3～5千克。

三、饲养的方式和饲料

以前猪的饲养方式是小猪放养，大一点后圈养，现在都是圈养了。饲料在80年代以前都是以糠和草为主，在80年代后就掺有玉米、红薯、土豆，并逐渐有复合饲料添加。当地居民有些喂养的猪是自己吃的，就不添加复合饲料饲养。牛是白天放养，晚上牵回来，一般自己吃草，下雪天需喂干草，干农活时掺喂黄豆。骡和马的喂养是将其拴在主人房屋附近，有时是主人喂养一些草料，有时是栓到有草料的地方自己吃草。在运输工作消耗较大时会补充一些豆子、玉米等粮食。山羊是白天赶到外面吃草，晚上赶回棚圈。狗的食物一般是人们吃剩的残羹剩饭，有的拴在家中，有的不栓。猫喂的食物与狗相似，都是吃主人剩下的食物。鸡一般都是放养，但是通过定时定点投放一些如玉米、大米之类的食物将其招引回来。鸡的主要食物是自己在周围寻找虫子、草籽等食物。鸭子是将其赶到灵溪河里放养，一般赶去赶回几次后鸭子就会自己回来了。鸭子主要食物是自己在水里吃些小鱼、小虾等，主人也会投放一些玉米之类的粮食以加强其营养，提高其产蛋率。鹅的饲养与鸭近似。蜜蜂一般不需要喂养食物，只在没有花蜜的时候需要投放一些糖作为粮食维持蜜蜂的生命。

四、相关内容的对比研究

（1）从饲养的种类来看，现在的饲养品种与遗址出土的动物种属大体接近，有猪、黄牛、水牛、山羊、鸡、鸭、鹅、猫、狗、马，除现在饲养的骡和蜜蜂这两种动物外，与遗址出土的动物种类一致。

（2）饲养的方式和喂养的食物主要是受动物习性和食物来源影响。如猫、狗这类肉食性动物，以放养为主，猪以圈养为主，牛、羊之类是以白天放养晚上圈养为主。饲养的方式属于人类行为方式，通过出土骨骼不能直接反映。但以古证今，以今证古。对于猪、牛、羊、鸡、鸭、鹅、猫、狗这些家养动物的饲养方式是以动物习性和食物来源为基础，依附于当地自然环境和文化传统，在这几百年的历史中变化应不大。

喂养食物的变化主要是现代物质水平提高的结果，喂养的食物变化较大的是猪有了复合饲料，并且加入了粮食类食物如玉米、红薯、土豆、少量米饭等。通过对遗址出土猪牙齿植物微遗存的分析，在猪的牙齿上发现了水稻淀粉颗粒和水稻特征的植硅体。说明老司城居民可能会选择水稻秕糠等作为饲料来喂养家猪[①]。由于猫和狗是吃主人的剩饭剩菜，随着现在人们生活水平的提高，猫和狗的肉类食物比例应有所提高。其他的黄牛、水牛、马这类家畜在干农活或从事运输工作时在食物中加入了一些玉米、黄豆等粮食。根据对遗址出土动物牙齿的植物微遗存分析，发现牛、马、猪等家养动物的植物性食物结构与其他野生动物的具有一定的相似性。究其原因，或许与这些家养动物的饲养方式存在一定的关联，如半圈养或是放养等。当地居民饲养的鸡、鸭、鹅一般都是白天放养，主要靠自己觅食，因此古今饲料应大体一致。

（3）家畜个体的大小主要和品种的变化有关。从测量尺寸来看遗址出土猪的骨骼都明显较小，如猪肱骨标本F2：032的长度是150.05mm、桡骨标本YSI③：7256的长度是107.20mm、胫骨标本G16：32的长度是148.47mm，与当地传统的黑猪个体大小相符。现在当地饲养的都是个体大的白色大约克猪种。当地现在除了饲养中华田园犬外，还有一些不同类型的宠物狗，宠物狗的个体大小与中华田园犬的个体大小有所差异。部分当地居民饲养的三黄鸡个体明显大于当地土鸡，这也是一种品种不同所表现的家禽个体大小不同。鸭、鹅、黄牛、水牛和马等动物是否有变化还待考证。在第四章测量专项研究中，我们得到这样的认识，"从长时段的家养动物个体大小考察来看，家养动物的个体是处于不断缩小的趋势，这一趋势延续至以老司城遗址为代表的明清时期。"而现在各种家畜体型的变化主要是由于近现代以来动物品种的杂交改良、喂养环境和食物变化所导致的。

（4）家养动物的饲养目的是与饲养时间相匹配的。目前对于各种家畜的饲养还是分为两类，一类是专门获取肉食（包括蛋类）为主，如猪、羊、鸡、鸭、鹅等；一类是提供某种畜力为目的，如牛、马、狗、猫等。在对遗址出土家养动物的年龄分析中显示猪、羊的年龄一般都在2岁以下，是典型的为了获取肉食而饲养的家畜，而黄牛、水牛、狗、马大部分都是中老年个体，从饲养年龄上看，不符合最经济的获取肉食的目的，因此应有其他的饲养目的。同时黄牛、水牛的肢骨、脊椎骨、枝梢骨上发现多种骨质增生、融合、发炎溃烂等骨骼病理现象，这与牛提供畜力之间存在一定的关联性。总体来看，调查所得到的各种动物资源信息更加细化，而依靠动物骨骼研究所得到的认识都是一种宏观上的大体认识，但现在和古代对家养动物的饲养目的和饲养时间应大体一致，只有个别改变，如现在因猪品种和食物的改变而饲养时间缩短，现在有专门放养黄牛以买卖盈利为目的而不是以提供畜力为目的等。

在以上老司城饲养动物的专项调查中，饲养动物的品种、饲养动物的年龄、饲养动物的目的这三项内容可以与之前动物骨骼研究中动物的种属鉴定、动物的年龄、动物的病理研究内容相互对应分析，以提高认识。而调查所获的饲料和饲养方式的内容可以弥补之前这方面研究的不足。

第四节　肉食消费调查研究

本节肉食消费调查是采用问卷调查的形式，采访了老司城当地居民50人，调查目前老司城村民对各种动物的消费情况。其中主要是对各种动物在肉食结构中的消费地位，各种动物的消

① 姚凌、罗武宏、杨玉璋：《湖南永顺老司城遗址出土动物牙齿表面植物微遗存研究》，《农业考古》2015年第6期，第6页。

费频率进行了调研，另外通过调查访问还获得了其他一些有关肉食消费的信息。本节的调查内容与之前第三章根据出土动物骨骼进行量化研究的内容相对应，两者可结合分析。

一、各种肉食资源的重要性调查

首先是通过问询的形式，了解各种动物在肉食结构中的排名。在调查访问的50人中，100%的人都认为猪是最重要的肉食消费动物。在重要性排名第二的调查中，有32人即64%的人认为是蛋类食品，有10人即20%的人认为鸡的地位仅次于猪，另有8人即16%的人选择了鱼类是排在第二的肉食产品。其他牛、羊、狗、鸭等动物都没有作为排名第二的肉食种类。因此通过调查获知，猪毫无疑问是当前最重要的肉食对象。排在第二位的依次有可能是蛋类、鸡、鱼类，这可能因具体家庭的喜好、家庭经济状况不同而有所不同，但这三种肉食资源应高于对其他牛、羊、狗、鸭等各种动物的消费。

二、各种肉食资源的消费频率调查

为了进一步了解各种肉食资源的重要性，向采访对象问询了对几种常见的肉食种类的频率。在调查中，有48人即占总数96%的人回答每天都吃猪肉。在吃蛋的频率调查中，有44人即占总数的88%的人回答一般在十五天以内都会吃蛋（主要是鸡蛋）。在吃鱼的频率调查中，有45人即占总数的90%回答一般在一个月以内。在吃鸡的调查中，有42人即占总数84%的人回答一般在两个月以内。其他对于吃牛肉、鸭肉、狗肉、羊肉等其他的肉食资源一般没有固定的时间范围，这与个人喜好以及逢年过节、来客办酒、喜庆之事的操办等原因有关。由此可见，猪是当前消费频率最高的动物资源，其次可能依次是蛋类、鱼类、鸡，而对其他的动物种类消费频率一般相对较低。当然，这种调查只是根据被采访人回忆所作的一种粗泛的调查，或许与实际情况有所偏差，但大体反映了当地人肉食消费结构和对主要不同肉食资源的消费频率。

三、与肉食有关的其他信息

调查还得到其他一些与肉食消费相关的零散信息，或许与研究的主旨关系不大，但作为一种相关信息在此记录，以供参考。在20世纪80年代以前，当地都是一家一年杀一头猪，这头猪的肉大部分都熏制成腊肉，作为一个家庭一年的主要肉食资源消费。当时物资不丰富，经济上不富裕，猪很少，缺少肉食供应，有一段时间肉要凭票买，有钱也买不到。当时人们喜好吃肥肉，不喜欢吃瘦肉，所以肥肉的价格比瘦肉的价格高些。80年代至90年代以后人们逐渐喜欢吃瘦肉。另外在物质缺乏的时代鸡蛋充当了一种非常重要的肉食资源。

调查中了解到当地人对几种动物肉味道的评价，如黄牛肉比水牛肉要紧密且味道更纯正，小鹿（黄麂）肉就像黄牛肉，赤麂肉像水牛肉。曾有调查对象说他在60年代曾从打虎匠手中分到了一块虎肉，他评价虎肉不好吃，还不如猪肉、牛肉。大家都认为现在复合饲料喂养的猪不好吃，城里的买的鱼的味道远不如这里灵溪河里的鱼，但现在灵溪河里鱼太贵，要三十元一市斤，一般当地村民家有人钓鱼则其家中吃鱼的频率相对较高。

现在购买各种肉类食物比以前方便了，但也要搭中巴车花半个小时到县城才可以购买到鸡、鸭、鱼、猪肉、牛肉、蛋类等各种肉食产品。商品经济的发展，物资生活的丰富，交通的便利提高了当地人们对肉类食物的消费程度。当地居民普遍反映当前购买猪、鸡蛋、鱼是比较划算的，因此是购买最多的肉食对象，而鸡、鸭、牛肉、羊肉等主要是过节或一些人情操办的时候才购买。可见现在对肉食种类的消费频率与肉食价格是密切相关的。

四、肉食消费的对应分析

通过调查获知，猪、蛋类、鱼类、鸡是现在老司城居民最重要的肉食种类，遗址中猪的可鉴定标本数是3580件，鸡的可鉴定标本数是850件，鱼类的可鉴定标本数仅9件，没有发现蛋类遗存。蛋壳较为脆薄，一般很少能在遗址中得到保存。鱼骨较为细小，不利于采集。所以蛋类、鱼类很可能是由于保存采集不利的原因，未能在遗址出土动物骨骼中得到明显反映。推断老司城土司时期蛋类、鱼类食物在肉食结构中也应占有较重要的地位。另外通过调查中认识到的对不同动物的消费频率也是各种肉食资源重要性的一种体现，但目前这种消费频率的重要性在遗址出土动物骨骼上的体现还有待辨识。

现在老司城居民的肉食结构中除了猪、蛋类、鱼类、鸡外，对于其他肉食资源的消费都较少，这与出土动物骨骼所反映的肉食结构之间的差别最突出的是对牛的消费。遗址中黄牛的可鉴定标本数是2608件，水牛的可鉴定标本数是1921件，两者加起来计有4529件，远远超过其他动物种类，占总可鉴定标本数的37.63%，应是土司时期消费的最重要的一种肉食资源。这种对牛类肉食的消费应是土司王权聚落的一种反映。其次，各种野生大中型动物如水鹿、梅花鹿、虎、熊、野猪、苏门羚等的消费都有可能是由于土司政权的存在，而从附近区域狩猎纳贡而来。另外出土了泥蚶标本22件，这种海产品时至今日当地人们都还不曾认识，这种远距离的肉食品种无疑也是和土司王权性质有关的。

综合以上调查可知，老司城居民现在的肉食消费结构与通过对出土动物骨骼研究获知的土司时期的肉食消费结构是不能直接对比的，因为获取信息的来源不同，一种是直接的调查采访获知，一种是通过对出土的动物骨骼研究所知。通过对现在肉食结构的分析，可以提供某些信息供动物骨骼量化研究参考。两者之间对动物资源消费的一些异同从某种程度上反映出当时老司城是土司王权聚落，而现在已经成为湘西地区一个普通的村落。由于时代和聚落性质的变化，人们的肉食结构也发生了相应的变化。

第五节　处理加工行为方式研究

我们调查询问了老司城居民对动物的加工处理行为方式，现在肉食对象主要都是家养动物，对这些肉食对象的加工处理大体可以分解为屠宰、肢解、烹饪三个程序，下面从这三个方面进行阐述。这一部分调查内容主要与第六章中的人工痕迹研究内容相对应。

一、屠宰方式

必须说明的是对于屠宰、肢解的调查信息只是通过询问当地少数屠夫得到，而不同屠夫的屠宰、肢解方式或许有所不同，不能一概而论。实际上，由于日常采购的肉食大多是在永顺县县城购买，所以对动物很多的屠宰、肢解程序已经不发生在老司城当地。下面分别简略叙述对各种主要家畜的宰杀方式。

杀牛是用斧头、锤子砸脑门，待昏倒后在四只脚根部放血。杀猪是在脖子下方用尖刀割破气管或捅到心脏。杀羊是从胸部下刀，捅向心脏。杀狗是用绳索套在脖子上吊起来，用铁锤砸头部两侧耳门；或将整个身体浸入水中，使其缺氧而亡。杀鸡、鸭、鹅一般都是割破颈下的气管。

从中我们可以看出，家养动物是根据个体大小、生理结构特点来选择相应的屠宰方式，如使用砸击、放血，刺破心脏、割破气管等这几种手段。对于家禽主要是采用割破气管的方式，对于哺乳动物而言主要是用尖刀插入心脏或割破气管，以及使用铁器砸昏动物然后放血。

二、肢解方式

屠宰之后会根据不同的动物选择不同的处理方式，一般包括去毛、剥皮、摘取内脏、肢解头部和四肢，将骨骼肉体进一步分断处理等。

牛的进一步加工方式是先肢解下头部，再剥皮。然后将身体分成四肢和躯干5个部分，躯干部分按肋骨纵向纹理分割。四肢挂起后，剔出主要肉体，再将骨骼从关节处分断，或进一步将主要肢骨从中部砸断。猪的处理方式是用开水烫过后拔毛，以前是要剥皮处理，现在一般都不剥皮了。然后摘取内脏，肢解猪头，将身体分成躯干和四肢5个部分。对于猪头和猪脚用火燎去毛。羊的处理方式是先拔毛，再用火燎。摘取内脏，将身体分成躯干和四肢5个部分。狗的处理方式是先用火烧去毛，开膛破肚取出内脏后，将整个身体砍断成5厘米左右大小块状，再搬运至河边用大竹筛盛装反复冲洗。

鸡、鸭、鹅的处理方式首先是热水烫过然后拔毛，之后开膛破肚摘取内脏，再将附着肉体的骨骼砍成小块。当地对于野生动物的加工如麂子、果子狸、猪獾等一般是剥皮后砍成小块。对于兔子、竹鸡、野鸡等小型野生动物都是去毛后剁成肉末进行烹饪。

归纳肢解方式大体可分为两种。第一种是比狗大的动物，如猪、牛、羊，均为分解成四肢和躯干几个大块后，视下一步的烹饪方式而进行处理，如果是熏制腊肉的话，一般是分解成较大的肉块；如果是直接吃的话，就会进一步分解至烹饪所需的大小。另一种是比狗小的动物，对于这些动物一般是直接肢解成小块或剁成肉末，具体视烹饪所需。

三、烹饪方式

湘西熏制腊肉、吃腊肉的传统一直延续至今。主要熏制的对象是猪肉，另牛肉、鱼肉也有少量熏制。对于一些瘦肉较多、个体较小的动物不适合熏制腊肉，如狗、麂子等。熏腊肉的时间一般是从冬至到正月，这个时段的气温较低。具体方法是将肉表面抹盐，挂在火膛上方，用燃烧飘出的烟慢慢将肉熏制成酱紫色的腊肉。腊肉熏制好后，每次烹饪前先清洗干净，切成片用水煮或蒸，待熟后再放上辣椒等其他配料炒制。

湘西有名的牛肉烹饪方法有"牛头宴""熬牛肉"。"牛头宴"通常要现场将牛宰杀，牛头要整体炊煮，不砸破。这是在有特别重要的庆祝活动时才享用，主要是为了营造热闹的气氛。"熬牛肉"是将牛肢骨上的大肉剔除后，将肢骨丢入锅中煮，煮熟后将附着在肢骨上面的碎肉撕扯下来炒着吃，采用这种烹饪方式加工的肉味道很香。

狗和羊的烹饪方法相近，都是先爆炒后焖，但烹饪所使用的佐料有所不同。鸡、鹅的烹饪方法一般是先炒后煮、焖。鸭子一般爆炒后焖，也有少数清炖的。鱼的烹饪一般是先煎后煮，少数也使用蒸。一般各种动物都可以使用"火锅"的方式烹饪加工。

总体而言，现在老司城当地人对各种动物主要是以"炒""煮""焖"为主要加工烹饪方式，像"烤""蒸"这类烹饪方式运用较少。

四、对比分析研究

下面将对老司城居民调查获取的信息与之前对遗址出土动物骨骼人工痕迹研究得到的结论按照屠宰、肢解、烹饪这三个方面逐一对应分析。

（1）调查中获知的各种动物宰杀方式在动物骨骼上很难求证。比如对于猪、羊、鸡、鸭这些动物是使用刺杀心脏、放血、割破气管这些宰杀手段，这些宰杀方式在动物骨骼表面基本不会落下痕迹。对于牛、狗等动物可能存在有砸击头部的屠宰痕迹，但是这种痕迹在出土动物头骨上很难确认。因此，目前在遗址出土的动物骨骼上还很难发现并确认屠宰痕迹。

（2）能够与调查对应的主要是肢解程序。通过调查认识到肢解的主要目的就是为了下一步的烹饪做准备，将肉体肢解成烹饪所需的大小。一般比狗个体大的动物分解的肉块大些，是烹饪所需或有利于肉的保管。比狗小的动物一般直接肢解成较小肉块以供烹饪。之前通过对出土动物骨骼人工痕迹的研究，我们发现对于不同个体大小的动物会选择相应的肢解手法。其中个体大的动物较多使用"砍""砸""切"及"劈""剔""划"等，而小动物一般使用

“砍”“切”即可。通过对比可知，两者之间的表现形式和内容不能等同，但存在一定的联系。调查获知的是肢解的手法和过程，在动物骨骼上反映的是各种人工痕迹。

通过调查了解肢解的过程、方法和手段，认识肢解的目的。从而从另外一个角度来审视思考遗址动物骨骼上的人工痕迹，解读其中包含的人类行为信息。通过目前的归纳，我们认为动物骨骼上的各种人工痕迹主要是肢解痕迹，并根据动物个体的大小，骨骼的结构特点、所附着肉量的多少选择不同的肢解方法，最终肢解的目的是将动物肢解成烹饪所需的大小尺寸，另外还要考虑肉块如何保存等问题。

（3）通过调查获知目前老司城居民对各种动物主要使用“炒”“煮”“焖”等加工烹饪方式，像“烤”“蒸”等这类烹饪方式运用较少。但上述“煮”“焖”“炒”“蒸”等这几种主要的烹饪方式都很难从动物骨骼表面观察确认。

肢解的骨骼大小除与动物本身个体大小有关外，应与对其采取的烹饪方式也有一定内在关系。如用“炒”的骨骼理论上应较小或许只有肉块不存在骨骼，而使用“煮”这种加工方式的骨骼就没有这种局限。调查中比狗个体小的动物都是直接肢解成很小的肉块，并且较多地使用“炒”的烹饪方式。而大的动物个体肢解的肉块较大，主要是考虑到烹饪的需要。调查中获知的“牛头宴”“熬牛肉”等烹饪形式对应的都是将牛骨肢解成较大的肉块，首选使用“煮”的烹饪方式，之后的加工中对剥离的肉块再使用“炒”的烹饪方式。

调查中获知用火燎除去动物头部、脚部皮毛的加工方式与我们观察到的许多动物头部、四肢末端骨骼有烧烤痕迹或许有对应关系。出土骨骼中反映出牛、猪等动物骨骼上存在一定的烧烤痕迹，说明当时对于部分动物是使用烧烤的形式进行烹饪的，但目前当地居民基本不采用烧烤的烹饪手段。“烧烤”是古代利用较多的烹饪手段，或许是土司举行宴飨时供较多人用餐时使用的一种烹饪手段。另外有待求证的是湘西传统的熏腊肉会不会在动物骨骼上留下“烧烤”痕迹。

五、分析与讨论

人类行为方式调查中，宰杀方式在动物骨骼上基本难以找到对应信息，具体的肢解手段可与遗址骨骼上所观察到的人工痕迹及肢解的骨骼大小存在一定对应关系，从某种角度反映出肢解的目的主要是为了进一步的烹饪需要。烹饪的方式可从肢解后骨骼的大小上做出一定的判断，即较小的骨骼可能使用“炒”的方式，较大的骨骼可能使用“煮”的方式，这或许还可以与湘西地区熏腊肉的传统、“牛头宴”“熬牛肉”的烹饪风俗对应。

总而言之，通过调查我们加深了对加工处理动物的人类行为的认识，对于判读遗址出土动物骨骼的人工痕迹形成原因及目的有了更高层次的认识。有利于我们透过现象看本质，以达到“透物见人”的研究目的。

第六节　生态环境调查研究

我们调查了以前和现在动物、植物种类的变化，并了解这些动植物物种变化的原因，最后询问了当地人们对未来动植物发展趋势的看法。从这一节的调查采访中可以获得一些近一两百年来动物种类变化、人们对野生动物的认识以及未来野生动物的发展趋势预测等的信息。这对于审视人类与动物的关系、如何保护野生动物资源提供了帮助。

一、动物种类的变化

在访问中，当地村民从没有听说过有水鹿、梅花鹿这两种大中型鹿科动物，有关文献资料显示，在清代时，当地动物种类中就只有虎、熊、豹、麂之类的野生动物，没有水鹿、梅花鹿了。老司城遗址出土了这两种动物的骨骼遗存，可见在土司政权时期当地还存在这两种动物。很可能当时的过度狩猎造成了这两种动物的灭亡。这也与水鹿、梅花鹿的死亡年龄显示其承载了较大的“狩猎压”相符。

调查中老司城村民普遍都知道这里以前有老虎、黑熊、苏门羚、豹、狼等这几种体型相对较大野生动物，其中老虎、豹子、苏门羚在20世纪60年代都有发现，也就是说这几种大中型动物就是在这几十年中先后灭绝的。问及这些动物灭绝的原因基本上都归结为过度狩猎，环境破坏、狩猎工具进步等人为因素。值得一提的是在60年代，当地及周边地区如果发现老虎、豹子，特别是有伤到家畜村民的情况就会报告公安局，请求为民除害。公安局就会联系人，当时称其为“打虎匠”，在政府授权下猎杀老虎。当时还有两个外地人使用毒药共捕获二十余只豹子及几只老虎。

80年代以前，豺在湘西地区还很普遍，但之后逐渐减少，至现在已基本不见。当时好像没有专门针对豺的狩猎行为，有可能与当时放置的一种针对野生食肉动物“三步倒”的毒药有关，这对豺造成了很大的伤害。其他中小型哺乳动物如竹鼠、豪猪、猪獾、兔子、小灵猫与1949年前的数量差不多，但有些种类在数量上已明显减少，如小麂、穿山甲等。

总体来看，野生动物中的大中型动物受人类的影响在当地已经基本灭绝，而小动物受到的影响相对较小，是否在种类上也有所减少尚不明确。

80年代以前，在灵溪河里当地人看到鱼的种类至少有二十种以上，如鲤鱼、鳜鱼、花鱼、红翅膀、巴浪子、白鱼、横鱼、刁鱼、边鱼、红砂鱼、岩爬鱼、岩鲤鱼、土只壳、石浪清、青柳子、白鳝、雷打骨、王射红、石边头、牛尾巴、高脑壳、罗鲢子、山股子、砂冈鳅、蛇鳅、游鱼、洋鱼、麻头子、火柴头、鸡哈鱼、王刺骨等[①]（这些鱼名大多是当地俗称，具体学名有待考证），另还有一些水生动物如娃娃鱼（鲵）、团鱼（中华鳖）、马虾、米虾、螃蟹、泥鳅、黄鳝等。自从90年代修筑水坝后，鱼种明显减少，再加上人们采用毒鱼、炸鱼、电鱼的方

① 罗士松：《土家族渔猎》，中央民族大学出版社，2009年，第134页。

式过度渔猎，以及大量使用农药，现在常见的鱼类已不超过十种。

二、植物种类的变化

当地村民反映主要是两次较大的植被破坏。对老司城植物的大环境的发生明显变化。一次是20世纪50年代晚期开始的大炼钢铁，许多古树、大树被砍伐。另一次是80年代以后，实行“包产到户”，树木分到个人，一些小的灌木被砍伐用来烧制木炭，大的树木就卖钱，然后开荒种田。这种对植物生态环境的破坏给野生动物的繁衍生存造成了极大的负面影响。近十几年来，执行退耕还林的政策后，森林覆盖率越来越高。

三、未来的发展趋势

出于对野生动物未来状况的关心，我们向采访对象询问了一个问题“你认为未来野生动物的种类和数量是越来越多还是越来越少”。出乎意料的是，有42人即占总比例的84%回答会越来越多；有5个人回答会越来越少，占总比例的10%；还有3人回答有的动物会越来越多，有的动物会越来越少，这占总比例的6%。现在有些野生动物确实有越来越多的趋势，比如野猪、竹鸡、猕猴、豪猪、猪獾、赤麂等。2013年我们在司城小学整理动物骨骼时，一头赤麂在受人追赶的情况下慌不择路地冲了进来。此次调查时，司城村博射坪的村民反映附近的农田经常看见野猪痕迹，在遗址区祖师殿区域的工作人员反映不时可以看到猕猴。

根据调查分析，有些野生动物越来越多的原因主要有如下几点：首先，近十几年来，执行退耕还林的政策后，植被生态环境越来越好；其次，政府对野生动物采取了保护措施，加大了对枪支的管理力度；另外现在的城镇化建设，很多人都搬到城里；当地很多劳动力外出务工，捕猎的人少了。这几个方面的原因促成了部分野生动物越来越多。但是，采访中又获知，并不是所有的野生动物都越来越多，有的野生动物生活习性并不适应现在环境的改变。由于目前当地人工种植树种主要是柏树、榉树、杉树等林木，这些都属于成长较快适合做建设用材的树种，但这几种树木的果实都不丰富，不能提供某些动物的食物来源。并且这些树种的生长压制了其他一些植物的生长，以前那种多样化的自然植被生态体系已经改变。这对于适应于灌木林生长的动物种类是不利的。比如，现在当地的青麂（赤麂）多了，黄麂（小麂）已基本不见；而之前是黄麂的数量远多于青麂。另外野禽类中竹鸡、红腹锦鸡可见的数量越来越多，而环颈雉的数量有所减少。另外发现一些动物如猕猴等会根据自己的需要进行迁徙。

四、分析与讨论

通过以上的调查了解，我们认识到遗址发现的几种大中型动物如水鹿、梅花鹿、虎、豹、苏门羚、黑熊等在老司城当地已经灭绝，而且有几种野生动物很可能就是在这几十年的时间里灭绝的。野生动物的灭绝主要是人类的影响，这其中不光只是捕猎，其他如植被的改变、修筑水坝、使用农药等都会对野生动物造成很大影响。由于对野生动物的保护力度加大，且自然植被越来越茂盛，现在某些野生动物数量越来越多，但现在这种人类有意识改造的植被环境对某些野生动物可能并不适应，应考虑营造更加丰富合理的自然生态环境以适应各种野生动物的生存。

第七节　小　结

本文是针对老司城动物考古研究所作的专项实地调研。我们采用问卷调查的形式初步了解了老司城当地居民对我们开展动物考古的认知程度。按照动物考古的研究内容，从渔猎、饲养、肉食结构、加工处理方式、自然生态环境这几个方面开展了专项调查，并将有关信息与之前的研究认识相对应。以下是对本文研究内容的一个小结。

从对当地居民的问询中可知，未参与考古发掘的当地民众一般都不知道老司城遗址里了出土动物骨骼。虽然大家认为动物考古研究是有意义的，但大部分人说不出具体有什么意义。很多人认为土司时期食用的动物是以野生动物为主，而通过我们对动物骨骼研究证实是以家养动物为主，这无疑是体现了我们动物考古学的一种价值。

在渔猎内容的专项调查中，我们从渔猎工具、渔猎方法、渔猎时间等几个方面进行了相关信息的归纳。总体来看，依靠老司城遗址出土遗物来研究渔猎相关内容局限性较大，而调查所得的信息非常丰富，可以作为复原历史的一种补充参考。采访中反映秋冬季节是狩猎的主要季节，但这一重要信息与我们研究获知的动物死亡年龄对应关系并不强，研究得到的野生动物死亡年龄信息没有能进一步深入到季节月份，因此这对于我们进一步深入研究动物死亡时间有启示意义。

在老司城饲养动物的专项调查中，饲养动物的品种、年龄、目的这三项内容可以与之前动物骨骼研究中动物的种属鉴定、骨骼测量尺寸、动物的年龄和病理研究内容相互对应，使调查所得到的各种动物资源信息更加细化。而依靠动物骨骼研究所得到的认识都是一种宏观上的大体认识，两者结合分析可以加深对这些研究内容的认识。

老司城肉食消费的专项调查显示猪、蛋类、鱼类、鸡是现在最主要的几种肉食种类，出土骨骼显示土司时期猪与鸡消费的数量很大，但蛋类、鱼类很可能由于骨骼特点的原因在肉食结构中的重要性没有得到相应反映。土司时期与现在差别最突出的是对牛的大量消费，其次有对海产品泥蚶的消费，这都是土司王权聚落性质的一种体现。另外各种野生大中型动物如水鹿、梅花鹿、虎、熊、野猪、苏门羚的消费除了时代的差别外，也显示出老司城是一处中心聚落。总之，古代与现代对动物资源消费的一些差异反映出老司城由于时代和聚落性质的变化，人们的肉食结构也发生了相应的变化。

通过对动物加工处理方式的调查，我们认为宰杀在动物骨骼上基本难以找到对应信息。调查所知的各种肢解手段与遗址骨骼上所观察到的人工痕迹及骨骼大小存在一定对应关系，反映出肢解的主要目的是为了将动物肉体分解成烹饪所需的大小形状。动物骨骼上的烧烤痕迹与现在使用火燎的方式对动物头部、脚部去毛的加工相符。“煮”“炒”“焖”“蒸”等这几种主要的烹饪方式都很难从动物骨骼表面观察确认，而骨骼肢解的大小与对其采取的烹饪方式应有一定内在关系。如用“炒”的骨骼理论上适用较小的肉块，使用“煮”这种加工方式相对没有这种局限，这一点与调查中比狗个体小的动物都是直接肢解成很小的肉块，并且较多地使用“炒”的烹饪方式相符。

对环境资源的调查显示，遗址发现的几种大中型动物如水鹿、梅花鹿、虎、豹、苏门羚、黑熊等在老司城当地已经灭绝，而且有几种野生动物就是在近几十年的时间里灭绝的。野生动物的灭绝主要是人类的影响，这其中不光只是捕猎，其他如植被的改变、修筑水坝、使用农药等都会对野生动物造成很大影响。由于现在对野生动物的保护力度加大，且采取退耕还林措施，很多野生动物数量越来越多，但某些野生动物生活习性可能并不适应现在这种人类改造的植被环境。

本次关于老司城遗址进行动物研究专项调查是一次尝试。有的信息弥补了单纯研究动物骨骼所获认识的不足，充实了动物考古研究的内容；有的信息对我们动物考古学研究起到借鉴、启发作用。将实地调查与动物骨骼研究两者所得的相关信息进行对照分析，可以有效提高我们对老司城地区动物资源获取方式的认识，使既有的认识得到提炼、升华。

第十一章 结 语

目前动物考古学已经取得了多方面的进展，动物考古学的理论方法不断完善，各种专项的研究不断细化，但我们对于单个遗址出土动物骨骼的深入研究总感乏力。大量的测量数据、重量数据如何使用，动物的年龄分析有何具体意义，骨骼上人工痕迹的观察记录对我们认识当时的人类行为方式到底有什么帮助，动物资源的消费结构真的就如我们统计得到的可鉴定标本数、最小个体数所反映的那样吗？我们从动物遗存上得出的有关信息如何能够得到检验？

老司城动物遗存研究是运用动物考古学研究的方法，多层面、多角度，系统分析研究老司城动物遗存的一个个案。虽然它所运用的方法都有动物考古学的理论基础，但在具体运用研究上又有所创新，并努力将这种创新的理念延续在每个章节之中。

第一章中除有关背景介绍外，公布了各个单位出土动物骨骼的数量、种属及遗迹单位的性质。介绍本项研究所采用的整理方法，通过全面系统的收集骨骼信息，建立了老司城遗址动物骨骼巨大的数据库，为随后的各种专项研究提供了坚实的基础。

第二章中动物骨骼的分类鉴定与描述较为全面的公布了骨骼信息。除了对典型骨骼进行文字描述外，每一件标本都有照片。不仅按照《测量指南》的标准进行了测量，而且记录了每件骨骼的长度、宽度、厚度以及骨骼的重量。采用素描的方法来绘制典型标本的线图，并将各种动物骨骼比例尽可能按照1比1或1比2的比例缩放，使得各种骨骼的形态和大小更加直观。

第三章肉食结构的研究中采取了可鉴定标本数（NISP）、最小个体数（MNI）、骨骼重量（W）和估算肉量（WM）这4种量化方式，进行统计分析。考虑到不同大小种类动物骨骼在遗址中保存采集的机率不一致的局限性，以及动物考古学研究的目的性，进一步提出“分类型”量化研究的概念，即从动物种属、骨骼结构特点、动物个体大小这样几个方面出发，将相近的动物归为一个类型，比较同一类型中不同动物的肉食贡献。通过分析认为老司城遗址肉食消费以家养动物为主，约占80%，野生动物约占20%。主要家养动物、家禽类动物和鹿科动物是肉量贡献最大、最重要的3种类型动物，其中猪、黄牛、水牛这3种主要家养动物在肉食贡献中约占50%以上。家禽类动物的肉食贡献排名依次是鸡、鸭、鹅，鸡的消费个体数量和肉量贡献为鸭的5～8倍。次要家畜动物羊、狗、马、猫和大中型凶猛动物野猪、虎、豹、黑熊、狼在肉食结构中占有一定的地位。小型野生动物、水生动物的骨骼未能充分采集，导致在肉食结构中显示比例不高。

第四章动物骨骼测量数据的专项研究中，通过将猪、水牛、黄牛、狗这4种家养动物的测量数据与以往相关遗址动物骨骼的测量数据进行比较，认为从长时段的家养动物个体大小考察来看，这几种家养动物的个体是处于不断缩小，这一趋势延续至以老司城遗址为代表的明清时期。

对老司城遗址动物中个体大小或种属相近的动物开展了测量数据比较研究，如水牛与黄牛、水鹿与梅花鹿、赤麂与小麂、虎与豹、猪与野猪、虎与熊、鸡与鸭。通过比较，认为动物骨骼的尺寸不仅体现动物个体的大小，也包含着动物的运动结构功能信息，如骨骼的长度更能体现速度，骨骼的宽度（厚度）更能反映出动物的力量。相近物种动物的骨骼测量数据比较对我们进行不同动物的种属鉴定提供了参考，如水鹿与梅花鹿、赤麂与小麂、虎与豹、猪与野猪在个体大小上都有明显区别，因此使用测量数据能为这几种相近动物的鉴定提供重要参考。而使用测量数据鉴定区别水牛和黄牛、虎和熊、鸡与鸭就必须非常谨慎。

第五章动物年龄研究反映家养动物死亡年龄分为两个类型，一种是以未成年或刚成年的个体为主，如猪、山羊、鸡、鸭、鹅，这反映出以最经济的获取肉食为目的饲养策略。另一种是以成年个体为主，如水牛、黄牛、马、狗，反映出对这些动物不仅是为了获取肉食，还有其他利用功能。总体来看，家养动物的死亡年龄更多地体现出人为的控制性，这是出于最经济获取肉食或最大利用牲畜劳力的目的。野生动物的死亡年龄与当时野生动物种群的自然年龄分布密切相关。鹿科动物承受较大的狩猎压，水鹿、梅花鹿很可能是在明代由于人们过度狩猎导致在当地的灭绝。

第六章人工痕迹的研究中通过观察，归纳和总结出各种人工痕迹的概念和表象，并分析其代表的行为意图；认为“砍”“砸”“劈”属于一种分断骨骼的方式，其中“砍”是对于各种动物、各个骨骼部位最重要的分断方式。“切”“剔”“划”“削”属于一种分割肉体的方式，其中“切”是使用最主要分割肉体的方式。“砍”“砸”“切”“劈”“剔”“划”“削”这几种人工痕迹都是发生在屠宰之后、而在烹饪加工之前，其目的是将动物骨骼肉体肢解成烹饪所需的大小形状。针对不同大小类型的动物采用的加工方式是有所区别的，对于相同体型的动物使用相近的肢解烹饪方法。

第七章骨器的专项研究显示，骨器在制作之初都有明确的成品构思。制作过程包括选料、解料、进一步加工、最后成器等几个步骤。制作骨器的一般选择大型动物的骨骼，如黄牛、水鹿、野猪、虎等。骨料主要是管状肢骨如肱骨、股骨、胫骨等，因为这些骨骼具有骨壁厚，较长直等特点，其他还有角骨、下颌骨、犬齿等骨骼部位。对骨料的初步加工一般使用“锯”，这是为了达到平整的截取骨骼的效果。在解料后，一般会根据骨料对象使用“削”“钻孔”“打磨”等后期进一步加工手段。

第八章动物骨骼的病理研究发现，动物骨骼病理主要集中在出土较多的一些哺乳动物上，如黄牛、水牛、虎、豹、野猪、狗、苏门羚、梅花鹿、小麂。病理大部分是中老年个体，说明年龄因素是导致动物病理的一个重要原因。从病理的发生部位来看，骨质增生、融合、发炎、溃烂等病理现象多发生在骨骼关节部位。骨折一般发生在骨骼中部或关节头的骨松质和骨密质交界处，应都是运动中突然造成的。家养与野生动物在病理现象上有些区别，如黄牛、水牛不论在骨骼的病理症状还是病理的数量上，均明显多于野生的偶蹄类动物如水鹿、梅花鹿。这应与黄牛、水牛承受蓄力使用，加重骨骼负担有关。

第九章相关问题的研究中显示老司城遗址的家畜饲养业在当时已较为发达，而且可以获取丰富的野生动物消费资源，体现出土司的食物消费上的优越性。家畜饲养和丰富的野生动物资源为土司王朝的可持续发展奠定了坚实的经济基础。推测位于老司城遗址F2属于厨房的性质功能，当时的骨器生产区域很可能就在厨房附近。

将老司城遗址与大湘西两个出土动物骨骼最丰富的洪江高庙遗址和永顺不二门遗址相比较，反映出这一区域野生动物的种类、数量都在逐渐减少，在人们的肉食比例中逐渐成为一种辅助肉食来源。即获取肉食资源由以渔猎活动为主，向饲养家畜动物为主转变，获取肉食资源方式从“初级开发型”发展到了“开发型”。

第十章针对老司城动物考古做了专项实地调查。按照动物考古的研究内容，包括渔猎、饲养、肉食结构、加工处理方式、自然生态环境五个方面。这些信息与之前的研究发现高度对应。各种有关动物信息更加全面，更加详细，不仅弥补了单纯的骨骼研究的不足，也为动物考古学研究的具体内容提供了借鉴。

附　　表

老司城遗址各种骨骼的数据是正文中量化研究、测量研究、年龄研究、人工痕迹研究等各项研究的基础。理论上应将所有数据信息予以公布。但受篇幅所限，在此公布老司城遗址典型动物骨骼标本数据信息。公布的数据信息一方面是前面正文中研究的补充材料，一方面可以为动物考古学综合研究提供基础的原始数据。

在11906件可鉴定标本中，公布了3899件骨骼的数据信息，按照骨骼部位来归类。一般骨骼标本公布的内容包括种属、骨骼名称、标本号、具体保存的骨骼部位、重量、按照《考古遗址出土动物骨骼测量指南》标准的测量数据，骨骼上所见的人工痕迹的类型。

附表1-1至附表1-3是对猪、黄牛、水牛这3钟动物下臼齿M1、M2、M3测量数据的最大值、最小值、平均值统计表，其数据来源于正文表4-1和附表2-2哺乳动物下颌骨骨骼数据统计表。

附表2-1至附表2-10是哺乳动物骨骼信息，在10884件哺乳动物可鉴定标本中，公布了3416件骨骼标本的数据信息。涉及的动物种属包括水牛、黄牛、马、水鹿、梅花鹿、虎、黑熊、野猪、苏门羚、猪、豹、赤麂、山羊、狗、小麂、麝、豪猪、猕猴、猫、竹鼠。排列顺序是按照动物的大小，做降序排列。选择公布的骨骼部位是上颌骨、下颌骨和主要肢骨即肱骨、桡骨、尺骨、肩胛骨、股骨、胫骨、掌骨、跖骨共10种部位的骨骼信息。除上颌骨和下颌骨外，各种肢骨标本只选择已完全愈合的标本，并且在《测量指南》中有标准测量数据的标本纳入公布范围，其他未愈合或由于骨骼残缺未获得标准测量数据的标本不纳入附表数据库。

附表3-1至附表3-8是鸟禽类动物骨骼信息。在973件鸟禽类动物可鉴定标本中公布483件骨骼标本的数据信息。包括鸡、鸭、鹅、竹鸡这4种动物，骨骼部位是鸟禽类的各种主要肢骨，包括肱骨、喙骨、尺骨、桡骨、腕掌骨、股骨、胫骨、跗跖骨共8种骨骼部位。

附表1-1　猪下臼齿测量数据统计表

测量项	统计项	M1	M2	M3
牙齿长	范围	10.06 ~ 18.15	10.08 ~ 24.92	22.48 ~ 38.60
	平均值	15.26	18.49	29.27
	SD（95%）	7.44	1.85	3.59
	N（标本量）	184	128	50
牙齿最大宽	范围	7.29 ~ 13.44	6.46 ~ 16.6	11.72 ~ 17.23
	平均值	9.88	12.13	13.93
	SD（95%）	0.74	1.11	1.18
	N（标本量）	184	128	50

附表1-2　黄牛下臼齿测量数据统计表

测量项	统计项	M1	M2	M3
牙齿长	范围	17.11 ~ 25.99	21.36 ~ 30.01	26.7 ~ 37.87
	平均值	22.40	25.52	34.14
	SD（95%）	2.54	2.38	3.20
	N（标本量）	15	16	14
牙齿最大宽	范围	11.99 ~ 14.74	10.2 ~ 16.44	11.27 ~ 15.91
	平均值	13.75	13.89	14.02
	SD（95%）	0.62	1.71	1.45
	N（标本量）	15	16	14

附表1-3　水牛下臼齿测量数据统计表

测量项	统计项	M1	M2	M3
牙齿长	范围	19.35 ~ 26.99	19.7 ~ 26.49	32.1 ~ 40.89
	平均值	22.09	23.61	37.51
	SD（95%）	2.14	19.43	2.30
	N（标本量）	17	13	18
牙齿最大宽	范围	7.29 ~ 13.44	15.08 ~ 17.29	12.61 ~ 16.79
	平均值	14.57	15.77	15.40
	SD（95%）	1.61	0.65	1.10
	N（标本量）	17	13	18

附表2-1 哺乳动物上颌骨骨骼数据统计表

小件号	种属	骨骼名称	左右	保存部位	重量（g）	人工痕迹	测量数据（mm）
G10：4495	水牛	上颌骨	右	中	70.0		M3：28.16×20.45×21.49
G10：3967	水牛	上颌骨	右	中	52.8		M3：29.68×23.95×20.07
G10：4479	水牛	上颌骨	右	中	93.2		M3：29.06×24.92×22.37
G18：2266	水牛	上颌骨	右	中	26.8		M2：27.05×23.01×18.98
G10：11682	水牛	上颌骨	右	中	271.0		M1：26.67×25.93×31.81 M2：31.17×27.57×26.59 M3：31.44×24.46×29.24
G10：4491	水牛	上颌骨	右	中	113.1		M3：30.67×25.12×21.22
G10：11686	水牛	上颌骨	右	中	111.2		M3：35.66×27.63×26.95
G10：3975	水牛	上颌骨	左	中	29.5		P3：19.41×15.07×22.37
G10：4589	水牛	上颌骨	左	中	67.9		M3：29.54×23.99×23.98
G18：2261	黄牛	上颌骨	左	中远	75.6		M1：20.09×22.47×26.78 M3：27.80×24.02×26.29
G18：2262	黄牛	上颌骨	左	中	81.0		M1：15.64×20.60×17.58 M2：23.49×21.66×21.60 M3：26.97×20.19×19.04
YSI②B：2758	黄牛	上颌骨	左	中	37.5		P3：13.44×17.62×17.29 M1：20.02×21.12×18.89
G10：4502	黄牛	上颌骨	右	中	29.5		M1：20.16×16.93×14.98 M2：24.43×19.26×18.01
G10：4327	黄牛	上颌骨	左	右	43.9	切	M3：29.96×23.04×17.61
G10：14512	黄牛	上颌骨	左	中	61.1		M3：28.27×22.48×23.53
YSI②B：502	水鹿	上颌骨	右	中	57.7	砍	M1：20.71×16.22×18.78 M2：26.78×13.87×15.81
G24：752	水鹿	上颌骨	右	中	29.8		M1：18.83×16.42×20.57 M2：22.84×19.59×24.12
YSI②B：2455	水鹿	上颌骨	左	中	67.6		M2：25.11×13.57×19.35
G10：13985	水鹿	上颌骨	右	中	20.4		dp2：16.38×11.42×10.01 dp3：20.11×14.79×12.09 dp4：20.27×17.15×14.88
YSI③：7161	野猪	上颌骨	右	中	18.4		M3：43.37×17.85×8.83
YSI②B：2459	野猪	上颌骨	右	中	39.5		M3：43.09×19.71×11.79
G10：10666	野猪	上颌骨	右	中	23.1	砍	M1：18.37×16.23×9.91 M2：21.39×18.17×12.43
G10：10638	野猪	上颌骨	右	中	61.6	砍、烤	P1：12.35×13.79×9.39 M1：18.15×15.43×9.11 M2：25.44×18.18×11.39

续表

小件号	种属	骨骼名称	左右	保存部位	重量（g）	人工痕迹	测量数据（mm）
YSI②B：2778	野猪	上颌骨	右	中	37.3	烤	P4：12.89 × 13.49 × 12.13 M1：16.82 × 14.48 × 8.73 M2：21.75 × 17.66 × 11.57
YSI③：7109	野猪	上颌骨	左	中	11.8		M2：21.29 × 14.55 × 10.22
G10：14534	野猪	上颌骨	左	中	29.2	烤	P2：12.37 × 7.84 × 9.41 P3：14.68 × 9.29 × 11.71
G10：10691	野猪	上颌骨	左	中	22.6	砍	M1：18.72 × 16.42 × 9.42 M2：22.17 × 18.71 × 12.54
F2：013	猪	上颌骨	右	中	8.2	砍	P4：10.94 × 7.72 × 4.37 M1：13.17 × 9.81 × 6.23
YSI③：6890	猪	上颌骨	右	中	18.0		P4：9.95 × 11.33 × 9.16 M1：16.33 × 13.02 × 9.18 M2：21.31 × 15.91 × 12.42
YSI②A：2557	猪	上颌骨	右	中	15.6		M3：27.83 × 17.02 × 8.31
YSI②A：5540	猪	上颌骨	右	中	20.9	砍	P4：9.84 × 11.74 × 7.73 M1：16.33 × 12.32 × 8.67 M2：20.64 × 13.55 × 10.55
YSI③：7159	猪	上颌骨	右	中	11.2	砍	P3：10.38 × 7.82 × 9.31 P4：9.31 × 10.37 × 7.33 M1：13.39 × 11.82 × 7.55
YSI③：7108	猪	上颌骨	右	中	21.4	砍	M2：19.29 × 14.48 × 9.66
YSI②B：2783	猪	上颌骨	右	中	20.5	砍	P4：9.19 × 10.50 × 7.05 M1：15.65 × 12.52 × 7.92 M2：19.60 × 14.65 × 9.75
YSI③：6898	猪	上颌骨	右	中	15.6	砍、烤	P3：10.79 × 8.21 × 7.85 P4：9.72 × 10.14 × 8.05 M1：14.62 × 11.24 × 8.33
G10：14531	猪	上颌骨	右	中	16.5	砍	P4：9.83 × 11.24 × 7.23 M1：16.48 × 11.90 × 7.91
YSI③：7157	猪	上颌骨	右	中	14.4		M3：26.94 × 16.40 × 13.47
YSI②A：1657	猪	上颌骨	右	中	31.9	烤	P3：10.35 × 7.28 × 8.51 P4：9.17 × 10.59 × 7.30 M1：15.56 × 12.52 × 6.72 M2：17.36 × 14.46 × 8.82
G10：10670	猪	上颌骨	右	中	8.9	烤	M1：13.93 × 11.48 × 7.63 M2：17.91 × 13.63 × 8.34

续表

小件号	种属	骨骼名称	左右	保存部位	重量（g）	人工痕迹	测量数据（mm）
YSI③：7149	猪	上颌骨	右	中	19.5	砍	P4：4.68×6.35×2.67 M1：8.82×6.93×3.11 M2：14.51×9.91×4.53
G10：12756	猪	上颌骨	右	中	22.3	砍	P4：11.13×12.08×9.02 M1：17.41×13.03×9.07 M2：19.42×14.62×12.24
G10：10844	猪	上颌骨	右	中	11.9	砍	M1：14.36×11.06×7.22 M2：18.93×13.29×10.34
G10：10686	猪	上颌骨	右	中	21.5	砍	M1：15.71×9.24×7.85 M2：20.36×15.07×9.72
YSI③：7150	猪	上颌骨	右	中	16.0	砍	P4：9.18×9.86×7.11 M1：14.34×11.99×6.32 M2：19.39×13.36×10.27
YSI③：7147	猪	上颌骨	右	中	18.9	烤	M1：16.41×12.11×8.06 M2：20.86×14.08×12.42
YSI③：7140	猪	上颌骨	右	中	7.1	砍	M1：12.24×10.71×8.09 M2：16.48×12.23×8.11
YSI①：135	猪	上颌骨	右	中	25.1	砍	P3：11.43×8.23×4.81 P4：10.06×10.29×7.36 M1：15.81×11.34×7.52 M2：18.88×13.09×10.13
G10：10664	猪	上颌骨	右	完整	41.4	烤	P2：10.21×6.34×6.89 P3：10.28×8.62×10.08 P4：9.71×11.51×9.33 M1：15.95×13.87×8.58 M2：19.45×16.03×11.79
G10：14532	猪	上颌骨	右	中	22.7	砍、烤	C1：8.71×6.12×10.58 P1：7.62×4.07×5.52 P2：9.76×5.87×5.88 M1：16.21×13.43×8.35
G10：10900	猪	上颌骨	右	中	18.4	烤	M2：17.16×15.58×7.95 M3：26.56×16.76×8.82
YSI④A：892	猪	上颌骨	右	中	10.9	砍	dp3：8.18×5.21×4.92 dp4：11.33×7.76×5.58 M1：13.47×11.12×8.16 M2：16.47×13.13×8.80
G10：10895	猪	上颌骨	右	中	17.6	砍	M1：16.19×13.46×10.13
YSI②A：2391	猪	上颌骨	右	中	12.5	砍	M1：15.45×12.88×9.51 M2：18.88×14.93×12.16

续表

小件号	种属	骨骼名称	左右	保存部位	重量（g）	人工痕迹	测量数据（mm）
G10：10834	猪	上颌骨	右	中	17.5	砍	P4：10.69 × 10.57 × 7.31 M1：15.89 × 12.85 × 7.67 M2：20.36 × 14.98 × 11.18
G10：10676	猪	上颌骨	右	中	14.9	砍、烤	P4：10.34 × 10.45 × 7.51 M2：18.22 × 13.59 × 11.76
G10：10848	猪	上颌骨	右	中	11.6		M1：12.30 × 10.84 × 6.84 M2：15.29 × 11.79 × 8.74
G10：518	猪	上颌骨	右	中	9.4	砍	P4：6.75 × 3.01 × 1.72 M1：9.25 × 6.46 × 2.63 M2：11.12 × 7.27 × 3.22
YSI②B：2782	猪	上颌骨	右	中	16.3	砍	P4：9.84 × 10.44 × 8.75 M1：15.17 × 11.73 × 9.65 M2：18.32 × 13.97 × 11.38
YSI②A：2533	猪	上颌骨	右	中	16.6		P4：9.10 × 9.57 × 9.68 M1：15.67 × 11.91 × 8.92 M2：18.99 × 14.12 × 11.36
G10：10899	猪	上颌骨	右	中	17.5	烤	P4：8.43 × 10.13 × 8.68 M1：13.71 × 12.26 × 6.42 M2：18.43 × 15.53 × 9.96
G10：14536	猪	上颌骨	左	中	20.2	砍	M3：27.22 × 16.45 × 11.22
L2：40	猪	上颌骨	左	中	13.5	砍	P2：7.07 × 4.55 × 6.25 P3：10.26 × 7.79 × 6.64 P4：11.77 × 10.56 × 6.41 M1：15.36 × 11.64 × 6.96
G10：12772	猪	上颌骨	左	中	9.3	砍	M2：18.61 × 13.66 × 10.79
G10：10675	猪	上颌骨	左	中	20.3	砍	P4：9.38 × 10.53 × 8.59 M1：14.42 × 12.34 × 9.15 M2：20.15 × 14.41 × 11.45
YSI②B：2319	猪	上颌骨	左	中	19.0	砍	P4：10.33 × 10.06 × 8.03 M1：14.14 × 11.45 × 8.09 M2：17.50 × 12.9 × 10.19
YSI③：6889	猪	上颌骨	左	中	18.2	砍	P3：10.28 × 8.56 × 6.21 P4：9.51 × 9.08 × 8.41 M1：15.97 × 12.63 × 8.15
YSI①：192	猪	上颌骨	左	中	18.7	砍	M3：27.13 × 14.18 × 9.59
G10：10644	猪	上颌骨	左	中	15.0	砍	P3：10.71 × 8.62 × 7.56 P4：9.58 × 11.35 × 7.70 M1：15.48 × 12.13 × 7.70

续表

小件号	种属	骨骼名称	左右	保存部位	重量（g）	人工痕迹	测量数据（mm）
YSI②B：2472	猪	上颌骨	左	中	37.6	砍	M2：20.50×14.09×11.41 M3：24.91×15.09×13.82
YSI②B：2793	猪	上颌骨	左	中	11.3		M1：14.64×13.21×7.44 M2：18.31×14.72×10.76
YSI②B：2769	猪	上颌骨	左	中	17.9		P4：12.22×9.93×6.85 M1：15.59×11.67×9.73 M2：19.98×14.03×9.68
G10：10677	猪	上颌骨	左	中	19.5	砍	M1：15.35×13.51×8.69 M2：119.71×14.46×10.16
G18：217	猪	上颌骨	左	中	14.9		M1：15.38×12.97×11.32
G10：10671	猪	上颌骨	左	中	27.7	烤	P3：10.49×9.22×7.23 P4：9.44×10.88×7.25 M3：27.77×17.63×8.72 M1：12.64×15.97×7.13
YSI③：7156	猪	上颌骨	左	中	10.5	砍	M1：13.21×10.15×7.51 M2：16.04×11.17×8.22
G10：14530	猪	上颌骨	左	中	16.6	砍、烤	C1：9.45×7.62×9.16 P2：11.18×5.49×8.09 P3：11.12×8.29×9.41
G10：10852	猪	上颌骨	左	中	13.4		P2：9.88×5.63×5.61 P3：11.66×10.75×6.18
F2：012	猪	上颌骨	左	中	4.9	烤	dp1：6.36×3.07×4.02 dp2：9.14×5.38×6.31 dp3：11.29×8.05×5.71
YSI②B：2790	猪	上颌骨	左	中	6.0	砍	P2：9.17×5.58×7.64 P3：10.08×7.54×9.66
YSI③：6878	猪	上颌骨	左	中	14.4	砍	M1：11.59×10.14×6.67
G10：10645	猪	上颌骨	左	中	19.0	砍、烤	M1：15.71×13.22×7.71 M2：20.26×14.61×9.25
G10：10867	猪	上颌骨	左	中	19.0	砍	M1：12.19×7.84×3.42 M2：15.64×9.43×7.23
YSI③：6888	猪	上颌骨	左	中	13.6	砍	dp4：11.91×7.79×5.96 M1：13.58×10.55×6.62 M2：17.07×12.32×9.14
YSI②B：2781	猪	上颌骨	左	中	15.5	砍	M1：16.51×11.96×9.23 M2：20.59×15.31×10.99
G10：14533	猪	上颌骨	左	中	16.9	烤	M1：15.11×10.21×9.31 M2：17.78×13.32×10.41

续表

小件号	种属	骨骼名称	左右	保存部位	重量（g）	人工痕迹	测量数据（mm）
G10：10888	猪	上颌骨	左	中	11.1	砍、烤	P4：11.67×8.56×7.47 M1：12.33×11.24×8.71 M2：15.95×13.25×9.58
YSI②B：123	猪	上颌骨	左	中	29.8		P3：12.01×9.68×11.26 P4：11.57×11.92×11.01 M1：15.57×13.53×8.28 M2：21.25×15.40×12.71
G10：10696	猪	上颌骨	左	中	23.1		P1：7.05×3.81×4.89 M1：14.06×11.42×6.91 M2：18.48×14.79×10.44
YSI③：7130	猪	上颌骨	左	中	17.2	烤	P3：8.84×5.12×6.22 P4：11.84×7.78×6.79 M1：12.28×10.31×8.31 M2：14.66×12.35×9.14
G10：12755	猪	上颌骨	左	中	17.0	砍	M2：3.27×12.99×9.56
YSI③：7160	猪	上颌骨	左	中	17.9	砍	M1：15.61×13.07×9.97 M2：20.15×15.96×12.17
YSI③：6879	猪	上颌骨	左	中	18.9	砍	P4：9.99×11.27×8.99 M1：15.11×13.21×9.41 M2：18.82×15.04×10.36
G10：10842	猪	上颌骨	左	中	12.7	砍	M1：11.74×10.21×7.09 M2：15.47×11.53×8.31
YSI③：7165	猪	上颌骨	左	中	11.2	砍	M2：19.28×15.55×10.96
YSI③：7116	猪	上颌骨	左	中	25.4	砍	P4：9.75×10.34×6.51 M1：15.03×11.87×6.45 M2：20.18×14.99×11.05
YSI③：6866	猪	上颌骨	左	中	16.6	砍	M1：15.71×10.35×7.06 M2：18.61×12.96×9.58
YSI②B：2791	猪	上颌骨	左	中	22.1	砍	P4：11.04×11.71×8.36 M1：16.39×14.26×10.43 M2：22.04×16.70×11.12
G10：10679	猪	上颌骨	左	中	10.5	砍	M2：15.13×9.95×4.72
G24：753	猪	上颌骨	左	中	23.7	砍	M2：18.46×13.58×9.77 M3：25.53×15.02×12.11
YSI③：6875	猪	上颌骨	左	中	23.1	烤	P3：11.22×8.49×10.14 P4：8.65×9.93×8.56 M1：13.06×11.36×7.01 M2：20.08×14.89×10.82

续表

小件号	种属	骨骼名称	左右	保存部位	重量（g）	人工痕迹	测量数据（mm）
YSI③：6877	猪	上颌骨	左	中	18.0		P3：11.65×8.32×10.31 P4：9.89×11.37×8.96 M1：13.88×11.61×8.02 M2：17.17×14.59×10.36
YSI②B：2765	猪	上颌骨	左	中	25.0	砍	P4：4.20×5.76×3.57 M1：10.32×7.31×3.05
YSI②：7158	猪	上颌骨	左	中	9.5	砍	P4：9.78×10.81×7.70 M1：16.12×12.36×9.09
YSI③：7151	猪	上颌骨	左	中	10.2	砍	P4：9.78×10.71×7.37 M1：14.44×12.84×9.82
YSI②A：2532	猪	上颌骨	左	中	22.5	砍	P3：9.75×7.78×6.87 P4：9.36×11.12×6.22 M1：11.71×12.84×7.61 M2：18.47×13.99×6.15
G10：10839	猪	上颌骨	左	中	9.6		P4：13.43×8.17×6.51 M1：13.89×11.31×8.15 M2：17.41×13.29×8.13
YSI③：7105	猪	上颌骨	右	中	26.1	砍	P4：10.33×10.31×7.39 M1：13.04×12.31×7.41 M2：18.43×15.64×9.59 M3：25.15×13.38×10.88
NQ③：66	猪	上颌骨	右	中	22.4		M2：16.46×12.52×8.72 M3：20.21×14.79×11.11
G10：14535	猪	上颌骨	右	中	13.7	烤	P4：10.15×10.63×8.48 M1：14.78×12.51×5.84
G10：10917	猪	上颌骨	右	中	7.1		M1：12.38×10.13×5.83 M2：15.89×12.89×8.85
G10：10879	猪	上颌骨	右	中	18.2	砍	P4：10.16×10.69×7.68 M1：14.46×14.68×8.04
G10：10635	猪	上颌骨	右	中	20.9	砍	P4：11.53×7.15×11.87 M1：13.84×10.34×7.61
YSI③：7129	猪	上颌骨	右	中	11.6	砍	M1：15.10×11.75×8.22 M2：19.08×14.27×11.15
G10：10863	猪	上颌骨	右	中	14.0	烤	P4：10.87×11.22×9.22 M1：16.72×12.76×8.72
G10：12768	猪	上颌骨	右	中	10.1		P3：11.03×8.26×8.59 P4：9.54×9.91×7.11 M1：13.97×12.27×6.91

续表

小件号	种属	骨骼名称	左右	保存部位	重量（g）	人工痕迹	测量数据（mm）
G10：0150	豹	上颌骨	右	中	12.6		P2：15.00×7.89×9.45 M1：22.34×12.58×12.38
G10：11759	豹	上颌骨	左		42.5		C：3.38×3.39×29.19 P3：17.98×9.42×10.76 P4：24.96×13.36×15.18
G10：14441	小麂	上颌骨	左	中	7.5	烤	P1：7.13×7.39×8.13 P2：6.30×8.13×8.18 P3：6.89×8.66×8.21 M1：9.18×8.94×7.12
G10：13979	小麂	上颌骨	左	中	4.2	烤	P1：7.41×7.29×6.85 P2：6.12×8.03×5.61 P3：6.88×8.36×5.32 M1：7.85×10.36×5.73 M2：8.73×10.91×5.86
G10：14012	小麂	上颌骨	右	中	5.6	烤	M2：11.76×11.86×8.58
G10：11789	小麂	上颌骨	左	中	4.8		dp2：7.86×5.61×10.23 dp3：11.47×7.25×10.95 dp4：12.36×8.25×10.53
G10：14137	小麂	上颌骨	右	中	3.7		dp3：10.51×7.79×7.49 dp4：9.97×8.73×7.34 M1：12.00×10.31×9.57
G10：14280	小麂	上颌骨	右	中	1.8		dp3：7.06×5.96×4.09 dp4：7.86×6.24×6.79 M1：8.81×7.09×7.65

附表2-2　哺乳动物下颌骨骨骼数据统计表

小件号	种属	骨骼名称	左右	部位	重量（g）	人工痕迹	年龄（月）	测量数据（mm）
G18：2264	水牛	下颌骨	右	中	42.6	切、烧		M1：21.36×14.42×20.79
L6：366	水牛	下颌骨	右	中	68.2		48～120	P4：21.87×10.82×12.47 M1：24.02×11.27×24.44
G10：4485	水牛	下颌骨	右	中	82.0	烤	48～120	M2：23.18×15.71×16.18 M3：37.88×15.46×20.11
YSI②B：3754	水牛	下颌骨	右	中	232.4	砍		M3：39.24×15.31×24.51
G10：13960	水牛	下颌骨	右	中	48.5	砍		M1：22.14×12.66×13.54
YSI④B：88	水牛	下颌骨	右	中	66.8	砍		M3：39.03×16.79×47.01
G10：4558	水牛	下颌骨	右	远	137.0	砍		M3：37.31×15.35×27.62

续表

小件号	种属	骨骼名称	左右	部位	重量（g）	人工痕迹	年龄（月）	测量数据（mm）
G10：3976	水牛	下颌骨	右	中	77.8		120以上	M2：21.59×15.61×16.22 M3：35.94×14.99×16.68
G10：3965	水牛	下颌骨	右	中	161.9	砍		M3：33.77×12.61×28.21
YSI①：21	水牛	下颌骨	右	中	25.7	砍		M3：38.51×16.11×30.79
YSI③：7034	水牛	下颌骨	右	中远	332.3	切、砸、砍	48～120	前臼齿列长：67.88 P3：19.01×12.38×19.32 P4：21.51×15.08×23.74 M1：24.81×17.34×24.34 M2：高26.17
G10：3961	水牛	下颌骨	右	中远	133.8	砍	48～120	P2：13.99×9.71×16.57 P4：19.77×11.95×20.47
G10：13946	水牛	下颌骨	左	中	41.2	烤		P2：13.86×12.25×18.05 P3：16.42×13.02×18.19 P4：15.08×17.09×23.32
G10：3964	水牛	下颌骨	左	中	113.6	砍		M3：36.12×16.18×30.51
G10：11681	水牛	下颌骨	左	远	53.4	切、砍		前臼齿列长：50.68 P2：10.13×8.55×13.54 P3：16.58×11.19×15.31 P4：19.66×13.23×13.21 M1：20.54×15.67×12.53
YSI②B：2473	水牛	下颌骨	左	中	96.3		48～120	P4：21.37×12.76×18.85 M1：21.38×15.14×16.74 M2：25.39×16.90×20.47
G18：2204	水牛	下颌骨	左	中	169.9	砍、烤	24～36	dp4：29.23×14.92×20.79 M1：26.99×15.29×29.26
G10：14281	水牛	下颌骨	左	中	160.6	砍	48～120	臼齿列长：90.94 P3：18.33×11.43×19.36 P4：19.01×13.41×19.81 M1：20.39×15.15×20.01 M2：26.49×15.32×29.15 M3：39.89×15.61×25.47
G18：2263	水牛	下颌骨	左	远	170.3			M3：37.07×15.51×26.13
G17：158	水牛	下颌骨	左	中	31.4			M2：23.77×15.92×17.68
YSI②A：2537	水牛	下颌骨	左	中	25.3			M1：21.99×14.71×39.49
YSI②A：2211	水牛	下颌骨	左	中	158.3	砍、烤	120以上	M2：22.83×15.89×16.03 M3：32.10×15.31×16.02
G10：3970	水牛	下颌骨	左	中	121.8	烤		M3：39.54×16.08×26.81

续表

小件号	种属	骨骼名称	左右	部位	重量（g）	人工痕迹	年龄（月）	测量数据（mm）
G10：12831	水牛	下颌骨	左	中	46.8	烤		P4：18.84 × 13.41 × 17.81 M1：21.99 × 14.47 × 30.49 M2：19.71 × 15.63 × 18.85
YSI②B：1487	水牛	下颌骨	左	中远	131.6	砍		前臼齿列长：49.95 臼齿列长：79.92 颊齿列长：117.14 P3：12.01 × 8.91 × 17.98 P4：18.28 × 11.62 × 15.55 M1：20.19 × 14.08 × 19.01 M2：21.93 × 15.68 × 18.03 M3：35.11 × 16.39 × 18.53
G18：2258	水牛	下颌骨	左	中	108.9	砍	48 ~ 120	前臼齿列长：57.46 P2：15.75 × 10.61 × 19.37 P3：18.61 × 11.25 × 17.61 P4：22.09 × 13.24 × 20.49
L6：293	水牛	下颌骨	左	中	309.2	砍		M3：39.64 × 16.04 × 31.91
G10：129	水牛	下颌骨	左	近中	291.2	砸、烤		下颌髁宽：45.86 Gov：146.22　Goc：108.75
YSI②B：2784	水牛	下颌骨	左	中	81.9		48 ~ 120	M2：23.92 × 15.43 × 29.24 M3：40.89 × 15.03 × 30.11
G10：4516	水牛	下颌骨	左	中	99.6		48 ~ 120	M1：20.57 × 13.22 × 26.92 M2：23.96 × 15.34 × 26.32 M3：37.56 × 14.95 × 28.55
G10：11680	水牛	下颌骨	左	中远	316.5	砍、烤	48 ~ 120	前齿列长：62.78 P3：15.88 × 10.38 × 22.79 P4：22.16 × 13.97 × 18.95 M1：22.41 × 16.12 × 21.07 M2：25.43 × 17.29 × 27.42
NQ①：155	水牛	下颌骨	左	中	76.3	切		前臼列长：61.16 P4：19.99 × 14.08 × 21.44 M1：25.81 × 17.22 × 24.11
G10：10318	水牛	下颌骨	左		293.7		48 ~ 120	齿槽间隙长：94.46 前臼齿列长：44.58 臼齿列长：90.57 颊齿列长：126.41 P2：14.14 × 10.01 × 18.55 P3：18.29 × 11.77 × 19.14 P4：19.20 × 11.95 × 18.36 M1：19.35 × 14.51 × 16.55 M2：22.63 × 15.08 × 18.81 M3：39.18 × 16.52 × 23.99

续表

小件号	种属	骨骼名称	左右	部位	重量（g）	人工痕迹	年龄（月）	测量数据（mm）
YSI②A：1660	水牛	下颌骨	右	近	78.7	砍		下颌髁宽：39.46
G10：12107	水牛	下颌骨	右	近中	148.1	砍、烤		下颌髁宽：44.67 Gov：154.78　Goc：109.96
G10：12433	水牛	下颌骨	右	近	74.4	砸		下颌髁宽：47.82
YSI②B：3410	水牛	下颌骨	右	近	60.3	砍		下颌髁宽：48.71
YSI②B：1490	水牛	下颌骨	右	近	37.5	砍		下颌髁宽：47.82
YSI③：6448	水牛	下颌骨	左	中远	141.1	砍		下颌髁宽：50.85
YSI③：3647	水牛	下颌骨	左	中远	70.5	砍		下颌髁宽：50.22
YSI②B：3108	水牛	下颌骨	左	近中	92.2	砍		P4-I3长：92.02
YSI③：6432	水牛	下颌骨	左	中远	93.3	砍		下颌髁宽：47.66
YSI②A：919	水牛	下颌骨	左	近中	65.4	砍		P4-I3长：77.14
G10：12276	水牛	下颌骨	左	近中	81.2	砍		P4-I3长：85.38
G10：12286	水牛	下颌骨	左	中远	89.3	砸、砍		P4-I3长：89.32
G10：12094	水牛	下颌骨	左	远	73.1	砸		P4-I3长：81.18
K8：3	水牛	下颌骨	左	远	116.1	砸		P4-I3长：88.93
YSI②A：1481	水牛	下颌骨	左	近中	123.2	砸		下颌髁宽：52.29
YSI③：1974	水牛	下颌骨	左	中远	54.1	砍		下颌髁宽：50.49
YSI③：7037	水牛	下颌骨	左	中远	99.2	砍		P4-I3长：81.00
YSI③：6450	水牛	下颌骨	左	近	82.8	砍		下颌髁宽：53.15
G10：13994	水牛	下颌骨	右	中	12.3		6～12	前臼齿列长：70.82 dp2：12.36×7.31×12.57 dp3：20.44×9.55×14.99 dp4：34.48×12.28×19.08
G10：10317	水牛	下颌骨	右				48～120	前臼槽间隙长：77.36 前臼齿列长：51.00 臼齿列长：83.48 颊齿列长：136.87 P2前下颌骨高：39.77 M1前下颌骨高：56.69 M3后下颌骨高：73.01 P2：10.78×6.14×12.78 P3：17.64×10.53×21.48 P4：20.26×11.52×19.44 M1：20.11×13.71×20.02 M2：26.13×15.16×27.75 M3：36.54×12.93×26.98
YSI②B：1623	水牛	下颌骨	左	中	188.5	砍	48～120	M1：21.41×12.69×13.18

续表

小件号	种属	骨骼名称	左右	部位	重量（g）	人工痕迹	年龄（月）	测量数据（mm）
G18：2254	黄牛	下颌骨	右	中远	129.6		18～24	前臼齿列长：55.27 dp4：24.39×12.18×19.48 M1：25.27×12.64×24.29 M2：29.04×11.71×23.38
G10：11684	黄牛	下颌骨	右	中	116.0	砍	24～36	M1：23.49×13.18×31.92 M2：27.11×12.16×27.95
NQ①：173	黄牛	下颌骨	右	中	12.7			P2：9.21×5.37×10.12 P3：17.32×7.67×13.13
G10：10778	黄牛	下颌骨	右	中	32.9	砍、烤		P2：9.81×6.34×10.61 P3：16.98×7.89×12.15
G18：2205	黄牛	下颌骨	左	中	150.7	烤	12～24	前臼齿列长：53.12 dp3：17.02×9.56×14.88 dp4：26.43×12.28×15.79 M1：25.68×12.85×19.98 M2：27.19×11.62×14.12
YSI②B：2787	黄牛	下颌骨	右	中	17.2	砍		P2：10.83×8.63×16.41 P3：16.88×9.87×20.60
YSI④A：421	黄牛	下颌骨	左	近中	63.1	砸		P2-I3长：59.74
G10：12417	黄牛	下颌骨	左	远	41.2	砸		P2-I3长：73.31
YSI②A：2901	黄牛	下颌骨	左	中远	30.1	砍		P2-I3长：36.58
YSI③：7044	黄牛	下颌骨	左	中	33.4	砍		M2：24.82×14.92×21.38
YSI④A：957	黄牛	下颌骨	左	近	67.4	砍		下颌髁宽：42.79
G10：12299	黄牛	下颌骨	左	中	36.2	砍		P2-I3长：80.56
G10：3968	黄牛	下颌骨	左	中远	96.4	砸		P2-I3长：94.16
G18：2269	黄牛	下颌骨	左	中	55.7	砸		P2-I3长：87.89
G10：4501	黄牛	下颌骨	左	近	60.8	砸		P2-I3长：87.76
G18：299	黄牛	下颌骨	右	近中	53.8	砍、烤		下颌髁宽：47.02
YSI②B：4067	黄牛	下颌骨	右	近	20.2	砍		下颌髁宽：36.88
G10：14587	黄牛	下颌骨	右	中远	57.3	砍、烤		P2-I3长：54.78
YSI②B：3968	黄牛	下颌骨	右	中	28.7	砍		P2-I3长：65.25
G11①：35	黄牛	下颌骨	右	远	19.8	砍		P2-I3长：49.97
G10：12244	黄牛	下颌骨	右	中	40.8	砍、烤		P2-I3长：63.23
G10：12159	黄牛	下颌骨	右	近中	122.7	砸		GOV：136.29
G18：2208	黄牛	下颌骨	右	近	49.1	砍		下颌髁宽：35.69
G18②：95	黄牛	下颌骨	右	近	32.8	砍、烤		下颌髁宽：42.91
G10：14006	黄牛	下颌骨	右	远	54.9	砍		P2-I3长：69.37
G10：12108	黄牛	下颌骨	左	近	32.8	砍		下颌髁宽：30.56

续表

小件号	种属	骨骼名称	左右	部位	重量（g）	人工痕迹	年龄（月）	测量数据（mm）
G10：12399	黄牛	下颌骨	左	近	28.6	砍		下颌髁宽：29.82
YSI②B：2663	黄牛	下颌骨	右	近	14.1	砍		下颌髁宽：25.02
G10：12314	黄牛	下颌骨	右	近	21.0	砍		下颌髁宽：32.35
YSI④A：185	黄牛	下颌骨	右	近	15.0	砍		下颌髁宽：24.56
G10：14046	黄牛	下颌骨	右	中远	11.3	砍		P2-I3长：47.49
G18：2209	黄牛	下颌骨	左	中远	8.11	烤		前臼齿列长：56.16 P1：10.65 × 7.75 × 13.91
G18：2252	黄牛	下颌骨	左	中远	196.8	砍	18 ~ 24	齿槽间隙长：85.97 前臼齿列长：53.41 dp3：14.93 × 8.42 × 14.91 dp4：24.38 × 11.53 × 18.22 M1：23.64 × 11.99 × 24.29 M2：27.98 × 10.21 × 22.95
YSI④A：50	黄牛	下颌骨	左	中远	159.2	砍、烤		dp3：17.10 × 9.05 × 21.02
G10：3963	黄牛	下颌骨	左	中	145.5			dp4：27.11 × 12.19 × 21.59 M1：25.99 × 13.55 × 25.85 M2：30.01 × 12.92 × 23.88
YSI②A：2509	黄牛	下颌骨	左	中远	239.9	砍、烤	48 ~ 120	前臼列长：52.42 臼齿列长：85.54 颊齿列长：133.65 P2：11.26 × 9.19 × 18.52 P3：18.05 × 18.66 × 12.04 P4：20.33 × 13.59 × 18.14 M2：23.51 × 15.31 × 13.42 M3：37.87 × 14.21 × 20.75
G10：10317	黄牛	下颌骨	右	中远	375.2	砍烤	48 ~ 120	前臼齿列长：52.71 臼齿列长：84.37 颊齿列长：134.24 P2：10.41 × 8.18 × 16.54 P3：16.03 × 11.85 × 19.54 P4：17.09 × 12.34 × 22.69 M1：20.33 × 14.64 × 14.38 M2：24.96 × 14.33 × 25.68 M3：35.01 × 15.91 × 29.71
G10：13949	黄牛	下颌骨	右	中	29.7			M3：31.58 × 15.64 × 19.51
YSI③：7036	黄牛	下颌骨	右	中	117.9		120以上	GOC：94.63 M3：29.06 × 11.27 × 21.48
G17：39	黄牛	下颌骨	右	中	135.5			M3：35.76 × 11.43 × 15.86

续表

小件号	种属	骨骼名称	左右	部位	重量（g）	人工痕迹	年龄（月）	测量数据（mm）
YSI④A：28	黄牛	下颌骨	左	远	82.2			前臼齿列长：50.33 M1：21.21 × 14.34 × 22.76
YSI④A：58	黄牛	下颌骨	左	近中	237.0	砍	120以上	下颌髁宽：41.88 GOC：88.37 GOV：154.86 M2：23.64 × 16.44 × 21.73 M3：37.01 × 14.82 × 22.37
YSI④A：140	黄牛	下颌骨	右	中远	144.1	砍、烤	48 ~ 120	M1：20.93 × 13.88 × 23.16 M2：25.97 × 14.72 × 28.01
G10：11691	黄牛	下颌骨	左	远	130.7	切	48 ~ 120	M1：20.25 × 14.29 × 18.51 M2：25.79 × 14.49 × 25.08
G18：2270	黄牛	下颌骨	左	中	39.3	烤		M3：36.28 × 15.17 × 20.51
G10：4423	黄牛	下颌骨	右	中	75.5	烤		M3：34.48 × 13.12 × 17.26
G18：2257	黄牛	下颌骨	右	中	173.9	砍	120以上	前臼齿列长：87.84 M1：22.64 × 14.36 × 15.32 M2：25.05 × 13.85 × 15.09 M3：36.79 × 13.74 × 19.39
G10：13971	黄牛	下颌骨	右	远	93.2			dp4：29.19 × 11.74 × 9.14 M3：26.71 × 13.41 × 20.64
G10：14280	黄牛	下颌骨	右	中远	180.9	砍	48 ~ 120	齿槽间隙长：83.89 前臼齿列长：55.06 P4：19.38 × 13.51 × 18.93 M1：22.81 × 13.65 × 17.01 M2：26.19 × 15.44 × 17.93
G18：2201	黄牛	下颌骨	右	中远	213.4	切	48 ~ 120	齿槽间隙长：76.73 前臼齿列长：55.22 臼齿列长：87.26 P3：19.36 × 11.06 × 16.15 P4：19.78 × 12.27 × 20.64 M1：20.47 × 14.48 × 17.61 M2：22.78 × 14.32 × 19.28 M3：36.19 × 14.73 × 34.98
G18：2260	黄牛	下颌骨	右	中	108.3	砍、烤	120以上	臼齿列长：77.49 M1：17.11 × 13.32 × 20.18 M2：22.95 × 15.59 × 21.94 M3：34.37 × 14.13 × 19.78

续表

小件号	种属	骨骼名称	左右	部位	重量（g）	人工痕迹	年龄（月）	测量数据（mm）
H18：2202	黄牛	下颌骨	右	中远	247.4	切、砍	48～120	前臼齿列长：55.01 臼齿列长：78.84 P4：19.86×13.08×16.26 M1：20.85×14.27×15.74 M2：21.36×14.31×19.01 M3：32.17×15.51×27.46
G18：2259	黄牛	下颌骨	左	中	100.0			M1：25.39×14.74×24.34
G10：10780	黄牛	下颌骨	左	完整	106.0	烤	6～12	下颌髁宽：24.88 GOV：83.65 GOC：43.91 前臼齿列长：55.79 dp4：29.82×10.48×19.03
G10：13981	黄牛	下颌骨	左	中远	54.0		12～24	dp3：17.86×8.47×13.21 dp4：27.21×10.71×17.28
G10：3965	黄牛	下颌骨	左	近中	160.0		48～120	M3：34.71×13.14×28.34
G10：130	马	下颌骨	左	近中	222.1	切、砍、烤		Goc：105.07 Gov：195.18 M3：29.78×13.44×？
G10：10695	马	下颌骨	左右	中远	115.4			Gov：197.18 C1：11.01×7.28×15.68 M3：29.78×13.44×10.24
G10：14063	水鹿	下颌骨	右	中	25.6	烤		M1：22.41×11.43×13.45
YSI①：407	水鹿	下颌骨	右	中	68.7	切、烤	18～24	dp4：25.16×10.79×15.13 M1：25.51×11.69×19.67
YSI①：87	水鹿	下颌骨	右	中	53.1	砍、烤	18～24	齿槽间隙长：66.59 dp3：15.83×7.51×13.28 dp4：24.27×9.86×15.08
G10：11786	水鹿	下颌骨	右	中	42.4		60～84	M3：32.16×15.25×16.32
G10：12289	水鹿	下颌骨	右	近	56.1	砍		下颌髁宽：41.03 GOC：79.72
G10：12093	水鹿	下颌骨	右	近中	72.2	砍		下颌髁宽：36.77 GOC：76.04 GOV：104.31
G10：12157	水鹿	下颌骨	右	近中	83.1	砍		下颌髁宽：40.37 GOC：84.83
G10：13967	水鹿	下颌骨	左	中	41.2	切	6～12	前臼齿列长：54.43 dp2：12.15×6.21×12.89 dp3：18.52×8.07×12.16 dp4：26.71×10.77×12.56 M1：22.43×11.12×18.02

续表

小件号	种属	骨骼名称	左右	部位	重量（g）	人工痕迹	年龄（月）	测量数据（mm）
G10：12108	水鹿	下颌骨	左	近	32.9	砍		下颌髁宽：29.95 GOC：59.58
G10：12072	水鹿	下颌骨	左	中远	56.7	砍、烤		下颌髁宽：29.43
G10：12108	水鹿	下颌骨	左	近	32.9	砍		下颌髁宽：29.95 GOC：59.58
G10：12072	水鹿	下颌骨	左	中远	56.7	砍、烤		下颌髁宽：29.43
G10：12291	水鹿	下颌骨	左	近中	73.2	砍		下颌髁宽：36.79 GOV：117.39 GOC：83.75
G10：12103	水鹿	下颌骨	左	近	78.5	砍		下颌髁宽：37.13 GOV：107.17 GOC：75.34
YSI②B：2751	水鹿	下颌骨	左	中	53.2		30～36	M1：22.56×12.24×18.39 M2：24.99×12.94×18.58
G10：13982	水鹿	下颌骨	左	中远	67.5	烤	48～60	前臼齿列长：43.06 P3：15.44×8.63×11.54 P4：17.68×10.29×13.87 M1：17.21×13.41×14.33 M2：20.62×14.73×16.47
G18：294	水鹿	下颌骨	右	中远	34.2	砍		下颌髁宽：31.83
G18：287	水鹿	下颌骨	右	中远	30.3	砍		下颌髁宽：38.72
G10：12093	水鹿	下颌骨	右	近	72.4	砍		下颌髁宽：37.23
G10：12289	水鹿	下颌骨	右	近	56.3	砍		下颌髁宽：36.49
G10：11989	水鹿	下颌骨	右	中远	27.9	切		P2-I3长：36.41
G18：287	水鹿	下颌骨	右	近	60.3	砍		下颌髁宽：43.73
G10：12157	水鹿	下颌骨	左	近	83.3	砍		下颌髁宽：40.02
YSI②B：16290	水鹿	下颌骨	左	近中	31.1	砍		下颌髁宽：34.78
G10：12103	水鹿	下颌骨	左	近	78.8	砍		GOV：108.59 下颌髁宽：37.23
G10：12312	水鹿	下颌骨	右	远	51.0			下颌髁宽：29.94
G10：10693	水鹿	下颌骨	左	远	13.2	砍		P2：8.81×5.55×12.22 P2-I3长：51.52
G10：10314	水鹿	下颌骨	右	中远	104.4	砍	6～12	前臼齿列长：56.38 齿槽间隙长：80.66 dp3：17.29×7.87×9.86 dp4：25.47×11.41×13.63 M1：24.11×12.85×20.97
G18：2256	水鹿	下颌骨	右	中远	46.9		12～18	dp2：10.21×6.58×11.94 dp3：19.04×8.81×16.19

续表

小件号	种属	骨骼名称	左右	部位	重量（g）	人工痕迹	年龄（月）	测量数据（mm）
G18：2265	水鹿	下颌骨	右	中	22.4		24～30	dp3：?×8.45×? dp4：28.51×12.36×16.35
G10：14050	水鹿	下颌骨	右	中远	40.5	砍	6～12	dp2：9.51×5.95×12.97 dp3：17.31×8.22×13.87
G10：10315	水鹿	下颌骨	右	中远	71.2	砍	12～18	dp3：17.35×8.01×15.78 dp4：31.34×10.67×20.48 M1：26.18×11.53×21.51
G10：11979	梅花鹿	下颌骨	左	完整	38.6	砍	0～6	dp3：17.19×8.13×10.81 dp4：24.13×11.49×13.84
YSI③：6904	梅花鹿	下颌骨	左	中		砍		M3：长残×12.43×11.16
G10：13990	梅花鹿	下颌骨	左	远	12.7	砍	96以上	P2：7.36×4.11×5.81 P3：12.31×6.56×6.13
YSI④A：431	梅花鹿	下颌骨	左	远	4.8			P2：8.99×6.05×10.91
G10：84	梅花鹿	下颌骨	右	中	22.2			dp4：16.19×14.41×11.07 M1：16.96×14.03×15.62 M2：19.15×15.62×18.66
YSI③：6902	梅花鹿	下颌骨	左	中	46.2		72～96	齿槽间隙长：66.54 前臼齿列长：35.31 P2：10.24×6.80×9.14 P3：11.88×8.38×7.91 P4：12.41×9.39×7.90 M1：15.36×10.46×8.47 M2：18.68×12.76×8.40
YSI②B：2452	梅花鹿	下颌骨	左	中远	36.7		48～72	P3：12.55×6.21×8.31 M1：14.29×10.81×8.69
G10：10968	梅花鹿	下颌骨	左	中远	33.6	烧	48～72	P2：9.45×6.27×7.55 P3：12.83×7.05×7.54 P4：12.22×8.35×9.18 M1：13.51×9.46×8.97
G10：10316	梅花鹿	下颌骨	左	中远	33.7		6～12	dp3：13.45×7.09×7.08 dp4：20.48×9.13×11.55 M1：17.29×9.15×12.30 M2：20.18×10.10×13.69
G10：14347	梅花鹿	下颌骨	左	中远	18.3		0～6	dp2：8.31×4.92×6.08 dp3：12.44×6.79×8.20 dp4：21.31×8.61×11.61 M1：18.74×8.68×9.77

续表

小件号	种属	骨骼名称	左右	部位	重量（g）	人工痕迹	年龄（月）	测量数据（mm）
G10：11784	梅花鹿	下颌骨	右	中	34.7		30～36	P4：13.85×9.14×12.41 M1：16.50×10.26×12.65 M2：20.41×10.69×14.57
G10：12712	梅花鹿	下颌骨	右	中	11.8		30～36	M1：15.44×9.42×10.55 M2：17.74×9.78×12.53
G10：13983	梅花鹿	下颌骨	左	近中	46.6		36～48	M2：17.21×12.04×12.51 M3：23.99×12.06×14.14
G10：12712	梅花鹿	下颌骨	左	中	34.4		24～30	M1：17.03×9.59×15.92 M2：17.18×10.96×16.71
G10：13983	梅花鹿	下颌骨	右	中	32.8		30～36	M2：？×10.56×13.08 M3：20.88×10.79×15.07
G10：18	虎	下颌骨	右	中	47.5			P3：15.68×8.37×9.04 P4：20.97×10.37×14.71
G10：17	虎	下颌骨	右	中远	65.8	砍		P3：16.41×8.23×9.49 P4：21.78×11.12×14.81
YSI④A：268	虎	下颌骨	左	近中	136.5			M1后下颌骨高42.27 P4：22.23×10.74×13.96 M1：24.24×12.57×17.24
G10：19	虎	下颌骨	左	完整	128.5			M1后下颌骨高39.53 下颌骨垂直高88.99 P3-M1齿列长：62.38 P3：16.78×9.20×10.93 P4：22.87×11.69×11.81 M1：25.41×12.77×16.16
G10：0142	虎	下颌骨	右	完整	112.0			GL：190.04 下颌骨垂直部口侧高39.29 P3：15.95×8.87×11.30 P4：21.95×11.71×17.08 M1：26.28×12.56×15.41
G10：117	熊	下颌骨	左	完整	232.6			下颌联合部高44.85 M2后下颌骨高度：39.96 M3-P1齿列长：87.26 M3-M1齿列长：55.88 C1：19.16×11.82×31.09 P4：8.54×5.38×6.80
YSI③：7161	野猪	下颌骨	右	中	18.4		30以上	M3：43.37×17.85×8.83
YSI②B：2459	野猪	下颌骨	右	中	39.5		30以上	M3：43.09×19.71×11.79
G10：10666	野猪	下颌骨	右	中	23.1	砍	17～19	M1：18.37×16.23×9.91 M2：21.39×18.17×12.43

续表

小件号	种属	骨骼名称	左右	部位	重量（g）	人工痕迹	年龄（月）	测量数据（mm）
G10：10638	野猪	下颌骨	右	中	61.6	砍、烤	21～23	P1：12.35×13.79×9.39 M1：18.15×15.43×9.11 M2：25.44×18.18×11.39
YSI②B：2778	野猪	下颌骨	右	中	37.3	烤	30以上	P4：12.89×13.49×12.13 M1：16.82×14.48×8.73 M2：21.75×17.66×11.57
YSI③：7109	野猪	下颌骨	左	中	11.8		17～19	M2：21.29×14.55×10.22
G10：14534	野猪	下颌骨	左	中	29.2	烤	30以上	P2：12.37×7.84×9.41 P3：14.68×9.29×11.71
G10：10691	野猪	下颌骨	左	中	22.6	砍	17～19	M1：18.72×16.42×9.42 M2：22.17×18.71×12.54
YSI②B：2752	猪	下颌骨	左	完整	124.5	砍、烤	25～27	前臼齿列长：44.62 臼齿列长：70.77 P3：10.65×6.14×10.83 P4：11.65×7.92×11.35 M1：14.24×11.10×9.63 M2：19.93×14.15×10.83 M3：32.78×15.48×11.52
YSI②A：2507	猪	下颌骨	右	中	62.3	烤		M3：25.58×13.42×11.91
YSI③：7139	猪	下颌骨	左	中	9.3	烤	17～19	M2：18.11×11.92×11.78
YSI③：7112	猪	下颌骨	左	中	19.5	砍、烤	16～17	M1：14.59×10.08×7.86
YSI③：6872	猪	下颌骨	左	中	31.5	砍		P4：12.24×7.96×10.93 M1：13.81×10.07×6.49
G10：11646	猪	下颌骨	左	完整	97.6	砍、烤	14～15	下颌髁宽：22.71 GOC：70.31 P3：11.25×5.59×9.30 P4：12.11×7.51×10.14 M1：15.58×10.71×8.95 M2：18.75×11.64×10.99
G10：11645	猪	下颌骨	左	完整	44.3	砍、烤	14—15	M1：13.36×9.34×7.91 M2：19.09×11.51×10.57
G10：11648	猪	下颌骨	左	完整	81.3	切、烤	18～19	Gov：86.53 M1：14.63×9.23×9.01 M2：18.33×12.11×11.41
G10：11647	猪	下颌骨	左	中	41.4	砍、烤	21～23	臼齿列长：57.76 P3：10.18×5.72×10.45 P4：10.32×7.22×10.66 M1：12.93×9.38×8.04 M2：16.51×10.55×8.81 M3：24.64×12.44×12.03

续表

小件号	种属	骨骼名称	左右	部位	重量（g）	人工痕迹	年龄（月）	测量数据（mm）
G10：10659	猪	下颌骨	左	中	17.1	砍、烤	10 ~ 11	M1：15.45 × 9.31 × 8.12
G10：10870	猪	下颌骨	左	中	11.9	砍、烤	9 ~ 10	M1：14.59 × 7.92 × 8.45
G10：14526	猪	下颌骨	左	中	59.5	烤	27 ~ 29	P2：8.92 × 4.73 × 8.11 P3：10.11 × 5.91 × 9.16
YSI②A：2519	猪	下颌骨	左	中	24.3		19 ~ 21	M3：23.85 × 12.91 × 14.44
G10：14517	猪	下颌骨	左	中	20.5	烤	17 ~ 19	M2：19.99 × 12.07 × 11.94
G10：10641	猪	下颌骨	左	中	25.9	砍、烤	15 ~ 16	M1：14.67 × 9.65 × 11.15 M2：18.09 × 11.68 × 11.21
YSI②B：2770	猪	下颌骨	左	中	23.2	砍	21 ~ 23	M3：27.64 × 14.38 × 10.86
YSI②B：337	猪	下颌骨	左	中	20.5	砍	9 ~ 10	M1：16.26 × 9.48 × 9.69
G10：10860	猪	下颌骨	左	中	28.9	砍	17 ~ 19	M2：17.76 × 10.83 × 10.73
G10：10880	猪	下颌骨	左	中	37.7	烤	12 ~ 14	M1：14.83 × 9.86 × 8.67 M2：18.57 × 12.69 × 12.29
G10：14516	猪	下颌骨	左	中	19.0	烤	10 ~ 11	dp3：8.96 × 4.06 × 6.31 dp4：15.35 × 73.71 × 5.89 M1：14.33 × 9.24 × 9.65
G10：14518	猪	下颌骨	左	中	32.2	砍烤	17 ~ 19	P2：9.21 × 4.64 × 8.26 P4：11.99 × 7.37 × 11.01 M1：13.43 × 10.47 × 8.47 C1：7.99 × 5.56 × 18.72
YSI②A：2210	猪	下颌骨	左	中	21.9	砍	8 ~ 9	dp1：6.13 × 3.78 × 6.69 dp2：7.55 × 3.23 × 7.35 dp3：8.95 × 4.07 × 8.06 dp4：15.17 × 8.51 × 7.62
YSI②B：393	猪	下颌骨	左	中	26.2	砍	12 ~ 14	M2：18.85 × 11.97 × 9.72
G10：14519	猪	下颌骨	左	中	29.4	烤	12 ~ 14	M1：13.27 × 9.04 × 9.34 M2：16.43 × 11.18 × 11.32
NQ①：159	猪	下颌骨	左	中	11.2	砍	7 ~ 8	dp3：8.68 × 3.73 × 6.42 dp4：15.98 × 7.47 × 6.13 M1：15.12 × 9.55 × 8.95
G10：14524	猪	下颌骨	左	中	48.8	烤	17 ~ 19	P4：12.33 × 7.41 × 10.74 M1：14.21 × 10.65 × 10.09 M2：18.97 × 12.32 × 11.21
G10：10653	猪	下颌骨	左	中	19.2	烤	11 ~ 12	M2：20.53 × 13.61 × 12.86
G18：2221	猪	下颌骨	左	中	10.9	砍、劈、烤	4 ~ 5	dp3：9.05 × 4.46 × 6.39 dp4：17.63 × 8.04 × 7.22
YSI②A：2523	猪	下颌骨	左	中	22.6	砍	16 ~ 17	P3：11.62 × 6.01 × 10.61

续表

小件号	种属	骨骼名称	左右	部位	重量（g）	人工痕迹	年龄（月）	测量数据（mm）
G10：14528	猪	下颌骨	左	中	22.5	烧、烤	17～19	P3：10.99×6.02×10.73 P4：12.51×7.46×11.16 M1：15.12×9.61×9.97
L7：50	猪	下颌骨	左	中	16.3	烤	7～8	dp3：8.58×4.78×6.55 M1：14.06×9.19×9.38
G10：10908	猪	下颌骨	左	中	9.5		15～17	P3：10.84×6.65×10.12 P4：12.59×8.23×11.53
G18：2238	猪	下颌骨	左	中	35.8	砍、烤	12～14	M1：15.39×9.91×8.93
G10：10697	猪	下颌骨	左	中	18.8	砍	15～16	P3：10.31×5.26×9.81
G10：12770	猪	下颌骨	左	中	11.0	砍	14～15	P4：11.81×6.85×10.53 M1：14.56×10.47×8.63
G10：10843	猪	下颌骨	左	中	20.9	砍	16～17	P2：10.68×4.74×7.37
G10：14529	猪	下颌骨	左	中	12.0	砍	11～12	M1：14.43×9.51×10.91
G10：10876	猪	下颌骨	左	中	83.9	砍	17～19	C1：7.74×4.74×17.33 P3：12.15×6.75×11.53 M1：14.81×10.82×8.86 M2：19.88×12.37×9.91
G18：2220	猪	下颌骨	左	中	66.9		19～21	P1：5.93×3.87×7.42 P2：8.56×4.96×9.88 P3：10.34×5.78×9.09 P4：10.45×7.14×9.35
G12：510	猪	下颌骨	左	中	48.1	砍、烤	19～21	P4：13.73×8.94×12.63 M1：15.68×10.98×12.62 M2：19.37×11.94×13.03
G18：2228	猪	下颌骨	左	中	66.8		16～17	GOV：87.21 GOC：63.65 P4：12.35×8.01×10.75 M1：16.07×10.71×9.61 M2：17.94×11.78×10.69
G10：10613	猪	下颌骨	左	完整	94.4	砍、烤	21～23	GOC：66.54 P2：9.78×4.99×7.09 P4：12.12×7.58×9.92 M1：15.16×10.41×7.96 M2：19.58×12.27×11.47
G10：10632	猪	下颌骨	左	中	92.2	烤	21～23	前臼齿列长：33.11 P3：10.19×6.01×9.91 P4：11.37×8.17×11.44 M1：14.94×10.06×8.26 M2：19.67×11.98×11.61

续表

小件号	种属	骨骼名称	左右	部位	重量（g）	人工痕迹	年龄（月）	测量数据（mm）
G18：2225	猪	下颌骨	左	中	15.1	烤	6～7	dp3：8.91×4.31×6.98 dp4：16.64×7.48×6.26 M1：15.01×9.31×8.49
L6：229	猪	下颌骨	左	中	45.7	砍	25～27	M1：14.01×9.62×7.34 M2：17.55×11.28×12.11 M3：27.76×13.07×12.06
G10：16640	猪	下颌骨	左	远	65.0		23～25	dp1：9.59×4.92×8.10 dp3：11.78×6.69×11.26 dp4：12.53×8.71×10.87 M1：12.91×9.93×8.83 M2：19.34×12.15×11.49
G18：2222	猪	下颌骨	左	中	23.5	砍、烤	7～8	dp3：9.55×4.21×8.06 dp4：16.46×7.71×8.13 M1：14.61×9.51×9.04
YSI②B：2764	猪	下颌骨	左	中	62.4	砍	27～29	P1：8.87×4.55×9.64 P2：9.62×10.82×6.21 P3：11.23×7.09×9.36 M2：15.36×11.82×9.88 M3：27.09×13.48×11.36
YSI③：6897	猪	下颌骨	左	中	62.1		27～29	M2：19.96×13.94×12.01 M3：33.81×15.31×14.37
YSI②A：2530	猪	下颌骨	左	中	19.5	砍	11～12	M1：16.23×10.44×12.02
G10：10634	猪	下颌骨	左	中	33.9	砍	9～10	dp3：9.28×4.28×8.67 dp4：16.81×8.19×6.88 M1：15.81×9.71×10.42
YSI②B：2779	猪	下颌骨	左	中	17.1	砍	9～10	dp4：16.83×8.64×7.86 M1：14.95×10.41×8.22
G17：38	猪	下颌骨	左	中	32.4	砍	9～10	dp4：15.92×8.28×6.61 M1：15.24×10.33×8.63
G17：351	猪	下颌骨	左	中	125.0		19～21	
YSI②B：2774	猪	下颌骨	左	中	35.5	砍、烤	10～11	dp3：9.33×4.48×8.49 dp4：16.11×7.69×8.69 M1：14.64×10.47×9.92
G10：10683	猪	下颌骨	左	中	18.6	砍	7～8	dp2：8.16×3.55×6.51 dp3：9.82×4.28×7.89 M1：14.83×9.89×9.14
YSI④A：408	猪	下颌骨	左	远	24.4	砍	11～12	C：6.35×3.54×11.44
YSI②B：2757	猪	下颌骨	左	中	44.9	烤	30以上	M3：32.46×14.01×8.23

续表

小件号	种属	骨骼名称	左右	部位	重量（g）	人工痕迹	年龄（月）	测量数据（mm）
G18：2227	猪	下颌骨	左	中	77.6	砍	17～19	dp2：10.69×5.42×11.06 dp3：11.39×7.38×12.03 M1：13.43×9.34×10.06 M2：18.03×12.32×12.63
YSI②B：2754	猪	下颌骨	左	远	48.2	砍	14～15	P3：11.51×6.92×9.43 P4：12.14×8.51×12.61 M1：14.21×9.38×11.33
NQ①：111	猪	下颌骨	左	中	35.4	砍	9～10	M2：16.33×11.02×11.18
G10：10690	猪	下颌骨	左	中	28.3	砍	11～12	M1：15.91×10.46×10.16 M2：19.08×12.75×12.86
YSI③：6892	猪	下颌骨	左	中	41.0	砍	19～21	P3：10.53×5.69×11.11 P4：12.47×8.45×10.69 M1：17.15×11.05×11.27 M2：20.04×13.10×10.99
G10：10611	猪	下颌骨	左	中	35.7	砍、烤	17～19	P4：12.41×7.49×11.33 M1：14.56×9.28×7.77 M2：17.81×11.73×11.81
NQ②：67	猪	下颌骨	左	中	83.8	砍、烤	16～17	P4：12.24×7.69×11.19 M2：18.91×11.92×11.78
YSI③：6861	猪	下颌骨	左	中	25.4	砍	21～23	P2：8.34×4.13×8.63 P3：9.81×5.53×9.51 P4：11.21×7.57×10.25 M1：12.59×9.87×8.32
YSI④B：22	猪	下颌骨	左	中	51.9	砍、烤	21～23	M3：29.78×14.31×12.61
G10：14522	猪	下颌骨	左	中	32.0	砍、烤	30以上	M3：31.84×14.19×10.08
G10：14521	猪	下颌骨	左	中	35.4		30以上	M3：24.74×12.52×9.75
YSI②B：2753	猪	下颌骨	左	中	35.2	砍	14～15	P3：7.11×3.17×7.43 P4：11.08×6.17×8.84 M1：13.61×9.45×8.74 M2：17.13×13.12×10.16
G10：10668	猪	下颌骨	左	中	31.9	砍	14～15	M1：14.69×9.69×8.82 M2：18.39×12.17×11.39
NQ③：16	猪	下颌骨	左	中	67.7	砍、烤	17～19	
YSI②B：2755	猪	下颌骨	左	中	53.1	砍、烤	16～17	P3：10.41×6.49×8.61 M1：15.82×10.11×11.92 M2：19.41`×12.51×13.05
G10：10851	猪	下颌骨	左	中	28.1	砍、烧、烤	11～12	

续表

小件号	种属	骨骼名称	左右	部位	重量（g）	人工痕迹	年龄（月）	测量数据（mm）
YSI②B：2756	猪	下颌骨	左	中	31.7		9～10	dp4：16.59×7.72×6.71 M1：15.19×10.51×9.67
G10：10877	猪	下颌骨	左	中	44.6	砍烤	16～17	M1：15.06×8.49×9.22 M2：18.19×11.45×11.99
G10：10637	猪	下颌骨	左	中	40.8	砍、烤	12～14	M1：13.25×9.17×7.36 M2：19.11×10.93×11.71
YSI②A：2218	猪	下颌骨	左	中	56.5	切、烤	17～19	M1：16.51×10.15×11.54 M2：18.26×12.17×12.38
G18：2229	猪	下颌骨	左	中	49.1	砍	17～18	M1：14.19×10.33×8.97 M2：12.25×12.04×12.49
G10：10865	猪	下颌骨	左	中	45.2	砍	15～16	M1：14.28×10.08×12.12 M2：19.09×12.48×11.27
G10：10630	猪	下颌骨	左	中	49.2	切、砍、烤	25～27	P3：11.16×6.27×11.17 P4：12.51×8.17×11.15 M1：13.31×11.10×7.11 M2：19.59×12.89×9.85
G10：4364	猪	下颌骨	左	中	23.3	砍	15～16	P4：11.04×7.21×10.43 M1：13.71×9.81×10.57 M2：17.11×11.28×10.65
YSI④B：98	猪	下颌骨	左	中	33.4	砍	15～16	M1：14.17×9.74×10.81 M2：16.51×11.36×11.53
YSI②B：598	猪	下颌骨	左	中	20.6	砍	16～17	P4：12.27×7.86×11.65 M1：14.85×10.36×9.51 M2：18.64×12.06×9.54
YSI②A：2505	猪	下颌骨	左	中	34.2	烤	21～23	P1：6.28×3.65×6.21 P2：9.78×5.33×9.07 P3：11.39×7.01×11.58 P4：12.36×8.34×11.75 M1：15.73×10.41×8.73
G10：10648	猪	下颌骨	左	中	22.3	烤	8～9	dp3：9.10×4.23×6.51 dp4：16.86×8.53×7.88 M1：13.96×9.22×8.01
YSI②B：2788	猪	下颌骨	左	中	16.4	砍	10～11	M1：15.39×9.89×7.47
YSI②B：1528	猪	下颌骨	左	中	29.2	烤	15～16	P4：11.05×7.94×11.58 M1：14.19×9.31×10.02
G10：10866	猪	下颌骨	左	中	34.1	砍	19～21	M1：14.97×9.83×10.16 M2：18.18×11.91×12.81

续表

小件号	种属	骨骼名称	左右	部位	重量（g）	人工痕迹	年龄（月）	测量数据（mm）
G18：106	猪	下颌骨	左	中	22.3	砍	9～10	dp4：16.39×7.85×8.82 M1：14.94×9.81×10.96
YSI②B：2475	猪	下颌骨	左	中	31.6	砍	9～10	dp4：16.78×7.84×6.61
G24：308	猪	下颌骨	左	中	26.9	砍	7～8	M1：15.07×9.35×7.02
G18：2234	猪	下颌骨	左	中	79.1	砍、烤	30以上	M3处下颌厚：21.85 M3后下颌高：37.19 前臼齿列长：42.82 臼齿列长：55.68 C1：10.57×8.75×18.35 P1：4.92×22.76×6.42 P2：8.25×4.47×9.40 P3：10.55×6.02×9.34 P4：12.01×7.58×11.27 M1：12.95×9.54×9.09 M2：17.12×12.22×10.72 M3：26.68×13.16×11.88
YSI②B：2763	猪	下颌骨	左	中	32.8	砍、烤	23～25	M2：18.57×11.88×9.75 M3：26.33×13.06×9.82
YSI③：7134	猪	下颌骨	左	中	22.7	砍	30以上	M2：17.84×13.18×11.43 M3：29.31×14.57×10.16
YSI②B：2451	猪	下颌骨	左	中	27.2	砍	10～11	dp4：15.81×8.42×6.63 M1：14.64×10.46×8.91
YSI②A：542	猪	下颌骨	左	中	23.8	砍	14～15	P4：12.11×7.99×11.74 M1：15.04×10.24×9.41 M2：19.21×12.39×10.51
G18：2248	猪	下颌骨	左	中	54.4	砍	19～21	P3：9.73×9.66×5.72 P4：10.23×6.68×10.68 M1：12.67×9.33×8.28 M2：17.72×11.38×10.59
G18：2231	猪	下颌骨	左	中	34.4	烤	14～15	P4：12.32×6.76×11.93 M1：14.77×9.47×8.53 M2：19.73×12.41×11.54
YSI③：7120	猪	下颌骨	左	中	20.7	砍	12～14	M2：18.67×12.32×10.71
YSI③：7104	猪	下颌骨	左	中	30.9	砍、烤	14～15	M1：14.12×8.85×8.36
YSI③：6880	猪	下颌骨	左	中	36.4	砍	16～17	P4：12.03×7.07×8.89
YSI③：7125	猪	下颌骨	左	中	24.1	砍	14～15	M1：10.06×9.92×7.51 M2：17.77×10.85×10.08
YSI③：6894	猪	下颌骨	左	中	9.6	烤	10～11	dp2：6.73×3.55×5.45

续表

小件号	种属	骨骼名称	左右	部位	重量（g）	人工痕迹	年龄（月）	测量数据（mm）
YSI③：7121	猪	下颌骨	左	中	14.7	砍	15～16	M1：15.41×10.61×10.77
YSI③：7106	猪	下颌骨	左	中	13.7	砍	16～17	P3：10.72×6.68×10.73
YSI③：7123	猪	下颌骨	左	中	21.5	砍	12～14	M1：14.74×9.75×8.02
YSI③：7124	猪	下颌骨	左	中	18.5	烤	21～23	M1：13.52×9.22×7.66 M2：19.38×11.61×11.77
YSI③：7118	猪	下颌骨	左	中	32.3	砍	17～19	M1：16.01×10.93×9.33 M2：19.55×13.77×11.74
YSI③：6867	猪	下颌骨	左	中	27.4		30以上	P3：10.08×5.97×8.86 P4：10.71×7.19×7.57 M1：13.09×9.79×8.65
G14①：6	猪	下颌骨	左	中	36.6	切、烤	17～19	M2：19.28×13.19×10.59
YSI③：6858	猪	下颌骨	左	中	56.2	砍	17～19	M2：18.22×11.57×10.81
YSI③：7101	猪	下颌骨	左	中	49.0	切	30以上	P4：10.98×7.52×9.51 M1：12.81×10.08×8.41 M2：17.88×11.72×9.11 M3：25.18×12.65×9.67
G10：12462	猪	下颌骨	左	远	9.7			M1：14.28×8.67×8.37
F2：21	猪	下颌骨	左	中	6.6	砍		P2-I3长：34.89
YSI②A：2559	猪	下颌骨	右	中远	11.3	烤		M1：15.24×12.13×9.22
YSI②A：2561	猪	下颌骨	右	中	10.4		8～9	P4：13.67×14.01×7.02 M1：15.95×7.29×8.91
YSI②B：2766	猪	下颌骨	右	中	31.9	砍	23～25	M2：18.06×13.41×7.94
YSI③：7122	猪	下颌骨	右	中	15.1		23～25	M3：32.41×16.14×13.27
G10：10649	猪	下颌骨	右	中	20.1	砍	17～19	P2：12.11×4.71×9.81 P3：13.94×5.81×10.55 P4：16.38×7.83×11.46
YSI③：7115	猪	下颌骨	右	中	42.4	砍	17～19	M2：21.71×13.72×13.44
YSI②：6891	猪	下颌骨	右	中	22.1	砍、烤	15～16	M1：15.16×9.16×6.08 M2：17.89×10.69×11.61
NQ②：76	猪	下颌骨	右	中远	12.2	砍	14～15	P3：10.76×6.47×8.29
YSI②A：2374	猪	下颌骨	右	中	6.6		7～8	dp2：8.08×3.43×6.66 dp3：10.15×4.46×8.87 dp4：17.07×8.14×7.07
G10：13852	猪	下颌骨	右	中	15.7	砍	10～11	dp3：9.91×5.03×6.35 dp4：16.72×9.61×8.14 M1：15.68×10.41×9.14
YSI③：6874	猪	下颌骨	右	中	33.2	砍	11～12	

续表

小件号	种属	骨骼名称	左右	部位	重量（g）	人工痕迹	年龄（月）	测量数据（mm）
YSI③：6873	猪	下颌骨	右	中	25.8	烤	14～15	M1：13.55×9.85×8.37 M2：19.51×12.78×11.56
YSI③：7127	猪	下颌骨	右	中	26.5		10～11	M1：15.72×10.42×8.24
YSI③：7137	猪	下颌骨	右	中	16.5		11～12	M1：15.37×9.51×8.51
YSI③：7113	猪	下颌骨	右	中	16.4	烤	12～14	
YSI③：6868	猪	下颌骨	右	中	21.7	砍	10～11	M1：14.19×9.45×7.83
YSI③：6893	猪	下颌骨	右	近	36.1	砍	11～12	dp4：15.94×8.79×5.51 M1：15.33×10.68×7.12
YSI③：6870	猪	下颌骨	右	中	39.2		15～16	M2：19.12×11.98×9.22
YSI③：7128	猪	下颌骨	右	中	17.3	砍	16～17	M2：18.16×10.08×8.43
YSI③：7131	猪	下颌骨	右	中	28.2	砍、烤	19～21	
YSI③：6885	猪	下颌骨	右	中	25.1	砍	21～23	M2：17.87×11.29×10.72 M3：24.55×12.89×11.71
YSI③：7114	猪	下颌骨	右	中	13.1	砍	12～14	M1：14.38×10.53×8.49 M2：10.08×12.24×9.87
YSI③：7102	猪	下颌骨	右	中	37.6	砍	25～27	M3：31.21×14.14×11.83
YSI③：7164	猪	下颌骨	右	中	12.8		23～25	M3：34.84×14.29×14.31
YSI③：7117	猪	下颌骨	右	中	9.3	烤	7～8	dp4：16.59×8.01×7.21
YSI①：348	猪	下颌骨	右	中	28.4	烤	17～19	M1：14.34×9.45×7.23 M2：18.01×12.23×11.21
G10：10841	猪	下颌骨	右	中	61.8	砸、砍	19～21	P2：8.93×4.56×9.22 P3：10.62×5.87×10.02 P4：11.69×7.65×10.71 M1：13.58×9.59×7.79 M2：20.17×12.69×10.87
YSI③：6899	猪	下颌骨	右	中	48.6	砍	19～21	P2：8.91×4.89×8.03 P3：11.04×6.71×10.75 P4：12.29×8.28×10.82 M1：14.46×10.85×8.42 M2：18.06×12.98×12.21
YSI④B：80	猪	下颌骨	右	中	34.5	砍	9～10	dp4：16.74×8.24×6.32 M1：14.25×9.77×7.87
NQ③：15	猪	下颌骨	右	中	70.7	砍、烤	23～25	
G10：10875	猪	下颌骨	右	中	20.8	砍、烤	8～9	M2：14.41×9.22×7.71
YSI②B：2759	猪	下颌骨	右	中	67.9	烤	17～19	GOC：69.09 P4：11.44×7.52×11.06 M1：15.53×10.03×9.47 M2：19.76×12.61×11.52

续表

小件号	种属	骨骼名称	左右	部位	重量（g）	人工痕迹	年龄（月）	测量数据（mm）
G18：2223	猪	下颌骨	右	中	30.4	砍、烤	14～15	P3：10.81×5.51×9.26 P4：12.96×8.09×11.07 M1：15.74×10.48×7.31 M2：19.01×12.22×9.84
G18：2215	猪	下颌骨	右	中	48.5		10～11	dp2：7.65×3.81×7.11 dp3：9.62×4.92×8.45 dp4：19.14×8.37×8.72 M1：16.58×10.57×10.36
G10：10891	猪	下颌骨	右	中	21.0	切、烤	14～15	P4：11.92×7.94×11.51 M1：13.98×9.56×9.79 M2：19.45×12.09×12.38
G18：2226	猪	下颌骨	右	中	25.4	烤	10～11	dp3：9.56×4.71×7.18 M1：15.26×10.04×10.17
YSI②B：1480	猪	下颌骨	右	中	31.6	砍、烤	10～11	dp4：15.34×8.16×6.31 M1：15.21×9.86×9.84 M2：19.32×11.44×8.56
F2：015	猪	下颌骨	右	中	43.5	烤	15～16	P4：12.21×7.25×12.16 M1：16.35×9.83×8.87 M2：18.98×12.11×11.93
G10：10625	猪	下颌骨	右	中	73.4	烤	17～19	M1：15.45×10.14×8.54 M2：20.74×12.73×12.33
G18：2237	猪	下颌骨	右	中	15.9	烤	9～10	dp2：8.22×3.69×6.77 dp4：20.08×8.55×7.33 M1：15.63×10.02×10.01
YSI③：6860	猪	下颌骨	右	中	20.4	烤	9～10	dp3：8.10×4.96×6.41 dp4：17.78×8.43×6.21 M1：14.96×10.33×9.35
YSI②A：2510	猪	下颌骨	右	中	43.7	砍、烤	17～19	
G18：2235	猪	下颌骨	右	中	31.0	砍、烤	14～15	M1：14.99×10.45×8.22 M2：18.96×12.33×10.32
YSI①：315	猪	下颌骨	右	中	18.1	砍	12～14	M1：14.61×10.24×9.06 M2：19.46×11.78×9.44
YSI②B：2762	猪	下颌骨	右	中	33.8	烤	15～16	P4：11.33×7.19×11.31 M1：13.62×9.22×7.91
G18：2213	猪	下颌骨	右	近	36.5	烤	9～10	下颌髁宽：18.21 GOV：60.21 GOC：42.63 dp4：16.47×7.92×7.81 M1：16.12×9.38×9.46

续表

小件号	种属	骨骼名称	左右	部位	重量（g）	人工痕迹	年龄（月）	测量数据（mm）
YSI③：6863	猪	下颌骨	右	中	23.4		15～16	P2：8.91×4.31×7.61 P3：9.99×5.83×9.63 P4：10.58×6.69×8.28 M1：13.07×10.37×6.49 M2：15.49×10.72×7.18
G10：10831	猪	下颌骨	右	中	34.2	砍	7～8	dp3：10.14×4.05×6.65 dp4：16.94×7.73×6.85 M1：14.34×9.54×8.94
G10：4493	猪	下颌骨	右	中	32.3	砍	7～8	dp3：9.81×4.28×6.81 dp4：15.82×8.28×7.21 M1：15.88×10.31×8.03
G10：10868	猪	下颌骨	右	中	32.7	砍	17～19	M1：14.02×9.97×7.47 M2：18.35×12.51×9.44
YSI③：6864	猪	下颌骨	右	中	22.3	砍	21～23	M2：17.46×11.79×7.65 M3：29.26×12.43×9.18
G18：360	猪	下颌骨	右	中	23.7	烤	9～10	dp2：7.81×3.25×6.91 dp3：9.46×4.47×7.95 dp4：17.29×7.41×7.16 M1：15.08×9.8×9.43
YSI③：6865	猪	下颌骨	右	中	33.3		15～16	P4：11.33×7.34×9.53 M1：14.22×10.01×7.60 M2：18.01×11.47×10.61
YSI②B：2841	猪	下颌骨	右	中	24.3		15～16	P3：11.05×6.51×10.99 P4：11.84×7.33×10.31 M1：13.68×9.39×7.42
G18：2214	猪	下颌骨	右	中	29.1	砍、划	9～10	dp2：8.11×3.59×6.72 dp3：9.12×4.33×7.44 dp4：15.54×6.97×6.99 M1：13.98×8.69×9.53
G18：178	猪	下颌骨	右	中	11.8	砍	7～8	dp3：9.61×4.29×6.45 dp4：16.79×8.41×6.61 M1：13.87×10.28×7.34
G10：14514	猪	下颌骨	右	中	35.3	砍	12～14	M1：14.03×9.36×8.90
G10：14513	猪	下颌骨	右	中	29.9	切、砍、烤	12～14	M2：18.62×12.19×12.60
NQ7：6	猪	下颌骨	右	中	12.3	砍	6～7	dp3：8.48×?×7.23 dp4：14.64×7.65×6.62 M1：14.17×10.01×58.46

续表

小件号	种属	骨骼名称	左右	部位	重量（g）	人工痕迹	年龄（月）	测量数据（mm）
YSI②B：794	猪	下颌骨	右	中	9.7	砍	7～8	dp4：18.66×8.84×7.91 M1：15.73×11.24×8.84
G10：10840	猪	下颌骨	右	中	29.9	砍	10～11	dp2：8.87×4.55×6.98 dp3：10.13×5.04×8.01 dp4：16.69×8.91×7.42 M1：15.05×10.85×8.89
YSI④A：814	猪	下颌骨	右	中	21.5	砍、烤	12～14	P4：12.87×6.96×9.82 M2：18.98×11.77×8.31
YSI③：6859	猪	下颌骨	右	中	66.5	砍	21～23	M1：13.46×10.34×9.37 M2：17.14×12.62×9.33 M3：30.12×13.99×10.46
G10：10692	猪	下颌骨	右	中	42.6	砍	14～15	M2：19.28×11.32×9.28
G18：2207	猪	下颌骨	右	中	60.9	砍、烤	17～19	P4：11.63×7.57×10.19 M1：14.96×9.98×8.77 M2：19.45×11.52×11.65
G18：2234	猪	下颌骨	右	中远	68.1	砍、烤	25～27	C：8.81×6.95×12.92 P2：9.02×4.63×8.31 P3：10.61×6.03×9.26 p4：11.77×8.31×9.77 M1：12.22×9.24×5.25 M2：17.51×6.46×9.88 M3：27.42×13.01×10.38
YSI③：6896	猪	下颌骨	右	中	33.1	烤	12～14	dp4：14.44×5.42×5.84 M1：13.28×8.27×8.74 M2：16.71×11.72×9.47
G18：2212	猪	下颌骨	右	中	45.7	烤	11～12	dp2：8.18×3.23×7.81 dp3：8.88×4.63×7.64 dp4：16.52×7.63×8.08 M1：15.64×10.56×9.78 M2：18.98×13.19×7.51
G10：10850	猪	下颌骨	右	中	33.3	砍、烤	12～14	M1：15.51×9.25×8.44 M2：19.02×11.38×11.18
G18：2216	猪	下颌骨	右	中	20.0	砍	16～17	P4：12.79×6.92×10.17 M1：15.09×10.05×8.06 M2：19.29×12.80×9.89
G10：10621	猪	下颌骨	右	中	43.7	烤	10～11	dp4：16.61×8.03×7.96 M1：15.76×9.67×8.86

续表

小件号	种属	骨骼名称	左右	部位	重量（g）	人工痕迹	年龄（月）	测量数据（mm）
YSI③：6882	猪	下颌骨	右	中	43.8	切、砍	23～25	M1：12.84×10.35×6.86 M2：18.98×11.97×10.87 M3：27.51×13.17×11.52
G18：2218	猪	下颌骨	右	中	44.3	砍	19～21	M1：16.37×11.86×9.23 M2：24.92×15.45×12.64
G10：10669	猪	下颌骨	右	中	19.9	烤	15～19	M1：16.31×10.45×10.96 M2：19.59×12.07×14.07
F2：020	猪	下颌骨	右	中	18.4		9～10	dp2：7.88×3.09×5.93 dp3：8.86×4.65×6.62 dp4：16.03×7.23×6.44 M1：14.12×8.85×8.24
G10：10652	猪	下颌骨	右	中	60.1	砍	17～19	M1：16.19×13.44×9.59 M2：22.38×16.61×12.04
G10：10858	猪	下颌骨	右	中	35.0	砍	16～17	M1：15.86×10.17×5.74 M2：18.34×12.65×8.23
YSI②B：2483	猪	下颌骨	右	中	20.3	烤	7～8	dp4：17.36×8.22×7.65 M1：14.61×9.11×9.86
G18：2230	猪	下颌骨	右	中	26.7	砍	15～16	M1：14.15×9.54×8.68 M2：19.32×11.69×11.22
YSI②A：2504	猪	下颌骨	右	中	57.2		30以上	M3：34.27×14.99×9.09
YSI③：7110	猪	下颌骨	右	中	19.7	砍、烤	10～11	dp3：9.22×4.32×8.07 dp4：16.24×7.63×7.17 M1：14.32×9.16×8.43
G10：10901	猪	下颌骨	右	中	18.1	砍、烤	7～8	dp3：9.96×4.67×7.46 dp4：16.72×8.49×7.39 M1：15.98×9.34×9.19
YSI③：7135	猪	下颌骨	右	中	14.5	砍	21～23	p3：10.92×5.96×10.11 p4：10.78×7.19×10.87 M1：14.35×9.41×9.08
YSI②B：2777	猪	下颌骨	右	中	20.4	烤	9～10	dp3：9.41×4.27×6.71 dp4：17.32×8.38×7.59 M1：15.62×10.75×9.07
L6：305	猪	下颌骨	右	中	18.8	砍	15～16	M1：15.08×9.26×8.43 M2：18.24×11.74×10.05
G10：10629	猪	下颌骨	右	中	39.9	烤	15～16	P4：12.96×6.96×10.53 M1：15.36×9.41×8.68 M2：21.84×12.23×10.48

续表

小件号	种属	骨骼名称	左右	部位	重量（g）	人工痕迹	年龄（月）	测量数据（mm）
G11①：74	猪	下颌骨	右	中	52.3	砍、烤	15～16	Gos：60.61 M1：14.31×10.14×9.75 M2：18.81×12.60×12.25
G18：2224	猪	下颌骨	右	中	66.9		15～16	P4：12.46×7.91×10.82 M1：16.23×10.88×8.89 M2：18.21×12.71×10.83
YSI①：206	猪	下颌骨	右	中	71.5		10～11	dp2：7.83×3.53×6.38 dp3：9.55×4.48×6.61 dp4：17.61×7.67×7.18 M1：16.43×10.98×8.88
YSI③：6862	猪	下颌骨	右	中	68.7	砍、烤	17～19	Goc：57.29 dp3：11.29×5.92×10.69 dp4：10.80×7.58×10.73 M1：13.63×9.25×7.21 M2：16.96×11.51×9.44
G17：17	猪	下颌骨	左	中	36.7	砍	10～11	dp3：9.27×5.12×8.14 dp4：17.12×8.64×8.38 M1：15.14×11.08×10.57
G10：10832	猪	下颌骨	右	中	21.2	烤	9～10	dp2：8.71×3.93×6.67 dp3：9.61×4.38×6.87 dp4：18.01×8.13×6.95 M1：15.78×9.99×9.59
G13：01	猪	下颌骨	右	中	33.1		9～10	dp2-dp4齿列长33.38 dp4：17.49×7.14×10.39 I3：3.63×1.95×16.54 dp3：9.24×1.88×7.85 dp2：8.42×1.78×7.46
G10：10618	猪	下颌骨	右	中远	28.9	砍	11～12	M1：15.50×10.27×6.62 M2：18.51×10.58×8.07
YSI③：7126	猪	下颌骨	右	中远	36.7	砍	11～12	p4：9.12×7.90×4.67 M1：12.63×9.97×6.60 M2：18.17×11.62×8.63
YSI④A：160	猪	下颌骨	右	远	61.2	砍	21～23	C1：7.06×4.78×12.61 P1：10.07×5.19×8.31 P3：9.57×6.02×8.88 P4：12.47×7.96×9.81 M2：17.67×12.47×8.59

续表

小件号	种属	骨骼名称	左右	部位	重量（g）	人工痕迹	年龄（月）	测量数据（mm）
G18：2239	猪	下颌骨	右	中	13.9	砍、烤	6～7	dp3：9.80×4.61×5.79 dp4：15.67×8.08×5.67 M1：13.40×9.74×7.36
G18：2236	猪	下颌骨	右	中	8.3	砍	4～5	dp3：9.26×4.18×7.24 dp4：17.62×7.52×6.55
G10：10627	猪	下颌骨	右	中	43.4	砍、烤	12～14	P4：11.82×6.89×7.38 M1：14.61×8.85×9.91 M2：18.23×11.06×12.19
G18：2211	猪	下颌骨	右	中	44.7	砍、烤	9～10	下颌髁宽：18.21 GOV：48.12 GOV：67.08 dp4：17.56×8.28×6.48 M1：15.68×10.09×9.89
G18：2219	猪	下颌骨	右	中	42.4	砍、烤	14～15	M1：16.11×10.04×9.18 M2：19.28×11.44×11.37
YSI③：7103	猪	下颌骨	右	中	66.2	砍、烤	17～19	P3：11.25×6.59×10.53 P4：11.01×7.42×11.62 M1：12.78×9.33×7.66 M2：19.01×11.92×10.24
G10：14520	猪	下颌骨	右	中	20.5		12～14	M1：15.02×10.12×10.03
YSI②A：2548	猪	下颌骨	右	中	15.9	烤	21～23	M1：16.83×11.30×11.28 M2：20.53×14.22×13.01
G10：10849	猪	下颌骨	右	中	18.8	烤	16～17	C1：7.49×5.27×15.15
G10：10911	猪	下颌骨	右	中	6.6	砍、烤	4～5	dp4：17.31×7.99×6.21
G10：10685	猪	下颌骨	右	中	24.5	砍	17～19	M1：114.59×10.07×6.35 M2：18.98×12.34×9.40
G10：10893	猪	下颌骨	右	中	8.3	砍	15～16	M1：12.66×9.78×6.81 M2：17.54×11.57×9.45
G10：12766	猪	下颌骨	右	中	17.1	砍	10～11	M1：15.16×10.02×6.85
G10：12752	猪	下颌骨	右	中	10.8	砍	14～15	P3：10.90×5.15×9.94 P4：11.66×6.41×9.88
YSI②B：343	猪	下颌骨	右	中	10.6	砍	10～11	dp4：17.92×8.47×6.18 M1：16.46×10.56×8.50
G19：7	猪	下颌骨	右	中	29.1	砍、烤	16～17	M1：17.16×10.45×9.58 M2：20.68×13.43×10.95
G10：10871	猪	下颌骨	右	中	19.6	砍、烤	13～14	M2：18.77×11.89×9.97
G10：12765	猪	下颌骨	右	中	14.8	砍、烤	9～10	dp4：15.07×7.19×7.14 M1：14.59×9.82×8.78

续表

小件号	种属	骨骼名称	左右	部位	重量（g）	人工痕迹	年龄（月）	测量数据（mm）
G10：10833	猪	下颌骨	右	中	51.2	砍、烤	16～17	M1：16.16×10.27×7.11 M2：10.86×12.73×9.80
G10：10612	猪	下颌骨	右	中	43.4	砍	12～14	M2：19.07×12.60×9.99
G10：10628	猪	下颌骨	右	中	30.2	砍、烤	12～14	
G10：10874	猪	下颌骨	右	中远	33.2	砍、烤	10～11	C1：7.60×4.31×9.72 M1：14.68×10.49×8.08
G10：10684	猪	下颌骨	右	中	39.4	砍、烤	17～19	M1：15.03×9.84×8.39 M2：15.38×12.56×10.25
G10：10698	猪	下颌骨	右	中	22.6	砍	16～17	M1：13.82×9.68×5.11 M2：16.39×11.01×8.77
YSI②B：2767	猪	下颌骨	右	中	22.2	砍	19～21	M3：28.22×13.95×10.94
YSI②A：585	猪	下颌骨	右	中	9.5		8～9	dp4：16.78×8.09×7.58 M1：15.60×9.98×9.10
G10：10615	猪	下颌骨	右	中	32.8	烤	19～21	M1：14.84×9.73×8.68 M2：18.10×12.01×11.12
G10：10878	猪	下颌骨	右	中	19.9	砍、烤	9～10	P2：7.51×3.12×6.32 dp4：9.63×4.26×7.19 M1：15.64×9.82×8.38
G10：14515	猪	下颌骨	右	中	18.8	烤	8～9	dp3：9.51×4.66×7.41 dp4：17.01×7.89×7.50 M1：14.43×9.72×9.55
G10：14527	猪	下颌骨	右	中	36.1	砍、烤	8～9	dp3：19.85×8.91×8.47
YSI④B：45	猪	下颌骨	右	中	21.3	砍	15～16	M2：16.42×11.49×9.24
G10：14282	猪	下颌骨	右	中	23.4		9～10	dp2：7.79×3.64×5.41 dp3：8.71×4.24×5.91 dp4：16.45×8.12×6.12 M1：15.01×9.37×9.61
YSI②B：2761	猪	下颌骨	右	中	26.9	砍	16～17	M1：14.31×8.88×7.28 M2：16.86×11.51×8.21
G10：10694	猪	下颌骨	右	中	19.9	切、砍、烤	12～14	M1：13.05×10.72×7.91 M2：17.58×11.19×9.35
G25：9	猪	下颌骨	右	远	52.6		30以上	P4：15.11×10.22×12.19
YSI②B：2463	猪	下颌骨	右	中	19.6	砍	10～11	M1：16.25×11.44×10.71
YSI②A：2522	猪	下颌骨	右	中	24.2		10～11	dp2：8.46×3.63×5.94 dp3：9.60×4.45×5.97 dp4：17.96×8.51×5.93 M1：18.15×10.87×9.24

续表

小件号	种属	骨骼名称	左右	部位	重量（g）	人工痕迹	年龄（月）	测量数据（mm）
G10：10623	猪	下颌骨	右	中	38.1	砍、烤、削	10～11	dp4：17.35×8.07×7.12
G10：10882	猪	下颌骨	右	中	28.3	烤	17～19	M1：15.51×10.21×9.08 M2：18.57×11.04×10.58
G10：10614	猪	下颌骨	右	中	37.4	砍、烤	17～19	M1：13.75×9.27×7.31 M2：17.85×11.74×11.10
G10：10636	猪	下颌骨	右	中	22.2	砍	8～9	M1：15.38×10.15×10.12
G10：1086	猪	下颌骨	右	中	41.2	切、烤	10～11	dp3：8.57×4.39×7.42 dp4：16.88×8.07×6.82 M1：14.38×8.93×9.99
G10：13838	猪	下颌骨	右	中	31.5	烤	11～12	dp4：16.47×8.69×9.12 M1：15.11×9.63×8.59 M2：20.66×12.11×10.59
G10：10672	猪	下颌骨	右	中	41.3	砍	19～21	M2：18.14×11.62×10.94
G10：13835	猪	下颌骨	右	中	16.9	砍	17～19	M1：14.63×10.14×7.88 M2：21.09×11.92×9.47
G17：32	猪	下颌骨	右	中	62.5	砍	12～14	P2：8.03×4.29×6.85 P3：10.49×5.51×9.22 P4：12.44×6.48×9.74 M1：12.11×8.81×7.62 M2：17.68×11.74×8.94
G10：12450	猪	下颌骨	右	中	43.3	烤	11～12	M1：14.52×8.51×9.23
G10：10616	猪	下颌骨	右	中	25.2	砍	17～19	P4：12.08×7.55×9.42 M1：13.75×10.41×6.98 M2：19.64×11.81×9.25
G10：14525	猪	下颌骨	右	中	17.4	砍、烤	12～14	M1：14.52×10.13×9.69
G10：11715	猪	下颌骨	右	中	42.2	烤	17～19	M2：22.86×16.25×15.89
G10：10665	猪	下颌骨	右	中	52.5	砍	19～21	M2：19.86×13.33×10.12
G10：10617	猪	下颌骨	右	中	72.2	砍		M3：36.94×17.23×12.89
F2：024	猪	下颌骨	左	中	7.1		2～4	dp3：8.99×3.95×5.94 dp4：17.15×7.57×5.95
G10：36	豹	下颌骨	右	中	26.1	砍		M1后下颌骨高：23.97 P3-M1齿列长：46.51 P3：10.39×5.69×7.12 P4：16.98×8.03×10.84 M1：17.31×7.22×11.11

续表

小件号	种属	骨骼名称	左右	部位	重量（g）	人工痕迹	年龄（月）	测量数据（mm）
G10：52	豹	下颌骨	右	近中	49.3			下颌部垂直部高：73.06 M1后下颌骨高：31.35 P3：M1齿列长：50.74 P3：12.90×6.77×7.36 P4：18.66×9.55×12.18 M1：18.85×8.81×12.40
G10：50	豹	下颌骨	右	中	41.9			M1后下颌骨高：27.46 P3-M1齿列长：56.46 P4：19.53×10.48×12.81 M1：21.10×9.79×14.33
G10：55	豹	下颌骨	右	中	30.8			M1后下颌骨高：26.96 P4：16.95×8.64×11.21 M1：17.92×8.16×11.58
G11①：72	豹	下颌骨	右	中	17.9			M1后下颌骨高：23.35 P3-M1齿列长：44.91 P3：11.51×5.66×7.24 P4：17.12×8.28×10.89 M1：15.59×7.51×10.23
G10：37	豹	下颌骨	右	中	24.8	砍、烤		P3：12.90×6.13×7.03 P4：17.86×8.73×11.42
G10：42	豹	下颌骨	右	近中远	30.5			P3-M1齿列长：46.57 P3：11.17×5.88×7.63 P4：17.71×8.89×12.63 M1：18.65×8.97×13.23
G10：44	豹	下颌骨	右	远	24.2	砍		C：10.66×9.07×19.34 P4：19.12×7.43×11.69
G10：46	豹	下颌骨	右	完整	20.8	烤		全长：123.42 M1后下颌骨高：26.65 M1：17.28×7.81×10.46
G10：48	豹	下颌骨	右	完整	40.0	烤		M1后下颌骨高：27.27 下颌部垂直高：63.23 P3：9.78×5.66×6.58 P4：16.14×8.32×7.48 P3-M1齿列长：44.95 M1：17.67×7.88×10.31
G10：38	豹	下颌骨	右	完整	28.6	烤		全长：115.91 M1后下颌骨高：27.10 下颌部垂直高：54.36 P4：16.04×7.68×10.51 M1：17.80×8.31×11.82

续表

小件号	种属	骨骼名称	左右	部位	重量（g）	人工痕迹	年龄（月）	测量数据（mm）
G10：40	豹	下颌骨	右	完整	32.3	烤		全长：119.82 M1后下颌骨高：27.84 下颌部垂直高：35.95 P3：11.76×6.06×6.71 P4：17.46×9.29×11.71 M1：17.44×8.19×11.27
G10：54	豹	下颌骨	右	完整	50.4	烤		全长：142.09 M1后下颌骨高：31.46 P3-M1齿列长：49.04 M1：18.78×8.35×13.87
G10：33	豹	下颌骨	右	中	44.8	砍		M1后下颌骨高：35.01 P3-M1齿列长：62.64
G10：31	豹	下颌骨	右	中	26.5	烤		M1后下颌部垂直高：27.62 P3-M1齿列长：49.01 M1：18.93×8.69×13.5
G10：35	豹	下颌骨	左	中	16.0			P3：13.48×6.62×7.29 P4：19.59×9.8×12.6
G10：32	豹	下颌骨	左	中	29.3			P3-M1齿列长：50.20 P4：19.61×10.62×13.12 M1：19.18×8.71×12.30
G10：39	豹	下颌骨	左	近	23.1	砍		下颌部垂直高：58.15 M1后下颌骨高：27.84 M1：17.99×7.88×9.20
G10：56	豹	下颌骨	左	近中远	25.6	砍、烤		M1后下颌骨高：26.77 P3-M1齿列长：52.13 P3：12.57×6.84×6.82 P4：19.05×8.01×11.22 M1：18.95×9.17×13.31
G10：45	豹	下颌骨	左	完整	40.2			P3-M1齿列长：52.72
G10：53	豹	下颌骨	左	完整	35.0			下颌部垂直高：51.30 P3-M1：50.68 M1后下颌骨高：28.40 M1：19.20×8.90×14.38 M1：19.67×9.11×14.03
G10：34	豹	下颌骨	左	近	20.6			M1后下颌骨高：27.26 M1：17.01×8.23×10.11
G10：51	豹	下颌骨	左	完整	55.2	切、烤		全长：140.85 下颌部垂直高：76.25 M1后下颌骨高：31.59 P3-M1齿列长49.51

续表

小件号	种属	骨骼名称	左右	部位	重量（g）	人工痕迹	年龄（月）	测量数据（mm）
G10：41	豹	下颌骨	左	中	22.7	砍		M1后下颌骨高：29.47 M1：20.35×9.61×13.44
G10：0135	豹	下颌骨	右	中	22.2			P3-M1齿列长：51.86 P4：19.24×9.41×14.56 M1：19.47×10.11×15.81
G10：0143	豹	下颌骨	左	完整	38.1			下颌骨垂直部中部高60.92 下颌骨垂直部口侧高29.24 P3：11.19×5.84×6.01 P4：17.84×9.02×12.05 M1：18.62×8.66×10.85
G10：0174	豹	下颌骨	右	近	17.6			下颌骨垂直部中部高67.13
G10：0141	豹	下颌骨	右	中	20.1			C：13.59×9.93×16.32 P3：10.31×6.27×7.81 P4：7.05×8.11×8.71
G10：0176	豹	下颌骨	右	中	14.0			P3-P4齿列长27.38 P4：16.78×8.37×6.50
G10：0177	豹	下颌骨	左	中	7.6			P3-P4齿列长：28.14 P3：10.79×5.91×5.57 P4：16.96×8.61×11.11
G10：0173	豹	下颌骨	左	近中	24.2			下颌骨垂直部中部高61.24 下颌骨垂直部口侧高28.91 M1：18.82×9.08×11.57
G10：10781	赤鹿	下颌骨	右	近	19.9	烤	36左右	前臼齿列长：28.21 臼齿列长：41.41 颊齿列长：67.01 P3：9.55×5.27×6.86 P4：9.69×5.74×8.51 M1：10.94×7.59×7.67 M2：12.23×8.22×9.15 M3：17.14×7.35×8.93
G10：14094	赤鹿	下颌骨	左	中	5.7	砍	24左右	M2：12.28×8.37×12.59
G10：13999	赤鹿	下颌骨	左	中远	9.2	砍		前臼齿列长：29.71
G10：14704	赤鹿	下颌骨	左	近中	11.9	砍、烤	24左右	下颌髁宽：13.86 GOV：47.77 GOC：34.81 M2：11.94×8.04×12.57 M3：16.31×8.18×11.36
YSI③：6913	赤鹿	下颌骨	左	中	8.2	砍	48左右	M3：16.35×8.67×9.29
YSI②B：2772	赤鹿	下颌骨	右	中	13.4	砍		M2：13.43×9.14×10.36

续表

小件号	种属	骨骼名称	左右	部位	重量（g）	人工痕迹	年龄（月）	测量数据（mm）
G10：14106	赤鹿	下颌骨	右	远	7.4	砍、烧		M2：12.37×8.27×10.58
G10：14706	赤鹿	下颌骨	右	中	4.7	烤		dp3：11.41×7.33×11.01 dp4：12.44×8.13×9.66
G10：14450	赤鹿	下颌骨	右	中	20.7	砸、砍、烤	36左右	P3：8.49×6.46×9.53 P4：10.93×6.41×10.58 M1：11.59×7.48×7.61 M2：13.59×7.77×8.73
G12：528	赤鹿	下颌骨	右	中	17.2		36左右	P4：10.21×5.71×7.28 M1：11.27×6.64×7.49 M2：11.52×8.27×9.51
G10：11796	赤鹿	下颌骨	右	中远	11.4	砍、烤	12左右	前臼齿列长：26.91 dp2：5.65×3.52×6.03 dp3：8.76×4.82×6.46 dp4：15.45×6.37×10.53
G10：14306	赤鹿	下颌骨	右	中	16.4	切、烤	24左右	M1：12.39×6.39×9.11 M2：14.81×5.88×10.79
G1：14096	赤鹿	下颌骨	右	中	11.4	烤		前臼齿列长：26.69 M1：11.13×7.24×9.38
G10：1411	赤鹿	下颌骨	左	中	4.3	烤	36左右	M1：11.34×8.41×8.07 M2：12.55×9.58×9.78
F14①：9	赤鹿	下颌骨	左	中远	29.7		60左右	齿槽间隙长：38.43 前臼齿列长：32.21 P2：6.02×5.21×7.58 P3：8.32×5.65×7.73 M1：9.29×7.87×7.24 M2：11.11×8.18×8.32 M3：19.81×6.94×7.16
G10：14082	赤鹿	下颌骨	左	中	14.5	砍		臼齿列长：40.52 M1：11.11×7.60×9.71 M2：12.63×8.11×10.05 M3：14.87×8.15×10.42
G10：13977	赤鹿	下颌骨	左	远	13.1		24左右	齿槽间隙长：28.27 前臼齿列长：27.45 P3：7.99×5.69×9.54 P4：10.01×6.82×12.36 M1：10.68×7.03×10.88
G10：14034	赤鹿	下颌骨	左	远	8.1	砍	12左右	dp3：8.09×4.91×8.23 dp4：14.15×6.29×9.85

续表

小件号	种属	骨骼名称	左右	部位	重量（g）	人工痕迹	年龄（月）	测量数据（mm）
G10：3988	赤麂	下颌骨	右	中远	8.4	砍、烤		dp4：15.24 × 5.92 × 11.25 M1：12.56 × 6.19 × 9.85
G10：14310	赤麂	下颌骨	左	中	7.7	切	24左右	前臼齿列长：29.48 P3：9.44 × 4.99 × 10.05 P4：11.98 × 6.49 × 9.77
G10：14349	赤麂	下颌骨	左	中		切	24左右	齿槽间隙长：40.41 前臼齿列长：27.18 臼齿列长：38.85 颊齿列长：61.58 M3后下颌高：17.90 M1后下颌高：16.51 P2：7.17 × 5.71 × 9.54 P3：8.51 × 5.37 × 8.94 P4：9.25 × 5.36 × 9.78 M1：10.67 × 6.85 × 8.72 M2：11.74 × 7.60 × 10.24 M3：15.40 × 7.53 × 10.75
G24：309	赤麂	下颌骨	左	远	8.2	砍	12左右	齿槽间隙长：49.38 dp2：7.27 × 4.06 × 5.56 dp3：9.06 × 5.65 × 4.13
YSI②B：2786	赤麂	下颌骨	右	中	10.3	砍	18左右	M2：12.98 × 7.88 × 10.51 M3：14.10 × 7.67 × 9.45
G10：13989	赤麂	下颌骨	右	中	9.6		24左右	齿槽间隙长：49.59 前臼齿列长：38.56 P2：7.86 × 4.45 × 5.75 P3：8.55 × 5.21 × 8.13 P4：10.17 × 6.22 × 8.61 M1：11.15 × 7.14 × 9.31
G10：13992	赤麂	下颌骨	右	中	16.9	砍	18左右	臼齿列长：39.67 M1：11.42 × 8.13 × 10.05 M2：11.51 × 8.41 × 10.91 M3：14.34 × 8.17 × 8.63
G10：14307	山羊	下颌骨	右	完整	43.0	砍		Goc：37.12 前臼齿列长：26.00 P4：11.73 × 6.53 × 12.68 P3：8.85 × 6.11 × 10.61 M1：13.19 × 7.59 × 13.07 M2：17.68 × 7.60 × 10.92

续表

小件号	种属	骨骼名称	左右	部位	重量（g）	人工痕迹	年龄（月）	测量数据（mm）
G10：14310	山羊	下颌骨	左	中远	7.7	烤		P2：8.21×3.98×7.87 P3：9.87×4.91×8.33
G10：14099	山羊	下颌骨	右	中远				P2：6.20×7.37×15.04 P3：9.39×7.92×13.30 P4：9.72×8.83×11.35 M1：14.96×11.07×12.71 M2：18.13×11.37×10.84
G10：10789	山羊	下颌骨	左	中				M1：15.45×10.80×11.47 M2：18.02×11.20×12.94
YSI④A：409	山羊	下颌骨	右	完整	28.9	烤		前臼齿列长：29.87 下颌髁宽：15.87 Gor：47.25 Goc：25.75 dp3：8.26×3.92×5.49 dp4：13.86×5.51×8.89 M1：13.23×5.63×7.61
G10：14449	山羊	下颌骨	左	中远	8.3	砍、烤		齿槽间隙长：27.51 前臼齿列长：28.91 dp3：7.86×4.43×7.77 dp4：14.93×5.35×11.11 M1：14.94×5.41×7.94
G10：14444	山羊	下颌骨	左	中远	19.1	砍		dp3：8.02×5.11×8.84 dp4：15.57×6.85×10.04 M1：14.42×6.41×8.64
G10：14311	山羊	下颌骨	左	近	11.3	砍、烤		
G10：11796	山羊	下颌骨	右	中远	11.4	砍、烤		前臼齿列长：26.91 dp2：5.65×3.52×6.03 dp3：8.76×4.82×6.46 dp4：15.45×6.37×10.53
G10：14449	山羊	下颌骨	左	中远	8.3	砍、烤		齿槽间隙长：27.51 前臼齿列长：28.91 dp3：7.86×4.43×7.77 dp4：14.93×5.35×11.11 M1：14.94×5.41×?
G10：14308	山羊	下颌骨	左	中	22.6	烤		P4：11.62×8.67×10.70
G18：2267	山羊	下颌骨	左	中	22.9	砍、烤		M1：12.46×6.98×9.97 M2：14.91×7.48×10.85

续表

小件号	种属	骨骼名称	左右	部位	重量（g）	人工痕迹	年龄（月）	测量数据（mm）
G10：13846	山羊	下颌骨	右	中	22.8			前臼齿列长：25.91 P3：7.97×6.14×10.53 P4：11.10×6.31×13.36 M1：10.95×7.74×11.91 M2：13.62×7.78×10.87
G10：13977	山羊	下颌骨	左	远	13.0			前臼齿列长：27.45 齿槽间隙长：28.27 P3：7.99×5.69×9.54 P4：10.01×6.82×12.36 M1：10.68×7.03×10.88
G10：13993	山羊	下颌骨	右	完整	33.8			前臼齿列长：23.34 臼齿列长：47.31 P4：10.82×6.36×11.45 M1：11.40×7.12×9.66 M2：13.83×7.53×11.08 M3：20.35×7.48×10.54
G18：2268	山羊	下颌骨	右	远	10.7	烧		P2：5.91×4.58×8.64 P3：8.32×4.97×10.97
G10：13998	山羊	下颌骨	右	中远	8.3	砍、烤		dp4：15.42×5.68×10.85
G18：2250	狗	下颌骨	右	近中	18.1	砍、烤		臼齿列长：31.28 M1后下颌骨高：20.71 P4：9.65×4.84×6.80 P1-P4齿列长：33.13 M1：18.25×8.87×10.22 M2：7.78×5.53×4.78
G10：91	狗	下颌骨	右	完整	25.5	砍、烤		前臼齿列长：36.04 臼齿列长：32.09 下颌髁宽：20.44 M1后下颌部高：22.51 下颌骨垂直部高：50.09
G10：88	狗	下颌骨	右	近中远	13.6			臼齿列长：26.99 M1后下颌骨高：16.53 P1-P4长：33.06 P4：8.41×4.78×6.17 M1：16.17×6.44×8.91
G10：12385	狗	下颌骨	右	近	10.2	烤		下颌髁宽：27.51

续表

小件号	种属	骨骼名称	左右	部位	重量（g）	人工痕迹	年龄（月）	测量数据（mm）
G10：90	狗	下颌骨	右	完整	20.3	烤		前臼齿列长：29.71 臼齿列长：28.28 下颌髁宽：18.58 M1后下颌骨高/厚：20.31/8.61 P1：3.73×2.64×3.70 P3：7.60×3.96×3.70 P4：7.75×4.27×6.36 M1：16.78×6.61×10.23 M2：6.79×5.29×4.35
G10：12217	狗	下颌骨	右	近	19.5	砍、烤		下颌髁宽：28.92 下颌骨垂直部高：59.61
G10：94	狗	下颌骨	左	中	15.4	切		P1-P4长：18.21 M1后下颌骨高：19.23 P4：8.51×4.76×5.56 M1：16.68×6.22×9.39
YSI①：352	狗	下颌骨	左	中	13.6	砍、烤		臼齿列长：29.87 M1后下颌骨高：18.07 P4：9.74×5.05×6.86 P1-P4长：31.05
G10：95	狗	下颌骨	左	近中	14.1	砍、烤		臼齿列长：27.27 M1后下颌高：17.51 P1-P4长：31.34
G10：0183	狗	下颌骨	左	中	19.5			臼齿列长：27.86 M1后下颌骨高/厚：20.27/8.86
G10：0147	狗	下颌骨	左	中	25.2			全长：125.51 臼齿列长：31.34 P2-P4齿列长：32.71 下颌骨垂直部高：50.56 M1后下颌骨高/厚：22.49/10.47
G10：0182	狗	下颌骨	左	中	4.8			P3：7.39×3.59×4.78 P4：8.91×4.58×5.55

续表

小件号	种属	骨骼名称	左右	部位	重量（g）	人工痕迹	年龄（月）	测量数据（mm）
G10：0148	狗	下颌骨	右	完整	20.2			全长：121.02 臼齿列长：30.47 P1-P4齿列长：37.00 M1后下颌骨高/厚：21.34/8.76 I3：4.83×4.42×7.36 C：6.84×4.92×10.08 P1：3.74×2.79×4.21 P2：7.36×3.91×5.36 P3：9.02×4.51×5.05 P4：9.82×5.56×6.91 M1：18.79×6.83×10.17 M2：7.69×5.33×4.88
YSI②A：791	狗	下颌骨	右	中远	15.9	烤		M2：7.72×6.12×4.99
YSI③：6903	狗	下颌骨	左	完整	23.7			全长：127.97 臼齿列长：33.56 P1-P4齿列长：36.42 M1后下颌骨高/厚：20.32/10.93 下颌髁宽：22.21 下颌骨垂直部高：49.58
L6：24	狗	下颌骨	右	近中	16.4			M1：18.91×6.95×11.12 M2：6.89×5.52×4.82 下颌髁宽：21.81 下颌骨垂直部高：51.36
YSI：6920	小麂	下颌骨	右	中	4.0	砍		M2：9.53×7.41×4.28 M3：14.73×7.91×5.06
G10：14442	小麂	下颌骨	右	中	3.4	砍		P4：6.53×4.14×5.78 M1：8.09×5.11×5.69 M2：8.21×5.25×5.33
YSI③：6911	小麂	下颌骨	右	中	9.7	砍		M1：9.89×5.08×6.21 M2：10.21×6.88×6.32 M3：12.78×6.36×7.28

续表

小件号	种属	骨骼名称	左右	部位	重量（g）	人工痕迹	年龄（月）	测量数据（mm）
G10：14453	小鹿	下颌骨	右	完整	14.4	烤	24左右	齿槽间隙长：38.39 前臼齿列长：21.99 臼齿列长：33.93 颊齿列长：50.53 Goc：25.89 Gov：33.75 下颌髁宽：9.41 P2：5.26×2.49×4.34 P3：6.02×3.27×6.21 P4：6.89×3.85×6.82 M1：7.19×5.24×6.99 M2：9.12×5.56×7.45 M3：12.44×5.69×7.44
YSI④A：696	小鹿	下颌骨	右	近	6.1	烤		臼齿列长：29.91 M1：6.55×3.63×4.74 M2：7.09×4.18×6.56 M3：11.51×4.15×7.77
YSI②B：2785	小鹿	下颌骨	右	近	9.6	烤	24左右	臼齿列长：32.42 M1：8.29×4.65×6.91 M2：9.42×5.72×8.13 M3：12.21×5.02×7.98
YSI②A：2550	小鹿	下颌骨	右	中	10.8	砍	84左右	M1：8.97×6.85×5.11 M2：9.09×7.44×6.16 M3：？ ×7.23×7.04
G10：14448	小鹿	下颌骨	右	中	9.4	砍、烤		M1：9.82×6.16×6.93 M2：11.03×6.12×7.96
YSI②B：2760	小鹿	下颌骨	右	中	7.5	砍	6～9	dp2：6.15×2.97×3.84 dp3：6.63×4.15×4.36 dp4：11.79×4.91×5.34 M1：9.05×6.11×6.41
G10：14446	小鹿	下颌骨	右	中	6.1	砍、烤		M1：9.04×6.27×4.04 M2：9.62×7.41×5.14 M3：12.79×7.17×5.91
YSI④A：1050	小鹿	下颌骨	右	中	6.2	砍、烤		M1：9.63×6.51×6.95 M2：10.51×6.93×8.31
G18：204	小鹿	下颌骨	右	中	9.1	砍		P4：7.49×4.01×4.88 M1：9.87×6.98×5.89 M2：10.22×7.59×6.53

续表

小件号	种属	骨骼名称	左右	部位	重量（g）	人工痕迹	年龄（月）	测量数据（mm）
YSI④A：535	小麂	下颌骨	右	中	7.2	砍	36左右	P3：6.59×3.96×6.82 P4：7.48×4.94×6.04 M1：8.27×6.45×4.98 M2：9.55×5.53×5.72 M3：13.03×6.56×7.04
YSI③：6912	小麂	下颌骨	右	中	6.8	砍、烤		齿槽间隙长：27.52 前臼齿列长：23.92 dp2：5.89×2.73×5.16 dp3：7.44×3.72×4.51 M1：8.96×6.35×7.49 M2：10.88×5.12×5.52
YSI①：114	小麂	下颌骨	右	中	8.5			M1：8.92×6.33×8.11 M2：10.11×6.86×10.16
G10：14443	小麂	下颌骨	右	中	8.5			齿槽间隙长：29.15 前臼齿列长：24.61 dp2：5.77×2.87×4.42 dp3：7.99×3.71×4.17 dp4：11.19×5.16×5.39 M1：9.99×5.49×9.38
G18：184	小麂	下颌骨	右	中	14.3		18左右	臼齿列长：35.19 dp4：10.38×5.09×4.95 M1：9.13×6.05×7.72 M2：11.16×7.09×9.57 M3：14.52×6.51×8.81
G10：14086	小麂	下颌骨	右	中	7.9	烤	48左右	前臼齿列长：22.48 P3：6.15×4.55×6.14 P4：7.38×5.06×6.81 M1：9.14×5.89×6.34 M2：9.93×6.93×7.64
G10：14452	小麂	下颌骨	左	完整	15.5	烤	36左右	Goc：25.07 Gov：34.34 齿槽间隙长：36.51 前臼齿列长：20.41 臼齿列长：32.13 颊齿列长：50.34 P2：5.61×3.22×5.41 P3：6.97×3.75×5.92 P4：7.35×4.45×6.15 M1：8.04×5.62×8.11 M2：9.51×6.52×8.01 M3：13.04×6.92×9.24

续表

小件号	种属	骨骼名称	左右	部位	重量（g）	人工痕迹	年龄（月）	测量数据（mm）
G10：14012	小麂	下颌骨	右	中	5.6	烤		M2：11.71×11.86×8.58 M3：11.66×11.65×9.41
G10：14098	小麂	下颌骨	右	中	7.3	砍	60左右	前臼齿列长：21.53 颊齿列长：54.59 P2：6.72×3.52×4.26 P3：6.78×4.15×5.26 P4：7.71×5.38×4.54 M1：8.17×6.36×5.45 M2：8.96×6.99×6.97 M3：11.82×6.47×8.38
G10：13984	小麂	下颌骨	右	远	13.5	烤	24左右	P4：8.01×5.41×8.98 M1：9.53×6.56×7.63 M2：9.88×6.66×9.24 M3：12.82×6.86×9.86
L6：285	小麂	下颌骨	右	远	7.7	砍		M1：10.32×6.88×10.98 M2：11.16×6.65×11.81
G10：14089	小麂	下颌骨	右	中	6.5	砍、烤		M1：9.65×6.05×7.64 M2：9.84×6.41×10.33
G10：14015	小麂	下颌骨	右	远	9.4	烤		P2：6.68×3.65×5.71 M1：9.59×6.24×7.88 M2：10.62×6.32×9.09
G10：14040	小麂	下颌骨	右	中	2.5	烤		M1：9.28×6.32×5.77
G10：14004	小麂	下颌骨	右	中	8.2		24左右	前臼齿列长：24.15 P2：6.34×3.34×6.22 P3：8.14×3.96×8.41 P4：8.41×4.93×8.69 M1：9.57×5.99×8.35 M2：11.41×6.93×9.91
G10：11779	小麂	下颌骨	右	中	10.6	砍	24左右	前臼齿列长：22.39 臼齿列长：34.55 颊齿列长：54.55 P2：6.27×3.63×7.48 P3：7.47×4.14×6.64 P4：7.43×4.65×7.30 M1：9.49×5.88×7.55 M2：10.16×6.87×10.03 M3：13.91×6.66×10.24

续表

小件号	种属	骨骼名称	左右	部位	重量（g）	人工痕迹	年龄（月）	测量数据（mm）
G10：13975	小麂	下颌骨	右	中远	7.2	砍、烤		前臼齿列长：23.61 P3：7.57×4.29×7.75 P4：7.92×4.89×8.96 M1：8.73×5.92×10.01 M2：8.36×6.38×10.29
G10：14186	小麂	下颌骨	右	远	3.1			P2：6.71×4.17×5.32 P3：6.73×4.63×5.52
G10：14052	小麂	下颌骨	右	中远	9.4	砍		前臼齿列长：25.37 P2：8.24×4.64×5.74 P3：8.71×5.53×5.38 M1：8.91×7.06×6.16
G10：3988	小麂	下颌骨	右	中远	8.4	砍、烤		P3：15.24×5.92×11.25 M1：12.56×6.19×9.85
G10：14073	小麂	下颌骨	右	中	7.4			臼齿列长：32.38 M1：7.49×5.88×5.59 M2：9.19×6.77×6.91 M3：13.21×6.65×8.43
G10：14451	小麂	下颌骨	右	中	12.7		24左右	齿槽间隙长：36.42 臼齿列长：34.44 前臼齿列长：22.82 P3：7.32×4.22×6.41 P4：7.46×4.91×7.11 M1：9.12×5.75×7.42 M2：10.83×6.88×9.23 M3：12.89×6.44×9.01
YSI③：6910	小麂	下颌骨	右	中	11.5		24左右	臼齿列长：34.96 M1：9.37×6.14×8.13 M2：10.72×6.78×9.44 M3：13.26×6.75×9.47
YSI③：6919	小麂	下颌骨	右	远	4.4	烤		齿槽间隙长：26.71 前臼齿列长：24.67 P2：6.51×3.71×4.71 P3：7.19×3.94×5.27 M1：7.96×5.57×4.38
YSI③：6923	小麂	下颌骨	右	远	5.8	砍		M2：9.98×6.87×7.23 M3：14.27×6.75×7.77

续表

小件号	种属	骨骼名称	左右	部位	重量（g）	人工痕迹	年龄（月）	测量数据（mm）
YSI②B：2773	小麂	下颌骨	右	远	4.9	砍		前臼齿列长：23.91 P2：8.28×4.54×5.93 P3：7.24×4.86×6.84 M1：9.13×6.84×6.77
G10：14076	小麂	下颌骨	右	远	2.0	烤		M1：8.32×4.51×5.11
YSI③：6909	小麂	下颌骨	左	中	8.7	砍、烤		齿槽齿列长：23.04 前臼齿列长：27.03 dp2：7.07×3.16×3.53 dp3：8.17×4.27×5.31 dp4：10.55×4.75×5.05
G10：14085	小麂	下颌骨	左	中远	9.1	烤	12左右	前臼齿列长：22.79 dp3：6.99×3.89×5.38 dp4：10.21×4.69×6.04 M1：11.41×6.11×10.13 M2：11.11×6.53×9.33
YSI②A：2366	小麂	下颌骨	左	远	4.5	砍		前臼齿列长：28.84 dp3：7.47×4.94×5.48 dp4：13.24×6.19×6.95
G10：14088	小麂	下颌骨	左	中	9.9	砍	4～5	GOC：22.33 前臼齿列长：27.65 齿槽间隙长：27.23 下颌髁宽：7.34 dp3：7.75×3.71×4.97 dp4：11.93×4.93×6.48 M1：9.67×5.81×7.92
G10：11780	小麂	下颌骨	左	中	9.4	烤		Gov：33.16 M2：10.76×6.72×8.52 M3：12.81×6.41×7.11
YSI③：6901	小麂	下颌骨	左	中	11.1	砍、烤	48左右	前臼齿列长：19.75 臼齿列长：34.42 P3：6.82×4.49×4.75 P4：6.94×4.85×5.13 M1：8.32×6.16×5.94 M2：9.87×7.04×7.73 M3：13.76×6.85×8.17

续表

小件号	种属	骨骼名称	左右	部位	重量（g）	人工痕迹	年龄（月）	测量数据（mm）
G10：13995	小麂	下颌骨	左	中	15.2	砍	24左右	前臼齿列长：24.61 臼齿列长：33.88 颊齿列长：56.38 P2：6.87 × 3.61 × 6.57 P3：7.89 × 4.46 × 7.48 P4：8.64 × 5.16 × 7.79 M1：9.28 × 6.05 × 8.97 M2：10.26 × 7.21 × 10.04 M3：14.21 × 7.01 × 9.07
YSI②B：2467	小麂	下颌骨	左	远	9.1	砍、烤	72左右	前臼齿列长：19.91 颊齿列长：52.28 P2：6.34 × 4.07 × 3.91 P3：6.35 × 4.48 × 3.92 P4：7.72 × 4.65 × 4.48 M1：8.23 × 6.33 × 4.51 M2：9.12 × 7.23 × 5.99 M3：13.85 × 7.12 × 7.23
YSI②B：2776	小麂	下颌骨	左	远	5.1	砍		P2：6.23 × 3.86 × 5.52 P3：8.10 × 4.49 × 7.06 P4：8.82 × 5.15 × 8.01
YSI④：743	小麂	下颌骨	左	远	3.6	砍		齿槽间隙长：30.53 前臼齿列长：23.02 P2：7.12 × 3.52 × 5.78 P3：7.16 × 4.54 × 5.64 P4：8.75 × 5.19 × 6.26
YSI③：6915	小麂	下颌骨	左	远	7.2	烤	24左右	齿槽间隙长：29.37 前臼齿列长：22.87 P3：7.24 × 3.75 × 6.13 P4：7.55 × 4.59 × 6.73 M1：8.85 × 5.85 × 6.91 M2：9.14 × 5.90 × 8.51
YSI②A：617	小麂	下颌骨	左	远	6.6	烤	36左右	齿槽间隙长：23.56 前臼齿列长：22.01 P2：6.95 × 3.75 × 6.03 P3：6.72 × 4.19 × 5.63 P4：7.89 × 4.84 × 6.45 M1：8.73 × 5.92 × 7.02
YSI④A：587	小麂	下颌骨	左	远	7.5	砍、烤		M2：10.29 × 6.85 × 7.52 M3：13.91 × 6.46 × 9.61

续表

小件号	种属	骨骼名称	左右	部位	重量（g）	人工痕迹	年龄（月）	测量数据（mm）
G10：14445	小鹿	下颌骨	左	中	10.6	砍、烤	60左右	P4：7.69×8.21×6.61 M1：8.21×6.61×6.48 M2：9.58×7.35×6.97 M3：14.16×6.52×8.26
YSI③：6906	小鹿	下颌骨	左	中	14.3		36左右	前臼齿列长：22.65 P3：7.61×4.41×7.63 P4：7.14×4.47×7.51 M1：8.21×5.92×7.33 M2：10.91×6.88×9.23 M3：13.67×6.71×8.28
G10：14000	小鹿	下颌骨	左	远	9.4	烤		前臼齿列长：26.47 P2：6.83×3.68×4.92 P3：7.56×4.46×7.23 P4：8.77×5.52×8.76 M1：9.96×7.34×9.13
YSI②B：2775	小鹿	下颌骨	左	远	5.8	砍		前臼齿列长：24.87 P2：6.71×3.87×5.51 P3：7.69×4.58×6.77 P4：7.95×5.08×6.21 M1：9.78×6.23×6.74
YSI③：6914	小鹿	下颌骨	左	中远	10.1	烤	36左右	前臼齿列长：24.10 P3：7.77×4.46×7.13 P4：7.98×4.99×6.61 M1：8.98×6.73×8.19
G10：14310	小鹿	下颌骨	左	中	7.7	切		P2：9.44×4.99×11.05 P3：11.98×6.49×9.77 前臼齿列长：29.48
YSI④A：409	小鹿	下颌骨	右	完整	28.9	烤		前臼齿列长：29.87 下颌髁宽：15.87 Goc：25.75 Gov：47.25 dp2：8.26×3.92×5.49 dp3：13.86×5.50×8.89 M1：13.23×5.63×7.61
G10：14448	小鹿	下颌骨	右	中	9.4	砍、烤		M1：9.82×6.16×6.93 M2：11.03×6.12×7.96

续表

小件号	种属	骨骼名称	左右	部位	重量（g）	人工痕迹	年龄（月）	测量数据（mm）
G10：10781	小麂	下颌骨	右	近	19.9	烤		前臼齿列长：28.21 臼齿列长：41.41 P2：8.32×4.15×5.87 P3：8.68×4.45×6.85 M1：9.18×6.34×7.25 M2：10.82×6.96×8.95 M3：15.71×6.48×9.49
G10：14450	小麂	下颌骨	右	中	20.7	砸、砍、烤		P2：8.49×6.46×9.53 P3：10.93×6.41×10.58 M1：11.59×7.48×7.60 M2：13.59×7.77×8.73
G12：528	小麂	下颌骨	右	中	17.2			P3：10.21×5.71×7.28 M1：11.27×6.64×7.49 M2：11.52×8.27×9.51
G10：10794	小麂	下颌骨	右	中	33.2	砍		M3：21.46×10.04×13.05
G10：14447	小麂	下颌骨	右	远	3.1	烤		齿槽间隙长：31.25 前臼齿列长：17.02 dp2：3.46×1.26×3.01 dp3：7.85×2.60×3.97 M1：6.51×3.34×5.77
YSI②A：2366	小麂	下颌骨	左	远	4.5	砍		前臼齿列长：28.84 dp2：7.47×4.94×5.48 dp3：13.24×6.19×6.95
G10：14444	小麂	下颌骨	左	中远	19.2	砍		前臼齿列长：29.63 dp2：8.02×5.11×8.84 P3：15.57×6.85×10.04 M1：14.42×6.41×8.64
YSI②B：2520	小麂	下颌骨	右	中	6.0	烤		dp3：8.67×4.00×3.65 M1：7.52×4.93×6.37 M2：8.25×5.36×6.89
G10：14306	小麂	下颌骨	右	中	16.4	切、烤		M1：12.39×6.94×9.11 M2：14.81×5.88×10.79
YSI③：6901	小麂	下颌骨	左	中	11.1	砍、烤		前臼齿列长：19.75 臼齿列长：34.42 P2：6.82×4.49×4.75 P3：6.94×4.85×5.13 M1：8.32×6.16×5.94 M2：9.87×7.04×7.73 M3：13.76×6.85×8.17

续表

小件号	种属	骨骼名称	左右	部位	重量（g）	人工痕迹	年龄（月）	测量数据（mm）
G10：14111	小鹿	下颌骨	左	中	4.3	烤		M1：11.34 × 8.41 × 8.07 M2：12.55 × 9.58 × 9.78
G10：13995	小鹿	下颌骨	左	中	15.2	砍		前臼齿列长：24.61 臼齿列长：33.88 颊齿列长：56.38 P1：6.87 × 3.61 × 6.57 P2：7.89 × 4.46 × 7.48 P3：8.25 × 5.28 × 8.28 M1：9.28 × 6.05 × 8.97 M2：10.26 × 7.21 × 10.04 M3：14.21 × 7.01 × 9.07
G10：13996	小鹿	下颌骨	左	远	8.5	烤	72左右	齿槽间隙长：26.93 前臼齿列长：19.77 颊齿列长：49.95 P2：6.34 × 3.41 × 5.93 P3：6.14 × 4.53 × 5.16 P4：7.77 × 4.57 × 4.78 M1：7.47 × 4.93 × 5.89 M2：8.70 × 6.14 × 6.92 M3：13.07 × 5.99 × 7.52
YSI②B：2467	小鹿	下颌骨	左	远	9.1	砍、烤		前臼齿列长：19.90 颊齿列长：52.28 P1：6.34 × 4.07 × 4.42 P2：6.35 × 4.48 × 4.53 P3：6.32 × 5.03 × 4.18 M1：7.23 × 6.33 × 6.03 M2：8.65 × 7.23 × 5.99 M3：12.41 × 7.12 × 7.68
F14①：9	小鹿	下颌骨	左	中远	29.7			齿槽间隙长：38.43 前臼齿列长：32.20 P2：6.02 × 5.20 × 7.58 P3：8.32 × 5.65 × 7.73 M1：9.29 × 7.87 × 7.24 M2：11.11 × 8.18 × 8.32 M3：19.81 × 6.94 × 7.16
G10：14082	小鹿	下颌骨	左	中	14.5	砍		臼齿列长：40.52 M1：11.11 × 7.60 × 9.71 M2：12.63 × 8.11 × 10.05 M3：14.87 × ?5 × 10.42

续表

小件号	种属	骨骼名称	左右	部位	重量（g）	人工痕迹	年龄（月）	测量数据（mm）
G10：11779	小鹿	下颌骨	右	中	10.6	砍		前臼齿列长：22.39 臼齿列长：34.55 颊齿列长：54.55 P1：6.27×3.63×7.48 P2：7.47×4.14×6.64 P3：7.43×4.65×7.30 M1：9.27×6.01×8.08 M2：10.16×6.87×10.03 M3：13.90×6.66×10.24
G10：13975	小鹿	下颌骨	右	中远	7.2	砍、烤	24左右	前臼齿列长：23.61 P3：7.57×4.29×7.75 P4：7.92×4.89×8.96 M1：8.73×5.92×10.01 M2：8.36×6.38×10.29
G10：14052	小鹿	下颌骨	右	中远	9.4	砍		前臼齿列长：25.37 P3：8.24×4.64×5.74 P4：8.71×5.53×5.38 M1：8.91×7.06×6.16
G10：14073	小鹿	下颌骨	右	中	7.4			臼齿列长：32.38 M1：7.49×5.88×5.59 M2：9.19×6.77×6.91 M3：13.21×6.65×8.43
G10：14034	小鹿	下颌骨	左	远	8.1	砍		前臼齿列长：26.91 P2：8.09×4.90×8.23 P3：14.15×6.29×9.85
G10：14000	小鹿	下颌骨	左	远	9.4	烤		前臼齿列长：26.47 P1：6.83×3.68×4.92 P2：9.25×4.46×7.23 P3：8.77×5.52×8.76 M1：9.96×7.34×9.13
YSI②A：2773	小鹿	下颌骨	右	远	4.9	砍		前臼齿列长：23.90 P2：8.28×4.54×5.93 P3：7.24×4.86×6.84 M1：9.13×6.84×6.77
YSI②B：2775	小鹿	下颌骨	左	远	5.8	砍		前臼齿列长：24.87 P1：6.70×3.87×5.51 P2：7.69×4.58×6.77 P3：7.95×5.08×6.21 M1：9.78×6.23×6.74

续表

小件号	种属	骨骼名称	左右	部位	重量（g）	人工痕迹	年龄（月）	测量数据（mm）
YSI③：6916	小麂	下颌骨	左	远	5.8	烤		M2：8.63×5.23×8.43 M3：12.30×5.16×6.70
G10：14096	小麂	下颌骨	右	中	11.4	烤		前臼齿列长：26.69 M1：11.13×7.24×9.38
G10：14305	小麂	下颌骨	左	完整	47.1			Gov：61.85 P3：10.31×6.31×12.22 M1：13.12×7.64×12.63 M2：16.17×7.78×11.63
G10：14307	小麂	下颌骨	右	完整	41.6	砍		前臼齿列长：27.91 下颌髁宽：18.15 Gov：36.54 P2：9.11×6.16×9.52 P3：11.68×6.16×9.68 M1：13.09×7.53×12.21 M2：17.5×7.71×11.17
G10：14076	小麂	下颌骨	右	远	2.1	烤		M1：8.32×4.5×5.11
G10：1449	小麂	下颌骨	左	中远	8.3	砍、烤		前臼齿列长：28.91 齿槽间隙长：27.51 dp2：7.86×4.43×7.77 dp3：14.93×5.35×11.11 M1：14.94×5.41×7.94
G10：13974	小麂	下颌骨	右	中	6.8	烤		P3：6.64×4.31×6.39 M1：7.44×4.84×5.74 M2：8.04×5.73×5.93 M3：12.12×5.47×6.28
G10：13989	小麂	下颌骨	右	中	9.6			前臼齿列长：38.56 齿槽间隙长：49.59 P1：7.86×4.45×5.75 P2：8.55×5.21×8.13 P3：10.17×6.22×8.61 M1：1.15×7.14×9.31
YSI③：6923	小麂	下颌骨	右	远	5.8	砍		M2：9.98×6.87×7.23 M3：14.27×6.75×7.77
G10：3988	小麂	下颌骨	右	中远	8.4	砍、烤		P3：15.24×5.92×11.25 M1：12.56×6.19×9.85
G10：14073	小麂	下颌骨	右	中	7.4			臼齿列长：32.38 M1：7.49×5.88×5.59 M2：9.19×6.77×6.91 M3：13.21×6.65×8.43

续表

小件号	种属	骨骼名称	左右	部位	重量（g）	人工痕迹	年龄（月）	测量数据（mm）
G10：14186	小麂	下颌骨	右	远	3.1			P2：6.71×4.17×5.32 P3：6.73×4.65×5.52
G10：14015	小麂	下颌骨	右	远	9.4	烤		P1：6.68×3.65×5.71 M1：9.59×6.24×7.88 M2：10.62×6.22×9.09
G10：14040	小麂	下颌骨	右	中	2.5	烤		M1：9.28×6.32×5.77 M2：8.96×6.74×10.71
L6：285	小麂	下颌骨	右	远	7.7	砍		M1：10.32×6.88×10.98 M2：11.16×6.65×11.81
YSI④A：1050	小麂	下颌骨	右	中	7.7	砍、烤		M1：9.63×6.51×6.95 M2：10.51×6.93×8.31
G18：204	小麂	下颌骨	右	中	9.1	砍	48	P4：7.49×？×5.88 M1：9.87×6.98×5.89 M2：10.21×7.59×6.53
G24：930	小麂	下颌骨	左	远	4.1	砍	48左右	前臼齿列长：20.75 P2：5.52×4.04×4.84 P3：7.09×5.16×5.05 P4：8.05×5.71×7.01 M1：9.28×6.57×5.95
G16：193	小麂	下颌骨	左	远	2.1	砍		P4：6.78×4.49×6.91 M1：7.59×4.64×6.78
G10：14049	小麂	下颌骨	左	完整	9.4	砍		前臼齿列长：23.66 臼齿列长：32.37
YSI②B：1225	小麂	下颌骨	左	远	4.6	砸		前臼齿列长：22.86
G16：173	小麂	下颌骨	左	近中	4.5	砍		下颌髁宽：8.84 GOV：31.65 GOC：31.07 M3：12.55×5.26×8.47
G10：14045	小麂	下颌骨	左	远	1.5	砍		P3：8.51×5.85×7.08
YSI③：6922	小麂	下颌骨	右	远	1.4	砍		前臼齿列长：16.22 M1：7.23×4.38×5.51
G10：14179	小麂	下颌骨	右	中	5.1	砍		M3：13.67×7.23×9.11
YSI③：694	小麂	下颌骨	右	远	4.7	砸		P2：6.28×4.06×5.43
G10：14067	小麂	下颌骨	右	远	3.1			
YSI③：6917	小麂	下颌骨	右	中远	3.8	砍		前臼齿列长：21.46 P2-I3长：37.33 P4：8.11×5.52×7.91

续表

小件号	种属	骨骼名称	左右	部位	重量（g）	人工痕迹	年龄（月）	测量数据（mm）
YSI③：6908	小鹿	下颌骨	右	中远	8.0	砍		前臼齿列长：25.31 M1：10.65×6.52×10.15 M2：10.92×7.07×10.86
YSI③：6907	小鹿	下颌骨	右	近中	7.3	砍		GOC：26.31 M2：9.86×6.38×7.68 M3：13.01×7.25×8.66
G10：7033	小鹿	下颌骨	左	中远	2.0	砍		P2-I3长：27.24
G10：14348	小鹿	下颌骨	左	完整	15.8	烤	36左右	齿槽间隙长：35.23 前臼齿列长：20.68 臼齿列长：32.32 颊齿列长：53.83 Goc：31.07 P2：6.78×3.56×4.08 P3：7.66×4.17×5.13 P4：7.89×4.74×5.58 M1：7.82×5.88×6.63 M2：10.01×6.72×6.71 M3：13.70×6.40×9.09
G10：14447	麝	下颌骨	右	远	3.1	烤		前臼齿列长：17.02 dp3：3.46×1.26×3.11 dp4：7.85×2.6×3.97 M1：6.51×3.34×5.77
YSI②B：2520	麝	下颌骨	右	中	6.0	烤		dp4：8.67×4.01×3.65 M1：7.52×4.93×6.37 M2：8.25×5.36×6.89
G10：13974	麝	下颌骨	右	中	6.8	烤	24左右	P4：6.27×4.73×5.66 M1：7.15×4.73×5.96 M2：7.82×5.51×7.03 M3：12.05×5.37×7.45
L7：55	麝	下颌骨	右	中	5.2	砍、烤	24左右	臼齿列长：27.48 M1：7.59×4.66×5.68 M2：8.09×5.05×6.41 M3：9.25×5.01×5.97
YSI④B：84	豪猪	下颌骨	右	完整	17.1	砍		颊齿列长：33.01
G10：104	豪猪	下颌骨	右	完整	14.8			颊齿列长：30.09
G10：105	豪猪	下颌骨	右	完整	11.1			颊齿列长：33.83
G10：106	豪猪	下颌骨	右	近中远	14.9			颊齿列长：34.76
G18：108	豪猪	下颌骨	左	近中远	14.4	烤		颊齿列长：31.95
G10：107	豪猪	下颌骨	左	完整	18.3	烤		颊齿列长：33.27

续表

小件号	种属	骨骼名称	左右	部位	重量（g）	人工痕迹	年龄（月）	测量数据（mm）
G10：0158	豪猪	下颌骨	右	完整	18.6			全长：86.28 M1后下颌骨高：21.62 下颌骨垂直部高：37.64 C1：6.26 × 5.78 × 13.9 P4：8.44 × 7.59 × 8.69 M1：7.94 × 6.72 × 6.51 M2：6.92 × 6.55 × 5.26 M3：6.39 × 5.71 × 6.33
L2：190	竹鼠	下颌骨	左	中远	3.2			M1：4.26 × 3.48 × 2.49 M2：3.99 × 4.97 × 2.39 M3：4.07 × 4.73 × 3.69

附表2-3　哺乳动物肱骨骨骼数据统计表

小件号	种属	骨骼名称	左右	保存部位	重量（g）	人工痕迹	GL(mm)最大长	Bp(mm)近端最大宽	SD(mm)骨干最小宽	Bd(mm)远端最大宽
YSI③：4599	水牛	肱骨	右	近	220.9	砍		104.12		
YSI②B：986	水牛	肱骨	右	近中	222.9	砸		107.28		
YSI②A：44	水牛	肱骨	右	近中	416.0	砍		107.15		
G10：3265	水牛	肱骨	右	近中	269.4	砸		105.79		
G24：542	水牛	肱骨	右	完整	769.9		311.33	110.42	40.82	84.26
G10：11677	水牛	肱骨	右	完整	760.0	切、砍	308.11	115.01	39.33	87.53
YSI②A：2653	水牛	肱骨	右	完整	492.4	切、砍			42.07	80.20
G10：3262	水牛	肱骨	右	远	107.1	砸、砍				86.69
YSI②A：71	水牛	肱骨	右	远	169.1	砸、砍				88.85
G24：270	水牛	肱骨	右	远	181.5	切、砸、烤				89.45
G10：2796	水牛	肱骨	右	远	243.8	切、砸				86.26
G10：375	水牛	肱骨	右	远	107.2	砸				85.88
G10：531	水牛	肱骨	右	远	234.6	砸、砍				91.48
YSI②A：1	水牛	肱骨	右	远	153.3	砸				82.55
G10：1229	水牛	肱骨	右	远	155.1	砸				87.52
G10：474	水牛	肱骨	右	远	217.9	砸				91.45
G10：312	水牛	肱骨	右	远	256.5	切、砸				86.62
YSI②A：57	水牛	肱骨	右	远	163.4	砍				81.94
G10：3312	水牛	肱骨	右	远	270.3	切、砸				88.94
G10：1121	水牛	肱骨	右	中远	377.8	砸				90.22
L2：57	水牛	肱骨	右	中远	159.8	砍、劈				91.81

续表

小件号	种属	骨骼名称	左右	保存部位	重量（g）	人工痕迹	GL(mm)最大长	Bp(mm)近端最大宽	SD(mm)骨干最小宽	Bd(mm)远端最大宽
G10：471	水牛	肱骨	右	中远	221.4	切、砸、砍				78.91
G10：3266	水牛	肱骨	右	中远	282.6					87.24
YSI④A：62	水牛	肱骨	右	中远	323.1	切、砍				78.24
G10：428	水牛	肱骨	左	近	405.8	砍		109.55		
YSI②A：36	水牛	肱骨	左	近	133.7	砍		98.38		
G10：348	水牛	肱骨	左	近中	661.2	切、砍、剔		103.20	43.70	
G10：2791	水牛	肱骨	左	近中	396.6	切、砸、剔		115.31		
G10：325	水牛	肱骨	左	完整	379.1	砸、剔			42.69	91.73
G10：11687	水牛	肱骨	左	完整	611.5	切、砍	301.22	107.22	42.29	
G10：11675	水牛	肱骨	左	完整	724.2	切、砍、剔		105.20	39.17	87.43
G10：13578	水牛	肱骨	左	完整	618.9	切	300.50	108.73	39.45	93.48
G10：986	水牛	肱骨	左	远	244.0	切、砸				84.27
YSI③：4583	水牛	肱骨	左	远	206.3	砸、砍				79.62
YSI③：4600	水牛	肱骨	左	远	224.1	切、砸				84.51
G10：3264	水牛	肱骨	左	远	199.8	砸				79.21
YSI②A：62	水牛	肱骨	左	远	336.8	砸、砍				88.28
G10：424	水牛	肱骨	左	远	164.1	砸				89.22
G10：3282	水牛	肱骨	左	远	256.3	砸				83.21
YSI②B：798	水牛	肱骨	左	远	112.4	砸				78.91
YSI④A：573	水牛	肱骨	左	远	147.4	砸				85.08
G10：2792	水牛	肱骨	左	远	268.5	切、砸、砍				90.30
G10：1240	水牛	肱骨	左	远	186.7	切砸				80.25
YSI②A：58	水牛	肱骨	左	远	194.6	切、砸、砍				82.11
G18：1051	水牛	肱骨	左	远	202.0	切、砸、烤				82.41
YSI②A：4	水牛	肱骨	左	远	246.4	砸				87.21
G10：418	水牛	肱骨	左	远	128.5	砸、砍				88.61
G10：3281	水牛	肱骨	左	远	149.6	切、砸				83.86
YSI②B：3242	水牛	肱骨	左	远	241.0	切、砸				94.36
YSI①：19	水牛	肱骨	左	中远	269.4	切、砸、砍				89.29
YSI③：4588	水牛	肱骨	左	中远	286.6	切、砸				84.45
YSI①：52	水牛	肱骨	左	中远	306.5	砸、砍、剔				81.42
YSI②B：2733	水牛	肱骨	左	中远	180.9	切、砸				79.54
L6：323	水牛	肱骨	左	中远	418.5	切、砸			41.95	95.48
G10：3284	水牛	肱骨	左	中远	261.9	砸、剔				86.37
G10：3298	水牛	肱骨	左	中远	379.5	切、砸				92.86
YSI③：4582	水牛	肱骨	左	中远	496.3	切、砸			40.17	84.69

续表

小件号	种属	骨骼名称	左右	保存部位	重量（g）	人工痕迹	GL(mm)最大长	Bp(mm)近端最大宽	SD(mm)骨干最小宽	Bd(mm)远端最大宽
YSI②B：628	水牛	肱骨	右	远	146.3	砸、剔				83.11
YSI②B：2867	水牛	肱骨	右	远	124.9	切、砸、剔				80.43
YSI②A：3	水牛	肱骨	右	远	243.5	切、砸、剔				94.06
G10：482	水牛	肱骨	右	远	144.2	切、砸				82.21
G22③：24	水牛	肱骨	右	远	144.3	砸、烤				87.53
G10：415	水牛	肱骨	右	中远	241.0	砸				84.47
G10：3332	水牛	肱骨	右	中远	235.6	砸、剔				83.31
G10：1226	水牛	肱骨	左	远	152.9	切、砍				82.09
G10：3326	水牛	肱骨	左	远	177.8	砸、剔				80.86
G10：1236	水牛	肱骨	左	远	164.9	砸、砍				84.05
YSI③：4986	水牛	肱骨	左	远	117.0	砸、砍				80.08
G10：3317	水牛	肱骨	左	远	149.3	砸、砍				85.07
G10：3303	水牛	肱骨	右	完整	40.4	切、砍				78.78
G10：368	水牛	肱骨	右	远	93.4	切、砸、砍				84.61
G10：3283	黄牛	肱骨	右	近	94.4	砍		69.61		
G10：430	黄牛	肱骨	右	近	107.0	砍		79.59		
YSI③：5127	黄牛	肱骨	右	近	127.8	砍		69.34		
L6：001	黄牛	肱骨	右	近中	231.6	砸、砍		70.94		
G10：457	黄牛	肱骨	右	近中	170.0	砍		78.15		
YSI②A：2654	黄牛	肱骨	右	完整	207.4	砸、砍		76.07	30.42	
YSI③：4984	黄牛	肱骨	右	远	65.8	砸				63.21
YSI②A：59	黄牛	肱骨	右	远	67.3	切、砸				63.61
G10：3292	黄牛	肱骨	右	远	84.7	砸				63.66
G22③：23	黄牛	肱骨	右	远	178.0	砸、剔、烤				77.55
YSI②A：60	黄牛	肱骨	右	远	100.4	切、砸				68.93
G12：650	黄牛	肱骨	右	远	75.3	砸、砍				63.98
YSI②B：2674	黄牛	肱骨	右	远	115.8	切、砸				70.45
G18：1066	黄牛	肱骨	右	远	123.3	砸、砍				65.08
G11690	黄牛	肱骨	右	远	132.6	切、砸				69.11
YSI②A：2618	黄牛	肱骨	右	远	114.7	砸、砍				66.98
G2：3293	黄牛	肱骨	右	远	148.1	砸				70.90
YSI②A：66	黄牛	肱骨	右	远	87.1	切、砸、砍				65.71
YSI②B：975	黄牛	肱骨	右	远	128.6	切、砸、剔				69.24
G10：1122	黄牛	肱骨	右	远	165.4	砸				73.52
YSI②A：54	黄牛	肱骨	右	远	92.2	砸				66.07
YSI②A：2449	黄牛	肱骨	右	远	83.8	砸				62.46

续表

小件号	种属	骨骼名称	左右	保存部位	重量（g）	人工痕迹	GL(mm)最大长	Bp(mm)近端最大宽	SD(mm)骨干最小宽	Bd(mm)远端最大宽
G10：477	黄牛	肱骨	右	远	122.3	砸、砍、剔				75.87
G10：1131	黄牛	肱骨	右	远	129.6	砸				63.15
YSI②B：2850	黄牛	肱骨	右	远	140.5	切、砸				78.10
YSI②B：1260	黄牛	肱骨	右	远	102.8	砸				78.40
G10：522	黄牛	肱骨	右	远	94.5	砸				69.39
YSI②B：470	黄牛	肱骨	右	远	146.4	切、砸				72.77
YSI②A：65	黄牛	肱骨	右	远	81.0	砸				65.07
G10：378	黄牛	肱骨	右	远	100.3	切、砸				66.52
G10：379	黄牛	肱骨	右	中远	112.1	切、砸、砍				67.73
YSI②B：3609	黄牛	肱骨	右	中远	147.4	砸、砍、剔				59.18
G10：3267	黄牛	肱骨	右	中远	147.1	切、砸、砍、剔				71.81
G10：3273	黄牛	肱骨	右	中远	147.1	切、砸				71.50
G10：431	黄牛	肱骨	右	中远	213.4	切、砸、剔				76.40
YSI③：4982	黄牛	肱骨	右	中远	118.9	砸				61.89
G10：1152	黄牛	肱骨	右	中远	165.3	砍				66.51
YSI②A：2664	黄牛	肱骨	右	中远	165.1	砸、烤				69.83
G10：3316	黄牛	肱骨	右	中远	181.8	切、砸				78.09
L6：359	黄牛	肱骨	右	中远	162.3	切、砸、砍、剔				66.85
YSI②B：3344	黄牛	肱骨	右	中远	251.7	切、砸、砍				79.53
G10：508	黄牛	肱骨	右	中远	138.0	砍				67.77
G17：126	黄牛	肱骨	右	中远	151.1	切、砸				68.38
G10：3321	黄牛	肱骨	右	中远	80.0	切、砸				65.04
YSI②A：1480	黄牛	肱骨	右	中远	122.9	砸、剔				63.62
G10：473	黄牛	肱骨	右	中远	99.4	砸、砍、剔				58.64
G10：500	黄牛	肱骨	右	中远	151.3	砸				68.26
L6：334	黄牛	肱骨	右	中远	128.1	砸、砍				64.11
G10：364	黄牛	肱骨	左	近	95.4	砍		72.05		
G22③：57	黄牛	肱骨	左	近	93.1	砍		80.37		
G12：614	黄牛	肱骨	左	近	67.9	砍		68.23		
G10：1124	黄牛	肱骨	左	近中	181.1	砍		73.80	33.36	
G10：984	黄牛	肱骨	左	近中	175.3	砍、砸		69.30		
YSI④A：161	黄牛	肱骨	左	远	60.3	砸、砍				67.50
G10：3268	黄牛	肱骨	左	远	66.4	砸				66.97
YSI③：4983	黄牛	肱骨	左	远	122.7	砸、砍				78.62

续表

小件号	种属	骨骼名称	左右	保存部位	重量（g）	人工痕迹	GL(mm)最大长	Bp(mm)近端最大宽	SD(mm)骨干最小宽	Bd(mm)远端最大宽
G18：1049	黄牛	肱骨	左	远	142.1	切、砸				75.34
G10：315	黄牛	肱骨	左	远	72.1	砸、砍				66.51
YSI②A：61	黄牛	肱骨	左	远	127.2	砸、砍				79.92
G10：460	黄牛	肱骨	左	远	139.5	砸、砍				74.61
G18：1946	黄牛	肱骨	左	远	71.3	砸、烤				63.41
YSI③：508	黄牛	肱骨	左	远	86.7	切、砸、砍				69.05
G10：3285	黄牛	肱骨	左	远	98.0	砍、劈、烤				68.30
G10：1238	黄牛	肱骨	左	远	80.9	切、砸				63.06
G24：271	黄牛	肱骨	左	远	80.6	砸、砍				64.45
YSI②B：952	黄牛	肱骨	左	远	95.7	切、砸				77.09
G10：1150	黄牛	肱骨	左	远	79.7	砸、砍				67.71
G10：3336	黄牛	肱骨	左	远	124.9	砸、砍				77.24
YSI②A：64	黄牛	肱骨	左	远	75.5	砸、砍				67.11
YSI②B：802	黄牛	肱骨	左	远	96.9	砸				71.56
YSI②B：3620	黄牛	肱骨	左	远	158.1	砸、砍、剔				67.21
YSI③：4994	黄牛	肱骨	左	远	122.8	砸、砍、剔				74.57
YSI②B：3365	黄牛	肱骨	左	远	63.9	切、砸				66.70
G10：1234	黄牛	肱骨	左	远	101.9	砸、烤				68.02
G24：268	黄牛	肱骨	左	远	119.8	切、砸				77.91
YSI③：5091	黄牛	肱骨	左	远	119.2	切、砸				69.44
G24：6	黄牛	肱骨	左	远	86.1	砸				64.44
G10：1140	黄牛	肱骨	左	远	128.8	砍、劈				76.78
G18：1055	黄牛	肱骨	近中	中	150.6	切、砸		80.98		
G22③：9	黄牛	肱骨	左	中	162.1	切、砸				69.65
G10：1141	黄牛	肱骨	左	中	190.5	切、砍				65.21
YSI③：5119	黄牛	肱骨	左	中远	116.3	砸				66.14
G10：441	黄牛	肱骨	左	中远	170.3	砍、剔				69.12
YSI②B：3906	黄牛	肱骨	左	中远	137.9	切、砍、剔				66.43
G10：3328	黄牛	肱骨	左	中远	162.7	切				68.07
YSI②B：3757	黄牛	肱骨	左	中远	145.2	砸、劈、剔				70.32
YSI③：5082	黄牛	肱骨	左	中远	157.3	砸				68.61
YSI②A：2619	黄牛	肱骨	左	中远	100.4	砸、砍、剔				64.82
YSI②B：781	黄牛	肱骨	左	中远	142.6	切、砸、砍				78.44
G10：3279	黄牛	肱骨	左	中远	106.6	切、砸、劈				62.02
G10：386	黄牛	肱骨	左	中远	122.7	切、砸				70.06

续表

小件号	种属	骨骼名称	左右	保存部位	重量（g）	人工痕迹	GL(mm)最大长	Bp(mm)近端最大宽	SD(mm)骨干最小宽	Bd(mm)远端最大宽
G10：303	黄牛	肱骨	左	中远	128.7	切、砸、砍、剔				63.53
G18：1101	黄牛	肱骨	左	中远	221.1	切砸				77.34
YSI②B：3233	黄牛	肱骨	右	近	168.4	砍		78.89		
G10：484	黄牛	肱骨	右	近	132.1	切、砍		70.04		
G18：39	黄牛	肱骨	右	近	218.0	砍、剔		99.11		
G10：450	黄牛	肱骨	右	近中	304.5	砸、砍		80.25		
G10：13608	黄牛	肱骨	右	近中	266.5	砸		80.68		
YSI②B：3701	黄牛	肱骨	右	完整	283.6	切、砍	245.01	82.91	32.63	69.41
G10：2796	黄牛	肱骨	右	完整	310.6	切、砍		91.88	34.57	68.97
YSI②A：73	黄牛	肱骨	右	远	111.3	砸、砍				65.13
G10：439	黄牛	肱骨	右	中远	172.8	切、砸				66.34
YSI②B：3529	黄牛	肱骨	右	中远	109.8	切、砸、砍				68.51
YSI②A：2479	黄牛	肱骨	右	中远	271.8	切				75.62
G10：989	黄牛	肱骨	左	近中	181.7	砸		68.89		
YSI②A：2483	黄牛	肱骨	左	完整	159.8	切、砸、砍			29.11	69.98
G10：11693	黄牛	肱骨	左	完整	467.9	切、剔	259.01	91.86	36.67	73.63
YSI③：4586	黄牛	肱骨	左	远	169.7	切、砸				67.88
YSI③：5083	黄牛	肱骨	左	远	81.3	切、砸				65.47
G10：3334	黄牛	肱骨	左	中远	295.2	切、砸				67.71
G10：512	黄牛	肱骨	左	中远	142.2	砸、砍、剔				68.46
L6：352	黄牛	肱骨	左	中远	189.5	砍				66.18
YSI②B · 2391	黄牛	肱骨	左	中远	27.0	砸				75.61
G10：3327	马	肱骨	左	中远	148.7	砍		68.27		
G10：1149	水鹿	肱骨	右	远	74.3	切、砸				59.07
G10：557	水鹿	肱骨	右	远	46.3	砸				52.77
G10：3288	水鹿	肱骨	右	远	71.8	砸、砍				61.21
YSI③：5066	水鹿	肱骨	右	中远	76.2	砸				52.48
L6：312	水鹿	肱骨	右	中远	198.7	切、砸				64.37
G10：434	水鹿	肱骨	右	中远	143.2	砸、砍			28.58	64.43
G10：13268	水鹿	肱骨	右	中远	97.1	切、砸				66.03
G10：452	水鹿	肱骨	右	中远	114.6	砸				67.21
G10：1143	水鹿	肱骨	左	近	102.8	砍				68.81
G10：14472	水鹿	肱骨	左	近	149.9	砍				60.32
YSI②B：964	水鹿	肱骨	左	近中	158.3	切、砸、剔		70.16		
G10：14470	水鹿	肱骨	左	完整	240.1	砸、剔			26.49	58.63

续表

小件号	种属	骨骼名称	左右	保存部位	重量（g）	人工痕迹	GL(mm)最大长	Bp(mm)近端最大宽	SD(mm)骨干最小宽	Bd(mm)远端最大宽
YSI②B：786	水鹿	肱骨	左	远	63.7	切、砸				55.61
YSI①：434	水鹿	肱骨	左	远	51.5	砸、砍				59.61
YSI②B：1496	水鹿	肱骨	左	远	48.8	砍				53.25
YSI②B：3632	水鹿	肱骨	左	远	99.8	切、砸				67.68
YSI②B：2102	水鹿	肱骨	左	远	50.1	砸、剔				52.91
G10：2795	水鹿	肱骨	左	中远	171.3	砸			31.56	67.38
YIS③：4585	水鹿	肱骨	左	中远	189.3	切、砸				67.12
YSI②A：2477	水鹿	肱骨	左	中远	151.8	切、砸			29.96	60.16
YSI②A：2659	水鹿	肱骨	左	中远	87.8	切、砸				61.65
G10：539	水鹿	肱骨	左	中远	116.6	切、砸				57.51
G10：421	水鹿	肱骨	左	中远	169.2	切、砸			31.16	65.79
G18：1065	水鹿	肱骨	右	中远	65.1	砸				54.93
L6：214	水鹿	肱骨	左	远	103.8	砸、剔				58.88
G10：3323	水鹿	肱骨	左	中远	100.3	切、砸、剔			26.41	53.71
YSI②B：3359	梅花鹿	肱骨	右	近	128.1	砸、砍		60.59		
G10：2797	梅花鹿	肱骨	右	近中	140.9	砸		57.49		
G10：13615	梅花鹿	肱骨	右	近中	41.0	砍		45.02		
G18：1058	梅花鹿	肱骨	右	远	39.8	砸				46.67
YSI③：5116	梅花鹿	肱骨	右	远	47.7	切、砍				51.47
G10：13628	梅花鹿	肱骨	右	远	49.0	砸				46.96
G10：3275	梅花鹿	肱骨	右	中远	45.8	砸、剔				44.88
YSI②A：2627	梅花鹿	肱骨	右	中远	49.8	切、砸、砍				47.09
YSI③：5134	梅花鹿	肱骨	右	中远	42.1	切、砸				40.91
YSI③：4993	梅花鹿	肱骨	右	中远	81.5	砸			19.36	41.37
YSI②A：2656	梅花鹿	肱骨	右	中远	99.5	切、砸				49.92
YSI③：5128	梅花鹿	肱骨	右	中远	73.7	砸				39.13
G10：3287	梅花鹿	肱骨	左	近	70.2	砸		60.94		
G10：472	梅花鹿	肱骨	左	近	78.4	砸		54.11		
G10：14471	梅花鹿	肱骨	左	近	36.5	切、砍		52.09		
G10：1151	梅花鹿	肱骨	左	近中	154.4	砍		63.89		
YSI②A：2657	梅花鹿	肱骨	左	完整	114.4	砸		66.48	21.17	41.11
G10：13617	梅花鹿	肱骨	左	完整	169.3	砍、剔			24.51	50.22
G18：1053	梅花鹿	肱骨	左	完整	158.3	砍	215.66	55.72	21.70	48.71
YSI③：5147	梅花鹿	肱骨	左	远	36.9	砸				49.46
G10：534	梅花鹿	肱骨	左	远	39.8	切、砍				43.27
G18：1075	梅花鹿	肱骨	左	远	66.1	砸、烤				48.73

续表

小件号	种属	骨骼名称	左右	保存部位	重量（g）	人工痕迹	GL(mm)最大长	Bp(mm)近端最大宽	SD(mm)骨干最小宽	Bd(mm)远端最大宽
YSI②B：1211	梅花鹿	肱骨	左	远	33.9	切、砸				40.47
YSI②B：2119	梅花鹿	肱骨	左	中远	70.2	砸				42.17
G10：349	梅花鹿	肱骨	左	中远	45.1	切、砸、剔、烤				44.09
YSI③：5000	梅花鹿	肱骨	左	中远	56.5	砸、砍、剔				48.24
G10：13537	梅花鹿	肱骨	左	中远	76.2	砸、烤				50.99
G18：1081	梅花鹿	肱骨	左	中远	72.8	砸、烧				46.92
G10：10447	梅花鹿	肱骨	左	中远	47.1	砍、烧				41.13
YSI③：5103	梅花鹿	肱骨	右	近中	74.8	切、砸				48.79
G10：13619	梅花鹿	肱骨	右	完整	163.4	切		52.89	23.61	45.08
G10：3271	梅花鹿	肱骨	右	远	78.1	砸、砍				43.02
YSI③：4760	梅花鹿	肱骨	右	远	54.3	切、砍、剔				42.84
YSI②B：546	梅花鹿	肱骨	右	中远	69.1	砍				39.59
G10：489	梅花鹿	肱骨	右	中远	118.2	切、砸			19.04	47.81
G18：1053	梅花鹿	肱骨	左	完整	159.9	切、砍		66.01	24.51	48.35
G10：3322	梅花鹿	肱骨	左	完整	133.7	剔			24.75	48.77
G10：1178	梅花鹿	肱骨	左	远	26.1	砸、砍				48.51
YSI④B：12	梅花鹿	肱骨	左	远	54.4	切、砸				47.51
YSI②B：7121	梅花鹿	肱骨	左	远	23.5	砸				46.75
YSI②B：2838	梅花鹿	肱骨	左	远	43.1	砸、剔				51.48
YSI④A：214	梅花鹿	肱骨	左	中远	44.2	砸、砍、剔				48.87
G10：467	梅花鹿	肱骨	左	中远	78.5	砸、砍				48.01
G10：13619	梅花鹿	肱骨	右	完整	163.4	切	239.31	52.89	23.61	45.08
YSI③：5103	梅花鹿	肱骨	右	近中	74.8	切、砸		48.79		39.13
YSI③：5105	虎	肱骨	右	远	70.6	切砸				71.55
G10：27	虎	肱骨	右	中远	165.9	切、砍				
G10：28	虎	肱骨	右	中远	130.3	砍、剔				76.23
L6：386	虎	肱骨	右	中远	114.1	切、砸、砍			23.77	
G10：2799	虎	肱骨	右	中远	79.4	切、砍				70.36
G10：24	虎	肱骨	右	完整	209.8	切	286.24	58.63	24.45	68.93
G10：23	虎	肱骨	右	中远	11.7	砍、剔				73.11
G10：26	虎	肱骨	左	完整	131.1	切、砍			23.92	70.03
G10：30	虎	肱骨	左	中远	139.5	切、砍			25.53	78.96
G10：0164	虎	肱骨	右	完整	222.4	切	294.50	60.61	25.13	70.75
G10：2797	野猪	肱骨	右	近中	140.9	砸		62.35		
YSI②A：2623	野猪	肱骨	右	远	37.8	砍				43.69

续表

小件号	种属	骨骼名称	左右	保存部位	重量（g）	人工痕迹	GL(mm)最大长	Bp(mm)近端最大宽	SD(mm)骨干最小宽	Bd(mm)远端最大宽
YSI③：4596	野猪	肱骨	右	远	29.5	砸、砍				45.27
G10：475	野猪	肱骨	右	中远	60.3	砸				48.48
G17：54	野猪	肱骨	右	中远	35.7	砍、劈				44.45
G18：109	野猪	肱骨	左	中远	69.3	砍				48.51
G10：13611	野猪	肱骨	左	中远	136.1	砸、砍、剔				53.64
G10：437	野猪	肱骨	左	中远	61.3	切、砍				43.06
G10：464	野猪	肱骨	左	中远	63.1	切、砍				51.23
G12：507	野猪	肱骨	右	完整	71.6	切			18.38	42.16
YSI②B：3758	野猪	肱骨	右	完整	122.9	砍			21.07	48.88
YSI③：4762	野猪	肱骨	左	远	39.7	切、砍				47.06
YSI②B：3169	野猪	肱骨	右	中远	46.4	切、砸、劈				44.77
YSI③：4773	野猪	肱骨	右	中远	15.7	砍				40.19
G18：1064	猪	肱骨	右	完整	33.2	砍、烤			12.39	30.91
YSI②B：2043	猪	肱骨	右	完整	41.1	砍、剔			14.26	30.41
YSI②B：4283	猪	肱骨	右	远	25.6	砍				32.85
YSI④A：655	猪	肱骨	右	远	22.8	砍				33.76
YSI③：4769	猪	肱骨	右	远	18.8	砸、砍				33.75
G10：1198	猪	肱骨	右	远	16.1	砍、烤				32.91
G10：1155	猪	肱骨	右	中远	23.2	砸				30.34
G18：1088	猪	肱骨	右	中远	25.1	切、砍				28.51
YSI③：5075	猪	肱骨	右	中远	39.3	砍			14.06	31.94
G10：1170	猪	肱骨	右	中远	22.1	切、砍				31.03
YSI③：5095	猪	肱骨	右	中远	22.6	砍				31.77
YSI③：4765	猪	肱骨	右	中远	31.2	砍、剔				36.98
G10：485	猪	肱骨	右	中远	32.6	砍				36.18
G18：1082	猪	肱骨	右	中远	26.1	砍				29.02
YSI②B：1282	猪	肱骨	右	中远	19.2	切、砍				27.36
G18：1091	猪	肱骨	右	中远	28.1	砍				34.27
L6：318	猪	肱骨	右	中远	40.8	切、砍、剔				34.92
G18：1076	猪	肱骨	右	中远	17.4	砍				29.24
G10：1209	猪	肱骨	右	中远	25.9	砍				28.49
G18：1102	猪	肱骨	左	完整	39.8	砍、剔			12.19	31.44
G10：447	猪	肱骨	左	完整	34.5	砍			11.92	31.67
G10：13618	猪	肱骨	左	完整	49.4	砍、剔			13.91	32.31
K7：8	猪	肱骨	左	完整	39.6	砍、切			12.68	30.56
G10：3593	猪	肱骨	左	完整	37.1	砍、剔			12.76	29.91

续表

小件号	种属	骨骼名称	左右	保存部位	重量（g）	人工痕迹	GL(mm)最大长	Bp(mm)近端最大宽	SD(mm)骨干最小宽	Bd(mm)远端最大宽
G24：972	猪	肱骨	左	远	33.6	砍				36.04
YSI③：5162	猪	肱骨	左	远	26.1	砍				36.12
YSI③：5154	猪	肱骨	左	远	15.2	砍				30.31
YSI③：5160	猪	肱骨	左	远	12.1	砍				29.07
YSI④A：328	猪	肱骨	左	远	16.1	砍				31.88
YSI②A：2448	猪	肱骨	左	远	16.7	砍				31.43
YSI②B：2207	猪	肱骨	左	远	18.8	砍				34.06
YSI③：4992	猪	肱骨	左	远	18.4	砍				34.51
YSI②B：894	猪	肱骨	左	中	17.5	切、砍				31.27
YSI②B：1045	猪	肱骨	左	中远	25.2	砍			13.51	30.91
YSI④A：295	猪	肱骨	左	中远	27.1	切、砍				34.61
YSI③：5106	猪	肱骨	左	中远	26.1	切、砍				30.32
YSI③：5098	猪	肱骨	左	中远	32.4	切、砍、剔				33.36
G10：1214	猪	肱骨	左	中远	27.8	砍、烤				32.71
F1②：01	猪	肱骨	左	中远	33.1	切、砍			12.46	31.87
YSI③：5279	猪	肱骨	左	中远	27.6	砍				33.18
G18：1080	猪	肱骨	左	中远	25.3	切、砍、烤				32.02
G10：486	猪	肱骨	左	中远	23.6	砍				33.61
YSI②B：4297	猪	肱骨	左	中远	25.2	砍			12.01	31.55
G12：627	猪	肱骨	左	中远	21.1	切、砍				31.16
YSI③：4595	猪	肱骨	左	中远	28.0	砍			14.99	31.43
G18：11	猪	肱骨	左	中远	33.6	砍			14.81	29.95
G18：1073	猪	肱骨	左	中远	33.9	砍			14.63	35.58
G18：2056	猪	肱骨	左	中远	16.2	切、砍				30.96
YSI②B：4403	猪	肱骨	左	中远	17.2	砍、剔			12.37	25.03
G10：3333	猪	肱骨	左	中远	21.5	砍			10.09	30.02
G18：1084	猪	肱骨	左	中远	17.6	砍				30.88
YSI④A：506	猪	肱骨	左	中远	19.2	切砍				30.48
G10：3347	猪	肱骨	左	中远	24.0	砍			13.36	29.46
YSI③：5120	猪	肱骨	左	中远	24.3	砍			12.34	31.72
G10：1164	猪	肱骨	左	中远	24.1	砍			14.27	31.39
YSI③：4759	猪	肱骨	左	中远	26.4	切、砍			11.68	28.03
G18：1099	猪	肱骨	左	中远	36.2	砍			13.84	33.31
K6：4	猪	肱骨	左	中远	36.1	砍			13.86	32.74
G10：1231	猪	肱骨	左	远	9.4	砍				27.98
YSI②A：2436	猪	肱骨	左	远	13.9	砸				30.31

续表

小件号	种属	骨骼名称	左右	保存部位	重量（g）	人工痕迹	GL(mm)最大长	Bp(mm)近端最大宽	SD(mm)骨干最小宽	Bd(mm)远端最大宽
H10：555	猪	肱骨	右	远	12.3	砍				29.67
G10：3301	豹	肱骨	右	近	29.7	切、砍				
G10：78	豹	肱骨	右	完整	100.1	砍	216.19	43.43	18.21	52.24
G10：82	豹	肱骨	左	中远	71.1	切、砍			18.21	49.84
G10：79	豹	肱骨	左	中远	47.0	切、砸			16.82	44.71
G10：74	豹	肱骨	左	中远	52.1	切、砸、剔			19.33	54.28
G10：76	豹	肱骨	右	中远	47.9	切			19.62	52.85
G10：73	豹	肱骨	左	近中	49.7			45.26	16.16	
G10：77	豹	肱骨	右	远	18.2	切、砸				46.45
G10：81	豹	肱骨	右	完整	36.5				15.61	44.21
G17：374	赤麂	肱骨	右	近中	18.7	砍		27.02		
G10：3391	赤麂	肱骨	右	近中	11.9	砍		28.86		
YSI③：4776	赤麂	肱骨	右	远	13.5	砸				34.23
L6：234	赤麂	肱骨	右	中远	10.3	砍				26.93
YSI②A：2604	赤麂	肱骨	左	近	12.8	砍		28.11		
G10：3315	赤麂	肱骨	左	近中	12.5	切、砍		27.89		
L6：206	赤麂	肱骨	左	完整	31.3			32.31	12.32	26.49
G10：13607	赤麂	肱骨	左	完整	32.1			30.05	11.82	26.69
G12：641	赤麂	肱骨	左	中远	18.6	切、砸				
G18：1113	赤麂	肱骨	左	中远	10.9	砍、烧				26.41
YSI④B：117	赤麂	肱骨	左	中远	10.8	砍			10.98	26.39
YSI②：12842	赤麂	肱骨	右	远	5.7	砍				25.31
YSI②B：354	赤麂	肱骨	左	近	13.9	砍		30.23		
G10：3280	赤麂	肱骨	左	近中	13.2				11.07	24.34
YSI③：5148	赤麂	肱骨	右	中远	20.6	砸				27.19
G10：13607	赤麂	肱骨	左	完整	32.1	砸	154.64	33.93	11.82	26.69
YSI③：5125	山羊	肱骨	右	中远	17.4				14.72	27.61
YSI②A：2663	山羊	肱骨	左	中远	20.8	砸				31.17
G10：3340	小麂	肱骨	右	近中	7.2	砍		21.62	11.45	
G10：3169	小麂	肱骨	右	完整	12.6	砍			10.24	21.55
G18：1108	小麂	肱骨	右	完整	19.1			25.34	11.01	25.78
YSI③：5157	小麂	肱骨	右	远	7.1	砍				21.03
G10：13601	小麂	肱骨	左	完整	14.9	砍		24.46	10.63	23.11
G10：1213	小麂	肱骨	左	完整	22.2		121.87		11.68	24.69
YSI③：6175	小麂	肱骨	左	中远	6.9	砍、烧			11.19	22.27
G10：14570	小麂	肱骨	左	远	3.5					21.22

续表

小件号	种属	骨骼名称	左右	保存部位	重量（g）	人工痕迹	GL(mm)最大长	Bp(mm)近端最大宽	SD(mm)骨干最小宽	Bd(mm)远端最大宽
G10：3356	小麂	肱骨	左	远	2.8	砍				20.94
G10：1179	小麂	肱骨	左	近中	9.2	砍		21.81	10.25	
F2：033	小麂	肱骨	左	完整	13.4	砍		26.41	10.01	
G10：13601	小麂	肱骨	左	完整	15.1	烤		24.46	10.63	23.10
G10：1219	小麂	肱骨	左	远	4.3	砍				21.75
YSI④A：523	小麂	肱骨	左	远	11.3	砍、劈			10.96	22.06
YSI④A：467	小麂	肱骨	左	中远	6.8	砍			9.75	21.23
G10：537	小麂	肱骨	左	中远	10.4	砍			10.87	22.04
YSI②A：2486	小麂	肱骨	左	中远	8.6	砍			9.11	20.71
G16：118	小麂	肱骨	左	中远	8.3	砍				20.59
G10：1197	小麂	肱骨	左	中远	6.6	砍			10.69	20.87
YSI③：5073	小麂	肱骨	左	中远	5.8	砍			10.07	22.11
YSI③：5636	小麂	肱骨	左	中远	5.8	砍				22.36
YSI③：5088	小麂	肱骨	左	中远	11.2	砍				23.52
G18：1107	小麂	肱骨	左	中远	11.3	砍			10.39	20.27
YSI③：4767	小麂	肱骨	左	中远	7.7	砍			8.85	20.01
G12：161	小麂	肱骨	右	近	11.8	砍		25.59	13.91	
YSI②B：4521	小麂	肱骨	右	近中	19.7	砍		24.82	12.29	
YSI②A：2628	小麂	肱骨	右	远	7.1	砍				24.52
YSI②B：315	小麂	肱骨	左	近中	11.6	砍		21.47	10.12	
YSI②A：2624	小麂	肱骨	左	中远	11.8	砍			10.77	
YSI②B：85	小麂	肱骨	右	中远	5.6	砍			9.62	19.54
YSI②B：717	小麂	肱骨	右	中远	9.1	砍			10.59	21.49
G10：1230	小麂	肱骨	右	中远	8.2	砍、剔			9.85	22.22
G10：1168	小麂	肱骨	右	中远	6.5	砍			10.12	
G18：1083	小麂	肱骨	右	中远	6.6	砍			9.81	19.85
G10：1167	小麂	肱骨	右	中远	8.9	砍			10.34	
YSI④A：916	小麂	肱骨	右	中远	6.5	砍				20.83
YSI②B：4215	小麂	肱骨	右	中远	9.2	砍				23.04
YSI③：5149	小麂	肱骨	右	中远	6.5	砍			9.49	18.22
G10：3340	麝	肱骨	左		7.7				8.85	20.01
YSI③：4767	麝	肱骨	左	中远	7.9					20.32
G10：0159	豪猪	肱骨	右	中远	10.4				9.85	27.62
YSI③：4999	猕猴	肱骨	左	中远	9.9	划		32.47	11.49	
TFB：8	猕猴	肱骨	左	中远	15.3	砍			9.71	30.29
F2：041	猕猴	肱骨	右	中远	10.2	砍				32.17
G10：9901	猫	肱骨	右	完整	4.6		86.55	18.39	6.61	16.11

附表2-4　哺乳动物肩胛骨骨骼数据统计表

小件号	种属	骨骼名称	左右	部位	重量（g）	人工痕迹	SLC (mm) 肩胛颈最小长	GLP (mm) 肩胛结最大长	LG(mm) 肩臼长	BG(mm) 肩臼宽
G10：9336	水牛	肩胛骨	右	近	74.3	切、砸	61.38	75.79	60.22	53.06
YSI②A：13	水牛	肩胛骨	右	近	137.5	切	57.45	71.27	56.91	48.38
YSI①：50	水牛	肩胛骨	右	近	106.1	切	67.27	91.66	67.03	56.88
G18：347	水牛	肩胛骨	右	近	132.3	砍	61.41	72.77	61.62	
YSI③：6410	水牛	肩胛骨	右	近中	107.6	砍				53.38
YSI②A：5	水牛	肩胛骨	右	近中远	408.2	切	66.81	85.05	68.55	56.66
G10：8992	水牛	肩胛骨	左	近	72.7	砍				53.45
G10：9441	水牛	肩胛骨	左	近	59.5	砍、烤	52.16	69.43	63.41	44.73
L2：62	水牛	肩胛骨	左	近	103.4	切、砸、剔		84.87	69.77	55.27
G10：9424	水牛	肩胛骨	左	近	94.9	切、砍	63.17	89.81	67.49	55.97
G10：8989	水牛	肩胛骨	左	近	81.5	切、砸	64.98			
G10：9345	水牛	肩胛骨	左	近中	89.5	切	62.13	71.21	61.36	53.41
G10：13715	水牛	肩胛骨	左	近中	243.6	切、砸、划	60.39	72.81	64.58	54.65
G10：13756	水牛	肩胛骨	左	近中	194.8	切	68.31	65.95	66.85	53.68
G10：9356	水牛	肩胛骨	左	近中	126.9	切、砸	51.06	65.92	56.21	46.22
G10：9399	水牛	肩胛骨	左	近中	146.7	切	58.27	71.53	60.25	46.71
G16：4	水牛	肩胛骨	左	近中	165.7	砸、砍、劈	54.37	61.04	53.55	45.67
G24：257	水牛	肩胛骨	左	近中	183.4	切、砸	52.54	69.45	65.31	45.07
YSI②A：6	水牛	肩胛骨	左	近中	136.4	切、剔、划	68.79	89.31	67.62	55.03
YSI②：2228	水牛	肩胛骨	左	近中	86.1	砸、劈、烤	54.51	81.67		
YSI③：6437	水牛	肩胛骨	左	近中	188.5		72.58	82.06	69.56	57.07
G10：9664	水牛	肩胛骨	左	近中	33.4	切、划	60.89	69.75	60.79	50.26
G18：1129	水牛	肩胛骨	左	近中	202.2	切、剔		83.19	62.63	52.46
G10：3481	水牛	肩胛骨	左	近中	111.3	切、砍	58.54	79.12	68.81	55.35
BN⑥：22	水牛	肩胛骨	右	近	57.1	砍		65.13	60.61	50.84
G10：9335	黄牛	肩胛骨	右	近	66.1	砍	54.61			
YSI②B：13384	黄牛	肩胛骨	右	近	62.6	砸、砍	43.89	62.26	52.40	37.89
YSI②B：3120	黄牛	肩胛骨	右	近	26.4	砍	45.09	60.17	49.92	42.33
G12：509	黄牛	肩胛骨	右	近	57.1	切	54.21	70.05	47.58	
YSI①：75	黄牛	肩胛骨	右	近	101.7	切		59.21	59.21	38.75
YSI②A：22	黄牛	肩胛骨	右	近	39.4	烤		64.21	49.78	46.84
YSI②A：7	黄牛	肩胛骨	右	近	66.1	切、砍	44.66	54.86	47.93	39.28
G10：9710	黄牛	肩胛骨	右	近	55.3	砸				33.34
G10：9646	黄牛	肩胛骨	右	近	42.8	切、砍	52.01	43.79	36.71	
YSI②A：19	黄牛	肩胛骨	右	近	56.7	砍	40.61	36.22	29.08	30.87

续表

小件号	种属	骨骼名称	左右	部位	重量（g）	人工痕迹	SLC (mm) 肩胛颈最小长	GLP (mm) 肩胛结最大长	LG(mm) 肩臼长	BG(mm) 肩臼宽
G18：1139	黄牛	肩胛骨	右	近	50.8	砍	50.75	44.08	37.48	37.96
YSI②A：2649	黄牛	肩胛骨	右	近	54.1	砍				38.83
G10：9403	黄牛	肩胛骨	右	近	38.5	切、砍			33.45	
YSI②B：3137	黄牛	肩胛骨	右	近	21.9	切、砸		50.31	43.44	44.63
G10：9348	黄牛	肩胛骨	右	近中	66.8	切、砍	49.64	61.43	48.77	42.32
YSI①：22	黄牛	肩胛骨	右	近中	137.1	切、剔	34.06	50.24	43.92	33.58
G10：9685	黄牛	肩胛骨	右	近中	50.4	砍、劈	39.52			
G10：8979	黄牛	肩胛骨	右	近中	116.1	切		70.73	40.31	48.48
YSI②A：9	黄牛	肩胛骨	右	近中	80.1	砍、劈、剔、烤	57.53	65.74	57.39	46.11
YSI②B：1950	黄牛	肩胛骨	右	近中	67.7	砍	48.41	58.11	49.76	40.37
G24：356	黄牛	肩胛骨	右	近中	87.1	切、砍、削		53.58	44.44	38.63
G10：9419	黄牛	肩胛骨	右	近中	63.3	砸	45.29	55.69	49.08	37.31
YSI②A：28	黄牛	肩胛骨	右	近中	70.9	切、砍、剔	48.29	58.91	49.36	45.55
G10：9601	黄牛	肩胛骨	右	近中	58.2	砍		43.98	38.74	43.91
YSI③：6428	黄牛	肩胛骨	右	近中	45.1	劈	52.41	48.02	41.38	40.85
G10：9426	黄牛	肩胛骨	右	近中	38.6	切、砍	58.14	41.53	38.79	35.88
G10：9323	黄牛	肩胛骨	右	远	50.5		55.54	61.54	53.41	43.07
G24：86	黄牛	肩胛骨	右	中	74.5			40.41		31.53
G18：1144	黄牛	肩胛骨	右	中	49.7	烤	55.40	42.72	34.66	37.72
G22：525	黄牛	肩胛骨	左	近	39.6	砍				34.94
G10：9673	黄牛	肩胛骨	左	近	66.9	砍	53.13		32.87	38.41
YSI③：6444	黄牛	肩胛骨	左	近	45.4		64.85	50.97	44.87	47.14
YSI②A：2638	黄牛	肩胛骨	左	近	45.2	切、劈、烤		59.11	42.34	52.75
YSI①：265	黄牛	肩胛骨	左	近	27.9	砸、砍		55.18	43.86	57.04
G18：705	黄牛	肩胛骨	左	近	25.5	砍		61.36	46.47	
YSI③：6407	黄牛	肩胛骨	左	近	40.9	砸		57.69	45.98	
G10：9639	黄牛	肩胛骨	左	近	20.6	切、砸、砍				42.99
YSI②A：938	黄牛	肩胛骨	左	近	52.8	切、砍	58.12	53.61	39.35	45.22
G24：20	黄牛	肩胛骨	左	近	30.8	砍	63.89	52.94	31.31	49.24
YSI②A：2474	黄牛	肩胛骨	左	近	49.9	砍			38.73	
YSI③：6614	黄牛	肩胛骨	左	近	51.6	砍	53.82	44.34	37.31	42.36
G24：113	黄牛	肩胛骨	左	近	51.1	砍	64.40	53.41	52.13	44.92
G10：9333	黄牛	肩胛骨	左	近	50.7	砍	59.96	50.13	30.06	
G18：1135	黄牛	肩胛骨	左	近	54.9	砍	64.76	54.21	47.34	55.63
YSI②A：2636	黄牛	肩胛骨	左	近	54.8	切、烤	42.61	31.62	26.39	24.51

续表

小件号	种属	骨骼名称	左右	部位	重量（g）	人工痕迹	SLC (mm) 肩胛颈最小长	GLP (mm) 肩胛结最大长	LG(mm) 肩臼长	BG(mm) 肩臼宽
G24：358	黄牛	肩胛骨	左	近	54.6	切、烤、烧				28.81
G22②：15	黄牛	肩胛骨	左	近	81.8	切、砍、削	42.34	33.19	30.53	28.61
G10：9372	黄牛	肩胛骨	左	近	48.2	砍	48.52	97.74	32.27	29.87
YS②B：3734	黄牛	肩胛骨	左	近	64.7	砍	43.83	32.71	29.33	25.59
G10：9675	黄牛	肩胛骨	左	近	53.5	砍	47.13	33.28	28.35	30.37
G10：9417	黄牛	肩胛骨	左	近	32.4		44.84	33.21	33.08	26.63
YSI③：6455	黄牛	肩胛骨	左	近	41.5	砍、剔	41.11	32.11	26.09	23.23
YSI③：6455	黄牛	肩胛骨	左	近	41.5	砍、剔		34.74	30.29	25.53
YSI②A：2473	黄牛	肩胛骨	左	近	59.1	切				
G18：1133	黄牛	肩胛骨	左	近	56.6	砍、劈	45.08	32.77	31.55	26.73
G10：9357	黄牛	肩胛骨	左	近	32.5	切、砍	45.76	34.24	34.21	
YSI②A：3648	黄牛	肩胛骨	左	近	33.9	切、砸	43.38	31.03	30.63	25.03
G10：9387	黄牛	肩胛骨	左	近	81.4	切、砍、剔		37.51	35.42	
YSI②A：18	黄牛	肩胛骨	左	近中	50.3	切、砍	41.07	40.46	29.45	32.36
G10：9708	黄牛	肩胛骨	左	近中	30.2	砍、烤	65.99	55.77	47.45	51.95
YSI④B：57	黄牛	肩胛骨	左	近中	47.2	切、削				53.23
YSI④B：27	黄牛	肩胛骨	左	近中	8.2	切、砸		60.89	53.61	
K12：5	黄牛	肩胛骨	左	近中	62.1	切、砍、削		59.49	47.91	53.79
YSI②A：2622	黄牛	肩胛骨	左	近中	87.5	切	59.41	48.91	39.87	50.11
G10：9322	黄牛	肩胛骨	左	近中	63.5	砍、剔	60.40	52.27	39.41	45.68
G25：5	黄牛	肩胛骨	左	近中	30.9	剔	47.24	42.34	33.79	32.05
YSI③：6409	黄牛	肩胛骨	左	近中	51.1	划	58.28	48.74	38.34	48.24
G10：9371	黄牛	肩胛骨	左	近中	162.9	切、划		54.37	35.99	48.24
YSI②B：3575	黄牛	肩胛骨	左	近中	104.7	砍	57.41		41.34	41.63
G10：9606	黄牛	肩胛骨	左	近中	42.8		57.26	47.94	39.38	42.42
G10：9343	黄牛	肩胛骨	左	近中	169.9	砸	60.76	47.04	42.19	43.71
YSI③：6420	黄牛	肩胛骨	左	近中	153.1	切、砍	55.49	48.34		
G10：10785	黄牛	肩胛骨	左	近中	326.9	切、砍、烤	52.88	70.76	61.23	48.48
YSI②A：8	黄牛	肩胛骨	左	近中	110.4	切、剔				31.35
YSI②A：15	黄牛	肩胛骨	左	近中	68.5	切	38.51	33.68	27.32	25.54
G18：1126	黄牛	肩胛骨	左	近中	60.6	切、砍、烤	45.94	32.27	30.89	
G24：251	黄牛	肩胛骨	左	近中	134.2	切	42.23	30.84	28.51	
G10：9326	黄牛	肩胛骨	左	中	41.4	砍	41.84	57.96	47.99	36.11
G10：8981	黄牛	肩胛骨	左	中	138.8	剔、划			45.63	
G22：463	黄牛	肩胛骨	左	近	17.1	切、砍		49.51		34.71

续表

小件号	种属	骨骼名称	左右	部位	重量（g）	人工痕迹	SLC (mm) 肩胛颈最小长	GLP (mm) 肩胛结最大长	LG(mm) 肩臼长	BG(mm) 肩臼宽
G22③：48	黄牛	肩胛骨	左	近	33.9	砍		56.47	50.18	40.38
G22：1099	黄牛	肩胛骨	左	近	26.1	砍		58.15	47.51	37.33
G10：9440	黄牛	肩胛骨	左	近	21.6	砍			52.08	44.32
G22：361	黄牛	肩胛骨	左	近	33.1	砍		51.97	43.64	40.29
YSI②A：1000	黄牛	肩胛骨	右	近	24.7	砍			62.83	49.04
YSI③：461	黄牛	肩胛骨	右	近	42.6	切、砍			50.53	42.28
G10：9438	黄牛	肩胛骨	右	近	28.9	切、砍			53.31	43.79
YSI②B：3564	黄牛	肩胛骨	右	近	20.5	砍、烤		52.51	46.38	37.79
G10：9630	黄牛	肩胛骨	右	近	26.6	砍		61.91	51.18	39.32
G10：3327	马	肩胛骨	左	中远	148.7	砍		68.27		
G10：8995	水鹿	肩胛骨	右	近中	67.8	砍			67.45	46.55
G10：9416	水鹿	肩胛骨	右	近中	76.7		36.41	62.98	49.87	40.57
G10：9376	水鹿	肩胛骨	右	近	29.7	砍			50.41	45.31
G10：9610	水鹿	肩胛骨	右	近	47.1	砍、剔	34.15	56.88	43.03	39.07
G10：13767	水鹿	肩胛骨	右	近中	72.6	砍	32.36			37.85
G10：9370	水鹿	肩胛骨	右	近中	46.3	切、剔	37.72	59.46		38.85
G10：9692	水鹿	肩胛骨	右	近中	37.9	切、剔	28.89			
YSI②B：3468	水鹿	肩胛骨	右	近	32.5	砍			39.24	39.56
G10：9328	水鹿	肩胛骨	右	近	41.7	砍、剔	30.33	52.63	38.72	34.45
YSI③：6413	水鹿	肩胛骨	右	近中	62.3	切、砍	32.90	53.47	44.12	37.47
G18：1130	水鹿	肩胛骨	右	近中	94.2	切、砍、烤	40.64	68.13	52.04	47.55
YSI③：6458	水鹿	肩胛骨	左	近中	76.1	砍		64.81	49.01	44.81
YSI②B：2330	水鹿	肩胛骨	左	近中	98.9	切、砸	36.30	64.19	46.91	43.34
G10：13716	水鹿	肩胛骨	左	近中	98.3	切、砸	35.41	61.79		
G10：8985	水鹿	肩胛骨	左	近中	103.7	砸	34.59	63.24	48.67	42.28
YSI②A：2459	水鹿	肩胛骨	左	近中	49.2	切、砸、烤	32.83		42.63	
G10：9670	水鹿	肩胛骨	左	近中	89.1	砸、烤	40.84	66.34	50.64	51.56
G10：8986	水鹿	肩胛骨	左	近中	78.2	切、烤	35.09	64.81	49.59	45.59
G10：9688	水鹿	肩胛骨	左	近中	68.9	切				40.81
G10：9431	水鹿	肩胛骨	左	近	22.6	切、砸、剔	31.46	58.61	44.16	37.91
G10：9694	水鹿	肩胛骨	左	近中	88.8	切、烤、划	37.37	62.44	49.17	45.35
G10：1078	水鹿	肩胛骨	左	近中	57.8	砍	33.90			
NQ①：163	水鹿	肩胛骨	左	近	27.9	砍		59.91	51.41	40.97
G10：9751	水鹿	肩胛骨	左	近中	70.2		39.70	66.65	51.51	49.31
G10：13776	水鹿	肩胛骨	左	近	50.8		32.79	57.71	47.47	34.86

续表

小件号	种属	骨骼名称	左右	部位	重量（g）	人工痕迹	SLC (mm) 肩胛颈最小长	GLP (mm) 肩胛结最大长	LG(mm) 肩臼长	BG(mm) 肩臼宽
NQ①：110	水鹿	肩胛骨	左	近中	80.7	砍	44.26	61.02	48.68	44.11
G18：1131	水鹿	肩胛骨	左	近	50.5	砍	33.03	61.66	48.07	42.09
NQ①：115	水鹿	肩胛骨	左	近	53.9	砸、砍		57.04	57.71	37.59
G10：9554	水鹿	肩胛骨	左	近	74.4	切、砸、划	42.02	66.72	51.33	44.85
BLG10：14606	水鹿	肩胛骨	左	近	19.9	砍	37.76	51.19	43.41	
YSI②A：742	水鹿	肩胛骨	右	近	12.5	砍	36.82			
G10：14485	梅花鹿	肩胛骨	右	近	17.1	中		45.94	32.27	30.89
YSI②B：478	梅花鹿	肩胛骨	右	近	11.9	中		45.76	34.24	34.21
YSI②A：2460	梅花鹿	肩胛骨	右	近中	20.1	切		42.23	30.84	28.51
YSI②A：2647	梅花鹿	肩胛骨	右	近	24.3	切	25.03	43.38	31.03	30.63
G10：9349	梅花鹿	肩胛骨	右	近	15.1	切、砍			37.51	35.42
G10：9614	梅花鹿	肩胛骨	右	近中	18.6	砍	22.78			
YSI②A：20	梅花鹿	肩胛骨	右	近	43.8	砍、烤	27.47			34.76
YSI③：6566	梅花鹿	肩胛骨	右	近中	27.3	切	25.62			
G17：378	梅花鹿	肩胛骨	右	近	15.2	切		39.13	29.13	29.19
YSI③：6641	梅花鹿	肩胛骨	左	近中	13.4	砍	24.51	42.61	31.62	26.39
YSI②B：3531	梅花鹿	肩胛骨	左	近中	22.7	砸		46.25	31.75	32.81
G16：82	梅花鹿	肩胛骨	左	近中	24.1		28.80			
G10：9359	梅花鹿	肩胛骨	左	近	22.4	砸	28.61	42.34	33.19	30.53
G18：1158	梅花鹿	肩胛骨	左	近	28.1	砸	29.87	48.52		32.27
YSI②B：1489	梅花鹿	肩胛骨	左	近中	34.1	切、划	31.35			
G10：13720	梅花鹿	肩胛骨	左	近中	29.3	切、划	25.59	43.83	32.71	29.33
G18：1957	梅花鹿	肩胛骨	左	近	18.6	砍、剔	30.37	47.13	33.28	28.35
G18：1984	梅花鹿	肩胛骨	左	近	15.5	砍	26.63	44.84	33.21	33.08
G10：9398	梅花鹿	肩胛骨	左	近中	37.2	砸	25.54	38.51	33.68	27.32
YSI②B：1508	梅花鹿	肩胛骨	左	近	23.2	砍	23.23	41.11	32.11	26.09
G10：9689	梅花鹿	肩胛骨	左	近中	19.2	切	25.53		34.74	30.29
G10：9381	梅花鹿	肩胛骨	左	近	29.2	切、砍	26.73	45.08	32.77	31.55
YSI②B：1001	梅花鹿	肩胛骨	左	近中	32.6	切	30.51	45.91	34.13	33.32
G10：13764	梅花鹿	肩胛骨	左	近中	64.4	切	31.01	48.09	39.45	31.28
YSI②A：16	梅花鹿	肩胛骨	右	近	45.9		24.07	43.77	31.46	30.32
YSI④B：64	梅花鹿	肩胛骨	右	近中	15.6	砍	24.54	32.41	25.59	20.75
YGI①：362	梅花鹿	肩胛骨	左	近中	22.2	芡		51.13	38.72	32.28
YSI③：4013	梅花鹿	肩胛骨	右	近中	19.7	砍		29.21	24.44	20.87
G10：9367	虎	肩胛骨	右	近中	43.5	切、划	49.25	54.19	46.47	38.97

续表

小件号	种属	骨骼名称	左右	部位	重量（g）	人工痕迹	SLC (mm) 肩胛颈最小长	GLP (mm) 肩胛结最大长	LG(mm) 肩臼长	BG(mm) 肩臼宽
YSI③：6453	虎	肩胛骨	左	近中	42.6	切	43.73	52.14	45.36	35.17
G10：9353	猪	肩胛骨	右	近	42.1		36.99	46.93	42.33	32.95
G10：9422	猪	肩胛骨	右	近	46.4	砍	35.37	44.56	41.39	33.56
G4①：3	猪	肩胛骨	右	近中	43.7	切、剔、烤	31.46	43.81		30.52
G10：8993	猪	肩胛骨	右	近	28.1	切	28.94	38.81	34.65	27.37
YSI③：1718	猪	肩胛骨	右	近中	9.1	砍	17.52	26.26	18.86	17.35
G18：1151	猪	肩胛骨	右	近中	13.4	砍	19.41	29.78	26.68	21.06
G17：401	猪	肩胛骨	右	近中	14.1	砍	20.19	27.63	25.02	20.35
G18：1159	猪	肩胛骨	右	近中	9.1	砍	17.03	24.76	20.01	15.34
G24：606	猪	肩胛骨	右	近	11.1	砍	20.78	27.57	24.76	16.55
YSI②A：2643	猪	肩胛骨	右	近中	11.1	切	16.13			
G18：1141	猪	肩胛骨	右	近中	27.4	剔	22.71	34.37	293.21	21.52
G10：9682	猪	肩胛骨	右	中	25.7	切、砍	24.35			
YSI②B：988	猪	肩胛骨	右	近中	11.6	切、砍	19.83			18.23
G18：1172	猪	肩胛骨	右	近中	14.3	砍		27.73	19.99	
G10：9671	猪	肩胛骨	右	近中	19.1		18.24	26.08	23.96	20.86
G10：9662	猪	肩胛骨	右	近中	23.7	划	24.54	33.10	27.73	22.71
G10：9651	猪	肩胛骨	右	近中	11.1		19.03	25.71	20.79	12.68
YSI③：6598	猪	肩胛骨	右	近中	20.1	切	19.41	28.27	23.41	14.92
G18：1160	猪	肩胛骨	右	近中	6.6	切、砍	14.23	18.66		11.44
G10：9380	猪	肩胛骨	右	近中	33.4	切	27.73	39.47	34.33	29.32
YSI②B：4081	猪	肩胛骨	右	近中	22.3	切、砍	21.15	28.68	26.71	19.81
G18：1152	猪	肩胛骨	右	近中	8.6		17.22	24.48	20.04	16.69
G10：9702	猪	肩胛骨	左	近	29.7					
G10：8988	猪	肩胛骨	左	近中	14.1	砍、烤		29.94	24.93	20.76
YSI②B：1445	猪	肩胛骨	左	近	15.3	砍、烤	30.59			
G18：1142	猪	肩胛骨	左	近中	16.6	烤	17.06	26.92	23.09	17.46
G18：1177	猪	肩胛骨	左	近	7.4	砍	16.91	25.78	21.28	16.95
G10：13728	猪	肩胛骨	左	近中	34.4		30.52	38.57	34.54	25.91
G18：1175	猪	肩胛骨	左	近中	8.2		18.16			
G10：9641	猪	肩胛骨	左	近中	8.5		14.48			
G10：14484	猪	肩胛骨	左	近中	16.5	切、砍	11.86	21.39	18.44	11.10
G18：1156	猪	肩胛骨	左	近中	5.3		14.37			
G24：725	猪	肩胛骨	左	近中	9.8		12.67			
G10：9703	猪	肩胛骨	左	中	10.7	砍	19.51	29.11	23.25	17.60

续表

小件号	种属	骨骼名称	左右	部位	重量（g）	人工痕迹	SLC (mm) 肩胛颈最小长	GLP (mm) 肩胛结最大长	LG(mm) 肩臼长	BG(mm) 肩臼宽
G10：9364	猪	肩胛骨	左	近中	19.6	切	18.29	27.03	20.21	18.063
G10：9624	猪	肩胛骨	左	近中	13.9	砍	18.66	29.35	26.09	18.83
YSI②B：1193	猪	肩胛骨	左	近中	15.5		19.28	28.01	24.37	20.13
YSI②B：1928	猪	肩胛骨	左	近中	13.5		24.99	28.81	26.47	19.07
YSI②B：1504	猪	肩胛骨	左	近中	30.1	切	26.91	39.99	34.78	28.09
YSI③：6678	猪	肩胛骨	左	近	8.1	砍	18.53	27.28	17.15	17.35
G18：1173	猪	肩胛骨	左	近中	18.1	切	21.74			
G18：1154	猪	肩胛骨	左	近中	12.8	砍	16.37	24.11		16.79
G10：9657	猪	肩胛骨	左	近	4.4	切	19.44	26.15	15.47	16.21
G10：9337	猪	肩胛骨	左	近中	21.1	切、砍	20.25	29.13	21.81	19.81
G12：677	猪	肩胛骨	左	近中	168.1	切、砍、劈、烤	21.81	30.57	23.43	19.87
G10：8996	猪	肩胛骨	左	近中	22.7		21.91	31.81	29.45	19.85
YSI②B：1890	猪	肩胛骨	左	近中	5.3	砍、切	15.74	22.68	19.58	14.23
G18：1168	猪	肩胛骨	左	近中	18.6		19.87	27.78	23.16	20.13
G18：1150	猪	肩胛骨	左	近中	15.7	烤	16.65	25.96	23.08	18.61
G18：1169	猪	肩胛骨	左	近中	12.1		20.83	27.26	23.21	18.93
YSI②A：756	猪	肩胛骨	左	近	6.9	切、砍	15.98			
G12：607	猪	肩胛骨	左	近中	13.2	砍	21.91		27.16	18.94
G12：575	猪	肩胛骨	左	近中	10.8	砍	20.42	26.83		
L6：287	猪	肩胛骨	左	近中	14.9	砍	21.26			
YSI①：267	猪	肩胛骨	右	近中	12.7		18.35			
YSI②B528	猪	肩胛骨	右	近中	12.6	砍	21.32	30.23	25.54	19.19
G18②：549	猪	肩胛骨	右	近	5.2	砍	17.01	26.51	21.94	15.77
YSI③：1769	猪	肩胛骨	左	近	9.6	砍		33.65	25.61	22.39
YSI③：5637	猪	肩胛骨	左	近	6.2	砍		26.89	21.33	17.31
YSI③：6678	猪	肩胛骨	右	近	8.1	砍	18.53	27.28	17.15	17.35
G10：9377	赤麂	肩胛骨	右	近中	15.7	砍	15.02	28.27	21.26	20.02
G10：14486	赤麂	肩胛骨	左	近中	9.4	切	16.50	28.38	22.79	17.77
YSI②A：16	羊	肩胛骨	右	近	45.9		24.07	43.77	31.46	30.32
YSI④B：64	羊	肩胛骨	右	近中	15.6	砍	24.54	32.47	25.59	20.75
G12：690	小麂	肩胛骨	右	近	6.2		14.34	24.01	19.59	16.81
G10：9656	小麂	肩胛骨	右	近	3.5		11.09	18.59	13.32	13.39
G10：9722	小麂	肩胛骨	右	近中	4.3		12.81	22.52	17.73	15.21
YSI②：2642	小麂	肩胛骨	右	近中	7.2	砍	14.82	25.22	18.42	15.48
G18：1147	小麂	肩胛骨	右	近中	5.6	砍、烤	12.47	22.10	16.85	14.74

续表

小件号	种属	骨骼名称	左右	部位	重量（g）	人工痕迹	SLC (mm) 肩胛颈最小长	GLP (mm) 肩胛结最大长	LG(mm) 肩臼长	BG(mm) 肩臼宽
G10：9705	小鹿	肩胛骨	左	近	9.1	砍、烤	13.62	21.01	15.27	16.39
YSI③：780	小鹿	肩胛骨	左	近中	5.1	砍	13.39	23.55	16.47	15.42
G18：1167	小鹿	肩胛骨	左	近中	5.6		14.63	24.38	19.64	16.97
YSI④A：980	小鹿	肩胛骨	左	近中	3.4		9.77			
NQ①：178	小鹿	肩胛骨	左	近中	7.1	砍、剔、烧	15.92	26.35	21.34	17.11
G10：13742	小鹿	肩胛骨	左	近中	6.3		15.07	26.16	20.26	15.91
YSI③：6628	小鹿	肩胛骨	左	近中	7.4	砍	13.95	22.95	19.71	14.86
G17：392	小鹿	肩胛骨	左	近中	6.1		15.58	25.66	19.59	18.62
G10：13796	小鹿	肩胛骨	左	近中	12.5		14.67	25.31	19.02	16.84
YSI②B：359	小鹿	肩胛骨	左	近中	4.7	砍			18.92	16.25
G10：13776	小鹿	肩胛骨	左	近中	8.1	切	13.95	26.62	20.87	18.25
G10：13762	小鹿	肩胛骨	左	近中	9.9	砍、烤	14.46	24.21	18.51	16.51
BYLG16：170	小鹿	肩胛骨	左	近中	5.4			22.95	16.36	15.58
BYSI③：1074	小鹿	肩胛骨	左	近	3.6	砍		26.30	16.48	16.51
YSI③：7663	小鹿	肩胛骨	右	近中	3.6	切、砍	11.99	23.43	17.90	15.45
G18：254	小鹿	肩胛骨	右	近	3.7	砍	13.95		20.71	16.53
G10：6236	小鹿	肩胛骨	右	近	2.8	砍			20.22	19.05
G10：1399	小鹿	肩胛骨	右	近中	4.1	砍	13.36	23.24	16.01	15.82
G18：70	小鹿	肩胛骨	右	近	7.7		14.66	27.29	19.31	18.09

附表2-5　哺乳动物尺骨骨骼数据统计表

小件号	种属	骨骼名称	左右	部位	重量（g）	人工痕迹	GL (mm) 最大长	LO(mm) 鹰嘴长	DPA (mm) 跨过沟突厚	SDO (mm) 鹰嘴最小厚	BPC (mm) 跨过冠状突的最大宽
G10：9492	水牛	尺骨	右	近	144.1	切		105.26	76.63	66.29	46.37
YSI②A：2911	水牛	尺骨	右	近	116.7	切、砸		105.46	71.11	57.56	
G18②：34	水牛	尺骨	右	近	115.6	砸		103.21	74.68	58.45	
YSI②A：2929	水牛	尺骨	右	近	93.9	砸、砍			77.33	57.06	
BM：1	水牛	尺骨	右	近	114.9	切、砸		106.06		57.95	
G10：3434	水牛	尺骨	右	近	132.1	切、砸		107.31	79.09	61.25	51.58
G10：9499	水牛	尺骨	右	近	138.7	切、砸		102.25	77.78	63.03	
YSI②A：2931	水牛	尺骨	右	近	107.2	砸		92.41	65.78	51.96	
YSI②A：1486	水牛	尺骨	右	近	136.1	切、砍、劈			74.21	56.07	

续表

小件号	种属	骨骼名称	左右	部位	重量（g）	人工痕迹	GL (mm) 最大长	LO(mm) 鹰嘴长	DPA (mm) 跨过沟突厚	SDO (mm) 鹰嘴最小厚	BPC (mm) 跨过冠状突的最大宽
YSI②B：3237	水牛	尺骨	右	近	180.2	切、砸、剔		110.34	82.46	71.08	55.62
G10：9491	水牛	尺骨	右	近中	94.7	切、砸、砍		97.82	74.67	56.23	
G12：594	水牛	尺骨	右	近中	48.9	砍				58.16	
G10：3401	水牛	尺骨	右	近中	161.9	切		109.59	85.51	68.72	54.97
G10：9772	水牛	尺骨	右	近中	168.9	切、砍		108.06	87.63	67.31	49.72
YSI②B：2727	水牛	尺骨	右	近中	136.1	砸			82.14		
G10：3411	水牛	尺骨	右	近中	93.9	切、砸		100.57	73.66	58.41	45.28
K12：2	水牛	尺骨	右	近中	132.4	切、砸、砍		101.53	75.82	57.92	50.64
YSI②B：801	水牛	尺骨	右	近中	163.1	切		113.06	86.58	68.15	49.71
G10：2424	水牛	尺骨	右	近中	139.1	切砸		102.48	81.49	64.35	50.77
G10：3404	水牛	尺骨	右	近中	111.8	切		98.28	74.61	55.67	47.48
G10：3416	水牛	尺骨	右	近中	149.2	切、砸		113.86	76.93	60.93	49.57
YSI②B：3577	水牛	尺骨	右	近中	63.6	切、砍				52.39	
YSI③：259	水牛	尺骨	左	近	56.4	切			68.47	58.05	
G10：9526	水牛	尺骨	左	近	95.2	砸		97.51	69.35	53.17	
YSI③：264	水牛	尺骨	左	近	110.1	砸		104.67	76.48	59.25	
YSI②A：2906	水牛	尺骨	左	近	53.3	砸、砍			69.03	54.58	
G10：3449	水牛	尺骨	左	近	89.1	砸		100.19	73.28	56.27	
G10：3438	水牛	尺骨	左	近	144.6	砸		105.72	81.36	63.22	50.47
L2：1	水牛	尺骨	左	近	93.9	切、砸、砍			74.86	64.94	
NQ②：170	水牛	尺骨	左	近	72.5	砸			66.79	49.57	
G10：3415	水牛	尺骨	左	近	98.3	切、砸、烤		91.31			
G24：520	水牛	尺骨	左	近	60.7	砍、烧				52.85	
G10：13571	水牛	尺骨	左	近	170.7	砸、砍、剔		107.79	82.81	67.25	48.55
G10：3445	水牛	尺骨	左	近中	123.1	砸		98.68	72.92	55.92	43.69
G10：9758	水牛	尺骨	左	近中	133.1	砸		105.28	78.62	62.15	53.27
G10：3478	水牛	尺骨	左	近中	80.9	砍		92.58	68.38	55.88	
YSI③：260	水牛	尺骨	左	近中	62.1	砸				59.53	
YSI②A：148	水牛	尺骨	左	近中	115.5	切、砸、烤		111.21	72.53	56.61	47.01
YSI②B：14	水牛	尺骨	左	近中	163.8	切、砸		112.07	82.71	63.65	43.81
YSI②A：2907	水牛	尺骨	左	近中	84.2	切、砸			73.57	59.35	49.46
G10：9776	水牛	尺骨	左	近中	159.4	切		111.07	76.86	60.59	44.19
G10：3418	水牛	尺骨	左	近中	164.4	砸、砍			69.74		49.56
YSI②B：2712	水牛	尺骨	左	近中	146.5	砸			86.21	69.33	55.26

续表

小件号	种属	骨骼名称	左右	部位	重量（g）	人工痕迹	GL (mm) 最大长	LO(mm) 鹰嘴长	DPA (mm) 跨过沟突厚	SDO (mm) 鹰嘴最小厚	BPC (mm) 跨过冠状突的最大宽
G10：9470	水牛	尺骨	左	近中	130.9	砸		97.41	76.66	56.81	45.75
YSI93)：254	水牛	尺骨	左	近中	170.4	切、砸		110.11	80.72	64.65	43.53
G10：9458	水牛	尺骨	左	近中	125.9	切、砸		105.10	80.06	63.25	49.88
YSZ②A：2912	水牛	尺骨	左	近中	163.1	砸		110.15	82.25	66.11	49.47
G10：11676	水牛	尺骨	左	近中	182.7	切、砸、砍		109.24	83.68	68.27	47.72
G10：3471	水牛	尺骨	左	近中	116.8			98.56	72.45	61.96	47.95
YSI②A：1483	水牛	尺骨	左	近中	103.2	砸			76.33	61.81	
YSI③：253	水牛	尺骨	左	近中	122.1	砸		96.36	73.23	59.67	43.85
NQ(1)：167	水牛	尺骨	左	近中	90.3	砸、劈				58.96	
YSI②B：3770	水牛	尺骨	左	近中	73.7	切、砍				68.11	
YSI②B：3504	水牛	尺骨	左	近中	116.5	砸			80.53	60.80	45.31
G22：44	水牛	尺骨	左	完整	99.8	砍、剔、烤		85.35	66.91	55.81	
YSI③：271	水牛	尺骨	左	中	59.9	砸、砍				49.27	
YSI③：261	水牛	尺骨	左	中	69.7	砸					51.39
YSI②B：4060	黄牛	尺骨	右	近	40.6	砸、砍		60.44	55.97	50.09	
YSI②B：2897	黄牛	尺骨	右	近	37.9	砸、烤		70.09	52.43	43.97	36.93
G10：9782	黄牛	尺骨	右	近	77.7	切、砸、砍、剔		73.18	58.35	49.01	41.98
YSI③：7298	黄牛	尺骨	右	近	32.1			81.94			
YSI②B：768	黄牛	尺骨	右	近	55.6	烤		85.54	64.97	53.54	
G10：3435	黄牛	尺骨	右	近	192.8	切、砸、砍			61.12	52.76	40.29
YSI②A：2924	黄牛	尺骨	右	近	28.4	切、砍				40.25	
G10：9752	黄牛	尺骨	右	近	85.2	砸		80.96	62.74	51.82	43.65
YSI③：272	黄牛	尺骨	右	近	58.2	切、砸			53.71	44.91	
YSI②B：3274	黄牛	尺骨	右	近	43.3	切、砸		75.77	56.81	45.53	40.96
YSI②B：285	黄牛	尺骨	右	近	52.8	切、砍		80.01	54.07		
YSI③：276	黄牛	尺骨	右	近中	34.1	砍、劈			46.29		
YSI②B：1689	黄牛	尺骨	右	近中	39.1	切、砸、砍			54.71	41.68	
G22：45	黄牛	尺骨	右	近中	33.9	砸、砍、烤		64.11	49.37	43.51	
YSI③：252	黄牛	尺骨	右	近中	36.4	砸		65.01	50.74	44.72	39.54
G10：9808	黄牛	尺骨	右	近中	113.6	砸、剔		95.52	67.41	50.55	
YSI③：275	黄牛	尺骨	右	近中	77.4	砸		79.24	59.87	54.04	38.74
G22：43	黄牛	尺骨	右	近中	63.9	砸、砍		88.08	62.44	50.32	45.08
YSI②A：2903	黄牛	尺骨	右	近中	61.4	切、砸		69.61	57.16	47.97	39.01
YSI②A：2923	黄牛	尺骨	右	近中	47.7	砸			51.49	45.92	

续表

小件号	种属	骨骼名称	左右	部位	重量（g）	人工痕迹	GL (mm) 最大长	LO(mm) 鹰嘴长	DPA (mm) 跨过沟突厚	SDO (mm) 鹰嘴最小厚	BPC (mm) 跨过冠状突的最大宽
YSI②B：3507	黄牛	尺骨	右	近中	72.1	切、砸、砍		98.19	64.26	55.58	38.79
YSI②B：3516	黄牛	尺骨	右	近中	45.2				50.24	46.21	
G10：13822	黄牛	尺骨	右	近中	61.2	锯		72.55	64.13	52.42	41.86
G10：9809	黄牛	尺骨	左	近	29.8	砸、砍					39.07
G10：3456	黄牛	尺骨	左	近	32.7				54.91	48.35	
G10：3393	黄牛	尺骨	左	近	37.7	砸、砍					41.32
G10：9785	黄牛	尺骨	左	近	55.1	砸、烤		81.13	52.78	47.98	41.77
G22：50	黄牛	尺骨	左	近	81.8	砍		81.77	65.35	54.66	36.86
YSI③：270	黄牛	尺骨	左	近	45.4	砸、砍			53.12		
YSI②A：1485	黄牛	尺骨	左	近	56.8	砸			67.35	59.05	45.61
G18：1618	黄牛	尺骨	左	近	36.5	砍			53.51		36.38
YSI②B：4635	黄牛	尺骨	左	近	55.6			70.61	48.84	42.96	31.95
G18：1616	黄牛	尺骨	左	近	80.8	砸、砍			63.04		44.38
G10：3443	黄牛	尺骨	左	近	42.3			69.93	49.54	43.34	
TSU②A：1499	黄牛	尺骨	左	近	49.6	砸、砍				52.38	
YSI②B：2852	黄牛	尺骨	左	近	46.2	切、砸			59.53	49.98	35.01
YSI②B：2225	黄牛	尺骨	左	近	48.5	砍					35.38
YSI②B：61	黄牛	尺骨	左	近	135.9	切、砸、剔			68.31	55.78	43.83
G17：16	黄牛	尺骨	左	近	61.6	砸、砍、锯			60.85	50.74	41.99
G10：9519	黄牛	尺骨	左	近中	24.9					38.71	
YSI③：6447	黄牛	尺骨	左	近中	128.7	砸、砍		86.29	56.55	44.26	43.41
G10：3524	黄牛	尺骨	左	近中	24.3					43.42	
YSZ②A：1494	黄牛	尺骨	左	近中	21.9	砍				36.33	
G22：48	黄牛	尺骨	左	近中	34.9	砸、砍				45.69	
YSI②B：712	黄牛	尺骨	左	近中	35.4	砸		82.01		49.21	
G12：7	黄牛	尺骨	左	近中	40.1	砸、砍		70.68	51.31	45.42	31.38
YSI②A：1490	黄牛	尺骨	左	近中	39.5	切、砍			51.38	43.17	
G10：3439	黄牛	尺骨	左	近中	133.1	切、砸		89.11	60.93	50.33	40.26
YSI③：250	黄牛	尺骨	左	近中	49.8	砍			54.96	49.09	40.26
YSI③：273	黄牛	尺骨	左	近中	63.5	切			54.18		
G12：51	黄牛	尺骨	左	近中	51.1	砸		69.93	52.08	43.77	30.42
YSI②A：702	黄牛	尺骨	左	近中	23.7	砸、烤				38.61	
G18：1615	黄牛	尺骨	左	近中	121.1	砸		81.72	65.41	53.78	38.42
YSI②A：1491	黄牛	尺骨	左	近中	59.6	砸、砍				34.19	

续表

小件号	种属	骨骼名称	左右	部位	重量（g）	人工痕迹	GL (mm) 最大长	LO(mm) 鹰嘴长	DPA (mm) 跨过沟突厚	SDO (mm) 鹰嘴最小厚	BPC (mm) 跨过冠状突的最大宽
YSI②B：761	黄牛	尺骨	左	近中	166.1	砸、砍			50.61	44.06	
G22：52	黄牛	尺骨	左	近中	53.6	砍			59.89	54.04	
G22：54	黄牛	尺骨	左	近中	42.2	切、砸、砍			49.13	42.14	33.08
G22：47	黄牛	尺骨	左	中	34.1	砍、烤					40.91
NQ③：44	黄牛	尺骨	左	中	41.1	砸			63.41	50.71	43.21
G10：9462	黄牛	尺骨	左	中	114.9	切、砸、砍			57.86		42.11
G10：9532	黄牛	尺骨	左	近中	42.3	砍		61.52			
G18：1604	黄牛	尺骨	左	完整			295.01		49.72	41.96	39.77
G10：3446	水鹿	尺骨	右	近	49.5	砸		86.00	61.61	52.54	32.43
G10：13632	水鹿	尺骨	右	近	43.2	砸、烤		87.00			32.89
G10：3458	水鹿	尺骨	右	近中	25.4	砍、烤			54.34		30.59
YSI②A：2922	水鹿	尺骨	右	近	66.2	砸		85.00	61.03	54.95	34.76
YSI②B：711	水鹿	尺骨	右	近	47.1	砸		86.23	62.01	47.49	37.22
YSI③：268	水鹿	尺骨	右	近	66.7	切、砸		85.43	63.63	53.07	32.65
G10：14462	水鹿	尺骨	右	近	26.8			78.41	51.48	47.83	
YSI②A：2927	水鹿	尺骨	右	近中	48.2	切、砍			58.60	51.91	30.56
YSI③：247	水鹿	尺骨	右	近中	51.6			82.11	58.47	52.97	29.95
G10：3460	水鹿	尺骨	右	近中	32.1	砸、砍			52.98	43.97	33.28
G18：1621	水鹿	尺骨	右	近中	63.2	砍			56.21	53.79	31.69
YSI②B：4066	水鹿	尺骨	右	近中	70.6	砸		86.09	59.68	51.42	33.22
G18②：36	水鹿	尺骨	右	近中	53.3	砸		83.52	58.61	53.16	29.84
G16：56	水鹿	尺骨	右	近中	33.1	砍			56.36	44.99	31.96
G22：49	水鹿	尺骨	右	近中	33.4	砸、烤		83.11	50.74	45.42	33.64
TSI②A：2919	水鹿	尺骨	右	完整	48.6	切、砍		82.90	59.24	45.81	35.23
G10：9501	水鹿	尺骨	右	中	65.1	砸					35.54
YSI②A：2926	水鹿	尺骨	左	近	25.2	砍				42.61	
YSI②B：1815	水鹿	尺骨	左	近中	22.8				55.13	52.04	30.72
YSI②B：4295	水鹿	尺骨	左	近中	50.1	切、砸			51.37	48.79	30.85
YSI②B：4052	水鹿	尺骨	左	近中	56.1	砸、砍			58.73	50.86	29.58
YSI③：294	水鹿	尺骨	左	近	31.9	砸			52.31		29.78
YSI③：277	水鹿	尺骨	左	近	26.1	切					
G10：3507	水鹿	尺骨	左	近	56.3	砸			65.61	58.61	29.19
YSI②A：1248	水鹿	尺骨	左	近	35.4	砸、砍			52.44	42.15	31.48
YSI②B：1815	水鹿	尺骨	左	近	49.2	砸		86.05	62.97	59.07	30.77

续表

小件号	种属	骨骼名称	左右	部位	重量（g）	人工痕迹	GL (mm) 最大长	LO(mm) 鹰嘴长	DPA (mm) 跨过沟突厚	SDO (mm) 鹰嘴最小厚	BPC (mm) 跨过冠状突的最大宽
YSI②A：2918	水鹿	尺骨	左	近	53.3	砍		87.69	52.39	50.79	
G10：3504	水鹿	尺骨	左	近中	49.3	切、砸		85.02	52.51	47.17	29.76
G10：3535	水鹿	尺骨	左	近中	57.9			86.48	52.29	56.66	35.44
YSI②A：2914	水鹿	尺骨	左	近中	39.1	砸				43.28	30.07
YSI③：269	水鹿	尺骨	左	近中	52.9	砸			56.11	51.51	28.61
G22：56	虎	尺骨	右	近中	50.1	砍					30.44
YSI③：288	虎	尺骨	右	近中	67.7	砸、砍、剔			49.08		
YSI②B：1717	虎	尺骨	左	中	16.5	砍					
G10：0170	虎	尺骨	左	近中	109.2				51.78	41.95	35.11
YSI②B：2201	熊	尺骨	左	近中	106.6	切砸			45.59	38.63	
G10：119	熊	尺骨	左	近中	93.5	砸、烤			45.47	41.89	
G10：120	熊	尺骨	左	完整	128.9	砍	241.88		46.42	36.61	32.21
G10：3532	猪	尺骨	右	近	54.9	切、砸、砍		49.14	40.72	24.06	
G18：912	猪	尺骨	右	近中	21.6			39.11	34.46	25.92	13.95
G18：956	猪	尺骨	右	近中	15.6		126.54	36.93	27.42	21.14	14.65
YSI③：263	猪	尺骨	右	近中	21.8	砍		45.12	32.15	21.33	19.25
YSI②B：4099	猪	尺骨	右	中	21.3	砍			25.96		13.78
G12：563	猪	尺骨	左	近中	12.9	砍		41.45	29.51	23.88	16.25
YSI③：362	猪	尺骨	左	近中	32.6	砍		47.16	41.63	33.28	19.95
G10：13630	猪	尺骨	左	近中	75.1	切、砸、剔		47.45	34.18	23.17	
G10：9481	猪	尺骨	左	完整	26.3	砍、烤		39.55	35.56	25.39	16.93
YSI③：7826	猪	尺骨	左	中	11.4	砍					18.62
YSI③：279	猪	尺骨	左	中	14.9	砍					15.33
NQ②：186	猪	尺骨	左	近	12.4	砸		49.28	32.93	25.94	18.71
G18：2610	豹	尺骨	右	近中	40.8	砍			31.01	25.89	25.26
G10：9856	赤麂	尺骨	右	近	3.8	砸			21.18	18.68	16.65
G18：941	赤麂	尺骨	左	完整	6.1	砍		33.78	25.31	22.81	13.69
G10：0213	赤麂	尺骨	右					33.19	22.43	20.91	15.24
G18：1002	赤麂	尺骨	右	近	4.4	烤		32.01	24.34	22.21	13.56
YSI②B：1138	小麂	尺骨	左	近中	6.2				20.83		11.74
G10：9180	小麂	尺骨	右	近	2.8	砍			18.25	16.89	10.52
G18：1007	小麂	尺骨	右	近	1.6						11.03
YSI③：4499	小麂	尺骨	左	近	2.3				18.87	16.34	9.97
G18：305	小麂	尺骨	左	近	3.1			29.06	21.62		

续表

小件号	种属	骨骼名称	左右	部位	重量（g）	人工痕迹	GL(mm)最大长	LO(mm)鹰嘴长	DPA(mm)跨过沟突厚	SDO(mm)鹰嘴最小厚	BPC(mm)跨过冠状突的最大宽
YSI②B：2094	小鹿	尺骨	右	中远	3.1	砍					10.65
G18(2)：602	小鹿	尺骨	右	完整	2.5	烤					9.68
YSI②B：2094	小鹿	尺骨	右	中远	3.1	砍					10.65
YSI③：5926	小鹿	尺骨	右	近中	3.3	砍				19.88	11.97
G17：470	小鹿	尺骨	左	近	3.2	砍				19.63	9.66
H18②：602	小鹿	尺骨	右	完整	2.5	烤				16.53	9.68
G10：0214	小鹿	尺骨	左					29.73	19.61	18.21	11.86
G10：0212	麝	尺骨	右	近	6.8			22.75	16.96	15.03	10.46
G10：0211	豪猪	尺骨	右	近中	7.1	砍		23.85	16.71	11.62	15.32
G18：920	豪猪	尺骨	左	完整	6.9			23.92	14.54	11.23	13.49
YSI③：2134	猕猴	尺骨	左	中	9.3	砍					16.73
F2：057	猕猴	尺骨	左	近中	7.1						16.11
YSI③：2134	猕猴	尺骨	左	中	9.3	砍					16.73
NQ①：181	猕猴	尺骨	左	近中	11.8						16.41
G18：1519	猫	尺骨	右	近中	1.5	砍			9.31		8.24

附表2-6　哺乳动物桡骨骨骼数据统计表

小件号	种属	骨骼名称	左右	保存部位	重量（g）	人工痕迹	GL(mm)最大长	Bp(mm)近端最大宽	SD(mm)骨干最小宽	Bd(mm)远端最大宽
G10：3398	水牛	桡骨	右	近	66.1	砸、烧		80.86		
G24：527	水牛	桡骨	右	近	134.6	砸		87.13		
YSI②B：3328	水牛	桡骨	右	近	70.8	砸		80.22		
YSI③：7272	水牛	桡骨	右	近	125.1	砸		88.57		
G10：9466	水牛	桡骨	右	近	122.1	切、砸		91.61		
YSI③：7236	水牛	桡骨	右	近	130.7	砸、烤		92.84		
YSI③：7228	水牛	桡骨	右	近	117.6	砸		90.23		
L6：255	水牛	桡骨	右	近	171.1	砸		91.21		
G10：3451	水牛	桡骨	右	近	136.6	切、砸		89.97		
YSI③：7210	水牛	桡骨	右	近	184.2	砸				87.71
G10：9821	水牛	桡骨	右	近	142.5	切、砸		80.71		
YSI②A：2884	水牛	桡骨	右	近	137.7	砸		86.82		
YSI③：7261	水牛	桡骨	右	近	109.4	切、砸		90.39		
YSI③：7233	水牛	桡骨	右	近中	236.9	砸、烤		86.21	43.93	

续表

小件号	种属	骨骼名称	左右	保存部位	重量（g）	人工痕迹	GL (mm) 最大长	Bp(mm) 近端最大宽	SD(mm) 骨干最小宽	Bd(mm) 远端最大宽
G10：3534	水牛	桡骨	右	近中	349.9	切、砸		92.12	49.97	
YSI②A：1444	水牛	桡骨	右	近中	217.2	砸		81.43	46.14	
G10：9493	水牛	桡骨	右	近中	19.3	砸		90.41		
G10：9748	水牛	桡骨	右	近中	213.7	砸		88.73	50.24	
YSI③：7224	水牛	桡骨	右	近中	359.3	切、砸		89.76	46.51	
YSI②A：1480	水牛	桡骨	右	近中	223.8			86.26	46.25	
L7：2	水牛	桡骨	右	完整	49.3	切、砸	293.84	83.49	46.31	83.16
YSL②B：2732	水牛	桡骨	右	完整	429.3	砸、剔	287.26	89.56	44.11	85.02
G22：4	水牛	桡骨	右	完整	306.1	切	290.79	80.87	41.03	77.54
G10：13631	水牛	桡骨	右	完整	353.2		281.77	82.38	45.56	76.81
YSI②B：758	水牛	桡骨	右	完整	506.5	切	314.53	93.36	46.75	88.54
YSI②B：3329	水牛	桡骨	右	远	63.1			82.24		
YSI②B：2268	水牛	桡骨	右	远	172.8	砸				86.59
G10：870	水牛	桡骨	右	远	106.6	切、砸				76.07
YSI②A：1404	水牛	桡骨	右	远	126.4	砸				82.84
G10：867	水牛	桡骨	右	远	102.5	砸				79.51
G10：4001	水牛	桡骨	右	远	125.8	砸				84.71
YSI②A：1399	水牛	桡骨	右	远	105.1	砸				85.83
YSI②A：889	水牛	桡骨	右	远	126.3	砸				85.62
YSI③：7246	水牛	桡骨	右	远	67.2	砸、烧			41.41	
G22：33	水牛	桡骨	右	远	43.1	砸			38.59	
G18：1620	水牛	桡骨	右	远	115.6	砸				79.76
YSI②A：1474	水牛	桡骨	右	远	121.7	砸				77.47
YSI②B：3742	水牛	桡骨	右	中	185.3	砸、砍			36.89	
G10：863	水牛	桡骨	右	中远	233.4	切、砸				83.43
G10：9761	水牛	桡骨	右	中远	197.8	砸				89.71
YSI①：5	水牛	桡骨	右	中远	108.4	砸			46.25	
G10：3490	水牛	桡骨	右	中远	167.8	砸				78.38
G10：9762	水牛	桡骨	左	近	106.1	切、砸		82.27		
YSI③：7260	水牛	桡骨	左	近	63.2	切、砸、劈		82.94		
G10：9795	水牛	桡骨	左	近	153.3	砸		84.82	46.12	
G10：3511	水牛	桡骨	左	近	111.3	砸		85.71		
YSI③：7220	水牛	桡骨	左	近	107.8	砸		85.28		
G10：3461	水牛	桡骨	左	近	134.0	切、砸		85.98		
YSI②A：1476	水牛	桡骨	左	近	65.5	砸		79.35		

续表

小件号	种属	骨骼名称	左右	保存部位	重量（g）	人工痕迹	GL(mm)最大长	Bp(mm)近端最大宽	SD(mm)骨干最小宽	Bd(mm)远端最大宽
L6：383	水牛	桡骨	左	近	77.7	切、砸		79.44		
G10：3477	水牛	桡骨	左	近	127.6	砍、劈		86.41		
G10：9754	水牛	桡骨	左	近	163.7	切、砸		94.11		
G10：9822	水牛	桡骨	左	近	77.1	砸、劈		80.01		
G18：1033	水牛	桡骨	左	近	161.7	砸		86.49	48.11	
G10：9789	水牛	桡骨	左	近	67.6	砍、劈、剔		84.89		
G18：979	水牛	桡骨	左	近	128.5	砸		94.53		
YSI②A：1467	水牛	桡骨	左	近	112.2	砸		88.82		
G10：2426	水牛	桡骨	左	近	127.4	切、砸		97.37		
G10：9480	水牛	桡骨	左	近	160.1	切、砸		80.09	42.69	
YSI③：7237	水牛	桡骨	左	近	96.4	砸		75.44		
G10：3486	水牛	桡骨	左	近	86.8	砸、劈		77.14		
G10：3436	水牛	桡骨	左	近	120.9	切、砸		88.89		
G10：9815	水牛	桡骨	左	近	93.9	砸		81.84		
G10：3437	水牛	桡骨	左	近中	260.7	砸、砍		82.03		
YSI②B：1128	水牛	桡骨	左	近中	148.8	砸、砍			41.42	
YSI③：7231	水牛	桡骨	左	近中	282.1	砍、剔		81.52	45.49	
G24：534	水牛	桡骨	左	近中	104.4	砍		79.91	36.82	
G10：3419	水牛	桡骨	左	近中	249.6	砸		85.82	47.25	
YSI②B：616	水牛	桡骨	左	近中	201.3			89.48	39.54	
G10：9757	水牛	桡骨	左	近中	185.9	切、砸		90.37	48.09	
G10：9745	水牛	桡骨	左	近中	213.5	切、砸		86.26	43.07	
YSI③：7217	水牛	桡骨	左	近中	266.7	切、砸		82.25	45.94	
G10：9800	水牛	桡骨	左	近中	236.8	砸		89.14	47.13	
G22：12	水牛	桡骨	左	近中	158.9	切、砸、烤			40.55	
L6：317	水牛	桡骨	左	完整	395.6	切			43.11	77.41
YSI③：7211	水牛	桡骨	左	远	151.8	砸				81.21
YSI②B：2691	水牛	桡骨	左	远	117.7	切、砸				80.36
G16：3	水牛	桡骨	左	远	220.7	切、砸、烤				77.81
G10：856	水牛	桡骨	左	远	121.1	切、砸				74.21
G10：3421	水牛	桡骨	左	远	84.7	砸				75.66
G10：9496	水牛	桡骨	左	远	220.9	切、砸				89.43
G10：9463	水牛	桡骨	左	远	89.1	砸				79.54
G10：864	水牛	桡骨	左	远	67.7	砸				75.64
G10：860	水牛	桡骨	左	远	214.1	切、砸、砍				86.42
G10：3421	水牛	桡骨	左	远	118.4	砸				84.37

续表

小件号	种属	骨骼名称	左右	保存部位	重量(g)	人工痕迹	GL(mm)最大长	Bp(mm)近端最大宽	SD(mm)骨干最小宽	Bd(mm)远端最大宽
G10：3479	水牛	桡骨	左	远	132.7	砸、烤				90.92
G10：861	水牛	桡骨	左	远	241.1	切、砸、砍、烧				82.22
G10：858	水牛	桡骨	左	中	213.5	砸				89.55
G10：862	水牛	桡骨	左	中	152.1	砸				83.50
G10：07	水牛	桡骨	左	远	136.4	锯				74.11
G22：8	水牛	桡骨	左	完整	319.2	烤	288.16	82.05	44.81	75.60
YSI③：7219	水牛	桡骨	左	近	106.2	砸		89.11		
YSI③：6430	水牛	桡骨	左	近	114.9	砸、砍		83.05		
YSI①：116	水牛	桡骨	左	近	52.8	砍		79.53		
YSI②B：664	水牛	桡骨	右	近	89.9	切、砸		82.07		
G10：3503	水牛	桡骨	右	近	83.8	砸		81.47		
YSI②B：2885	水牛	桡骨	右	近	57.3	砸		79.05		
YSI②A：2861	水牛	桡骨	右	近	62.9	砸、劈		80.84		
YSI②A：2861	水牛	桡骨	右	近	62.9	砸、劈		80.84		
YSI②B：2885	水牛	桡骨	右	近	57.3	砸		79.05		
G10：3503	水牛	桡骨	右	近	83.8	砸		81.47		
YSI②B：664	水牛	桡骨	右	近	89.9	切、砸		82.07		
YSI①：116	水牛	桡骨	左	近	52.8	砍		79.53		
YSI③：6430	水牛	桡骨	左	近	114.9	砸、砍		83.05		
YSI③：7219	水牛	桡骨	左	近	106.2	砸		89.11		
G10：：3544	黄牛	桡骨	右	近	45.3	砸		66.61		
G10：9813	黄牛	桡骨	右	近	51.1	砸、劈		73.58		
YSI②A：1459	黄牛	桡骨	右	近	85.1	砸、劈		63.75	33.31	
YSI②B：2357	黄牛	桡骨	右	近	56.7	砸		74.99		
YSI③：7235	黄牛	桡骨	右	近	97.4	劈		64.32		
YSI②A：2899	黄牛	桡骨	右	近	45.7	砸		67.06		
YSI①：29	黄牛	桡骨	右	近	109.6	切、砸		72.28	35.17	
G18：1422	黄牛	桡骨	右	近	78.8	砸		61.33		
YSI②A：1450	黄牛	桡骨	右	近	107.2	切、砸		64.27	30.84	
YST②B：2881	黄牛	桡骨	右	近	43.5	砸		66.61		
YSI③：7244	黄牛	桡骨	右	近	66.6	砸		65.75		
YSI②A：1478	黄牛	桡骨	右	近	46.2	砸		70.48		
YSI②B：2112	黄牛	桡骨	右	近	58.1	切、砸		72.36		
GA10：9760	黄牛	桡骨	右	近	36.1	砸		59.42		
YSI②B：4191	黄牛	桡骨	右	近	55.1	砸		62.77	32.47	
G10：3500	黄牛	桡骨	右	近	46.2	砸		72.39		

续表

小件号	种属	骨骼名称	左右	保存部位	重量（g）	人工痕迹	GL (mm) 最大长	Bp(mm) 近端最大宽	SD(mm) 骨干最小宽	Bd(mm) 远端最大宽
YSI③：7312	黄牛	桡骨	右	近	31.4	砸		65.84		
G10：9774	黄牛	桡骨	右	近	25.7	切、砸		56.84		
K①：13	黄牛	桡骨	右	近	40.1	切、砸		71.83		
YSI②B：3440	黄牛	桡骨	右	近	62.2	砸		70.37		
YSI③：7264	黄牛	桡骨	右	近	59.2	砸		66.60		
G10：9531	黄牛	桡骨	右	近	100.3	砸		72.99	37.19	
YSI②B：469	黄牛	桡骨	右	近	52.9	砸、烤		60.07	30.71	
G10：3522	黄牛	桡骨	右	近	77.8	砸、烤		73.06	36.28	
G10：9750	黄牛	桡骨	右	近	56.6	砸		63.54		
G10：3469	黄牛	桡骨	右	近	77.8	砸		56.48	35.99	
G10：9834	黄牛	桡骨	右	近	36.1	切、砸		58.36		
F15：10	黄牛	桡骨	右	近	46.5	砸		59.94		
YSI②A：1465	黄牛	桡骨	右	近中	75.3	砸、劈		60.27		
G10：3423	黄牛	桡骨	右	近中	77.9	砸、砍			30.14	
G10：9743	黄牛	桡骨	右	近中	113.6	切、砸、烤		67.83	34.35	
G10：3410	黄牛	桡骨	右	近中	148.4	砸		75.37		
G10：9743	黄牛	桡骨	右	近中	113.1	切砸		67.15	34.68	
G18：74	黄牛	桡骨	右	近中	45.5	砸		52.75	31.37	
YSI②A：1455	黄牛	桡骨	右	近中	100.1	砸		63.99	29.79	
YSI④A：138	黄牛	桡骨	右	近中	169.7	砸		75.59		
YSI②A：2854	黄牛	桡骨	右	近中	88.7	砸		64.97	32.08	
YSI④A：168	黄牛	桡骨	右	近中	69.3	砸		66.54	30.79	
YSI②A：1457	黄牛	桡骨	右	近中	70.7	砍			24.76	
YSI②B：4368	黄牛	桡骨	右	近中	108.4	切、砸		62.74	37.94	
YSI②A：2880	黄牛	桡骨	右	近中	87.3	切、砸		68.62	33.18	
G22：9	黄牛	桡骨	右	近中	80.7	切、砸		62.96	32.86	
YSI③：7209	黄牛	桡骨	右	近中	86.4	切、砸		53.35		
YSI②A：1473	黄牛	桡骨	右	近中	77.1	砸		67.95	37.71	
YSI③：7226	黄牛	桡骨	右	近中	79.3	切、砸		65.56	34.06	
YSI②A：1447	黄牛	桡骨	右	近中	147.5	烤		68.91	34.79	
YSI③：7247	黄牛	桡骨	右	近中	56.5	砸		58.48		
G22：2	黄牛	桡骨	右	近中	147.8	切、烤		66.84	32.31	
YAI②A：1442	黄牛	桡骨	右	完整	175.6	劈		66.97	33.34	
G22：5	黄牛	桡骨	右	完整	154.7	切、砸		65.82	31.11	56.79
YSI②A：1445	黄牛	桡骨	右	完整	172.3	切、砸		62.68	32.44	55.91

续表

小件号	种属	骨骼名称	左右	保存部位	重量（g）	人工痕迹	GL (mm) 最大长	Bp(mm) 近端最大宽	SD(mm) 骨干最小宽	Bd(mm) 远端最大宽
G10：13579	黄牛	桡骨	右	完整	186.4			63.51	36.69	61.61
G18：1605	黄牛	桡骨	右	完整	72.3				24.66	
YSI②A：1458	黄牛	桡骨	右	完整	69.8				25.73	
G22：7	黄牛	桡骨	右	完整	73.3				24.13	
G22：1	黄牛	桡骨	右	完整	70.4			62.37	28.11	
G28：1602	黄牛	桡骨	右	完整	244.6	砍、烤		66.84		58.86
G12：625	黄牛	桡骨	右	远	40.2	砸		67.01		
G22：10	黄牛	桡骨	右	远	90.8	砸		69.22		
YSI①：27	黄牛	桡骨	右	远	47.3			57.68		
G18：1624	黄牛	桡骨	右	远	76.8	砸		65.32		
YSI②B：688	黄牛	桡骨	右	远	43.1	砸		55.16		
G10：866	黄牛	桡骨	右	远	51.1	砸		63.83		
YSI③：7293	黄牛	桡骨	右	远	57.9	砸		67.74		
YSI③：7273	黄牛	桡骨	右	远	84.9	砸		71.59		
G12：674	黄牛	桡骨	右	远	30.3	砸		61.84		
YSI③：7218	黄牛	桡骨	右	远	72.4	砸		58.41		
YSI③：7257	黄牛	桡骨	右	远	116.1	砸		62.45		
YSI③：7203	黄牛	桡骨	右	中远	72.7	砸		53.81		
YSI②B：3221	黄牛	桡骨	右	中远	160.3	砸、砍		78.23		
G10：9484	黄牛	桡骨	右	中远	100.1	切、砸、砍		60.85		
G10：3357	黄牛	桡骨	左	近	187.6	切、砸		70.51		
G10：3590	黄牛	桡骨	左	近	68.8	砸		76.22		
G10：9473	黄牛	桡骨	左	近	62.1	砸		63.05		
G10：3374	黄牛	桡骨	左	近	52.2	砸		64.15		
G22：42	黄牛	桡骨	左	近	41.1	砸		64.66		
G17：416	黄牛	桡骨	左	近	40.6	砸、砍		68.47		
L6：270	黄牛	桡骨	左	近	96.7	砸		73.18		
YSI③：7662	黄牛	桡骨	左	近	63.9	砸、剔		75.86		
G10：9511	黄牛	桡骨	左	近	51.5	砸		68.42		
YSI③：7269	黄牛	桡骨	左	近	36.5	砸		68.75		
G10：9476	黄牛	桡骨	左	近	77.3	砸、砍		62.42	30.07	
G12：682	黄牛	桡骨	左	近	28.3	砸		65.84		
YSI②A：1498	黄牛	桡骨	左	近	50.6	砸、劈		66.19		
YSI③：7306	黄牛	桡骨	左	近	36.4	砸		60.11		
G22：24	黄牛	桡骨	左	近	49.4	砸		68.02		

续表

小件号	种属	骨骼名称	左右	保存部位	重量（g）	人工痕迹	GL(mm)最大长	Bp(mm)近端最大宽	SD(mm)骨干最小宽	Bd(mm)远端最大宽
YSI②B：3750	黄牛	桡骨	左	近	47.4	砸		67.94		
G10：14465	黄牛	桡骨	左	近	66.7	砸		75.52		
YSI④B：9	黄牛	桡骨	左	近	62.3	切、砸		71.34		
G18：9498	黄牛	桡骨	左	近	79.9	砸、劈		64.73		
G10：3427	黄牛	桡骨	左	近中	82.3	砸、砍		55.22	33.25	
YSI①：51	黄牛	桡骨	左	近中	136.1	切、砸		67.77	33.09	
G18：980	黄牛	桡骨	左	近中	130.1	切、砸		66.53	34.18	
G22：6	黄牛	桡骨	左	近中	231.9	切、砸		78.35	39.35	
YSI③：7241	黄牛	桡骨	左	近中	68.6				27.44	
YSI②B：2045	黄牛	桡骨	左	近中	67.9	砸、砍		66.20	31.62	
G18：965	黄牛	桡骨	左	近中	74.5	切、砸		65.07		
G18：1611	黄牛	桡骨	左	近中	99.3	切、砸、烧		57.48	27.37	
YSI②B：1805	黄牛	桡骨	左	近中	85.3	砸		62.47		
YSI②B：617	黄牛	桡骨	左	近中	117.1	切、砸		68.66		
YSI③：7266	黄牛	桡骨	左	近中	51.1	砸			33.09	
YSI③：7249	黄牛	桡骨	左	近中	48.7	砸		57.16	32.81	
G10：3506	黄牛	桡骨	左	近中	122.7	砸、砍、烤		62.54	35.96	
YSI④A：139	黄牛	桡骨	左	近中	38.3	砸		61.79		
L6：259	黄牛	桡骨	左	完整	102.2	砸				60.28
YSI②A：1448	黄牛	桡骨	左	完整	149.1	切、烤	229.31	61.71	31.82	54.42
YSI②A：1449	黄牛	桡骨	左	完整	148.4	切	242.15	74.06	34.98	63.69
G22③：3	黄牛	桡骨	左	完整	246.1	切、砸	252.08	76.39	38.21	69.32
G22：3	黄牛	桡骨	左	完整	323.8	切、烤	287.04			
YSI②A：1443	黄牛	桡骨	左	完整	144.2	切		62.94	31.65	
YSI③：7223	黄牛	桡骨	左	完整	180.8	切		66.25	38.88	57.39
YSI②A：1454	黄牛	桡骨	左	完整	177.9	切、砸	255.11	61.37	32.76	54.96
G10：1041	黄牛	桡骨	左	完整	169.1	切	240.71	62.61	34.74	56.42
G18：1604	黄牛	桡骨	左	完整	232.8	切、砍、剔、烤	243.25	66.12	32.95	53.58
G17：105	黄牛	桡骨	左	完整	347.8	切、砍	268.56	72.16	37.93	66.32
G10：1811	黄牛	桡骨	左	完整	190.9	切、砍		63.97	32.85	56.32
G10：865	黄牛	桡骨	左	远	62.7	砸				61.11
G10：9801	黄牛	桡骨	左	远	50.1	砸				58.93
YSI④A：552	黄牛	桡骨	左	远	51.8	砸				54.95
YSI②A：288	黄牛	桡骨	左	远	46.1					63.12
YSI③：3695	黄牛	桡骨	左	远	48.7	砸				60.68

续表

小件号	种属	骨骼名称	左右	保存部位	重量（g）	人工痕迹	GL(mm)最大长	Bp(mm)近端最大宽	SD(mm)骨干最小宽	Bd(mm)远端最大宽
G18：950	黄牛	桡骨	左	远	37.7					53.65
G11①：31	黄牛	桡骨	左	远	30.6	砸				52.51
YSI②A：1364	黄牛	桡骨	左	远	93.5	砸				64.98
YSI②B：1213	黄牛	桡骨	左	远	72.1	砸				60.11
G18：1013	黄牛	桡骨	左	中	65.7				25.34	
YSI③：7206	黄牛	桡骨	左	中远	87.9	切、砸				56.61
G22：11	黄牛	桡骨	左	中远	163.6	切、砸				66.21
G10：3448	黄牛	桡骨	左	中远	91.5	砸、烧				64.11
G10：3400	黄牛	桡骨	左	中远	229.7	砸				70.43
YSI③B：3334	黄牛	桡骨	左	中远	172.4	砸				71.88
F1②：5	黄牛	桡骨	左	中远	62.3	砸				55.45
G10：3368	黄牛	桡骨	左	近	45.7	砸、剔		65.16		
G10：3464	黄牛	桡骨	左	近	65.3	砸		64.36	33.73	
YSI③：7252	黄牛	桡骨	左	近	52.9	切、砸		69.79		
G24：525	黄牛	桡骨	左	近	105.7			59.19	28.19	
G10：9478	黄牛	桡骨	左	近	57.9	砸		70.05		
YSI②B：2104	黄牛	桡骨	左	近	116.3	切、砸		62.75	30.67	
G17：139	黄牛	桡骨	左	近中	65.1	砸、砍		67.91	32.93	
G10：9488	黄牛	桡骨	左	近中	72.5	砸		73.38		
YSI②A：1456	黄牛	桡骨	右	近中	127.7	切、砸、砍		69.38	35.98	
YSI③：7831	黄牛	桡骨	右	中远	82.9	砸、砍				63.98
G10：9525	黄牛	桡骨	左	近	50.5	砸、砍		70.05	38.08	
YSI②B：3383	黄牛	桡骨	左	近	63.6	砸		72.43		
YSI②B：2402	黄牛	桡骨	左	近	47.4	砸		65.99		
G10：3570	黄牛	桡骨	左	远	48.1	砸				59.04
YSI②A：1461	黄牛	桡骨	左	完整	143.9	砍		62.16	30.31	
YSI②A：2808	黄牛	桡骨	左	远	46.1					63.12
G10：13616	黄牛	桡骨	右	完整	218.2	切	242.20	73.18	38.81	63.02
G24：519	黄牛	桡骨	左	完整	240.7	切	252.21	68.92	36.18	61.33
G10：127	马	桡骨	右	远	72.7	砸				64.49
YSI②A：1419	马	桡骨	右	完整	246.4	切、砍	304.78	69.25	34.09	64.81
K12：11	马	桡骨	右	中远	99.7	砸				68.92
G10：1013	马	桡骨	左	远	81.5	砸、烤				64.52
G10：9840	水鹿	桡骨	右	近	33.7	砸				
G16：21	水鹿	桡骨	右	近	67.2	砸				

续表

小件号	种属	骨骼名称	左右	保存部位	重量（g）	人工痕迹	GL (mm) 最大长	Bp(mm) 近端最大宽	SD(mm) 骨干最小宽	Bd(mm) 远端最大宽
YSI③：7275	水鹿	桡骨	右	近	29.5	砸		50.73	31.24	
G12：651	水鹿	桡骨	右	近	51.7	砸		58.57		
YSI②A：1462	水鹿	桡骨	右	近中	76.4	砸		58.74	29.09	
G10：9513	水鹿	桡骨	右	近中	49.3	砸				
YSI②A：2867	水鹿	桡骨	右	近中	54.9	切、砸			28.04	
YSI②B：3595	水鹿	桡骨	右	远	68.2	砸				50.59
G10：3512	水鹿	桡骨	右	远	50.8	切、砸				48.77
G22：760	水鹿	桡骨	右	远	42.1	砸				
YSI②B：3317	水鹿	桡骨	右	远	77.4	切、砸、砍				47.31
G10：9823	水鹿	桡骨	右	远	38.2	砸				48.99
G18：1614	水鹿	桡骨	右	远	97.1	切、砸				60.63
YSI②B：3370	水鹿	桡骨	右	远	40.9	砸、劈				
YSI②A：887	水鹿	桡骨	右	远	48.5	砸、砍				47.04
G10：3476	水鹿	桡骨	右	远	83.8	切、砸				48.23
G10：3520	水鹿	桡骨	右	中远	110.8	砸				
YSI③：7253	水鹿	桡骨	右	中远	85.5	砸				57.11
YSI②B：3759	水鹿	桡骨	右	中远	147.3	切、砸				58.33
YSI④A：139	水鹿	桡骨	左	近	37.8	砸		61.75		
G10：3376	水鹿	桡骨	左	近	43.6	切		59.52		
G10：9471	水鹿	桡骨	左	近	45.9	砸		58.24	35.25	
G10：3495	水鹿	桡骨	左	近中	112.7	砸		52.69	31.39	
G10：3429	水鹿	桡骨	左	近中	147.9	切、砸、砍、剔		56.26	32.21	
YSI②A：1472	水鹿	桡骨	左	近中	113.5	切、砸		61.63	33.91	
G10：3425	水鹿	桡骨	左	近中	90.1			54.83	29.24	
G10：3406	水鹿	桡骨	左	近中	88.4	切、砸、烤		60.76	32.76	
YSI②A：1453	水鹿	桡骨	左	完整	162.4	切、砸		57.76		
YSI②B：793	水鹿	桡骨	左	远	47.9	砸				51.92
YSI③：7250	水鹿	桡骨	左	远	54.1	砸				56.67
G10：9786	水鹿	桡骨	左	中远	71.7	切、砸				
G18：946	水鹿	桡骨	左	中远	99.4	砸、砍				51.46
G10：9459	水鹿	桡骨	左	中远	155.1					
G18：1609	水鹿	桡骨	右	近中	126.4	切			32.71	
G10：9816	水鹿	桡骨	右	远	34.7	砸				49.22
YSI③：7259	水鹿	桡骨	右	远	31.4	砸				49.18
G10：3405	水鹿	桡骨	右	中远	89.4	砸				57.78

续表

小件号	种属	骨骼名称	左右	保存部位	重量（g）	人工痕迹	GL (mm) 最大长	Bp(mm) 近端最大宽	SD(mm) 骨干最小宽	Bd(mm) 远端最大宽
YSI②B：3324	水鹿	桡骨	右	中远	71.6	砸				52.74
YSI②A：2876	水鹿	桡骨	左	近中	93.1	砸、烧		54.71	29.39	
YSI②A：1464	水鹿	桡骨	左	近中	53.9	砍		56.39	27.34	
G10：9814	水鹿	桡骨	右	近中	87.4	切、砸、砍		60.11	33.15	
G18：946	水鹿	桡骨	左	中远	99.4					51.46
G10：3563	水鹿	桡骨	右	中远	83.8	砸、砍				50.43
G10：9533	水鹿	桡骨	左	近	31.7	砸		51.92		
G10：3527	梅花鹿	桡骨	右	近中	48.8	砸、砍			25.24	
YSI②A：502	梅花鹿	桡骨	右	近	22.6	切、砸		37.78		
YSI②B：2290	梅花鹿	桡骨	右	近	29.2	砸		49.51		
YSI④A：54	梅花鹿	桡骨	右	近	11.9	砸		40.05		
G18：402	梅花鹿	桡骨	右	近	25.5	砍			22.96	
YSI③：7270	梅花鹿	桡骨	右	近中	31.6	砸		42.15	24.51	
YSI②A：2877	梅花鹿	桡骨	右	近中	39.3	砸、砍		41.63	26.33	
YSI③：7208	梅花鹿	桡骨	右	近中	63.8	切、砸		48.39	28.44	
YSI②B：2158	梅花鹿	桡骨	右	近中	80.2	切、砸		45.08	27.91	
YSI③：7205	梅花鹿	桡骨	右	近中	60.3	砸		46.62	29.27	
G10：3474	梅花鹿	桡骨	右	近中	44.7	砸、剔		45.48	29.03	
YSI③：7263	梅花鹿	桡骨	右	近中	27.7	砸		41.01	23.15	
YSI④A：196	梅花鹿	桡骨	右	近中	28.3	砍		43.77	23.57	
G10：9483	梅花鹿	桡骨	右	中远	70.4	切、砸				45.22
G10：3472	梅花鹿	桡骨	右	中远	48.5	砸、砍、烤				40.24

续表

小件号	种属	骨骼名称	左右	保存部位	重量（g）	人工痕迹	GL (mm) 最大长	Bp(mm) 近端最大宽	SD(mm) 骨干最小宽	Bd(mm) 远端最大宽
G10：13576	梅花鹿	桡骨	左	完整	91.8	烤	239.26	43.11	25.74	43.18
G10：3565	梅花鹿	桡骨	左	近	25.4	砸、烤		37.51	18.15	
YSI③：7295	梅花鹿	桡骨	左	近	23.5	砸			21.99	
G10：3441	梅花鹿	桡骨	左	近中	57.5	砸		47.71		
YSI②B：3736	梅花鹿	桡骨	左	近中	88.4	砍		45.11		
G10：9838	梅花鹿	桡骨	左	近中	29.2	砸		41.08	23.13	
YSI②B：4077	梅花鹿	桡骨	左	近中	32.8	切、砸、砍		39.79	22.74	
YSI③：7222	梅花鹿	桡骨	左	近中	37.1	切、砸		43.70		
YSI②A：2855	梅花鹿	桡骨	左	近中	30.9	砸		40.56	22.04	
YSI②A：1479	梅花鹿	桡骨	左	近中	38.9	砸		44.05	26.98	
NQ①：121	梅花鹿	桡骨	左	远	28.1	砍				36.36
G10：9812	梅花鹿	桡骨	左	远	26.8	砸				42.73
G18：984	梅花鹿	桡骨	左	远	53.3	砸				42.45
YSI③：7251	梅花鹿	桡骨	左	远	31.7	切、砸、砍				38.42
YSI②B：2863	梅花鹿	桡骨	左	远	23.5	砸				32.84
YSI③：7832	梅花鹿	桡骨	左	远	12.4	砸、砍				34.27
G10：9794	梅花鹿	桡骨	左	中远	46.9	切、砸、砍			25.73	42.34
G17：47	梅花鹿	桡骨	左	中远	43.4	砸				45.53
NQ②：8	梅花鹿	桡骨	左	中远	39.1	砍				33.78

续表

小件号	种属	骨骼名称	左右	保存部位	重量（g）	人工痕迹	GL (mm) 最大长	Bp(mm) 近端最大宽	SD(mm) 骨干最小宽	Bd(mm) 远端最大宽
G10：13606	梅花鹿	桡骨	右	完整	85.3	切		43.53	27.30	
YSI②B：2348	梅花鹿	桡骨	右	远	62.4	砸				32.56
YSI②A：2834	梅花鹿	桡骨	右	中远	20.4	砸				30.81
G22：381	梅花鹿	桡骨	左	中远	36.8	切、砸、烤				35.96
K7：3	虎	桡骨	左	完整	107.8	切		34.86	24.58	51.49
G10：121	虎	桡骨	左	完整	89.8	切	250.51	30.07	24.57	50.42
YSI②B：1803	虎	桡骨	右	中远	69.5	切、砸、剔				53.78
G0：0171	熊	桡骨	左	完整	88.2	砍			35.71	21.38
G10：13588	野猪	桡骨	右		191.5		191.22	41.61	24.82	45.73
YSI②A：2852	野猪	桡骨	左	近中	56.1	切、砸		37.73	24.99	
G18：1685	野猪	桡骨	右	远	30.7	砸				36.99
G10：3584	野猪	桡骨	右	远	41.8	砸				37.84
G10：3472	苏门羚	桡骨	右		48.5					
G24：981	猪	桡骨	右	近	7.8	砸		22.56	13.26	
G10：3617	猪	桡骨	右	近	5.8			22.58		
G10：3552	猪	桡骨	右	近	10.9	切、砍		25.22		
YSI②A：2900	猪	桡骨	右	近中	8.8	切、砍		22.32	12.01	
G16：168	猪	桡骨	右	近中	9.1	砍		22.13	12.94	
YSI④A：990	猪	桡骨	右	近中	18.6	切、砍		27.02	15.96	
YSI③：4625	猪	桡骨	左	近	7.5	砸		24.71	14.33	
G10：3463	猪	桡骨	左	近中	11.7	切、砍		22.17	14.33	
YSI③：7307	猪	桡骨	左	近中	8.3	切、砍		22.93	13.38	
G10：4978	猪	桡骨	左	完整	12.9			24.19	11.95	
YSI②A：2875	猪	桡骨	左	完整	9.3	切、砍			11.82	
G10：9796	野猪	桡骨	右	近中	23.7	砍			14.41	
YSI③：7274	野猪	桡骨	右	近中	33.5	砸		32.34	19.71	
YSI②B：939	猪	桡骨	左	近中	4.7	砍		22.11		
YSI③：719	猪	桡骨	左	近中	9.6			22.31		
L2：102	猪	桡骨	左	中远	10.3	砍		20.53	12.29	
YSI③：7356	猪	桡骨	左	完整	20.5		107.20	22.75	14.63	25.43
YSI②B：1803	豹	桡骨	右	中远	36.1				22.44	15.89
YSI②B：1811	豹	桡骨	右	完整	35.9	切			22.42	15.03

续表

小件号	种属	骨骼名称	左右	保存部位	重量（g）	人工痕迹	GL (mm) 最大长	Bp(mm) 近端最大宽	SD(mm) 骨干最小宽	Bd(mm) 远端最大宽
YSI③：7313	赤鹿	桡骨	右	近中	7.1	砍		23.24	14.21	
YSI③：7214	赤鹿	桡骨	右	完整	17.1		123.60	22.34	13.07	21.28
YSI③：7315	赤鹿	桡骨	左	近中	7.1	砍		22.06	12.75	
YSI④A：7	赤鹿	桡骨	左	近中	11.3	砸		21.82	14.03	
YSI②B：1249	赤鹿	桡骨	左	近中	5.7	砍		22.81	13.15	
G10：3548	赤鹿	桡骨	左	近中	10.8	砸		24.29	14.59	
YSI②B：1864	赤鹿	桡骨	左	中远	13.8	切、砸		24.80		
YSI③：7230	赤鹿	桡骨	右	完整	14.2		126.07	21.22	11.31	20.32
G10：9506	赤鹿	桡骨	右	完整	18.3			23.66		
G18：967	赤鹿	桡骨	右	完整	18.1	烤	130.55	24.75	15.01	22.31
G10：9537	赤鹿	桡骨	右	远	5.3	切、砸				24.11
YSI④A：346	赤鹿	桡骨	左	近中	11.8	砸		22.23	13.29	
G18：1954	赤鹿	桡骨	左	中远	8.2	砍、烧			12.51	21.51
G22：109	赤鹿	桡骨	左	中远	7.9	砍			12.79	20.65
G10：0221	山羊	桡骨	左	完整	23.4			27.66	16.97	
G18：959	猫	桡骨	左	完整	2.3		82.49	7.72	4.85	11.05

附表2-7　哺乳动物股骨骨骼数据统计表

小件号	种属	股骨名称	左右	保存部位	重量（g）	人工痕迹	GL (mm)	Bp (mm)	SD (mm)	Bd (mm)
G22③：11	水牛	股骨	右	近	230.8	砍		137.41		
G18：12	水牛	股骨	右	近	324.4	砍		130.53		
G10：385	水牛	股骨	右	近	197.1	砍		123.19		
YSI③：5685	水牛	股骨	右	近	234.5	切、砸		126.15		
G19：2	水牛	股骨	右	近	376.6	砸		140.82		
G18：71	水牛	股骨	右	近中	365.8	切、砍		139.41		
G10：1513	水牛	股骨	右	近中	307.7	切、砸		127.04		
G24：546	水牛	股骨	右	远	184.9					92.39
YSI②B：956	水牛	股骨	右	远	295.3	切、砍、剔				109.07
G10：2522	水牛	股骨	右	远	187.5	砍				108.84
G18：1	水牛	股骨	右	远	208.4	砍				106.71
G17：373	水牛	股骨	右	远	278.8	砍				102.63
G10：408	水牛	股骨	右	远	332.2	切、砸				108.81
G10：360	水牛	股骨	右	远	287.6	砸、砍				106.34
G18：320	水牛	股骨	右	远	443.3	砸、烤				108.98

续表

小件号	种属	股骨名称	左右	保存部位	重量（g）	人工痕迹	GL (mm)	Bp (mm)	SD (mm)	Bd (mm)
G10：1541	水牛	股骨	右	远	387.4	切、砸、砍、剔				105.42
YSI①：20	水牛	股骨	右	远	345.1	砍				109.38
G10：152	水牛	股骨	右	中远	369.6	砍				100.01
G10：337	水牛	股骨	右	中远	468.4	切、砸、烤				101.18
G10：301	水牛	股骨	右	中远	451.8	切、砸				110.31
G22③：12	水牛	股骨	右	中远	562.9	切、砸、烤			42.36	102.39
G10：393	水牛	股骨	左	近	309.1	砍、剔、划		132.42		
G18：33	水牛	股骨	左	近	253.8	砸、烤		135.21		
G18：21	水牛	股骨	左	近中	251.9	切、砸、劈				112.67
G10：10775	水牛	股骨	左	完整	893.2	切	395.63	139.15	41.09	108.28
G10：13592	水牛	股骨	左	完整	625.3	切、砍	392.13	136.85	45.51	
G10：302	水牛	股骨	左	远	288.7	砸、砍、劈				108.86
G10：336	水牛	股骨	左	远	201.5	切				90.14
G18：69	水牛	股骨	左	远	259.8	砸、烤				92.91
G18：84	水牛	股骨	左	远	290.5	砸、剔				110.81
G18：15	水牛	股骨	左	远	395.9	砸				105.92
G10：345	水牛	股骨	左	远	206.4	砸				90.01
G10：382	水牛	股骨	左	远	201.9	砸、砍				90.99
G18：58	水牛	股骨	左	远	587.1	切、砍				107.68
G10：332	水牛	股骨	左	远	215.3	砍				98.91
G10：2521	水牛	股骨	左	远	358.9	砸、砍				100.84
YSI④A：133	水牛	股骨	左	远	299.2	砸				106.68
G10：2532	水牛	股骨	左	远	185.9	切、砸、劈				111.27
G10：320	水牛	股骨	左	中远	264.1	切、砸、烤				88.27
YSI④A：63	水牛	股骨	左	中远	266.8	切、砸				104.15
G10：365	水牛	股骨	左	中远	346.6	切、砸、砍、烤				105.22
G10：318	水牛	股骨	左	中远	444.1	切、砸				105.73
YSI②B：3328	水牛	股骨	左	中远	304.7	切、砸、烧				107.01
G10：1401	黄牛	股骨	右	近	95.6	切、砍		102.56		
G10：305	黄牛	股骨	右	近	141.5	切、砍		117.95		
YSI④A：151	黄牛	股骨	右	近	119.7	切、砍		100.41		
G18：1908	黄牛	股骨	右	近	111.7	切、砸、砍		105.71		
G10：335	黄牛	股骨	右	近	188.1	砸		103.86		
G10：384	黄牛	股骨	右	近	182.9	砸		114.28		
YSI②B：2859	黄牛	股骨	右	近	148.4	切、砸		114.38		
G10：339	黄牛	股骨	右	近中	240.9	切、砸		113.21		

续表

小件号	种属	股骨名称	左右	保存部位	重量（g）	人工痕迹	GL (mm)	Bp (mm)	SD (mm)	Bd (mm)
G10：373	黄牛	股骨	右	近中	302.8	砸		110.65		
G10：13623	黄牛	股骨	右	完整	559.3	切	376.78		34.17	90.46
G10：2488	黄牛	股骨	右	远	117.6	砸				76.69
YSI③：5372	黄牛	股骨	右	远	145.3	砸、砍				75.81
YSI②A：187	黄牛	股骨	右	远	148.5	砸、烧				74.91
YSI②B：3306	黄牛	股骨	右	远	174.7	切、砸、砍				84.71
G10：2561	黄牛	股骨	右	远	135.6	砸、剔、烤				80.63
YSI②A：179	黄牛	股骨	右	远	223.5	砍				82.08
G24：550	黄牛	股骨	右	远	157.1	砸、砍				75.99
G10：2567	黄牛	股骨	右	远	137.8	切、砸				80.53
G10：2570	黄牛	股骨	右	远	147.2	砸				74.56
YSI②B：1272	黄牛	股骨	右	远	206.1	砸				89.25
YSI②A：106	黄牛	股骨	右	远	101.6	砸				72.62
YSI②A：84	黄牛	股骨	右	远	100.1	砸				70.73
G10：2502	黄牛	股骨	右	远	132.5	砸				66.86
YSI②A：97	黄牛	股骨	右	远	118.7	砸				71.84
YSI②B：602	黄牛	股骨	右	远	227.1	切、砸				86.04
G10：2569	黄牛	股骨	右	远	166.1	切、砸、烤				83.17
G10：2501	黄牛	股骨	右	远	135.9	砍、剔、烤				70.06
YSI②A：184	黄牛	股骨	右	远	117.8	砸				76.19
YSI②A：77	黄牛	股骨	右	远	145.5	砸				69.63
YSI②B：1257	黄牛	股骨	右	远	207.9	切、砸				88.41
YSI②A：92	黄牛	股骨	右	远	198.3	切、砸				86.72
YSI②B：3354	黄牛	股骨	右	远	163.2	砍				79.71
G18：332	黄牛	股骨	右	远	157.2	砍、烤				75.06
G24：545	黄牛	股骨	右	远	160.6	砍				81.2
YSI②B：957	黄牛	股骨	右	远	97.5	砍				73.68
G10：2512	黄牛	股骨	右	远	174.9	切、砸				73.35
YSI②A：201	黄牛	股骨	右	远	143.4	切、砸、划				78.95
G10：344	黄牛	股骨	右	远	157.9	砸				74.14
G22③：12	黄牛	股骨	右	远	169.8	砸				76.35
G10：2527	黄牛	股骨	右	远	131.1	切、砸				71.78
YSI②A：89	黄牛	股骨	右	中远	194.2	切、砸、砍、烤				79.32
YSI①：38	黄牛	股骨	右	中远	203.1	切、砸				68.51
YSI②B：2731	黄牛	股骨	右	中远	300.9	切、砍				70.69
G10：2509	黄牛	股骨	左	完整	293.8	砍、烤			25.71	67.35
G10：2584	黄牛	股骨	左	远	118.3	砍				78.37
YSI②A：125	黄牛	股骨	左	远	98.5	砸				76.77

续表

小件号	种属	股骨名称	左右	保存部位	重量（g）	人工痕迹	GL (mm)	Bp (mm)	SD (mm)	Bd (mm)
YSI②A：123	黄牛	股骨	左	远	67.6					73.03
YSI②A：191	黄牛	股骨	左	远	108.9	砸、划				72.39
G10：2466	黄牛	股骨	左	远	136.1	砍				83.02
YSI①：63	黄牛	股骨	左	远	159.4	砍				87.95
G12：543	黄牛	股骨	左	远	125.1	切、砍				73.48
G10：2525	黄牛	股骨	左	远	149.1	切、砸、烤				78.59
G22③：14	黄牛	股骨	左	远	173.8	砸、砍、划				84.44
G10：2498	黄牛	股骨	左	远	161.7	砸				87.29
YSI④A：148	黄牛	股骨	左	远	101.4	砸、砍				75.61
YSI③：5414	黄牛	股骨	左	远	198.1	切、砸、砍				78.96
YSI④A：72	黄牛	股骨	左	远	110.1					85.86
G10：333	黄牛	股骨	左	远	147.2	砸				74.42
YSI②B：3352	黄牛	股骨	左	远	78.6					73.23
G10：2490	黄牛	股骨	左	远	158.5	划、砸				84.36
G10：2562	黄牛	股骨	左	远	177.1	砸、砍				69.78
G17：450	黄牛	股骨	左	远	160.7	砸、砍				77.01
YSI②B：2730	黄牛	股骨	左	远	213.8	切、砸、砍				83.21
G10：1489	黄牛	股骨	左	远	105.6					80.47
YSI②B：1259	黄牛	股骨	左	远	205.6	砍				79.27
YSI③：5392	黄牛	股骨	左	中远	206.9	砸砍				80.91
YSI②A：182	黄牛	股骨	左	中远	118.6	切、砸、划				74.77
YSI③：5385	黄牛	股骨	左	中远	235.1	砸				78.62
YSI③：5400	黄牛	股骨	左	中远	195.6	切、砸				85.05
G18：13	黄牛	股骨	左	中远	318.3	切、砸				87.33
YSI③：5398	黄牛	股骨	右	远	134.2	砸、砍				83.75
G10：354	黄牛	股骨	右	近中	457.1	砸		112.28		
G10：371	黄牛	股骨	左	近	177.4	砍		105.67		
YSI②A：192	水鹿	股骨	右	近	123.8	切、砸、烤		96.57		
G10：1482	水鹿	股骨	右	近中	119.3	切、砸		82.40		
YSI②A：122	水鹿	股骨	右	远	112.9	砸				75.35
YSI③：5388	水鹿	股骨	右	远	80.6	砍				80.46
G10：3145	水鹿	股骨	右	远	150.6	砸				77.03
TSI②B：523	水鹿	股骨	右	远	136.9	切、砸				75.65
G10：1703	水鹿	股骨	右	远	94.7					83.02
G16：25	水鹿	股骨	右	远	81.3	砍				77.41
G10：2515	水鹿	股骨	右	远	133.9	砸				74.11
G10：1527	水鹿	股骨	左	近中	130.6	切、砍		91.26		

续表

小件号	种属	股骨名称	左右	保存部位	重量（g）	人工痕迹	GL (mm)	Bp (mm)	SD (mm)	Bd (mm)
YSI②B：3645	水鹿	股骨	左	远	135.2	砍		79.75		
YSI①：53	水鹿	股骨	左	远	93.1	砍、烤		78.53		
G17：42	水鹿	股骨	左	近	104.9	切、砸		90.96		
G10：2523	水鹿	股骨	左	近中	115.2	切、砸、烤		91.81		
YSI②A：105	水鹿	股骨	左	近中	126.1	切、砸、烤		82.42		
G10：2484	水鹿	股骨	左	近中	213.0	砸		86.39		
YSI③：5391	水鹿	股骨	左	远	61.4					
G10：2470	水鹿	股骨	左	远	97.1	砍、烤				79.15
YSI③：5409	水鹿	股骨	左	远	193.1	砸				75.29
YSI③：5366	水鹿	股骨	左	远	123.3	砍				76.29
L6：322	水鹿	股骨	左	远	200.4	砸、砍				70.25
YSI②B：3364	水鹿	股骨	右	近	72.4	砍		88.55		
YSI②B：3224	水鹿	股骨	右	近	61.1	砍		79.39		
G10：13623	水鹿	股骨	右	完整	559.3		376.78	90.46	34.17	
YSI③：5735	梅花鹿	股骨	右	近	37.1	砍、剔		72.36		
YSI②B：3748	梅花鹿	股骨	右	远	42.7					53.85
G10：13514	梅花鹿	股骨	右	远	31.3					53.02
G10：3135	梅花鹿	股骨	右	远	43.3	砍				51.02
G10：2574	梅花鹿	股骨	右	远	69.4	砍				56.81
YSI③：5410	梅花鹿	股骨	右	远	59.4	砍				58.48
YSI③：5417	梅花鹿	股骨	右	远	62.6	砍				62.93
YSI③：5367	梅花鹿	股骨	右	远	27.4					50.91
YSI③：5370	梅花鹿	股骨	右	中远	78.5	砸、砍				51.92
YSI②A：1209	梅花鹿	股骨	左	近	55.5	切、砸				51.06
F2：3	梅花鹿	股骨	左	近	37.6	砸		61.28		
G10：399	梅花鹿	股骨	左	近	31.5	切、砸		61.69		

续表

小件号	种属	股骨名称	左右	保存部位	重量（g）	人工痕迹	GL (mm)	Bp (mm)	SD (mm)	Bd (mm)
YSI②B：2865	梅花鹿	股骨	左	远	54.7	切、砸				57.66
G16：10	梅花鹿	股骨	左	远	84.2	砸、剔				59.51
YSI③：5418	梅花鹿	股骨	左	远	81.2	切、砸				54.91
G10：2575	梅花鹿	股骨	左	远	141.3	切、砸				54.57
G10：2571	梅花鹿	股骨	左	远	54.6	砍				54.75
G10：405	梅花鹿	股骨	左	远	78.3	砸				60.77
YSI②A：111	梅花鹿	股骨	左	远	61.6	砍				54.14
YSI③：5381	梅花鹿	股骨	左	远	61.2	砸				49.04
YSI③：5376	梅花鹿	股骨	左	中远	154.6	切、砍、劈				65.67
G10：2480	梅花鹿	股骨	左	中远	77.1	切、砍				58.81
G10：2599	梅花鹿	股骨	左	中远	69.3	砸				59.81
G10：14482	梅花鹿	股骨	右	远	79.1	切、砸				53.11
YSI②B：3936	梅花鹿	股骨	右	近	33.3	切、砸、砍		62.67		
G10：317	梅花鹿	股骨	右	远	85.7	砍				58.15
YSI②A：1985	梅花鹿	股骨	右	远	44.5					61.47
G10：11626	虎	股骨	右	近中	134.5	切、砍、烤		73.72		
YSI②B：3753	虎	股骨	右	近中	74.4	砸、劈		68.15		
G10：2508	虎	股骨	右	近中	94.9	砍、烧、烤		66.93		
G10：1577	虎	股骨	右	远	58.1					64.51
G10：11619	虎	股骨	右	中远	150.5	切、砍、烤				69.61
G10：11633	虎	股骨	右	中远	177.8	切、砸、烤				64.69
G10：1476	虎	股骨	左	近	71.8	砸、烤				69.32
YSI②A：110	虎	股骨	左	远	100.9	砍				67.81

续表

小件号	种属	股骨名称	左右	保存部位	重量（g）	人工痕迹	GL (mm)	Bp (mm)	SD (mm)	Bd (mm)
G10：1729	虎	股骨	左	远	51.6					65.04
G10：1754	虎	股骨	左	远	63.6					67.73
G10：013	虎	股骨	左	近中	139.6	砍、割				66.04
G10：011	虎	股骨	右	远	94.7	锯		74.21		
YSI③：5715	虎	股骨	左	远	70.1	切、砸				58.27
G10：0166	虎	股骨	左	完整	220.0		322.68	68.87	26.87	63.04
YSI②A：82	虎	股骨	左	近中	135.7	切、砸		80.42		
YSI②B：2734	熊	股骨	左	远	89.2	砸				63.87
YSI③：5386	野猪	股骨	右	远	141.1					61.22
G18：358	野猪	股骨	左	近	79.0	砍		68.66		
L2：87	野猪	股骨	左	近	36.6	砍		64.04		
G18：19	野猪	股骨	左	近中	54.7	切、砸、砍、剔		59.05		
G10：2611	野猪	股骨	左	中远	92.4	切、砸、烤				61.73
G10：2495	野猪	股骨	左	远	95.7	砍、剔、烤				61.81
G12：537	猪	股骨	右	远	21.1	切、砸				34.98
G10：11629	猪	股骨	右	中远	35.1	切、剔				40.71
G10：11621	猪	股骨	左	近中	35.1	烤		43.51		
G12：595	猪	股骨	左	近中	26.3	切、砍		44.52		
G10：11635	豹	股骨	右	近中	45.5	切、砸		51.01		
G10：11640	豹	股骨	右	近中	36.4	切、砍		58.67		
G10：11637	豹	股骨	右	近中	22.8	切、砸		57.44		
G10：11623	豹	股骨	左	近中	38.1	切、砍		50.37		
G10：11636	豹	股骨	左	近中	53.4	砸		57.88		
G10：11632	豹	股骨	右	完整	114.3		261.47	50.75	20.09	47.78
YSI①：188	赤麂	股骨	右	近	12.5	砍、烤		35.31		
G10：2595	赤麂	股骨	右	完整	28.7	烤			12.94	31.63
G100：1475	赤麂	股骨	左	完整	44.2	切	181.15	37.22	13.62	33.31
G10：13295	赤麂	股骨	左	完整	32.5	砸			13.43	
G18：1766	赤麂	股骨	左	远	21.4	砸、砍、烤				32.19
G10：3166	赤麂	股骨	左	远	12.8	切				31.29
G10：13521	赤麂	股骨	左	中远	23.2					34.11
YSI③：5669	赤麂	股骨	右	远	21.1	砍				34.77
G18：26	赤麂	股骨	左	近	13.4	砍、烤		36.83		
G10：13280	赤麂	股骨	左	完整	17.4	砸				35.06
G18：1694	赤麂	股骨	左	远	20.3	砍				33.19
G10：5419	赤麂	股骨	左	远	13.3	砍				34.69
G10：11638	小麂	股骨	左	近中	14.1	切、砍、烤				30.71

续表

小件号	种属	股骨名称	左右	保存部位	重量（g）	人工痕迹	GL (mm)	Bp (mm)	SD (mm)	Bd (mm)
G16：47	小麂	股骨	右	完整	26.9				11.97	27.94
G10：11624	小麂	股骨	右	完整	23.6			31.88	13.19	
YSI③：5725	小麂	股骨	右	远	16.2	砍				31.13
G24：42	小麂	股骨	右	远	3.6					23.73
G10：13476	小麂	股骨	右	远	9.3	砍				27.52
YSI②B：580	小麂	股骨	右	远	7.4	切、砸				26.78
G24：88	小麂	股骨	左	远	9.8	砸				27.73
YSI④A：38	小麂	股骨	左	远	13.5					27.68
YSI②B：298	小麂	股骨	左	远	6.8	砍		25.82		
G18：42	小麂	股骨	左	完整	24.3		140.54	29.82	10.91	26.02
G10：8101	猕猴	股骨	右	中远	23.9	砍、烤			12.93	31.11
G18：1793	猕猴	股骨	左	远	7.9	砍、烧				29.27
YSI①：305	猕猴	股骨	左	中远	18.7	切、砸、烤			11.07	26.27
G10：8101	猕猴	股骨	右	近	12.9			35.31		
G18：38	猫	股骨	左	完整	7.6		102.09	20.19	8.93	17.41

附表2-8　哺乳动物胫骨骨骼数据统计表

小件号	种属	骨骼名称	左右	保存部位	重量（g）	人工痕迹	GL(mm) 最大长	Bp(mm) 近端最大宽	SD (mmm) 骨干最小宽	Bd(mm) 远端最大宽
G10：4212	水牛	胫骨	右	近	156.1	砸、烤		108.73		
G10：4288	水牛	胫骨	右	近	58.2			100.56		
G10：4201	水牛	胫骨	右	近	174.6	砍、划		110.34		
G10：850	水牛	胫骨	右	近	175.9	砸		105.27		
G10：4975	水牛	胫骨	右	近	188.3	砸、烧		113.59		
G16：1	水牛	胫骨	右	近	251.1	砸、烤		104.91		
K8：7	水牛	胫骨	右	近	140.2	砸		98.52		
G10：4210	水牛	胫骨	右	近	250.5	砸		106.71		
G10：5004	水牛	胫骨	右	近	84.1			108.29		
G10：13597	水牛	胫骨	右	近中	397.1	砸		105.29		
G10：1470	水牛	胫骨	右	近中	245.8	切、砸、剔		98.75		
YSI②B：3346	水牛	胫骨	右	近中	171.8	砸		92.19		
YSI③：4	水牛	胫骨	右	近中	281.9	切、砸		97.96		
YSI②B：3702	水牛	胫骨	右	近中	280.1	砸、划		99.63		
G18：331	水牛	胫骨	右	近中	280.3	砸、烧		113.81		
YSI②A：1420	水牛	胫骨	右	近中	358.9	砸、砍		106.85		
G10：4197	水牛	胫骨	右	近中	193.8	切、砸		98.26		

续表

小件号	种属	骨骼名称	左右	保存部位	重量（g）	人工痕迹	GL(mm)最大长	Bp(mm)近端最大宽	SD (mmm)骨干最小宽	Bd(mm)远端最大宽
G10：836	水牛	胫骨	右	近中	335.6	切、砸		107.32		
G10：4227	水牛	胫骨	右	近中	332.6	砸、砍		108.61		
G10：4192	水牛	胫骨	右	近中	281.1	切、砸		106.81		
G18：321	水牛	胫骨	右	近中	348.8	砸、砍		108.57		
YSI③：66	水牛	胫骨	右	近中	247.9	切、砸		101.35		
G10：11683	水牛	胫骨	右	完整	493.7	切、砸、砍				73.32
G10：4254	水牛	胫骨	右	远	125.9	砸、烤				73.49
G10：3468	水牛	胫骨	右	远	74.1	砸				69.15
G10：1090	水牛	胫骨	右	远	119.4	砸				73.46
YSI②A：1366	水牛	胫骨	右	远	68.4	切、砍				71.44
G10：4999	水牛	胫骨	右	远	53.3	砸				67.38
G10：5007	水牛	胫骨	右	远	63.7	砍				76.28
L22：65	水牛	胫骨	右	远	56.6	砍				65.31
YSI②B：1860	水牛	胫骨	右	远	86.3	砸				64.43
G18：104	水牛	胫骨	右	远	65.2	切、砸				75.57
G10：4998	水牛	胫骨	右	远	99.4	砍				67.49
G10：1009	水牛	胫骨	右	远	90.8	砸				69.25
YSI③：20	水牛	胫骨	右	远	106.9	砸				69.79
G10：4904	水牛	胫骨	右	远	117.3	砸、砍				76.04
G10：4254	水牛	胫骨	右	远	126.3	砸、烤				68.11
YSI③：53	水牛	胫骨	右	远	69.7	砸				66.74
YSI②B：3591	水牛	胫骨	右	远	86.1	砸				69.5
G10：5044	水牛	胫骨	右	远	84.1	砸、劈				71.05
YSI②A：882	水牛	胫骨	右	远	78.1	切、砸				62.16
YSI②B：3571	水牛	胫骨	右	远	85.1	砍				69.38
YSI②B：791	水牛	胫骨	右	远	92.1	砸				67.81
G18：317	水牛	胫骨	右	中远	141.6	砸			39.57	67.07
L6：399	水牛	胫骨	右	中远	123.4	砸、烧				70.31
G10：4993	水牛	胫骨	右	中远	180.3	砸、烧				68.41
L6：399	水牛	胫骨	右	中远	123.4	砸、烧				64.58
G10：4232	水牛	胫骨	右	中远	251.3	砸				71.74
YSI②B：978	水牛	胫骨	左	近	163.4	砸		111.21		
F10：1407	水牛	胫骨	左	近	284.8	砸、砍		100.67		
YSI②B：1269	水牛	胫骨	左	近	217.3	切、砸、砍		105.18		
G18：1667	水牛	胫骨	左	近	351.8	砸		114.27		
G1051	水牛	胫骨	左	近	205.8	切、砸		106.01		

续表

小件号	种属	骨骼名称	左右	保存部位	重量（g）	人工痕迹	GL(mm) 最大长	Bp(mm) 近端最大宽	SD (mmm) 骨干最小宽	Bd(mm) 远端最大宽
G10：4202	水牛	胫骨	左	近	147.8	砸		104.02		
G10：837	水牛	胫骨	左	近	161.1	砸		95.44		
YSI②B：3926	水牛	胫骨	左	近	164.6	砸		106.84		
G10：1556	水牛	胫骨	左	近中	247.2	砸、砍		108.04		
G10：846	水牛	胫骨	左	近中	291.4	砸		99.81		
G10：835	水牛	胫骨	左	近中	435.1	砸		112.19		
G10：4195	水牛	胫骨	左	近中	292.3	砸		100.19		
G10：834	水牛	胫骨	左	近中	452.1	砸、砍		106.82		
G18：72	水牛	胫骨	左	完整	605.2		356.75	106.43		76.07
G18：2316	水牛	胫骨	左	远	110.9	砸				76.84
G10：1429	水牛	胫骨	左	远	73.1	砸				65.73
G10：1054	水牛	胫骨	左	远	80.3	砸				80.34
YSI3：100	水牛	胫骨	左	远	67.5	砍				76.02
G10：4226	水牛	胫骨	左	远	77.6	切、砸				67.22
YSI②A：1385	水牛	胫骨	左	远	150.8	砸				64.64
YSI②B：2343	水牛	胫骨	左	远	66.1	切、砸				67.35
G10：5076	水牛	胫骨	左	远	123.1	砸、烧				73.82
G10：5012	水牛	胫骨	左	远	65.8	切、砸				63.51
G10：5093	水牛	胫骨	左	远	78.6	砸、砍				72.51
G10：1485	水牛	胫骨	左	远	123.6	砸				66.78
YSI②B：495	水牛	胫骨	左	远	94.5	切、砸				66.15
YSI3：73	水牛	胫骨	左	远	89.5	砸				73.14
YSI③：9	水牛	胫骨	左	远	79.9	砍、烧				80.11
YSI②A：1406	水牛	胫骨	左	远	84.6	砸、烤				74.37
YSI②B：3619	水牛	胫骨	左	远	91.1	砸				73.95
G10：1049	水牛	胫骨	左	远	102.4	砸、烧				70.93
G10：4251	水牛	胫骨	左	远	63.4	砸				68.49
YSI③：78	水牛	胫骨	左	远	107.1	切、砸				76.32
G10：4294	水牛	胫骨	左	远	86.3	砸				67.54
G10：5029	水牛	胫骨	左	远	57.7	砸、砍				64.22
G18：1758	水牛	胫骨	左	远	98.4	砸、砍				73.21
G18：1674	水牛	胫骨	左	远	88.9	砸				73.63
G18：1673	水牛	胫骨	左	远	80.1	砸				76.54
G18：1721	水牛	胫骨	左	远	67.8	砍				71.08
G10：4291	水牛	胫骨	左	中远	171.8	切、砸				70.91

续表

小件号	种属	骨骼名称	左右	保存部位	重量（g）	人工痕迹	GL(mm)最大长	Bp(mm)近端最大宽	SD (mmm)骨干最小宽	Bd(mm)远端最大宽
G18：325	水牛	胫骨	左	中远	201.2	砸、烤				73.11
G18：1668	水牛	胫骨	左	中远	299.9	切、砸、劈				79.26
G10：4194	水牛	胫骨	左	近	215.4	砸		99.91		
YSI④A：65	水牛	胫骨	左	近中	173.6	砸		102.47		
G10：851	黄牛	胫骨	右	近	98.3	砍		92.77		
G12：555	黄牛	胫骨	右	近	73.5	砍		80.94		
G10：14474	黄牛	胫骨	右	近	88.1	砸、划		88.26		
G24：526	黄牛	胫骨	右	近	90.7	砸、砍		82.16		
G10：1758	黄牛	胫骨	右	近	74.1	砸		85.13		
G10：855	黄牛	胫骨	右	近	162.6	砸		93.36		
G18：335	黄牛	胫骨	右	近	131.8	砸		88.12		
YSI②A：1393	黄牛	胫骨	右	近	89.0	切、砸、砍、劈		89.89		
G10：4299	黄牛	胫骨	右	近	87.6	砸		85.21		
YSI②B：3053	黄牛	胫骨	右	近	36.5			78.48		
G10：4219	黄牛	胫骨	右	近	67.9	砍		91.36		
G10：13622	黄牛	胫骨	右	近	241.8	砸		89.37		
YSI③：22	黄牛	胫骨	右	近	45.4	切、砸				52.85
G10：4218	黄牛	胫骨	右	近中	135.5	砍		82.37		
YSI②A：2811	黄牛	胫骨	右	近中	144.0	切、砍		85.47		
YSI③：5	黄牛	胫骨	右	近中	103.7	砸		80.92		
L6：268	黄牛	胫骨	右	近中	179.5	砸、剔		84.11		
YSI③：58	黄牛	胫骨	右	近中	97.7	砸、划		78.44		
G10：13594	黄牛	胫骨	右	完整	231.9	切、砍	286.21	82.71	33.58	58.95
G10：13599	黄牛	胫骨	右	完整	231.2	切	283.71	77.95	37.02	46.46
G4①：01	黄牛	胫骨	右	完整	204.7	切、砍	274.01		29.67	
YSI②A：1412	黄牛	胫骨	右	完整	342.6		315.51		28.21	55.65
K7：7	黄牛	胫骨	右	完整	337.8		324.24			57.25
YSI②A：1400	黄牛	胫骨	右	远	45.4	砸				53.85
YSI②B：615	黄牛	胫骨	右	远	92.7	砸				62.96
G22：339	黄牛	胫骨	右	远	50.4	砸				54.99
G22③：21	黄牛	胫骨	右	远	101.6	砸				53.91
G22③：104	黄牛	胫骨	右	远	41.0	砸、砍				53.52
YSI②B：3722	黄牛	胫骨	右	远	33.3	砍				43.71
G10：1590	黄牛	胫骨	右	远	37.8	砸				45.58
G18：315	黄牛	胫骨	右	远	78.7	切、砸				52.73

续表

小件号	种属	骨骼名称	左右	保存部位	重量（g）	人工痕迹	GL(mm)最大长	Bp(mm)近端最大宽	SD (mmm)骨干最小宽	Bd(mm)远端最大宽
YSI②A：2807	黄牛	胫骨	右	远	30.6	砍				55.41
YSI②B：3347	黄牛	胫骨	右	远	91.5	砸				62.32
YSI②B：3558	黄牛	胫骨	右	远	46.9	砸				50.14
YSI④A：13	黄牛	胫骨	右	远	38.4	砸				49.41
G10：4270	黄牛	胫骨	右	远	58.3	切、砸			32.24	49.68
G12：559	黄牛	胫骨	右	远	59.6	砸				62.45
YSI②B：3945	黄牛	胫骨	右	远	63.0	砍、烧				56.24
YSI②B：2413	黄牛	胫骨	右	远	47.3	切、砸				52.78
YSI②B：467	黄牛	胫骨	右	远	56.3	砍				55.14
YSI②B：1042	黄牛	胫骨	右	远	55.5	砍				51.95
G12：761	黄牛	胫骨	右	远	35.9	砸				54.69
YSI②B：2254	黄牛	胫骨	右	远	47.5	砸				54.33
YSI②B：485	黄牛	胫骨	右	远	66.5	砸、砍				57.24
YSI③：159	黄牛	胫骨	右	远	46.7	砸				55.13
G18：349	黄牛	胫骨	右	远	53.8	砸、烤				50.68
YSI③：50	黄牛	胫骨	右	远	62.3	砍				59.71
YSI③：18	黄牛	胫骨	右	远	69.1	砸				48.62
YSI②A：2801	黄牛	胫骨	右	远	65.1	切、砸				54.41
G10：5041	黄牛	胫骨	右	远	47.2	切、砸				54.91
G10：4991	黄牛	胫骨	右	远	39.7	砸				51.52
YSI③：8	黄牛	胫骨	右	远	56.7	砍				58.62
G12：652	黄牛	胫骨	右	远	42.9	砸				53.66
G10：1061	黄牛	胫骨	右	远	41.4	砸				54.93
YSI①：86	黄牛	胫骨	右	远	55.1	砸				53.61
G10：4246	黄牛	胫骨	右	远	58.4	砸				56.62
YSI②B：800	黄牛	胫骨	右	中	57.7	砍		83.74		
YSI②A：875	黄牛	胫骨	右	中远	64.1	砸、劈				57.11
L6：343	黄牛	胫骨	右	中远	106.1	砸				57.91
G10：4280	黄牛	胫骨	右	中远	126.9	切、砸				49.61
YSI②A：884	黄牛	胫骨	右	中远	81.8	砸				62.69
YSI③：15	黄牛	胫骨	右	中远	96.6	切、砸				48.56
G18：333	黄牛	胫骨	右	中远	106.5	切、砸				55.66
G10：4222	黄牛	胫骨	右	中远	137.3	砸、烧			25.11	56.64
YSI③：10	黄牛	胫骨	右	中远	80.7	砸、劈				58.14
G10：4944	黄牛	胫骨	右	中远	100.1	砸、烧、烤				54.68

续表

小件号	种属	骨骼名称	左右	保存部位	重量（g）	人工痕迹	GL(mm)最大长	Bp(mm)近端最大宽	SD(mmm)骨干最小宽	Bd(mm)远端最大宽
G18：313	黄牛	胫骨	右	中远	123.8	砸				59.22
YSI②A：2813	黄牛	胫骨	右	中远	142.2	砸			28.72	59.31
G10：1087	黄牛	胫骨	右	中远	168.1	砸				58.81
YSI②A：892	黄牛	胫骨	右	中远	67.7	砸、砍				58.87
G18：338	黄牛	胫骨	右	中远	99.6	切、砸				58.49
G17：350	黄牛	胫骨	右	中远	87.3	砸				56.07
G10：1031	黄牛	胫骨	右	中远	73.3	砸				50.73
G24：532	黄牛	胫骨	右	中远	76.9	砍				54.08
G10：4934	黄牛	胫骨	右	中远	67.3	砸				54.75
G10：1085	黄牛	胫骨	右	中远	99.3					58.64
YSI②B：795	黄牛	胫骨	右	中远	89.9	切、砸				51.82
YSI②A：1415	黄牛	胫骨	右	中远	167.1	砸				58.82
YSIO②A：188	黄牛	胫骨	左	近	44.5			83.82		
YSI②B：804	黄牛	胫骨	左	近	68.9	砍		83.49		
YSI③：69	黄牛	胫骨	左	近	86.1	砍		78.27		
G10：1705	黄牛	胫骨	左	近	67.7	砍		89.01		
G10：1007	黄牛	胫骨	左	近	108.9	砸、砍		89.42		
G18：353	黄牛	胫骨	左	近	80.6	砍、烧		73.94		
G18：344	黄牛	胫骨	左	近	88.1	砸、砍		77.24		
G17：106	黄牛	胫骨	左	近	96.4	切、砸		82.54		
G12：512	黄牛	胫骨	左	近	85.1	砸		85.75		
G10：844	黄牛	胫骨	左	近	86.9	划、砸		85.16		
G10：4216	黄牛	胫骨	左	近	82.8	砸		79.77		
G17：133	黄牛	胫骨	左	近	85.4	砸、划		80.02		
YSI②B：3910	黄牛	胫骨	左	近	107.1	砸		87.74		
YSI②B：959	黄牛	胫骨	左	近	107.7	砸		96.01		
G18：343	黄牛	胫骨	左	近	109.9	砸、烤		89.21		
YSI②B：3331	黄牛	胫骨	左	近	116.4	砸、砍、划		83.01		
YSI②B：3358	黄牛	胫骨	左	近中	195.1			82.37		
YSI①：6	黄牛	胫骨	左	近中	136.9	砸、划		78.61		
YSI②A：1427	黄牛	胫骨	左	近中	188.2	砸		95.56		
G10：4193	黄牛	胫骨	左	近中	123.7	切、砸		85.71		
G10：11685	黄牛	胫骨	左	近中	186.1	砸、划		93.44		
G10：4197	黄牛	胫骨	左	近中	183.7	切、砸、砍		89.73		
G10：4199	黄牛	胫骨	左	近中	205.3	切、砸、划		89.46		

续表

小件号	种属	骨骼名称	左右	保存部位	重量（g）	人工痕迹	GL(mm)最大长	Bp(mm)近端最大宽	SD(mmm)骨干最小宽	Bd(mm)远端最大宽
G10：4269	黄牛	胫骨	左	近中	132.9	砸、划		80.21		
G12：533	黄牛	胫骨	左	近中	170.6	砸		86.25		
YSI③：21	黄牛	胫骨	左	近中	178.1	砸、砍、划		87.46		
G18：1620	黄牛	胫骨	左	近中	211.8	切、砸、划		94.45		
G10：1530	黄牛	胫骨	左	近中	100.3	砸、砍		86.98		
YSI①：2	黄牛	胫骨	左	近中	207.8	砸		78.91	23.98	
G10：1004	黄牛	胫骨	左	完整	212.6	切			33.91	
G22③：10	黄牛	胫骨	左	完整	422.1	砍	344.58	98.34		59.22
G10：13614	黄牛	胫骨	左	完整	272.4	切、砸	292.11	76.82	33.31	51.97
G25：4	黄牛	胫骨	左	完整	118.5	切、砍、划	259.03		27.11	
L6：221	黄牛	胫骨	左	远	70.8	砸				58.71
G10：5098	黄牛	胫骨	左	远	84.9	砍				60.71
YSI②B：3607	黄牛	胫骨	左	远	35.9	砸				59.86
YSI②B：3668	黄牛	胫骨	左	远	69.2	砸				57.85
YSI②B：3681	黄牛	胫骨	左	远	81.3	砸				55.48
L7：15	黄牛	胫骨	左	远	50.6	砍				56.95
L6：3714	黄牛	胫骨	左	远	51.5	砍、烧				56.89
NQ③：51	黄牛	胫骨	左	远	62.4	砸、砍				57.44
YSI④B：6	黄牛	胫骨	左	远	56.4	切、砸				58.25
YSI②B：2700	黄牛	胫骨	左	远	51.4	砸				52.61
YSI②B：870	黄牛	胫骨	左	远	37.3	砍				53.36
G10：4984	黄牛	胫骨	左	远	31.1	砸				50.61
G10：5008	黄牛	胫骨	左	远	31.4	砸、烧				50.84
G10：597	黄牛	胫骨	左	远	43.4	砸				51.37
G18：179	黄牛	胫骨	左	远	31.3	砍				52.32
YSI③：139	黄牛	胫骨	左	远	39.1	砸				53.15
G10：1551	黄牛	胫骨	左	远	58.3	砸				62.62
G17：134	黄牛	胫骨	左	远	119.4	砸				51.97
YSI②A：2806	黄牛	胫骨	左	远	46.3	砸、砍				61.21
G10：583	黄牛	胫骨	左	远	76.2	砸				60.74
YSI②B：3596	黄牛	胫骨	左	远	61.7	砸				55.41
G10：4248	黄牛	胫骨	左	远	61.9	砸、砍				60.57
G10：4976	黄牛	胫骨	左	远	32.8	砍				45.08
YSI②B：3654	黄牛	胫骨	左	远	41.4	切、砸				47.88
YSI②A：886	黄牛	胫骨	左	远	47.3	砸、劈				51.79

续表

小件号	种属	骨骼名称	左右	保存部位	重量（g）	人工痕迹	GL(mm)最大长	Bp(mm)近端最大宽	SD(mmm)骨干最小宽	Bd(mm)远端最大宽
G10：9744	黄牛	胫骨	左	中远	122.1	砸、烧				61.67
G10：1060	黄牛	胫骨	左	中远	99.1	砸			34.72	51.15
YSI②B：410	黄牛	胫骨	左	中远	111.7	砸				55.98
G10：587	黄牛	胫骨	左	中远	125.1	砸				53.69
G10：1056	黄牛	胫骨	左	中远	113.5	砸				59.68
YSI②B：663	黄牛	胫骨	左	中远	81.4	切、砸				51.07
YSI②B：2204	黄牛	胫骨	左	中远	61.6	砸				60.51
G10：4233	黄牛	胫骨	左	中远	81.1	砸、烧				45.68
YSI②A：1414	黄牛	胫骨	左	中远	136.4	砸				43.62
YSI③：8	黄牛	胫骨	左	中远	84.2	砸				56.11
G10：582	黄牛	胫骨	左	中远	191.0	切、砸				47.54
YSI③：56	黄牛	胫骨	左	中远	54.9	砸				52.79
L6：203	黄牛	胫骨	左	中远	83.6	切、砸				50.64
YSI②B：3	黄牛	胫骨	左	中远	126.5	切、砸				52.28
G10：4268	黄牛	胫骨	左	中远	144.2	切、砸、砍				46.71
G10：4252	黄牛	胫骨	左	中远	142.2	切、砸、砍				54.29
L6：215	黄牛	胫骨	左	中远	111.3	切、砸			23.99	56.83
YSI②A：1398	黄牛	胫骨	左	近中	113.4	砸		86.54		
G10：4277	黄牛	胫骨	左	中远	229.8	切、砸、砍			26.17	63.63
YSI②A：2814	黄牛	胫骨	左	中远	197.5	砸				58.47
YSI②B：271	黄牛	胫骨	左	中远	103.5	砸			40.22	55.43
G10：1030	黄牛	胫骨	左	远	75.5	砍、劈				52.61
YSI②A：1411	黄牛	胫骨	右	完整	499.8		338.00	98.98	40.22	59.35
G10：843	黄牛	胫骨	右	近中	137.2	切、砸		84.73		
YSI④A：1	黄牛	胫骨	右	近	144.1	砸		84.21		
G10：4289	黄牛	胫骨	右	近中	155.3	砸		89.86		
G10：842	黄牛	胫骨	右	近中	205.3	切、砸		83.42		
L6：279	黄牛	胫骨	左	近	73.1	砸		87.36		
NQ⑤：11	黄牛	胫骨	左	近	103.4	砸		88.36		
YSI②B：3358	马	胫骨	左		194.1	砸		79.75		
G10：13633	马	胫骨	右	完整	301.3	切	310.71	79.87	34.62	63.27
G10：4240	水鹿	胫骨	右	近	81.6	砸		80.83		
G10：4916	水鹿	胫骨	右	近	96.2	砸		88.21		
YSI②A：891	水鹿	胫骨	右	近	133.9	切、砸、划		97.92		
G10：4950	水鹿	胫骨	右	近	124.7	切、砸		94.27		

续表

小件号	种属	骨骼名称	左右	保存部位	重量（g）	人工痕迹	GL(mm)最大长	Bp(mm)近端最大宽	SD(mmm)骨干最小宽	Bd(mm)远端最大宽
G10：1052	水鹿	胫骨	右	近	71.5	砍		83.95		
G10：4279	水鹿	胫骨	右	近	93.3	砸、划		82.71		
G10：1418	水鹿	胫骨	右	近中	128.1	砸、烤		84.73		
G10：13625	水鹿	胫骨	右	完整	500.8	切、砍	416.76	90.13	37.64	57.81
G10：1582	水鹿	胫骨	左	近	57.2	砍		77.11		
L6：254	梅花鹿	胫骨	右	完整	216.3	切	303.63	64.16		46.11
G10：14476	梅花鹿	胫骨	右	远	21.5	切、砍、劈				39.85
G10：5066	梅花鹿	胫骨	右	远	20.1	切、砍				44.63
YSI②B：1309	梅花鹿	胫骨	右	远	16.7	切、砸				35.32
YSI③：92	梅花鹿	胫骨	右	远	36.1	砸、砍、剔				38.83
YSI③：29	梅花鹿	胫骨	右	中远	46.4	砍				38.55
YSI③：11	梅花鹿	胫骨	右	中远	37.4	砍				41.53
YSI②B：1495	梅花鹿	胫骨	右	中远	45.3	砸				37.67
YSI②B：1646	梅花鹿	胫骨	右	中远	42.5	切、砍				37.37
G10：1025	梅花鹿	胫骨	右	中远	32.9	砸				45.86
YSI③：52	梅花鹿	胫骨	右	中远	45.9	砸				39.13
YSI②B：4336	梅花鹿	胫骨	右	中远	51.1	砍、划			25.24	36.67
TSU②B：767	梅花鹿	胫骨	右	中远	38.1	砸				37.23
NQ③：12	梅花鹿	胫骨	右	中远	57.3	切、砸				41.14
YSI③：19	梅花鹿	胫骨	右	中远	57.8	砸				41.87
G10：1523	梅花鹿	胫骨	左	中远	119.5	切、砸、砍				42.57
G18：336	梅花鹿	胫骨	右	中远	65.8	切、砸				45.11
G10：4919	梅花鹿	胫骨	右	中远	31.0	切、砍、劈				38.71
YSI②B：2260	梅花鹿	胫骨	右	中远	35.1	切、砸、砍				37.92
YSI③：90	梅花鹿	胫骨	右	中远	35.1	切、砸				38.71
G18：334	梅花鹿	胫骨	右	中远	80.8	砸、烧				42.06
YSI②A：1407	梅花鹿	胫骨	右	近	43.2	砸		61.51		
G10：1768	梅花鹿	胫骨	右	近	100.5	砸		58.62		
G10：4931	梅花鹿	胫骨	右	近中	96.7	砍		68.66		
G10：1029	梅花鹿	胫骨	右	近中	76.1	砍		59.88		
G10：1088	梅花鹿	胫骨	右	近中	89.6	砸、砍		58.85		
YSI②B：2653	梅花鹿	胫骨	右	中远	29.9	切、砸			22.03	33.81
G10：5046	梅花鹿	胫骨	左	远	16.9	砍				43.49
YSI③：39	梅花鹿	胫骨	左	远	29.7	砍				39.31
G10：577	梅花鹿	胫骨	左	中远	22.1	砍				37.71

续表

小件号	种属	骨骼名称	左右	保存部位	重量（g）	人工痕迹	GL(mm)最大长	Bp(mm)近端最大宽	SD(mmm)骨干最小宽	Bd(mm)远端最大宽
G10：13577	梅花鹿	胫骨	左	中远	63.8	切、砸				34.63
YSI②B：2419	梅花鹿	胫骨	左	中远	33.9	砍				40.26
YSI②B：2200	梅花鹿	胫骨	左	中远	36.1	砍				43.06
G10：5067	梅花鹿	胫骨	左	中远	34.2	砸				40.46
YSI②A：893	梅花鹿	胫骨	左	中远	54.1	砸				39.49
L6：23	梅花鹿	胫骨	左	中远	21.3	砍				39.75
G10：1427	梅花鹿	胫骨	左	近	69.1	砸、砍		59.42		
G10：594	梅花鹿	胫骨	左	近中	104.3	切、砸		63.61		
G18：1671	梅花鹿	胫骨	左	近中	142.1	切、砸		65.72		
G10：4901	梅花鹿	胫骨	左	近中	90.1	砍		56.52		
YSI③：24	梅花鹿	胫骨	左	近中	102.9	砸		62.91		
YSI③：77	梅花鹿	胫骨	左	近中	141.2	砸		58.89		
G10：1507	梅花鹿	胫骨	左	近	46.6	砸		51.87		
YSI②B：3605	梅花鹿	胫骨	左	近	41.2	砸		58.31		
YSI③：67	梅花鹿	胫骨	左	近	53.6	砍		56.32		
YSI②B：3752	梅花鹿	胫骨	左	近中	109.1	砸		65.11		
YSI②B：3102	梅花鹿	胫骨	左	近中	83.2	砸、砍		49.29		
YSI④A：3	梅花鹿	胫骨	左	近中	118.1	砸		59.42		
G18：1720	梅花鹿	胫骨	左	远	34.8	砸				38.99
YSI②B：3105	梅花鹿	胫骨	左	中远	44.7	切、砸			22.86	35.56
G10：4929	梅花鹿	胫骨	右	近	46.5	砸		56.69		
G10：5064	梅花鹿	胫骨	左	远	14.8	砍				37.51
YSI③：1041	梅花鹿	胫骨	左	中远	40.3	砍			25.57	
YSI②B：3424	梅花鹿	胫骨	左	远	36.1	砍				36.41
G10：14573	梅花鹿	胫骨	右	远	15.4	砸				44.67
G10：4946	梅花鹿	胫骨	右	中远	55.7	切、砸			23.16	41.89
YSI②A：2826	梅花鹿	胫骨	右	中远	77.7	切、砸			26.01	35.71
G10：133	虎	胫骨	右	完整	175.6	剔	281.09			52.23
YSI②B：3343	虎	胫骨	右	近中	191.1	切、砍、划		69.48	23.49	
G10：13599	虎	胫骨	左	近中	94.8			69.35		
G10：131	虎	胫骨	左	完整	173.6	切	283.35	66.99	21.85	48.21
G10：14473	虎	胫骨	左	近	75.2	砍、划		71.17		
G10：0169	虎	胫骨	左	完整	211.7	切	287.35	69.56	21.85	47.91
G10：0168	虎	胫骨	右	完整	175.8	切	283.35		22.41	48.21
YSI②B：3239	熊	胫骨	左	完整	180.5	切、砍、剔	252.96	67.95	22.87	46.27

续表

小件号	种属	骨骼名称	左右	保存部位	重量（g）	人工痕迹	GL(mm) 最大长	Bp(mm) 近端最大宽	SD (mmm) 骨干最小宽	Bd(mm) 远端最大宽
YSI③：5826	野猪	胫骨	左	远	19.9	砍				27.15
G18：1704	野猪	胫骨	左	中远	24.1	砍、烤				26.54
YSI③：165	野猪	胫骨	左	远	23.3	砍				29.44
YSI③：3738	野猪	胫骨	左	远	14.8	砍				25.04
G10：599	野猪	胫骨	右	完整	82.8	切、砍			22.73	32.87
YSI②B：3589	野猪	胫骨	左	远	24.2	砸				33.62
YSI④A：68	野猪	胫骨	右	远	17.4	砍				36.02
YSI③：1807	野猪	胫骨	右	中远	29.6	砍				32.42
YSI③：37	猪	胫骨	右	远	14.4	砸				29.35
YSI②B：2338	猪	胫骨	左	中远	17.9	砍				28.49
G10：1029	苏门羚	胫骨	右	近端	75.8			64.88		
YSI②B：3810	猪	胫骨	右	中远	12.1	砸				21.88
YSI②A：2852	猪	胫骨	右	中远	12.7	切、砸				24.78
G10：600	猪	胫骨	右	中远	24.8	砍				25.51
G10：1024	猪	胫骨	右	中远	16.3	切			16.22	21.76
YSI③：60	猪	胫骨	右	中远	20.2	砍			11.48	22.89
G22：338	猪	胫骨	右	中远	21.5	砸、砍				24.62
YSI②B：4647	猪	胫骨	右	中远	21.5	砸、烤				21.37
YSI②B：296	猪	胫骨	右	中远	15.1					23.87
G10：1067	猪	胫骨	右	中远	45.4	砍				22.28
YSI④A：697	猪	胫骨	右	中远	18.1	砍			14.59	23.43
G10：4229	猪	胫骨	右	中远	28.2	砍、剔			15.36	21.63
NQ⑦：12	猪	胫骨	右	中远	20.3	砍			15.71	20.23
G10：991	猪	胫骨	右	中远	41.6	砍			15.66	28.15
G4：272	猪	胫骨	右	中远	22.1	切、砍			16.51	25.47
YSI②B：4389	猪	胫骨	右	中远	11.1	砍			13.37	20.29
G10：4957	猪	胫骨	右	中远	19.5	砸			16.95	25.88
YSI②A：2523	猪	胫骨	右	中远	18.1	砍			18.49	26.37
YSI③：205	猪	胫骨	左	远	7.7	砍		21.47		
YSI③：138	猪	胫骨	左	远	18.1	砸、砍				27.81
YSI②B：2367	猪	胫骨	左	中远	20.8	砍			15.86	26.77
YSI②A：2844	猪	胫骨	左	中远	14.4	砍			13.69	20.52
G17：752	猪	胫骨	左	中远	32.3	切、砸			15.78	25.37
YSI③：164	猪	胫骨	左	中远	10.2	砍				22.69
G18：1708	猪	胫骨	左	中远	16.3	砍、烤			16.16	22.52
YSI③：5293	猪	胫骨	左	中远	9.8	砍			13.21	21.48

续表

小件号	种属	骨骼名称	左右	保存部位	重量（g）	人工痕迹	GL(mm)最大长	Bp(mm)近端最大宽	SD(mmm)骨干最小宽	Bd(mm)远端最大宽
YSI③：110	猪	胫骨	左	中远	15.7	砍、剔			13.72	21.96
G10：5059	猪	胫骨	左	中远	12.4	砍				23.85
G10：1766	猪	胫骨	左	中远	30.8	砍			12.55	24.05
YSI②A：2584	猪	胫骨	左	中远	22.9	切、砸				19.06
YSI④A：305	猪	胫骨	左	中远	25.1	砍、削				22.87
YSI③：46	猪	胫骨	左	中远	34.6	砍			14.75	24.91
G24：535	猪	胫骨	左	中远	23.4	砍、烤			12.23	21.19
G10：1453	猪	胫骨	左	中远	20.3	切、砍			12.04	23.77
G10：1057	赤麂	胫骨	右	近中	23.1	砸		38.95		
G18：1749	赤麂	胫骨	右	近中	27.6			44.54		
YSI②B：2250	赤麂	胫骨	右	近中	21.1	砍		37.81		
NQ⑥：8	赤麂	胫骨	右	中远	24.1	砍			16.01	24.73
G18：1040	赤麂	胫骨	右	中远	19.6	砸			15.85	24.29
G10：1064	赤麂	胫骨	左	近	25.1	切		38.95		
G12：531	赤麂	胫骨	左	近中	25.8	砍		39.41		
YSI③：170	赤麂	胫骨	左	中远	14.1	砍				27.67
YSI③：148	赤麂	胫骨	左	中远	13.5	切、砍				27.59
YSI③：1075	赤麂	胫骨	左	远	4.9	砍				25.42
YSI③：160	赤麂	胫骨	左	远	10.1	切、砍				23.74
G10：5013	赤麂	胫骨	左	中远	8.8	砍				23.41
YSI③：121	赤麂	胫骨	左	近	23.4	砍				36.41
YSI③：3005	赤麂	胫骨	左	远	10.4	砍、烤				24.11
G17：173	赤麂	胫骨	左	中远	7.9	砍				23.58
YSI②B：789	赤麂	胫骨	左	近	25.9	砍		39.11		
G10：14574	赤麂	胫骨	左	近	15.1	砍		41.19		
YSI③：190	赤麂	胫骨	左	近	16.5	砍		40.99		
G10：4918	赤麂	胫骨	左	完整	28.5		187.76		16.07	
G10：13603	狗	胫骨	左	完整	22.1	划	158.55	30.25	12.35	20.23
G12：621	小麂	胫骨	右	近	10.4	砍		30.05		
G16：61	小麂	胫骨	右	近中	19.1	切、砍		32.58		
G10：1096	小麂	胫骨	右	近中	12.4	切、砍		31.33		
YSI④A：581	小麂	胫骨	左	中远	4.9	砍				16.84
YSI②B：2728	小麂	胫骨	左	中远	8.1	砍			11.62	19.44
YSI②B：186	小麂	胫骨	左	中远	7.9	砍			12.22	19.31
G17：148	小麂	胫骨		中远	4.8					15.86
YSI④B：32	小麂	胫骨	右	近中	23.3	砍		34.01	11.68	

续表

小件号	种属	骨骼名称	左右	保存部位	重量（g）	人工痕迹	GL(mm)最大长	Bp(mm)近端最大宽	SD (mmm) 骨干最小宽	Bd(mm)远端最大宽
G10：5077	小麂	胫骨	右	近中	26.1	砸		31.83	11.88	
YSI③：143	小麂	胫骨	右	完整	23.1	切	151.71	28.81	12.85	18.23
YSI③：209	小麂	胫骨	右	中远	4.7	砍				18.41
G10：5018	小麂	胫骨	右	中远	5.8	砍			12.64	18.91
YSI②A：2848	小麂	胫骨	左	近	10.8	砸		33.87		
YSI③：108	小麂	胫骨	左	近中	20.2	砸		32.41		
G10：13609	小麂	胫骨	左	近中	12.4	砸		31.02		
G18：79	小麂	胫骨	左	近中	21.9	切、砍		30.05		
YSI②B：7369	小麂	胫骨	左	近中	12.1	砍		29.91		
G10：13589	小麂	胫骨	左	近中	16.8	砍		27.95		
YSI②A：1433	小麂	胫骨	左	近中	12.7	砍		29.86		
G10：4917	小麂	胫骨	左	完整	17.1		147.98		11.31	19.61
YSI③：107	小麂	胫骨	左	完整	18.1		153.97	26.91	11.13	
G10：492	小麂	胫骨	左	中远	6.9	砍			12.25	19.44
YSI③：130	小麂	胫骨	左	中远	8.4	砍				17.91
YSI④A：898	小麂	胫骨	左	中远	7.1	砍			9.31	15.99
G10：3577	小麂	胫骨	左	中远	14.1	砍			10.94	22.86
K12：16	小麂	胫骨	左	中远	12.2	切				22.26
G10：4292	小麂	胫骨	右	中远	6.9	砍			12.25	19.44
G10：13590	小麂	胫骨	右	近中	18.2	砍		35.96		
G18：1000	小麂	胫骨	左	中远	4.1	砍			11.51	16.96
YSI②B：816	小麂	胫骨	左	近	8.2	砍		32.76		
YSI④B：443	小麂	胫骨	左	中	12.6	砍			10.56	
G10：1097	小麂	胫骨	左	中远	9.4	砍			13.15	
G10：5032	小麂	胫骨	左	近	7.0	砍		28.71		
YSI④A：1030	小麂	胫骨	左	远	3.2	砍				18.48
NQ①：274	小麂	胫骨	左	远	3.1	砍				18.61
G10：1108	小麂	胫骨	左	近	10.2	砍		33.16		
YSI④A：1035	小麂	胫骨	左	远	3.1	砍				18.59
YSI②B：1983	小麂	胫骨	左	近	6.6	砍		31.08		
YSI②B：1839	小麂	胫骨	右	近中	15.5			32.59		
YSI②B：782	小麂	胫骨	右	近	11.1	砍		27.93		
G11①：96	小麂	胫骨	右	中远	3.9	砍			10.66	16.19
YSI②B：1015	小麂	胫骨	右	中远	7.5	砸				18.26
YSI③：176	小麂	胫骨	右	近	10.1	砸		31.33		
YSI②B：2985	小麂	胫骨	右	中远	5.9	砍、烤				17.97

续表

小件号	种属	骨骼名称	左右	保存部位	重量（g）	人工痕迹	GL(mm)最大长	Bp(mm)近端最大宽	SD (mmm)骨干最小宽	Bd(mm)远端最大宽
YSI②B：3049	小麂	胫骨	右	中远	6.1				11.11	18.75
YSI③：359	小麂	胫骨	右	中远	5.5	砍			12.27	18.03
YSI②A：2894	小麂	胫骨	右	中远	4.8	砍			12.92	19.51
G24：926	小麂	胫骨	右	中远	6.8	砍			9.61	
YSI④B：156	小麂	胫骨	左	近中	5.6	砍				21.28
G18：1318	猫	胫骨	左	近中	4.6			18.44	6.65	
YSI③：6727	猫	胫骨	右	近中	9.6	砍		25.33	68.51	

附表2-9　哺乳动物掌骨骨骼数据统计表

小件号	种属	骨骼名称	左右	保存部位	重量（g）	人工痕迹	GL (mm)最大长	Bp (mm)近端最大宽	SD (mm)骨干最小宽	Bd (mm)远端最大宽
YSI①：120	水牛	掌骨	右	近	83.0	砸		66.13		
YSI②B：377	水牛	掌骨	右	近	90.7	砍、烤		72.15		
G10：10415	水牛	掌骨	右	近	139.3	切、砍		72.61		
G10：9556	水牛	掌骨	右	近	42.4	砍		65.32		
G10：10268	水牛	掌骨	右	近	77.3	砍		67.41		
G10：10299	水牛	掌骨	右	近中	75.9	砍		65.45		
G10：9598	水牛	掌骨	右	近中	68.3	切、砍、劈烤		59.56		
G10：762	水牛	掌骨	右	近中	101.7	砸		65.47		
G17：31	水牛	掌骨	右	近中	113.2	砍		66.06		
G10：9873	水牛	掌骨	右	近中	107.4	砍		62.17	37.35	
G10：821	水牛	掌骨	右	近中	124.0	切、砍		66.72	42.26	
L6：348	水牛	掌骨	右	近中	96.0	切		63.65		
G10：666	水牛	掌骨	右	近中	144.3	砍		62.17	40.76	
G10：672	水牛	掌骨	右	近中	98.2	砍、划		63.64	40.11	
G10：822	水牛	掌骨	右	近中	116.2	烤		66.69	41.99	
G10：699	水牛	掌骨	右	近中	103.3	切、砸		68.44		
L6：197	水牛	掌骨	右	近中	154.8	砸		71.26		
G10：10409	水牛	掌骨	右	近中	129.4	切、烧、烤		70.14		
YSI②B：3683	水牛	掌骨	右	近中	103.7	砸		71.05		
G18：2031	水牛	掌骨	右	近中	119.5	砍		64.42	39.51	
YSI③：6464	水牛	掌骨	右	完整	149.7	切	176.27	60.25	39.81	70.12
YSI②B：3318	水牛	掌骨	右	完整	118.3	切			36.48	
YSI②B：2005	水牛	掌骨	右	完整	163.3	砍		66.28	43.09	
YSI②B：3588	水牛	掌骨	右	完整	215.2	切、砍		72.47	45.82	

续表

小件号	种属	骨骼名称	左右	保存部位	重量（g）	人工痕迹	GL (mm) 最大长	Bp (mm) 近端最大宽	SD (mm) 骨干最小宽	Bd (mm) 远端最大宽
YSI③：6468	水牛	掌骨	右	完整	200.5	切、砍	165.81	63.99	40.07	69.48
L2：53	水牛	掌骨	右	完整	178.4			62.31	40.28	69.62
G10：784	水牛	掌骨	右	远	78.4	切、砍				75.34
YSI②B：3932	水牛	掌骨	右	远	82.9	砸、砍				68.91
G10：14488	水牛	掌骨	右	远	63.4	砍				71.62
G10：9568	水牛	掌骨	右	远	119.2	砍				76.89
G10：718	水牛	掌骨	右	远	76.2	砍				73.11
L6：261	水牛	掌骨	右	远	114.7	砍				74.95
G10：9577	水牛	掌骨	右	远	90.5	砍				73.35
YSI③：6608	水牛	掌骨	右	远	57.6	砍				70.32
G10：9893	水牛	掌骨	右	远	132.2	砸、烤				78.79
YSI②B：3117	水牛	掌骨	右	远	86.4	砸、砍				69.31
G18：2098	水牛	掌骨	右	远	59.0	砸、砍、烤				65.01
YSI②A：1906	水牛	掌骨	右	中远	140.4	砍				81.16
G10：9580	水牛	掌骨	右	中远	120.9	砸、划				73.42
G10：10204	水牛	掌骨	右	中远	76.4	砸				68.16
L6：205	水牛	掌骨	右	中远	103.1	切				69.53
YSI③：6475	水牛	掌骨	右	中远	116.8	砸、烤				74.72
G16：12	水牛	掌骨	右	中远	83.8	砸		70.01		
G10：14499	水牛	掌骨	右	完整	222.6		180.40	64.43	48.94	76.98
G10：10463	水牛	掌骨	左	近	54.5			61.95		
G10：10404	水牛	掌骨	左	近	88.3	砍、烤		65.93		
G10：10407	水牛	掌骨	左	近	85.9	砸		64.65		
G10：10446	水牛	掌骨	左	近	80.5	砍		61.03		
G10：707	水牛	掌骨	左	近	74.7	砸		67.59		
YSI③：6552	水牛	掌骨	左	近	74.5	砸		72.81		
YSI②B：3006	水牛	掌骨	左	近	85.9	砍		70.51		
YSI④B：47	水牛	掌骨	左	近	78.3	砍		60.82		
G18：2077	水牛	掌骨	左	近	62.1	砍、劈		66.15		
G10：1025	水牛	掌骨	左	近	92.5	砍		70.33		
G10：9589	水牛	掌骨	左	近	89.0	砍		70.55		
G10：9890	水牛	掌骨	左	近中	75.5	砍		63.53	36.63	
G17：389	水牛	掌骨	左	近中	77.0	砍		59.21	36.78	
G0：635	水牛	掌骨	左	近中	84.0	砍		71.41		
G18：2007	水牛	掌骨	左	近中	96.5				33.97	
G10：607	水牛	掌骨	左	近中	131.1	砍		64.51	42.94	

续表

小件号	种属	骨骼名称	左右	保存部位	重量（g）	人工痕迹	GL (mm) 最大长	Bp (mm) 近端最大宽	SD (mm) 骨干最小宽	Bd (mm) 远端最大宽
G10：604	水牛	掌骨	左	近中	122.9	切、砍			45.03	65.52
YSI②A：1925	水牛	掌骨	左	近中	130.9	砍		64.13	41.55	
YSI②B：1833	水牛	掌骨	左	近中	90.1	砍		61.90		
YSI③：6604	水牛	掌骨	左	近中	116.6	切、砸		62.17		
G10：620	水牛	掌骨	左	近中	180.4	砍		63.86	47.59	
G17：15	水牛	掌骨	左	近中	186.9	砍		71.69	46.83	
G10：605	水牛	掌骨	左	近中	135.3	砸、砍		67.26		
G10：10266	水牛	掌骨	左	近中	111.0	切、砍、烤		58.62	32.11	
G10：10420	水牛	掌骨	左	近中	112.6	砸、烤		65.66	44.48	
G10：659	水牛	掌骨	左	近中	135.3	砍、烤		71.37	42.21	
YSI②B：3760	水牛	掌骨	左	近中	133.4	砍		74.67	48.59	
G10：9553	水牛	掌骨	左	完整	303.6	切、烤	186.01	71.81	47.64	
NQ③：28	水牛	掌骨	左	完整	139.7			64.12	38.45	
YSI②A：1904	水牛	掌骨	左	完整	234.3		183.36	65.55	43.71	74.93
G10：10302	水牛	掌骨	左	远	72.8	砍				69.61
G10：777	水牛	掌骨	左	远	106.1	砍				69.91
G10：818	水牛	掌骨	左	中远	122.1	砍		69.56		
G10：817	水牛	掌骨	左	中远	98.7	砍				76.57
G10：730	水牛	掌骨	左	中远	122.0	砍		67.43		
G10：13575	水牛	掌骨	左	近中	99.7			61.83	36.23	
YSI②B：2236	水牛	掌骨	左	远	105.1					69.99
G18：3090	水牛	掌骨	左	远	70.5	砍				74.86
G18：2075	水牛	掌骨	左	远	110.0	砸、烤				69.91
YSI④A：137	水牛	掌骨	左	中远	126.7	砸				69.42
G10：669	水牛	掌骨	左	中远	95.3	砍				70.05
G14①：2	水牛	掌骨	左	远	72.6	砍				70.19
G10：14499	水牛	掌骨	右	完整	222.6		180.41	64.43	48.94	76.98
G10：705	黄牛	掌骨	右	近中	61.6	砍		50.23		
G18：2071	黄牛	掌骨	右	近	46.7	砸、烤		51.64		
YSI②B：3798	黄牛	掌骨	右	近	55.4	砸、烤		56.03		
G12：615	黄牛	掌骨	右	近	47.2	砸、烤		49.91		
YSI③：6505	黄牛	掌骨	右	近	57.3	砍、烤		47.05	22.77	
G10：9557	黄牛	掌骨	右	近	27.9	砸		44.94		
G10：9585	黄牛	掌骨	右	近中	125.6	砍		59.11	30.95	
G10：776	黄牛	掌骨	右	近中	80.1	砍、烤		53.78		

续表

小件号	种属	骨骼名称	左右	保存部位	重量（g）	人工痕迹	GL (mm) 最大长	Bp (mm) 近端最大宽	SD (mm) 骨干最小宽	Bd (mm) 远端最大宽
YSI②B：2356	黄牛	掌骨	右	近中	72.2	砍、烤		50.72	30.31	
G10：617	黄牛	掌骨	右	近中	80.5	砍		54.19		
YSI③：6419	黄牛	掌骨	右	近中	85.6				25.78	
YSI②B：1493	黄牛	掌骨	右	近中	61.4	砸		53.99		
YSI③：6499	黄牛	掌骨	右	近中	70.5	砍		50.61	23.53	
G10：10412	黄牛	掌骨	右	近中	62.7	砍		52.94		
G17：409	黄牛	掌骨	右	近中	47.3	砸		49.21		
G18：2018	黄牛	掌骨	右	近中	68.1	砍、烤		54.02		
G10：10307	黄牛	掌骨	右	近中	34.8	砸		44.88		
G10：：778	黄牛	掌骨	右	近中	35.6	砸		48.17		
G10：820	黄牛	掌骨	右	近中	40.0	砍		55.58		
G10：715	黄牛	掌骨	右	近中	53.9	砸、烤		52.05		
G10：9571	黄牛	掌骨	右	近中	51.4	砍		48.25	25.55	
G18：2013	黄牛	掌骨	右	近中	70.0			50.66	26.81	
L7：24	黄牛	掌骨	右	近中	32.8	切、砸		44.91	23.73	
G18：2073	黄牛	掌骨	右	近中	34.9	砍、烤		47.61	26.11	
G10：796	黄牛	掌骨	右	近中	40.1	砸、烤		45.23		
YSI③：6495	黄牛	掌骨	右	近中	47.1	砍		44.59	24.06	
G10：13613	黄牛	掌骨	右	完整	101.9	切	183.92	43.57	25.34	48.22
G10：13587	黄牛	掌骨	右	完整	88.9		176.63	47.59	25.82	47.51
G10：13596	黄牛	掌骨	右	完整	112.7		171.55	48.02	27.55	48.87
YSI②B：3210	黄牛	掌骨	右	完整	157.2	切	177.21	56.36	34.23	56.75
G10：13627	黄牛	掌骨	右	完整	139.4			52.44	31.22	60.75
G10：9570	黄牛	掌骨	右	完整	84.2	砍、烤	185.65	51.41	24.85	
G10：9548	黄牛	掌骨	右	完整	76.1			47.22	24.78	
G10：681	黄牛	掌骨	右	完整	61.8	砍		47.01	21.14	
YSI②B：2344	黄牛	掌骨	右	完整	68.8	切		49.62	24.74	
G10：14496	黄牛	掌骨	右	完整	105.4	烤	172.32	47.82	24.96	48.12
G10：698	黄牛	掌骨	右	远	41.7	砍				50.41
G10：10267	黄牛	掌骨	右	远	44.7	砍				54.86
G18：2126	黄牛	掌骨	右	远	43.7	砸、烤				54.04
G18：2095	黄牛	掌骨	右	远	41.2	砍、烧				53.44
G18：2074	黄牛	掌骨	右	远	44.3	砸、烤				46.54
G10：10454	黄牛	掌骨	右	远	38.4	砍、劈				56.82
G18：2079	黄牛	掌骨	右	远	41.5	切、砸				49.01
G24：281	黄牛	掌骨	右	远	56.1	砸				56.56

续表

小件号	种属	骨骼名称	左右	保存部位	重量（g）	人工痕迹	GL (mm) 最大长	Bp (mm) 近端最大宽	SD (mm) 骨干最小宽	Bd (mm) 远端最大宽
G10：809	黄牛	掌骨	右	远	53.8	砸				56.75
G10：803	黄牛	掌骨	右	远	35.9	砍				47.67
G10：766	黄牛	掌骨	右	远	35.1	砍				48.19
G24：285	黄牛	掌骨	右	远	39.1	砸、烧				49.36
G18：2128	黄牛	掌骨	右	远	34.1	砍				48.61
G10：619	黄牛	掌骨	右	远	52.2	砍				53.12
YSI②A：1957	黄牛	掌骨	右	远	38.1	砍				51.32
G18：2048	黄牛	掌骨	右	远	45.1	砍				53.74
YSI②A：1973	黄牛	掌骨	右	远	38.5	砍				58.36
YSI③：6497	黄牛	掌骨	右	远	38.8	砸、烤				49.88
G10：725	黄牛	掌骨	右	中远	50.8	砸				51.72
YSI②B：3599	黄牛	掌骨	右	中远	79.9	砍、烤				61.06
G10：10230	黄牛	掌骨	右	中远	40.7	切、砸				48.28
G12：518	黄牛	掌骨	右	中远	51.6	砸			25.15	48.55
G10：802	黄牛	掌骨	右	中远	78.4	砍			28.67	55.17
L6：370	黄牛	掌骨	右	中远	73.4	砍				57.61
G10：693	黄牛	掌骨	右	中远	45.9	砍、烤				47.04
G10：10293	黄牛	掌骨	右	中远	57.5	切、砸				57.96
G10：9582	黄牛	掌骨	右	中远	39.6	切、砍				48.15
G10：631	黄牛	掌骨	右	中远	38.7	砸、烤				48.01
L6：248	黄牛	掌骨	左	近	63.8	砸		55.65		
YSI②B：2337	黄牛	掌骨	左	近	65.8	砸		56.48		
YSI③：6526	黄牛	掌骨	左	近	59.1	切、砍		52.26		
YSI②B：2336	黄牛	掌骨	左	近	76.6	砸		51.53		
YSI③：6554	黄牛	掌骨	左	近中	46.1	砍		47.63	25.45	
YSI③：6470	黄牛	掌骨	左	近中	45.6	切、砍				46.96
YSI④A：440	黄牛	掌骨	左	近中	45.5	砸		50.98		
G10：700	黄牛	掌骨	左	近中	75.6	砸、烤		54.76	31.41	
G24：528	黄牛	掌骨	左	近中	62.5	砍、烤		48.19	27.07	
G18：2060	黄牛	掌骨	左	近中	83.7	砍、削		52.04	31.62	
G10：663	黄牛	掌骨	左	近中	78.5	砸、剔		56.65		
G17：37	黄牛	掌骨	左	完整	144.2	切	164.02	50.91	26.58	54.19
YSI③：6469	黄牛	掌骨	左	完整	146.1		173.24	58.26	32.81	58.36
G18：2083	黄牛	掌骨	左	远	32.7	砍、烤				47.09
G10：9563	黄牛	掌骨	左	远	41.1	砸				51.55

续表

小件号	种属	骨骼名称	左右	保存部位	重量（g）	人工痕迹	GL (mm) 最大长	Bp (mm) 近端最大宽	SD (mm) 骨干最小宽	Bd (mm) 远端最大宽
G17：51	黄牛	掌骨	左	远	27.7					48.81
G18：2106	黄牛	掌骨	左	远	36.9	砍、烤				46.18
G10：682	黄牛	掌骨	左	远	36.7					48.28
G10：10236	黄牛	掌骨	左	远	44.8	砸				53.31
G10：602	黄牛	掌骨	左	远	57.2	砍				61.74
YSI②B：2386	黄牛	掌骨	左	远	36.2	砍				45.75
YSI②B：4197	黄牛	掌骨	左	远	43.7	砸、烧				47.94
G12：648	黄牛	掌骨	左	远	32.8	切、砍				48.05
YSI②B：876	黄牛	掌骨	左	远	33.3	切、砍				45.64
G10：9880	黄牛	掌骨	左	远	45.8	砍				46.74
G10：10282	黄牛	掌骨	左	远	32.1	切、砍				45.51
G10：804	黄牛	掌骨	左	远	32.1					47.91
G10：9558	黄牛	掌骨	左	远	32.1	砸				52.24
G10：744	黄牛	掌骨	左	远	48.1	切、砍				57.07
YSI②B：2847	黄牛	掌骨	左	中远	68.6	砸		44.45	27.36	
YSI②B：2247	黄牛	掌骨	左	中远	70.8	砍、烤		53.51	31.42	
G18：2102	黄牛	掌骨	左	中远	41.8	切、砍				49.71
G10：10303	黄牛	掌骨	左	中远	31.8	切、砍			27.88	46.58
YSI②B：3578	黄牛	掌骨	左	中远	39.6	砸				46.07
G101：9881	黄牛	掌骨	左	中远	61.1	砍				55.29
YSI③：6531	黄牛	掌骨	左	近中	83.1	砍		54.69		
G10：758	黄牛	掌骨	右	近中	88.2	砍、烤		56.77		
G10：9583	黄牛	掌骨	左	近中	47.4	砍		50.85	27.07	
G10：646	黄牛	掌骨	左	完整	81.1	砍	172.27		26.71	
G18：2116	黄牛	掌骨	左	近	28.2	砸		49.38		
G10：10248	黄牛	掌骨	左	完整	134.4	烤	177.43	55.61		
YSI②B：2360	黄牛	掌骨	左	近中	47.9	砍		45.51	26.23	
G18：2072	黄牛	掌骨	左	近	35.3	砸、烤		48.79		
G10：789	黄牛	掌骨	左	近中	69.8	砍		48.68	28.73	
G10：9564	黄牛	掌骨	左	近	56.5	砸		46.78	26.21	
YSI①：208	黄牛	掌骨	左	近中	84.8	砍		50.92	26.66	
G10：721	黄牛	掌骨	左	近中	90.3	砸、烤		45.91	28.42	
G10：10222	黄牛	掌骨	左	近中	47.5	切、砸、烤		49.11		
G10：10291	黄牛	掌骨	左	近中	76.7			45.95	24.94	
L6：233	黄牛	掌骨	左	近中	82.7	砍		58.61	33.92	
G18：2027	黄牛	掌骨	左	近中	48.4	切、砸		46.09		

续表

小件号	种属	骨骼名称	左右	保存部位	重量（g）	人工痕迹	GL (mm) 最大长	Bp (mm) 近端最大宽	SD (mm) 骨干最小宽	Bd (mm) 远端最大宽
YSI③：6594	黄牛	掌骨	左	近中	66.4	砍		47.25	23.61	
YSI③：6597	黄牛	掌骨	左	近	40.0	砸		52.85		
YSI①：296	黄牛	掌骨	左	近中	44.7	砍		55.55		
G18：2015	黄牛	掌骨	左	近中	72.2	砍、烤		52.02	27.87	
G12：562	黄牛	掌骨	左	近中	58.3	切、砍、劈、烤		49.52		
G10：792	黄牛	掌骨	左	近	46.3	砸、烤		48.73		
G10：9599	黄牛	掌骨	左	近中	65.7	烤		48.21	26.39	
YSI④A：143	黄牛	掌骨	左	近中	89.9	切、砍		47.82	28.35	
YSI②B：3785	黄牛	掌骨	左	中	70.1	砍			25.28	
G10：10223	黄牛	掌骨	左	中远	38.6	砸		49.14		
G17：52	黄牛	掌骨	左	近中	47.8	砍		49.26	27.17	
G10：10270	黄牛	掌骨	左	中	53.1	砍、烤			25.09	
G10：678	黄牛	掌骨	左	近	35.8	砸、烤		53.72		
G10：608	黄牛	掌骨	左	近	80.9	砍		53.63		
YSI②B：3027	黄牛	掌骨	左	近中	85.0	切、砸、烤		56.27		
YSI④B：82	黄牛	掌骨	左	近中	52.4	砸		44.49		
L6：248	黄牛	掌骨	左	近	63.8	砸		55.65		
YSI②B：2247	黄牛	掌骨	左	中远	70.8	砍、烤		53.51	31.42	
YSI②B：2396	黄牛	掌骨	左	远	36.2	砍				45.75
G10：710	黄牛	掌骨	左	中远	65.1	砸、砍				61.91
G10：9878	黄牛	掌骨	左	近中	66.9	砍		56.04		
G10：9591	黄牛	掌骨	右	远	23.3			48.39		
YSI②B：3614	黄牛	掌骨	右	远	16.7	砍		44 41		
G18：2118	黄牛	掌骨	右	远	25.9			53.98		
YSI③：4180	黄牛	掌骨	右	远	14.3	砍		46.28		
G18：2155	黄牛	掌骨	左	远	28.7	砍		50.11		
YSI④B：11	马	掌骨	右	近	38.2			42.85		
G10：13583	马	掌骨	右	近中	64.5			39.12	27.24	
G18：1603	马	掌骨	右	完整	77.4	砍			24.82	37.98
YSI②A：1898	马	掌骨	左	完整	144.7	砍	202.49	47.12	31.71	40.16
G18：2054	水鹿	掌骨	右	近	28.5	砍		41.39		
G10：10330	水鹿	掌骨	右	近	34.6	砸		44.86		
G10：713	水鹿	掌骨	右	完整	52.6	划	235.61	37.19	25.26	
YSI③：6560	水鹿	掌骨	右	远	20.3	砸				42.66
YSI②B：：783	水鹿	掌骨	右	远	45.6	砍				40.51
YSI③：6535	水鹿	掌骨	右	远	54.4	砸、烤				44.75

续表

小件号	种属	骨骼名称	左右	保存部位	重量（g）	人工痕迹	GL (mm) 最大长	Bp (mm) 近端最大宽	SD (mm) 骨干最小宽	Bd (mm) 远端最大宽
YSI②B：4065	水鹿	掌骨	右	中远	52.5	切、砍、烤		47.98	23.81	
G10：13604	水鹿	掌骨	左	完整	86.3	切	250.11	46.49	24.06	44.47
YSI③：6508	水鹿	掌骨	左	近	60.7	砍		40.24		
G10：704	水鹿	掌骨	左	近中	62.8	切、砍、剔		40.66		
YSI④B：17	水鹿	掌骨	左	中远	82.4	砸、砍				41.23
G10：10426	水鹿	掌骨	左	中远	59.3	砍、烤				41.24
YSI②B：1614	水鹿	掌骨	左	中远	74.9	砸				42.75
YSI③：6537	水鹿	掌骨	左	近	39.7	砸、砍		44.62		
G10：720	水鹿	掌骨	左	近	55.9	砸		42.79	23.64	
YSI①：223	水鹿	掌骨	左	近	55.2	砸				
G10：689	水鹿	掌骨	左	近中	72.2	砍		42.61	23.02	
G10：823	水鹿	掌骨	左	近中	69.9	砍		39.41	24.39	
G10：9546	水鹿	掌骨	左	近中	71.2	砍		42.11	25.58	
G10：10246	水鹿	掌骨	左	近中	61.3			42.36		
YSI③：6425	水鹿	掌骨	左	近中	53.7	砍		49.77		
G10：812	水鹿	掌骨	左	近中	56.2	砸、咬		41.17		
YSI②B：1087	水鹿	掌骨	左	近中	57.3	砸、烤		39.78		
YSI②A：1917	水鹿	掌骨	左	远	41.0	砸、烤				39.51
YSI②B：1047	水鹿	掌骨	左	中远	30.3	劈				41.32
G10：799	水鹿	掌骨	左	中远	49.2	切、砍、削				41.25
G10：13572	水鹿	掌骨	左	完整	124.5	切、砍	247.92	40.12	25.73	41.17
G10：10326	水鹿	掌骨	右	近中	160.1	砸、划		41.94	26.37	
G10：9597	水鹿	掌骨	右	远	16.6	砸				41.41
YSI③：7404	水鹿	掌骨	左	近	18.4	砍		40.66		
G10：10786	水鹿	掌骨	左	近中	108.9	砍		37.64	24.83	
G10：697	梅花鹿	掌骨	右	近中	29.1	砸、烧、烤		27.68	19.46	
G10：9562	梅花鹿	掌骨	右	近中	71.4			28.66	19.94	
YSI②B：3421	梅花鹿	掌骨	右	近中	85.0			31.93	21.73	
YSI③：6487	梅花鹿	掌骨	右	近中	12.9	砍		23.82	16.07	
YSI②B：2109	梅花鹿	掌骨	右	近中	24.2	砸		25.12		
YSI②B：4517	梅花鹿	掌骨	右	近中	69.7	砍、烤		28.98	20.88	
YSI②A：1923	梅花鹿	掌骨	右	完整	82.0			27.06	18.82	
L6：252	梅花鹿	掌骨	右	中远	40.3	砍			20.21	
G10：109	梅花鹿	掌骨	右	中远	39.7				20.95	32.01
G10：10455	梅花鹿	掌骨	右	中远	75.0	砸				30.21
YSI②B：2687	梅花鹿	掌骨	右	中远	28.4	切			16.71	29.29

续表

小件号	种属	骨骼名称	左右	保存部位	重量（g）	人工痕迹	GL (mm) 最大长	Bp (mm) 近端最大宽	SD (mm) 骨干最小宽	Bd (mm) 远端最大宽
G18：2069	梅花鹿	掌骨	右	中远	29.5	砍				31.37
YSI②B：995	梅花鹿	掌骨	左	近中	35.8	砍		25.74		
YSI②A：1943	梅花鹿	掌骨	左	近中	30.0	砍		28.64	16.17	
G10：10220	梅花鹿	掌骨	左	近中	42.9	切、砸		27.43	18.11	
YSI(30：6612	梅花鹿	掌骨	左	中远	27.0	切、砸			17.21	34.85
G10：9550	梅花鹿	掌骨	左	中远	33.5	砍、烤			18.81	27.86
NQ③：29	梅花鹿	掌骨	左	中远	27.1	砸				31.11
G10：1029	梅花鹿	掌骨	右	近中	90.3	砸、砍		30.08	19.78	
G10：10784	梅花鹿	掌骨	右		81.4		229.92	27.54	18.50	31.14
G10：13621	苏门羚	掌骨	左	完整	65.0		168.86	36.92	23.75	40.71
YSI②A：1926	赤麂	掌骨	左	完整	11.8		101.71	19.98	12.91	20.27
YSI②B：2140	赤麂	掌骨	左	远	6.2	烤				22.16
G10：9587	赤麂	掌骨	左	中远	8.0	砍			13.44	19.82
G18：2153	赤麂	掌骨	右	远	4.4					22.91
G10：10298	赤麂	掌骨	左	近中	6.1	砸、削		22.25	16.82	
YSI②B：2064	赤麂	掌骨	左	中远	7.3					22.31
YSI④A：726	赤麂	掌骨	右	完整	13.5	切	104.11	20.32	13.41	19.93
G17：397	赤麂	掌骨	右	完整	14.2		106.68	18.68	12.17	19.53
YSI③：6509	赤麂	掌骨	右	完整	10.4		100.55	17.81	12.51	19.64
YSI②A：1919	赤麂	掌骨	左	完整	12.3	切	101.81	19.52	12.52	20.08
YSI②B：1212	羊	掌骨	左	近中	8.1	劈				
G10：680	羊	掌骨	左	近中	8.5	砍、烤		24.22	17.84	
G10：662	羊	掌骨	左	完整	10.9	烤	92.99	22.24	16.55	22.83
G24：551	羊	掌骨	左	完整	13.8		83.39	20.25	13.77	23.17
G24：1227	小麂	掌骨	左	完整	7.0		87.18	16.11	8.87	17.01
YSI③：6301	小麂	掌骨	左	近中	3.6			16.23		
G18：2135	小麂	掌骨	左	近中	3.8			16.37		
YSI②A：2019	小麂	掌骨	左	近中	5.6	砍、烤		17.34		
L6：376	小麂	掌骨	左	近中	7.4	砍			12.75	
G10：806	小麂	掌骨	左	近中	5.4	砍、烤		16.07	9.74	
F14①：61	小麂	掌骨	左	近中	4.4				13.88	
YSI②B：3014	小麂	掌骨	左	近中	5.8	砍		14.72	9.42	
YSI④A：481	小麂	掌骨	左	近中	4.6	砍			12.65	
G10：8243	小麂	掌骨	左	完整	5.0			17.06	9.73	17.12
YSI②B：4205	小麂	掌骨	左	完整	8.0	切	89.19	14.78	10.09	16.06

续表

小件号	种属	骨骼名称	左右	保存部位	重量（g）	人工痕迹	GL (mm) 最大长	Bp (mm) 近端最大宽	SD (mm) 骨干最小宽	Bd (mm) 远端最大宽
G10：612	小麂	掌骨	左	完整	5.9		86.28			
YSI③：6625	小麂	掌骨	左	完整	7.8		87.17	16.14	10.59	15.23
YSI③：6654	小麂	掌骨	左	中	4.0	砍			13.85	
G18：2117	小麂	掌骨	右	完整	5.9	砍、烤	83.97	14.26	9.59	14.33
YSI③：6551	小麂	掌骨	右	完整	5.9	切	78.00	15.92	9.15	15.43
G10：14492	小麂	掌骨	右	中远	3.9	烤				15.51
G10：10357	小麂	掌骨	右	近中	2.6			15.95		
G17：67	小麂	掌骨	右	完整	9.1		83.47		13.09	
YSI③：6539	小麂	掌骨	右	完整	8.2	烤	87.25	16.22	10.44	15.84
YSI③：6640	小麂	掌骨	右	近中	4.4	砍、烤		14.58	10.01	
G18：2159	小麂	掌骨	右	近中	10.4	砸、烧		17.43	12.89	
YSI③：6281	小麂	掌骨	右	近	4.7			17.84		
G18：2150	小麂	掌骨	右	近中	5.7			17.21		
YSI④A：753	小麂	掌骨	右	完整	4.7	烤		14.06	9.21	
YSI③：6585	小麂	掌骨	右	完整	5.9		81.11		10.03	14.64
YSI②A：1939	小麂	掌骨	右	完整	10.9	烤	91.98	17.44	11.99	
YSI②B：907	小麂	掌骨	右	近中	5.2			14.68	9.12	
YSI②B：1451	小麂	掌骨	右	完整	8.0		95.88	16.23	10.58	15.45
YSI③：6550	小麂	掌骨	右	完整	13.0	烤	80.93		14.08	
YSI②A：1993	小麂	掌骨	右	近中	20.0				17.31	
YSI③：6602	小麂	掌骨	右	中远	5.7	切、砍			15.39	
G17：122	小麂	掌骨	右	完整	14.1		82.21		17.23	
G10：671	小麂	掌骨	右	中远	16.3	砸			16.94	
G10：10234	小麂	掌骨	右	近中	11.2				15.56	
YSI③：6674	小麂	掌骨	右	中远	8.2	砸、砍			13.22	
YSI②A：1933	小麂	掌骨	右	完整	16.5		83.75		16.82	
YSI④A：982	麝	掌骨	右	完整	6.1	烤	81.41	15.72	9.44	16.13

附表2-10　哺乳动物跖骨骨骼数据统计表

小件号	种属	骨骼名称	左右	保存部位	重量（g）	人工痕迹	GL (mm) 最大长	Bp (mm) 近端最大宽	SD (mm) 骨干最小宽	Bd (mm) 远端最大宽
G10：674	水牛	跖骨	右	近	57.3	砸		45.96		
G10：966	水牛	跖骨	右	近	67.4	砍				56.47
YSI①：212	水牛	跖骨	右	近	115.1	砸		57.03		

续表

小件号	种属	骨骼名称	左右	保存部位	重量（g）	人工痕迹	GL (mm) 最大长	Bp (mm) 近端最大宽	SD (mm) 骨干最小宽	Bd (mm) 远端最大宽
G10：759	水牛	跖骨	右	近中	12.0	砍		56.43	34.04	
G10：10219	水牛	跖骨	右	近中	138.1	切、砍		60.79		
YSI②A：1921	水牛	跖骨	右	近中	94.3	砍		60.31		
G18：2023	水牛	跖骨	右	近中	92.4	砸		57.26		
G10：10272	水牛	跖骨	右	近中	140.6	砍		56.95		
G10：9872	水牛	跖骨	右	近中	117.3	砸		56.67		
G10：9886	水牛	跖骨	右	近中	125.9	切、砍		51.53	29.77	
G10：779	水牛	跖骨	右	近中	77.6	砍		51.53	29.79	
G10：623	水牛	跖骨	右	完整	223.7	砍	216.42	59.04	33.85	
YSI③：6466	水牛	跖骨	右	完整	215.9	砍	207.21	49.77	33.28	62.57
YSI③：6507	水牛	跖骨	右	远	75.3	砸、烤				67.77
G10：661	水牛	跖骨	右	远	110.7	切、砍、划				60.87
YSI②A：1914	水牛	跖骨	右	远	66.8	砍、烤				66.39
G10：10216	水牛	跖骨	右	远	59.4	砍、劈				63.99
G10：649	水牛	跖骨	右	远	56.0	砍				63.03
G10：735	水牛	跖骨	右	远	48.2	砸				69.35
G10：636	水牛	跖骨	右	远	97.2	砸				64.71
G10：10435	水牛	跖骨	右	远	79.8	砸				68.27
G10：10276	水牛	跖骨	右	中远	100.6	砸				64.03
G10：10438	水牛	跖骨	右	中远	145.8	砍				68.51
YSI③：6531	水牛	跖骨	右	中远	83.3	砸、砍				66.63
G10：9867	水牛	跖骨	右	中远	107.8	切、砍				66.86
G10：9559	水牛	跖骨	右	中远	115.6	砍、剔、烤				66.37
G10：9866	水牛	跖骨	右	中远	96.3	砍				66.81
G10：10232	水牛	跖骨	右	中远	143.8	切、砸、砍				67.35
NQ7：16	水牛	跖骨	右	中远	115.9	砸				69.36
G10：811	水牛	跖骨	右	中远	82.5	砸				64.44
G10：10205	水牛	跖骨	右	中远	138.5	切、砸、烤				68.23
G10：10265	水牛	跖骨	右	中远	145.8	砍				68.51
G10：736	水牛	跖骨	右	中远	57.6	切、砸				63.54
G10：622	水牛	跖骨	右	中远	112.5	砍				68.77
G10：656	水牛	跖骨	右	中远	113.6	砍				66.73
L6：245	水牛	跖骨	左	远	103.1	砍		50.54	34.78	
YSI②B：387	水牛	跖骨	左	近中	11.7	砍		54.16	35.61	
G10：753	水牛	跖骨	左	近中	88.5	砍		56.78		
G10：706	水牛	跖骨	左	近中	123.5	切、砍、烤		57.15	34.66	

续表

小件号	种属	骨骼名称	左右	保存部位	重量（g）	人工痕迹	GL (mm) 最大长	Bp (mm) 近端最大宽	SD (mm) 骨干最小宽	Bd (mm) 远端最大宽
YSI①：68	水牛	跖骨	左	近中	93.6			53.47		
G10：3363	水牛	跖骨	左	近中	158.2	砍		55.42		
G10：676	水牛	跖骨	左	近中	87.6	砍		47.09		
G18：1917	水牛	跖骨	左	近中	88.4	砸		56.71		
G10：10445	水牛	跖骨	左	近中	130.2	砍、烤		55.61		
G18：2006	水牛	跖骨	左	近中	107.4	砸		57.49		
G10：1358	水牛	跖骨	左	完整	226.1	切	210.33	55.95	35.28	67.62
G10：10432	水牛	跖骨	左	完整	94.3	砍		48.58	26.61	
G12：508	水牛	跖骨	左	完整	155.4			53.27	31.33	
G10：664	水牛	跖骨	左	远	64.2	砸				59.81
G10：10224	水牛	跖骨	左	远	74.5	砸				67.81
G10：660	水牛	跖骨	左	远	75.6	砸				66.72
G10：741	水牛	跖骨	左	远	53.7	砍				62.03
NQ7：7	水牛	跖骨	左	远	114.6	砍				64.15
G10：685	水牛	跖骨	左	远	63.7	砍				61.71
G10：10453	水牛	跖骨	左	远	90.0	砸				64.93
G10：10413	水牛	跖骨	左	远	123.4	切、砸				66.36
YSI②B：2374	水牛	跖骨	左	远	77.5	砸				68.05
G10：726	水牛	跖骨	左	远	100.6	砸				65.88
YSI③：6490	水牛	跖骨	左	中远	115.9	砸、烤				61.54
G10：9592	水牛	跖骨	左	中远	96.6	切、砸、烤				69.12
G10：746	水牛	跖骨	左	中远	122.0	切、砸				68.59
G10：810	水牛	跖骨	左	中远	94.7	砸、砍				69.17
G10：9895	水牛	跖骨	左	中远	136.4	切、砍				65.61
G10：10228	水牛	跖骨	左	中远	159.9	切、砸、砍、烤				63.95
YSI②B：3766	水牛	跖骨	左	中远	142.1	砸				66.72
G10：9871	水牛	跖骨	右	中远	69.9	砍				60.87
G10：9879	水牛	跖骨	右	近中	106.0	砸		49.68		
G10：9869	水牛	跖骨	左	近	99.1	砸		57.28		
G10：10240	水牛	跖骨	右	近中	28.7	砍		50.34		
YSI④A：215	水牛	跖骨	左	近	43.3	砍		50.61		
G10：9578	水牛	跖骨	左	近中	104.7			44.22	25.46	
YSI③：6427	水牛	跖骨	左	近中	68.4	切、砸、砍		59.86		
G10：10209	水牛	跖骨	左	近中	76.5	砍、削		50.29		
G10：11654	水牛	跖骨	左	完整	115.7	烤		52.35	35.11	

续表

小件号	种属	骨骼名称	左右	保存部位	重量（g）	人工痕迹	GL (mm) 最大长	Bp (mm) 近端最大宽	SD (mm) 骨干最小宽	Bd (mm) 远端最大宽
G10：10403	水牛	跖骨	左	完整	60.1			52.31	28.52	
G10：9891	水牛	跖骨	左	远	57.8	砍				55.71
G10：628	水牛	跖骨	左	远	46.6	砍				57.18
YSI②B：3621	水牛	跖骨	左	远	60.8	砸				60.25
G189：2089	水牛	跖骨	左	远	53.6	砸				56.45
G18：2014	水牛	跖骨	左	远	83.9	切、砸				57.01
G10：10760	水牛	跖骨	左	中远	148.4					56.91
G10：637	水牛	跖骨	左	中远	66.2	砸				55.64
G10：688	水牛	跖骨	左	中远	52.1	砍		47.03		
G10：710	水牛	跖骨	左	中远	65.1	砸、砍				61.91
K7：12	水牛	跖骨	左		37.6	砸		48.49		
G10：13585	水牛	跖骨	左	完整	224.1		210.67	55.87	36.71	66.81
G18：2115	黄牛	跖骨	右	近	21.3	砍		36.69		
G10：769	黄牛	跖骨	右	近	51.6	砍、烤		40.66	25.35	
G10：9897	黄牛	跖骨	右	近	36.1	砸		39.62		
G10：9885	黄牛	跖骨	右	近	109.1	砸		45.54		
G10：9564	黄牛	跖骨	右	近	30.4	砍、烤		38.53		
G10：10206	黄牛	跖骨	右	近中	67.1	砸、烤		40.97		
YSI②A：1931	黄牛	跖骨	右	近中	157.9	砍、烧、烤		47.31	27.93	
G18：2061	黄牛	跖骨	右	近中	88.8	砍、烤		46.29		
G10：10429	黄牛	跖骨	右	近中	50.1			40.31		
L6：216	黄牛	跖骨	右	近中	61.1	砸		39.83		
G10：10405	黄牛	跖骨	右	近中	74.8	砍		46.37		
YSI②B：3772	黄牛	跖骨	右	近中	77.8	切、砍		42.33		
G18：2038	黄牛	跖骨	右	近中	44.2	砸、烤		37.51		
L6：346	黄牛	跖骨	右	近中	66.7	砸		39.78		
G18：2058	黄牛	跖骨	右	近中	63.3	砸、烤		44.36		
YSI③：6548	黄牛	跖骨	右	近中	51.8	砍		42.63		
YSI②B：619	黄牛	跖骨	右	完整	53.4	切、砍		36.82	17.74	
YSI③：6465	黄牛	跖骨	右	完整	115.9	切	185.93	44.63	24.59	49.57
YSI②B：603	黄牛	跖骨	右	完整	111.6	砍	189.17	39.89	24.17	45.32
G10：10433	黄牛	跖骨	右	完整	99.4	烤		40.08	23.17	
YSI①：1	黄牛	跖骨	右	完整	107.9		190.18	38.78	20.47	44.33
G10：10244	黄牛	跖骨	右	完整	56.5	砍、划		33.51	18.59	
G10：609	黄牛	跖骨	右	完整	86.8			43.11	21.44	
G10：9874	黄牛	跖骨	右	完整	62.5	烤		39.42	18.92	

续表

小件号	种属	骨骼名称	左右	保存部位	重量（g）	人工痕迹	GL (mm) 最大长	Bp (mm) 近端最大宽	SD (mm) 骨干最小宽	Bd (mm) 远端最大宽
G10：780	黄牛	跖骨	右	远	39.7	切、砍				47.96
G10：788	黄牛	跖骨	右	远	31.6	砸				44.87
G18：2125	黄牛	跖骨	右	远	25.7	砍、烤				41.27
G18：1949	黄牛	跖骨	右	远	35.4	砸、烤				49.62
G24：279	黄牛	跖骨	右	远	35.6	砍				50.57
G10：10280	黄牛	跖骨	右	远	29.5	砸				44.18
YSI②B：4049	黄牛	跖骨	右	远	56.4	砍				50.95
YSI②A：1954	黄牛	跖骨	右	远	47.9	砍				49.79
YSI②A：199	黄牛	跖骨	右	远	58.2	砍				52.85
G10：687	黄牛	跖骨	右	远	34.5					44.84
G10：10211	黄牛	跖骨	右	远	52.9	砸				52.13
G10：9555	黄牛	跖骨	右	远	49.3	砍				49.46
YSI②B：627	黄牛	跖骨	右	中远	86.2	砸			25.96	53.18
G10：798	黄牛	跖骨	右	中远	46.2	砍、烤				47.47
G12：558	黄牛	跖骨	右	中远	38.8	砸				47.26
YSI②B：2153	黄牛	跖骨	右	中远	72.6	砸				53.54
G12：520	黄牛	跖骨	右	中远	58.1	砸、砍				45.38
G17：99	黄牛	跖骨	右	中远	41.9	砍、劈				43.21
G18：2040	黄牛	跖骨	右	中远	47.5	砍、烤			24.39	45.05
YSI②A：1972	黄牛	跖骨	右	中远	76.5	切、砍		42.18	21.09	
G10：626	黄牛	跖骨	右	中远	64.1	砸				43.79
G10：10253	黄牛	跖骨	右	中远	60.6	砸、烤			28.22	46.75
G10：615	黄牛	跖骨	右	中远	47.2	砸				41.81
G10：10443	黄牛	跖骨	右	中远	54.9	砍				48.31
YSI②B：1492	黄牛	跖骨	右	中远	62.1	砸				52.23
YSI③：6506	黄牛	跖骨	右	中远	54.2	砍、烤				46.01
YSI②B：634	黄牛	跖骨	右	中远	45.5	砍				47.91
G10：9600	黄牛	跖骨	右	中远	34.8	切、砍			21.41	44.03
G17：402	黄牛	跖骨	右	中远	47.3	砍			24.46	45.67
G10：10421	黄牛	跖骨	右	中远	42.9	砍、烤			22.16	44.77
G10：740	黄牛	跖骨	右	近中	44.4	砸		44.65		
YSI③：6514	黄牛	跖骨	右	完整	139.4	砍	216.57	42.16	23.34	
G10：14495	黄牛	跖骨	右	完整	109.4		198.04	39.21	23.74	45.25
G10：14497	黄牛	跖骨	右	完整	177.9		213.01	43.39	29.71	
G18：2045	黄牛	跖骨	右	远	49.7	砸、砍、烤				49.13
L6：338	黄牛	跖骨	右	远	37.1	砸				45.83

续表

小件号	种属	骨骼名称	左右	保存部位	重量（g）	人工痕迹	GL (mm) 最大长	Bp (mm) 近端最大宽	SD (mm) 骨干最小宽	Bd (mm) 远端最大宽
G10：767	黄牛	跖骨	右	远	32.5	砍				47.93
YSI③：6533	黄牛	跖骨	右	远	45.4	砸				51.08
G10：752	黄牛	跖骨	右	中远	45.2	砍				46.98
G10：9894	黄牛	跖骨	右	中远	46.8	切、砸				45.73
G18：2043	黄牛	跖骨	右	中远	64.9	切、砍、烤				45.48
G10：13580	黄牛	跖骨	右	完整	135.1	剔	202.36	42.76	22.92	46.21
YSI②A：2018	黄牛	跖骨	右	中远	49.1	砍				45.23
G10：610	黄牛	跖骨	左	近中	70.8	砍、烤		40.19	23.16	
YSI③：6595	黄牛	跖骨	左	近	32.4	砸		38.02		
G12：549	黄牛	跖骨	左	近	36.1	砸		41.21		
YSI④B：61	黄牛	跖骨	左	近	44.3	砸		45.32		
YSI②B：1861	黄牛	跖骨	左	近	71.4	砸		44.19		
G18：2096	黄牛	跖骨	左	近	35.3	砸		40.11		
G19：9	黄牛	跖骨	左	近	34.3	砸		39.11		
G10：10207	黄牛	跖骨	左	近	50.4	砸		40.03		
G10：10332	黄牛	跖骨	左	近中	42.6	砍		41.11		
G10：9887	黄牛	跖骨	左	近中	48.9	砸		46.73		
G10：10221	黄牛	跖骨	左	近中	54.5	砍、烤		41.51		
G10：652	黄牛	跖骨	左	近中	60.2	砍		42.78		
L2：54	黄牛	跖骨	左	近中	102.4	砍		43.91		
G10：805	黄牛	跖骨	左	近中	89.2	切、砍		45.47		
L6：219	黄牛	跖骨	左	近中	77.2	切、砍		38.61	22.04	
G18：2044	黄牛	跖骨	左	近中	85.1	砍、烤		42.94	21.81	
G18：2028	黄牛	跖骨	左	近中	62.1	砍		36.84		
G18：1901	黄牛	跖骨	左	近中	76.5	切、砍		35.91	22.27	
G18：2019	黄牛	跖骨	左	近中	56.6	砍		40.61		
L6：211	黄牛	跖骨	左	近中	73.3	砸		43.09		
L2：108	黄牛	跖骨	左	近中	45.6	砍		37.63	21.75	
G18：2025	黄牛	跖骨	左	近中	60.7	砸		40.33		
G10：9569	黄牛	跖骨	左	近中	42.1	砸		40.31		
YSI③：6598	黄牛	跖骨	左	近中	58.8	砍		44.11		
G18：2010	黄牛	跖骨	左	近中	108.5	切、砍、烤		47.05		
G10：10439	黄牛	跖骨	左	近中	82.7	切、砸		41.66	23.21	
G18：2005	黄牛	跖骨	左	近中	66.1	砸、烤		40.35	22.83	
G10：10251	黄牛	跖骨	左	近中	131.2	砍		47.35		
YSI②B：3008	黄牛	跖骨	左	近中	93.2	砍、烤		38.16	23.51	

续表

小件号	种属	骨骼名称	左右	保存部位	重量（g）	人工痕迹	GL (mm) 最大长	Bp (mm) 近端最大宽	SD (mm) 骨干最小宽	Bd (mm) 远端最大宽
G10：10325	黄牛	跖骨	左	近中	51.1	切、砍		39.88		
YSI③：6557	黄牛	跖骨	左	近中	61.2	砸		37.68		
G10：10431	黄牛	跖骨	左	近中	42.6	砍		37.98	20.19	
G18：2003	黄牛	跖骨	左	近中	117.5	砍		45.65		
YSI①：273	黄牛	跖骨	左	近中	32.6	砸		45.16		
YSI②B：3775	黄牛	跖骨	左	完整	190.9	切	208.27	46.99	28.87	
G10：13573	黄牛	跖骨	左	完整	124.7	烤	197.86	40.39	22.95	45.41
G10：13605	黄牛	跖骨	左	完整	135.2		213.72	42.69	25.65	48.97
YSI②A：1941	黄牛	跖骨	左	完整	94.2	砍	184.45	37.62	20.99	
L6：201	黄牛	跖骨	左	完整	88.1	烤		37.63	18.19	
G10：739	黄牛	跖骨	左	完整	45.6			42.66	26.47	
G10：10261	黄牛	跖骨	左	完整	111.1	烤		45.81	25.22	
YSI③：6462	黄牛	跖骨	左	完整	174.9		212.34	45.77	27.48	51.07
G10：673	黄牛	跖骨	左	完整	112.1		196.56	39.61	22.96	
G18：2008	黄牛	跖骨	左	完整	77.4	砍		35.64	19.04	
YSI③：6516	黄牛	跖骨	左	完整	94.9		190.64	39.52	22.88	44.52
G10：14498	黄牛	跖骨	左	远	27.1	砸				45.51
G10：10437	黄牛	跖骨	左	远	34.6	砸				43.59
G18：2124	黄牛	跖骨	左	远	32.2	切、砍				46.13
YSI③：6563	黄牛	跖骨	左	远	31.4	砸				48.07
YSI③：6610	黄牛	跖骨	左	远	47.2	砸		35.82		
G18：2129	黄牛	跖骨	左	远	32.1	砸、烤				45.14
G10：770	黄牛	跖骨	左	远	44.5	砸				47.81
G10：13850	黄牛	跖骨	左	远	25.7	砸				42.92
G10：793	黄牛	跖骨	左	远	27.6					45.04
G12：573	黄牛	跖骨	左	远	17.8	砸、劈				40.55
G10：10324	黄牛	跖骨	左	远	38.1	砍				49.77
G10：10233	黄牛	跖骨	左	远	28.9	切、砍				44.18
YSI②A：1998	黄牛	跖骨	左	远	24.4	砍				41.29
YSI③：6607	黄牛	跖骨	左	远	39.6	砸				45.29
YSI②B：3046	黄牛	跖骨	左	远	52.8	砍				51.73
G18：2041	黄牛	跖骨	左	中远	48.5	砍			24.81	43.63
G10：10327	黄牛	跖骨	左	中远	46.1	砸				47.55
G10：651	黄牛	跖骨	左	中远	40.3	砍				49.31
G10：10235	黄牛	跖骨	左	中远	46.1	砍				42.81

续表

小件号	种属	骨骼名称	左右	保存部位	重量（g）	人工痕迹	GL (mm) 最大长	Bp (mm) 近端最大宽	SD (mm) 骨干最小宽	Bd (mm) 远端最大宽
G12：526	黄牛	跖骨	左	中远	56.8	砍				44.87
G10：3366	黄牛	跖骨	左	中远	77.3	砍				50.57
G10：10273	黄牛	跖骨	左	中远	59.1	切、砍、烤			21.61	43.97
G10：795	黄牛	跖骨	左	中远	66.4	切、砸				46.36
G10：756	黄牛	跖骨	左	中远	66.1	砸				49.09
G10：10256	黄牛	跖骨	左	中远	55.4	切、砸				42.58
G10：606	黄牛	跖骨	左	中远	70.9	砍				48.49
YSI③：6512	黄牛	跖骨	左	中远	71.8	砸				49.89
G10：10201	黄牛	跖骨	左	中远	52.1	砍				48.28
L6：32	黄牛	跖骨	左	中远	53.1	砸、砍				49.75
L6：212	黄牛	跖骨	左	中远	79.8	砸				46.39
G10：95868	黄牛	跖骨	左	中远	69.4	切、砸、砍			23.83	
G10：10250	黄牛	跖骨	左	中远	82.9	砍、烤			23.72	
YSI②B：706	黄牛	跖骨	左	中远	86.4	砍			29.87	
G18：2108	黄牛	跖骨	左	中远	39.7	砍、烤			21.57	41.47
G18：2091	黄牛	跖骨	左	中远	47.8	砍、烤				48.91
YSI②A：1907	黄牛	跖骨	左	中远	58.9	砸				50.53
G18：2059	黄牛	跖骨	左	中远	50.8	砍			25.03	45.81
G10：10238	黄牛	跖骨	左	中远	54.7	切、砍				44.89
G10：10274	黄牛	跖骨	左	中远	74.9	切、砸				50.51
G10：9892	黄牛	跖骨	右	中远	55.8	切、砍				50.04
YSI②B：3765	黄牛	跖骨	左	完整	190.9	切	208.27	46.99	28.87	53.64
G10：10260	黄牛	跖骨	左	中远	148.4					56.91
YSI③：6632	黄牛	跖骨	左	远	31.4	砸				48.07
G18：2046	黄牛	跖骨	左	近中	49.7	砸、砍		35.82		
G10：9868	黄牛	跖骨	左	中远	69.4	切、砸、砍			23.83	
YSI②B：4007	黄牛	跖骨	右	近	34.6	砍		37.36		
YSI③：6620	黄牛	跖骨	左	远	27.6	砍		41.96		
YSI③：6647	黄牛	跖骨	左	近	30.2	砍		43.23		
YSI②A：1936	黄牛	跖骨	右	远	32.1	砸				41.94
YSI②B：3557	黄牛	跖骨	右	远	39.3	砸				41.73
YSI②A：1899	黄牛	跖骨	左	完整	173.4			43.28	27.95	42.35
G18：1903	黄牛	跖骨	左	完整	137.3	砍		41.65	25.22	
G10：132	马	跖骨	右	完整	190.9	切	252.03	44.21	30.39	45.31
YSI②A：1899	马	跖骨	左	完整	173.4		244.16	43.28	27.95	42.35
G18：1903	马	跖骨	左	完整	137.3	砍	235.14	41.65	25.22	40.25

续表

小件号	种属	骨骼名称	左右	保存部位	重量（g）	人工痕迹	GL (mm) 最大长	Bp (mm) 近端最大宽	SD (mm) 骨干最小宽	Bd (mm) 远端最大宽
YSI③：6496	水鹿	跖骨	右	中远	83.3	砸、砍			30.49	
YSI③：6545	水鹿	跖骨	右	近	58.4	砸		39.13		
G18：2145	水鹿	跖骨	右	近	36.1	砸、烤		41.71		
G10：10451	水鹿	跖骨	右	近	52.9	切、砸		42.51		
G10：10259	水鹿	跖骨	右	近中	100.9			38.86	25.86	
G10：9556	水鹿	跖骨	右	近中	61.1	砍		39.31	22.83	
G18：2001	水鹿	跖骨	右	近中	49.3	砍、烤		38.01		
G18：2081	水鹿	跖骨	右	近中	53.7	砍		34.76	20.54	
G10：9875	水鹿	跖骨	右	近中	85.9	砍		42.58		
G10：10450	水鹿	跖骨	右	近中	58.1	切、砍		40.32	23.58	
G10：9554	水鹿	跖骨	右	近中	61.1	砍、烤		38.22		
G18：2033	水鹿	跖骨	右	近中	56.3	砍、烤		38.69		
G10：679	水鹿	跖骨	右	中远	92.6	砸				47.41
YSI②B：2233	水鹿	跖骨	右	中远	94.5	砸				45.31
G10：10243	水鹿	跖骨	右	中远	134.1	砸			26.51	42.16
YSI③：6501	水鹿	跖骨	右	中远	83.7	砍、烤				48.11
G10：10441	水鹿	跖骨	左	近	35.5	砸		39.71		
G10：10297	水鹿	跖骨	左	近	31.3	砸		43.76		
G10：10284	水鹿	跖骨	左	近	46.1	切、砍、烤		40.21		
G18：2036	水鹿	跖骨	左	近	57.1	砸		43.79		
G16：37	水鹿	跖骨	左	近	55.1	砍		40.41		
L6：218	水鹿	跖骨	左	近中	55.9	砍		38.61		
G10：10283	水鹿	跖骨	左	近中	42.2	切、砍、烤、划		44.34		
G18：2002	水鹿	跖骨	左	近中	48.1	砍		37.02		
YSI③：6544	水鹿	跖骨	左	近中	57.1	砸		40.45	26.34	
G10：11692	水鹿	跖骨	左	完整	264.8	烤	294.46	42.96	29.81	48.54
YSI②B：3787	水鹿	跖骨	左	中远	81.8	砸			26.86	42.78
G18：2094	水鹿	跖骨	左	近	24.2	砸		37.23		
G10：697	梅花鹿	跖骨	右	近中	29.1	砸、烧、烤		27.68	19.46	
G10：9562	梅花鹿	跖骨	右	近中	71.4			28.66	19.94	
YSI②B：3421	梅花鹿	跖骨	右	近中	85.1			31.93	21.73	
YSI③：6487	梅花鹿	跖骨	右	近中	12.9	砍		23.82	16.07	
YSI②B：2109	梅花鹿	跖骨	右	近中	24.2	砸		25.12		
YSI②B：4517	梅花鹿	跖骨	右	近中	69.7	砍、烤		28.98	20.88	
YSI②A：1923	梅花鹿	跖骨	右	完整	82.1			27.06	18.82	
L6：252	梅花鹿	跖骨	右	中远	40.3	砍			20.21	

续表

小件号	种属	骨骼名称	左右	保存部位	重量（g）	人工痕迹	GL (mm) 最大长	Bp (mm) 近端最大宽	SD (mm) 骨干最小宽	Bd (mm) 远端最大宽
G10：109	梅花鹿	跖骨	右	中远	39.7				20.95	32.01
G10：10455	梅花鹿	跖骨	右	中远	75.1	砸				30.21
YSI②B：2687	梅花鹿	跖骨	右	中远	28.4	切			16.71	29.29
G18：2069	梅花鹿	跖骨	右	中远	29.5	砍				31.37
YSI②B：995	梅花鹿	跖骨	左	近中	35.8	砍		25.74		
YSI②A：1943	梅花鹿	跖骨	左	近中	30.1	砍		28.64	16.17	
G10：10220	梅花鹿	跖骨	左	近中	42.9	切、砸		27.43	18.11	
YSI③：6612	梅花鹿	跖骨	左	中远	27.1	切、砸			17.21	34.85
G10：9550	梅花鹿	跖骨	左	中远	33.5	砍、烤			18.81	27.86
NQ③：29	梅花鹿	跖骨	左	中远	27.1	砸				31.11
G10：1029	梅花鹿	跖骨	右	近中	90.3	砸、砍		30.08	19.78	
G10：10784	梅花鹿	跖骨	右	完整	81.4		229.92	27.54	18.50	31.14
YSI②B：3002	苏门羚羊	跖骨	左	完整	58.1	切	184.01	33.61	20.39	38.21
NQ③：33	苏门羚羊	跖骨	右	远	26.4	砸				38.92
YSI④B：3	苏门羚羊	跖骨	左	完整	55.3	划	175.91		22.12	37.69
G10：13571	苏门羚羊	跖骨	左	完整	83.3	烤	187.72	34.51	23.55	40.04
G18：2024	苏门羚羊	跖骨	左	近中	64.7	砍、烤		36.66	24.67	
G18：2101	苏门羚羊	跖骨	左	近	25.9	砍		35.79		
YSI③：6603	赤麂	跖骨	右	近中	16.7	砍			12.63	
YSI②B：4633	赤麂	跖骨	右	近中	16.4	烤、划		20.53	12.61	
YSI②B：1828	赤麂	跖骨	右	完整	22.1	砍	136.27	18.25	12.11	
YSI③：690	赤麂	跖骨	左	近中	13.1	砍		17.62		
G18：2093	赤麂	跖骨	左	近中	17.1	砍、烤		18.04	12.99	
G18：2085	赤麂	跖骨	左	完整	18.3	烤	125.33	17.65	12.73	22.14
G18：2026	赤麂	跖骨	左	完整	20.3		127.68	18.13	13.17	21.09
G10：9553	赤麂	跖骨	左	完整	13.1			17.47	12.79	
G10：10310	赤麂	跖骨	右	近中	8.4			17.67		
G18：2082	赤麂	跖骨	右	近中	9.3	砍		18.24		
G10：10346	赤麂	跖骨	右	完整	7.9			17.37	10.59	
G18：2035	赤麂	跖骨	右	完整	10.4	切、剔、划		19.59	12.12	

续表

小件号	种属	骨骼名称	左右	保存部位	重量（g）	人工痕迹	GL (mm) 最大长	Bp (mm) 近端最大宽	SD (mm) 骨干最小宽	Bd (mm) 远端最大宽
G10：732	赤麂	跖骨	右	完整	6.3			17.15	12.06	
G18：2049	赤麂	跖骨	左	近中	8.1	切、砍		19.53		
G10：9554	赤麂	跖骨	右	完整	17.3		141.21	18.29	13.14	
YSI②B：1436	赤麂	跖骨	右	中远	8.4	砍				19.42
YSI③：6650	赤麂	跖骨	右	中远	6.8	砍				19.61
G10：9898	山羊	跖骨	左	近中	15.9	砸		20.86		
YSI④A：728	山羊	跖骨	右	近中	12.1	砸、砍		21.63	14.45	
G24：1227	小麂	跖骨	左	完整	7.1		87.18	16.11	8.87	17.00
YSI③：6301	小麂	跖骨	左	近中	3.6			16.23		
G18：2135	小麂	跖骨	左	近中	3.8			16.37		
YSI②A：2019	小麂	跖骨	左	近中	5.6	砍、烤		17.34		
L6：376	小麂	跖骨	左	近中	7.4	砍			12.75	
G10：806	小麂	跖骨	左	近中	5.4	砍、烤		16.07	9.74	
F14①：61	小麂	跖骨	左	近中	4.4				13.88	
YSI②B：3014	小麂	跖骨	左	近中	5.8	砍		14.72	9.42	
YSI④A：481	小麂	跖骨	左	近中	4.6	砍			12.65	
G10：8243	小麂	跖骨	左	完整	5.0			17.06	9.73	17.12
YSI②B：4205	小麂	跖骨	左	完整	8.0	切	89.19	14.78	10.09	16.06
G10：612	小麂	跖骨	左	完整	5.9		86.28			
YSI③：6625	小麂	跖骨	左	完整	7.8		87.17	16.14	10.59	15.23
YSI③：6654	小麂	跖骨	左	中	4.1	砍			13.85	
G18：2117	小麂	跖骨	右	完整	5.9	砍、烤	83.97	14.26	9.59	14.33
YSI③：6551	小麂	跖骨	右	完整	5.9	切	78.00	15.92	9.15	15.43
G10：14492	小麂	跖骨	右	中远	3.9	烤				15.51
G10：10357	小麂	跖骨	右	近中	2.6			15.95		
G17：67	小麂	跖骨	右	完整	9.1		83.47		13.09	
YSI③：6539	小麂	跖骨	右	完整	8.2	烤	87.25	16.22	10.44	15.84
YSI③：6640	小麂	跖骨	右	近中	4.4	砍、烤		14.58	10.01	
G18：2159	小麂	跖骨	右	近中	10.4	砸、烧		17.43	12.89	
YSI③：6281	小麂	跖骨	右	近	4.7			17.84		
G18：2150	小麂	跖骨	右	近中	5.7			17.21		
YSI④A：753	小麂	跖骨	右	完整	4.7	烤		14.06	9.21	
YSI③：6585	小麂	跖骨	右	完整	5.9		81.11		10.03	14.64
YSI②A：1939	小麂	跖骨	右	完整	10.9	烤	91.98	17.44	11.99	
YSI②B：907	小麂	跖骨	右	近中	5.2			14.68	9.12	
YSI②B：1451	小麂	跖骨	右	完整	8.0		95.88	16.23	10.58	15.45

续表

小件号	种属	骨骼名称	左右	保存部位	重量（g）	人工痕迹	GL (mm) 最大长	Bp (mm) 近端最大宽	SD (mm) 骨干最小宽	Bd (mm) 远端最大宽
YSI③：6550	小麂	跖骨	右	完整	13.0	烤	80.93		14.08	
YSI②A：1993	小麂	跖骨	右	近中	20.1				17.31	
YSI③：6602	小麂	跖骨	右	中远	5.7	切、砍			15.39	
G17：122	小麂	跖骨	右	完整	14.1		82.21		17.23	
G10：671	小麂	跖骨	右	中远	16.3	砸			16.94	
G10：10234	小麂	跖骨	右	近中	11.2				15.56	
YSI③：6674	小麂	跖骨	右	中远	8.2	砸、砍			13.22	
YSI②A：1933	小麂	跖骨	右	完整	16.5		83.75		16.82	

附表3-1　鸟禽类肱骨骨骼数据统计表

小件号	种属	骨骼名称	左右	保存部位	重量（g）	人工痕迹	GL (mm)	Bp (mm)	SC (mm)	Bd (mm)
G10：10173	鸡	肱骨	左	远	0.8	砍				15.63
YSI③：598	鸡	肱骨	左	中远	1.5	砍				15.25
G24：912	鸡	肱骨	左	远	0.7	砍				12.67
G24：199	鸡	肱骨	左	远	0.9	砍		17.93		
YSI③：1614	鸡	肱骨	左	近	1.9	砍		20.76		
G10：8166	鸡	肱骨	左	中远	1.4	砍		13.96	6.73	
YSI③：4970	鸡	肱骨	左	近中	1.7	砍		16.71		
YSI①：253	鸡	肱骨	左	完整	2.9	砍		19.68	7.28	
G10：8263	鸡	肱骨	左	中远	2.1	砍		18.02	8.77	
YSI②B：2539	鸡	肱骨	左	近中	1.6	砍		15.27	5.91	
G24：1316	鸡	肱骨	右	中远	1.1	砍				13.78
G10：8198	鸡	肱骨	右	中远	0.9				5.71	12.64
G10：9200	鸡	肱骨	右	近	0.8	砍				12.26
G24：1337	鸡	肱骨	右	近中	1.3	砍		15.13		
F2：103	鸡	肱骨	右	近	1.1	砍		17.01		
YSI②B：2831	鸡	肱骨	右	近	0.8			15.94		
G10：8288	鸡	肱骨	右	远	0.9	砍				15.35
YSI②B：3806	鸡	肱骨	右	中远	2.4	砍				15.61
G24：986	鸡	肱骨	右	完整	2.9	砍	69.79	17.83	6.16	
G24：779	鸡	肱骨	右	近	1.9	砍		20.86		
G10：9989	鸡	肱骨	左	完整	1.4		59.84	15.09	5.49	11.71
YSI②B：2924	鸡	肱骨	左	完整	1.7	砍			6.19	12.32
G10：10029	鸡	肱骨	左	完整	1.6	砍			7.27	13.41

续表

小件号	种属	骨骼名称	左右	保存部位	重量（g）	人工痕迹	GL (mm)	Bp (mm)	SC (mm)	Bd (mm)
G10：8122	鸡	肱骨	左	完整	1.5	砍		14.99	6.34	
G24：1226	鸡	肱骨	左	近中	1.2	砍、烤		15.55		
G10：9162	鸡	肱骨	左	中远	1.1	砍、烤			6.03	12.96
G10：9107	鸡	肱骨	左	近中	0.7	砍		14.99		
G10：8110	鸡	肱骨	左	完整	2.1	烤	59.58	16.62	6.12	12.58
G10：258	鸡	肱骨	左	完整	1.7		60.45	15.49	5.75	12.92
G24：894	鸡	肱骨	左	近	1.3	砍、烤		17.32		
G18：1476	鸡	肱骨	左	远	1.1	砍		14.17		
G10：10186	鸡	肱骨	左	近中	1.4	烤			5.67	13.34
G24：1355	鸡	肱骨	左	近中	2.2	砍、烤		16.23	5.62	
G10：8192	鸡	肱骨	左	近	1.3	砍		15.08		
G10：9908	鸡	肱骨	左	完整	1.3	烤	53.62		4.36	11.08
G24：1372	鸡	肱骨	左	近	1.3	砍、烤		16.81		
G22：183	鸡	肱骨	左	远	0.6	烤			5.84	12.57
G22：128	鸡	肱骨	左	中远	1.1	砍			5.13	12.63
G18：1477	鸡	肱骨	左	中远	1.1	砍			6.13	12.09
G10：8120	鸡	肱骨	左	近中	2.7	砍、烤		19.14	6.55	
G18：1459	鸡	肱骨	左	完整	2.3	砍、烤		18.01	6.18	
G24：1307	鸡	肱骨	左	完整	3.8		72.58	17.89	6.25	14.21
G10：281	鸡	肱骨	左	近中	3.6	砍	67.14		6.82	
G18：1470	鸡	肱骨	左	完整	3.1		70.76	19.58	6.86	11.66
G24：1332	鸡	肱骨	左	完整	2.3		67.26	16.63	5.62	11.56
G10：8215	鸡	肱骨	左	近中	1.8	砍	52.66		6.17	
G10：8258	鸡	肱骨	左	近中	2.1	砍、烤		20.13	6.97	
G10：8384	鸡	肱骨	左	完整	2.3	烤		16.97	5.69	13.41
G24：849	鸡	肱骨	左	完整	2.6	烤	63.72	15.21	5.81	11.51
G25：18	鸡	肱骨	左	近中	3.1	砍		20.77	7.31	
G10：8303	鸡	肱骨	左	近中	2.1	切、砍		16.61	6.75	
G10：8304	鸡	肱骨	左	完整	1.3	烤	60.59	15.87	5.35	11.79
G18：1450	鸡	肱骨	左	中远	2.3	砍			7.41	15.32
G17：166	鸡	肱骨	左	完整	2.5		71.18	18.96	7.03	14.37
G10：8311	鸡	肱骨	左	完整	3.4	砍、烤			7.52	15.44
G24：1308	鸡	肱骨	左	完整	3.4	烤	78.07	19.78	6.73	15.11
G10：8352	鸡	肱骨	左	完整	2.1	烤	62.28	16.37	6.03	12.97
F1②：18	鸡	肱骨	左	完整	2.6		70.56	17.88	6.19	14.59
YSI②A：2590	鸡	肱骨	左	近中	3.6	砍		21.34	7.48	
G18：1456	鸡	肱骨	左	近中	2.4	砍、烤		20.62		

续表

小件号	种属	骨骼名称	左右	保存部位	重量（g）	人工痕迹	GL (mm)	Bp (mm)	SC (mm)	Bd (mm)
YSI②B：2942	鸡	肱骨	左	中远	1.5	砍				14.94
G24：132	鸡	肱骨	左	完整	2.4	烤	63.87	17.09	5.98	13.34
G18：1453	鸡	肱骨	左	完整	3.1	烤	77.02	19.24	7.43	15.26
G12：700	鸡	肱骨	左	完整	3.2	切、烤、削	79.81	20.84	7.99	
G10：9290	鸡	肱骨	左	完整	2.4	烤	70.32	17.27	6.21	12.79
L7：54	鸡	肱骨	左	中远	2.2	砍、烤			7.54	15.23
YSI②B：4454	鸡	肱骨	左	完整	3.3	烤	76.24		7.91	
G18：1464	鸡	肱骨	右	中远	2.3	砍、烤			6.99	13.61
G24：1004	鸡	肱骨	右	中远	2.6	砍、烤			7.55	15.15
G24：1000	鸡	肱骨	右	中远	1.5	烤			6.94	14.67
G10：106	鸡	肱骨	右	中	2.8	烤			7.64	15.69
G22：110	鸡	肱骨	右	完整	2.4	烤	64.35	17.31	6.31	13.51
G24：881	鸡	肱骨	右	中远	0.8	砍、烤				12.54
YSI②B：44	鸡	肱骨	右	完整	2.4	砍、烤			7.63	15.62
G10：8208	鸡	肱骨	右	完整	1.7	砍		15.88	17.32	
G12：695	鸡	肱骨	右	完整	2.6	砍		14.36	6.81	
G10：9029	鸡	肱骨	右	完整	1.4	砍		15.73	5.61	
G24：1333	鸡	肱骨	右	完整	1.8	砍、烤		15.64	7.06	
G10：9968	鸡	肱骨	右	完整	1.7	砍			6.55	12.32
G10：9151	鸡	肱骨	右	近中	1.1	砍		15.68	5.66	
YSI②A：2598	鸡	肱骨	右	近中	1.9			19.82		
G24：12291	鸡	肱骨	右	完整	2.5	砍、烤		20.91		
G12：722	鸡	肱骨	右	完整	1.4		61.19		5.94	12.62
G10：10183	鸡	肱骨	右	完整	1.8	烤	60.81	16.14	5.05	12.62
G24：853	鸡	肱骨	右	完整	2.6	切、烧	67.71	17.62	6.67	13.11
G10：8371	鸡	肱骨	右	完整	3.2	切、烤	70.06	19.11	7.11	15.58
G24：834	鸡	肱骨	右	近中	2.5	烤		18.94	6.55	
G24：851	鸡	肱骨	右	完整	2.5	烤		19.92		
G10：8142	鸡	肱骨	右	完整	3.2	烤	74.01		6.87	
G24：714	鸡	肱骨	右	完整	3.5	烤	74.02	20.07	7.47	15.84
G10：8128	鸡	肱骨	右	完整	1.9	烤	62.61	17.58	6.49	13.12
G10：8256	鸡	肱骨	右	完整	1.9		62.21	16.18	6.32	11.84
G10：10099	鸡	肱骨	右	完整	1.7		62.17		5.91	12.45
G10：8306	鸡	肱骨	右	完整	2.1		62.66	16.27	6.12	12.62
G18：1460	鸡	肱骨	右	完整	2.6	切	69.46	17.57	6.53	14.21
G10：8137	鸡	肱骨	右	完整	2.3	烤	63.59	14.91	6.09	12.12
G24：1314	鸡	肱骨	右	完整	2.1	烤	61.12	15.43	5.68	15.97

续表

小件号	种属	骨骼名称	左右	保存部位	重量（g）	人工痕迹	GL (mm)	Bp (mm)	SC (mm)	Bd (mm)
G10：253	鸡	肱骨	右	完整	1.7	烤	56.89	14.47	5.72	11.93
G10：8312	鸡	肱骨	右	完整	1.9	烤	61.73	16.43	6.44	12.93
YSI②A：2596	鸡	肱骨	右	完整	3.1		77.81	19.98	7.07	15.12
YSI②A：2419	鸡	肱骨	右	完整	3.3	砍		20.73	8.57	
YSI②B：3123	鸡	肱骨	右	完整	3.2	砍、烤			7.72	14.61
G10：8127	鸡	肱骨	右	完整	2.2	烤	55.23	15.76	5.68	11.69
G10：8162	鸡	肱骨	右	完整	2.2	烤	68.97		6.15	14.03
G10：8241	鸡	肱骨	右	完整	4.3	烤	77.71	20.26	7.21	14.65
G10：8372	鸡	肱骨	右	完整	3.1	烤	68.17	17.97	6.73	14.41
G24：846	鸡	肱骨	右	完整	2.4	烤	64.36	16.86	6.46	13.51
G24：1301	鸡	肱骨	右	完整	2.6	烤	70.64	17.65	6.31	13.82
G18：1467	鸡	肱骨	右	完整	2.9	烤	66.98	18.61	6.92	14.32
G10：8216	鸡	肱骨	右	完整	2.4	烤	64.42	17.84	6.52	13.99
G10：8287	鸡	肱骨	右	完整	3.6	烤	76.01	21.38	6.83	15.31
YSI②A：2593	鸡	肱骨	右	完整	2.6		65.13	17.19	6.69	14.17
G18：1461	鸡	肱骨	右	完整	2.6	烤	64.89	17.07	6.28	11.62
G10：9184	鸡	肱骨	右	完整	2.4	烤	65.67	17.51	6.79	14.52
G10：9139	鸡	肱骨	右	完整	2.6	烤	67.86	17.63	6.61	13.61
G18：1469	鸡	肱骨	右	完整	1.5	烤	57.55	16.10	6.45	13.06
G10：8148	鸡	肱骨	右	完整	1.2	烤	55.37	15.51	5.82	12.09
G10：9197	鸡	肱骨	右	完整	3.7		72.65	19.52	7.29	15.11
G10：9259	鸡	肱骨	右	完整	1.1	砍			4.97	11.82
G10：10107	鸡	肱骨	右	完整	3.3	烤	76.04	20.31	6.76	14.51
YSI③：6762	鸡	肱骨	右	近中	1.5			15.76		
YSI②B：2830	鸡	肱骨	左	完整	1.6	烤	62.41	16.44	5.77	
YSI③：6785	鸡	肱骨	左	近中	2.2			20.62		
YSI②A：2416	鸡	肱骨	左	完整	3.3		80.12	20.67	7.96	15.91
YSI③：2445	鸭	肱骨	左	近	1.8	砍		20.99		
YSI①：197	鸭	肱骨	右	中远	4.1	砍			7.31	16.18
G24：905	鸭	肱骨	左	近	1.1	砍			13.26	
G18：1351	鸭	肱骨	左	完整	1.1	烤	46.69	10.57	4.31	9.61
G10：9924	鸭	肱骨	左	中	0.9		52.21	10.83	4.97	10.29
G10：9912	鸭	肱骨	左	完整	1.7	烤	75.81		4.28	9.75
G18：1457	鸭	肱骨	左	近中	2.8	砍		18.44	6.29	
G10：8285	鸭	肱骨	左	完整	4.8		91.17	20.71	7.57	14.21
G10：8240	鸭	肱骨	左	完整	3.0		97.11	22.02	6.74	15.19
G24：835	鸭	肱骨	左	近中	2.9			21.34		

续表

小件号	种属	骨骼名称	左右	保存部位	重量（g）	人工痕迹	GL (mm)	Bp (mm)	SC (mm)	Bd (mm)
G10：8264	鸭	肱骨	左	完整	2.1		85.11	18.72	5.72	12.99
G10：8222	鸭	肱骨	左	完整	3.2		90.38	20.46	7.31	14.82
YSI②B：3150	鸭	肱骨	左	完整	2.9	烤	85.84	20.05	6.28	14.07
G18：1451	鸭	肱骨	左	完整	2.7		94.25	21.92	7.51	15.53
G24：1338	鸭	肱骨	右	完整	5.2	烤	95.93	20.79	7.53	14.97
G16：69	鹅	肱骨	右	完整	9.0			30.64	9.87	
G10：8169	竹鸡	肱骨	右	完整	0.3		40.78	9.77	3.29	7.83

附表3-2　鸟禽类喙骨骨骼数据统计表

小件号	种属	骨骼名称	左右	保存部位	重量（g）	人工痕迹	GL (mm)	Bb (mm)
G10：10106	鸡	喙骨	右	近中远	1.3	砍	54.63	11.89
G24：1327	鸡	喙骨	右	完整	1.3	烤	56.81	14.05
G10：9289	鸡	喙骨	右	完整	0.7		46.41	11.96
G10：9173	鸡	喙骨	右	完整	1.4		55.27	12.91
G10：9035	鸡	喙骨	右	完整	0.8	烤	49.09	12.31
G10：9038	鸡	喙骨	右	完整	0.6		45.38	12.57
G18：1374	鸡	喙骨	右	完整	1.2		53.49	12.44
F2：126	鸡	喙骨	右	完整	0.7		47.24	
G10：9246	鸡	喙骨	右	完整	0.7	烤	47.51	12.57
G24：1324	鸡	喙骨	右	中	1.4	烤	51.74	13.35
G24：1156	鸡	喙骨	左	完整	1.2	烤	51.09	11.12
G25：28	鸡	喙骨	左	完整	0.9		50.34	
G24：999	鸡	喙骨	左	完整	0.9		49.67	
G10：10073	鸡	喙骨	左	完整	0.7		46.84	12.57
G10：9221	鸡	喙骨	左	完整	0.6		48.61	11.93
G18：1360	鸡	喙骨	左	完整	1.3		54.57	
G24：1012	鸡	喙骨	左	完整	1.2	烤	56.57	
G10：9255	鸡	喙骨	左	完整	1.4		56.84	15.68
YSI③：6768	鸭	喙骨	左	完整	1.2		50.94	
G10：9065	鸭	喙骨	左	完整	1.2	烤	53.41	22.32
G24：1154	鸭	喙骨	左	完整	1.8		54.57	23.71
G10：9240	竹鸡	喙骨	右	完整	0.3		32.51	8.46

附表3-3　鸟禽类尺骨骨骼数据统计表

小件号	种属	骨骼名称	左右	保存部位	重量（g）	人工痕迹	GL (mm)	Bp (mm)	Did (mm)
G10：9058	鸡	尺骨	左	完整	1.4		71.95	9.69	7.76
G10：9083	鸡	尺骨	左	完整	1.1		57.68		
G24：896	鸡	尺骨	左	完整	1.1		60.77		7.06
G12：723	鸡	尺骨	左	中远	0.9	砍、烤			7.64
G10：10198	鸡	尺骨	左	完整	1.0		56.93		6.84
G10：9960	鸡	尺骨	左	完整	1.1		60.19		
G22：159	鸡	尺骨	左	完整	1.0		58.91		7.10
G10：8340	鸡	尺骨	左	完整	1.1		58.34		7.23
G10：9247	鸡	尺骨	左	完整	0.9		59.38		7.46
YSI④A：437	鸡	尺骨	左	完整	1.6		67.29		9.22
G10：10136	鸡	尺骨	左	完整	0.9		59.65		8.06
G10：9238	鸡	尺骨	左	完整	0.6		51.35		
YSI②B：1250	鸡	尺骨	左	完整	2.1	砍	77.99		11.46
G24L1357	鸡	尺骨	左	完整	1.6	砍、烤	64.41		9.73
G10：9911	鸡	尺骨	左	完整	0.9	烤	55.42		7.74
G10：9931	鸡	尺骨	右	完整	1.2		66.55		8.73
G24：1340	鸡	尺骨	左	完整	1.6	烤	64.35		10.21
G24：1320	鸡	尺骨	左	完整	1.3	烤	61.93		8.82
G10：9256	鸡	尺骨	右	中远	1.1	砍			8.89
G10：8179	鸡	尺骨	左	完整	1.4	砍、烤			9.96
G24：1374	鸡	尺骨	左	完整	1.4		58.91		9.81
G10：9278	鸡	尺骨	左	完整	1.2		63.63		7.45
G10：9980	鸡	尺骨	右	完整	1.8		69.31		10.44
G10：9280	鸡	尺骨	右	完整	1.5		72.20		9.05
G10：10162	鸡	尺骨	右	完整	1.3	切	64.85		8.41
G4①：81	鸡	尺骨	右	完整	1.5		74.68		8.51
G10：8261	鸡	尺骨	右	完整	1.6	烤	67.13		8.65
G10：10188	鸡	尺骨	右	完整	1.3	烤	62.87		8.51
G10：9155	鸡	尺骨	右	完整	0.9		59.52		7.72
G10：10127	鸡	尺骨	右	完整	0.9	烤	52.13		
G24：736	鸡	尺骨	右	完整	1.3		66.93		7.99
G10：8283	鸡	尺骨	右	完整	1.5				8.77
YSI②A：2429	鸡	尺骨	右	中远	0.9	砍、烤			9.19
G16：194	鸡	尺骨	右	中远	0.7	砍			7.76
G10：10030	鸡	尺骨	右	完整	0.8		55.73		7.52
G10：10181	鸡	尺骨	右	完整	1.3	烤	65.72		9.15

续表

小件号	种属	骨骼名称	左右	保存部位	重量（g）	人工痕迹	GL (mm)	Bp (mm)	Did (mm)
G24：1321	鸡	尺骨	右	完整	2.1	烤	72.76		9.97
G10：8339	鸡	尺骨	右	完整	1.2		59.59		8.68
G24：1310	鸡	尺骨	右	完整	2.2		70.46		10.79
G24：1309	鸡	尺骨	右	完整	1.3		62.79		9.35
YSI②A：2612	鸡	尺骨	右	完整	1.3				9.68
G10：10158	鸡	尺骨	右	完整	0.9		55.59		8.01
G24：1347	鸡	尺骨	左	中远	1.3				7.28
NQ③：62	鸭	尺骨	右	完整	1.9		75.45		11.53

附表3-4　鸟禽类桡骨骨骼数据统计表

小件号	种属	骨骼名称	左右	部位	重量（g）	人工痕迹	GL (mm)	SC (mm)	Bd (mm)
G10：10051	鸡	桡骨	右	完整	0.6		57.11		6.15
G24：1134	鸡	桡骨	右	完整	0.6	烤	57.64	3.16	6.27
G24：1326	鸡	桡骨	右	完整	0.7		62.91	3.37	7.02
G10：9213	鸡	桡骨	右	完整	0.6	烤	56.87	2.78	5.99
G10：229	鸡	桡骨	右	完整	0.4		52.58	2.27	5.89
G10：8342	鸡	桡骨	右	完整	0.8		71.91	3.24	
G10：8177	鸡	桡骨	左	完整	0.3		60.05	2.33	6.08
G10：9111	鸡	桡骨	左	完整	0.6	砍		3.13	6.88
G18：1481	鸡	桡骨	左	完整	0.8		61.89	3.26	6.86
G10：10040	鸡	桡骨	左	完整	0.4	烤	57.05	2.62	6.31
G10：9114	鸡	桡骨	左	完整	0.9	烤	72.42	3.85	5.72
G10：9194	鸭	桡骨	左	完整	0.6	烤	69.61	2.71	6.73

附表3-5　鸟禽类腕掌骨骨骼数据统计表

小件号	种属	骨骼名称	左右	保存部位	重量（g）	人工痕迹	GL (mm)	Bp (mm)	Did (mm)
G10：9232	鸡	腕掌骨	右	完整	0.8		39.51	12.09	7.47
G18：1433	鸡	腕掌骨	右	完整	0.9		38.72	11.63	7.55
G10：241	鸡	腕掌骨	右	完整	0.8		35.05	11.32	6.84
G10：9905	鸡	腕掌骨	右	完整	0.5		37.65	10.64	7.36
G10：9961	鸡	腕掌骨	右	完整	0.7	烤	36.14	11.05	6.74
G10：9983	鸡	腕掌骨	右	完整	0.6		36.26	11.25	7.29
G18：1401	鸡	腕掌骨	右	完整	0.9	烤		10.51	
G24：890	鸡	腕掌骨	右	完整	1.0		42.36	11.44	7.97
YSI②A：1858	鸡	腕掌骨	左	完整	0.6		38.91		

续表

小件号	种属	骨骼名称	左右	保存部位	重量（g）	人工痕迹	GL (mm)	Bp (mm)	Did (mm)
G10：234	鸡	腕掌骨	左	完整	1.0		40.01	12.04	7.79
G10：10043	鸡	腕掌骨	左	完整	0.6		32.22	10.03	6.68
G10：9988	鸡	腕掌骨	左	完整	0.5		28.95	9.77	6.06
G10：8197	鸡	腕掌骨	左	完整	0.4		36.85	10.52	7.08
G24：1358	鸡	腕掌骨	左	完整	0.9		39.41	12.31	7.56
G24：1017	鸡	腕掌骨	左	完整	0.8	烤	37.26	11.38	7.06
G24：1168	鸡	腕掌骨	左	完整	0.5		32.23		6.86
G10：10446	鸡	腕掌骨	左	完整	0.6		32.53	10.17	6.02
G18：1436	鸡	腕掌骨	左	完整	0.5		33.63	10.18	6.61
G10：10050	鸡	腕掌骨	左	远	0.3			9.52	6.46
G10：8318	鸭	腕掌骨	右	完整	0.7	烤			7.71
G10：11749	鸭	腕掌骨	右	完整	1.3		56.14	14.28	7.87
G10：9953	鸭	腕掌骨	右	完整	0.9		50.34	13.71	6.61
G10：252	鸭	腕掌骨	右	完整	0.8		56.12	13.65	7.54
G10：10129	鸭	腕掌骨	左	完整	1.1	烤	54.61	13.83	7.61
G10：8351	鸭	腕掌骨	左	完整	1.0	烤	54.47	13.42	
G10：8318	鸭	腕掌骨	右	完整	0.7	烤			7.71
G10：11749	鸭	腕掌骨	右	完整	1.3		56.14	14.28	
G10：9953	鸭	腕掌骨	右	完整	1.0		50.34	13.66	6.61
G10：252	鸭	腕掌骨	右	完整	0.8		56.12	13.65	7.54
G10：10129	鸭	腕掌骨	左	完整	1.1	烤	54.60	13.83	7.61
G10：8351	鸭	腕掌骨	左	完整	1.0	烤	54.47	13.42	
YSI②A：2603	鹅	腕掌骨	右	完整	0.9	砍			11.92
G10：11751	鹅	腕掌骨	右	完整	3.7		89.04		11.71

附表3-6　鸟禽类股骨骨骼数据统计表

小件号	种属	骨骼名称	左右	保存部位	重量（g）	人工痕迹	GL (mm)	Bp (mm)	SC (mm)	Bd (mm)
G18：1542	鸡	股骨	右	完整	3.6		80.44			
G10：13657	鸡	股骨	右	完整	4.2		87.94	17.61	7.63	14.57
YSI②B：4512	鸡	股骨	右	完整	2.4		74.17	14.77	6.18	14.48
YSI②B：1074	鸡	股骨	左	完整	2.9		67.79	13.84	6.18	13.18
L2：169	鸡	股骨	左	完整	3.5	砍	77.79	11.77	6.21	13.94
YSI②B：3998	鸡	股骨	左	完整	2.7		74.09	14.74	7.53	13.74
G24：1228	鸡	股骨	右	完整	3.4	烤	78.57	16.94	7.38	16.04
G12：719	鸡	股骨	右	完整	3.6	烤	71.84	15.99	6.31	14.47

续表

小件号	种属	骨骼名称	左右	保存部位	重量（g）	人工痕迹	GL (mm)	Bp (mm)	SC (mm)	Bd (mm)
G10：8331	鸡	股骨	右	完整	2.5	烤	72.63	15.75	6.91	14.71
G24：1343	鸡	股骨	右	完整	3.5	砍、烤	76.71	16.52	7.01	14.77
G10：8383	鸡	股骨	右	完整	2.9	烤	71.82	15.15	6.48	14.79
G10：9182	鸡	股骨	右	完整	2.2	烤	71.51	14.63	6.51	13.71
G10：9196	鸡	股骨	右	完整	3.0	烤	71.18	15.76	5.96	14.64
G24：715	鸡	股骨	右	完整	3.7	烤	81.57	17.35	7.34	15.68
G10：9049	鸡	股骨	右	完整	3.4		77.78	15.83	7.39	14.96
YSI②B：2070	鸡	股骨	右	完整	2.9	砍、烤	71.45		5.79	12.45
G10：8266	鸡	股骨	右	完整	4.3		83.92	17.06	7.03	13.57
G10：9160	鸡	股骨	右	完整	2.8	烤	79.27	15.65	6.62	14.59
G18：1337	鸡	股骨	右	完整	3.3	砍	72.37	15.73	5.87	
G18：1316	鸡	股骨	右	完整	3.3	烤	71.35	15.63	6.36	14.76
G10：8327	鸡	股骨	右	完整	3.7	烤	79.53	17.16	7.35	16.69
YSI②A：2422	鸡	股骨	右	完整	2.1		67.09	13.12	5.69	12.58
YSI②B：1582	鸡	股骨	右	完整	3.1		76.43	15.76	7.02	16.34
G10：8117	鸡	股骨	右	完整	4.3		89.75	18.13	8.63	17.71
G10：8123	鸡	股骨	右	完整	2.4		72.49	14.72	6.36	13.08
G10：10035	鸡	股骨	左	完整	3.4	砍、烤	69.98	14.54	6.12	14.48
G10：99.5	鸡	股骨	左	完整	2.2	烤	70.98	13.33	6.59	13.49
G10：8365	鸡	股骨	左	完整	1.2	砍	64.57		5.71	11.51
G10：9015	鸡	股骨	左	完整	2.0	烤	66.52	14.03	6.24	12.62
G10：8237	鸡	股骨	左	完整	3.1	烤	76.57	15.63	5.84	14.22
G10：8210	鸡	股骨	左	完整	4.2		67.46	14.47	6.78	13.07
G10：9159	鸡	股骨	左	完整	1.5		76.56	13.34	5.53	12.11
G10：8294	鸡	股骨	左	完整	2.2		65.49	12.90	6.33	13.24
YSI③：6179	鸡	股骨	左	完整	3.2		67.24	13.74	6.02	12.27
G10：8151	鸡	股骨	左	完整	2.9	砍	87.27	16.21	6.84	15.08
G10：8388	鸡	股骨	左	完整	1.5		62.05	11.77	5.11	12.23
YSI②B：314	鸡	股骨	左	完整	2.5	砍	62.48	14.52	6.06	
G18：1308	鸡	股骨	左	完整	1.8	烤	66.91	13.93	58.41	12.65
G10：8213	鸡	股骨	左	完整	3.0		70.90	13.63	6.11	13.18
G18：1305	鸡	股骨	左	完整	3.6	烤	75.05	15.32	6.91	15.69
G24：1011	鸡	股骨	左	完整	2.8	烤	63.89	13.04	6.01	12.63
YSI②B：3569	鸡	股骨	左	完整	1.7	烤	63.51	12.05	5.61	12.28
G24：1008	鸡	股骨	左	完整	3.1		74.30	15.17	7.11	13.11
G10：9963	鸡	股骨	左	完整	3.5	烤	71.34	14.84	7.51	15.37
YSI②：2594	鸡	股骨	左	完整	3.5	烤	74.74	16.46	7.24	16.18

续表

小件号	种属	骨骼名称	左右	保存部位	重量（g）	人工痕迹	GL (mm)	Bp (mm)	SC (mm)	Bd (mm)
G10：8313	鸡	股骨	左	完整	2.9		84.14		7.36	14.63
NQ⑤：6	鸡	股骨	左	完整	2.9	烤	86.34	16.54	7.67	14.21
G10：8286	鸡	股骨	左	完整	2.3	烤	69.05	13.26	6.01	12.72
G16：104	鸡	股骨	左	完整	3.9	烤	78.67	16.83	7.34	17.54
YSI②B：2521	鸡	股骨	左	完整	3.2		71.75	15.04	7.09	14.21
YSI③：6783	鸡	股骨	左	完整	2.9		66.91	13.36	5.97	13.16
G18：1309	鸡	股骨	右	完整	3.8	烤	78.99	16.65	7.58	15.92
G10：8362	鸡	股骨	右	完整	4.1	烤	80.16	15.91	7.75	16.93
YSI④A：715	鸡	股骨	右	中	1.9		62.42		5.89	
G10：8275	鸡	股骨	右	完整	1.3	烤	63.44	12.23	4.87	10.72
G10：274	鸭	股骨	右	中远	1.8	砍		12.69		
G10：9132	鸭	股骨	右	完整	1.2		51.70	10.45	5.01	12.03
G10：9740	鸭	股骨	右	完整	1.2		56.38	12.16	5.72	11.35
G10：9142	鸭	股骨	右	完整	1.2	烤	50.39	11.72	5.33	12.37
G10：10111	鸭	股骨	左	完整	1.3	烤	51.61	11.96	4.83	
G10：8233	鸭	股骨	左	完整	1.0	烤	56.26	12.71	5.41	10.18
G10：8308	鹅	股骨	右	中远	3.9	砍、烤				19.81

附表3-7　鸟禽类胫骨骨骼数据统计表

小件号	种属	骨骼名称	左右	保存部位	重量（g）	人工痕迹	GL (mm)	Dip (mm)	SC (mm)	Bd (mm)
G24：837	鸡	胫骨	右	近中	1.6	砍		17.91		
YSI②A：245	鸡	胫骨	右	完整	3.6		105.80	18.31	6.56	11.32
G10：8382	鸡	胫骨	右	完整	4.4		104.80	19.33	6.12	11.90
YSI②A：2421	鸡	胫骨	右	完整	2.9		96.38	16.33	5.32	10.09
G10：11753	鸡	胫骨	右	完整	2.9		94.04	17.25	5.08	9.46
G10：10609	鸡	胫骨	右	中远	0.9	砍、烤				9.52
G10：8368	鸡	胫骨	右	完整	4.6		106.60	19.11	5.97	10.86
G24：1345	鸡	胫骨	右	完整	2.8			16.87	5.12	
G10：10189	鸡	胫骨	右	近中	2.1	砍		16.50	5.57	
G10：9062	鸡	胫骨	右	中远	1.7	砍				13.20
G10：8230	鸡	胫骨	右	中远	1.6	砍				12.63
G10：8334	鸡	胫骨	右	中远	2.1	砍			6.24	11.98
G10：8185	鸡	胫骨	右	近中	2.3	砍		18.49		
G10：9005	鸡	胫骨	右	中远	2.2	砍			5.29	10.72
G24：717	鸡	胫骨	右	近中	2.1	砍、烤		18.64	5.58	
G24：716	鸡	胫骨	右	近中	2.7			18.22	5.54	

续表

小件号	种属	骨骼名称	左右	保存部位	重量（g）	人工痕迹	GL (mm)	Dip (mm)	SC (mm)	Bd (mm)
G18：1330	鸡	胫骨	右	近中	3.6	砍		21.62	6.15	
G10：9121	鸡	胫骨	右	近中	1.4	烤		19.11		
G10：10080	鸡	胫骨	右	近中	2.5	砸		21.81		
G10：8298	鸡	胫骨	右	远	1.3	砍				12.42
YSI④A：749	鸡	胫骨	右	中远	2.1				6.96	13.24
G18：1303	鸡	胫骨	右	完整	4.1	烤	112.71	20.05	5.89	10.81
G24：1311	鸡	胫骨	右	近中	4.3			22.87	6.84	
G18：1344	鸡	胫骨	右	中远	3.1	砍烤			6.31	13.13
G10：8212	鸡	胫骨	右	中远	2.3	砍			5.98	10.07
G10：9104	鸡	胫骨	右	远	2.1	砍			5.79	12.09
G17：411	鸡	胫骨	右	中远	4.4	砍			7.08	13.49
YSI②B：1364	鸡	胫骨	右	中远	2.5				6.36	10.89
L6：260	鸡	胫骨	右	中远	6.2	砍			7.68	14.02
G10：8194	鸡	胫骨	右	中远	2.2	砍			5.56	11.11
YSI②B：1450	鸡	胫骨	右	近中	3.5			24.86	6.73	
G10：8251	鸡	胫骨	右	中远	2.1	砍			5.57	11.11
G18：1324	鸡	胫骨	右	中远	2.1	砍			5.45	10.27
G24：840	鸡	胫骨	右	近中	3.4	砍		23.08		
G10：9146	鸡	胫骨	右	中远	1.1	砍				10.48
G10：8250	鸡	胫骨	右	中远	0.7	砍				10.47
YSI③：6806	鸡	胫骨	右	中远	3.1			15.86	4.65	8.96
YSI①：141	鸡	胫骨	左	近中	4.6	砍、烤		19.87	6.19	
G10：8333	鸡	胫骨	左	完整	3.4	烤	98.07	18.44	5.76	9.83
G10：8209	鸡	胫骨	左	完整	4.6		102.61	18.02	5.85	11.44
G10：9010	鸡	胫骨	左	完整	4.6	烤		20.06	6.42	
G1：164	鸡	胫骨	左	完整	6.1		118.01	22.96	7.21	12.85
G18：1421	鸡	胫骨	左	近中	1.6	砍、烤		16.43		
G18：1323	鸡	胫骨	左	近中	2.5	砍		18.46		
G18：1306	鸡	胫骨	左	近中	3.4	砸、砍、烤		20.51	6.21	
G10：8279	鸡	胫骨	左	近中	4.2	砍		24.74	7.32	
YSI②A：2591	鸡	胫骨	左	近中	3.7	切、砍		22.32	7.28	
G10：9.48	鸡	胫骨	左	近中	2.8	砍、烤		18.31	7.14	
G18：1549	鸡	胫骨	左	近中	2.1	砍、烤		19.21		
G10：267	鸡	胫骨	左	近中	2.3	砍		20.29		
G10：8133	鸡	胫骨	左	近中	3.1	砍		23.72		
G10：8242	鸡	胫骨	左	近中	3.1	砍		17.78		
G18：1546	鸡	胫骨	左	近中	2.4	砍		17.26		

续表

小件号	种属	骨骼名称	左右	保存部位	重量（g）	人工痕迹	GL (mm)	Dip (mm)	SC (mm)	Bd (mm)
G1：424	鸡	胫骨	左	完整	3.8		99.80	17.86	5.79	9.55
G10：8134	鸡	胫骨	左	完整	3.1		97.46	16.91	5.38	9.87
G10：9955	鸡	胫骨	左	完整	4.7	烤	108.91		6.55	11.97
YSI③：6741	鸡	胫骨	左	完整	2.1				6.01	10.21
YSI③：6810	鸡	胫骨	左	远	0.8	砍				9.72
G10：8389	鸭	胫骨	右	完整	1.9	烤	80.78	14.32	4.41	9.24
G10：8186	鸭	胫骨	右	近中	2.5			15.05	4.61	
G10：11756	鸭	胫骨	右	完整	2.1		84.47	14.03	4.88	
G18：1322	鸭	胫骨	右	中远	1.9	砍、烤			5.39	10.86
G10：9003	鸭	胫骨	右	中远	1.5	砍、烤			4.82	9.99
G10：9161	鸭	胫骨	右	完整	2.1		89.01	13.88	4.88	10.53
G10：8149	鸭	胫骨	右	中远	0.6				4.61	10.61
G18：1416	鸭	胫骨	右	完整	1.0	砍、烤			4.95	10.93
F2：117	鸭	胫骨	右	远	1.2	砍			5.27	10.37
G25：24	鸭	胫骨	右	远	1.4	砍				11.89
YSI④A：1017	鸭	胫骨	左	中远	1.4	砍			4.63	9.54
G10：10167	鸭	胫骨	左	远	0.6	砍				10.72
G10：9181	鸭	胫骨	左	完整	2.5		81.89		4.89	11.64
G10：14537	鸭	胫骨	左	中远	2.1	砍			6.35	12.11
G10：248	鸭	胫骨	左	近中	1.5	砍、烤		14.86		
G10：8229	鸭	胫骨	左	近中	0.9	砍、烤		13.41		
G24：1160	鸭	胫骨	左	完整	1.4			16.05		
G10：8114	鸭	胫骨	左	中远	1.6	砍			5.41	11.77
G10：8267	鸭	胫骨	左	近中	1.6	砍		14.99	5.11	
G18：1419	鸭	胫骨	右	完整	2.9	烤	87.56	12.22	5.25	10.91
YSI④A：674	鹅	胫骨	右	远	2.9	砍				18.90
YSI②A：2601	鹅	胫骨	右	中远	6.0	砍			8.21	16.11

附表3-8　鸟禽类跗跖骨骨骼数据统计表

小件号	种属	骨骼名称	雄雌	左右	保存部位	重量（g）	人工痕迹	GL (mm)	Bp (mm)	SC (mm)	Bd (mm)
YSI④A：449	鸡	跗跖骨		右	完整	3.1			13.61	6.27	
G10：8280	鸡	跗跖骨		右	近中	1.6	砍		14.11		
G24：987	鸡	跗跖骨		左	完整	3.5		73.00	15.20	6.60	13.61
G10：8145	鸡	跗跖骨		左	中远	1.6				6.14	
G10：9183	鸡	跗跖骨		左	中	1.1				5.72	
G10：9184	鸡	跗跖骨		左	近中	1.3	烤			5.12	

续表

小件号	种属	骨骼名称	雄雌	左右	保存部位	重量（g）	人工痕迹	GL (mm)	Bp (mm)	SC (mm)	Bd (mm)
G10：8202	鸡	跗跖骨		左	近中	2.3	砍		14.81		
YSI③：6815	鸡	跗跖骨		左	近中	0.9			10.51		
G10：8337	鸡	跗跖骨		左	近中	1.0			10.11		
G10：9261	鸡	跗跖骨		左	近	0.4			10.81		
G18：214	鸡	跗跖骨		右	完整	2.5				7.09	13.70
G24：991	鸡	跗跖骨		右	中远	2.6	砍			7.40	15.60
G24：1354	鸡	跗跖骨		左	近中	1.9	砍		12.81		
G10：8188	鸡	跗跖骨		右	近中	1.3			11.71		
G10：10140	鸡	跗跖骨		右	近中	1.2			11.01		
G10：13894	鸡	跗跖骨		右	近中	1.1			12.01		
G10：289	鸡	跗跖骨		右	中远	0.9					
G10：8199	鸡	跗跖骨		右	近中	0.9			11.51		
G10：8290	鸡	跗跖骨		右	近中	0.7			10.31		
YSI②B：4182	鸡	跗跖骨		右	远	0.9			14.61		
YSI③：6710	鸡	跗跖骨	雌	左	完整	1.6		60.21	12.51	6.27	11.31
YSI③：6753	鸡	跗跖骨	雄	左	近中远	2.3	砍、烤		11.61	6.51	
YSI③：6804	鸡	跗跖骨	雄	左	完整	3.1		72.00	13.21	7.55	13.20
YSI③：6724	鸡	跗跖骨	雄	左	完整	3.2		72.20	13.41	6.77	
G10：8220	鸡	跗跖骨	雄	右	近中	1.5	砍		11.60	5.75	
YSI②A：2428	鸡	跗跖骨	雌	左	中远	1.1				6.31	13.40
G10：9050	鸡	跗跖骨	雌	右	完整	1.5		59.81	12.10	5.59	11.01
G10：9201	鸡	跗跖骨	雄	右	远	0.7	砍、烤				13.41
G10：9296	鸡	跗跖骨	雄	右	完整	2.5		70.10	13.60	6.24	
G10：9157	鸡	跗跖骨	雄	右	中远	1.4	砍				14.80
G10：10093	鸡	跗跖骨	雌	右	完整	2.1	烤	70.21	11.10	4.83	11.00
G10：10015	鸡	跗跖骨	雄	右	完整	3.1		69.70	13.10	7.28	12.90
G22：182	鸡	跗跖骨		右	远	0.5	砍				12.21
G18：1319	鸡	跗跖骨	雄	右	完整	2.7		74.41		7.21	
G10：9962	鸡	跗跖骨	雌	右	完整	1.4	烤	64.40	11.61	4.81	10.90
G18：1335	鸡	跗跖骨	雄	右	近中	3.3	砍		15.30		
G18：1320	鸡	跗跖骨	雌	右	完整	1.3		62.60	11.50	5.64	11.20
G10：8393	鸡	跗跖骨	雄	右	中远	1.4	砍、烤			6.09	
G10：277	鸡	跗跖骨	雌	右	中远	1.4	砍、烤			5.69	
G10：9126	鸡	跗跖骨	雌	右	完整	1.5		66.40		5.27	
G10：11748	鸡	跗跖骨	雄	右	完整	2.8	烤	77.20	12.81	6.11	12.41
G10：9295	鸡	跗跖骨		右	远	1.1	砍、烤				13.31
YSI④A：1038	鸡	跗跖骨		右	远	0.9	砍				14.31

续表

小件号	种属	骨骼名称	雄雌	左右	保存部位	重量（g）	人工痕迹	GL (mm)	Bp (mm)	SC (mm)	Bd (mm)
G18：1462	鸡	跗跖骨	雄	右	近中远	2.3	砍、烤		12.91	6.55	
G24：1350	鸡	跗跖骨	雄	右	中远	2.1	砍、烧、烤				14.41
G18：1472	鸡	跗跖骨	雄	右	中远	3.3	砍、烤			8.27	14.41
G10：9030	鸡	跗跖骨	雌	右	完整	1.8		62.81	11.71	5.64	
G10：8329	鸡	跗跖骨	雄	右	近中	2.8	砍		12.51	6.15	
G10：9186	鸡	跗跖骨	雄	右	近中	2.6	砍		12.61	6.26	
YSI④A：968	鸡	跗跖骨	雄	右	中	3.1	砍			6.66	
G10：10103	鸡	跗跖骨	雌	右	完整	2.2		71.21	12.31	5.62	12.01
G10：8158	鸡	跗跖骨	雄	右	近中	2.4	砍、烤		11.50	5.78	
YSI②A：660	鸡	跗跖骨	雌	右	中远	1.2	砍			5.86	11.91
YSI②B：2591	鸡	跗跖骨		右	近中远	2.5					13.71
YSI②B：2832	鸡	跗跖骨	雄	右	中远	2.8	砍				14.51
YSI③：6769	鸡	跗跖骨	雌	右	完整	1.6	烤	64.41	12.11	5.71	11.91
YSI③：6731	鸡	跗跖骨	雄	右	完整	3.0		72.41	13.01	6.58	13.41
G10：10048	鸡	跗跖骨	雄	左	中远	1.0					13.30
F2：139	鸡	跗跖骨	雌	左	近中	1.4				5.17	
G18：1466	鸡	跗跖骨	雄	左	完整	2.3	烤	75.41		5.86	12.20
G18：1458	鸡	跗跖骨	雄	左	中远	2.4	砍			6.52	13.90
G10：10182	鸡	跗跖骨	雌	左	完整	3.1	烤		14.71	7.11	
G10：276	鸡	跗跖骨	雌	左	完整	1.4	烤	63.21	11.11	4.93	10.31
G10：10090	鸡	跗跖骨	雌	左	完整	1.6		62.11	12.51	5.33	10.81
G10：9226	鸡	跗跖骨	雌	左	中远	1.1	砍				14.91
G10：9231	鸡	跗跖骨	雄	左	完整	2.3		79.71	11.41	6.13	11.80
G10：8364	鸡	跗跖骨	雄	左	完整	2.9		76.81	15.01	6.99	13.81
G24：1014	鸡	跗跖骨		左	近	1.6	砍、烤		14.51		
G10：9185	鸡	跗跖骨	雄	左	中远	1.4	砍				14.61
G10：244	鸡	跗跖骨	雌	左	完整	1.5	烤	65.40	12.10	5.33	10.91
G10：9932	鸡	跗跖骨	雌	左	中远	1.1	砍、烧、烤			6.39	12.40
G10：9137	鸡	跗跖骨	雌	左	完整	2.4	烤	67.20	13.02	6.16	12.61
G18：1471	鸡	跗跖骨	雄	左	近中	2.9	砍、烤		13.30	6.79	
G10：294	鸡	跗跖骨	雌	左	中远	0.9	砍			5.45	11.01
G24：1009	鸡	跗跖骨	雌	左	完整	1.8	烤	68.10	12.70	5.87	12.20
G10：8328	鸡	跗跖骨	雄	左	近中远	3.1	砍			6.05	14.80
G10：9060	鸡	跗跖骨	雌	左	完整	1.8	烤	66.90	12.70	6.13	12.40
G10：9967	鸡	跗跖骨	雄	左	中远	2.2	砍、烤			5.81	13.01
G10：9168	鸡	跗跖骨	雌	左	完整	1.5	烤	61.60	12.40	5.84	11.40
G10：9266	鸡	跗跖骨	雌	左	完整	1.8		61.80	11.71	5.93	11.21

续表

小件号	种属	骨骼名称	雄雌	左右	保存部位	重量（g）	人工痕迹	GL (mm)	Bp (mm)	SC (mm)	Bd (mm)
G10：9917	鸡	跗跖骨	雄	左	中远	2.0	砍			5.52	12.31
G18：1465	鸡	跗跖骨	雄	左	中	1.9	砍			5.79	
YSI②B：2591	鸡	跗跖骨	雄	左	完整	2.9	烤	76.91	13.21	6.73	12.31
G10：9997	鸡	跗跖骨	雄	左	中远	2.1	砍			5.52	
YSI②A：2597	鸡	跗跖骨	雄	右	完整	3.1		76.91	12.91	5.95	12.50
G18：1346	鸡	跗跖骨	雌	左	中远	0.9	砍	69.01	10.81	5.11	
G10：254	鸭	跗跖骨		右	完整	1.0		44.50	9.58	4.76	10.40
G10：9918	鹅	跗跖骨		右	完整	5.6		85.01	18.51		18.90
G10：9142	竹鸡	跗跖骨	雄	左	完整	0.4		43.51	6.89	2.98	6.91

Zooarchaeology Study of Laosicheng Site

Laosicheng site is located at Yongshun County, Xiangxi Tujia and Miao Autonomous Prefecture of Hunan Province, geographical coordinates of E109° 57'33.3" , N28° 57'1.5" . It is an important *Tusi* (headmen) site from Southern-Song Dynasty to the Ming and Qing dynasties. This site was nominated as one of the top ten national archaeological discoveries in 2010 after a series of excavations. In 2015, Laosicheng site was inscribed as a World Heritage property by the UNESCO.

The Laosicheng site unearthed a large number of animal bones, a total of more than 41,000 pieces. The taxa, number, and usage of animal assemblage; the growth and pathological status, and the slaughter modes; and the related settlement layout and spatial pattern, as well as the changes of animal resource exploitation in each period, are the questions addressed in this report. Based on the identification results, this research project carries out a comprehensive and systematic study, including meat consumption estimates, bone measurements, animal age profiles, artificial modification, bone tools analysis, pathology, as well as the ethnographic survey in local village. This final report provides important information on the utilization of animal resources in *Tusi* Period of the West Hunan region.

There are 5 classes, 11 orders, 17 families and 33 genera, including mud clam, dome bead, swallow, carp, grass carp, herring, turtle, goose, duck, chicken, blackbird, rats, porcupines, wild boar, domestic pig, cattle, water buffalo, goat, dog, cat, horse, musk deer, red muntjac deer, panther and tiger.

In this study, quantification methods such as NISP, MNI, bone weight (W) and estimated weight of meat (WM) were taken. Considering the variety of different species being preserved and collected from the site, the concept of "classification statistics" is proposed, which is a comparison after classification according to the characteristics of animal species, skeletal structure and individual size, and the meat contribution of different animals is only compared in the same type.

Meat consumption at Laosicheng site was dominated by domestic animals in a proportion of 80%, versus 20% of wild animals. Within the faunal assemblage, the domestic mammals, poultry and deer are the most important three types. The main domestic animals including pigs, cattle and buffalo contribute more than 50% of the whole meat resource; while the poultry meat contribution ranked next, including chicken, duck and goose, estimating that the number of individual chickens is about 5-8 times that of duck. Other domestic animals such as goat, dogs, horses, cats and large/medium size wild animals such as wild boar, tiger, leopard, black bear and wolf occupied a certain proportion as well. Small size wild animals and aquatic animals are quite few due to the limits of the sampling process.

Comparing the measurement data of domestic animals, including pigs, buffalo and cattle, with those from other related sites, it was considered that the individual size of these domestic animals decreased continuously. This trend lasted until Ming and Qing Dynasties at Laosicheng site.

A comparative study of measurement data between related or similar types of animals, for instance, buffalo vs. cattle, sambar vs. sika deer, red muntjac vs. muntjac, tiger vs. leopard, pig vs. wild boar, tiger vs. bear, and chicken vs.duck, demonstrates that the size of animal bones reflects not only the individual size but also contains information about an animal's movement structure and function. For example, the length of the bone reflects the speed, while the width of the bones (thickness) reflects the strength better. In addition, measurement data can provide important reference for species identification, such as sambar or sika deer, red muntjac or muntjac, tiger or leopard, pig or wild boar, between which the measurement result show clear differences. Nevertheless, there remains need for caution when using measurement data to identify the buffalo from cattle, tiger from bear, or chicken from duck.

The death age of domestic animals can be divided into two types, according to the age profile analysis. The first type includes pigs, goats, chickens, ducks, geese, with an average age of immature and just mature, which reflects the feeding strategy with the goal to acquire meat consumption resource most economically. The second age profile type is dominated by adult individuals, such as buffalo, cattle, horse and dogs, reflecting other functions of those animals rather than only the food resource. In general, the death age of domestic animals is more human-controlled, in order to achieve the most economical access to meat or the greatest use of livestock labor. The death age of wild animals is then closely related to the natural age distribution of wild population. Due to great hunting pressure in ancient times, sambar and sika deer likely went extinct locally due to the excessive hunting in the Ming Dynasty.

By observing and summarizing the appearance and type of artificial traces on animal bones, the animal processing can be investigated. "Chop (*kan*)" , "smash (*za*)" and "hack (pi)" are the main means to break the bones, among which "chop" is a dominant way for a variety of animals and the most important parts of the bones. "Cut (*qie*)" , "tick (*ti*)" , "scratch (*hua*)" and "pare (xiao)" are the ways to dismember the animal body, among which "cut" is the most important means. Some of the artificial traces occur after slaughter, before cooking, the purpose is to dismember the animal' s skeletal body into the cooking pieces. The processing methods varied in terms of different types of animals. And for the similar sized animals, the same processing steps were followed.

Bone-wares specialization study shows that the main materials to be used for bone tools are mainly from the large-sized animals, such as buffalo, cattle, sambar deer, tiger and so on. The main choice was tubular limbs, such as the humerus, femur, tibia, etc., since these parts have thicker bone-wall, and are straight and long. Other parts such as mandibles, canines, deer and water buffalo horns were used as well. There is a clear product template before bone making process began. The process, in order, was normally: selecting, breaking down to raw shape of blank, further processing, and finally finishing into the final product. "Saw (*ju*)" is normally the initial method for processing. Then scraping (*xiao*), drilling and grinding were applied according to the types of bones and tools to be made.

Animal pathology study is conducted mainly for the mammals, including cattle, buffalo, tiger, leopard, wild boar, dog, serow, sika deer and muntjac. Most of the pathological cases are found in middle/old aged individuals, indicating that age is an important cause of animal pathology. Bone hyperplasia, inflammation, fester and other symptoms often occur in the joints, as physiological disease. Fractures often occur in the middle of the bone or joint head of the cancellous bone and bone junction, and should be caused by a sudden movement. Domestic and wild animals are different in terms of the pathological symptoms and the number of cases. The cases found from cattle and buffalo are significantly more than that in the wild cloven-hoof animals such as deer, which to some extent is related to the widespread use of livestock laboring.

The Laosicheng site has a developed livestock husbandry economy, as well as abundant wildlife consumption resources, reflecting tastes in food consumption, and also reflects the livestock breeding and rich wild resources during the *Tusi* period. Presumably the F2 building in the palace complex could be reconstructed as a kitchen, where the bone-wares could be processed nearby as well.

Comparing the faunal remains from Laosicheng site with Gaomiao Neolithic site at Hongjiang, and Bu'Er Men bronze age site at Yongshun, which are the sites with the most unearthed animal remains in Western Hunan region, the decline of wild resources, in terms of wild animal taxa, can be clearly examined. The main meat resource is switched from hunting-fishing to domestic animal breeding, which can be summarized as the development from a "preliminary exploitation" type to a "well-developed exploitation" type.

Finally, there is a field survey project in this area for the zoo-archaeology study of Laosicheng site. The survey includes five aspects of "hunting-fishing" , "animal breeding" , "meat resource structure" , "processing method" and "natural ecological environment" ,based on archaeological perspectives. This study is related to the above research on archaeological remains, by providing comprehensive background information, and supplementing the limitations of faunal analysis based only on bones. This should be an important reference for better interpretations in the zoo-archaeological research.

永順老司城遺跡における動物考古学的研究の概要

永順老司城遺跡は湖南省湘西土家族苗族自治州永順県に位置し、座標はE109° 57′ 33.3″ 、N28° 57′ 1.5″ である。南宋から明清時代の重要な土司遺跡である。数次の発掘調査が実施され、重要な文化遺存が出土したことで、2015年度全国十大考古発見に選ばれた。また、同年にユネスコの世界文化遺産に登録されている。

動物骨が大量に出土しており、総数は41000点に達する。動物種とその数量や用途、成育状態、疾病や屠殺、そして動物利用の変化などの問題について、動物種の同定を基礎にした骨格計測、年齢、加工痕、骨器、病理、関連する遺構等の研究を実施した。これにより、湘西地域の土司時代の動物資源利用について多くの情報を得ることができた。

5綱、11目、17科、33種属の動物遺存体が出土している。具体的には、ハイガイ、イシガイ、ホコササノハ、コイ、ソウギョ、ガンユイ、スッポン、ガチョウ、カモ、ニワトリ、コジュケイ、アカゲザル、タケネズミ、ヤマアラシ、オオカミ、イヌ、ツキノワグマ、ネコ、ヒョウ、トラ、ウマ、イノシシ、ブタ、ジャコウジカ、ホエジカ、キョン、コウギュウ、スイギュウ、スマトラカモシカ、ヤギなどがある。

同定資料数（NISP）、最小個体数（MNI）、骨格重量（W）、推定肉量（WM）等の計測方法を採用し、保存状態などを考慮しながら、計量分析そして“分類”を行った。動物種や骨格構造の特徴、個体の大きさなどの特徴によって分類を行い、同一類型にある各種動物の食肉への寄与についても比較した。老司城遺跡では家畜が約80%と主体を占め、野生動物は約20%であった。家畜、家禽とシカ科動物が最も食肉に寄与していた。主な家畜には、ブタ、コウギュウ、スイギュウが食肉の約50%以上を占める。家禽ではニワトリ、カモ、ガチョウの順で多く、ニワトリの消費個体数や肉量はカモのそれと比べ5 ~ 8倍と推定される。次にヒツジ、イヌ、ウマ、ネコなどの家畜、イノシシ、トラ、ヒョウ、ツキノワグマ、オオカミなどの大中型野生動物が、一定を占めている。小型の野生動物や水生動物は取り上げ状況の問題からか、食肉比率では高い値はでなかった。

動物骨の計測データでは、家畜のブタ、コウギュウ、スイギュウ、イヌのデータと、その他の関連する遺跡の出土動物骨のデータとを比較した。家畜動物個体の時間的な推移について考察すると、数種の動物の大きさは徐々に縮小しており、その傾向は明清時代まで続いていたことが明らかとなった。

動物個体の大きさなどについて、例えばスイギュウとコウギュウ、スイロクとニホンジカ、キョンとホエジカ、トラとヒョウ、ブタとイノシシ、トラとクマ、ニワトリとカモなど近似する種属で比較した。骨格のサイズ差が個体のサイズ差を表すだけでなく、骨格の長さは速度を、骨格の幅（厚み）は力を反映しているように、運動能力の情報も含んでいると考えられる。骨格の計測値は、種同定において最も参考になるもので、スイロクとニホンジカ、ホエジカとキョン、トラとヒョウ、ブタとイノシシといった動物では、計測値の差がやや大きくなる。とくに、スイギュウとコウギュウ、トラとクマ、ニワトリとカモを、計測データから同定するには、慎重さが求められる。

死亡年齢から家畜を二つに分けることができる。ひとつは、未成年もしくは成年になったばかりのものを主とする。例えば、ブタ、ヤギ、ニワトリ、カモ、ダチョウであり、食用のため飼育されたものである。もうひとつは、成年の個体を主とするもので、例えば、スイギュウ、コウギュウ、ウマ、イヌであり、それらは食用のためだけでなく使役されるものでもある。家畜の死亡年齢は、人為的な制御を表わしており、これは最も経済的に食肉を得る、あるいは最大限に畜力を得ることを目的にしたものであった。野生動物と当時の野生動物群の自然死亡年齢は密接に相関しているようで、シカ科動物は比較的狩猟圧を受け、とくにスイロクやニホンジカは明代において過度の狩猟により当地では絶滅した可能性がある。

動物骨残る人為的な痕跡を観察し、若干の分析を行った。骨を切断する方法には、“たたき切る”“たたき割る”“割る”があり、その中でも“たたき切る”は最も重要な方法であった。動物の肉を切断するには、“切る”“削ぐ”“掻く”“削る”があり、その中でも“切る”が主な方法であった。“たたき切る”“たたき割る”“切る”“割る”“削ぐ”“掻く”“削る”といったこれらの人間活動の痕跡は、屠殺後から加工調理するまでの工程を表わしている。動物種が異なるとその方法も異なるであろうし、類似する体形の動物であれば類似する解体方法や調理方法であったのかもしれない。

骨角器の素材には、スイギュウ、コウギュウ、スイロク、トラなどの大型動物の管状の肢骨、例えば上腕骨、大腿骨、頸骨などがよく使われる。骨壁が厚く比較的長いというのが理由であろう。このほか、角や下顎骨、犬歯などの部位を使ったものもある。骨角器の製作には素材の選択、解体、加工、そして完成という工程があり、その当初から明確に成品への構想がある。初步的な加工には一般的は“挽く”ことを行うが、これは素材を平らに切り取る効果がある。解体後は、“削る”、“穿孔する”や“磨く”などの次の加工を行うことになる。

哺乳動物、例えばコウギュウ、スイギュウ、トラ、ヒョウ、イノシシ、イヌ、スマトラカモシカ、ニホンジカ、キョンなどの骨には傷変や病変の痕跡が発見されている。それらの多くは中老年個体に見られ、加齢によるものと考えられる。関節に、増殖、癒着、炎症、潰爛などが多く発生している。一種の生理的な病変である。骨折は骨の中ほど、あるいは関節頭の骨質の境で起こっている。運動中に突然骨折したものであろう。家畜と野生動物では違いがあり、例えばコウギュウ、スイギュウの痕跡の数量にいても、スイロク、ニホンジカなど野生の偶蹄動物よりも明らかに多い。コウギュウやスイギュウが畜力として使用され、そのため骨に負担がかかっていたことと関係する。

老司城遺跡では、比較的発達した家畜飼育と豊富な野生動物資源を備えていた。これは、土司の食物消費の優位性を表わしている。土司の持続的な発展のために、堅実な経済的基盤であったのである。また、老司城遺跡宮殿地区にある厨房を備えた住居跡F2付近に見るように、骨角器生産も行われていた可能性もある。

湘西地域には、洪江高廟新石器時代遺跡や永順不二門殷周時代遺跡という出土動物遺存体が豊富な遺跡がある。これら遺跡と比較すると、野性動物の種類と数量は徐々に減少し、食肉における比率は徐々に低下し、野生動物は補助的な食肉となったことが分かった。すなわち、食肉の供給源は、狩猟漁撈から家畜飼育へと変化したのである。資源の獲得方法は、“初級開発型”から“開発型”へと発展したのである。

最後に、老司城遺跡の動物考古学では、特定の項目を取り上げた実地調査を行ったことを指摘したい。それらは、狩猟と漁撈、家畜飼育、食肉の仕組み、加工処理の方法と生態環境の5つの側面であり、本文に記した各研究成果と対応する。各種動物に関する全面的で詳細なデータが増加したことにより、これまでの動物骨の研究を補填しただけでなく、動物考古学研究のために資するものとなっている。

后 记

2013年4月，我和导师袁家荣先生赶赴郑州参加“国际动物考古学会第九届骨器研究学术研讨会”，在火车上，他对我说：“你应该抓住机会，把老司城遗址出土的大量动物骨骼尽快整理研究出来。”导师的话为我指明了接下来的研究方向。

2013年6月，在征得单位领导的同意后，我申报了“湖南永顺老司城遗址出土动物骨骼研究”的所级课题。湖南省文物考古研究所学术委员会经过讨论后同意将该课题正式立项，该项整理研究工作得以全面展开。让我十分惭愧的是，在课题刚开始的阶段，由于本人以前只对高庙遗址出土的鱼类骨骼进行过专项研究，对于考古遗址出土的哺乳动物骨骼大多只能鉴定到骨骼部位，而不能进一步鉴定出种属。这时，又是导师袁家荣先生不畏酷暑，亲临老司城遗址动物骨骼整理现场，传授动物骨骼鉴定方法，整理工作方才有序展开。

感谢长期以来湖南省文物考古研究所郭伟民所长的信任和支持，使我能够沉下心来进行动物考古的专项学习和研究。在老司城遗址动物骨骼整理期间，郭伟民所长数次视察慰问，并提出了高瞻远瞩的指导意见。我的硕士研究生授课老师顾海滨先生也对课题的研究进展十分关心，经常询问并给予鼓励。感谢湖南省文物考古研究所副所长高成林研究员和研究一室主任尹检顺研究员，他们在安排我的业务工作时给予了最大的关照，并在绘图照相的技术人员方面，给予了大力支持。长期以来我有幸受到老司城遗址发掘领队柴焕波研究员的谆谆教诲，他在审阅文稿后提出了宝贵的修改意见。

感谢中国动物考古学的学科领头人袁靖老师一直关心老司城遗址动物遗存的研究进展，在2014年指派两位高足罗运兵博士和李志鹏博士来长沙指导整理工作，并在2017年4月文稿形成之后，安排刘羽阳博士专程到铜官窑基地参与全书最后的修改和校订工作，并请中国社会科学院考古研究所的吕鹏博士帮我审定了动物种属的拉丁文名称。感谢永顺老司城遗址管理处各位领导及永顺县文物局原局长刘生华先生和永顺老司城遗址博物馆雷家森馆长对于研究工作提供的诸多方便和人员支持。感谢中国科学院自然科学史研究所黄兴博士和我的岳麓书院同学程晓峰博士审阅修改文稿。

我还要感谢参与老司城遗址出土动物骨骼课题研究的团队成员，他们是永顺老司城遗址管理处工作人员王洪、喻建、丁海艳，永顺老司城遗址博物馆工作人员刘兵，我的同事杨盯、陆翼捷、王轩。在课题研究的这四年多时间里，我们边整理、边研究、边探讨，使得研究内容不断充实，研究的认识不断深化。感谢北京大学考古文博学院秦岭老师在百忙之中为本书提供英文摘要，日本爱媛大学槙林啓介先生热情地为本书提供日文摘要。感谢科学出版社王光明先生与董苗编辑为本书出版付出的辛勤劳动。

在本报告即将出版之际，我想起了这一路走来的点点滴滴。其中，有一句话清晰地出现在我的脑海中。那是2013年8月，在老司城遗址现场整理动物骨骼之时，由于鉴定比较的需要，我们团队数次将编号的上万件动物骨骼按骨骼部位分类摆放后又将其按动物种属摆放，然后又将其按骨骼部位摆放，如此反复。在一次重新归类摆放的过程中，永顺老司城遗址管理处的喻建同志用他纯正的永顺话发出一句感慨："这批动物骨骼的命真好！"当时，我就产生了某种强烈的共鸣："不是这批动物骨骼的命好，而是我很幸运能接手整理这批丰富的动物骨骼材料，这给了我一个非常宝贵的学习研究机会。"现在，我们努力的成果就要面世了，在此，我要由衷地感谢这些年来湖南省文物考古研究所单位领导和各位师友提供的诸多支持、帮助、指导、鼓励！

受个人水平和研究能力所限，本报告存在一些不足之处，部分动物骨骼未能鉴定出种属，已经鉴定出动物种属的骨骼可能存在一定的错误。本报告某些章节中，研究具体问题的逻辑辩证关系可能不够扎实，有些推论较为勉强，有些认识可能有失偏颇。虽然有以上种种的缺点和不足，我们还是愿意尽早公布本课题的成果，将有关问题拿出来请各位老师同仁审议评定，听取大家的批评指导意见，推动该课题的进一步研究。

莫林恒

2018年6月

老司城遗址全景

图版二

老司城遗址全景

1. 老司城遗址发掘现场

2. 出土动物骨骼

老司城遗址发掘现场及出土动物骨骼

1. 出土动物骨骼

2. G18出土动物骨骼

1. G18

2. G18出土动物骨骼

G18及出土动物骨骼

图版六

1. 动物骨骼整理场景

2. 袁家荣先生（左）指导作者（右）书稿编写

动物骨骼整理及书稿编写

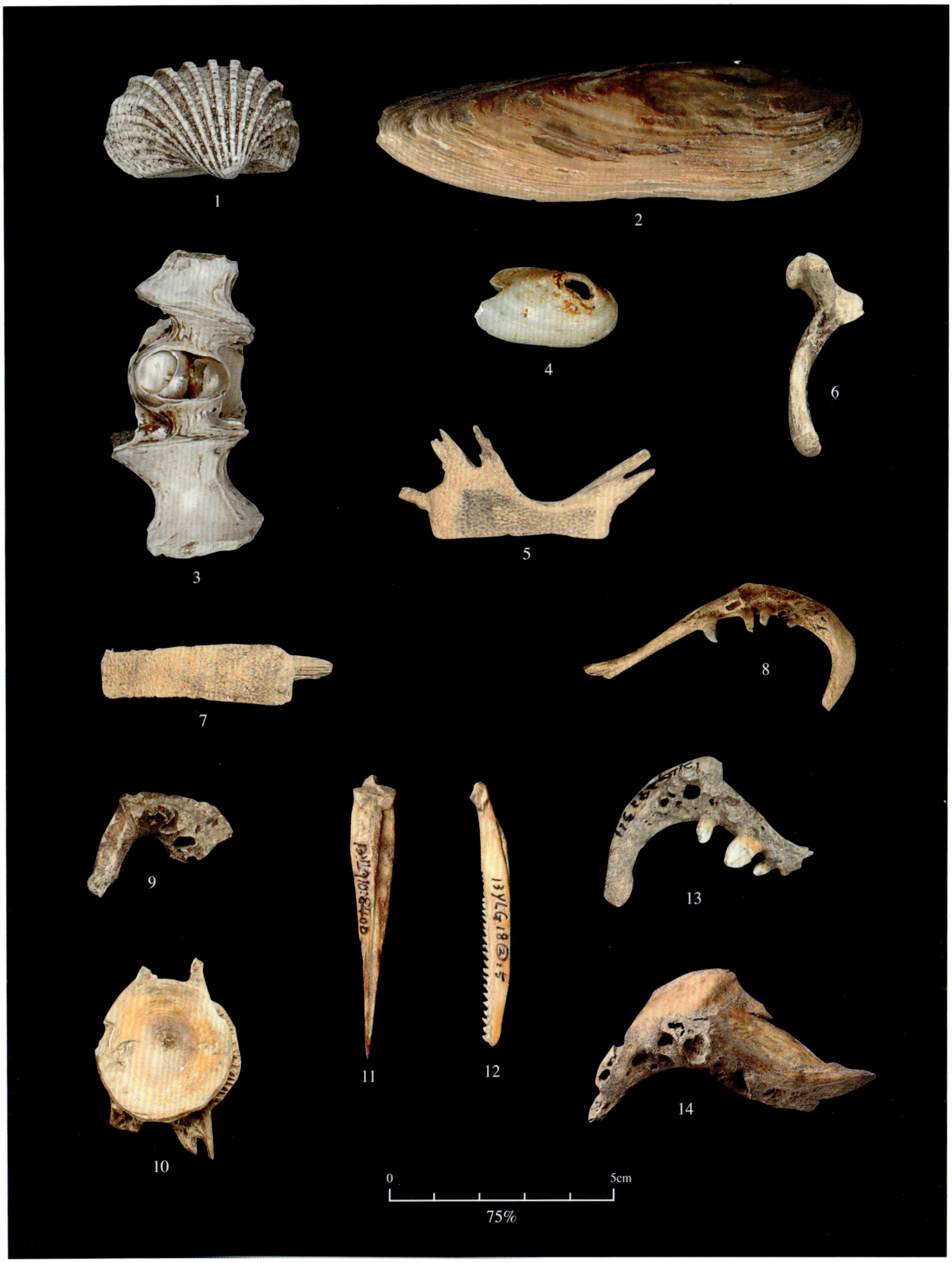

水生动物骨骼标本

1. 泥蚶左侧壳体（YSI③：6964） 2. 剑状矛蚌左侧壳体（F2：049） 3. 海螺螺壳（YSI③：1）
4. 圆顶珠蚌（YSI③：6959） 5. 中华鳖右下舌板（G18②：26） 6. 中华鳖左侧肱骨（G24：977）
7. 中华鳖左侧背板（G10：251） 8. 鳡鱼右侧咽骨（G10：0163） 9. 草鱼右侧咽骨（G24：1053）
10. 青鱼脊椎骨（G10：14543） 11. 鲤鱼支鳍骨（G10：8400） 12. 鲤鱼左侧腹鳍骨（G18②：5）
13. 鲃亚科右咽骨（G24：311） 14. 鲤鱼右咽骨（G18②：1）

图版八

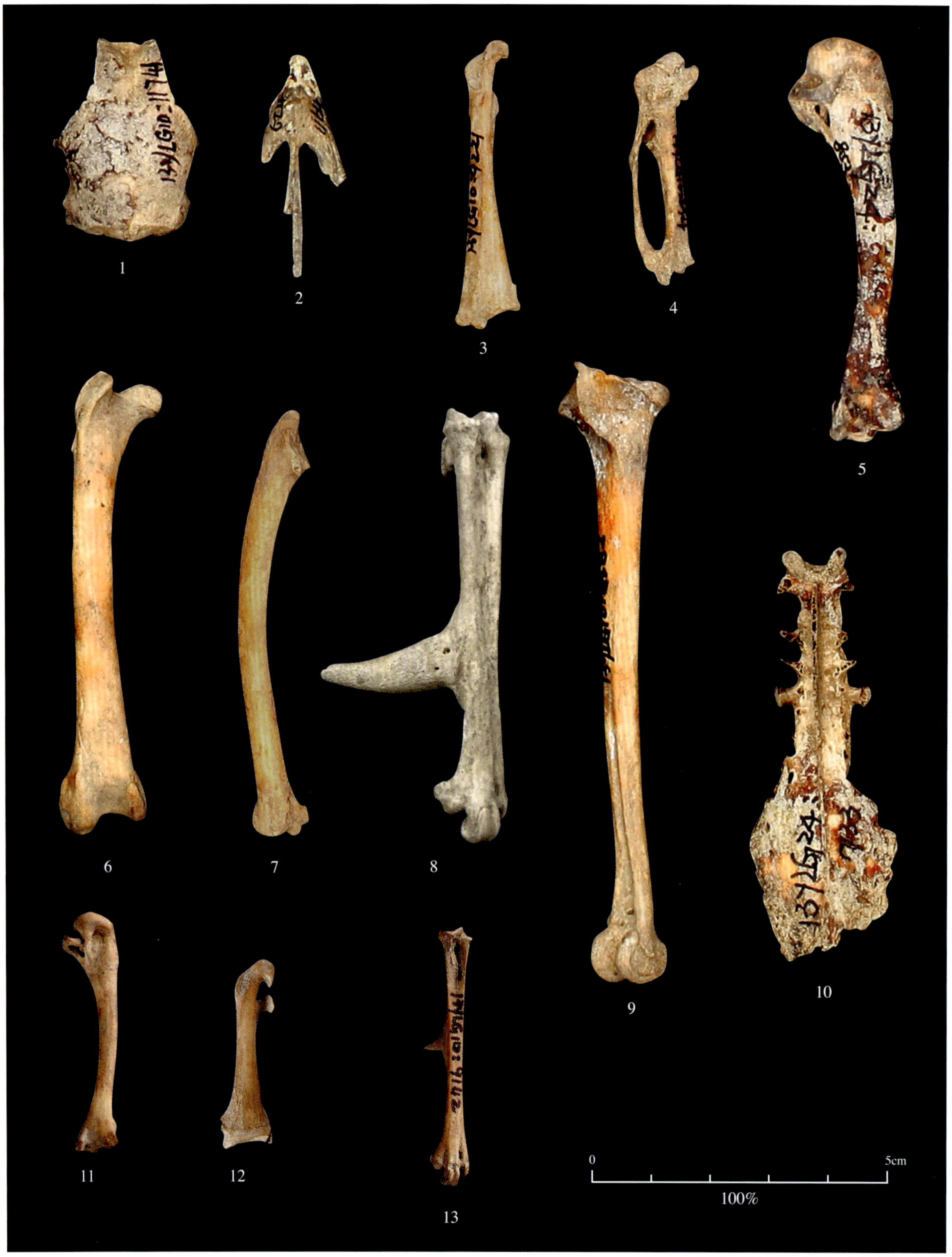

鸡、竹鸡骨骼标本

1. 鸡头骨（G10：11741） 2. 鸡颌前骨（G24：1164） 3. 鸡右侧喙骨（G10：9221）
4. 鸡左侧腕掌骨（G10：234） 5. 鸡右侧肱骨（G24：853） 6. 鸡右侧股骨（G10：9049）
7. 鸡左侧尺骨（G10：9058） 8. 鸡左侧跗跖骨（YSI③：6804） 9. 鸡左侧胫骨（G10：8382）
10. 鸡腰骶骨（G24：733） 11. 竹鸡右侧肱骨（G10：8169） 12. 竹鸡右侧喙骨（G10：9240）
13. 竹鸡左附跖骨（G10：9142）

图版九

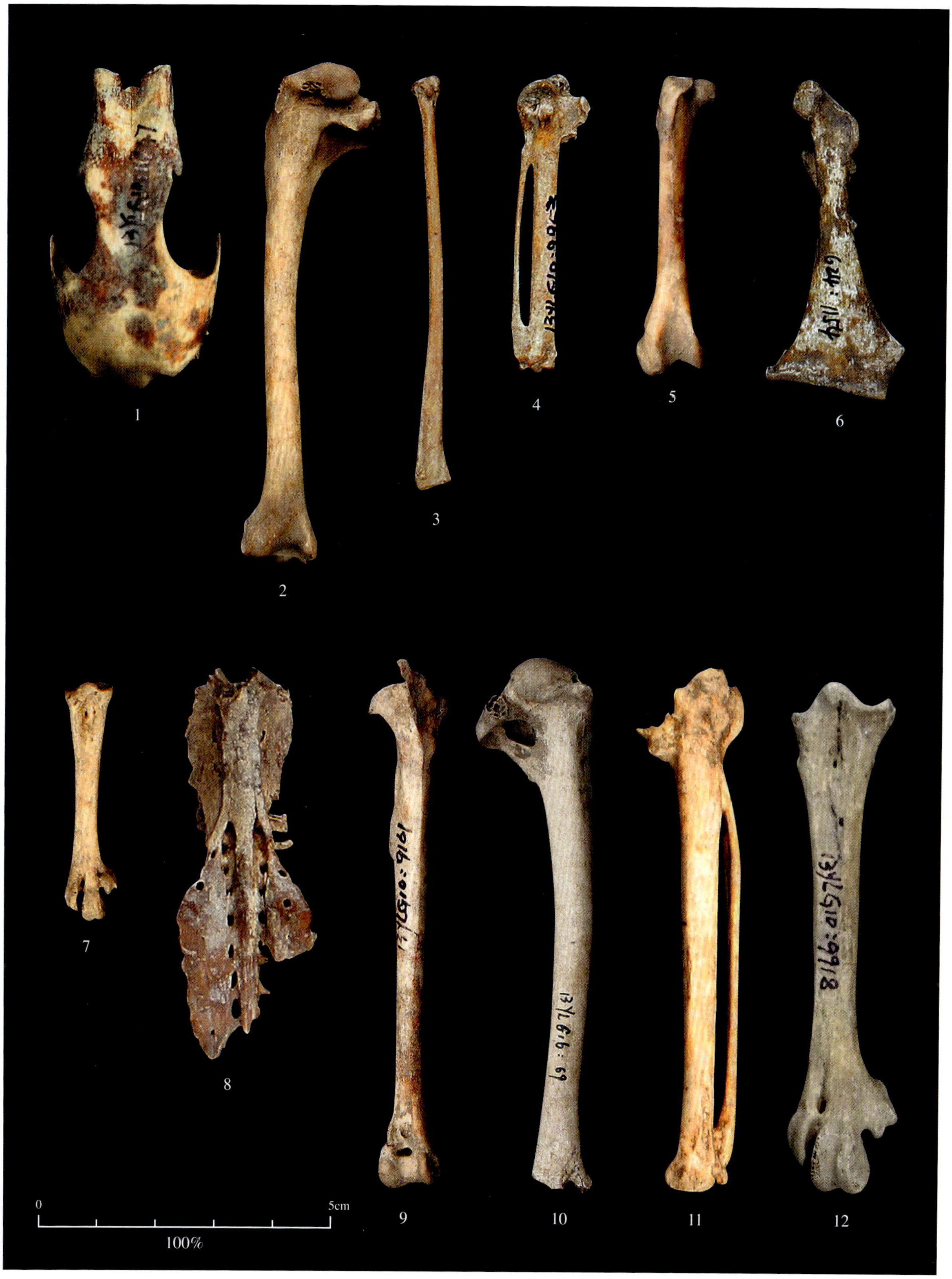

鸭、鹅骨骼标本

1. 鸭头骨（G10：11747） 2. 鸭左侧肱骨（G10：8264） 3. 鸭左侧桡骨（G10：9194）
4. 鸭左侧腕掌骨（G10：9953） 5. 鸭右侧股骨（G10：9132） 6. 鸭左侧喙骨（G24：1154）
7. 鸭右侧跗跖骨（G10：254） 8. 鸭腰骶骨（G18：1352） 9. 鸭右侧胫骨（G10：9161）
10. 鹅左侧肱骨（G16：69） 11. 鹅右侧腕掌骨（G10：11751） 12. 鹅右侧跗跖骨（G10：9918）

图版一〇

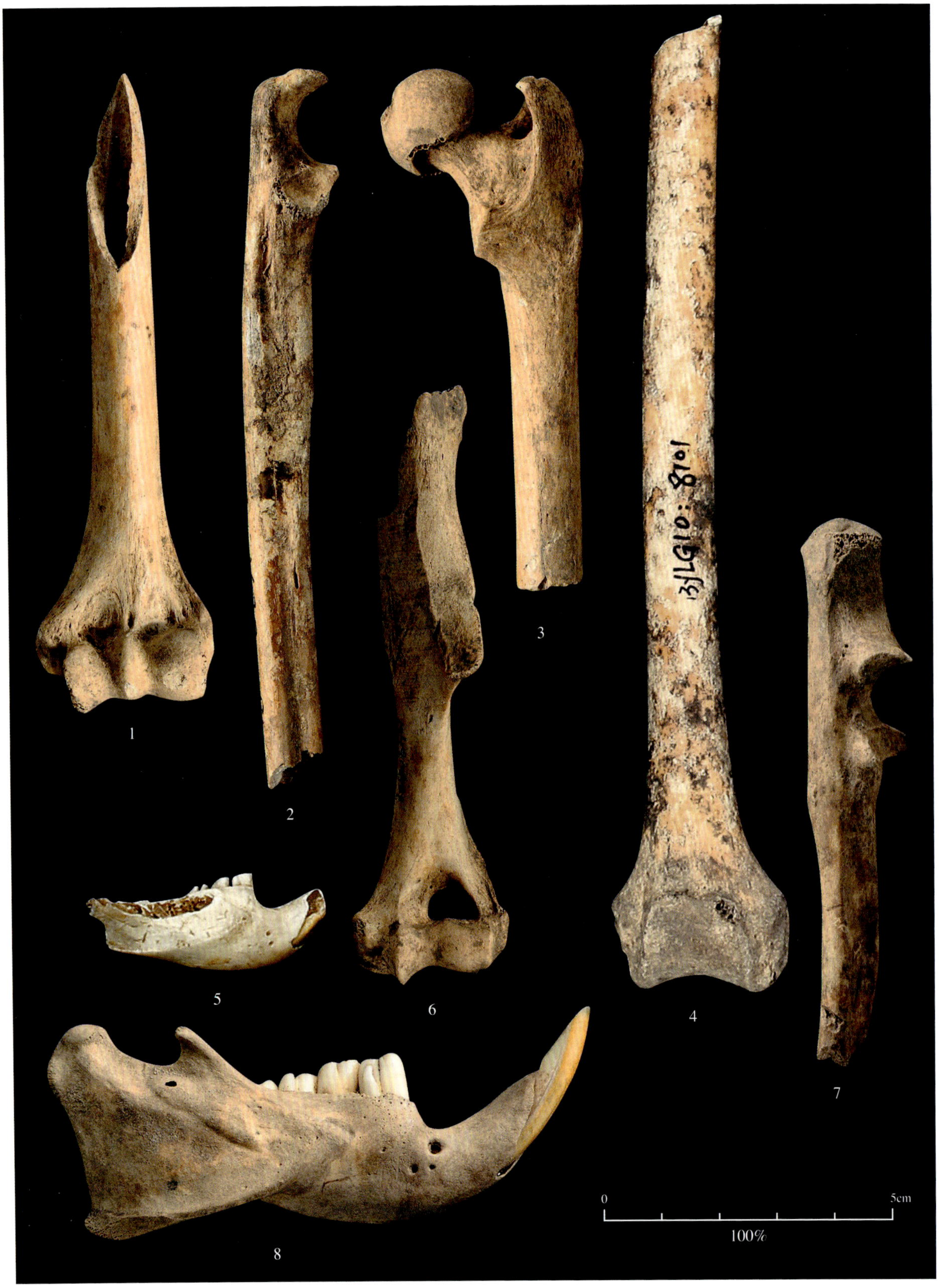

猕猴、竹鼠、豪猪骨骼标本

1. 猕猴右侧肱骨（F2：041） 2. 猕猴左侧尺骨（NQ①：181） 3. 猕猴右侧股骨（G10：13446）
4. 猕猴右侧股骨（G10：8101） 5. 竹鼠左侧下颌骨（L2：190） 6. 豪猪右侧肱骨（G10：0159）
7. 豪猪左侧尺骨（G18：920） 8. 豪猪左侧下颌骨（G10：0158）

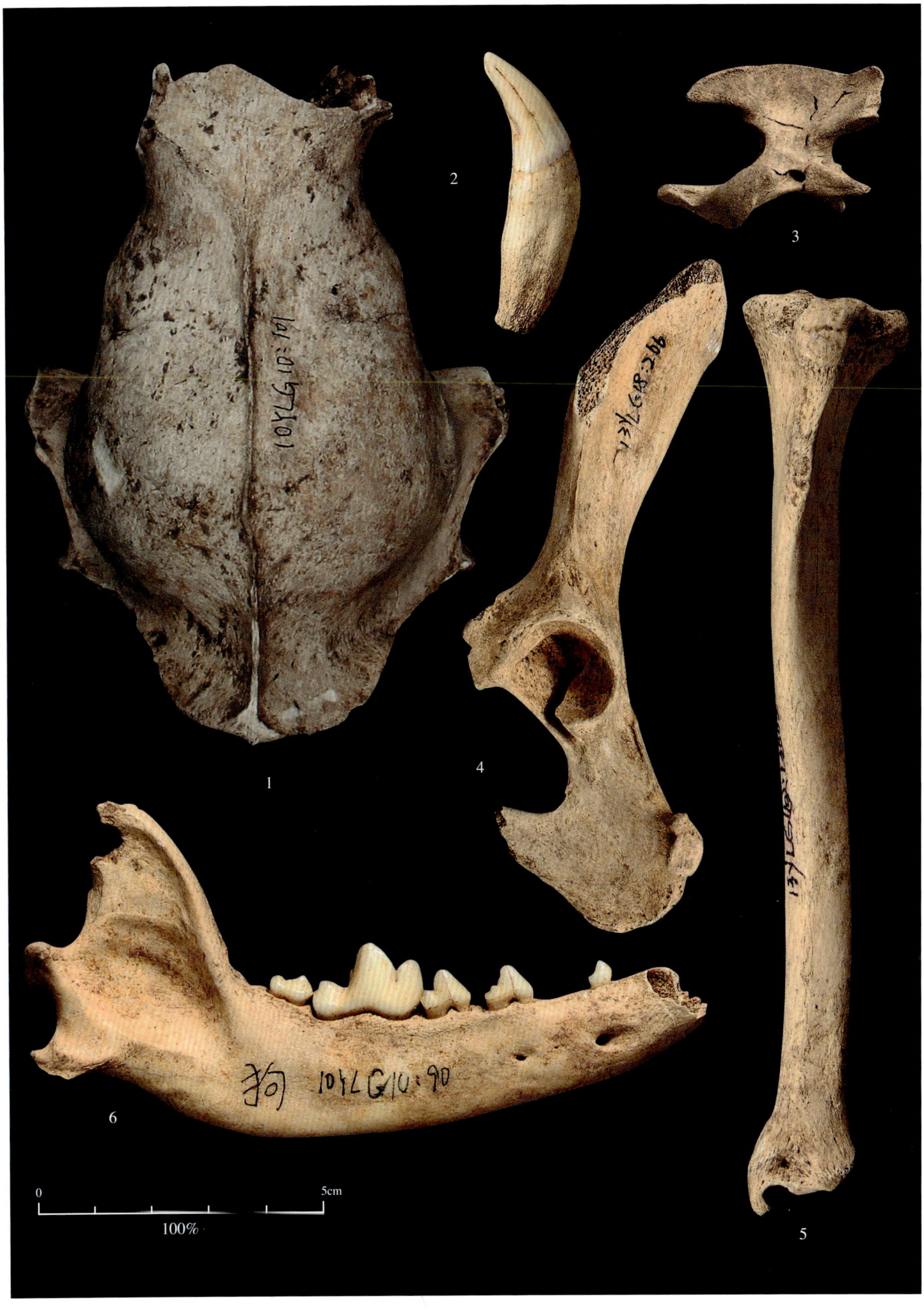

狗骨骼标本

1. 狗头骨（G10：101）　2. 狗右侧下犬齿（G10：0151）　3. 狗枢椎（G10：995）
4. 狗左侧盆骨（G18：266）　5. 狗左侧胫骨（G10：13603）　6. 狗右侧下颌骨（G10：90）

图版一二

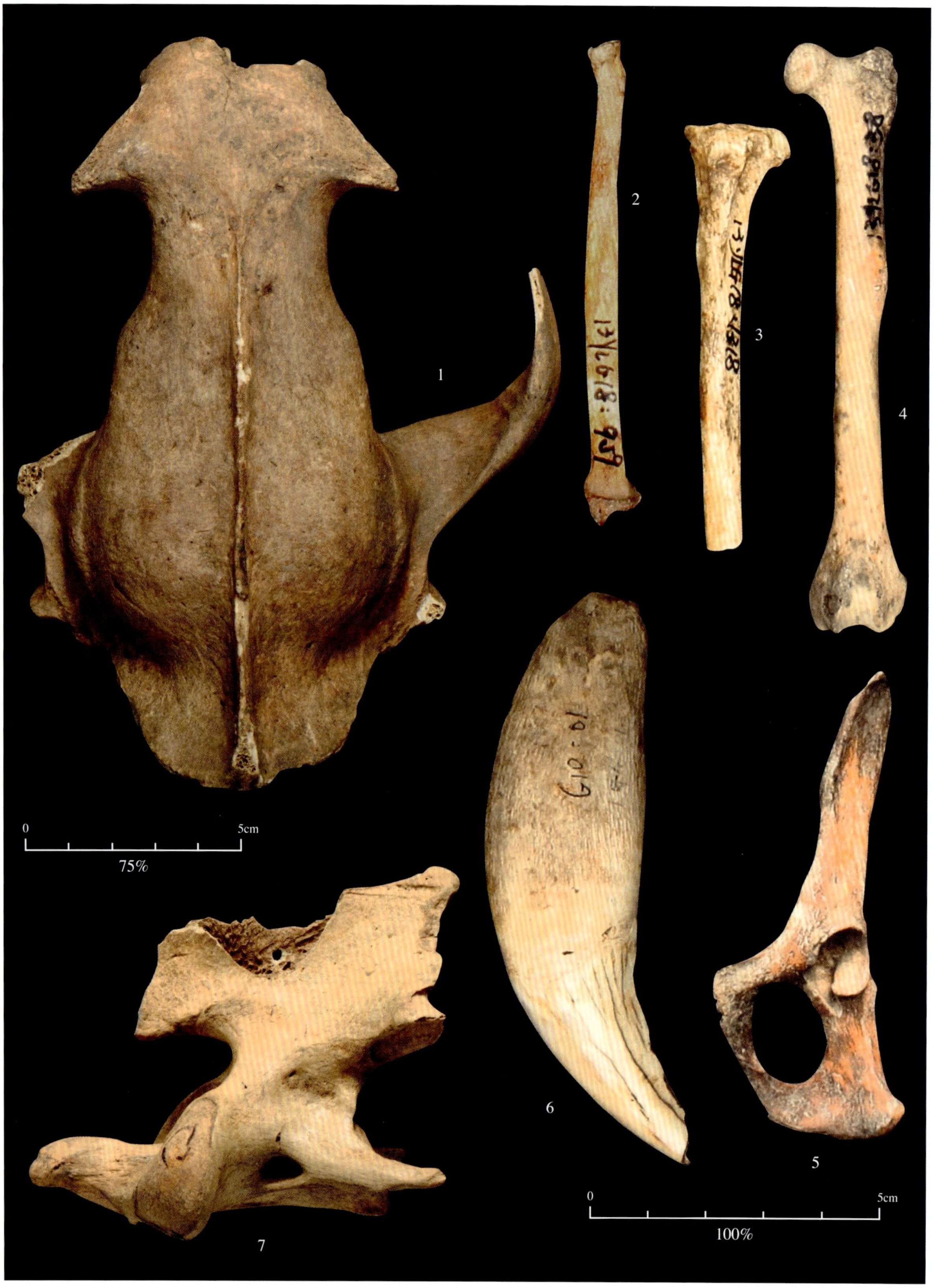

狼、猫、虎骨骼标本

1. 狼头骨（G10：0134） 2. 猫左侧桡骨（G18：959） 3. 猫左侧胫骨（G18：1318）
4. 猫左侧股骨（G18：38） 5. 猫左侧盆骨（G18：288） 6. 虎右侧上犬齿（G10：01）
7. 虎枢椎（G10：0190）

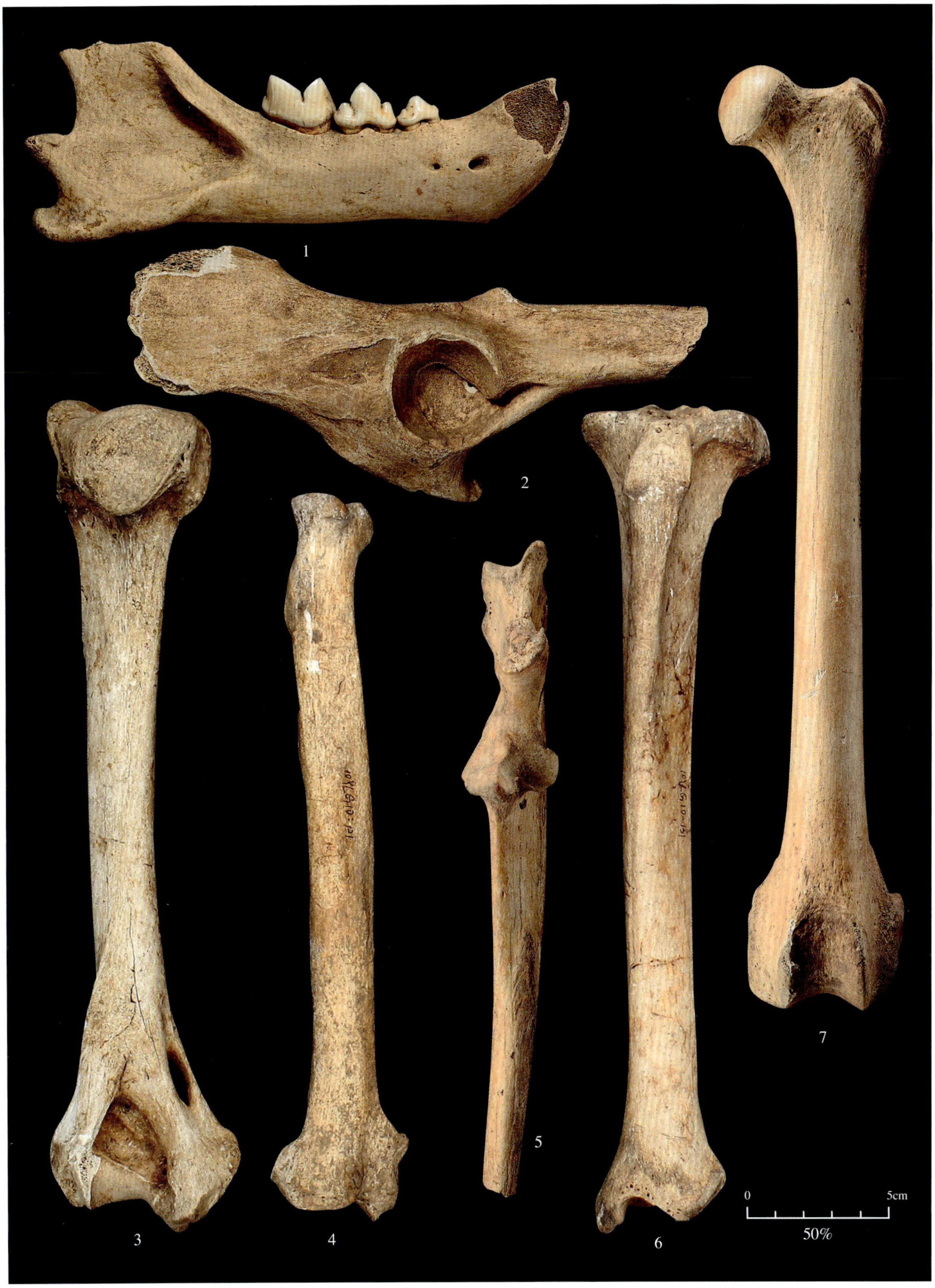

虎骨骼标本

1. 虎右侧下颌骨（G10：0142） 2. 虎左侧盆骨（G10：1839） 3. 虎右侧肱骨（G10：24）
4. 虎右侧桡骨（G10：121） 5. 虎左侧尺骨（G10：0170） 6. 虎左侧胫骨（G10：131）
7. 虎左侧股骨（G10：0166）

虎、豹骨骼标本

1. 豹左侧上颌骨（G10：11759） 2. 虎左侧距骨（G10：13723） 3. 豹寰椎（G10：0205）
4. 豹枢椎（G10：0192） 5. 豹左侧桡骨（G18：915） 6. 豹左侧下颌骨（G10：0143）

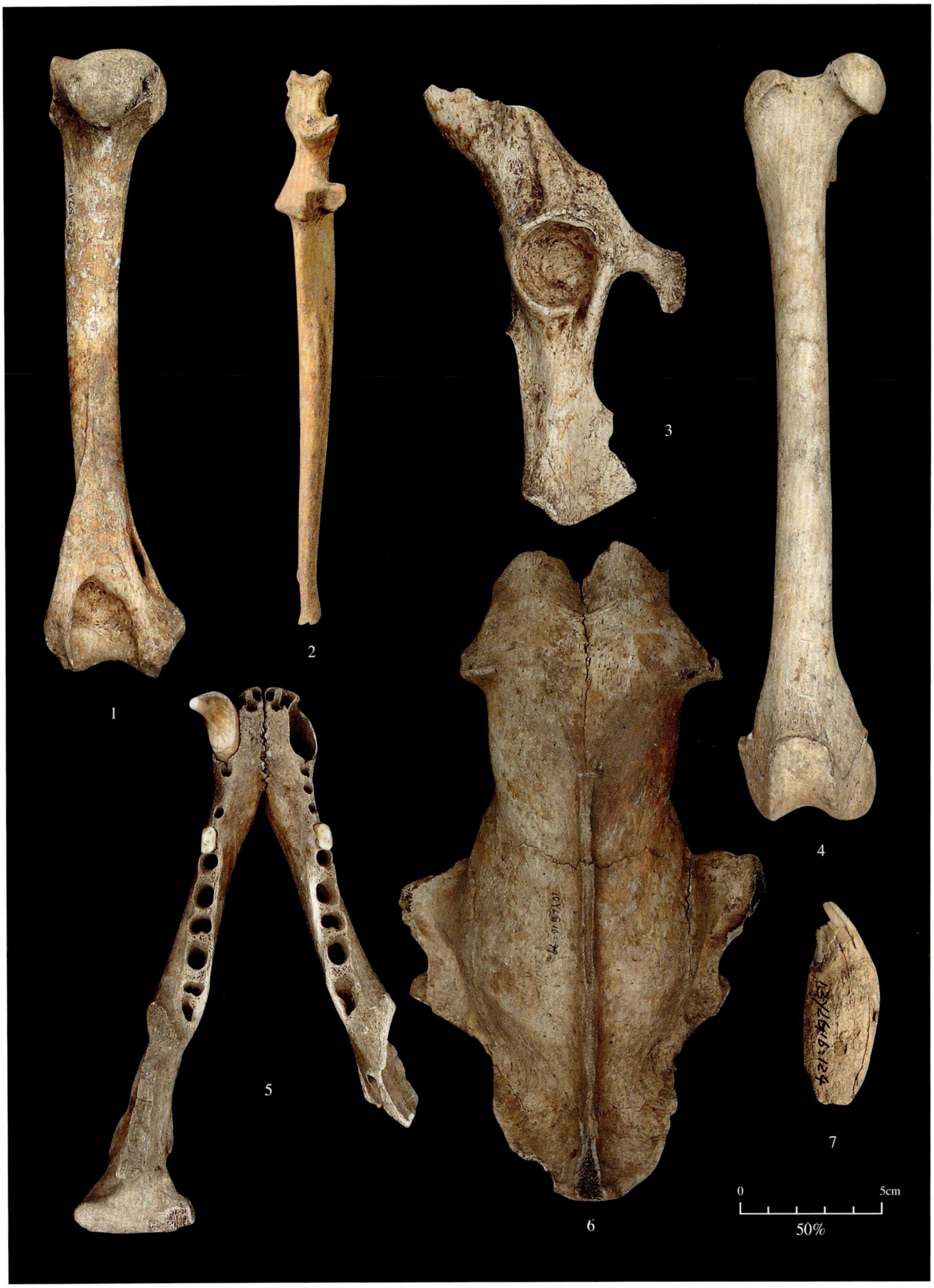

豹、黑熊骨骼标本

1. 豹右侧肱骨（G10：78） 2. 豹左侧尺骨（G18：2610） 3. 豹右侧盆骨（G10：3241）
4. 豹右侧股骨（G10：11632） 5. 黑熊下颌骨（G10：117） 6. 黑熊头骨（G10：99）
7. 黑熊左侧上犬齿（G16：124）

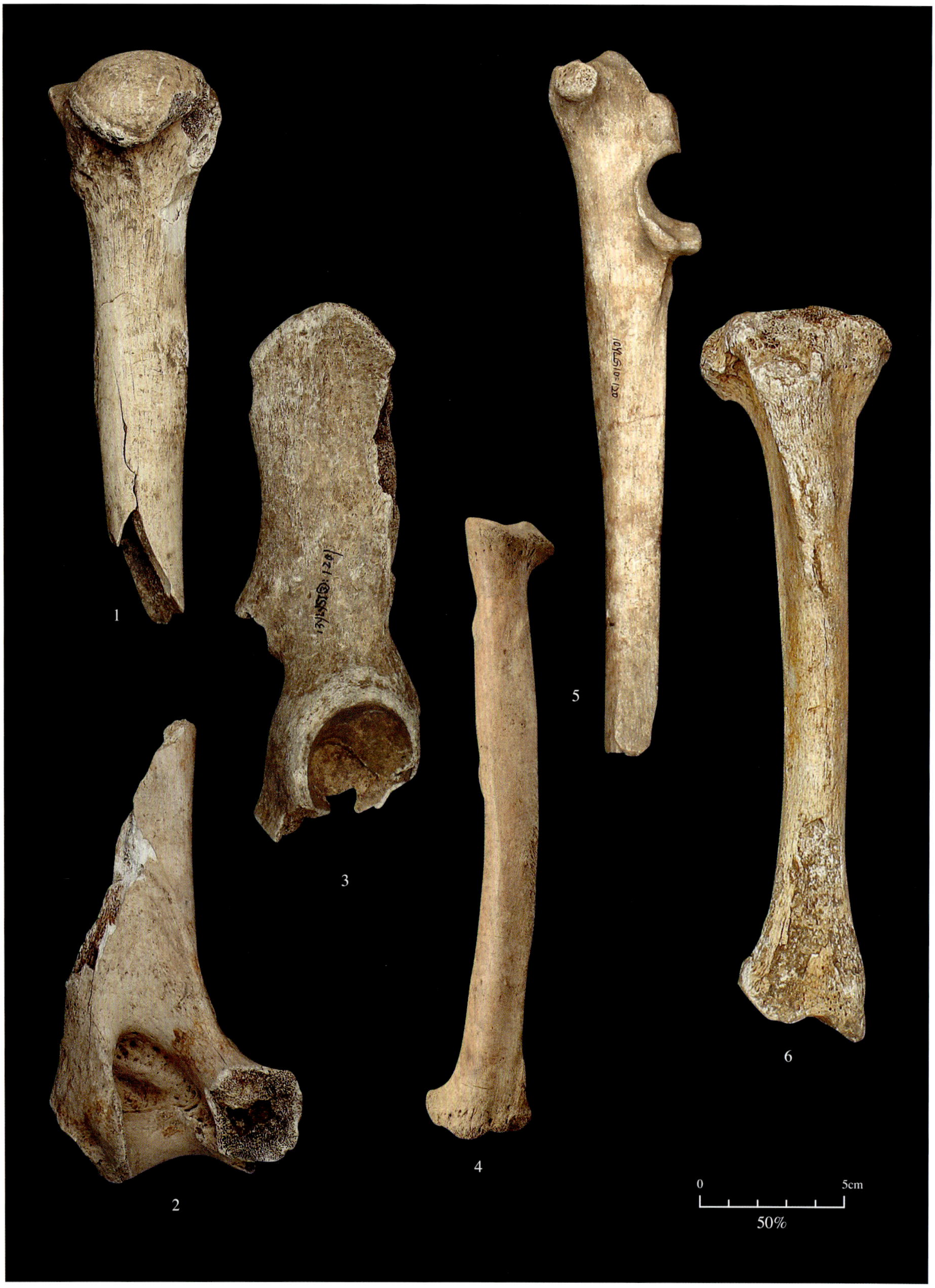

黑熊骨骼标本

1. 黑熊右侧肱骨近端（YSI④A：51） 2. 黑熊右侧肱骨远端（G10：125）
3. 黑熊右侧髋骨（YSI③：1201） 4. 黑熊左侧桡骨（G10：0171）
5. 黑熊左侧尺骨（G10：120） 6. 黑熊左侧胫骨（YSI②B：3239）

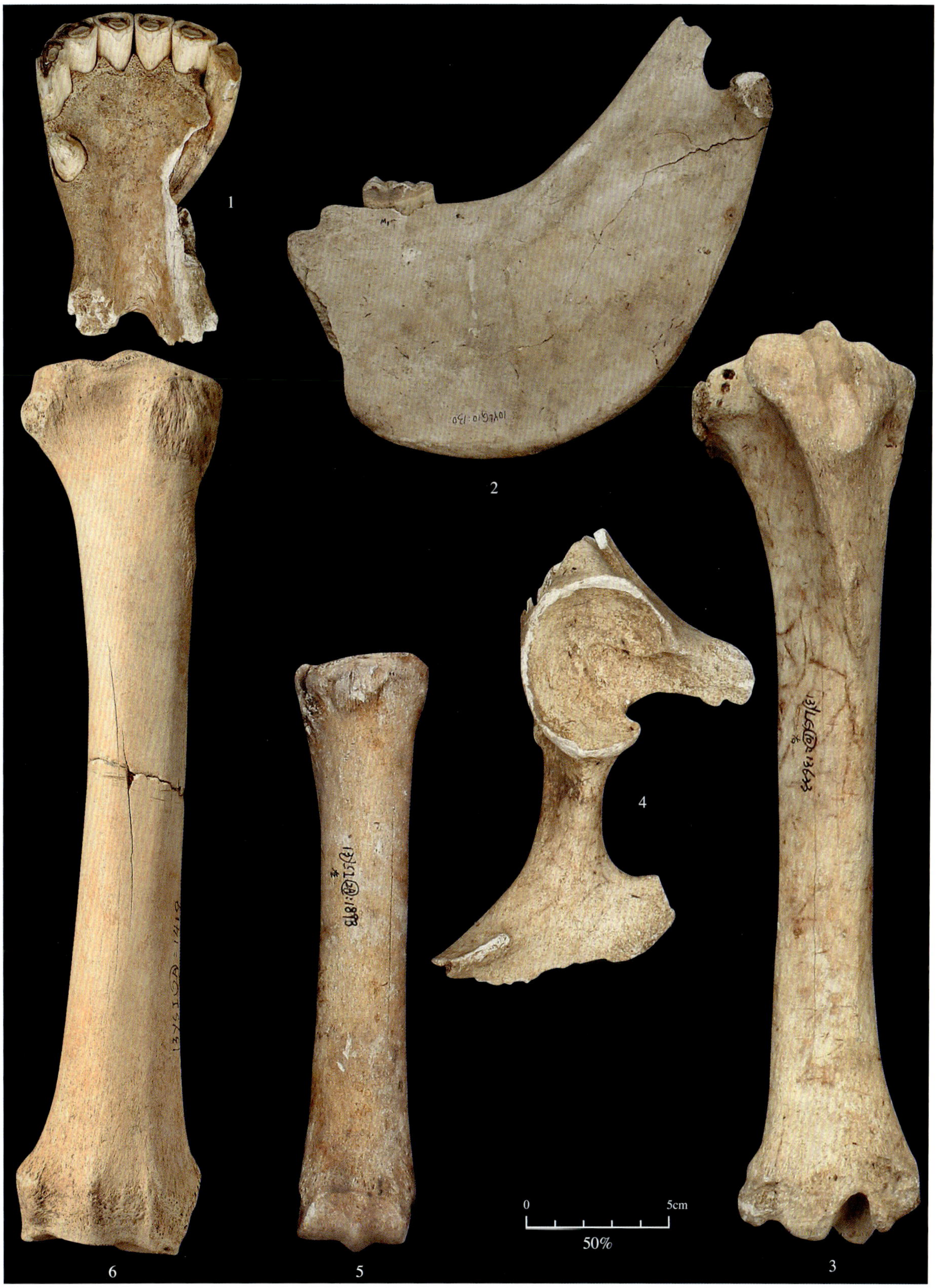

马骨骼标本

1. 马下颌骨（G10：10695） 2. 马左下颌骨（G10：130） 3. 马右侧胫骨（G10：13633）
4. 马右侧盆骨（G10：2403） 5. 马左侧掌骨（YSI②A：1898）
6. 马右侧桡骨（YSI②A：1419）

图版一八

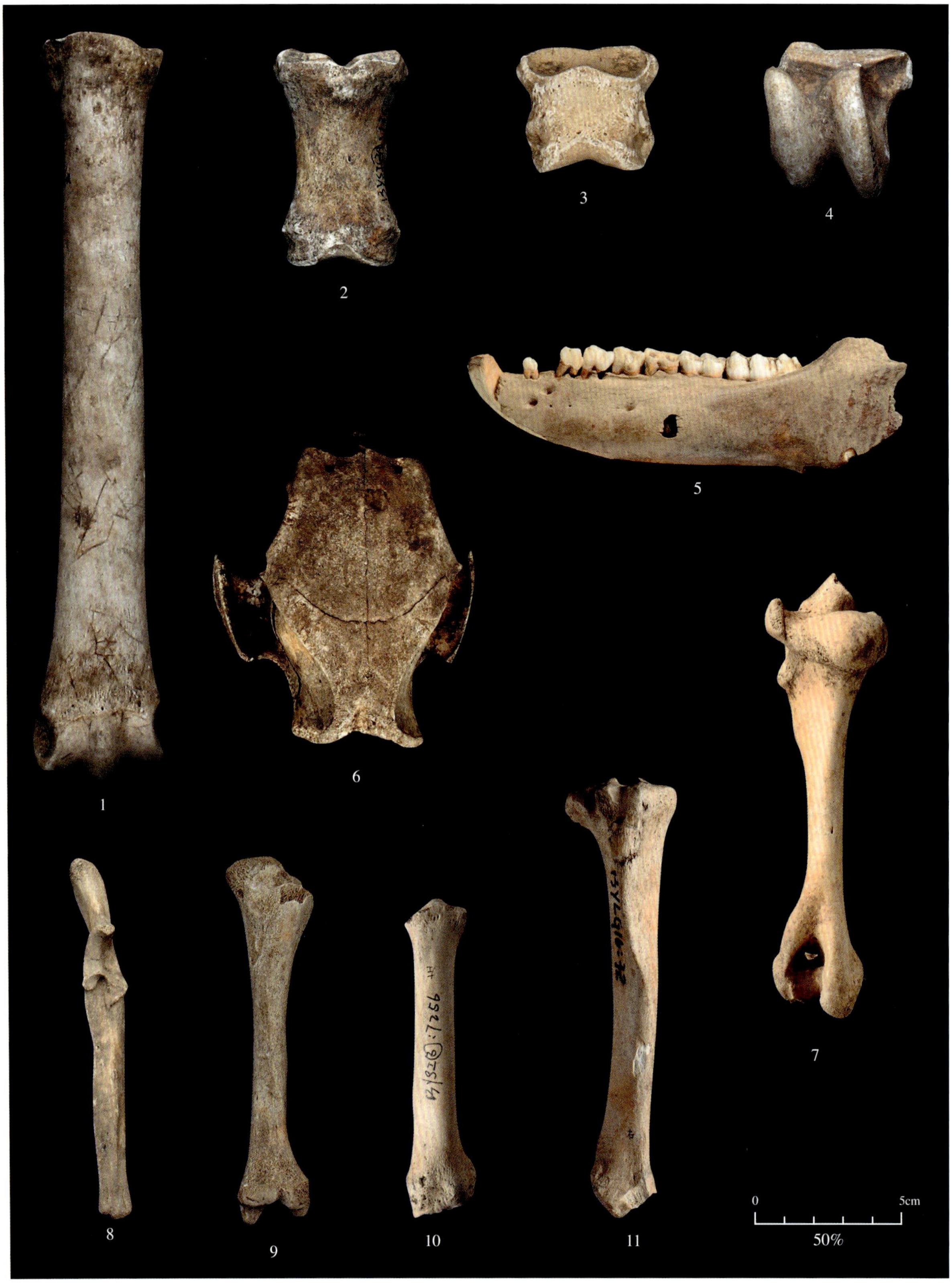

马、猪骨骼标本

1. 马右侧跖骨（G10：132）　2. 马系骨（YSI②A：1365）　3. 马冠骨（YSI③：1403）
4. 马左侧距骨（YSI②A：166）　5. 猪左侧下颌骨（G10：2234）　6. 猪头骨（G10：11649）
7. 猪左侧肱骨（F2：032）　8. 猪左侧尺骨（G10：3593）　9. 猪右侧股骨（G10：13468）
10. 猪左侧桡骨（YSI③：7256）　11. 猪右侧胫骨（G16：32）

图版一九

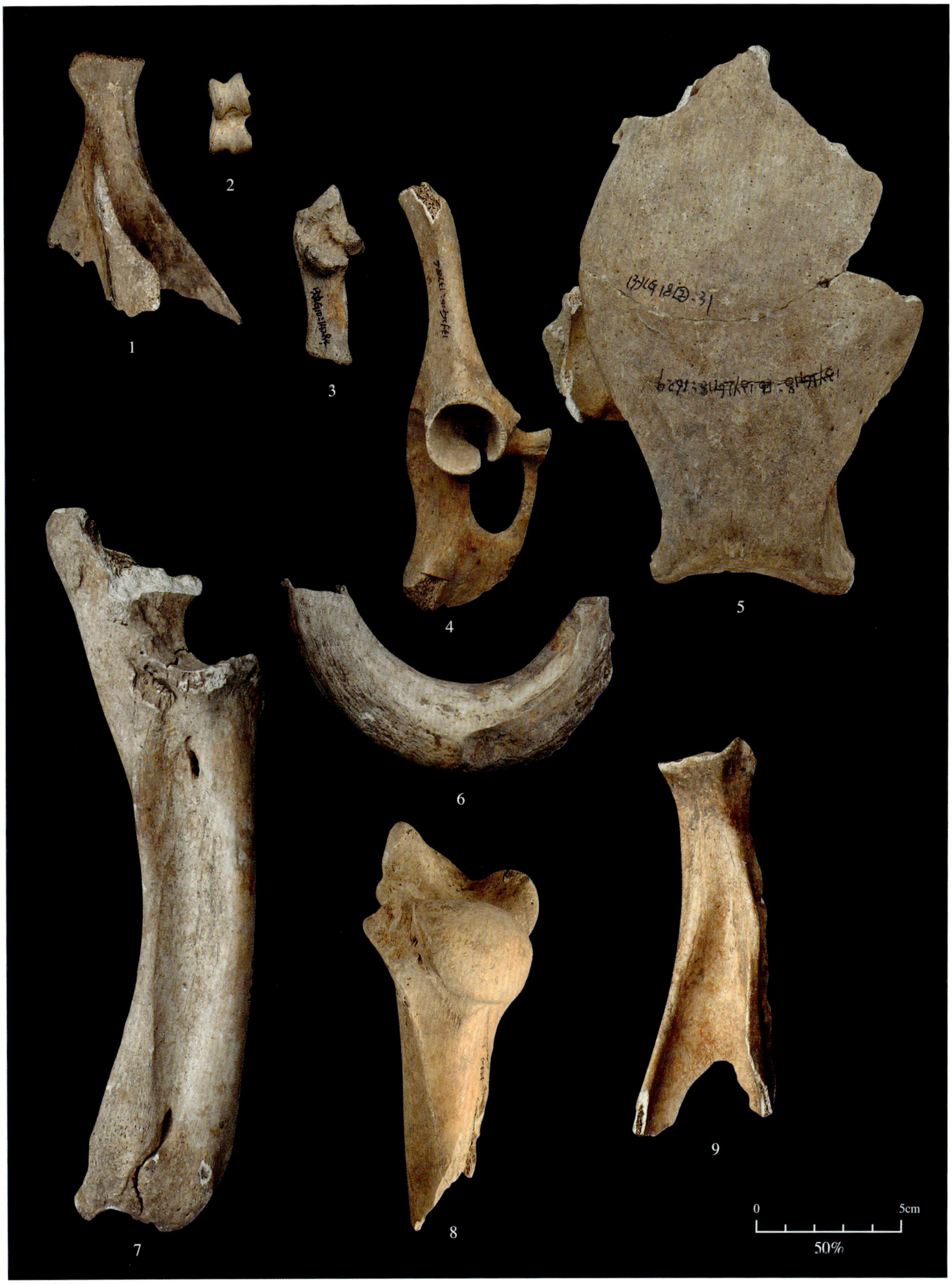

猪、野猪骨骼标本

1. 猪右侧肩胛骨（G10：9671） 2. 猪左侧距骨（G10：2349） 3. 猪右侧跟骨（G10：14284）
4. 猪右侧盆骨（G10：13786） 5. 野猪头骨（G18②：31） 6. 野猪右上犬齿（G10：14600）
7. 野猪右侧桡骨、尺骨连体（G10：13588） 8. 野猪右侧肱骨（G10：2797）
9. 野猪左侧肩胛骨（G10：9398）

图版二〇

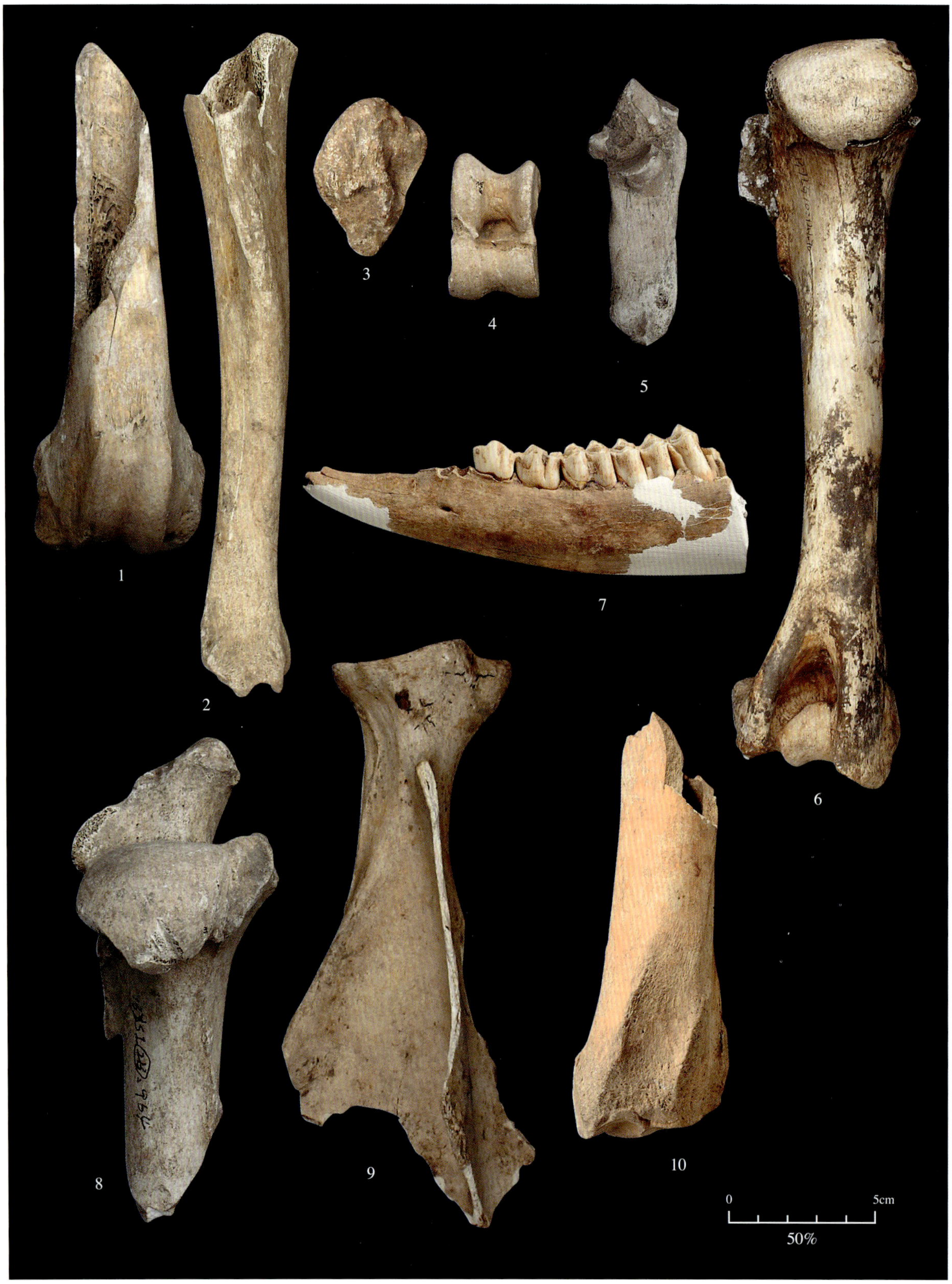

野猪、水鹿骨骼标本

1.野猪左侧股骨（YSI③ ：5386） 2.野猪右侧胫骨（G10：599） 3.野猪左侧髌骨（G10：2098）
4.野猪右侧距骨（YSI②B：91） 5.野猪左侧跟骨（YSI③：240） 6.水鹿左侧肱骨（G18： 14470）
7.水鹿左侧下颌骨（G10： 13982） 8.水鹿左侧肱骨（YSI②B：964）
9.水鹿左侧肩胛骨（G10：8985） 10.水鹿左侧桡骨（G18：946）

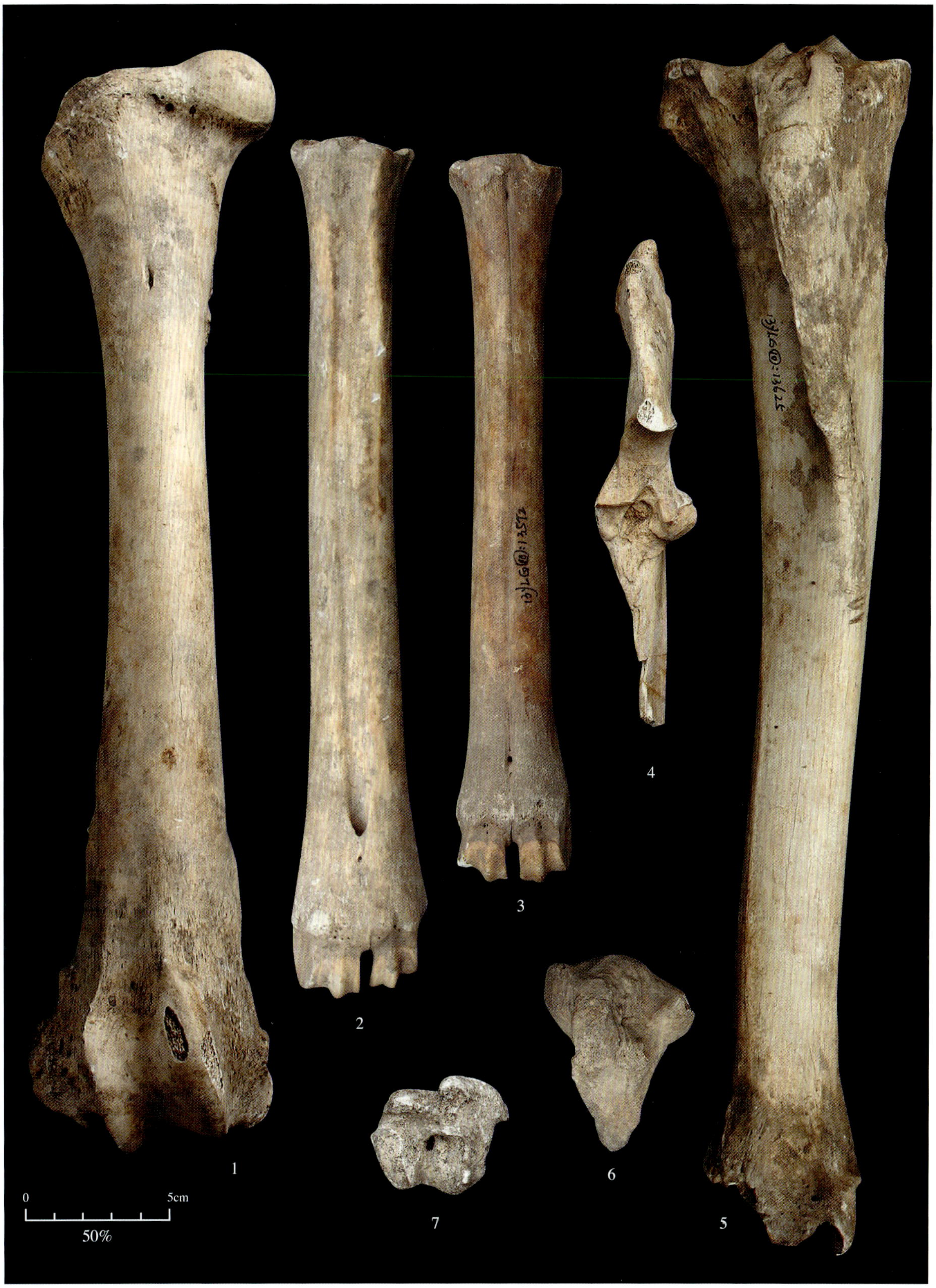

水鹿骨骼标本

1. 水鹿右侧股骨（G10：13623） 2. 水鹿右侧跖骨（G10：11692） 3. 水鹿左侧掌骨（G10：13572） 4. 水鹿左侧尺骨（G10：3535） 5. 水鹿右侧胫骨（G10：13625） 6. 水鹿右侧髌骨（G18：1821） 7. 水鹿左侧中央跗骨（YSI③：1457）

图版二二

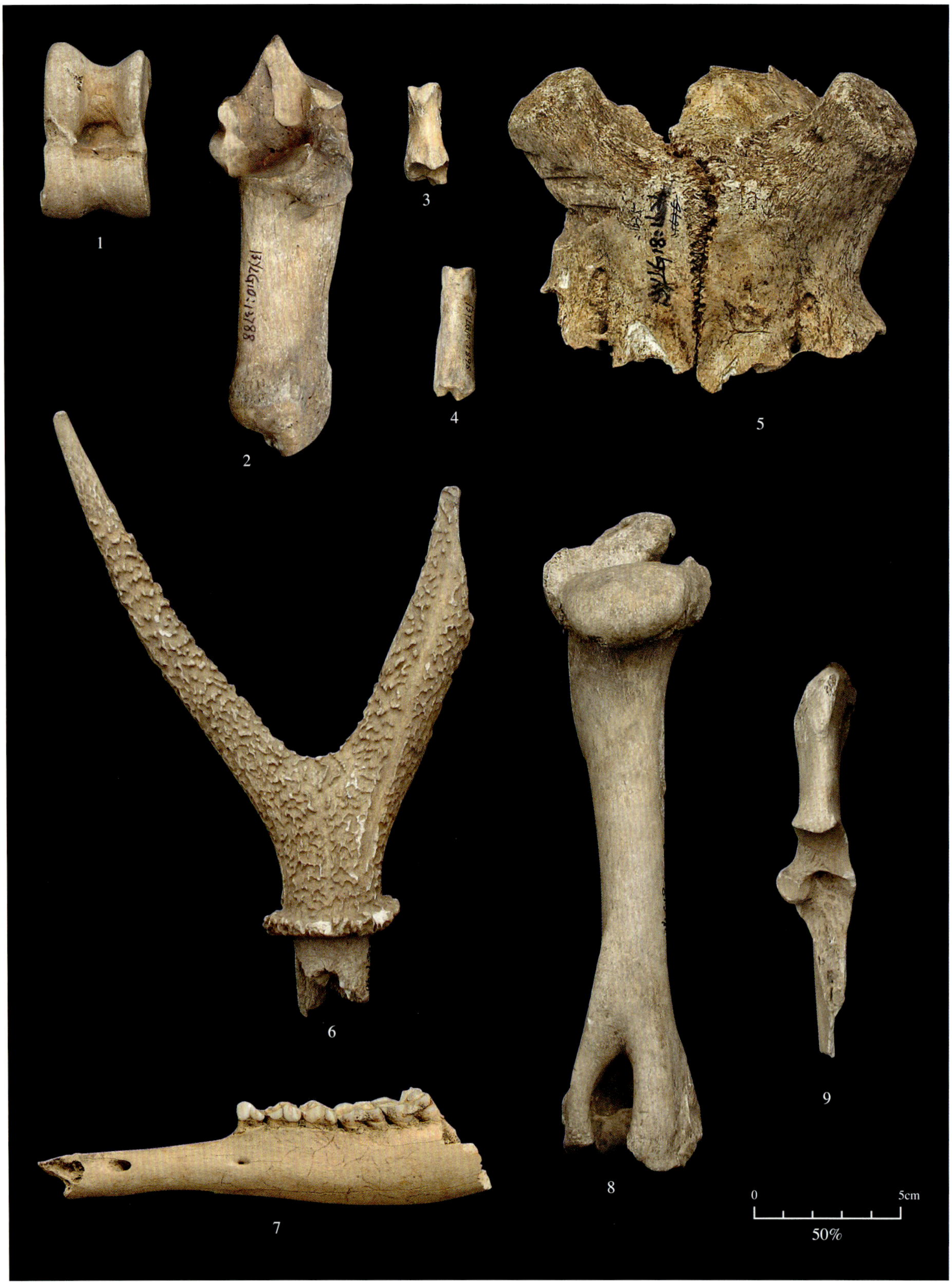

水鹿、梅花鹿骨骼标本

1. 水鹿右侧距骨（YSI③：1450） 2. 水鹿左侧跟骨（G10：13788） 3. 水鹿左侧冠骨（YSI③：1284）
4. 水鹿左侧系骨（G10：2898） 5. 梅花鹿头骨（G18：1635） 6. 梅花鹿右侧角（G18：1048）
7. 梅花鹿左侧下颌骨（YSI③：6902） 8. 梅花鹿左侧肱骨（G18：1053）
9. 梅花鹿右侧尺骨（YSI②B：1857）

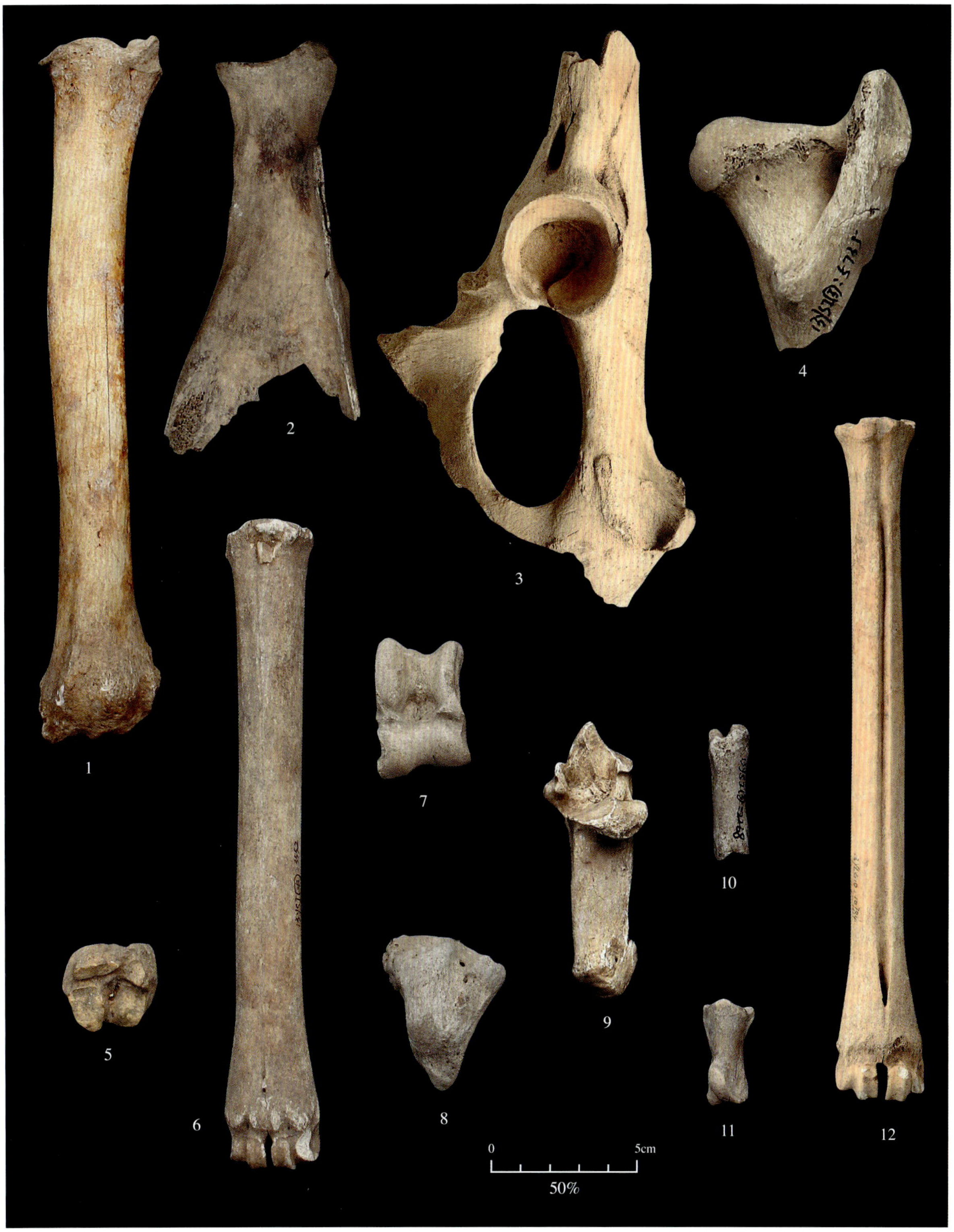

梅花鹿骨骼标本

1. 梅花鹿左侧桡骨（G10：13576） 2. 梅花鹿左侧肩胛骨（G10：13764）
3. 梅花鹿盆骨（G10：13784） 4. 梅花鹿右侧股骨（YSI③：5735）
5. 梅花鹿左侧中央跗骨（G10：14237） 6. 梅花鹿右侧掌骨（YSI②B：3552）
7. 梅花鹿右侧距骨（G10：2235） 8. 梅花鹿左侧髌骨（G12：296）
9. 梅花鹿左侧跟骨（YSI②A：2212） 10. 梅花鹿左侧系骨（YSI③：2268）
11. 梅花鹿左侧冠骨（G10：3000） 12. 梅花鹿左侧跖骨（G10：10784）

图版二四

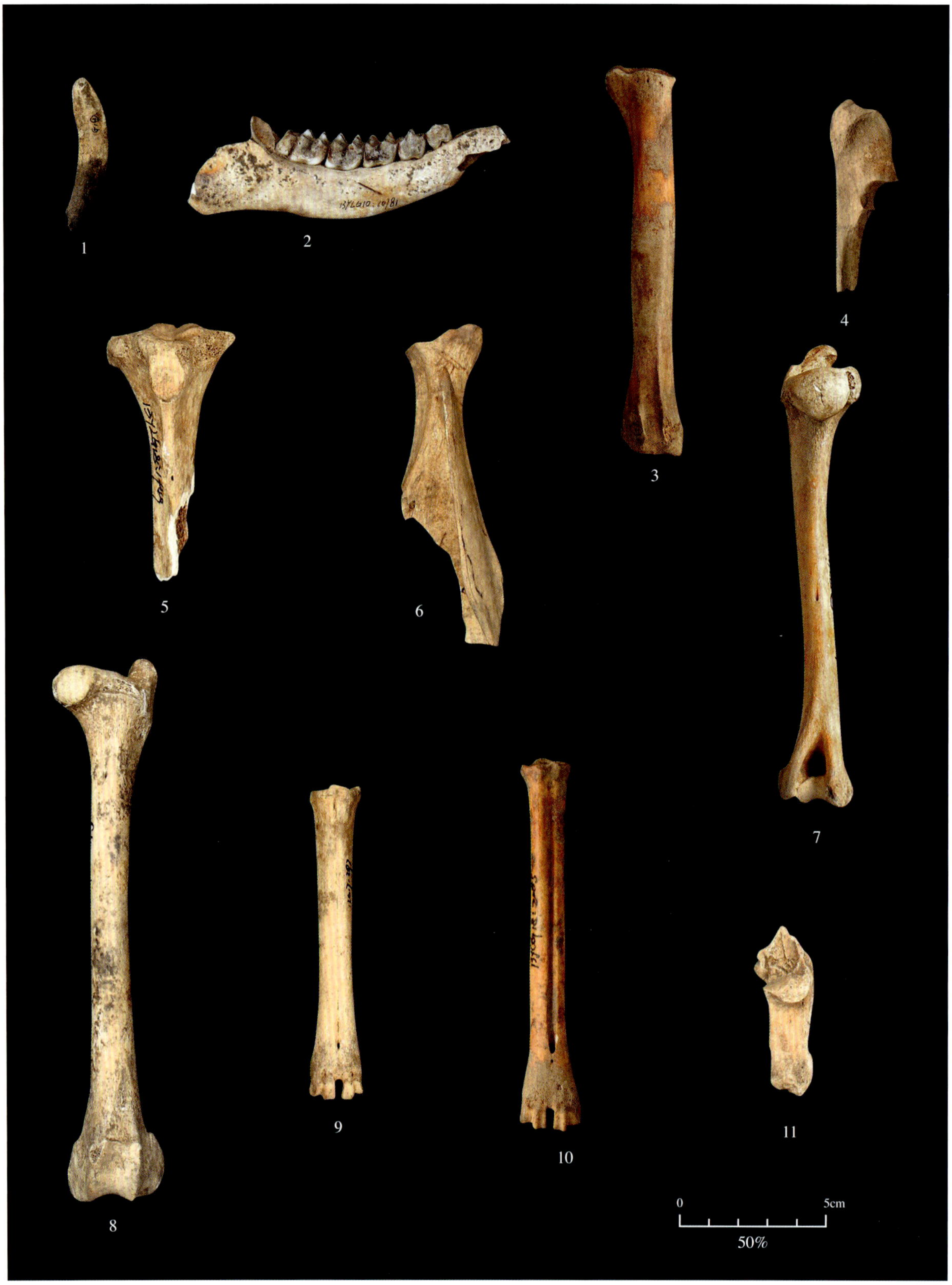

赤鹿骨骼标本

1.赤鹿右侧上犬齿（G10：012） 2.赤鹿右侧下颌骨（G10：10781） 3.赤鹿右侧桡骨（G18：967）
4.赤鹿右侧尺骨（G10：0213） 5.赤鹿右侧胫骨（G18：1749） 6.赤鹿右侧肩胛骨（G10：9377）
7.赤鹿左侧肱骨（G10：13607） 8.赤鹿左侧股骨（G10：1475） 9.赤鹿右侧掌骨（G17：397）
10.赤鹿左侧跖骨（G18：2085） 11.赤鹿左侧跟骨（YSI③：6146）

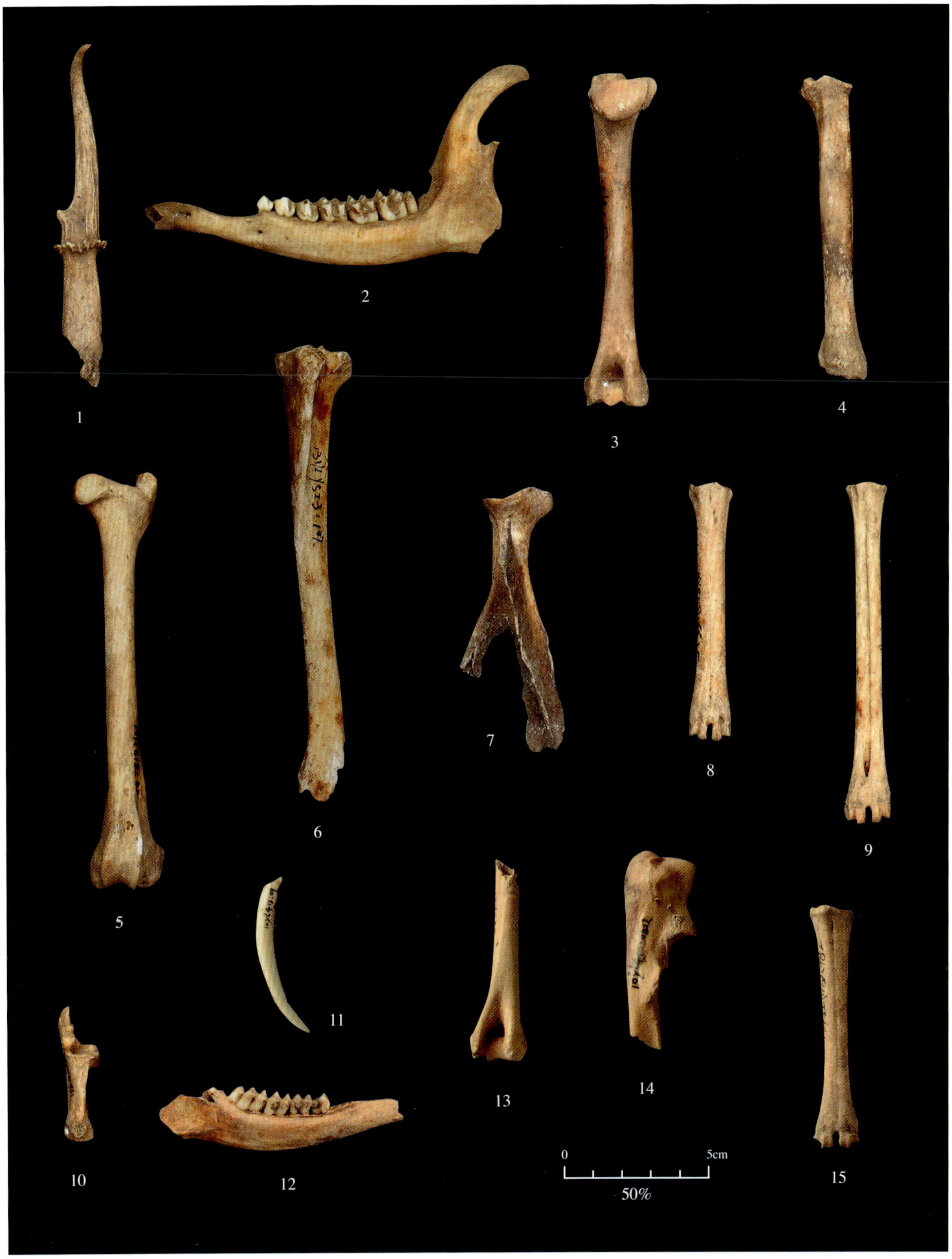

小鹿、麝骨骼标本

1. 小鹿左侧角（YSI④A：998） 2. 小鹿左侧下颌骨（G10：14452） 3. 小鹿左侧肱骨（G10：13601）
4. 小鹿右侧桡骨（G18：986） 5. 小鹿左侧股骨（G18：42） 6. 小鹿左胫骨（YSI③：107）
7. 小鹿左肩胛骨（G10：13762） 8. 小鹿左侧掌骨（YSI③：6625） 9. 小鹿右侧跖骨（G10：8370）
10. 小鹿左跟骨（G10：14292） 11. 麝左上犬齿（G18：09） 12. 麝右侧下颌骨（G10：13974）
13. 麝左肱骨（YSI③：4767） 14. 麝右尺骨（G10：0212） 15. 麝右掌骨（YSI④：982）

图版二六

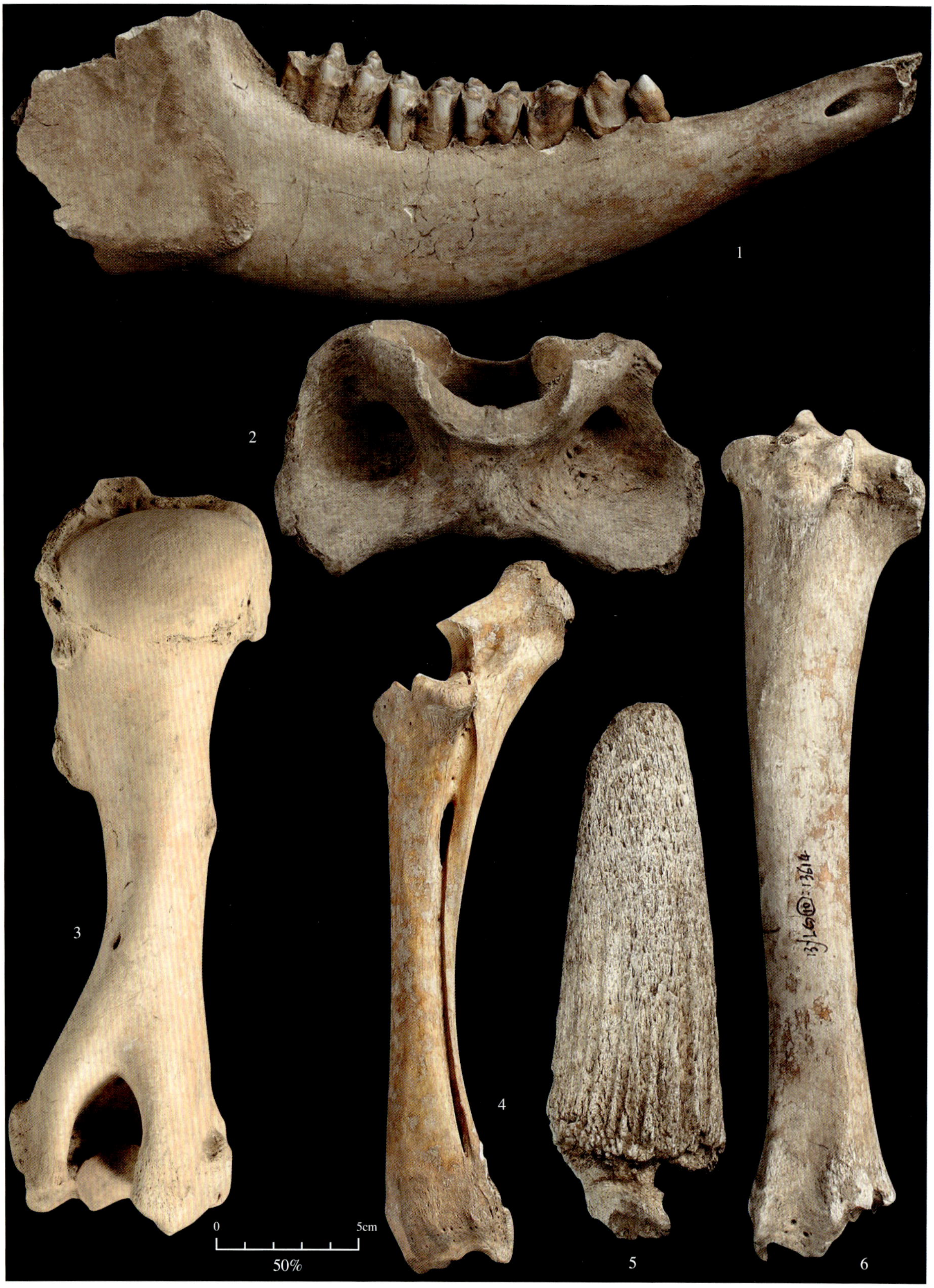

黄牛骨骼标本

1. 黄牛右侧下颌骨（G10：10317） 2. 黄牛寰椎（G10：13704） 3. 黄牛左侧肱骨（G10：11693）
4. 黄牛左侧桡骨、尺骨连体（G18：1604） 5. 黄牛右侧角（F14①：1）
6. 黄牛左侧胫骨（G10：13614）

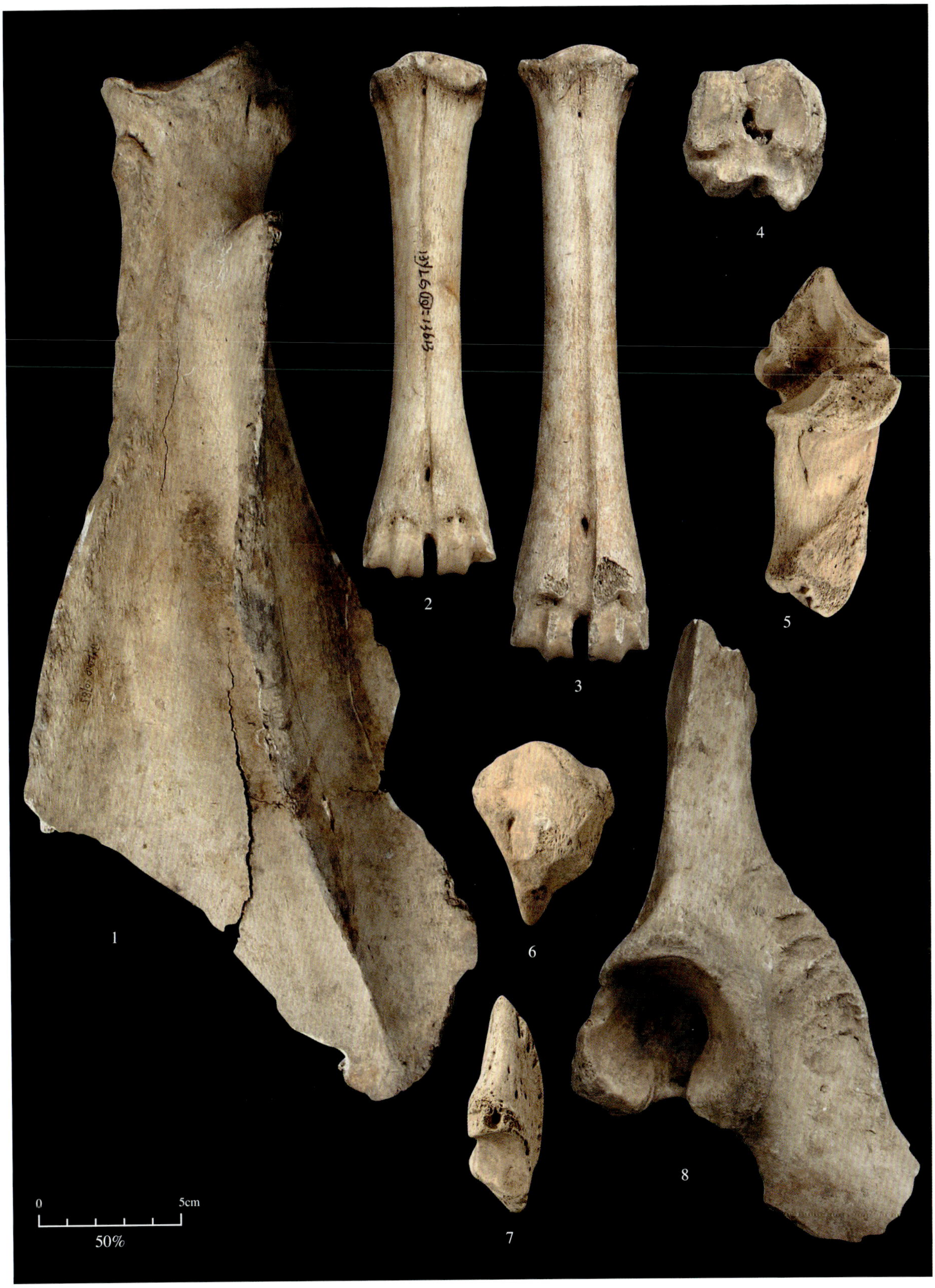

黄牛骨骼标本

1. 黄牛左侧肩胛骨（G10：10785） 2. 黄牛右侧掌骨（G10：13613） 3. 黄牛左侧跖骨（G10：13605）
4. 黄牛右侧中央附骨（G10：2970） 5. 黄牛左侧跟骨（G10：13717） 6. 黄牛左侧髌骨（YSI②B：3673）
7. 黄牛左侧蹄骨（YSI③：1414） 8. 黄牛左侧盆骨体（G10：1861）

图版二八

水牛骨骼标本

1. 水牛右侧角（G10：11644） 2. 水牛右侧下颌骨（G10：10318） 3. 水牛右侧上颌骨（G10：11682）
4. 水牛寰椎（G10：13701） 5. 水牛左侧尺骨（G10：11676） 6. 水牛左侧跖骨（G10：13585）

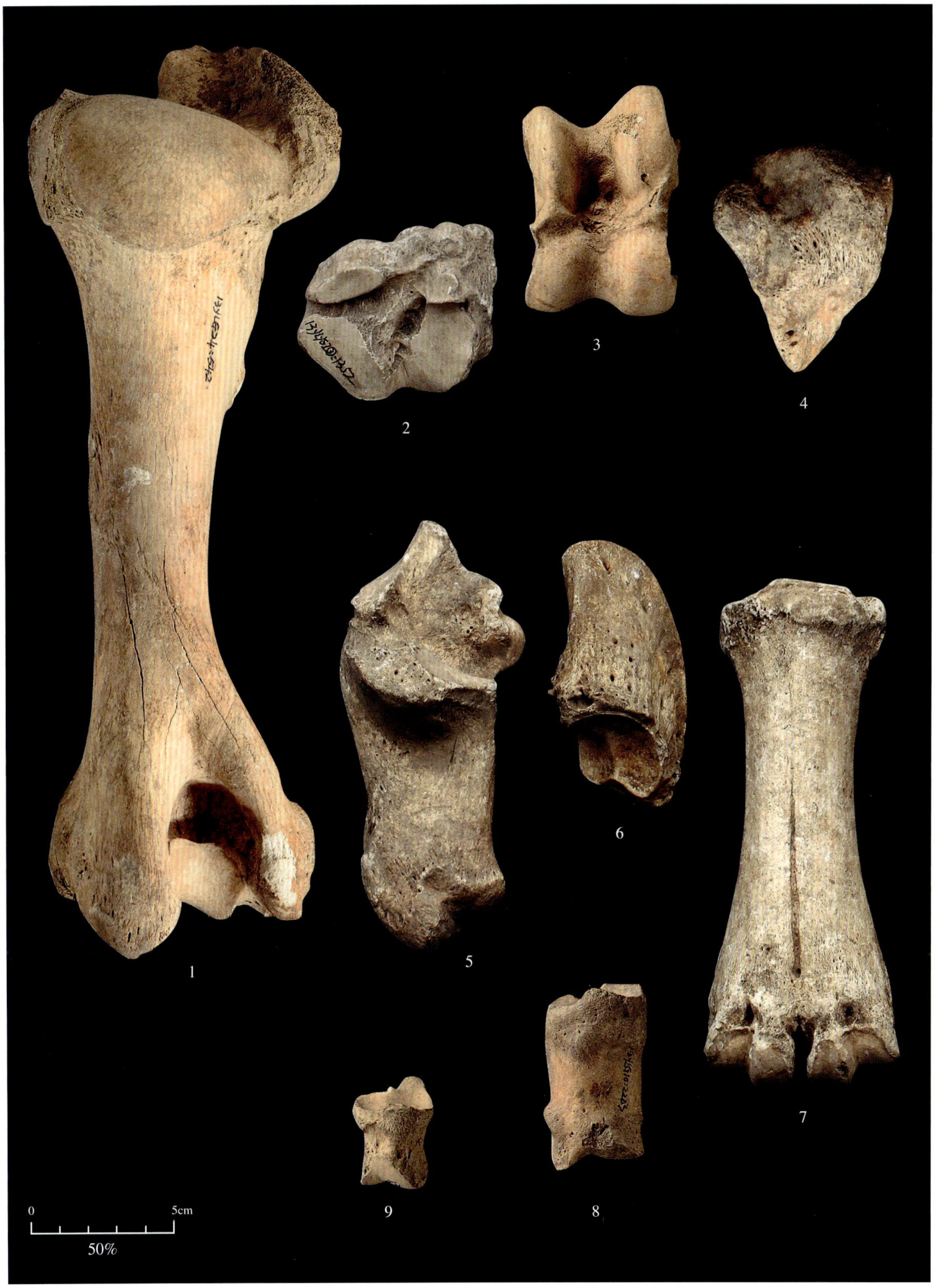

水牛骨骼标本

1. 水牛右侧肱骨（G24：542） 2. 水牛左侧中央跗骨（YSI③：1352） 3. 水牛左侧距骨（G10：13707）
4. 水牛左侧髌骨（G18：2200） 5. 水牛右侧跟骨（G10：902） 6. 水牛右侧蹄骨（G10：2142）
7. 水牛右侧掌骨（L2：53） 8. 水牛系骨（G10：2203） 9. 水牛冠骨（G24：280）

图版三〇

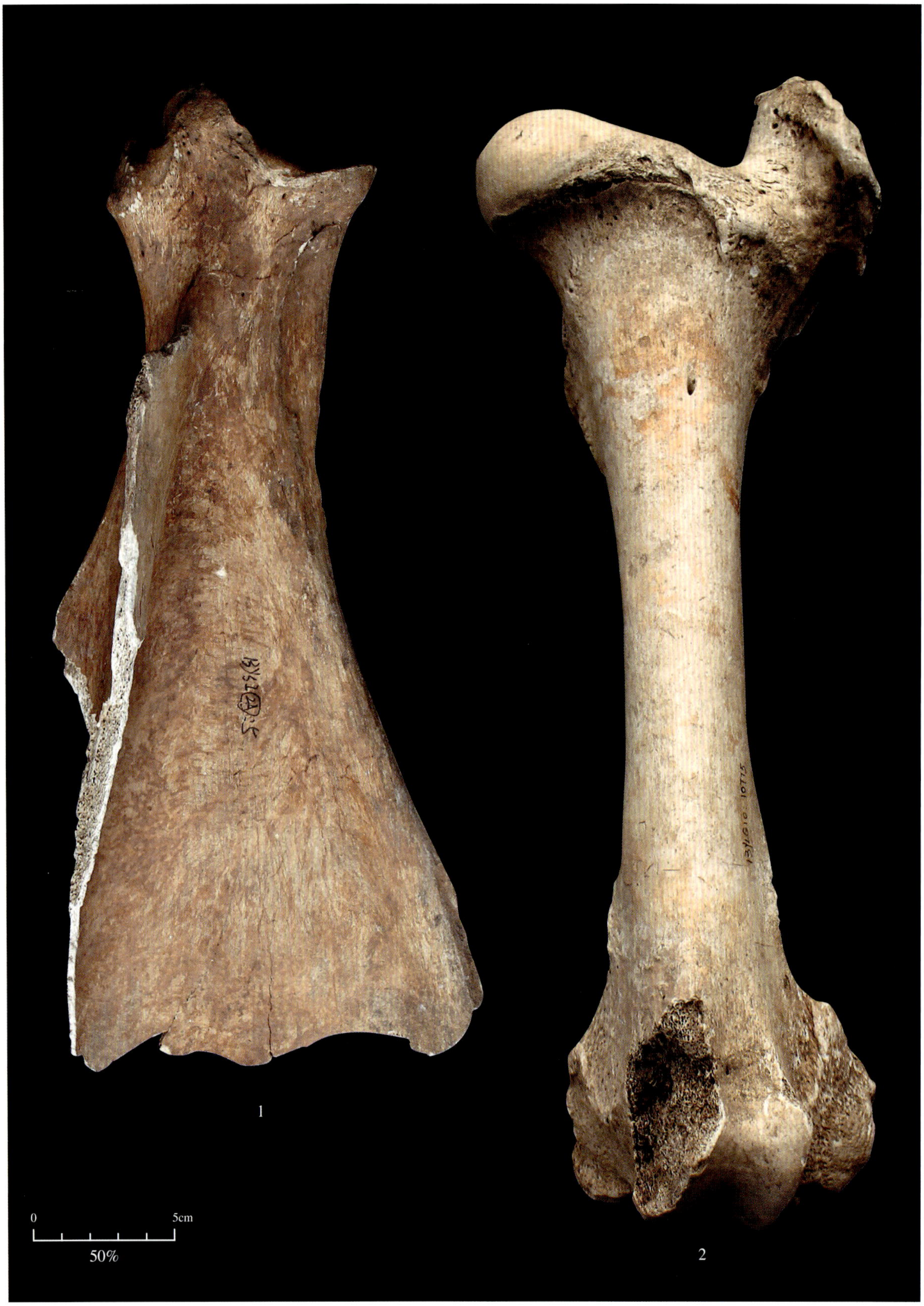

水牛骨骼标本

1. 水牛右侧肩胛骨（YSI②A：5）　2. 水牛左侧股骨（G10：10775）

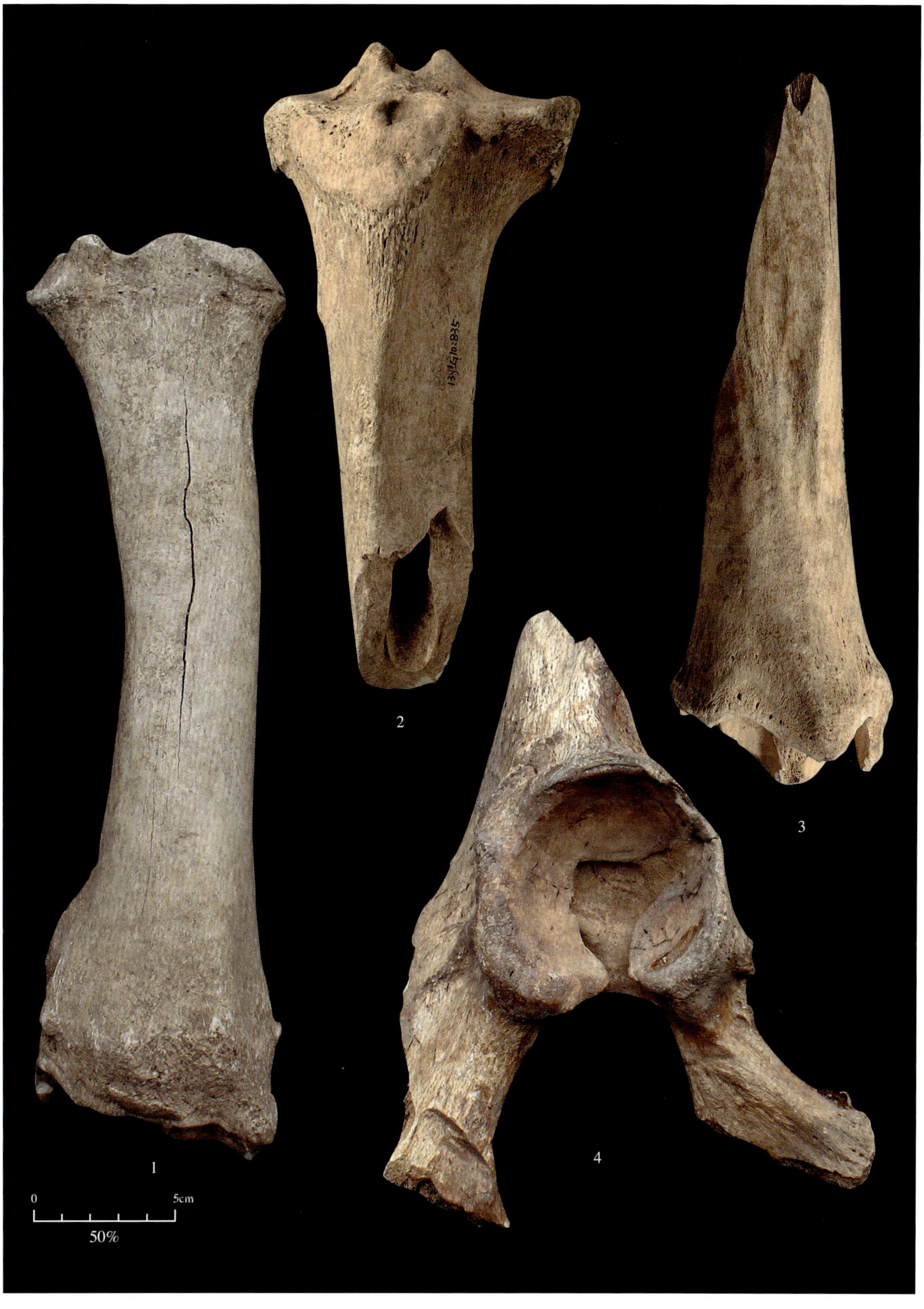

水牛骨骼标本

1. 水牛右侧桡骨（YSI②B：758） 2. 水牛左侧胫骨近端（G10：835）
3. 水牛左侧胫骨远端（G18： 1668） 4. 水牛右侧盆骨（G10： 13758）

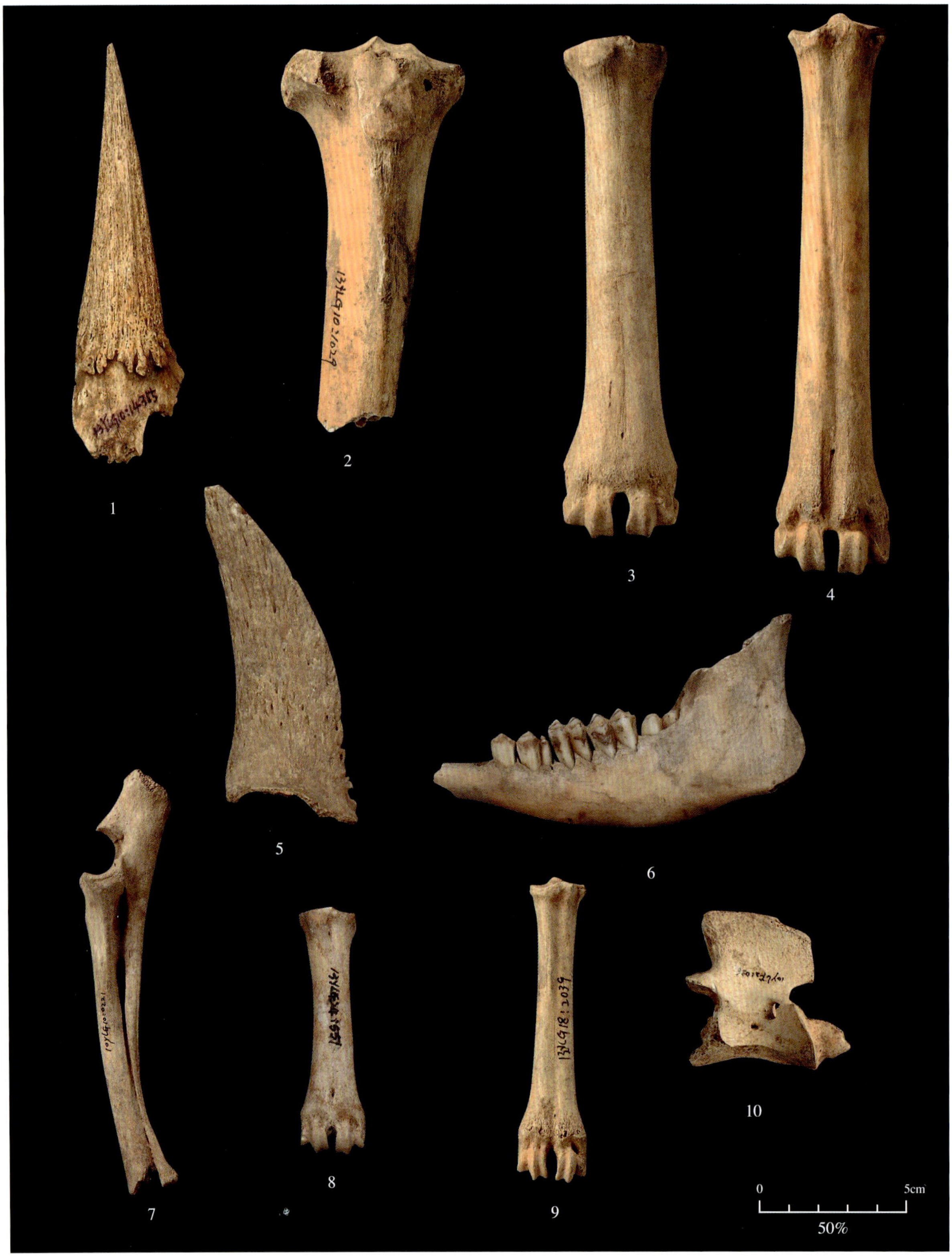

苏门羚羊、山羊骨骼标本

1. 苏门羚右侧角（G10：14355） 2. 苏门羚右侧胫骨（G10：1029）
3. 苏门羚左侧掌骨（G10：13621） 4. 苏门羚左侧跖骨（G10：13571）
5. 山羊左侧角（G10：11673） 6. 山羊左侧下颌骨（G10：14307）
7. 山羊左侧桡骨、尺骨连体（G10：0221） 8. 山羊左侧掌骨（G24：551）
9. 山羊左侧跖骨（G18：2039） 10. 山羊枢椎（F2：036）

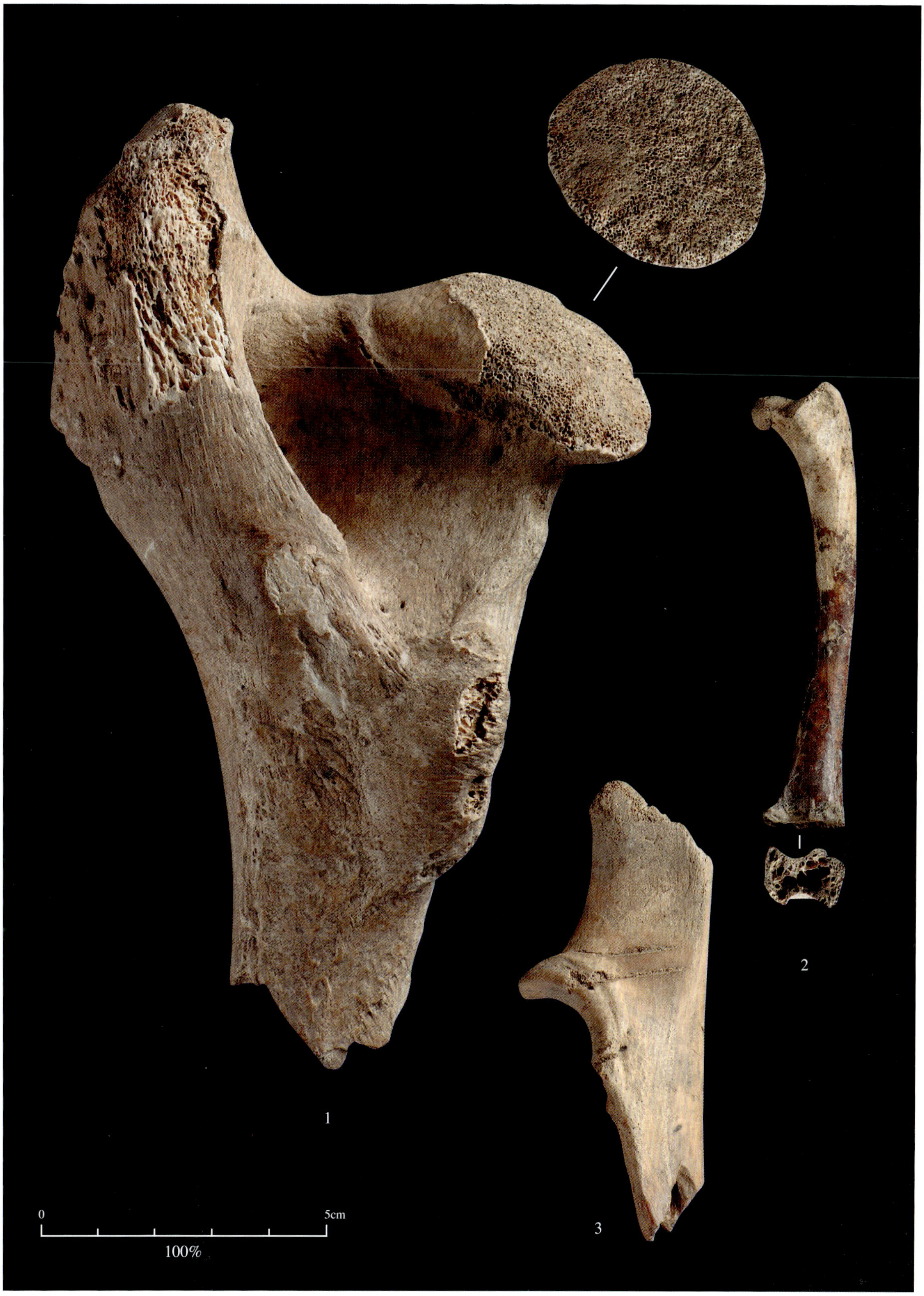

砍痕骨骼标本

1. 黄牛股骨近端砍断（G10：388）　2. 鸡股骨远端砍断（G24：833）
3. 猪尺骨鹰嘴窝处砍痕（G10：3575）

图版三四

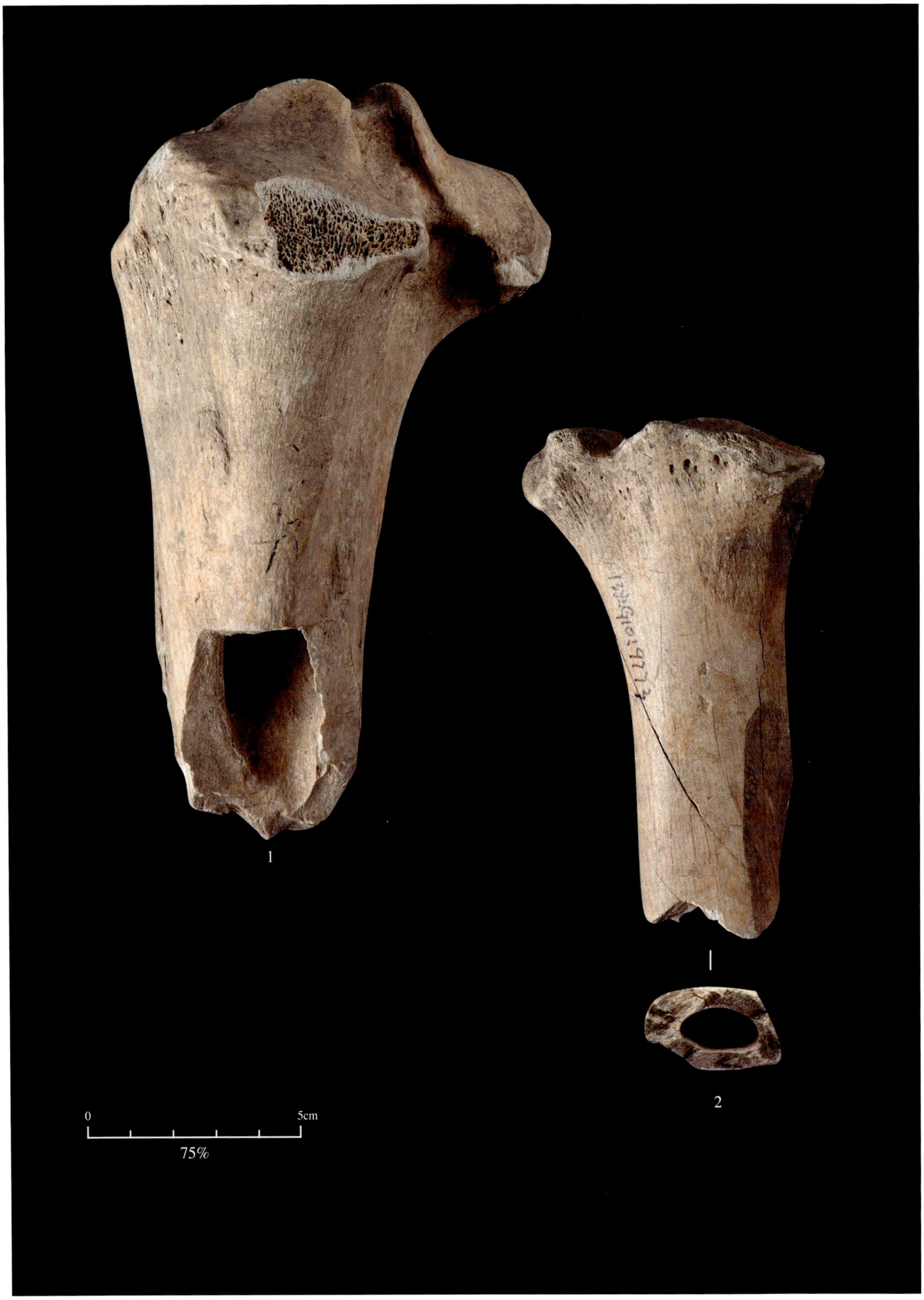

砸痕骨骼标本

1. 水牛胫骨砸痕（G10：4227）　2. 黄牛桡骨砸痕（G10：9773）

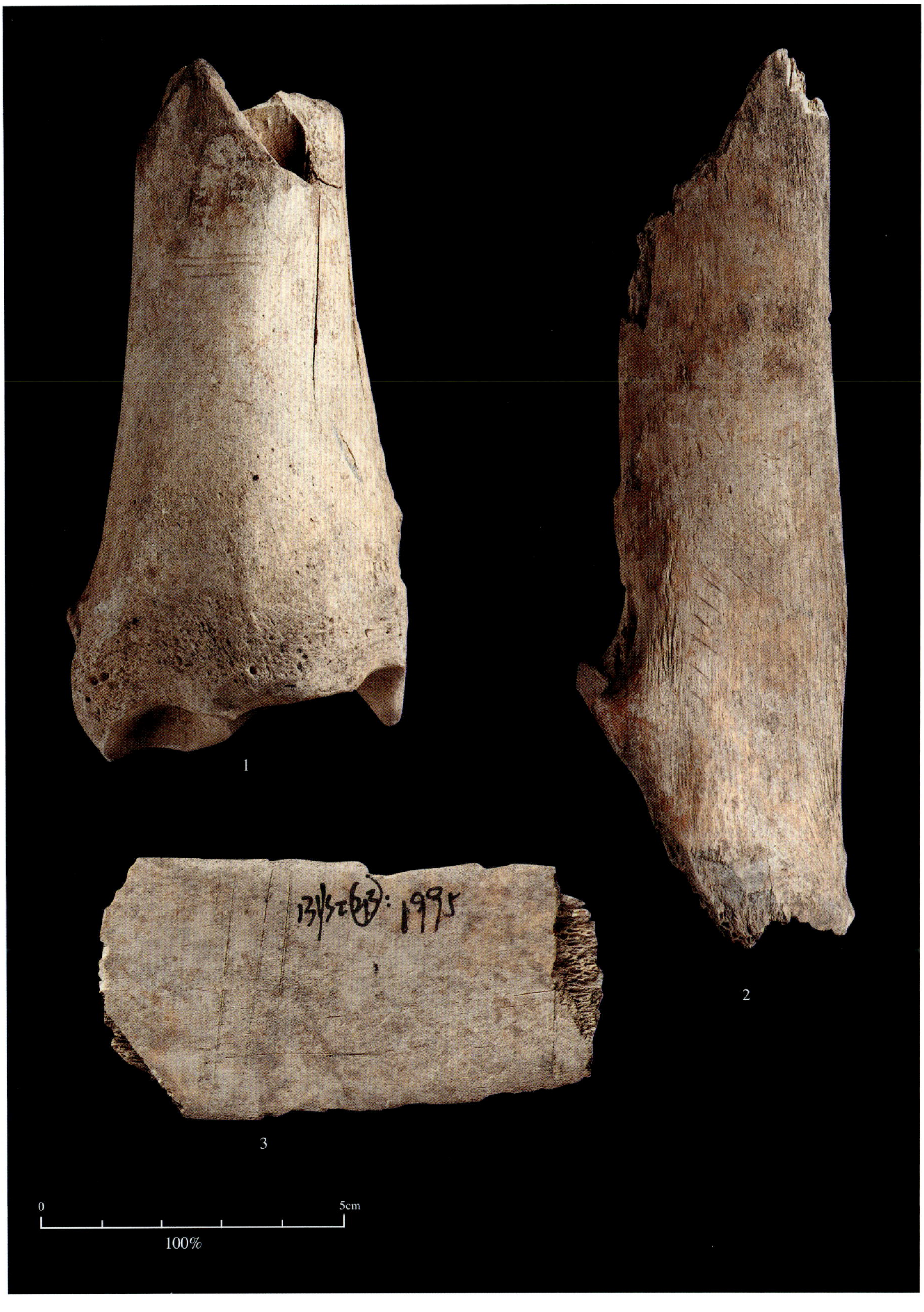

切、剔痕骨骼标本

1. 黄牛桡骨切痕（G18：1031）　2. 水牛胸椎棘突剔痕（G22：433）
3. 牛肋骨切痕（YSI②B：1995）

图版三六

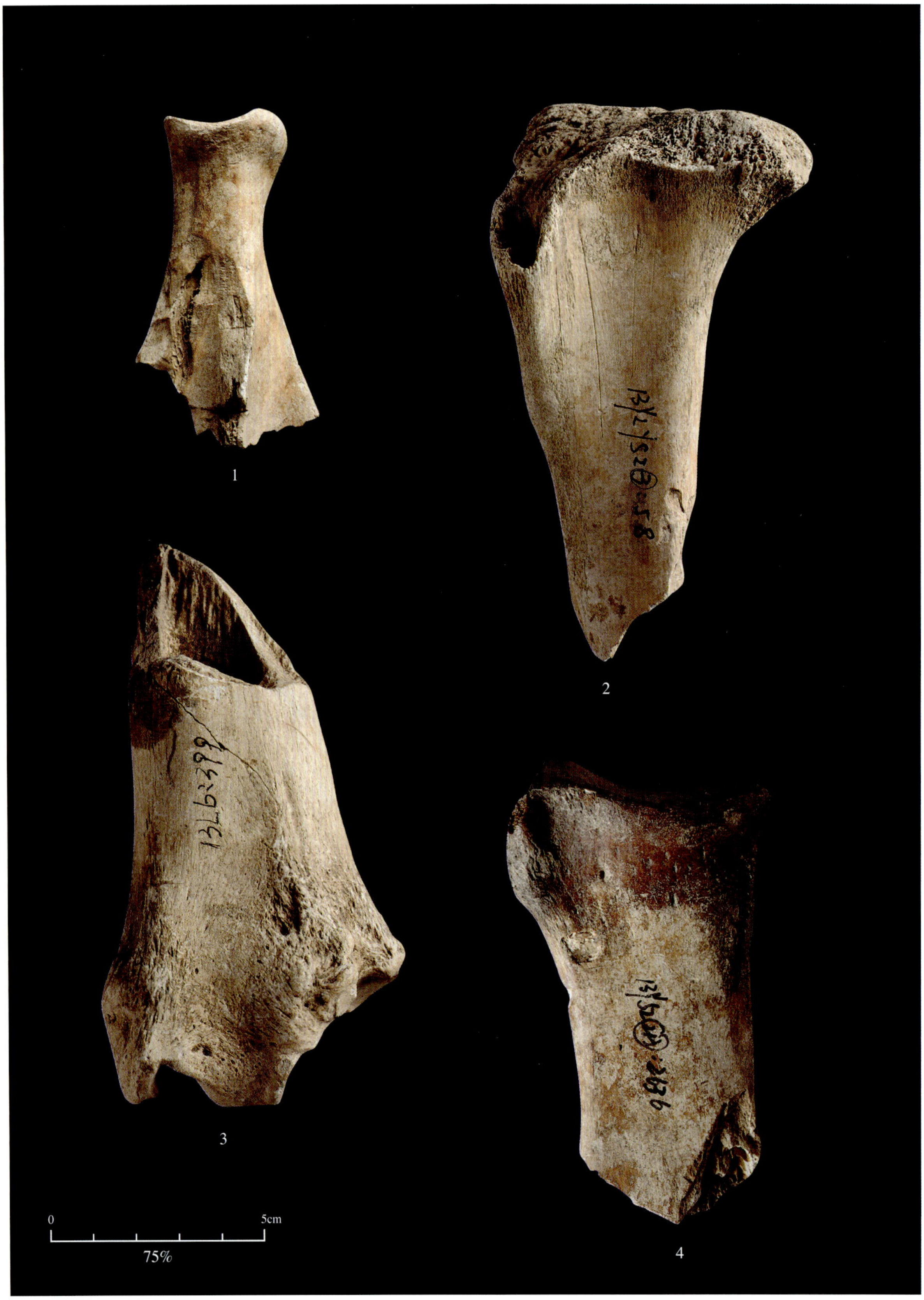

削、划、烧烤痕骨骼标本

1. 猪肩胛骨削痕（G12：677）　2. 黄牛胫骨划痕（YSI③：58）
3. 黄牛胫骨烧烤痕（L6：399）　4. 黄牛肩胛骨烧烤痕（YSI②A：2636）

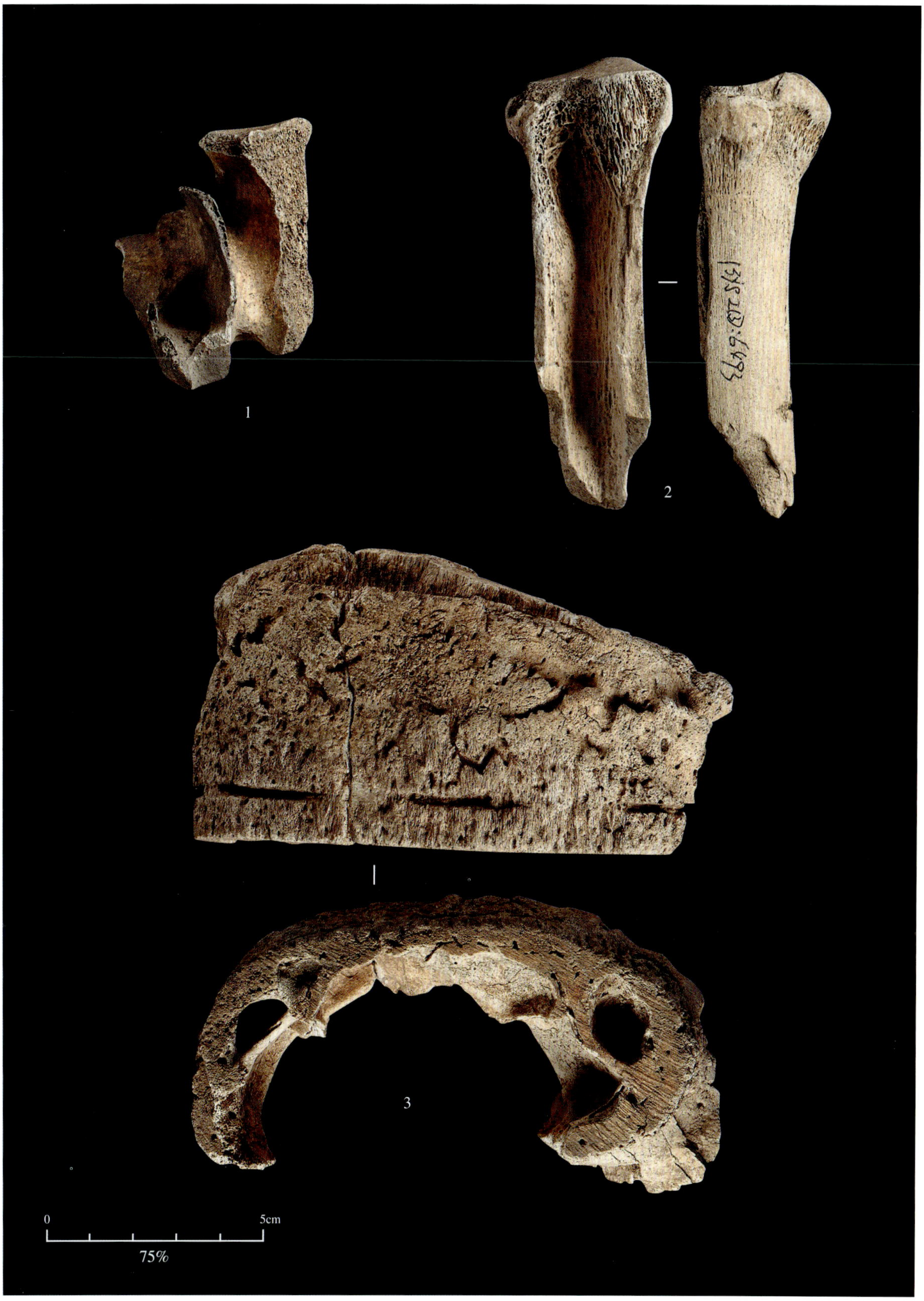

劈、锯痕骨骼标本

1. 水牛胸椎劈痕（G24：336） 2. 水牛掌骨劈痕（YSI③：6493） 3. 水牛角锯痕（G10：01）

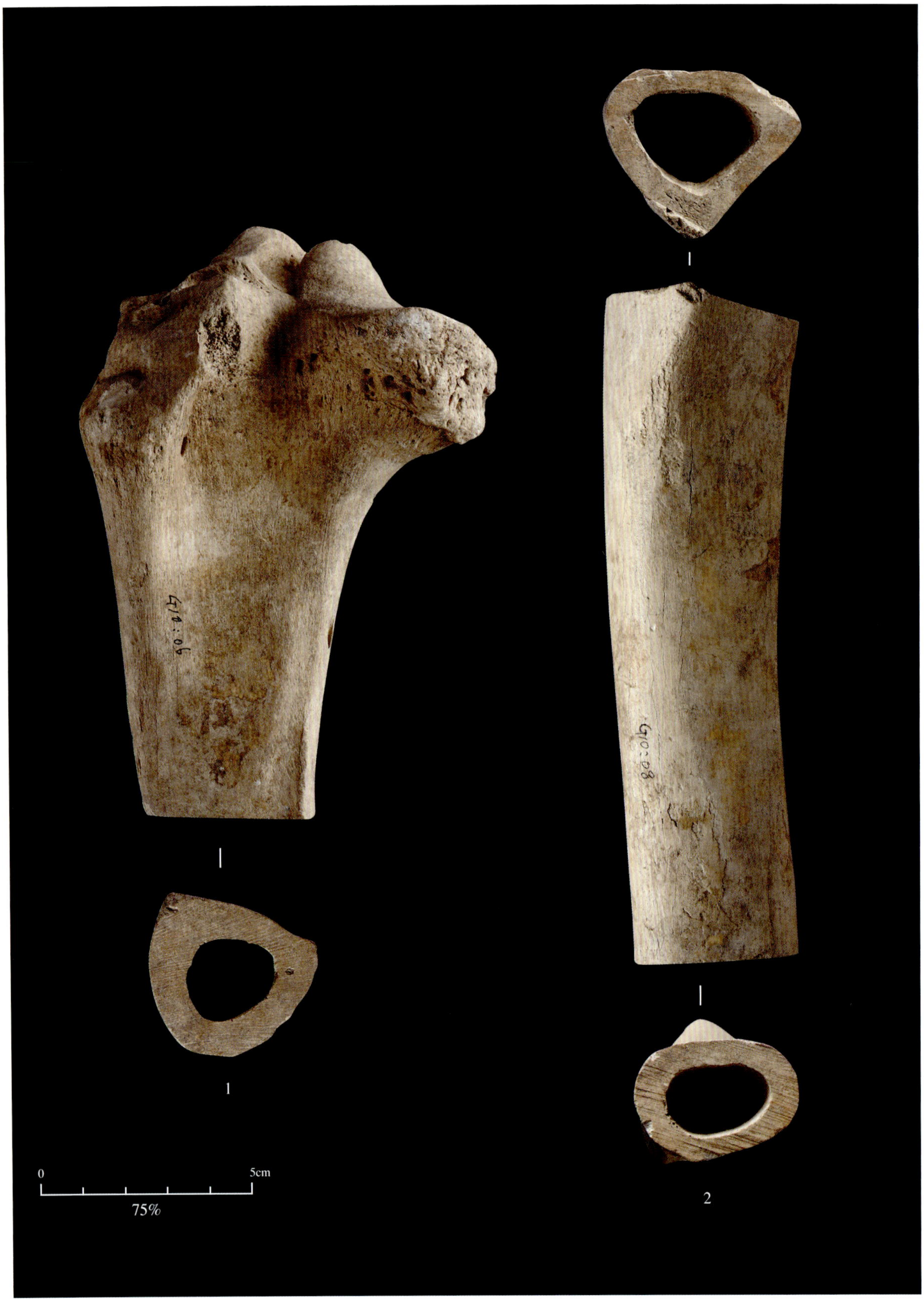

骨料标本

1. 水牛胫骨近端废料（G10：06） 2. 牛胫骨骨干骨料（G10：08）

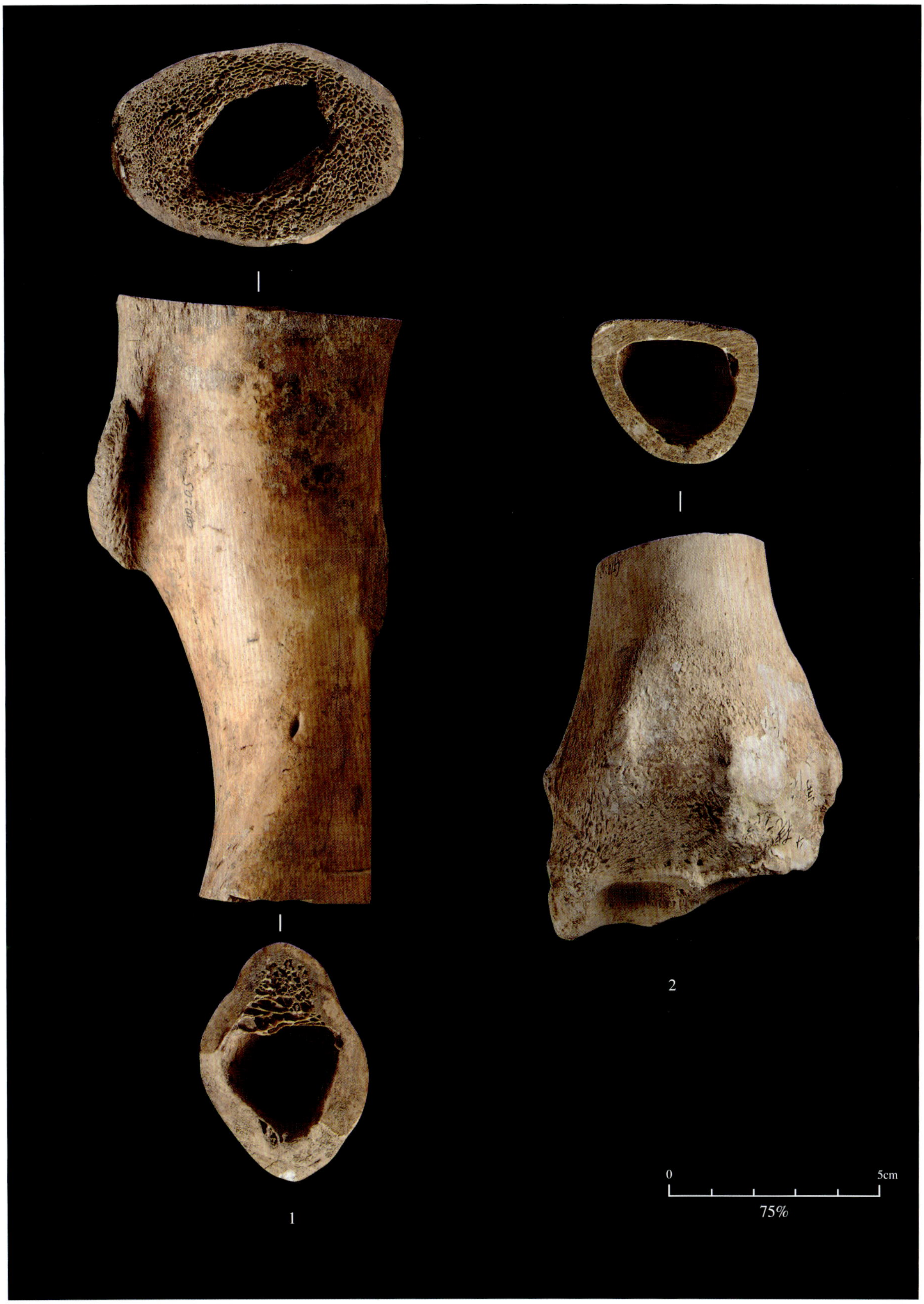

骨料标本

1. 黄牛肱骨骨干骨料（G10 ：05） 2. 水牛桡骨远端废料（G10：07）

图版四〇

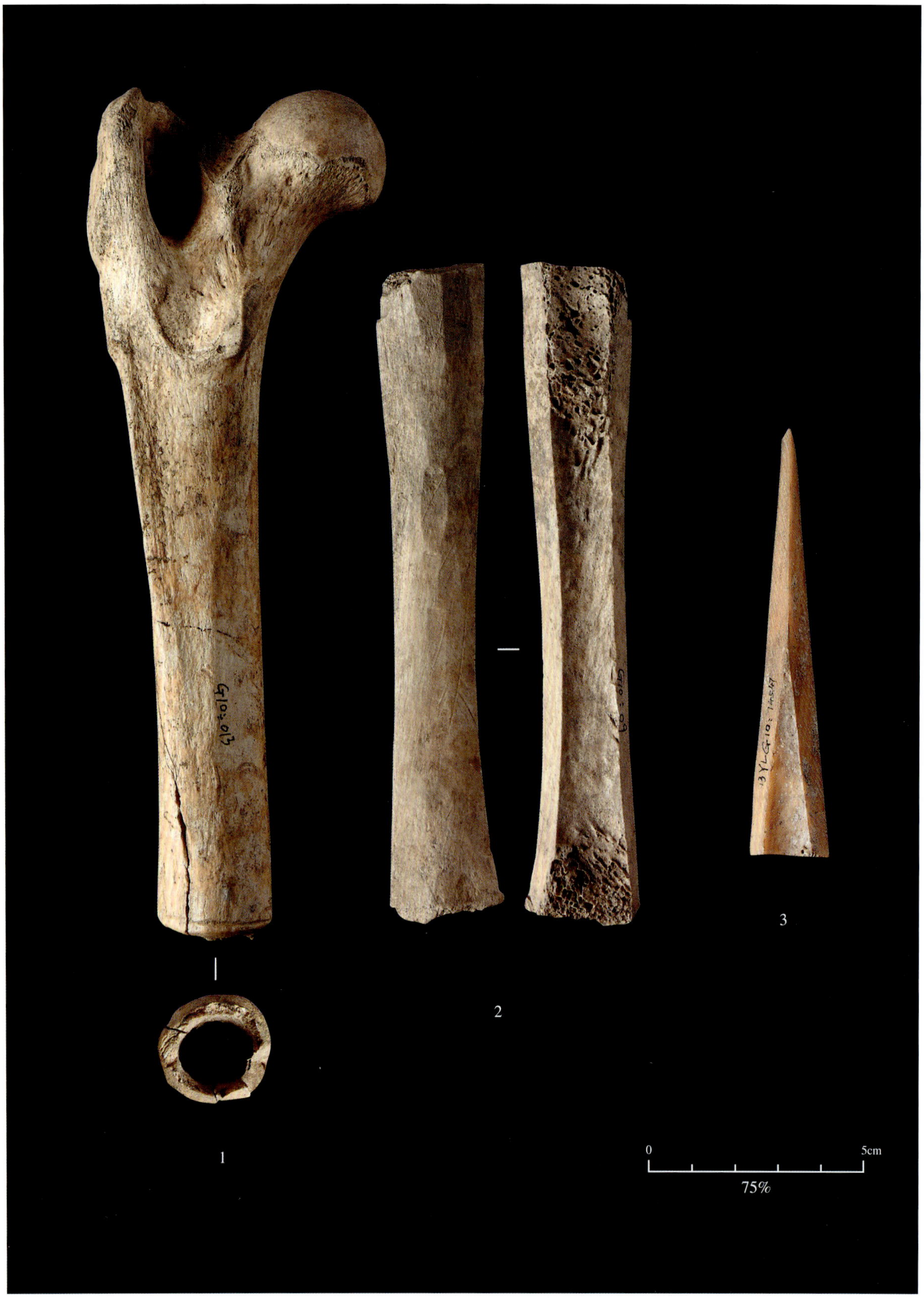

骨料标本

1. 虎股骨近中部骨料（G10：013） 2. 牛胫骨骨干骨料（G10：09）
3. 牛胫骨锥形骨料（G10：14547）

骨器成品、半成品标本

1. 野猪下犬齿钻孔（YSI②：6969） 2. 赤鹿下颌骨钻孔（G10：14704）
3. 鹿角底部钻孔（YSI②A：2933） 4. 鹿角锥（G10：03） 5. 钻孔纹饰骨片（G12：366）
6. 刻槽骨片（G18：604） 7. 方形钻孔骨块（G10：12739） 8. 钻孔纹饰骨片（G10：010）

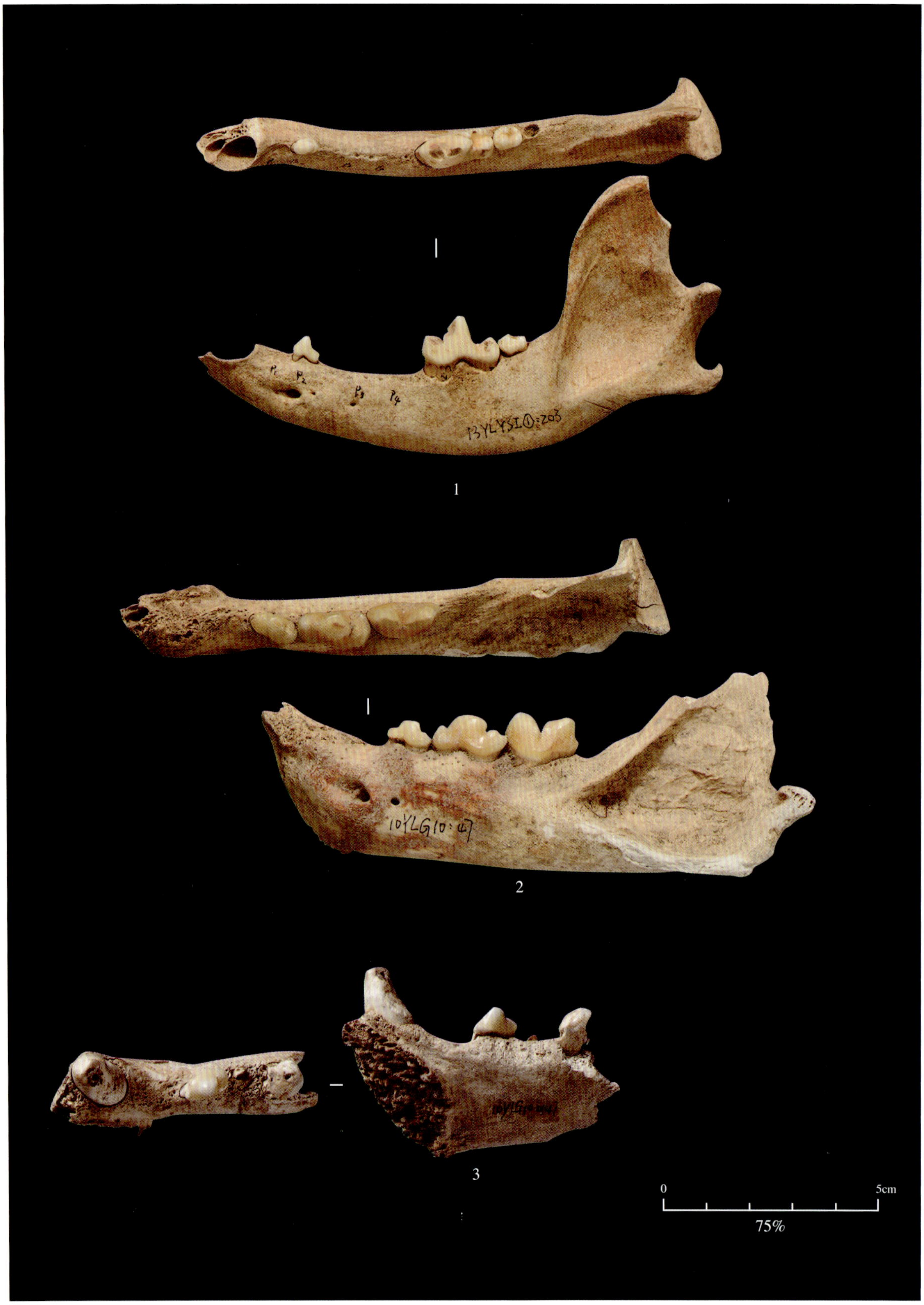

动物牙齿病理标本

1. 狗牙齿病理（YSI①：203）　2. 豹牙齿病理（G10：47）　3. 豹牙齿病理（G10：0141）

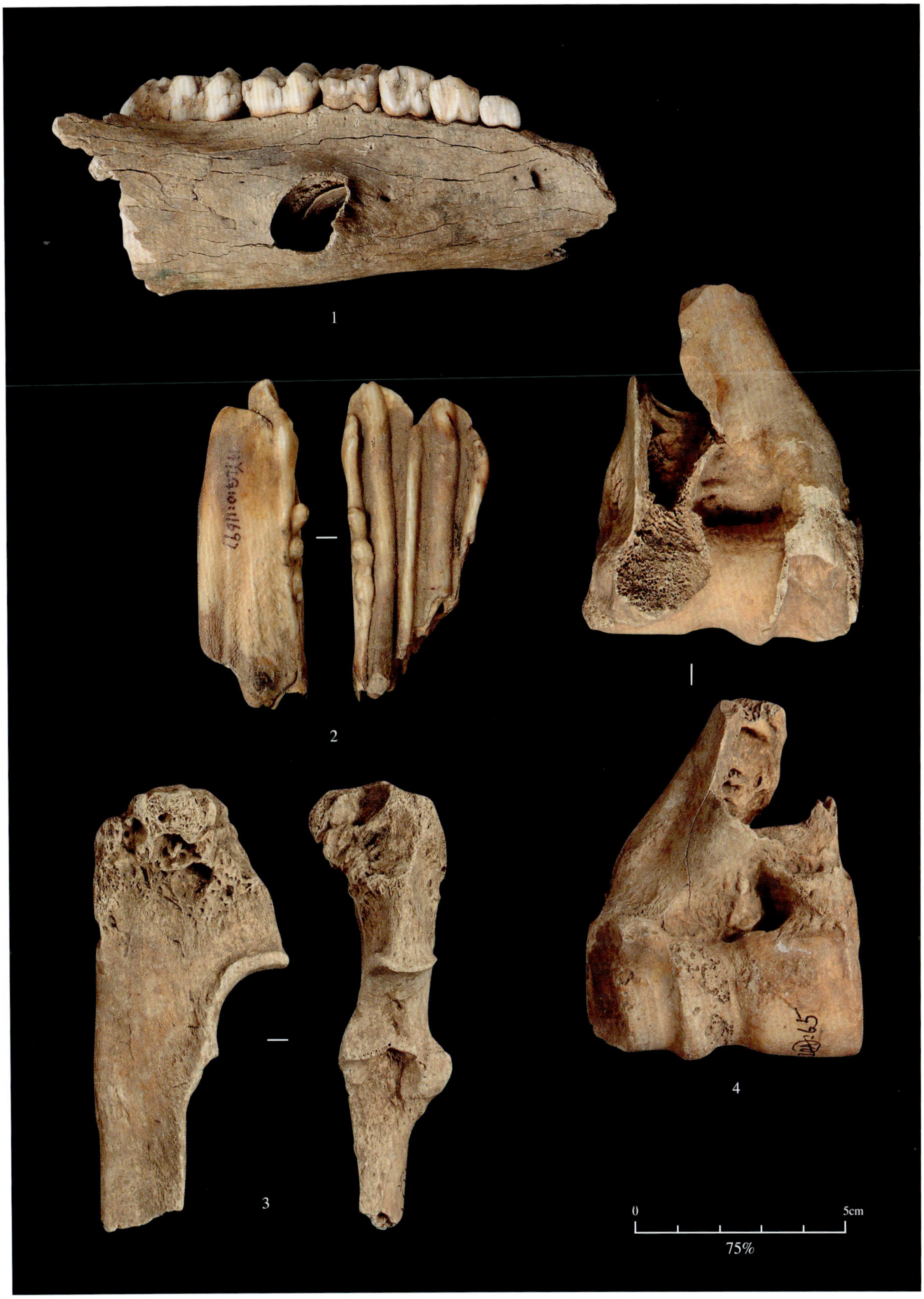

动物牙齿肢骨病理标本

1. 野猪牙齿病理（G10 ：10626）　2. 牛臼齿病理（G10： 11697）
3. 苏门羚尺骨病理（G10：9753）　4. 黄牛肱骨病理（YSI②A ：65）

图版四四

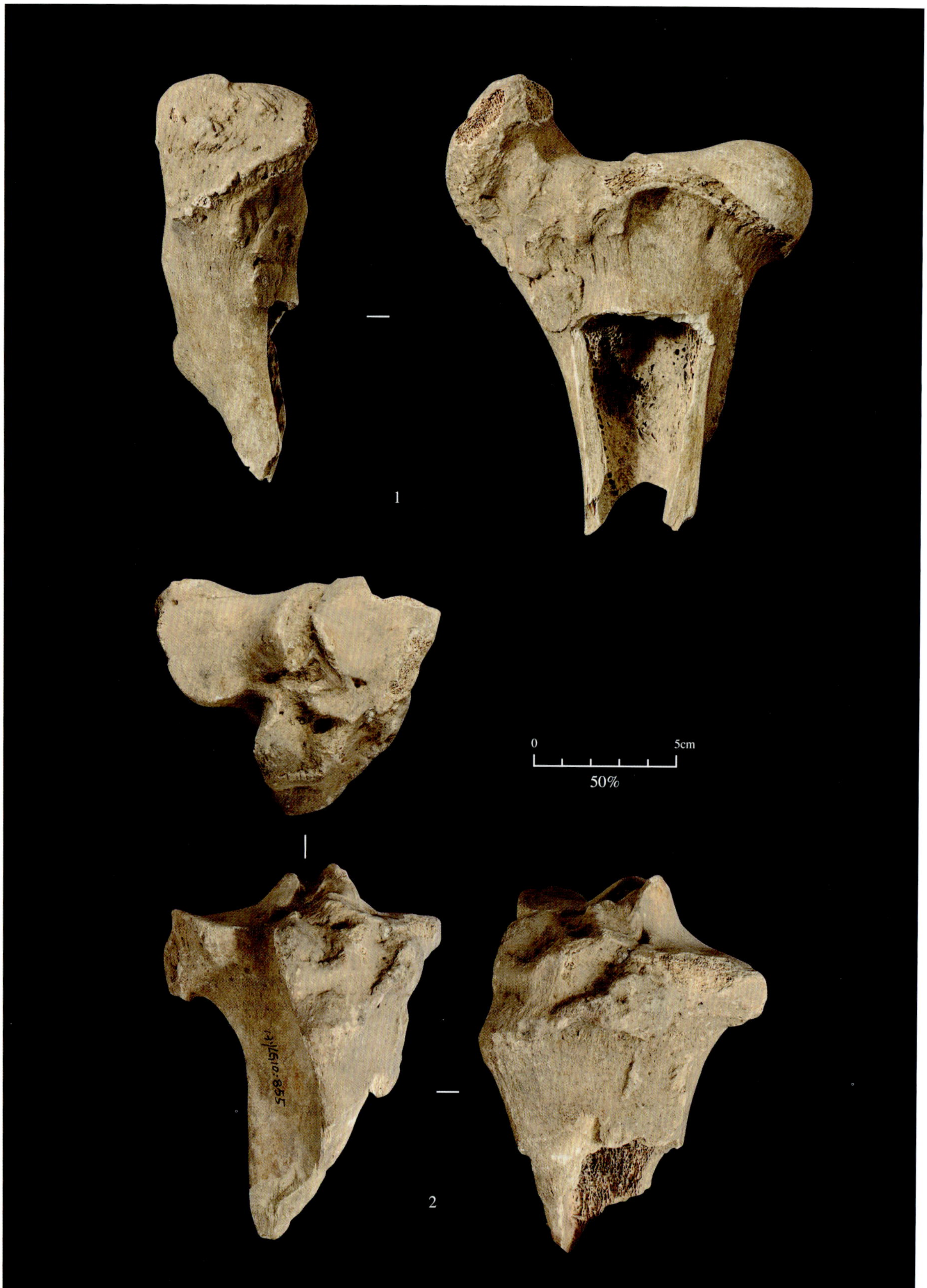

动物肢骨病理标本

1. 黄牛股骨骨质增生病理（G10：3841）　2. 黄牛胫骨骨质增生病理（G10：855）

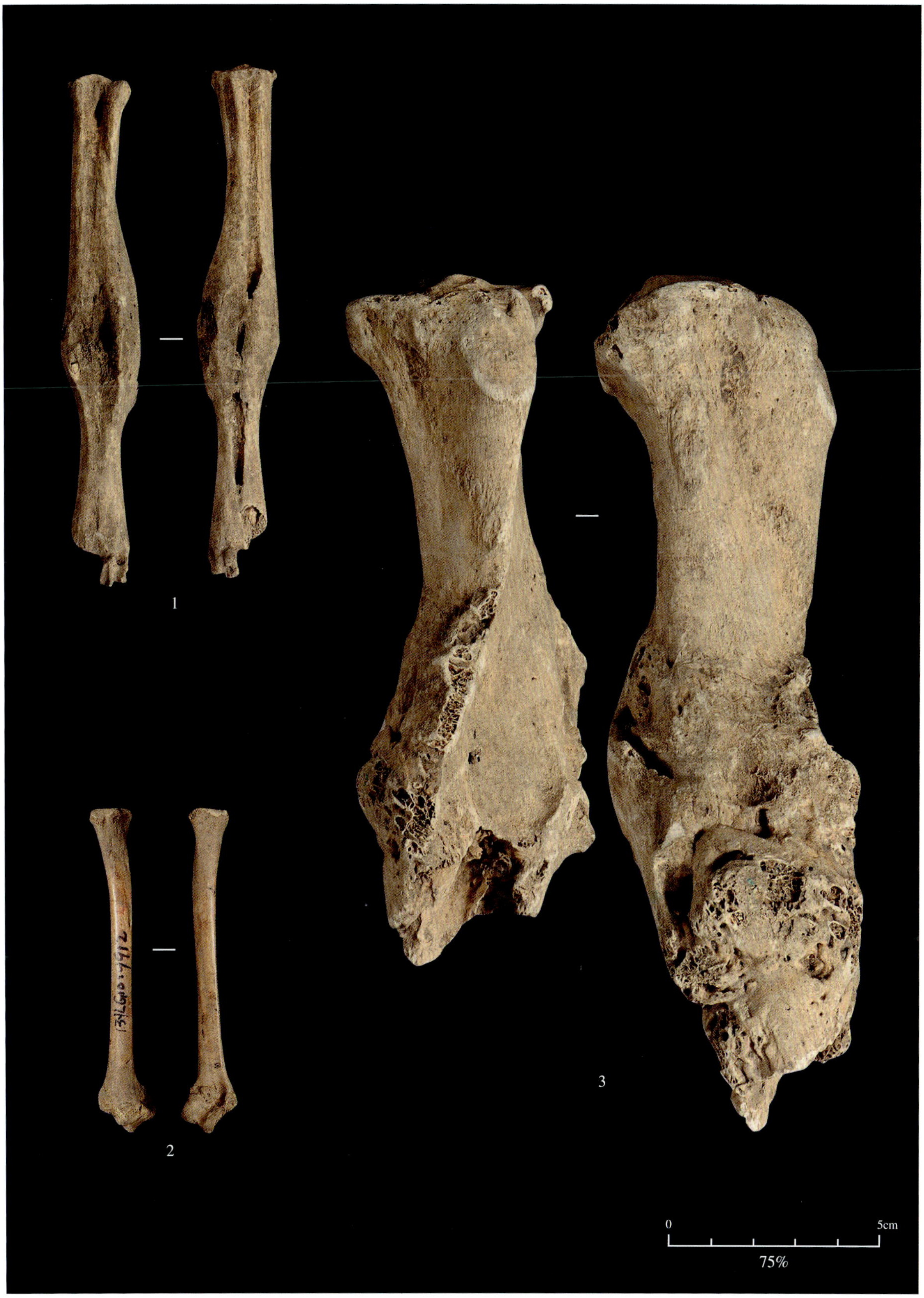

动物肢骨骨折病理标本

1. 小鹿跖骨骨折病理（YSI②B：2845） 2. 鸡胫骨骨折病理（G10：9912）
3. 苏门羚胫骨骨折病理（YSI②B：2851）

图版四六

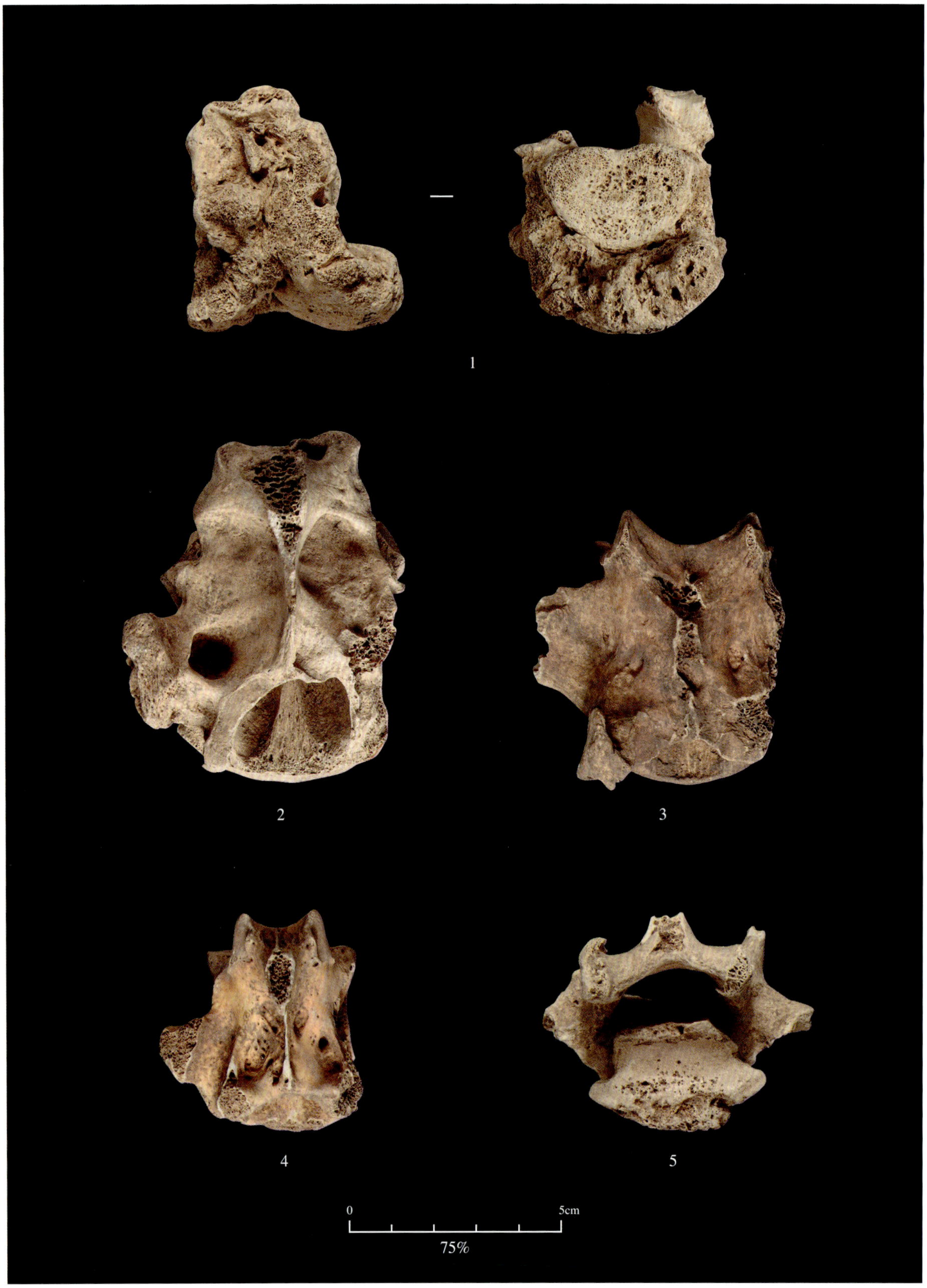

动物脊椎病变病理标本

1. 黄牛胸椎骨质增生病理（YSI②A：933） 2. 水牛胸椎椎弓病理（G10：8765）
3. 水牛腰椎骨质增生病理（G10：3952） 4. 黄水牛胸椎椎弓病理（YSI②B：679）
5. 梅花鹿腰椎关节面凹陷病理（YSI③：5523）

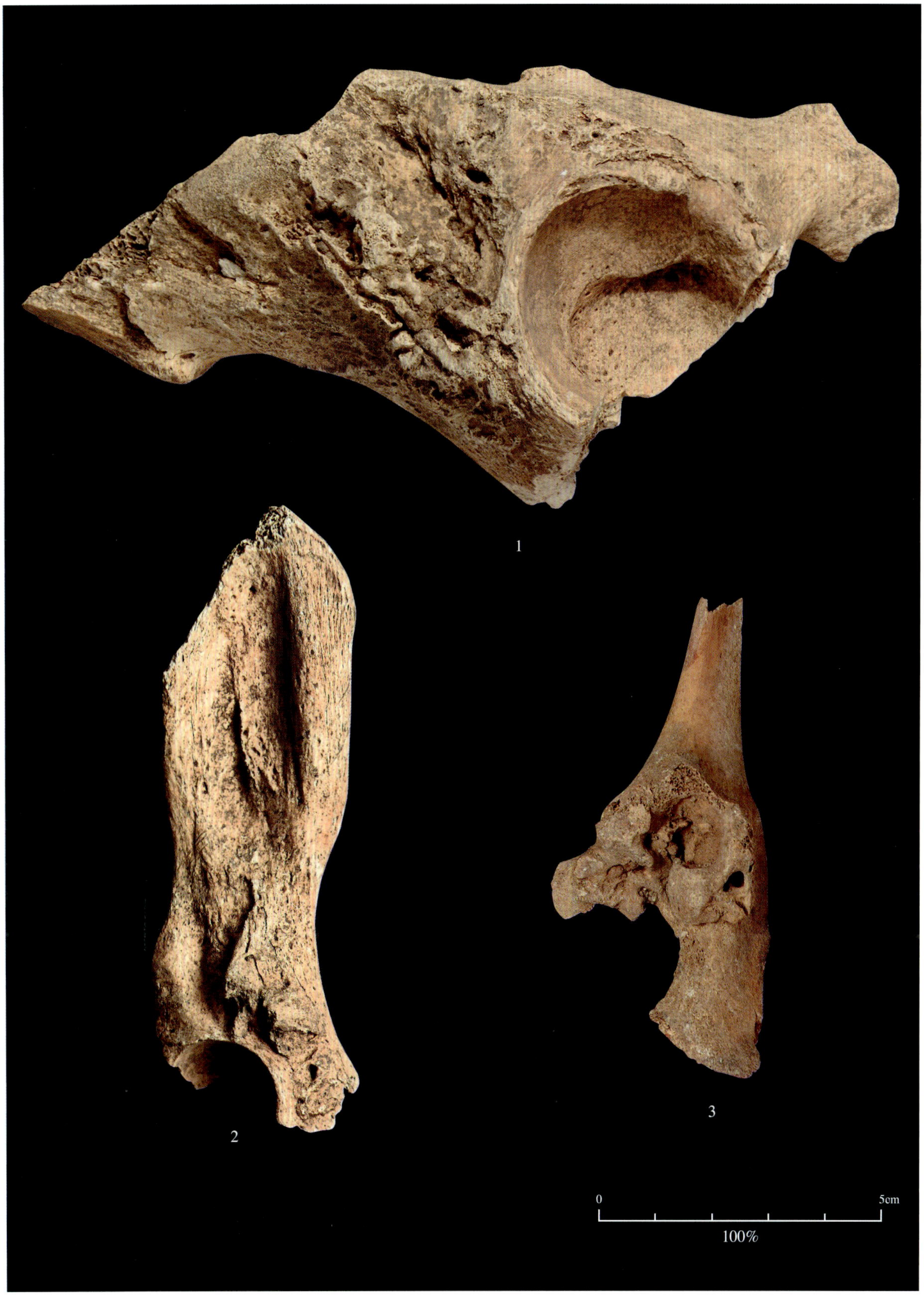

动物盆骨病理标本

1. 虎盆骨骨质增生病理（YSI②B：3509）　2. 狗盆骨骨质增生病理（YSI②B：3394）
3. 猪盆骨骨质增生病理（G10：1978）

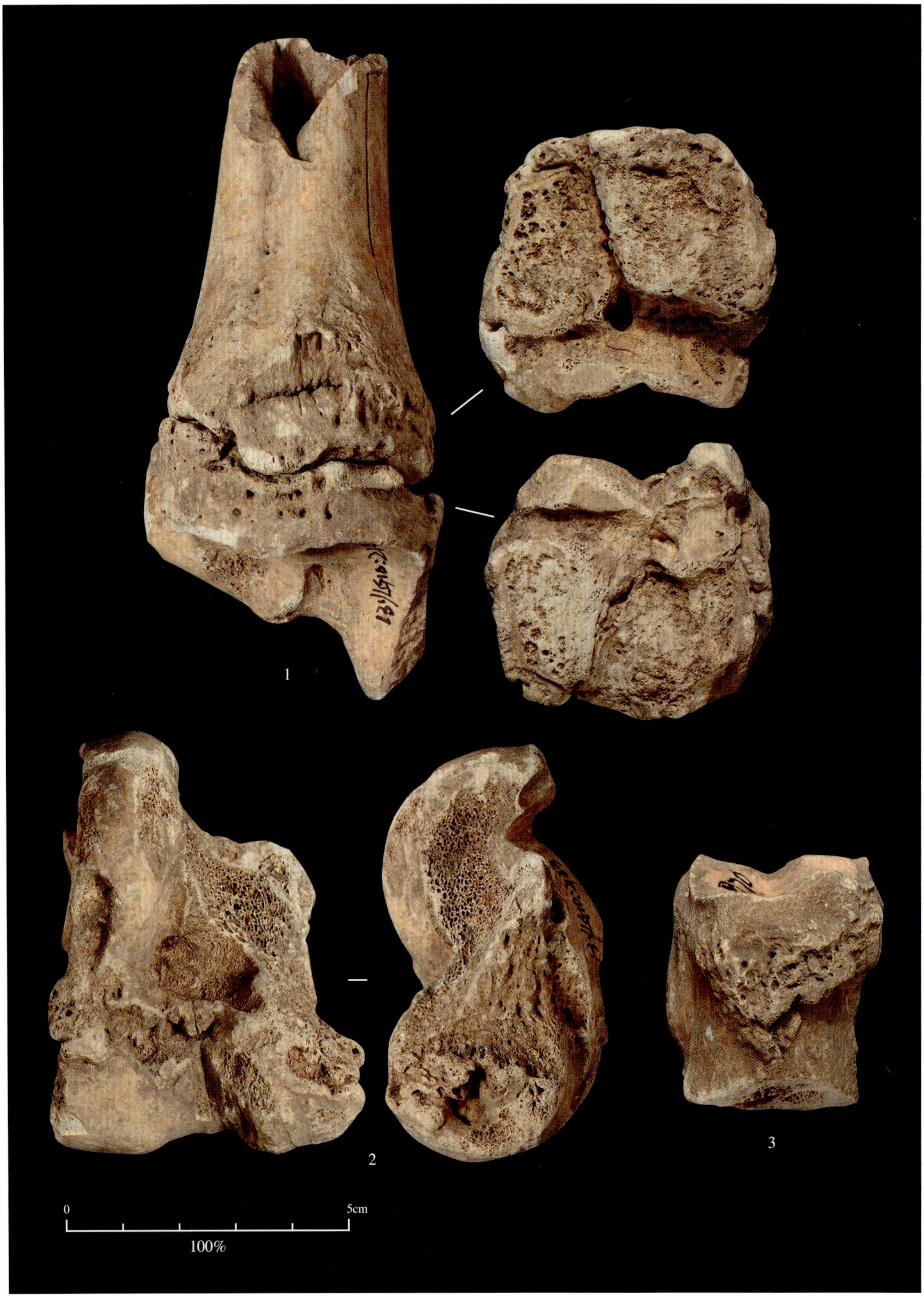

动物枝梢骨病理标本

1. 黄牛跖骨、跗骨骨质增生病理（G10：2143） 2. 水牛距骨骨质增生病理（G10：2133）
3. 水牛系骨骨质增生病理（YSI③：3970）